Fortsetzung von der vorderen Klappe

wendungsgebiete zu erweitern. Dabei dürften in Zukunft auch neuartige Legierungen, die aus anderen Hartstoffen, besonders Boriden, Siliziden und Oxiden, mit entsprechenden Bindern aufgebaut sind, eine bedeutende Rolle spielen.

Das Buch wendet sich an Wissenschaftler und Techniker (Werkstoff- und Zerspanungsfachleute, Metallurgen, Chemiker, Physiker, Strukturforscher u. a.) sowie an Hartmetallerzeuger und die vielseitigen Hartmetallverbraucherkreise und bildet wegen der sehr zahlreichen auf den letzten Stand gebrachten Literaturhinweise eine Fundgrube von Erkenntnissen und Zukunftsmöglichkeiten auf dem Hartmetallgebiet.

Mit dem Vorliegen dieses Bandes ist das Werk nunmehr abgeschlossen.

Hartstoffe

Von

Dr. phil. nat. R. Kieffer
Hon.-Professor an der Universität Wien, Reutte/Tirol

und

Dr.-Ing. F. Benesovsky
Direktor der Versuchsanstalt der Metallwerk Plansee A. G., Reutte/Tirol

Mit 179 Textabbildungen

XII, 602 Seiten. Gr.-8°. 1963

Ganzleinen

S 720.—, DM 114.—, $ 28.50

HARTMETALLE

VON

DR. PHIL. NAT. **R. KIEFFER** UND DR. ING. **F. BENESOVSKY**

O. PROFESSOR AN DER
TECHNISCHEN HOCHSCHULE, WIEN
UND HON.-PROFESSOR AN DER
UNIVERSITÄT, WIEN

DIREKTOR DER VERSUCHSANSTALT
DER METALLWERK PLANSEE A. G.,
REUTTE/TIROL

MIT 236 TEXTABBILDUNGEN

1965

SPRINGER-VERLAG

WIEN · NEW YORK

ISBN 978-3-7091-8128-7 ISBN 978-3-7091-8127-0 (eBook)
DOI 10.1007/978-3-7091-8127-0

Softcover reprint of the hardcover 1st edition 1965

Library of Congress Catalog Card Number 65-25965

Titel Nr. 9121

Vorwort

Der 1963 erschienene Band „*Hartstoffe*" ist nunmehr durch den Band „*Hartmetalle*" ergänzt worden, womit das gesamte Gebiet behandelt und auf den letzten Stand gebracht worden ist. Während im Hartstoff-Band umfangreiche Änderungen und Ergänzungen erforderlich waren, ist dies beim vorliegenden Teil nicht in diesem Maße erforderlich gewesen, weil sich die Hartmetalltechnik in der Zwischenzeit mehr evolutionär entwickelt hat.

Grundlagenmäßig wurde die Theorie über den Gefügeaufbau und die Festigkeitseigenschaften mehrphasiger Werkstoffe, wie es die Hartmetalle sind, weiterentwickelt. Die allgemeine, weltweite Einführung der TaC(NbC)-haltigen Mehrkarbidhartmetalle hat zahlreiche Ergänzungen in diesem Zusammenhang erforderlich gemacht. Auch auf neuartige korrosionsfeste, zunderbeständige und vergütbare Hartmetalle wurde näher eingegangen. Auf dem Gebiete der Anwendungen haben wir uns meist auf die Ergänzung des Schrifttums beschränkt. Im Werkzeugkapitel waren außer Literaturergänzungen vor allem neuartige Bearbeitungsverfahren für Hartmetalle zu berücksichtigen. Da sich die Erwartungen über den Einsatz von Hartmetallen als Hochtemperaturwerkstoffe nicht ganz erfüllten, haben wir im betreffenden Kapitel wohl die Literatur ergänzt, aber den Text gekürzt. Dafür haben wir auf die möglichen Anwendungen und die Zukunftsaussichten der Boride und Silizide sowie anderer Hartstoffkombinationen hingewiesen. Der Entwicklung auf dem Gebiete der Schneidkeramik haben wir in einem neuen Sonderkapitel Rechnung getragen.

Herr P. Schwarzkopf konnte sich aus Gesundheitsgründen an der Neubearbeitung nicht beteiligen, er hat uns aber großzügig die volle Unterstützung der Metallwerk Plansee Aktiengesellschaft zukommen lassen.

Wir gedenken an dieser Stelle unseres alten Freundes und Mitarbeiters W. Leszynski, den ein allzufrüher Tod aus dem alten bewährten Hartmetallteam herausgerissen hat.

Die Verfasser danken den Mitarbeitern der Versuchsanstalt der Metallwerk Plansee A. G., Reutte/Tirol, für die Hilfe bei der Anfertigung der Abbildungen und Tabellen sowie bei der Literaturbeschaffung; Frau O. Heuer hat bei der mühsamen Niederschrift und Korrektur wertvolle Hilfe geleistet.

Der Springer-Verlag kam allen unseren Wünschen bezüglich der Drucklegung nach und ermöglichte es, auch noch neuerschienene Arbeiten durch umfangreiche Ergänzungen zu berücksichtigen. Dafür und für die wie stets vorbildliche Ausstattung sei diesem unser besonderer Dank ausgesprochen.

Reutte/Tirol, im Frühjahr 1965

Die Verfasser

Inhaltsverzeichnis

Die Hartmetalle

I. Geschichtliche Entwicklung der Sinterhartmetalle

Die klassischen Hartstoffe Diamant, Korund (Schmirgel), Siliziumkarbid und Borkarbid dienten schon lange als Schleifkorn und zur Herstellung von Schleifkörpern, der Diamant ferner auch als Ziehstein und Drehwerkzeug, bevor noch die reinen, hochschmelzenden Karbide, insbesondere WC, TiC, TaC u. a., als Grundstoffe der modernen Sinterhartmetallindustrie benutzt wurden.

Wie schon im Bd. Hartstoffe[1] ausgeführt wurde, sind die Metallkarbide durch die Pionierarbeiten von H. MOISSAN und anderen zwar schon über 60 Jahre bekannt, ihre technische Anwendung in Sinterhartmetallen und Schneidwerkzeugen ist aber erst knapp 40 Jahre alt. Mit der Einführung von Hartstoff-Hilfsmetallegierungen wurde allerdings von diesem Zeitpunkt an die Zerspanungstechnik revolutionierend beeinflußt (vgl. Zahlentafel 2).

Die ersten praktischen Vorschläge für die Verwendung von Metallkarbiden als verschleißfeste Hartlegierungen sind in Patenten zu finden. 1909 wurde in einem amerikanischen Schutzrecht[2] die Verwendung von Kügelchen aus geschmolzenem Wolframkarbid für Uhrenlager vorgeschlagen. Dieses wenig beachtete, aber historisch interessante Patent fand keine technische Verwertung. Auch spätere Versuche mit Sinterhartmetallen, in diese Domäne des Diamanten bzw. des natürlichen oder synthetischen Korundes einzudringen, scheiterten anscheinend wegen des heterogenen Gefügeaufbaues gegossener oder gesinterter Hartstofflegierungen. Auch die schon 1912 zum Heißpressen von Metallen und Karbiden vorgeschlagenen und vorübergehend angewendeten Drucksinteranlagen[3] fanden erst 20 bis 25 Jahre später großtechnische Anwendung. Erst 1914 gelang es H. VOIGTLÄNDER und H. LOHMANN[4], in industriellem Maßstab in

[1] KIEFFER, R. u. F. BENESOVSKY: Hartstoffe, Springer-Verlag, Wien 1963.
[2] A.P. 1 023 299 (1909).
[3] D.R.P. 289 864 (1913), 307 764 (1917), 310 041 (1918), 320 996 (1918).
[4] D.R.P. 286 184 (1914).

einem Kohlerohrkurzschlußofen Ziehsteine aus geschmolzenem Wolframkarbid herzustellen, die einen durchschlagenden technischen Erfolg brachten. Die Firma *Wallram* vormals *Meutsch, Voigtländer & Co.*, hat sich um die technische Einführung derselben verdient gemacht und pflegt noch heute die Erzeugung von Schmelzkarbidformstücken nach dem Schleudergußverfahren. Das LOHMANNsche Schutzrecht war später Gegenstand lebhafter Patentkämpfe, da interessierte Kreise in der Herstellung und Verwendung von geschmolzenem Wolframkarbid für Ziehsteine und Werkzeuge keine Erfindung sehen wollten, um so mehr als es zwischen den Arbeiten von H. MOISSAN und dem ersten Weltkrieg anderen Forschern gelungen war, kiloschwere Wolframkarbidschmelzen zu erzeugen.

Da die ersten Gußkarbide wohl sehr hart waren, aber meist Lunker und Graphitausscheidungen aufwiesen — der dichte Schleuderguß hatte sich noch nicht durchgesetzt — suchte H. LOHMANN[1] die ungleichmäßige Qualität seiner Ziehsteine durch einen neuen Verfahrensweg zu verbessern. Er zerkleinerte geschmolzenes Wolframkarbid zu feinstem Pulver, verpreßte dieses und erhitzte die Formkörper bis nahe an den Schmelzpunkt.

Mit diesem pulvermetallurgischen Erzeugnis eröffnete H. LOHMANN 1914 die Reihe der für die Zerspanungstechnik ungemein wichtigen *Sinterhartmetalle.* Obwohl das verwendete Wolframkarbidpulver von der Zerkleinerung her wesentliche Mengen Eisen enthalten haben dürfte, erkannte und erwähnte H. LOHMANN noch nicht die Bedeutung eines Zusatzes von zähen Eisenmetallen beim Sintern. Zwecks Erniedrigung der Sintertemperatur und Festigkeitssteigerung des Sinterproduktes wurden allerdings von H. LOHMANN schon Zusätze von Molybdän vorgeschlagen. Ein anderer Vorschlag[2], Siliziumkarbidformkörper mit Siliziummetall abzubinden, ließ noch nicht die spätere Bedeutung der Eisenmetalle als Binder erkennen. Die eindeutige Erkenntnis, daß dem Wolframmonokarbid mit der genauen Zusammensetzung WC (6,12% C) in Sinterhartmetallen der Vorzug zu geben ist, lag jedoch bei H. LOHMANN noch nicht vor. Abb. 1 zeigt nach eigenen Untersuchungen das Gefüge eines gesinterten Wolframkarbidkörpers, der unter Verwendung von gepulvertem, geschmolzenem Diwolframkarbid nach den Angaben des LOHMANN-Patentes erzeugt wurde. Abb. 2 zeigt im Vergleich dazu das Gefüge eines Sinterkörpers aus reinem Wolframmonokarbid und Abb. 3 den Schliff von geschmolzenem Wolframkarbid (4,1% C).

[1] D.R.P. 289 066 (1914), 292 583 (1914), 295 656 (1914), 295 726 (1914).

[2] D.R.P. 177 252 (1904).

Einen bedeutenden Fortschritt in der Entwicklung der Sinterhartmetalle brachten die Vorschläge von G. Fuchs und A. Kopietz[1]. Durch Zulegieren von Eisenmetallen, Chrom und Titan zu Wolframkarbid stellten sie durch Schmelzen oder Drucksintern Hartlegierungen

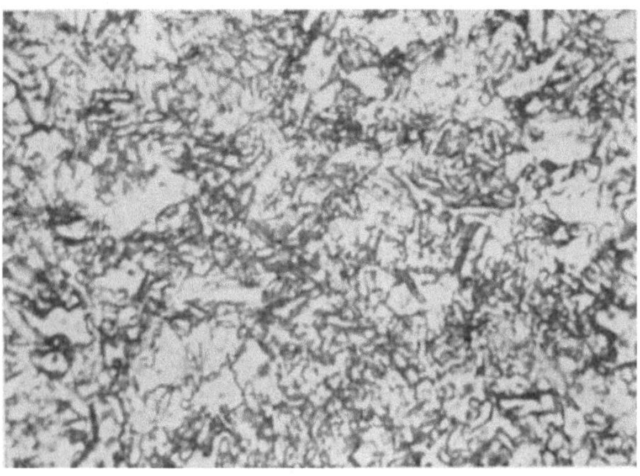

Abb. 1. Gefüge eines Heißpreßkörpers aus pulverisiertem, geschmolzenem Diwolframkarbid (× 2000)

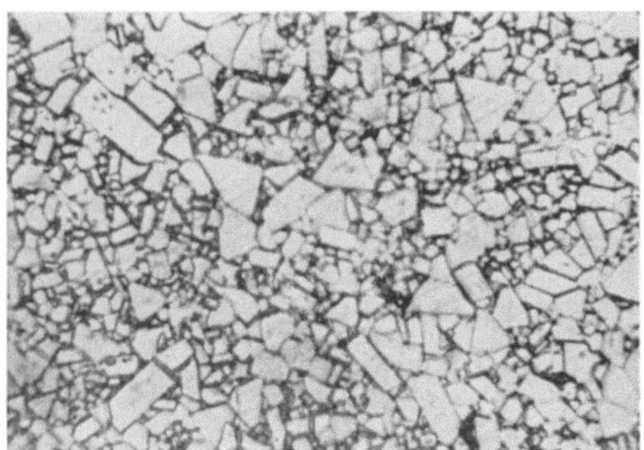

Abb. 2. Gefüge eines Sinterkörpers aus Wolframmonokarbid WC (× 2000)

her, die erheblich zäher, aber weniger hart als reines geschmolzenes bzw. gesintertes Wolframkarbid waren und die insbesondere für Ziehsteine empfohlen wurden. Diese sogenannten *Tizit-Legierungen*

[1] D.R.P. 307 764 (1917), 310 041 (1918), 320 996 (1918).

hatten etwa die Zusammensetzung: 45 bis 60% W, 0 bis 10% Cr, 3,5 bis 6% Ti, 30 bis 45% Fe und 3,5 bis 4,5% C.

Abb. 4 zeigt das Gefüge eines alten Tizit-Ziehsteines aus den Jahren um 1920 mit etwa 55% W, 3,5% Ti, 5% Cr, 33% Co und 3,5% C. Diese Zusammensetzung entspricht etwa der flüssigen Phase, welche beim Sintern einer chromhaltigen WC-TiC-Co-Hartlegierung auftritt.

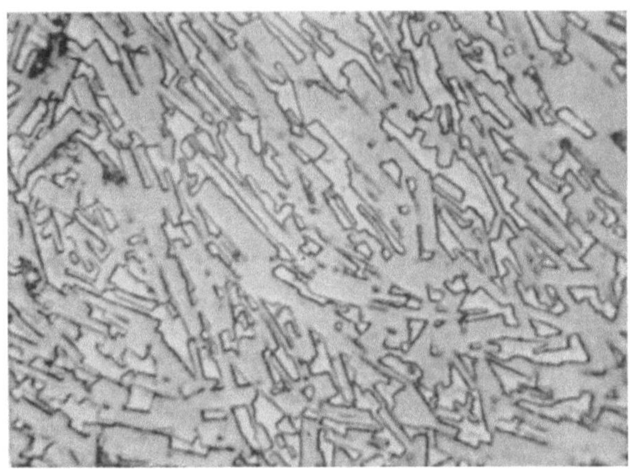

Abb. 3. Gefüge von gegossenem Wolframkarbid mit etwa 4,1% C (× 2000)

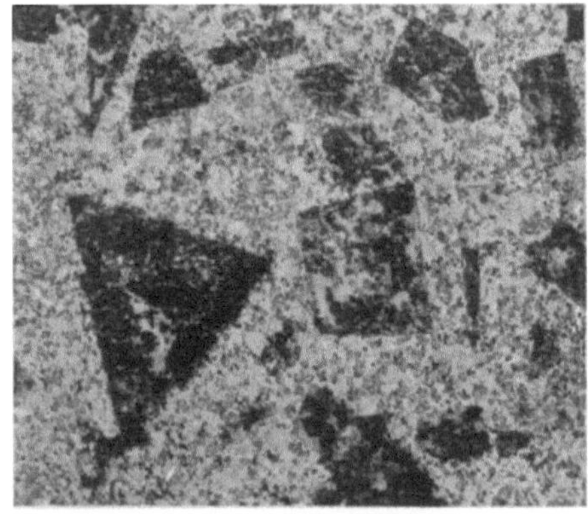

Abb. 4. Gefüge eines Ziehsteines aus einer geschmolzenen Original Tizit-Legierung (× 100)

Zum Drucksintern verwendete G. Fuchs einen Schweißumformer, eine mechanische Hebelpreßvorrichtung sowie Graphitformen mit Graphitelektroden und verfuhr im übrigen genau auf dieselbe Weise, wie heute noch z. B. Spezialziehsteine, Hartmetallkugeln, -walzen und andere, besonders dichte und porenfreie Teile aus Hartmetall heißgepreßt werden.

Durch eine Art Einsatzhärtung von Wolfram- und Molybdänpreßkörpern mit Zusätzen von Fe, Ni, Cr, Ti u. a. während des Drucksinterns zwischen Kohleelektroden versuchten A. J. Liebmann und

C. A. LAISE[1] Schneidlegierungen zu erhalten. Dieses Verfahren gewann ebensowenig Bedeutung wie der Versuch, kohlenstofffreie, geschmolzene Wolfram-Molybdän-Titan-Chrom-Eisen-Legierungen durch nachträgliches Karburieren in Hartlegierungen überzuführen[2]. Das Sintern in zwei Stufen mit einer endgültigen Formgebung nach der ersten Stufe, d. h. bevor der Formkörper für eine solche Zwischenbearbeitung zu hart geworden ist, wird bereits in dem vorerwähnten amerikanischen Patent 1 343 976 für Wolframlegierungen und im deutschen Patent 284808 für Aluminiumoxid-Sinterkörper beschrieben.

Während des ersten Weltkrieges fanden auch gesinterte, hochwolframhaltige Legierungen von der Zusammensetzung 90% W, 10% Fe oder 80% W, 15% Co, 5% Cr oder 80% W, 9,5% Cr, 0,5% C als Ziehsteine in USA Verwendung[3]. Diese Legierungen konnten sich aber nicht durchsetzen, da sie wegen des zu geringen Kohlenstoffgehaltes für den beabsichtigten Zweck zu weich waren.

Im Jahre 1922, kurz vor seinem Ableben, verbesserte G. FUCHS[4] die ursprünglichen Tizit-Legierungen durch Senken des Gehaltes an Eisenmetallen und Erhöhen des TiC-Gehaltes. Die neueren, meist druckgesinterten Hartlegierungen mit 75 bis 84% W, 10 bis 15% Ti und weniger als 10% Metall der Eisengruppe sowie 3 bis 5% C wurden für Drehwerkzeuge vorgeschlagen. Sie waren für die spätere Entwicklung des Hartmetalles Titanit (1929 bis 1931) richtunggebend. Bis auf den zur Bildung von Wolframmonokarbid ungenügenden Gehalt an Kohlenstoff entspricht diese Legierung nämlich den später entwickelten Sinterhartmetallen S 1 und S 2 (vergl. Zahlentafel 2).

Die LOHMANN-Patente und die später zu besprechenden SCHRÖTER-Patente der *Osram-Studiengesellschaft* gingen in den Besitz der Firma *F. Krupp* über und dienten als Grundlage für die Entwicklung der verschiedenen *Widia*-Sorten vom G- und H-Typus. Der Name Widia (*wie Dia*mant) erhielt Weltruf und bleibt stets mit dem Namen des zu früh verstorbenen E. AMMANN, dem langjährigen Leiter der Widia-Fabrik, verbunden[5].

Die *Tizit*-Patente gingen später in den Besitz der *Metallwerk Plansee Ges. m. b. H.* und später der *Deutschen Edelstahlwerke A. G.* über und dienten zusammen mit den Mischkristallpatenten von P. SCHWARZKOPF, I. HIRSCHL, R. KIEFFER und H. STRAUCH als Basis für die Entwicklung der modernen *Mehrkarbid-Legierungen* (Titanit S 1, S 2, S 3).

[1] A.P. 1 343 976 (1917), 1 343 977 (1917).

[2] D.R.P. 335 405 (1918).

[3] E.P. 113 830 (1915), s. a. SYKES, W. P.: Metal Progr. **23** (1933), S. 32/35.

[4] D.R.P. 401 600 (1922).

[5] AMMANN, E. u. J. HINNÜBER: Stahl u. Eisen **71** (1951), S. 1081/90.

Die von H. LEISER[1] erstmalig beschriebene Technik, poröse Eisenkörper mit Kupfer zu tränken, die später auch von C. L. GEBAUER[2] zur Herstellung von Wolfram-Kupfer- und Wolfram-Silber-Verbundmetallen verwendet wurde, hat H. BAUMHAUER[3] auf poröse Karbidskelettkörper aus WC übertragen. Als Tränkmetalle wurden die Metalle der Eisengruppe vorgeschlagen. Die *Tränkhartmetalle* unterscheiden sich gefügemäßig und in ihrer Schneidleistung nicht wesentlich von den späteren Sinterhartmetallen, denen das Hilfsmetall gleich in Pulverform vor dem Verpressen zugesetzt wurde (s. S. 109)[4]. Die Tränkkörper zeigen allerdings gerne lunkerige Anfressungen auf der Tränkseite, außerdem ist die Hilfsmetallverteilung bei niedrigen Gehalten nicht besonders gleichmäßig, so daß diese Art der Hartmetallherstellung bisher trotz ihres entwicklungsmäßigen und metallurgischen Interesses keine große technische Bedeutung erlangt hat. L. H. BAUMHAUER kommt die Priorität zu, das erste hilfsmetallhaltige moderne Sinterhartmetall in der Hand gehabt zu haben, ohne jedoch auf die wirtschaftlichste Art der Herstellung gestoßen zu sein. Die Tränkung von Wolframkarbidkörpern mit Stelliten nach R. WALTER[5] ergibt recht brauchbare Hartlegierungen. J. HOLZBERGER[6] hat sich später erfolgreich mit der Tränkung von Titankarbidkörpern unter Verwendung kaltgepreßter, nicht vorgesinterter Preßlinge beschäftigt.

Den entscheidenden Schritt in der Entwicklung der Sinterhartmetalle tat K. SCHRÖTER bei der *Osram-Studiengesellschaft.* K. SCHRÖTER ging von Wolframmonokarbid (WC mit 6,12% C) aus, mischte dieses nach einem ersten Vorschlag[7] mit bis zu 10%, nach einem zweiten Vorschlag[8] mit bis zu 20% Metallen der Eisengruppe, vorzugsweise mit pulverförmigem Kobalt, verpreßte das Gemenge und erhitzte die Preßlinge bis nahe an den Schmelzpunkt des Hilfsmetalles. Die sich bei der Sinterung bildende eutektische W-C-Co-Legierung verband unter Schrumpfung die WC-Teilchen, welche nach dem Abkühlen unter schwachem Kornwachstum und mehr oder weniger stark ausgeprägter Skelettbildung in einem zähen Kobaltnetzwerk eingelagert erschienen. Mit der Einführung und

[1] D.R.P. 300 699 (1914).

[2] A.P. 1 342 802 (1917), 1 346 192 (1916), 1 395 269 (1918).

[3] D.R.P. 443 911 (1922).

[4] KIEFFER, R. u. F. BENESOVSKY: Berg- u. Hüttenmänn. Mh. **94** (1949), S. 284/94; KIEFFER, R. u. F. KÖLBL: Berg- u. Hüttenmänn. Mh. **95** (1950), S. 49/58.

[5] D.R.P. 521 785 (1928).

[6] E.P. 387 684 (1931).

[7] D.R.P. 420 689 (1923).

[8] D.R.P. 434 527 (1925).

Weiterentwicklung der Wolframkarbid-Kobalt-Hartmetalle leistete die *Widia-Fabrik* hervorragende Pionierarbeit und *festigte damit den Ruf der Sinterhartmetalle als deutsche metallurgische Erfindung.*

Abb. 5 zeigt das Gefüge eines WC-Co-Hartmetalles mit 6% Kobalt, wie es zuerst 1923 als Widia N auf den Markt kam. Das SCHRÖTERsche Sinterverfahren, welches sich im Prinzip an die klassische Herstellung von Wolframdrähten nach dem Nickel-Wolfram-Verfahren[1] anlehnt, blieb bis heute das fast ausschließlich angewendete Verfahren zur Erzeugung der technischen Karbid-Schneidmetalle. Zur Formgebung des WC-Co Sinterkörpers wurde in Anlehnung an keramische Formgebungsverfahren und auf Grund älterer Patentvorschläge[2] das sogenannte *Doppelsinterverfahren*[3] mit den einzelnen

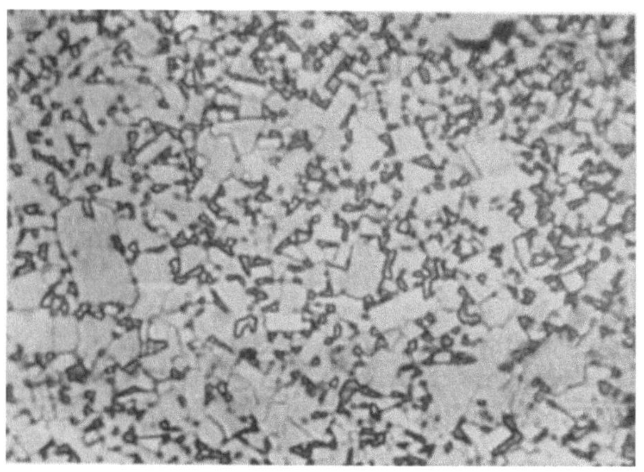

Abb. 5. Gefüge eines WC-Co-Sinterhartmetalles mit 6% Co (× 2000)

Verfahrensschritten, Pressen, Vorsintern, Formgeben und Hochsintern, entwickelt. Über weitere Ergebnisse der bei der *Osram-Studiengesellschaft* von K. SCHRÖTER und Mitarbeitern unter Leitung von F. SKAUPY, dem Altmeister der Pulvermetallurgie („Metallkeramik") geleisteten Pionierarbeiten unterrichten zahlreiche Veröffentlichungen[4].

---

[1] D.R.P. 233 885 (1907), s. a. KIEFFER, R. u. W. HOTOP: Pulvermetallurgie und Sinterwerkstoffe, 2. Aufl., Springer-Verlag, Berlin/Göttingen/Heidelberg, 1948, S. 224.

[2] D.R.P. 284 808 (1913), A.P. 1 343 976 (1917), 1 343 977 (1917).

[3] D.R.P. 481 212 (1925).

[4] SKAUPY, F.: Metallwirtsch. **20** (1941), S. 537/39, Z. Elektrochem. **33** (1927), S. 487/91, Kolloid — Z. **98** (1942), S. 92/95, **102** (1943), S. 269/71.

Die sogenannten SCHRÖTER-Patente wurden, wie bereits erwähnt in Deutschland auf die *Friedrich Krupp A. G.*, in USA auf die *Carboloy Co.*, eine Tochtergesellschaft der *General Electric Co.*, und in England auf die *British Thomson Houston Comp.* übertragen, welche die Fertigungen ursprünglich ausschließlich von WC-Co-Hartmetallen mit 4 bis 13% Co aufnahmen und diese unter den Namen *Widia*, *Carboloy*, *Wimet* und *Ardoloy* in den Handel brachten.

Bei der Weiterentwicklung der Sinterhartmetalle versuchte man das Wolframkarbid ganz oder teilweise durch Titankarbid, Tantalkarbid und Molybdänkarbid, das Hilfsmetall Kobalt durch Nickel, Nickel-Eisen-, Nickel-Chrom-, Kobalt-Molybdän-, Kobalt-Wolfram-Legierungen oder ähnliche Eisenmehrstofflegierungen zu ersetzen (vgl. Zahlentafel 2). Die fruchtbarste Entwicklung ging in den Jahren 1929 bis 1931 von P. SCHWARZKOPF und seinen Mitarbeitern[1] aus. An Stelle von reinem Wolframkarbid wurden binäre, ternäre bzw. quaternäre Mischkristalle der Karbide WC, Mo_2C, TiC, TaC, VC, ZrC u. a., gegebenenfalls neben freiem WC, vorgeschlagen. Die ersten Entwicklungsarbeiten erstreckten sich auf die Karbidkombinationen WC-TiC, Mo_2C-TiC, WC-Mo_2C-TiC, W_2C-Mo_2C und WC-Mo_2C. Es herrschte hierbei der Grundgedanke vor, die Härte der Einzelkarbide durch Mischkristallbildung zu steigern und ihre Oxidationsbeständigkeit zu erhöhen[2]. Obwohl eine von R. KIEFFER und I. HIRSCHL 1930 entwickelte Hartlegierung mit 14% TiC, 6% Co + Ni, Rest WC gute Zähigkeit und hervorragende Schneidhaltigkeit auf Stahl aufwies, wurde im Hinblick auf die durch die SCHRÖTER-Patente gegebene Patentlage 1931 mit der Großfertigung eines von P. SCHWARZKOPF und I. HIRSCHL[3] vorgeschlagenen wolframkarbidfreien Hartmetalles auf der Basis Mo_2C-TiC-Ni (42,5% Mo_2C, 42,5% TiC, 14% Ni und 1% Cr) begonnen. Der Verkauf dieses Hartmetalles *Titanit* lag in den Händen der *Deutschen Edelstahlwerke A. G.*, Krefeld, während in USA und England *Titanit* unter dem Namen *Cutanit* erzeugt wurde.

In den Vereinigten Staaten brachte die *Fansteel Co.* gleichfalls aus Patentgründen 1930 zuerst ein wolframkarbidfreies Hartmetall auf Basis TaC-Ni (87% TaC, 13% Ni) unter dem Namen *Ramet* auf den Markt[4]. Dieses Schneidmetall wurde bald durch schneidhaltigere und härtere WC-TaC-Ni-Co-Legierungen[5] (*Vascoloy-Ramet* nach C.

[1] D.R.P. 720 502 (1929), 738 488 (1934), 740 350 (1938), 748 933 (1938), 752 494 (1937), 762 288 (1937), Ö.P. 138 248 (1929), 157 679 (1935), 157 947 (1938), 160 172 (1931), (160 276 (1937).

[2] s. a. D.R.P. 554 931 (1928).

[3] Ö.P. 160 172 (1931).

[4] A.P. 1 913 100 (1930), 1 937 185 (1930).

[5] E.P. 376 266 (1932), F.P. 760 155 (1934), A.P. 2 202 821 (1940).

BALKE und *Carboloy* nach F. C. KELLEY) abgelöst, die in USA lange die Stelle der europäischen WC-TiC-Co-Legierungen bei der Stahlzerspanung einnahmen. Es sei besonders auf die Legierung *Carboloy 77 B* mit 57 bis 60% WC, 27% TaC und 13 bis 16% Co verwiesen.

In den für die Hartmetallgeschichte wichtigen Jahren 1931/32 befaßt sich auch B. FETKENHEUER bei der Firma *Siemens A. G.* mit Schneidlegierungen auf TiC-TaC-Co-Basis[1], die um 1950 ihre Renaissance als warmfeste Hartlegierungen erleben sollten (vgl. Kap. VIII). In der Frühzeit der wolframkarbidfreien bzw. wolframkarbidarmen Hartlegierungen gehören auch die von J. HOLZBERGER[2] 1931 zur Reife entwickelten TiC-Cr-Mo-W-Ni(Co)-Legierungen. Die entsprechenden Schutzrechte gingen später auf die Firma *Böhler & Co., AG.*, über. Auf diese Legierungen wurde auch später bei der Entwicklung von warm- und zunderfesten Legierungen zurückgegriffen.

Gleichfalls 1931 kam das von K. SCHRÖTER, C. AGTE, K. MOERS und H. WOLFF bei der *Osram Studiengesellschaft* entwickelte *Widia X* (8,5 bis 10% TiC, 5 bis 6% Co, Rest WC) durch die Firma *Krupp* zum Einsatz[3]. Mit der Qualität Widia X begann die Serie wichtiger schneidhaltiger und zäher Hartlegierungen auf Basis WC-TiC-Co. 1932 folgten die von R. KIEFFER[4] nach den SCHWARZKOPFschen Mischkristallpatenten bereits 1930 entwickelten Legierungen *Titanit U 1* (später S 1) und *Titanit U 2* (später S 2), in der Zusammensetzung 16% TiC, 0 bis 2% Mo_2C, 5 bis 6% Co bzw. 14% TiC, 0 bis 2% Mo_2C, 8 bis 10% Co, Rest WC, die sich bis kürzlich als Standardlegierungen für die Stahlbearbeitung behauptet haben. Sie enthielten das TiC insbesondere in Form von WC-TiC-Mischkristallen. Diese Legierungen wurden 1935 von R. KIEFFER und H. STRAUCH[5] um die Hartmetallsorte S 3 mit 4 bis 5% TiC, 8 bis 15% Co, Rest WC, für schwere Schnitte und hohe Vorschübe ergänzt.

Die von den Firmen *F. Krupp* und *Carboloy Comp.* 1930 vorgeschlagenen wichtigen Legierungen aus WC-Co mit bis 30% Zusätzen an VC, NbC oder TaC bekamen erst sehr spät auf dem Kontinent als H 2-Legierungen[6] mit kleinen Zusätzen von VC und TaC besondere Bedeutung (vgl. Zahlentafel 2).

Von der *Carboloy Co.* endlich stammt aus dieser Zeit die Legierung 831 mit etwa 30% TiC, 7 bis 8% Co, Rest WC. Die Legierungen

[1] A.P. 1 910 532 (1931).
[2] Ö.P. 136 839 (1931).
[3] D.R.P. 622 347 (1931), Ö.P. 157 379 (1932).
[4] D.R.P. 738 488 (1934).
[5] D.R.P. 740 350 (1938).
[6] F.P. 718 697 (1931).

auf der Basis WC-TiC-Co wurden dadurch um eine Sorte für Schlichtschnitte ergänzt. In Europa fand diese Legierung Eingang unter der Sortenbezeichnung F 1, wobei ein Titankarbidgehalt zwischen 25 und 30% und ein Kobaltgehalt zwischen 6 und 7% gewählt wurde. In der Legierung F 2 für höchste Drehgeschwindigkeiten wurde der TiC-Gehalt noch weiter bis auf 60% gesteigert.

Von hervorragenden amerikanischen Pionierentwicklungen seien hier die ternären Karbidlegierungen auf der Basis WC-TiC-TaC nach Vorschlägen von G. J. Comctock[1] und die von P. M. McKenna[2] entwickelten WC-TiC-Co, WC-TiC-TaC-Co-Hartmetalle unter Verwendung von im Nickelschmelzbad hergestellten Mischkristallen zu nennen (Menstruum-Verfahren).

Die WC-TiC-TaC-Co-Hartmetalle sind heute bei der Stahlbearbeitung vorherrschend. In Europa haben sie erst in den letzten Jahren die bisher üblichen WC-TiC-Co-Sorten abgelöst. Auch die sogenannten Allzweckhartmetalle für Bearbeitung von Stahl und Guß enthalten TiC und TaC in Mengen von 5 bis 15%[3].

Die reinen WC-Co-Hartmetalle mit Kobaltgehalten von 3, 6, 9, 11, 13 und 15% blieben in ihrer Zusammensetzung bis heute fast unverändert. Es macht sich allerdings eine starke Tendenz bemerkbar, kornverfeinernde Zusätze von 0,3 bis 2% TaC(NbC) + TiC zu geben. In neuester Zeit gewinnen noch Legierungen mit 18, 20, 25 und sogar 30% Co für Verschleißteile, die schlagartigen Beanspruchungen ausgesetzt sind, an Interesse. Außer dem Kobaltgehalt wird auch die Korngröße des Wolframkarbides[4] bzw. der Verteilungsgrad von Wolframkarbid und Kobalt durch Naßmahlen variiert[5]. Für die Herstellung von Ziehsteinen, Matrizen, Kaltwalzen u. a. setzt sich immer stärker die Drucksinterung durch[6–9]. Geringe TiC-, TaC- und VC-Zusätze von etwa 1 bis 5% werden ferner zur Erzeugung von Ziehsteinen und von Spezialsorten zum Hobeln sowie zur Bearbeitung von Sonderhartguß angewendet. Auf dem Gebiete der Ziehsteine ist hier noch die Entwicklung druckgesinterter WC-Co-Legierungen nach Patenten von O. Diener[7], S. L. Hoyt[8] und E. G. Gilson[9] nachzutragen.

---

[1] A.P. 1 973 428 (1932).

[2] A.P. 2 113 353/56 (1937), 2 124 509 (1935).

[3] Kieffer, R. u. W. Hotop: Pulvermetallurgie und Sinterwerkstoffe, 2. Aufl., Springer-Verlag, Berlin/Göttingen/Heidelberg 1948, S. 304.

[4] E.P. 279 376 (1928).

[5] D.R.P. 531 921 (1930).

[6] D.R.P. 289 864 (1913).

[7] D.R.P. 504 484 (1926).

[8] A.P. 1 794 229 (1929); E.P. 288 521 (1929); 360 709 (1930).

[9] A.P. 1 756 857 (1927).

Die Entwicklung des Hartmetallbedarfes in den Jahren 1926 bis 1944 wird am besten an Hand der Produktionszahlen des ältesten Hartmetallerzeugers, der *Widia*-Fabrik, wiedergegeben (Zahlentafel 1). Die Ziffern der vierziger Jahre, die keine Geschoßkerne enthalten, sind durch den Rüstungsbedarf stark nach oben geschnellt, entsprechen aber den heutigen friedensmäßigen, deutschen Produktionsziffern.

Die heutige europäische Jahresproduktion wird auf 1000 bis 1200 t, die USA-Produktion auf 1400 bis 1800 t, die russische auf 1000 bis 1200 t und die Gesamtwelterzeugung auf 4000 bis 4500 Jahrestonnen geschätzt, was einem Wert von über 6 Milliarden ö. S entspricht. Aus Rohstoffgründen bekamen im zweiten Weltkrieg die *wolframkarbidfreien Hartmetalle* wieder Bedeutung. 1944 wurden in Deutschland in beschränktem Umfang TiC-VC-Ni(Fe)-Legierungen für die Stahlbearbeitung eingesetzt. Auf die technische Bedeutung der wolfram-, molybdän- und tantalkarbidfreien TiC-VC-Fe(Ni-Co)-Legierungen hat R. KIEFFER[1] bereits 1938 hingewiesen. In allerletzter Zeit finden endlich auch Tränkhartmetalle wieder Beachtung[2, 3, 4]. Das Tränkverfahren scheint sich auch zur Erzeugung hochwarm- und zunderfester, korrosionsbeständiger und zäher Legierungen auf TiC-Basis mit Ni-Cr- und Co-Cr-Legierungen[4, 5–7] oder Stählen[8] als Tränkmetall zu eignen.

Die geschichtliche Entwicklung der Hartmetalle hat wegen ihrer großen wirtschaftlichen Bedeutung ihren Niederschlag auch in zahlreichen Patentschriften gefunden. Die Pionierpatente wurden bereits erwähnt; bezüglich des sehr umfangreichen Patentschrifttums sei auf zahlreiche Zusammenstellungen verwiesen[9–12].

[1] D.R.P. 748 933 (1938).

[2] KIEFFER, R. u. F. BENESOVSKY: Berg- u. Hüttenmänn. Mh. **94** (1949), S. 284/94.

[3] KIEFFER, R. u. F. KÖLBL: Berg- u. Hüttenmänn. Mh. **95** (1950), S. 49/58.

[4] KIEFFER, R. u. F. KÖLBL: Z. anorg. Chem. **262** (1950), S. 229/47.

[5] TRENT, E. M., A. CARTER u. J. BATEMAN: Metallurgia **42** (1950), S. 111/55.

[6] REDMOND, J. C. u. J. W. GRAHAM: Metal Progr. **61** (1951), Nr. 4, S. 67/70.

[7] KENNEDY, J. D.: Materials & Methods **36** (1952), Nr. 2, S. 166/74.

[8] ELLIS, J. L., E. GREGORY u. M. EPNER: Proc. 16th. Meeting, Met. Powder Assoc., New York 1960, S. 75/83.

[9] BECKER, K.: Kolloid-Z. **63** (1933), S. 363/74, Metallwirtsch. **12** (1933), S. 64/65, 77/78, 375, 391, 407, 531, **13** (1934), S. 159/60, 248, 396, 565/66, 793/94, **14** (1935), S. 1004, **15** (1936), S. 641/42, **16** (1937), S. 196/97.

[10] MACHU, W.: Kolloid-Z. **88** (1939), S. 373/84, **89** (1939), S. 92/104.

[11] WAESER, B.: Kolloid-Z. **106** (1944), S. 229/40.

[12] GOETZEL, C. G.: Treatise on Powder Metallurgy. Vol. III., Interscience Publ., New York 1952.

Zahlentafel 1. *Erzeugung von Hartmetall bei der Fa. Friedr. Krupp Widia Fabrik, in den Jahren 1926 bis 1944*

Jahr	Erzeugung in Tonnen		
	G- und H-Sorten (WC-Co)	S-Sorten (WC-TiC-Co)	Insgesamt
1926/27	1,1	—	1,1
1927/28	2,7	—	2,7
1928/29	9,0	—	9,0
1929/30	12,5	—	12,5
1930/31	10,5	—	10,5
1931/32	6,5	1,0	7,5
1932/33	8,6	1,3	9,9
1933/34	12,0	2,8	14,8
1934/35	15,1	6,8	21,9
1935/36	20,5	12,4	32,9
1936/37	30,9	22,6	53,5
1937/38	34,7	27,8	62,5
1938/39	41,8	40,2	82,0
1939/40	54,3	70,8	125,1
1940/41	59,5	82,5	142,0
1941/42	81,8	114,5	196,3
1942/43	82,4	187,5	269,9
1943/44	135,9	373,3	509,2

Aus der überreichen Fülle der Hartmetallschutzrechte sollen nur einige angeführt werden, die zwar nur beschränkte technische Bedeutung erlangten, aber ohne Zweifel die Entwicklung der Hartmetalltechnik beeinflußt haben:

E.P. 278955 (1927) Herstellung von graphitfreiem Hartmetall.

D.R.P. 520139 (1928) Einsatz von Kobalt als Kobaltoxalat in WC-Co-Hartmetallen.

D.R.P. 578815 (1930) Verwendung von WC-Co-Hartmetallen für Geschoßkerne und Geschoßspitzen.

D.R.P. 589597 (1930) Wolframkarbidfreie Hartlegierungen auf Basis VC-NbC-TaC und Hilfsmetall.

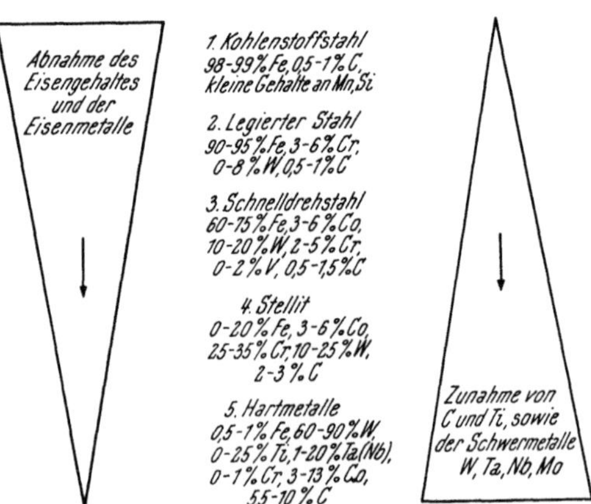

Abb. 6. Zunahme des Schwermetallkarbidgehaltes auf Kosten des Eisenanteils im Laufe der geschichtlichen Entwicklung der Schneidlegierungen, schematisch

D.R.P. 608772 (1928), 629794 (1929) WC-Hartmetallegierungen mit Stellitbindern.

D.R.P. 608664 (1930) Gesintertes oder druckgesintertes Zirkonborid-Hartmetall mit 15 bis 50% Zr, Rest B.

D.R.P. 659917 (1931) Borid-Nitrid-Hartmetalle, z. B. aus 60% TiB_2, 34% TiN und 6% Ni oder 78% TaB_2, 12% VN und 10% Ni.

D.R.P. 667071 (1931) Borid-Karbid-Hartmetalle, z. B. WB + + WC + Co, TiB_2 + Co oder TaB_2 + TaC + $CrSi_2$ + Co.

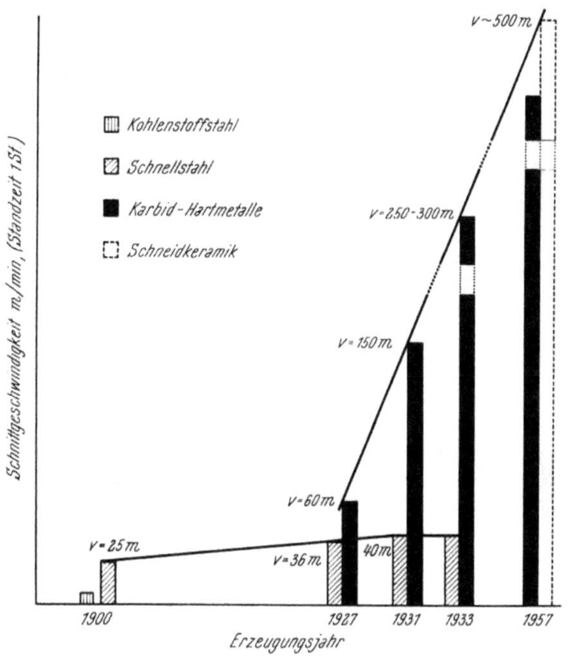

Abb. 7. Die Steigerung der Schnittleistung beim Drehen von Stahl seit dem Jahre 1900 (F. Rapatz, H. Pollak und J. Holzberger)

Gemäß den vorhergehenden Ausführungen ist die geschichtliche Entwicklung der Schneidlegierungen vom Gußhartmetall bis zum heutigen modernen Sinterhartmetall in Zahlentafel 2 zusammengefaßt. Der Vollständigkeit halber sind eingangs auch Stähle, Schnelldrehstähle und Stellite und am Ende ferner Sonderhartmetalle in die Aufstellung mit aufgenommen.

Wie sich die Zusammensetzung der Schneidmetalle im Laufe der Entwicklung geändert hat, zeigt Abb. 6 schematisch. Der Anteil an Schwermetallkarbiden, den Trägern der Härte und Schneidhaltigkeit,

Zahlentafel 2. *Änderung der chemischen Zusammensetzung ver-*

Jahr	Legierung	Chemische Zusammensetzung in %			
		C	Mn	Si	Cr
bis 1894	Kohlenstoffstahl (Tiegelstahl)	1,0 b. 1,5	0,1 b. 0,2	0,2	—
bis 1900	Selbsthärtender Stahl (Mushet-Stahl)	2,0 b. 2,2	1,5 b. 2,5	1,0 b. 1,1	0,4
1900	Alte Schnelldrehstähle	1,8 b. 1,9	0,3	0,1 b. 0,15	4 b. 5,5
1906 bis 1913	Neuere Schnelldrehstähle	0,65 b. 0,8	0,1 b. 0,2	0,1 b. 0,25	4 b. 5,5
1909	Stellite	1,5 b. 2,5	0,2	0,5	20 b. 25
1914	Neue Stellite	2,0 b. 3,0	0,2 b. 0,25	0,5 b. 0,8	25 b. 35
ab 1914	Geschmolzene Wolframkarbide	4,0 b. 4,5	—	—	0 b. 10
1917 bis 1923	Tizitlegierungen	3,5 b. 4,5	—	—	0 b. 10
1922	Gesinterte WC-Co-Legierungen (Widia)	5,5 b. 6,0	—	—	0 b. 0,5
1929	Gesinterte Mo_2C-TiC-Ni-Legierungen (Titanit)	9 b. 11	—	—	0,5 b. 2,0
1929 bis 1930	Gesinterte WC-Mo_2C-TiC-Co-Ni-Legierungen (Titanit)	7 b. 8	—	—	0 b. 0,5
1930	Gesinterte TaC-Ni-Co-Legierungen (Ramet)	5,5 b. 6	—	—	—
1931	Gesintere WC-TaC-Co-Legierungen (Carboloy)	5 b. 6	—	—	—
1931	Gesinterte WC-TiC-Co-Legierungen (Widia X)	6,5 b. 7,5	—	—	0 b. 0,5
1931	Gesinterte TiC-W-Mo-Ni-Co-Legierungen (Böhlerit)	9—13	—	—	0 b. 5,0
1932	Gesinterte WC-TiC-TaC-Co-Legierungen (Firthite)	5,5 b. 10	—	—	—
heutige Standard-Hartmetalle	WC-Co-Hartmetalle	4 b. 6	—	—	0 b. 0,5
	WC-TiC-Co-Hartmetalle	6 b. 10	—	—	0 b. 0,5
	WC-TiC-TaC (NbC)-Co-Hartmetalle	6 b. 10	—	—	0 b. 0,5
1948 bis 1949	Warm- und zunderfeste Hartmetalle TiC-(TaC, NbC, WC) Cr_3C_2-Ni-Co (Cr)	8 b. 19	—	< 0,2	0 b. 20

schiedener Schneidlegierungen im Laufe der geschichtlichen Entwicklung

Chemische Zusammensetzung in %						
Mo	W	V, Nb, Ta	Fe	Ni	Co	Ti
—	—	—	Rest	—	—	—
—	5 bis 5,5	—	Rest	—	—	—
—	~ 8	—	Rest	—	—	—
0 bis 1	16 bis 21	V 0,3 bis 1,2	Rest	—	5 bis 6	—
0 bis 1	10 bis 25	—	Rest	—	40 bis 50	—
0 bis 1	10 bis 25	—	Rest	—	40 bis 55	—
0 bis 1	Rest	Ta 0 bis 3,5	1 bis 3	—	0 bis 3	—
0,5	45 bis 80	—	5 bis 45	—	—	3,5 bis 12
—	86,5 b. 89	—	0,5 bis 1	—	5 bis 6	—
35 bis 40	—	—	0,5 bis 1	8 bis 15	—	35 bis 40
0 bis 5	65 bis 77	—	0,5 bis 1	2 bis 4	4 bis 6	10 bis 12
0 bis 10	0 bis 20	Ta 60 bis 86	0,5 bis 1	8 bis 13		—
—	55 bis 80	Ta 10 bis 30	0,5 bis 1	—	5 bis 13	—
—	77 bis 82	—	0,5 bis 1	—	5 bis 6	6 bis 8
10 bis 15	20 bis 25	—	0,5 bis 1	5 bis 10	5 bis 10	40 bis 50
—	33 bis 75	Ta 5 bis 42	0,5 bis 1	—	1 bis 30	0,5 bis 24
—	66 bis 90	V, Ta 0 bis 2	0,5 bis 1	—	3 bis 30	(< 1,5)
—	53 bis 83	—	0,5 bis 1	—	5 bis 18	1,5 b. 20 (34)
—	35 bis 73	Ta (Nb) 2 bis 25	0,5 bis 1	—	5 bis 20	3 bis 20 (34)
0 bis 2	0 bis 20	0 bis 15	0 bis 5	1 bis 50	1 bis 50	30 bis 65

Fortsetzung von S. 14.

Jahr	Legierung	Chemische Zusammensetzung in %			
		C	Mn	Si	Cr
1951	Säurefeste Hartmetalle				
	WC-Ni-Cr	4 b. 6	—	0 b. 2	2 b. 7
	Cr_3C_2 (TaC, TiC, WC) Ni (Co, Cu)	8 b. 12	—	< 0,2	55 b. 78
	WC-Pt	4 b. 6	—	—	—
1952 bis 1954	Härtbare Hartmetalle TiC-Stahl, TiC-WC-Stahl	7 b. 16	0 b. 2	0 b. 2	0 b. 20
			B		
1953 bis 1955	Borid-Hartmetalle				
	TiB_2-TiC, TiB_2-CrB_2	0 b. 15	7 b. 30	—	0 b. 7
	Mo_2NiB_2	0 b. 0,5	7,5 b. 8,5	—	—
1955 bis 1960	Schneidkeramiken			Cr_2O_3 od. Al_2O_3	
	Al_2O_3 (TiC, TiB_2WC, Mo_2C)	0 b. 4,5	0 b. 6	50 b. 99	0 b. 5
			Hf		
1960	WC-TiC(TaC)-HfC-Co-Hartmetalle	5,5 b. 10	2 b. 15	—	0 b. 0,5

wächst in dem Maße, als der Gehalt an Eisenmetallen fällt. In den Gußhartmetallen wird der Karbidanteil vorübergehend sogar fast 100%. In den üblichen Sinterhartmetallen liegt der Hilfsmetallgehalt meist zwischen 5 und 13% und nur in Sonderlegierungen wird weniger als 5% bzw. mehr als 13% Kobalt angewendet. In modernen Sinter- und Tränklegierungen wächst der Hilfsmetallgehalt wiederum auf Kosten ihres Karbidgehaltes auf 25 bis 50% an. Diese hochbindemetallhaltigen Hartlegierungen sind allerdings nicht mehr für Zerspanungszwecke, sondern als verschleißfeste bzw. hochwarm- und zunderfeste Werkstoffe zu verwenden.

In engem Zusammenhang mit der Entwicklung der Schneidmetalle in bezug auf ihre legierungsmäßige Zusammensetzung stehen natürlich auch die revolutionierenden Fortschritte auf dem Gebiete der gesamten Zerspanungstechnik und in neuester Zeit bei der Verschleißbekämpfung. Über die Steigerung der Schneidleistung beim Drehen von Stahl im Laufe der geschichtlichen Entwicklung gibt Abb. 7 nach F. Rapatz, H. Pollack und J. Holzberger[1] in überzeugender Weise Aufschluß. Mit steigendem Gehalt an Karbiden, insbesondere an Wolfram- und Titankarbid, wurde es möglich, die Schnittgeschwindigkeit bei der spanabhebenden Bearbeitung erheblich

[1] Rapatz, F., H. Pollack u. J. Holzberger: Stahl u. Eisen **58** (1938), S. 265/76.

Fortsetzung von S. 15.

Chemische Zusammensetzung in %						
Mo	W	V, Nb, Ta	Fe	Ni	Co	Ti
0 bis 1	76 bis 88	0 bis 2	< 0,5	5 bis15	0 bis 10	0 bis 5
0 bis 5	0 bis 20	0 bis 20	0 bis 5	5 bis 30	0 bis 30	0 bis 10
—	75 bis 90	0 bis 10	—	Pt 3 b. 20	—	0 bis 10
0 bis 2	0 bis 20	0 bis 5	40 bis 65	0 bis30	0 bis 20	25 bis 45
—	—	—	< 1	< 1	< 1	50 bis 75
77 bis 70	—	—	< 1	15 bis 20	—	—
0 bis 20	0 bis 20	—	< 0,5	< 0,5	< 0,5	0 bis 10
0 bis 2	50 bis 85	2 bis 30	—	0 bis 10	5 bis 20	2 bis 35

zu steigern, so daß man heute in der Lage ist, einen Stahl mit 40 bis 50 kg/mm² Festigkeit wirtschaftlich mit Schnittgeschwindigkeiten von 250 bis 300 m/Minute, Vorschüben von 1 bis 3 mm/Umdrehung und Spantiefen von 4 mm zu bearbeiten (s. Abb. 167, S. 383).

Steigert man den Titankarbidgehalt über 50 bis 60%, dann kommen diese Hartmetalle wegen der fallenden Biegebruchfestigkeit für Zerspanungszwecke nur selten in Frage. Legierungen mit mehr als 25% Titankarbid sind nicht mehr für schwere Schrupparbeiten, sondern nur noch für leichte Schnitte und Schlichtarbeiten geeignet.

Von hervorragender wirtschaftlicher Bedeutung bei den modernen Sinterhartmetallen ist dabei noch die Tatsache, daß die Zerspanungsleistung der gleichen Menge Wolfram in einem Sinterhartmetall, beispielsweise der Sorte S 1 (WC-TiC-Co 78/16/6), 10- bis 30mal so groß ist wie im Schnellstahl.

Während am Anfang der Entwicklung der Hartmetalle nur Ziehsteine aus Guß- und Sinterhartmetallen hergestellt wurden, drangen später die WC-Co-, WC-TiC-Co- und WC-TiC-TaC-Co-Legierungen in Form von Plättchen und Vollhartmetallwerkzeugen in das große Feld der spanabhebenden Verformung ein. Bis heute ist dieses Gebiet die Domäne der Sinterhartmetalle geblieben. In den letzten Jahren erobern sich die Sinterhartmetalle neue Anwendungsgebiete auf dem weiten Feld der Verschleißbekämpfung. Erwähnt seien hier insbesondere die spanlose Formgebung, der Bergbau u. a. Der Einsatz von 100 bis 150 t Hartmetall pro Monat allein für Vollgeschoße und Geschoßkerne zur Bekämpfung von Panzern im zweiten Weltkrieg und von derzeit etwa 100 bis 150 t Schlagbohr- und Kohlebohrplatten im Bergbau sowie von etwa 20 bis 30 t für Spikes für Winterreifen, deutet auch mengenmäßig auf die heutige Bedeutung der Hartmetalle hin.

In neuester Zeit wird Sinterhartmetall in Form von gesinterten oder hilfsmetallgetränkten Hartstoffen, wie bereits erwähnt, als hochwarm- und zunderfeste Werkstoffe sowie für Verschleißteile verwendet. Hier erschließt sich den hochschmelzenden Hartstoffen, und zwar sowohl den Karbiden als auch den Nitriden und Boriden, in gewissem Umfange vielleicht auch den Siliziden, ein weites und hochinteressantes Anwendungsgebiet.

Am Ende der Zahlentafel 2 wird auch noch auf *Sonderhartmetalle*, beispielsweise auf härtbare, hilfsmetallhaltige Hartlegierungen mit Stahlbindern (Ferro-TiC) und ferner auf säurefeste Hartmetalle auf Chromkarbid- und Wolframkarbidbasis hingewiesen. Boridhaltige und insbesonders oxidkeramische Werkstoffe treten zu den Karbidhartmetallen bei hohen Drehgeschwindigkeiten in Konkurrenz. Die kürzlich entwickelten, hafniumkarbidhaltigen Hartmetalle könnten großtechnische Bedeutung gewinnen. Auf die Sonderhartmetalle wird im Einzelnen noch in den Kapiteln V und VIII eingegangen.

II. Die Technologie der Hartmetalle

A. Einleitung und Allgemeines

Obwohl die Hartmetallindustrie kaum 35 Jahre alt ist, die Mehrzahl der Hartmetallbetriebe sogar nur 10 bis 20 Jahre, sind die Verfahrensschritte zur Herstellung von Hartmetallen heute fast Allgemeingut der Technik geworden. So wie man von einer Hochofen-, Stahlwerks- oder Walzwerkspraxis spricht, kann man heute auch schon von einer Hartmetallpraxis sprechen[1–17].

[1] Skaupy, F.: Metallkeramik, 3. Aufl., Verlag Chemie, Berlin 1949, S. 185ff.

[2] Kieffer, R. u. W. Hotop: Pulvermetallurgie und Sinterwerkstoffe, 2. Aufl., Springer-Verlag, Berlin/Göttingen/Heidelberg, 1948, S. 283ff.

[3] Goetzel, C. G.: Treatise on Powder Metallurgy Vol. II, Interscience Publ., New York 1950, S. 93ff.

[4] Agte, C. u. M. Petrdlik: Hartmetalle, Prag 1951.

[5] Dawihl, W.: A Handbook of Hard Metals. Her Stat. Majesty Off., London 1955.

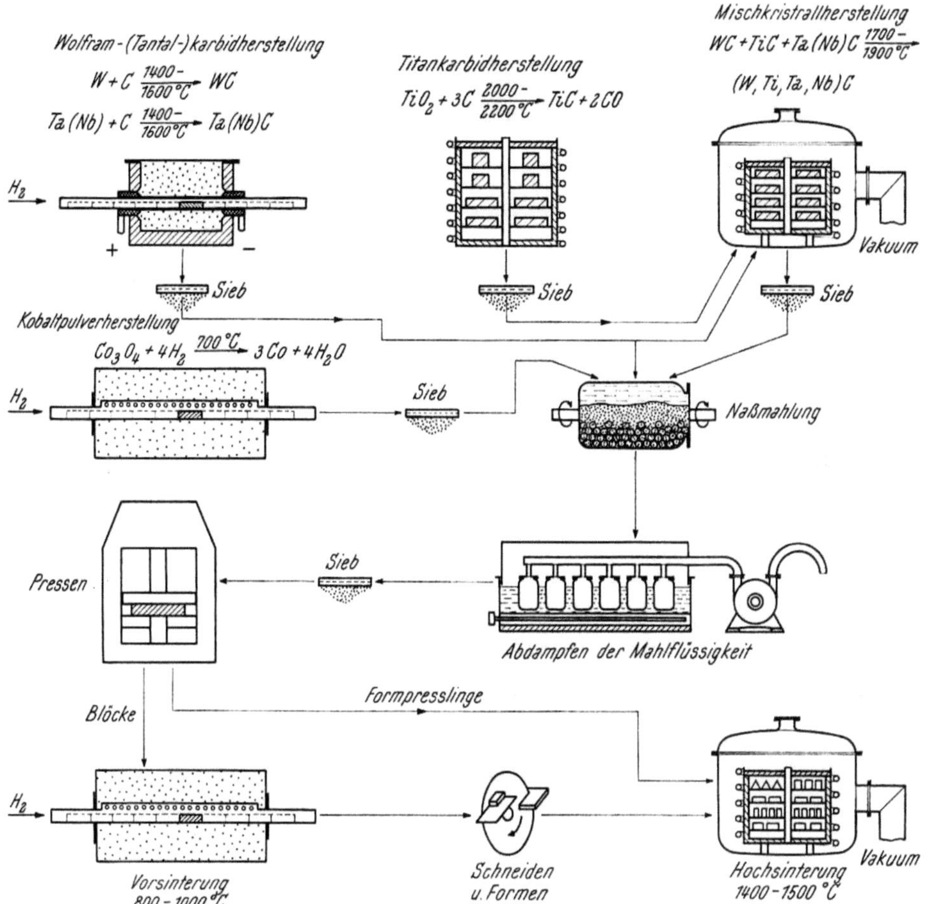

Abb. 8. Herstellungsgang von Sinterhartmetall, schematisch

[6] Rakovski, V. S., G. V. Samsonov u. I. I. Olchov: Grundlagen der Herstellung von Hartmetallen. Metallurgizdat, Moskau 1960.

[7] Comstock, G. J.: Trans. Am. Soc. Steel Treat. **18** (1930), S. 993/1008.

[8] Burden, H.: J. Inst. Product Engr. **19** (1940), S. 391/407, Disk. 408/15.

[9] Engle, E. W. in J. Wulff: Powder Metallurgy, Am. Soc. Met., Cleveland 1942, S. 436/53.

[10] Comstock, G. J.: Iron Age **156** (1945), Nr. 9, S. 36A/36L.

[11] Trapp, G. J., B. E. Berry, H. Burden u. T. Raine: Iron Steel Inst., Spec. Rep. Nr. 38, London 1947, S. 92/98.

[12] Burden, H.: Iron Steel Inst., Spec. Rep. Nr. 38, London 1947, S. 78/83.

[13] Trent, E. M.: Inst. Prod. Engrs. **28** (1947), S. 349/58.

[14] Franssen, H.: Metall **4** (1950), S. 484/86.

[15] Berry, B. E.: Murex Rev. **1** (1951), Nr. 8, S. 165/83.

[16] Ballhausen, C.: Stahl u. Eisen **71** (1951), S. 1090/97.

[17] Trent, E. M.: Powder Met. (1958), Nr. 1/2, S. 65/72.

Hartmetall ist ein typisch pulvermetallurgisches Erzeugnis. Das Sinterverfahren *muß* hier angewendet werden, weil es auf dem Schmelzwege wegen des WC-Zerfalles nicht gelingt, brauchbare Produkte zu erzeugen. Abb. 8 zeigt schematisch den Herstellungsgang von Hartmetallplättchen, vom Rohstoff bis zum fertigen Erzeugnis. Die hauptsächlichsten Ausgangsprodukte der Hartmetallerzeugung sind:

Wolframtrioxid bzw. Wolframhydratsäure, Ammoniumparawolframat, Wolframpulver, Titandioxid, Tantalpulver bzw. Tantalpentoxid oder Ferrotantal-Niob, Kobaltoxid bzw. Kobaltpulver und Ruß. Aus den oxidischen Schwermetallverbindungen werden direkt oder über das als Zwischenprodukt gewonnene Metallpulver die Karbide hergestellt. Die Karbide werden einzeln oder als Mischkristalle mit Kobaltpulver vermengt und zur vollkommenen Homogenisierung naß zu einem feindispersen Karbid-Hilfsmetallschlamm vermahlen. Der nasse Schlamm wird getrocknet, gegebenenfalls nachreduziert und zu Stäben, Blöcken, Platten oder fertigen Plättchen verpreßt. Sonderformen werden nach dem Doppelsinterverfahren erzeugt, d. h. man sintert blockförmige Preßlinge bei 800 bis 1000° vor und formt aus diesen durch Schneiden und Schleifen die Fertigteile. Die so hergestellten Formkörper werden ebenso wie die direkt erzeugten Preßlinge in Kohlerohrkurzschlußöfen, in Öfen mit Molybdän-Heizleitern unter Wasserstoff oder in hochfrequenz- bzw. molybdänbeheizten Vakuumöfen hochgesintert. Mit den Hartmetallkörpern werden nun in bekannter Weise Drehwerkzeuge, Ziehsteine, Matrizen, Sandstrahldüsen und andere Werkzeuge bestückt.

B. Die Ausgangsstoffe der Hartmetallerzeugung

1. Oxide, Metalle und Metalloide

a) Wolfram und Wolframverbindungen

Die wichtigsten Ausgangsstoffe der Hartmetallerzeugung sind Wolframtrioxid, Wolframhydratsäure und Ammoniumparawolframat. Wegen der Erzeugung dieser Vormaterialien aus den Wolframerzen sei auf das sehr reiche Schrifttum verwiesen[1–6]. Die Hartmetallbetriebe beziehen diese Produkte, an welche besondere Anforderungen

[1] ALTERTHUM, H.: Wolfram, Vieweg & Sohn, Braunschweig 1925.

[2] KNEPPER, F.: Die Fabrikation von Wolframdrähten für elektrische Glühlampen und Radioröhren, Hachmeister & Thal, Leipzig 1930.

[3] SMITHELLS, C. J.: Tungsten, 3. Aufl., Chapman & Hall, London, 1952.

[4] LI, K. C. u. C. Y. WANG: Tungsten, Reinhold Publ. New York, 1947.

[5] BERRY, B. E.: Murex Rev. 1 (1951), Nr. 8, S. 165/83.

[6] AGTE, C. u. J. VACEK: Wolfram und Molybdän. Akademie-Verl., Berlin 1959.

gestellt werden (s. S. 115 und Zahlentafel 5) vorwiegend von chemischen Fabriken. Eine Reihe von Hartmetallerzeugern unterhält auch eigene chemische Aufbereitungsanlagen für Wolframit oder Scheelit. Die Reduktion der Wolframverbindungen wird meist von den Hartmetallerzeugern selbst durchgeführt. Man bedient sich dabei der Methoden und Einrichtungen, die bei der Herstellung von Wolframmetall (Coolidge-Verfahren) üblich sind.

Die Reduktion der genannten Wolframverbindungen erfolgt überwiegend in kontinuierlichen, elektrisch- oder gasbeheizten Durchsatzöfen mittels Wasserstoff (Abb. 9). Das schwach geglühte grünlichgelbe Wolframtrioxid, die orange gefärbte Hydratsäure (H_2WO_4) oder das weiße Parawolframat werden in dünnen Schichten in Schiffchen aus Nickel, Molybdän oder rostfreiem Stahl ausgebreitet und im Gegenstromprinzip unter Wasserstoff bei 800 bis 1100° durch den Ofen geschoben. Der gebildete Wasserdampf wird meist in einer

Abb. 9. Durchsatzöfen mit Molybdänheizleitern zur Erzeugung von Wolframpulver (Metallwerk Plansee A.G, Reutte/Tirol)

Trockenanlage entfernt und der gereinigte Wasserstoff wird wieder im Kreislauf dem Ofen zugeführt. Für die Praxis ist von Bedeutung, daß selbst in feuchtem, strömendem Wasserstoff von Atmosphärendruck, der bis etwa 25 g Wasser pro Kubikmeter enthalten kann, bei 900° das Gleichgewicht der Reaktion:

$$WO_3 + 3\,H_2 \rightleftharpoons W + 3\,H_2O$$

noch vollkommen nach rechts verschoben ist. Wegen Einzelheiten bezüglich des Gleichgewichtes zwischen den verschiedenen Wolframoxiden, Wasserstoff und Wasserdampf sowie auf die Kinetik des Reduktionsvorganges sei auf das sehr umfangreiche Schrifttum verwiesen[1–12] (s. a. S. 116).

Das Wolframtrioxid durchläuft bei der Reduktion die verschiedensten Oxidationsstufen[6], wobei die Reduktionszwischenprodukte durch die violette Färbung des W_4O_{11}, die braune Färbung des WO_2 oder Mischfarben dieser Oxide mit dem charakteristischen Gelbgrün des WO_3 gekennzeichnet sind. Aus Zahlentafel 3 geht

Zahlentafel 3. *Reduktionsstufen von Wolframtrioxid* (C. J. SMITHELLS)

Temperatur °C	Aussehen	Annähernde Zusammensetzung
400	grünlichblau	$WO_3 + W_4O_{11}$
500	marineblau	$WO_3 + W_4O_{11}$
550	violett	W_4O_{11}
575	rotbraun	$W_4O_{11} + WO_2$
600	dunkelbraun (schokolade)	WO_2
650	braunschwarz	$WO_2 + W$
700	grauschwarz	W
800	grau	W
900	metallisch grau	W
1000	grob metallisch glänzend	W

das Aussehen der verschiedenen Reduktionsstufen und ihre ungefähre chemische Zusammensetzung hervor.

Die Korngröße des gewonnenen Wolframpulvers hängt von der Reduktionstemperatur, dem Wassergehalt des Wasserstoffes, der Strömungsgeschwindigkeit des Wasserstoffes und der Vorgeschichte des Wolframtrioxides ab[13]. Das Wolframpulver wird im allgemeinen

[1] CHAUDRON, C.: Compt. Rend. **170** (1920), S. 1056; Ann. Chimie **16** (1921), S. 221/81.

[2] VAN LIEMPT, I. A. M.: Z. anorg. allg. Chem. **120** (1922), S. 267/76.

[3] KOPELMAN, B.: Am. Inst. Min. Met. Eng., Techn. Publ. Nr. 2100 (1946).

[4] KOPELMAN, B. u. C. C. GREGG: Am. Inst. Min. Met. Eng., Techn. Publ. Nr. 2434 (1948).

[5] COLLENBERG, O. u. B. SANDBERG: Svens. Kem. Tid. **53** (1941), S. 192.

[6] GLEMSER, O. u. H. SAUER: Z. anorg. Chem. **252** (1943), S. 144/59.

[7] HOUGEN, J. O., R. R. REEVES u. G. G. MANNELLA: Ing. Engng. Chem. **48** (1956), S. 318/20.

[8] PETRDLIK, M.: Chem. Listy **51** (1957), S. 1300/03; Coll. Czechoslov. Chem. Commun **23** (1958), S. 372/75.

[9] SPIER, H. L. u. W. L. WANMAKER: Philips Res. Rep. **13** (1958), S. 149/56.

[10] GRIFFIS, R. C.: J. Electrochem. Soc. **105** (1958), S. 398/402.

[11] AUSTIN, L. G.: Ind. Engng. Chem. **53** (1961), S. 659/61.

[12] AHN, Y.: J. Japan Soc. Powder Met. **8** (1961), S. 253/58; **9** (1962), S. 93/101.

[13] HENDUS, H., W. DAWIHL u. G. BARTSCH: Z. Metallkunde **48** (1957), S. 615/24.

um so gröber, je gröber die verwendete Wolframsäure, je höher die Reduktionstemperatur, je höher der Wassergehalt im Wasserstoff und je kleiner die Strömungsgeschwindigkeit des Wasserstoffes ist. Zahlentafel 4 zeigt die Zusammenhänge zwischen der Korngröße von Wolframmetallpulver und der Höhe der Reduktionstemperatur,

Zahlentafel 4. *Herstellungsbedingungen von Wolframpulvern verschiedener Korngröße* (C. J. SMITHELLS)

Korngröße des erzielten Wolfram-pulvers in μ	Reduktions-temperatur in °C	Feuchtigkeitsgehalt des Wasserstoffs	Klopfdichte des Wolframtrioxids in g/cm³
0,5	800	trocken	0,05
2	830	trocken	0,5
4	900	trocken	1,0
8	1130	mit Wasser gesättigt bei 75°	1,5
10	1200	mit Wasser gesättigt bei 85°	2,0

dem Feuchtigkeitsgehalt des Wasserstoffes und der Klopfdichte des verwendeten Wolframtrioxides.

Für die Erzeugung von feinkörnigem Wolframpulver werden auch Drehrohröfen[1] eingesetzt (Abb. 10 und Abb. 11). Das Umwälzen des Reduktionsgutes im Gasstrom erlaubt einen engeren Kontakt des Wasserstoffes mit einzelnen Oxidteilchen und ein leichteres Abführen des gebildeten Wasserdampfes. Die Durchreduktion kann somit bei etwas niedrigeren Temperaturen erfolgen und damit ein gewisses Kornwachstum der Wolframfeinkristalle vermieden werden. Der Nachteil der Drehrohröfen besteht in ihrer verhältnismäßig geringen Leistungsfähigkeit. Größere Ofentypen bereiten wegen des Anbackens des Pulvers erhebliche betriebliche Schwierigkeiten.

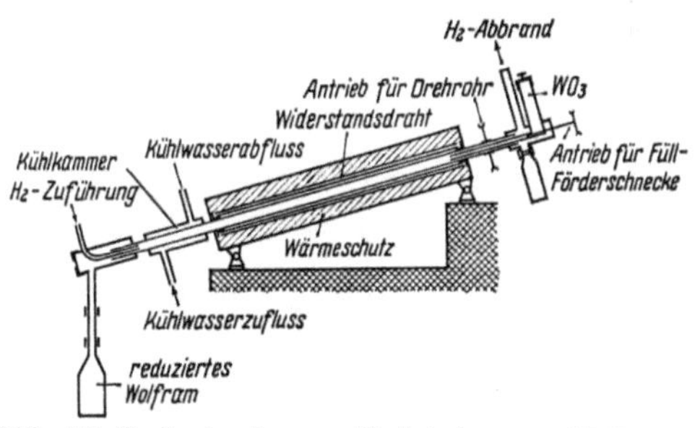

Abb. 10. Drehrohrofen zur Reduktion von Wolframtrioxid, schematisch (C. BALLHAUSEN)

[1] MELNIKOV, V. N., V. A. VESNINA, G. L. FRIDMAN u. V. V. JAKOVLEV: Poroschkovaja Met. (1963), Nr. 1, S. 93/103.

Die Wirbelbettreduktion von Wolframverbindungen (Oxiden, Halogeniden u. a.) ist über Laboratoriumsversuche noch nicht hinausgekommen.

Abb. 11. Batterie von Drehrohröfen zur Reduktion von Wolframtrioxid (Friedr. KRUPP, Widia-Fabrik, Essen)

Technisches Wolframpulver für die Stahlindustrie wird bekanntlich, in Anlehnung an die Herstellung von Schwedenschwammpulver, auch durch Reduktion von Wolframtrioxid mit Kohle oder kohleenthaltenden Substanzen in gasbeheizten Tontiegeln hergestellt. Geht man z. B. von Ruß als Reduktionsmittel aus und sorgt für feindisperse Verteilung desselben mit dem Wolframtrioxid, so gelangt man auch zu einem für die Hartmetallherstellung brauchbaren Wolframmetall, das durch geringe Kohlenstoffgehalte gekennzeichnet ist[1].

b) Kobalt

Kobaltmetallpulver für die Hartmetallerzeugung wird durch Wasserstoffreduktion von Kobaltoxid oder Kobaltoxalat bzw. -formiat gewonnen. Die für die Herstellung von Wolframmetallpulver üblichen elektrischen Durchlauföfen sind hier gleichfalls am Platze. Die Re-

[1] HEGEDÜS, A. J. u. P. GADO: Z. anorg. allg. Chem. **305** (1960), S. 227/35.

duktionstemperatur beträgt 500 bis 700°. Zu niedrige Reduktionstemperaturen führen zu einem pyrophoren Metall.

Ein Großteil der Hartmetallerzeuger zieht vor, das Kobaltpulver nicht selbst herzustellen, sondern von chemischen Großfirmen zu beziehen. Zur Technologie der Kobaltgewinnung selbst vergleiche das Schrifttum[1–3].

c) Tantal und Tantalpentoxid

Für die Herstellung von Tantalkarbid geht man gerne von Tantalmetallpulver aus. Billiger ist der Weg über Tantalpentoxid, da dieses leicht rein zu erzeugen ist. Die Herstellung von Tantalmetallpulver ist vielfach beschrieben worden. Sie erfolgt heute meist durch Alkalimetallreduktion oder Schmelzflußelektrolyse von Kaliumtantalfluorid[4–7]. Tantalpentoxid wird ebenfalls aus Kaliumtantalfluorid durch Hydrolyse oder Fällen mit Ammoniak gewonnen. Die Trennung von Tantal und Niob erfolgt z. B. durch Lösungsmittel-Extraktion der schwefelsäuren Fluoride mit Methyl-Isobutylketon oder Hexon[8–10].

Da man heute in den Hartmetallen meist nicht reines Tantalkarbid, sondern Tantalkarbid-Niobkarbid bzw. Titan-Wolfram-Tantal-Niob-Karbidmischkristalle einsetzt, kann man auch von technischer Tantal-Niobsäure bzw. Ferro-Tantal-Niob ausgehen, d. h. in vielen Fällen erübrigt sich die kostspielige Tantal-Niob-Trennung.

Die Tantal-Niob enthaltenden Ausgangsstoffe werden selten vom Hartmetallfertiger aufbereitet oder hergestellt; vielmehr werden diese von chemischen Spezialbetrieben bezogen. Wie diese die Aufarbeitung der Erze zu Ferrolegierungen, zu technischen Oxiden,

---

[1] Perrault, R.: Le Cobalt, Dunod, Paris 1946.

[2] Young, R. S.: Cobalt, Reinhold Publ., New York 1960.

[3] Piedeboeuf, Ch.: Kobalt, Kobalt Inf. Düsseldorf 1961.

[4] Balke, C. W.: Ind. Engng. Chem. **21** (1929), S. 1002/07.

[5] Driggs, F. H. u. W. C. Lilliendahl: Ind. Engng. Chem. **23** (1931), S. 634/37.

[6] Balke, C. W.: Ind. Engng. Chem. **27** (1935), S. 1166.

[7] Titterington, R. u. A. G. Simpson: Symposium on Powder Metallurgy 1954, Iron Steel Inst., Spec. Rep. Nr. 58, London 1956, S. 11/18.

[8] Werning, J. R. u. K. B. Higbie: Ind. Engng. Chem. **46** (1954), S. 644.

[9] Carlson, C. W. u. R. H. Nielsen: J. Metals **12** (1960), S. 472/75.

[10] Vgl. a. G. L. Miller: Tantalum and Niobium, Butterworth Sci. Publ. London 1959. R. Kieffer u. H. Braun: Vanadin, Niob und Tantal. Springer-Verlag, Berlin/Göttingen/Heidelberg 1963. F. T. Sisco u. E. Epremian Eds.: Columbium and Tantalum. John Wiley Sons Inc., New York 1963.

Metallen oder Karbiden vornehmen, ist dem Schrifttum zu entnehmen[1–3].

d) *Titandioxid*

Das Titandioxid für die Herstellung von Titankarbid wird fast von keinem Hartmetallerzeuger selbst hergestellt. Es ist als billige Schwerchemikalie der anorganischen Pigmentindustrie in entsprechender Reinheit erhältlich[4, 5]. Das aus Rutil oder Ilmenit gewonnene Titandioxid enthält aus dem Erz, vom Aufschluß und von der Abtrennung des Eisens her, charakteristische Verunreinigungen an Schwefel, Phosphor, Arsen, SiO_2 und Alkalien, die für die Titankarbidherstellung zusammen möglichst unter 0,1% liegen sollen.

e) *Ruß*

Der Kohlenstoff für die Karburierung der Metalle und Oxide wird gewöhnlich als gepreßter, geglühter oder ungeglühter Flammruß eingesetzt. Der Aschegehalt soll möglichst niedrig sein und weniger als 0,2% betragen. Gelegentlich wird auch Zuckerkohle und gepulverter, aschearmer Elektrographit zum Karburieren verwendet.

Die charakteristischen Eigenschaften, insbesondere der Gehalt an Verunreinigungen der besprochenen metallischen und oxidischen Vormaterialien, sind in Zahlentafel 5 zusammengestellt[6].

2. Karbide und Karbidmischkristalle

Die Grundlagen und Einzelheiten der Herstellung der für die Hartmetallerzeugung wichtigen Karbide und Karbidmischkristalle wurde bereits eingehend im Bd. Hartstoffe besprochen. Im folgenden sollen noch verfahrenstechnische und betriebliche Einzelheiten erwähnt werden.

a) *Wolframkarbid*

Bei der Herstellung von Wolframkarbid geht man meist von Wolframmetallpulver aus, welches gemäß den Ausführungen im

---

[1] Miller, G. L.: Tantalum and Niobium, Butterworth Sci. Publ., London 1959.

[2] Sisco, F. T. u. E. Epremian Eds.: Columbium and Tantalum. J. Wiley, New York 1963.

[3] Kieffer, R. u. H. Braun: Vanadin, Niob und Tantal, Springer-Verlag, Berlin/Göttingen/Heidelberg 1963.

[4] Barksdale, J.: Titanium, Ronald Press Co., New York, 1949.

[5] s. a. Gmelins-Handbuch der anorganischen Chemie, System Nr. 41, Titan, Verlag Chemie, Weinheim 1951.

[6] B.I.O.S., Final Rep. Nr. 1385, S. 18/20. (F. Krupp,, Widia-Fabrik).

Zahlentafel 5. *Eigenschaften der Rohmaterialien u. Zwischenprodukte für die Hartmetall-Herstellung* (F. KRUPP, Widia-Fabrik)

Material	Füllvolumen cm^3/100 g	Klopfvolumen cm^3/100 g	Korngröße μ	Gewichtszunahme beim Glühen an Luft %	Ungefähre chemische Analyse %
Ammoniumparawolframat	55 bis 70	40 bis 50	Bereich: 0,5 bis 65 Hauptfrakt.: 0,5 bis 3 u. 10 bis 30	—	W: 70,2 Fe: 0,01 C: 0,01 S: 0,01 Si: < 0,04 Alkalien: 0,03
Wolframhydratsäure	200 bis 220	120 bis 140	Bereich: 0,5 bis 11 Hauptfrakt.: 3 bis 4,5	—	W: 73,5 Fe: < 0,05 C: 0,01 S: 0,01 Si: < 0,04 Alkalien: 0,05
Wolframtrioxid	120 bis 160	60 bis 80	Bereich: 0,5 bis 15 Hauptfrakt.: 1,5 bis 4,5	—	W: 78,6 Fe: < 0,05 C: 0,01 Si: 0,03 S: < 0,06 Alkalien: 0,1
Wolfram-Metall aus Wolframhydratsäure	100 bis 150	60 bis 90	Bereich: 0,5 bis 3 Hauptfrakt.: 0,5 bis 2	5 Min. 350° 18 bis 21	O_2: 0,2 bis 0,4 Verunreinigungen etwa wie oben

Fortsetzung Seite 28

Fortsetzung der Zahlentafel 5

Material	Füllvolumen $cm^3/100$ g	Klopfvolumen $cm^3/100$ g	Korngröße μ	Gewichtszunahme beim Glühen an Luft %	Ungefähre chemische Analyse %
Wolfram-Metall aus Wolframtrioxid	60 bis 80	30 bis 50	Bereich: 0,5 bis 5 Hauptfrakt.: 0,5 bis 2,5	5 Min. 350° 10 bis 18	O_2: 0,1 bis 0,35 Verunreinigungen etwa wie oben
Wolfram-Metall, kohlenstoffreduziert	30 bis 40	15 bis 25	Bereich: 0,5 bis 10 Hauptfrakt.: 1 bis 4	30 Min. 400° 2,3	W: 99,2 Fe: 0,09 Si: 0,03 C: 0,06 O_2: 0,4
Titandioxid	200 bis 220	100 bis 110	n. b.	—	Ti: 59,8 C: 0,02 Si: 0,02 S: 0,04 Fe: 0,08 Glühverlust: 0,2 bis 0,5
Titan-Metall	90 bis 100	60 bis 70	n. b.	—	Ti: 98,5
Tantalpentoxid	n. b.	n. b.	n. b.	—	Ta_2O_5: 99,8
Tantal-Metall	n. b.	n. b.	n. b	—	Ta: 99,85 C: 0,1 Fe: 0,001 Chlor. Rückstand: 0,02

Fortsetzung Seite 29

Fortsetzung der Zahlentafel 5

Material	Füllvolumen $cm^3/100\,g$	Klopfvolumen $cm^3/100\,g$	Korngröße μ	Gewichtszunahme beim Glühen an Luft %	Ungefähre chemische Analyse %
Ferro-Tantal-Niob	n. b.	n. b.	n. b.	—	Nb: 21 Ta: 47 Fe: 26 Rest: Ti, Mn, Cu, Al, Sn, S, Si
Molybdäntrioxid	420 bis 520	200 bis 240	n. b.	—	Fe: 0,003 Chlor. Rückstand: 0,03
Molybdän	70 bis 80	40 bis 45	2 bis 10	—	Mo: 99,92 Fe: 0,03 Chlor. Rückstand 0,04
Kobalt	80 bis 100	50 bis 60	1 bis 3	30 Min. 400° 28	Co: 98,6 Fe: 0,08 Mn: 0,1 Ni: 0,1 Si: 0,05 Zn: 0,05 C: 0,1 Alkalien: 0,08 O_2: 0,6

Fortsetzung Seite 30

Fortsetzung der Zahlentafel 5

Material	Füllvolumen cm^3/100 g	Klopfvolumen cm^3/100 g	Korngröße μ	Gewichtszunahme beim Glühen an Luft %	Ungefähre chemische Analyse %
Nickel	50 bis 60	30 bis 40	1 bis 5	n. b.	Ni: 99,6 C: 0,08 O_2: 0,15
Blockgraphit, gemahlen ...	nach Mahlungsgrad	s. v.	s. v.	n. b.	C: 98,2 Asche: 0,6 Feuchtigkeit: 0,2 S: 0,2 Flüchtiges: 0,9
Ruß	500 bis 1000	400 bis 700	n. b.	n. b.	C: 97,9 Asche: 0,05 Feuchtigkeit: 0,1 bis 2 S: 0,3 bis 0,5 Flüchtiges: 1
Zuckerkohle	260 bis 300	110 bis 160	n. b.	n. b.	C: 94,7 Asche: 0,7 Feuchtigkeit: 1,4 S: 0,3 Flüchtiges: 2,6

vorhergehenden Abschnitt aus WO_3 oder anderen Wolframverbindungen durch Wasserstoff- oder Kohlenstoffreduktion erhalten wird. Das Metallpulver wird in Mischtrommeln, die zusätzliche Mischorgane enthalten können, oder in Kugelmühlen mit der notwendigen Rußmenge trocken vermengt. Meist werden 5 bis 10% über die theoretische erforderliche Rußmenge zugesetzt. Wegen der großen Unterschiede in der Dichte, insbesondere bei gröberen Wolframpulvern, ist darauf zu achten, daß nachträglich kein Entmischen eintritt. Das Metallpulver-Rußgemisch wird lose oder vorgepreßt in Graphitschiffchen in kontinuierlich arbeitenden Kohlerohrkurzschlußöfen durchgesetzt, wie sie auch zum Sintern von Wolframkarbid-Kobalt-Hartmetallen benutzt werden (vgl. Abb. 24).

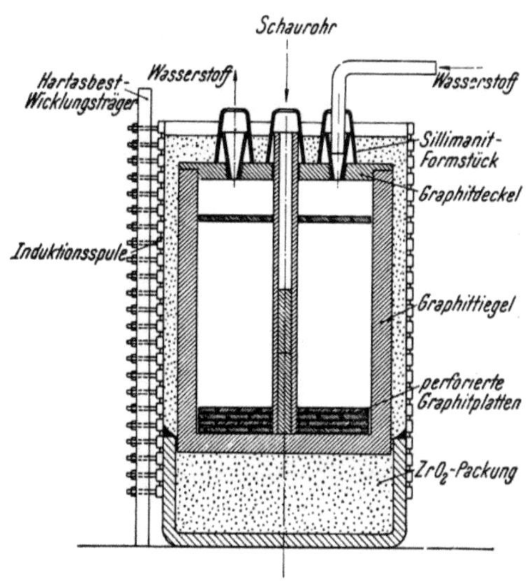

Abb. 12. Hochfrequenzofen zur Herstellung von Wolframkarbid (L. D. Brownlee, G. A. Geach und T. Raine)

Der Rohrdurchmesser der Kohlerohre bewegt sich meist zwischen 70 und 130 mm bei einer Länge von etwa 1200 bis 1600 mm und einem Anschlußwert von 50 bis 200 kW. Es sind auch für die Massenfertigung von Wolframkarbid Öfen mit Rohrdurchmessern von 150 bis 300 mm und Rohrlängen von 1600 bis 2000 mm in Verwendung. Die Karburierungstemperaturen schwanken zwischen 1375 und 1600°, je nach der erwünschten Korngröße der Karbide, die selbstverständlich mit steigender Temperatur anwächst. Neben horizontalen Kohlerohrkurzschlußöfen haben sich neuerdings auch kontinuierliche vertikale Kohlerohrkurzschlußöfen oder dreiphasige vertikale Elektrodenöfen bewährt.

Größere einheitliche Chargen erhält man in offenen Hochfrequenzöfen (Abb. 12). Das Karburierungsgut befindet sich in einem Graphittiegel, welcher mit durchlochtem Deckel verschlossen ist. Der Graphitbehälter wird z. B. durch Zirkonoxid von der ihn umgebenden Hochfrequenzspule wärmeisoliert.

Auch die zur Herstellung von technischem Wolframpulver verwendeten gasbeheizten Öfen (vgl. S. 21) lassen sich bei höheren Temperaturen zur tonnenweisen Erzeugung von Wolframkarbid einsetzen. Ebenso sind Durchsatzöfen mit Molybdänheizleitern brauchbar[1].

Die mehr oder minder fest zusammengebackenen Karbidkuchen werden in Spindelpressen und Brechern vorgebrochen, in Hammermühlen, Wirbelschlagmühlen, Stiftmühlen oder Kugelmühlen feinzerkleinert und dann auf Schwingsieben abgesiebt.

Das Ziel der Karburierung ist, möglichst dicht an den theoretischen Gehalt an gebundenem Kohlenstoff zu kommen und den Gehalt an freiem Kohlenstoff, Sauerstoff und Stickstoff möglichst niedrig zu halten.

Ein einwandfreies technisches Karbid enthält 6,1 bis 6,15% Gesamtkohlenstoff, davon 0,05% bis 0,1% in freier ungebundener Form. Enthält das Karbid zu wenig gebundenen Kohlenstoff, dann muß die ganze Karburierungsoperation unter Zusatz der fehlenden Menge Ruß wiederholt werden.

Über die Untersuchung von technischen Wolframkarbidpulvern, insbesondere über die Bestimmung der Korngröße und Korngrößenverteilung, vergleiche die Ausführungen auf S. 116.

b) Titankarbid

Bei der Erzeugung von Titankarbid geht man ebenso wie bei der Herstellung von Zirkoniumkarbid, Vanadinkarbid, Niobkarbid wegen des hohen Preises selten von den entsprechenden Metallpulvern, sondern fast ausschließlich von den billiger erhältlichen Oxiden aus.

Das Oxid-Rußgemenge (z. B. 68,5 bis 69% Titandioxid und 31,5 bis 31% Ruß) wird durch Trockenmischung, besser noch durch Naßmahlung und anschließendes Trocknen in geeigneten Knetmischern bereitet. Das Gemenge wird darauf brikettiert und bei 2100 bis 2300° karburiert. Außer horizontalen und vertikalen Kohlerohrkurzschlußöfen kommen mit Vorteil Hochfrequenz-Vakuumöfen zur Karburierung der Oxide in Frage (Abb. 28, S. 50). Bei den horizontalen Durchsatzöfen werden Graphitschiffchen, bei den vertikalen lockerer Graphitgrieß zum Durchsatz verwendet.

Die Rohkarbide, die meist härter als die Wolframkarbidkuchen anfallen, werden gleichfalls in Backenbrechern gebrochen, in Kugel-, Schwing- oder Wirbelschlagmühlen feinstzerkleinert und abgesiebt. Für die Zerkleinerung von lichtbogengeschmolzenem TiC wurden auch Stampf- und Kugelmühlen vorgeschlagen[2].

---

[1] Krapuchin, V. V., G. N. Zajtschenko, P. W. Porchunov u. E. J. Itkina: Cvetnyje Metally **30** (1957), Nr. 9, S. 67/73.

[2] Imai, Y. u. M. Kumazawa: Nippon Kinzoku Gakkai Si **24** (1960), S. 312/15.

Während es bei Wolframkarbid, Molybdänkarbid und Tantalkarbid leicht gelingt, bis auf etwa 0,02% an den theoretischen Kohlenstoffgehalt heranzukommen, bereitet dies beim Titankarbid und auch beim Vanadinkarbid im großtechnischen Maßstab Schwierigkeiten. Technisches Titankarbid fällt meist mit einem Gesamtkohlenstoffgehalt von 19,0 bis 20,5% an, wobei 0,5 bis 2% als freier, graphitierter Kohlenstoff vorliegt. Entsprechend dem Kohlenstoffdefekt liegt der Sauerstoff -und Stickstoffgehalt verhältnismäßig hoch (s. S. 123). Die Endreinigung erfolgt meist, wegen der stabilen Me(C, N, O)-Phasen, über die Erzeugung titankarbidhaltiger Mischkristalle (sauerstoff- und stickstoffarme [Me 1, Me 2, Me 3] C-Phasen).

c) *Tantal-(Niob-)karbid*

Bei der Herstellung von Tantal-(Niob-)karbid aus Tantal-(Niob-)-Metallpulver verfährt man ebenso wie bei der Erzeugung von Wolframkarbid. Da reines Tantalpulver aber verhältnismäßig teuer ist, karburiert man zweckmäßiger Tantalabfälle oder Tantalpentoxid in den früher beschriebenen Ofentypen (s. S. 31). Weil ein Niobkarbidgehalt im Tantalkarbid meist nicht stört, geht man oft von feinstzerkleinertem Ferrotantal-Niob aus und karburiert dieses direkt, wobei man Tantalkarbid-Niobkarbid-Mischkristalle nach Säureisolierung erhält.

d) *Molybdänkarbid*

Molybdänkarbid wird ebenso wie Wolframkarbid aus Molybdänmetallpulver und Ruß in den üblichen Öfen hergestellt. Die Karburierungstemperatur liegt dabei um etwa 100 bis 200° niedriger.

e) *Vanadinkarbid, Zirkoniumkarbid, Niobkarbid, Chromkarbid, Hafniumkarbid*

Bei der Herstellung dieser Karbide geht man am besten von den entsprechenden Oxiden — für reine Präparate von reinen Metallabfällen, Metallpulvern oder Metallhydriden aus und karburiert diese mit Ruß bei Temperaturen, die etwa 50 bis 75% des Schmelzpunktes der Karbide entsprechen. Die Erreichung des theoretischen Kohlenstoffgehaltes ist insbesondere beim Vanadinkarbid aus den beim Titankarbid angeführten Gründen schwierig.

Die charakteristischen Eigenschaftswerte von Wolframkarbid, Titankarbid, Tantalkarbid, Molybdänkarbid und anderen in der Hartmetalltechnik weniger bedeutenden Karbiden sind in Zahlentafel 6 zusammengestellt.

Zahlentafel 6. *Eigenschaften der wichtigsten Karbide für die Hartmetallherstellung* (F. KRUPP, Widia-Fabrik)

Karbid	Füll-volumen $cm^3/100$ g	Klopf-volumen $cm^3/100$ g	Ungefähre Analyse %
Wolframkarbid aus Ammoniumparawolframat	25 bis 30	15 bis 17	C ges.: 6,0 b. 6,15 C frei: 0,05 b. 0,1
Wolframkarbid aus Wolframtrioxid	30 bis 35	18 bis 20	
Wolframkarbid aus Wolframhydratsäure	35 bis 40	20 bis 23	
Wolframkarbid aus kohlenstoffreduziertem W	30 bis 35	18 bis 20	
Titankarbid aus TiO_2	70 bis 90	40 bis 50	C ges.: 19 b. 20,5 C frei: 0,5 bis 2 O: 0,5 bis 1 N: 0,2 b. 0,6
Tantalkarbid aus Reintantal	22 bis 25	14 bis 16	C ges.: 6,0 b. 6,1 C frei: 0,05 b. 0,1
Molybdänkarbid aus Molybdänmetall	50 bis 60	30 bis 40	C ges.: 6,0 b. 6,1 C frei: 0,05 b. 0,15
Vanadinkarbid aus V_2O_5	80 bis 90	45 bis 50	C ges.: 17 bis 19 C frei: 0,1 bis 1 O: 0,4 bis 1 N: 0,2 bis 0,4
Chromkarbid Cr_3C_2 aus Cr_2O_3	60 bis 70	45 bis 50	C ges.: 13,4 C frei: 0,05 b. 0,15
Hafniumkarbid aus HfO_2	35 bis 40	20 bis 25	C ges.: 6,1 bis 6,25 C frei: 0,05 bis 0,15

f) Karbidmischkristalle

Es ergeben sich gemäß Zahlentafel 7 sechs Möglichkeiten der Herstellung von Karbidmischkristallen, wenn man wahlweise von Oxiden, Metallen oder Karbiden ausgeht. Die technisch gebräuchlichsten Wege sind dabei die Wege 1 und 6. Die Möglichkeit der Herstellung durch Schmelzen, Schmelzflußelektrolyse, Abscheidung aus der Gasphase und Isolierung aus Ferrolegierungen oder Metallschmelzen (Menstruum-Verfahren) soll hier nicht behandelt werden. Wegen Einzelheiten über die Herstellung von Karbidmischkristallen sei auf den Band Hartstoffe verwiesen.

Zahlentafel 7. *Möglichkeiten der technischen Herstellung von Karbidmischkristallen*

Reaktion von Oxiden mit	von Metallen mit	von Karbiden mit
1. *Oxiden + C* z. B. ZrO_2-TiO_2, WO_3-TiO_2-Ta_2O_5, MoO_3-TiO_2, V_2O_5-TiO_2, WO_3-TiO_2, WO_3-HfO_2	4. *Metallen + C* z. B. Mo-W, Ti-Zr, W-Ta, Ta-Nb	6. *Karbiden* alle Zwei- oder Mehrstoff-Karbidgemenge z. B. WC-TiC, WC-TiC-TaC, VC-TiC, Mo_2C-TiC, TiC-Cr_3C_2 HfC-WC
2. *Metallen + C* z. B. TiO_2-W, HfO_2-W	5. *Karbiden + C* z. B. W-TiC, Mo-TiC, Ta-VC, Cr-TiC	
3. *Karbiden + C* z. B. MoO_3-TiC, TiO_2-WC		

Die Erzeugung von Karbidmischkristallen durch Karburierung von Oxidgemengen (Weg 1) erlaubt eine erhebliche Senkung der Mischkristallbildungstemperatur um etwa 300 bis 500°. Diese Methode wird mit Vorteil bei der Erzeugung von wolframkarbidfreien Hartmetallen, z. B. von Molybdänkarbid-Titankarbid- und Vanadinkarbid-Titankarbid-Legierungen angewendet. C. Ballhausen[1] hat diese Methode auch bei der Herstellung von WC-TiC-Hartmetallen mit Erfolg angewendet.

Der Weg 6, die Mischkristallbildung durch gemeinsames Glühen bereits vorgebildeter Karbide, ergibt zusammensetzungsmäßig die eindeutigsten Verhältnisse. Die Mischkristallbildung und „Selbstreinigung" von freiem Kohlenstoff, Sauerstoff und Stickstoff erfolgt dabei besonders einwandfrei, wenn man den Karbiden 0,3 bis 0,5% Kobalt zur Diffusionserleichterung zusetzt.

Die weniger gebräuchlichen Wege 2 und 3, Einsatz einer Komponente als Oxid, der anderen als Metall oder Karbid, sind als „Knickverfahren" bekanntgeworden[2]. Auch hier herrschte der Gedanke vor, die hohe Karburierungstemperatur des Titankarbides von etwa 2100 bis 2300° auf etwa 1700° zu senken.

Weg 3 erlaubt durch Oxidzusatz ebenso wie Weg 5 durch Zusatz von Metallen zum Karbid, überschüssigen freien Graphit aus zu hochgekohltem Titankarbid zu entfernen.

Das derzeitige Interesse an Weg 4, Karburierung der pulverförmigen Metallgemenge, beschränkt sich zur Zeit auf das Metallpaar

[1] Ballhausen, C.: B.I.O.S., Final Rep. Nr. 1385 (1945), S. 86/87, B.I.O.S., Final Rep. Nr. 925, App. II.

[2] Franssen, H.: Arch. Eisenhüttenwes. **19** (1948), S. 79/84.

Tantal-Niob; er dürfte aber an Bedeutung gewinnen, wenn z. B. Titan- und Zirkoniumpulver zu wirtschaftlichen Preisen erhältlich sein werden, was in Anbetracht der stürmischen Entwicklung der Titan- und Zirkonium-Metallurgie bald der Fall sein dürfte.

Zur Erleichterung der Diffusion der Ausgangsstoffe und Zwischenprodukte ist — abgesehen von dem vorerwähnten Zusatz von Kobalt oder Kobaltverbindungen — eine sehr intensive Vermahlung, zweckmäßig Naßmahlung der Komponenten, notwendig. Knetmühlen, Kugel- und Vibrationsmühlen sind meist in Anwendung. Die zur Mischkristallbildung verwendeten Öfen sind dieselben wie bei der Karbidherstellung. Die Glühzeit bei der Mischkristallbildung ist so lange zu wählen (etwa 2 bis 4 Stunden) bis die Selbstreinigung der Karbide vollendet ist, was sich an dem Aufhören der Kohlenoxidentwicklung bemerkbar macht. Die Karbid-Mischkristalle sind gewöhnlich viel fester zusammengebacken als die reinen Karbide. Die Aufarbeitung auf Feinpulver lehnt sich an die des Titankarbides an.

Eine bestimmte Kohlenstoffanalyse der Karbidmischkristalle kann schwer gegeben werden. Dient der Mischkristall als Fertigprodukt, so muß der freie Kohlenstoff zweckmäßig unter 0,2% liegen. Wird der Mischkristall als Vorlegierungspulver benutzt und werden ihm später noch andere Karbide, z. B. freies WC zugemengt, so sind erheblich höhere Gehalte, z. B. 0,5 bis 1%, an freiem Kohlenstoff zulässig.

C. Die Hartmetallerzeugung

1. Die Vorbereitung der Hartmetallansätze

Zur Erzeugung von möglichst harten und porenarmen Sinterhartmetallen werden die Karbide und Karbidmischkristalle mit Kobalt heute ausnahmslos durch *Naßmahlung* in feinstdisperse Gemenge überführt[1, 2]. Als Mahlmittel werden Wasser, Dichloräthylen, Trichloräthylen, Tetrachlorkohlenstoff, Benzol, Benzin, Tetralin, Alkohol oder Azeton u. a. verwendet. Dem Vorteil der Naßmahlung, nämlich die Erzielung hochdisperser Verteilung, steht der Nachteil entgegen, daß die feinstverteilten Materialien des Ansatzes, besonders das Kobalt, mit dem Mahlmittel und der Mahlatmosphäre unter Oxidbildung reagieren. Bei der Trocknung und der meist nachgeschalteten Behandlung unter Wasserstoff kann weitere Oxidation und zwangsläufig ein Kohlenstoffverlust eintreten[3]. In der Praxis begegnet man

[1] TRENT, E. M.: Powder Met. (1958), Nr. 1/2, S. 65/72.

[2] HINNÜBER, J. u. W. KINNA: Techn. Mitt. Krupp **19** (1961), S. 13/53, Stahl u. Eisen **82** (1962), S. 31/46.

[3] SPRIGGS, G. E.: Powder Met. (1961), Nr. 7, S. 296/311.

diesen Nachteilen, indem man im Vakuum trocknet und die Nachreduktion unmittelbar unter absolut trockenem Wasserstoff anschließt.

Der Einfluß verschiedener Mahlmittel auf die Eisen- und Sauerstoffaufnahme[1] von WC-Co-Gemengen zeigt nach O. MEYER und W. EILENDER[2] Zahlentafel 8. Die mit der Mahldauer fortschreitende Kornverfeinerung und deren Einfluß auf Füll- und Klopfvolumen von WC-Co-Gemengen ist ebenfalls nach O. MEYER und E. EILENDER der Zahlentafel 9 zu entnehmen. Während bei der Trockenmahlung

Zahlentafel 8. *Einfluß des Mahlmittels auf die Eisen- und Sauerstoffaufnahme von WC-Co-Gemengen* (O. MEYER u. W. EILENDER)

Mahlung in	Eisenzunahme % Fe/kg/h	Gewichtsverlust in % bei der Reduktion mit Wasserstoff bei 700° C
Wasser	0,35	0,10
Benzol	0,12	0,045
Luft	0,070	0,033
Wasserstoff	0,030	0,015
Wasser und Wasserstoff	0,10	0,04

Zahlentafel 9. *Füll- und Klopfvolumen einer WC-Co-Mischung (92% WC, 8% Co) nach verschiedener Mahlzeit* (O. MEYER u. W. EILENDER)

Mahldauer* Stunden	Korngrößenverteilung unter dem Mikroskop	Füllvolumen cm³/100 g	Klopfvolumen cm³/100 g
6	30% 5,0 μ 50% 3,0 μ 20% 1,0 μ	9,3	7,1
12	30% 4,0 μ 40% 2,0 μ 30% 1,6 μ	8,4	7,5
24	15% 2,5 μ 50% 1,1 μ 35% 0,8 μ	10,6	7,3
48	20% 1,5 μ 70% 0,8 μ 10% 0,6 μ	17,2	12,0
96	10% 2,0 μ 50% 1,0 μ 40% 0,6 μ	20,5	15,6

* Das Mahlen erfolgte unter Wasser.

[1] HENDUS, H., W. DAWIHL u. G. BARTSCH: Z. Metallkunde **48** (1957), S. 615/24.

[2] MEYER, O. u. W. EILENDER: Arch. Eisenhüttenwes. **11** (1938), S. 545/62.

Abb. 13. Mahlgestell mit V2A-Kugelmühlen zum Mahlen von Hartmetallansätzen (Metallwerk Plansee A. G. Reutte/Tirol)

von Metallen üblicherweise Füll- und Klopfvolumen fallen, wachsen diese Größen bei der Naßmahlung, d. h. die Mehrstoffgemenge werden aufgelockert und voluminöser.

Bei der Lagerung von feingemahlenen Hartmetallansätzen in feuchter Luft[1] oder Wasserstoff[2] können Kohlenstoffverluste bis 0,2% im Fertigprodukt auftreten. Es ist also vorteilhaft,

Abb. 14. Kugelmühlen zum Mahlen von Hartmetallansätzen (Friedr. Krupp, Widia-Fabrik, Essen)

[1] Hinnüber, J. u. W. Kinna: Techn. Mitt. Krupp **19** (1961), S. 130/53, Stahl u. Eisen **82** (1962), S. 31/46.

[2] Spriggs, G. E.: Powder Met. (1961), Nr. 7, S. 296/311.

die Herstellung der Karbide und Mischungen in klimatisierten Räumen vorzunehmen.

Wegen des starken Verschleißes von Mühle und Mahlkugeln bei der Naßmahlung arbeitet man heute fast ausschließlich mit V2A-Mühlen oder mit stellit- bzw. hartmetallausgekleideten Mahlaggregaten unter Benutzung von Hartmetallkugeln. Abb. 13 zeigt ein Mühlengestell zur Aufnahme von je 8 V2A-Kugelmühlen. Die Mühlen werden üblicherweise mit etwa 10 bis 12 kg Hartmetallkugeln (Durchmesser 10 bis 30 mm), etwa 5 kg Hartmetallansatz und 1,5 Liter Mahlflüssigkeit beschickt. Die Drehzahl beträgt 50 bis 60 Umdrehungen/Minute, die Mahlzeit je nach Hartmetallsorte 3 bis 8 Tage. In Abb. 14 sind größere Kugelmühlen zu sehen. Der Inhalt der einzelnen Mühlen beträgt 45 Liter, die Beschickung besteht aus etwa 80 kg Hartmetallkugeln, 50 kg Hartmetallansatz und 25 Liter Mahlflüssigkeit.

Abb. 15. Kleine Schwingmühlen zum Mahlen von Hartmetallansätzen (Siebtechnik, Mülheim/Ruhr)

In neuerer Zeit haben sich Schwingmühlen, auch Vibrationsmühlen genannt, sehr stark zur Feinstmahlung von Hartmetallansätzen eingeführt. Abb. 15 zeigt die Ausführung einer kleinen Schwingmühle. Die Mahlgestelle nehmen meist zwei oder vier trommelförmige Mühlen aus V2A mit etwa 5 Liter Inhalt auf. Die Beschickung besteht aus etwa 30 kg Hartmetallkugeln (Durchmesser 10 bis 15 mm), 5 bis 7 kg Hartmetallansatz und etwa 1,5 Liter Mahlflüssigkeit. Die Mahlzeit beträgt bei diesen Mühlen nur etwa 1 bis 2 Tage. Es sind auch größere Schwingmühlen (Abb. 16) mit folgenden technischen Daten in Gebrauch: Hartmetallkugelfüllung 300 bis 500 kg, Hartmetallansatz je nach Titankarbidgehalt 150 bis 250 kg, Mahlzeit 1 bis 2 Tage.

Außer einer erheblichen Verringerung der Mahlzeit weisen die Schwingmühlen einen viel kleineren Verschleiß der Hartmetallkugeln auf. Die Verschleißfestigkeit der Hartmetallkugeln läßt sich durch Drucksinterung und die dadurch bedingte Porenfreiheit und Härtesteigerung erheblich verbessern.

Abb. 16. Große Schwingmühle zum Mahlen von Hartmetallansätzen (Siebtechnik, Mülheim/Ruhr)

Bei der Trockenmahlung von Hartmetallansätzen in Stahlkugelmühlen mit Stahl oder Hartmetallkugeln werden vernachlässigbare Eisenmengen eingemahlen. Beim Naßmahlen mahlen sich bei Stahlkugeln 0,2 bis 0,5% Eisen pro Tag ein, während bei Verwendung von Hartmetallkugeln die gleiche Eisenmenge sich erst in 4 bis 6 Tagen einmahlt. Über den Verschleiß der Hartmetallkugeln, also Einmahlung von Wolframkarbid und Kobalt in das Mahlgut, liegen keine genauen Angaben in der Literatur vor. Je nach Oberflächengüte, Dichte und Härte der Kugeln gelangen nach unseren Erfahrungen 1 bis 3% des Kugeleinsatzes bei 2 bis 8-tägiger Mahlung in das Mahlgut.

Der Vorgang der Naßmahlung von WC-Co-Gemischen ist mehrfach untersucht worden, wobei die günstigsten Bedingungen für die Umdrehungszahl der Mühle in Abhängigkeit von deren Größe, der Kugelgröße und der Mühlenfüllung ermittelt wurden[1]. Auf Grund der elektronenmikroskopischen Korngrößenbestimmung und Oberflächenmessungen sind nach R. Bernard und F. Davoine[2] bei der Mahlung zwei Prozesse zu beobachten:

1. Die Zertrümmerung der Teilchen in mehrere, elektronenmikroskopisch gut beobachtbare Bestandteile und
2. ein gegenseitiges Abreiben der Teilchen, wobei ein sehr feiner an den Teilchen festhaftender Staub entsteht, der sich der übermikroskopischen Beobachtung entzieht[3, 4].

Nach beendeter Naßmahlung wird durch Dekantieren der Überschuß an Mahlflüssigkeit entfernt. Durch Abnutschen oder Zentrifugieren ist eine weitere Abtrennung von der Mahlflüssigkeit möglich. Der noch feuchte Schlamm wird dann in Schiffchen überführt und in Durchsatzöfen getrocknet bzw. gleichzeitig bei 650 bis 750° reduzierend nachgeglüht. Man kann auch die kleinen Mahltrommeln

[1] Ivensen, V. A., N. V. Baranova, S. S. Loseva, I. G. Schatolova u. O. N. Eiduk: Tverdyje Splavy **1** (1959), S. 7/40.

[2] Bernard, R. u. F. Davoine: Optik **10** (1953), S. 150/55.

[3] Missol, W.: Prace Inst. Hutn. **12** (1960), S. 295/304.

[4] Mader, W. u. J. Blaha: Radex Rdsch. (1962), S. 25/32.

in ein Sand- oder Wasserbad einsetzen und die Mahlflüssigkeit abdestillieren. Besonders wirtschaftlich ist eine Vakuumdestillation, da sie rascher und bei niedrigeren Temperaturen abläuft. Abb. 17

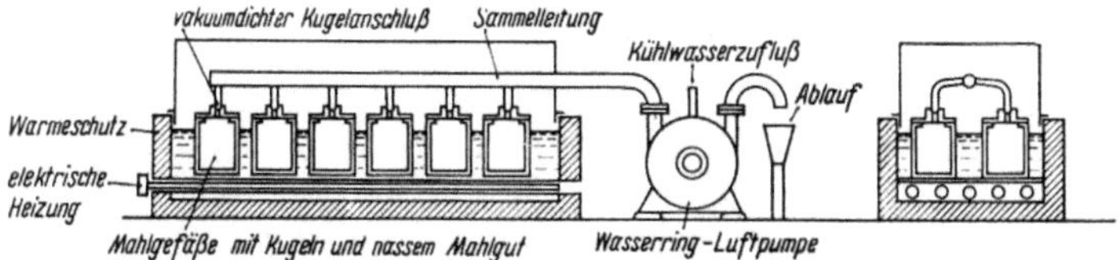

Abb. 17. Schema einer Vakuum-Destillation zum Trocknen von Hartmetallansätzen (C. Ballhausen)

zeigt schematisch eine derartige Anlage zum Trocknen von Hartmetallansätzen unmittelbar in den Mahltrommeln bei etwa 80°. Sehr vorteilhaft ist auch das Arbeiten mit einem Rührwerk-Vakuumtrockner[1] (Abb. 18). Auch die Trocknung von naßgemahlenen Hartmetallansätzen mit Hilfe von Infrarotstrahlen wurde schon vorgeschlagen[2]. Vakuumgetrocknete Ansätze können direkt verpreßt werden, aber gewöhnlich, insbesondere bei hohen Kobaltgehalten, empfiehlt sich eine Wasserstoffnachreduktion.

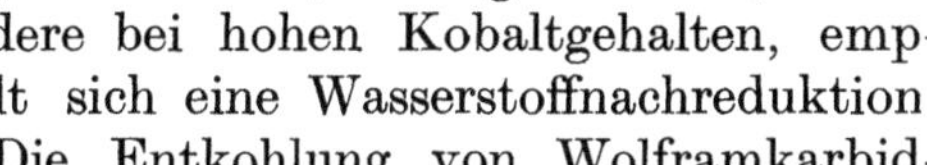

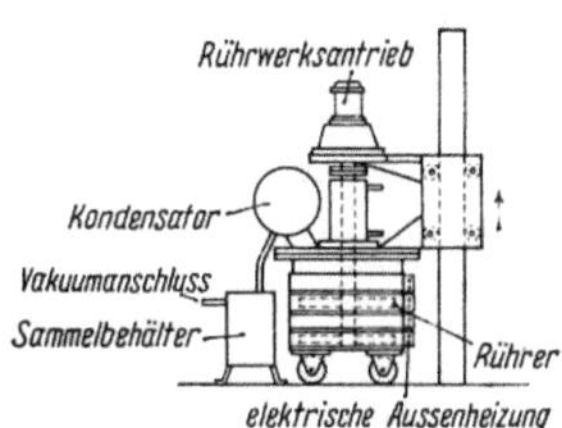

Abb. 18. Rührwerk-Vakuumtrockner, schematisch (C. Ballhausen)

Die Entkohlung von Wolframkarbid-

Zahlentafel 10. *Entkohlung eines WC-Co-Gemisches beim Glühen unter Wasserstoff* (O. Meyer u. W. Eilender)

Reduktionstemperatur* °C	Kohlenstoffgehalt** %
650	5,12
700	5,10
750	5,05
850	4,85
950	4,65
1050	4,08

* Glühdauer: 3 Stunden.
** Ausgangskohlenstoffgehalt: 5,15%.

Kobalt-Hartmetallansätzen beim Glühen unter Wasserstoff bei Temperaturen zwischen 650 und 1050° haben O. Meyer und W. Eilender[3] gemäß Zahlentafel 10 untersucht. Man sieht, daß höhere

[1] Ballhausen, C.: Stahl u. Eisen **71** (1951), S. 1090/97.
[2] Krapuchin, V. V.: Cvetnyje Metally **30** (1957), Nr. 11, S. 75/78.
[3] Meyer, O. u. W. Eilender: Arch. Eisenhüttenwes. **11** (1938), S. 545/62.

Reduktionstemperaturen als 750° unzweckmäßig sind. Allfällige zu hohe Kohlenstoffverluste, die durch ungenügend getrocknete Schutzgase noch gesteigert werden, können später durch Sintern unter aufkohlenden Bedingungen ausgeglichen werden.

An die Trocknung bzw. Nachreduktion schließt sich gewöhnlich eine Feinstsiebung durch feine Metallsiebe oder Seidengaze an, wodurch Kobaltflitter, Kobalt-Karbid-Agglomerate und Verunreinigungen aller Art entfernt werden können[1]. Mehrere Siebungen werden in Mischtrommeln zu 200 bis 1000 kg großen Chargen vereinigt. Eine daraus entnommene Probe wird nach den üblichen Prüfverfahren untersucht (s. S. 115).

2. Das Kaltpressen und die Formgebung von Hartmetallplättchen

Die klassische Verarbeitung von Hartmetallansätzen zu Plättchen geschieht nach dem *Doppelsinterverfahren*[2]. Der Hartmetallansatz wird trocken oder unter Zugabe von preßerleichternden Zusätzen auf hydraulischen Pressen zu Blöcken oder Platten verpreßt. Die Preßlinge werden nun je nach Hartmetallsorte und Kobaltgehalt bei Temperaturen zwischen 900 und 1150° in Durchlauföfen vorgesintert. Die genügend formbeständigen Blöcke werden mit schnelllaufenden Carborundum-Trenn- und Profilscheiben (Durchmesser etwa 150 bis 100 mm, 8000 Umdrehungen/Minute) zugeschnitten und geformt. Rundformen werden auf kleinen Metalldrehbänken erzeugt, bei denen am Support an Stelle des Drehmessers eine schnelllaufende Carborundumscheibe angebracht ist. Auch Spezial-Hartmetallfräsköpfe und Diamantmetallwerkzeuge werden zur Formgebung in zunehmendem Maße benutzt[3].

Der Werdegang eines Hartmetallplättchens oder Formstücke vom vorgesinterten Block bis zum fertiggesinterten Plättchen ist in der Bilderreihe (Abb. 19a—h) wiedergegeben, den Blick in eine große Formerei zeigt Abb. 20.

Genormte Plättchen werden heute fast ausschließlich direkt auf Form gepreßt. Hierbei kommen hydraulische und mechanische Pressen zur Anwendung (Abb. 21, 22). Die dabei benutzten Preßwerkzeuge beschreibt C. Ballhausen[4] eingehend. Um Preßfehler und Spaltstellen zu vermeiden, wird bei dem Aufformpressen mit *preßerleichternden Zusätzen* gearbeitet. Bekannte Zusätze sind:

---

[1] Trent, E. M.: Powder Met. (1958), Nr. 1/2, S. 65/72.

[2] D.R.P. 481 212 (1925).

[3] Swenson, H.: Amer. Machinist **95** (1951), 1. Okt., S. 131/33.

[4] Ballhausen, C.: Stahl u. Eisen **71** (1951), S. 1090/97.

Kampfer gelöst in Äther oder Leichtbenzin, Lösungen von Paraffinwachs in Benzin, Glykol in Alkohol, Kautschuklösungen u. a. Von den 5- bis 10%igen Lösungen wird gewöhnlich soviel den Ansätzen zugemischt, daß 1 bis 2,5% Gleitmittel nach dem Abdampfen des Lösungsmittels in den Hartmetallansätzen verbleiben.

Die Dichte der Preßlinge hängt vom Preßdruck und von der Korngröße des Pulvers ab (siehe Abb. 74)[1, 2]. Die Eigenschaften der Sinterkörper sind im wesentlichen unabhängig von der Preßdichte, da die Sinterung in Gegenwart flüssiger Phase un-

Abb. 19 a—h. Werdegang eines Hartmetallplättchens

Abb. 19a. Stapel gepreßter Blöcke aus Hartmetall

Abb. 19b. Zerschneiden der vorgesinterten Blöcke

Abb. 19 c. Winkelanschleifen

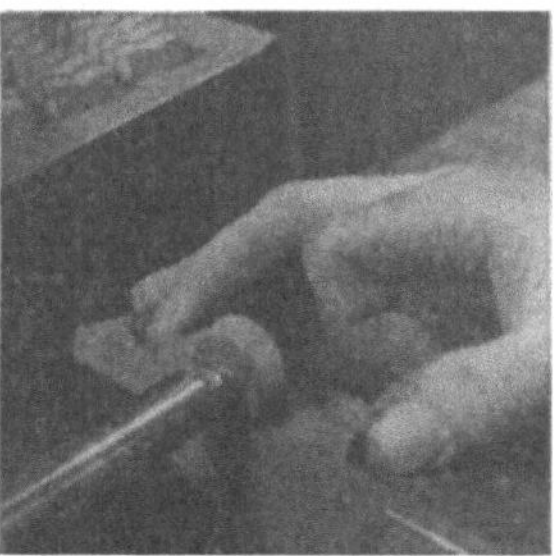

Abb. 19d. Profilschleifen

[1] BURDEN, H.: Iron Steel Inst., Spec. Rep. Nr. 38, London 1948, S. 78/83.

[2] SAMOJLOV, A. G.: Izv. Akad. Nauk SSSR, Met. Topl. (1957), Nr. 2, S. 159/62.

Abb. 19e. Verschiedene Profilschleifscheiben

ter starker Schrumpfung erfolgt, was bei Hartmetallformstücken mit genauen Abmaßen berücksichtigt werden muß[1, 2].

Beim Pressen von Normalplatten auf handbetätigten oder mechanischen Pressen und volumenmäßiger, anstatt gewichtsmäßiger Füllung der Matrizen, geht man heute meist von granulierten Hartmetallansätzen aus. Zum Zwecke der *Granulierung* mischt man beispielsweise etwa 1% Glykol oder Paraffinwachs dem Ansatz zu, preßt denselben zu Blöcken, die leicht zerdrückt in Granuliermaschinen zu Korngemengen von etwa 0,2 bis 0,6 mm aufgearbeitet werden[3]. Das abgesiebte Feinpulver wird erneut mit Frischansatz gepreßt und der Granuliermaschine zugeführt.

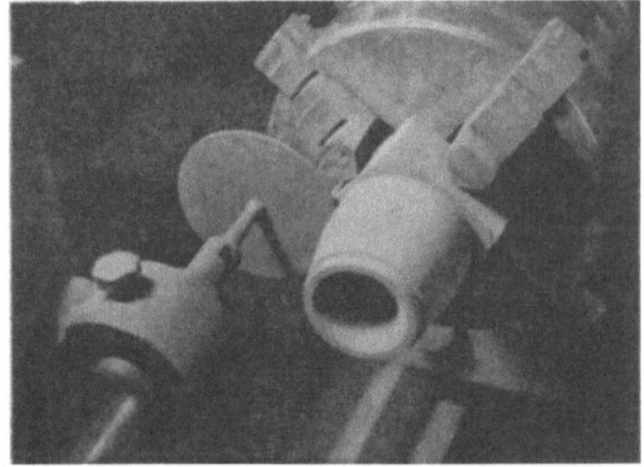

Abb. 19f. Drehen eines Hartmetall-Formteiles

Für das Pressen großer Stückzahlen von Normplatten empfiehlt es sich, die Matrizen mit Hartmetall auszukleiden oder massive Hartmetallmatrizen durch Drucksinterung herzustel-

Abb. 19g. Fräsen von Vollhartmetall-Werkzeugen

[1] Lennon, F. J.: Iron Age **171** (1953), Nr. 6, S. 153/56.

[2] West, J. V.: In: Cermets, Reinhold Publ., New York 1960, S. 86/96.

[3] Trent, E. M.: Powder Met. (1958), Nr. 1/2, S. 65/72.

len. Die Konstruktion der erforderlichen Preßwerkzeuge beschreibt C. BALLHAUSEN[1].

Eine besondere Art der Formgebung von Hartmetallansätzen zu Rundstäben, Dreikant- und Vierkantstäben, Röhren sowie Profil-

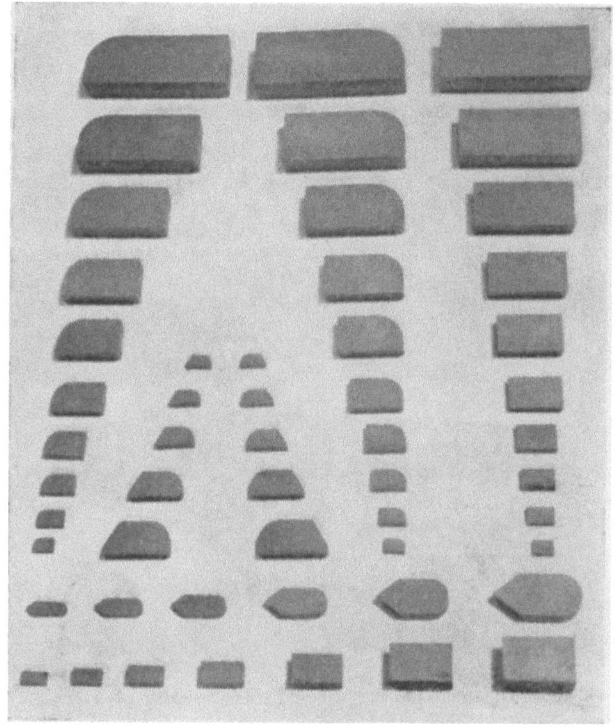

Abb. 19h. Genormte Hartmetall-Platten

stäben aller Art, besteht im Verpressen von Hartmetallansätzen mit plastischen Bindemitteln in geeigneten *Strangpressen*, wie sie z. B. zum Ummanteln von Schweißelektroden üblich sind. Als Plastifizierungsmittel haben sich die gleichen Zusätze bewährt, wie sie beim „Spritzen" von Osmium, Wolfram und Molybdän angewendet wurden. Es sind dies Agar-Agar, Gummilösung, Tragant, Stärkelösung, feste Kohlenwasserstoffe und synthetische Kunstharze[2–5].

---

[1] BALLHAUSEN, C.: Stahl u. Eisen **71** (1951), S. 1090/97.

[2] BRUZDA, E.: Techn. Zprávy, Vestec (1960), Nr. 3, S. 46/52.

[3] BROCHIN, I. S., D. L. FEDERMEER u. S. S. SCHAPIRO: Tverdyje Splavy 1 (1959), S. 100/11.

[4] DÜBEL, W. u. W. WARKENTIEN: In: Neue Werkstoffe durch pulvermetallurgische Verfahren. Akademie Verl., Berlin 1964, S. 98/108.

[5] CLOUGH, G.: Machinery **102** (1963), S. 655/58.

Abb. 20. Gesamtansicht einer großen Hartmetall-Formerei (Friedr. KRUPP, Widia-Fabrik, Essen)

Abb. 21. Pressen-Halle einer Hartmetallfabrik (Friedr. KRUPP, Widia-Fabrik, Essen)

Der ausfließende Strang — es können auch Rohre[1] oder Profile gepreßt werden — kann gebogen oder verdrillt werden, so daß leicht, spiralfedern- oder spiralbohrerähnliche Formen erzeugt werden können. Die Trocknung der Strangpreßlinge vor einer allfälligen Vorsinterung bzw. vor der Hochsinterung muß äußerst langsam, zweckmäßig sogar in Vakuum erfolgen, um Schwund- und Trocknungsrisse zu vermeiden. Beim Hochsintern sind dann später keine besonderen Maßnahmen mehr zu ergreifen. Eine gewisse geringfügige Mikroporosität scheint für stranggepreßtes Hartmetall charakteristisch zu sein.

Abb. 22. Mechanische Presse zum Herstellen von Hartmetallplatten (C. Ballhausen)

Abb. 23 zeigt das Mundstück einer Strangpresse mit austretendem Hartmetallstrang sowie fertig gepreßte Stränge.

Für das Pressen großer Hartmetall-Sonderformstücke (Rohre, Düsen, Turbinenschaufeln usw.) haben sich in letzter Zeit das sogenannte *hydrostatische Pressen*[2,3] (isostatisches Pressen, Schlauchpressen) und das *Explosionspressen*[4,5] sowie Kombina-

Abb. 23. Strangpressen von Hartmetallansätzen (Carboloy Inc., Detroit)

[1] Samsonov, G. V. u. P. S. Kisly: Dokl. Akad. Nauk Ukr. RSR (1959), Nr. 1. S. 46/47, Poroschkovaja Met. (1962), Nr. 3, S. 31/48.

[2] Vgl. F. Skaupy: Metallkeramik, 3. Aufl., Verlag Chemie Berlin, 1950, S. 172.

[3] Kawashima, C., S. Saito u. M. Kato: J. Japan Soc. Powder Met. 5 (1958), S. 18/25.

[4] Anonym: Steel (1952), 29. Sept., S. 76/77.

[5] Wambold, J.: In: Cermets, Reinhold Publ., New York 1960, S. 86.

tionen beider Verfahren bewährt. Das Pulver wird dabei in eine Umhüllung aus Gummi oder Kunststoff eingefüllt und in einem Hochdruckgefäß allseitig von der Druckflüssigkeit oder der Explosionswelle verdichtet. Die Preßkörper zeichnen sich durch eine besonders gleichmäßige Dichte aus.

Durch Zusatz von Plastifizierungsmitteln gelingt es auch Hartmetallansätze nach dem Pulverwalzverfahren zu Bändern zu verwalzen[1].

3. Das Sintern der Hartmetallformlinge

Zum Sintern der Hartmetallformkörper sind üblicherweise drei Ofentypen in Verwendung:

1. Kohlerohrkurzschlußöfen (Abb. 24 und 25), die nach dem Durchlaufprinzip mit Wasserstoff als Schutzgas arbeiten und Kohlerohrvakuumöfen, welche diskontinuierlich betrieben werden (Abb. 26).

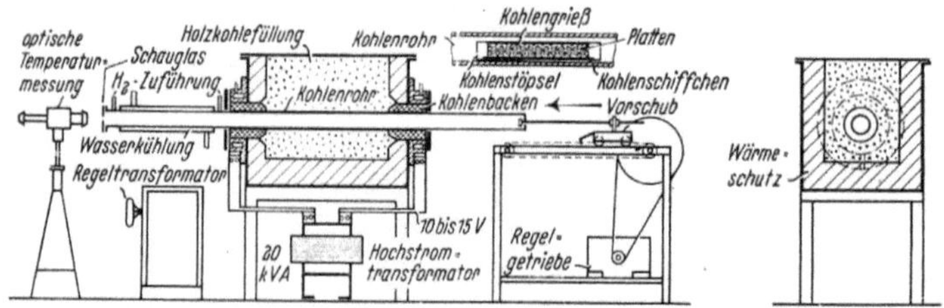

Abb. 24. Kohlerohrkurzschlußofen zum Sintern von Hartmetall, schematisch (C. Ballhausen)

2. Widerstandsöfen mit freistrahlenden Molybdän-Heizleitern (Abb. 27) oder Molybdän-Wicklungen auf Sintertonerderohren, ferner auch Molybdän-Vakuumöfen.

3. Hochfrequenz-Vakuumöfen (Abb. 28—30).

Bei den Durchsatzöfen werden die auf Form gepreßten oder zugeformten Platten in Kohleschiffchen eingesetzt, die zweckmäßig mit einem Deckel verschlossen werden können. Je nachdem eine Entkohlung oder Aufkohlung gewünscht wird, werden die Hartmetallplättchen frei eingeschichtet oder in granuliertem Ruß bzw. in geschmolzener Tonerde eingebettet. In den Vakuumöfen wird meist ohne Einbettungsmasse gesintert. Die Plättchen werden auf Graphitplatten dicht nebeneinander aufgestellt. Die titankarbidhaltigen Hartmetalle verlangen höhere Sintertemperaturen als die reinen Wolframkarbid-Kobalt-Hartmetalle. Mit steigendem Kobaltgehalt

---

[1] Dübel, W. u. W. Warkentien: In: Neue Werkstoffe durch pulvermetallurgische Verfahren. Akademie Verl., Berlin 1964, S. 98/108.

Abb. 25. Kohlerohrkurzschlußöfen zum Sintern von Hartmetall unter Wasserstoff (Metallwerk Plansee A,G. Reutte/Tirol)

Abb. 26. Senkrechter Kohlerohr-Vakuumofen (Degussa, Industrieofenbau, Wolfgang bei Hanau)

Abb. 27. Kippbarer Durchsatzsinterofen mit Molybdän-Heizelementen unter Wasserstoffschutzgas

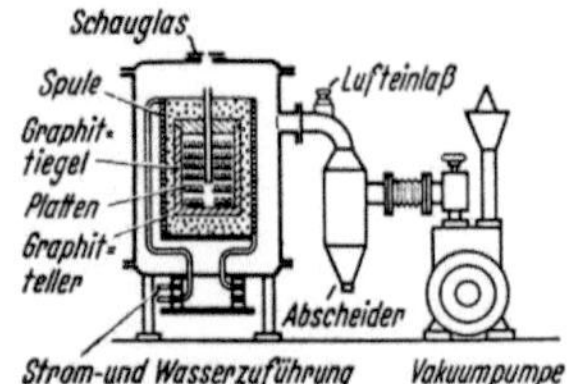

Abb. 28. Hochfrequenz-Vakuumofen zum Sintern von Hartmetall, schematisch (C. BALLHAUSEN)

Abb. 29. Großsinteranlage für Hartmetall mit Mittelfrequenz-Vakuumöfen (Friedr. KRUPP, Widia-Fabrik, Essen)

fallen die Sintertemperaturen. Mit abnehmender Plättchenstärke verringert sich die Sinterzeit. Die Sinterverhältnisse gehen aus

Abb. 30. Hartmetall-Sinterei mit Mittelfrequenz-Vakuumöfen (Deutsche Edelstahlwerke A. G. Titanit-Fabrik, Krefeld)

Zahlentafel 11 hervor. Während stickstoff- und sauerstoffempfindliche titankarbid- und tantalkarbidhaltige Hartmetalle vorteilhaft in

Zahlentafel 11. *Verhältnisse bei der technischen Sinterung von Hartmetallen (Friedr. Krupp A.-G., Widia-Fabrik)*

Zusammensetzung %	Sintertemperatur °C	Sinterzeit in Minuten bei einer Plattenstärke von	
		2 mm	15 mm
94 WC, 6 Co	1420	20	100
89 WC, 11 Co	1400	20	100
85 WC, 15 Co	1380	17	60
94 WC, 6 Co feinkörnig ...	1420	17	60
91,5 WC, 1 TaC, 0,5 VC, 7 Co	1500	66	220
78 WC, 16 TiC, 6 Co	1600	20	100
78 WC, 14 TiC, 8 Co	1550	20	100
88 WC, 5 TiC, 7 Co	1500	20	100
69 WC, 25 TiC, 6 Co	1550	66	220
34 WC, 60 TiC, 6 Co	1700	66	200

Vakuumöfen gesintert werden[1–4], erhält man bei den Wolframkarbid-Kobalt-Hartmetallen oft bessere Eigenschaftswerte bei Sinterung in Kohlerohrkurzschluß- oder Molybdänöfen unter Wasserstoff[5, 6]. Der Anschaffungspreis einer Hochfrequenz-Vakuumsinteranlage ist erheblich höher als der anderer Sinterofentypen; dafür sind die Betriebskosten jedoch erheblich niedriger.

Der induktiv beheizte Ofen wurde erstmalig 1930 von C. Ballhausen[7] für die Sinterung von Hartmetall unter Wasserstoff bzw. im Vakuum benutzt.

Die Temperaturmessung erfolgt bei der Sinterung am besten mit optischen Pyrometern. Die Schutzgassinteröfen können auch mit Gesamtstrahlungspyrometern geregelt werden.

Ungleichmäßige Dichteverteilung und Verunreinigungen aller Art im Preßling sowie zu schnelles Aufheizen derselben bei der Sinterung bewirkt gerne Risse, Verwerfungen und Ausschwitzungen bei den Sinterkörpern[8–11]. Geworfene, krumme Platten können unter Belastung bei Sintertemperatur nachgerichtet werden.

Über die verhältnismäßig verwickelten metallurgischen Vorgänge bei der Sinterung von Hartmetallen vergleiche die Ausführungen in Kap. III.

In Hartmetallbetrieben besteht die Gefahr der Staublungenerkrankung und es sind daher gewisse staubhygienische Maßnahmen zu ergreifen[12, 13]; die benützten Metallpulver sind aber nicht toxisch.

4. Das Heißpressen (Drucksintern)

Das Heißpressen (Drucksintern), d. h. die gleichzeitige Einwirkung von Druck und Wärme auf den Hartmetallansatz ist verhältnismäßig

---

[1] Zscherpe, E.: Z. Ver. dtsch. Ing. **97** (1955), S. 1167/68.

[2] Donovan, M.: Powder Met. (1958), Nr. 1/2, S. 104/13.

[3] Cox, F. G.: Murex Rev. **2** (1960), Nr. 22, S. 41/61.

[4] Yoshida, K.: Kikai to Kogu **5** (1961), Nr. 6, S. 93/97.

[5] Norton, J. T.: J. Metals **8** (1956), S. 49/53.

[6] Hinnüber, J. u. W. Kinna: Techn. Mitt. Krupp **19** (1961), S. 130/53, Stahl u. Eisen **82** (1962), S. 31/46.

[7] Ballhausen, C.: Stahl u. Eisen **71** (1951), S. 1090/97.

[8] Franssen, H.: Arch. Eisenhüttenwes. **19** (1948), S. 91/92.

[9] Oliver, A. E.: Vortrag IPT, Graz 1948, Ref. Nr. 11.

[10] Dawihl, W.: Z. Metallkunde **42** (1952), S. 193/97.

[11] Anders, N. R.: Tverdyje Splavy (1960), Nr. 2, S. 46/56.

[12] Kitzer, W.: Staub **21** (1961), S. 530/32.

[13] Salichodzaev, S. S. u. Ch. J. Vengerskaja: Poroschkovaja Met. (1962), Nr. 2, S. 106/10.

schon frühzeitig[1–3] in der Hartmetalltechnik angewandt worden[4–14] (s. S. 107). Besonders vorteilhaft hat es sich bei der Herstellung von Ziehsteinen, Ziehmatrizen, Mahlkugeln, Walzen und Geschoßkernen erwiesen. Durch Heißpressen gelingt es nämlich, fast porenfreie, sehr harte und verschleißfeste Körper zu erzeugen.

Der pulverförmige Hartmetallansatz wird in geeignete Graphitformen eingefüllt und bei Temperaturen von etwa 1300 bis 1600° ein Druck von etwa 70 bis 150 kp/cm² ausgeübt. Die Matrize wird im direkten Stromdurchgang oder indirekt beheizt. Man kann die Wärme auch durch stromführende Stempel zuführen. Abb. 31a bis e zeigten schematisch die Möglichkeiten der Drucksinterung, Abb. 32 und 33 eine Drucksinteranlage schematisch und in Ansicht[1].

Die Druckausübung erfolgt zweckmäßig hydraulisch oder bei kleineren Heißpreßeinheiten pneumatisch.

Beim Aufheizen der Hartmetallmatrizen dringen die Stempel bereits bei Temperaturen des Kobalt-Sinterbereiches (vgl. S. 88) in die Matrize ein, beim Auftreten der flüssigen Phase findet die endgültige Verdichtung statt. Bei zu hoher Sintertemperatur und zu hohem Preßdruck wird ein Teil der flüssigen Phase durch die Fugen der Preßmatrize ausgequetscht. Durch Kontrolle der Sintertemperatur, der Sinterzeit und der Verdichtung (gemessen an der Stempelbewegung) läßt sich der Sinterungsgrad ziemlich genau festlegen. Um den Bau zu hoher Matrizen zu vermeiden, empfiehlt es sich, durch Rütteln oder leichtes Eindrücken (Vorpressen) eine möglichst dichte Packung des Ansatzes anzustreben. Das Verdichtungsverhältnis Preßling zu Sinterkörper liegt zwischen 2,5 : 1 und 2 : 1.

Während für Ziehsteine und Kugeln Pressen mit Preßkräften von 5 bis 10 t ausreichen, werden für große Matrizen, Ziehwerkzeuge

---

[1] D.R.P. 289 864 (1913).

[2] D.R.P. 307 764 (1917).

[3] D.R.P. 504 484 (1926).

[4] Hoyt, S. L.: Trans. Am. Inst. Min. Met. Eng. **89** (1930), S. 9/58.

[5] Molkov, L. P. u. A. V. Chochlova: Redkije Metally **4** (1935), Nr. 1, S. 10/23.

[6] Meerson, G. A. u. V. I. Schabalin: Cvetnyje Metally (1940), Nr. 3, S. 77/85.

[7] Rietveld, J.: Metall **6** (1952), S. 81/82.

[8] Kuzmick, J. F.: Materials and Methods **36** (1952), Nr. 1, S. 84/87; Proc. 8th Ann. Meeting, Metal Powder Assoc., Chicago 1952, S. 6/15, Disk. 15/19.

[9] Ellis, J. L.: Tooling and Production **20** (1955), S. 67/68.

[10] Cotter, P. G., J. A. Kohn u. R. A. Potter: US Bur. Mines Rep. Inv. Nr. 5100 (1955).

[11] Bryjak, E. u. W. Missol: Fertigungstechnik **7** (1957), S. 557/61.

[12] Kovaltschenko, M. S. u. G. V. Samsonov: Fiz. Metallov Metalloved. **12** (1961), S. 145/48; Poroschkovaja Met. (1961), Nr. 2, S. 3/13, Nr. 5, S. 4/9.

[13] Naiguz, N. I. u. D. S. Milstein: Poroschkovaja Met. (1962), Nr. 3, S. 89/96.

[14] Samsonov, G. V. u. M. S. Kovaltschenko: Das Heißpressen, Kiew 1962.

und Walzen Heißpreßanlagen mit Preßkräften von 50 bis 100 t und Anschlußwerten von 200 bis 400 kVA verwendet. Die Sinterzeit richtet sich

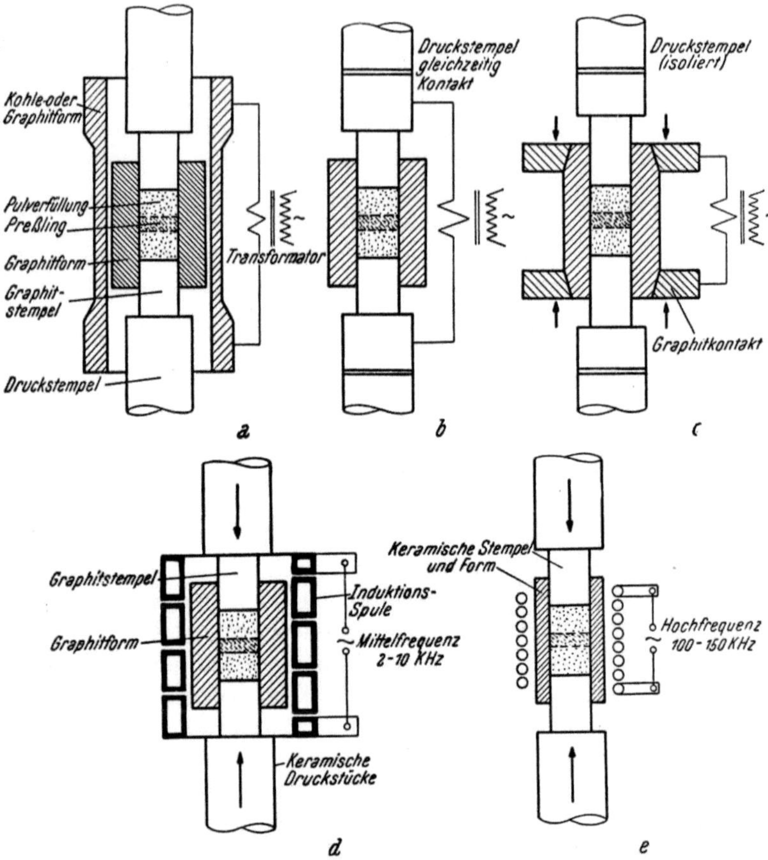

Abb. 31a—e. Drucksintereinrichtungen, schematisch
a Heizung mittels Kohlerohr, *b c* Stromzuführung durch die Preßstempel bzw. Preßform *d e* Indirekte Heizung durch Induktion (C. BALLHAUSEN)

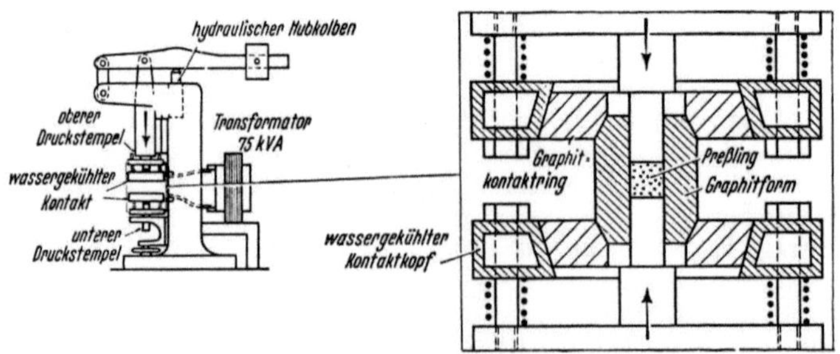

Abb. 32. Ansicht einer Drucksinterpresse und Preßform, schematisch (C. BALLHAUSEN)

Abb. 33. Heißpressen von Hartmetall (C. BALLHAUSEN)

nach der Größe der Preßlinge. Während für kleine Ziehsteine (10×8 oder 8×6 mm) 1,5 bis 3 Minuten genügen, müssen für größere, mehrere Kilo schwere Heißpreßlinge Sinterzeiten von 10 bis 30 Minuten angewendet werden. Die Sintertemperatur fällt von etwa 1550 bis 1600° für Legierungen mit 3% Kobalt auf 1350 bis 1400° bei Legierungen mit 6 bis 8% Co. Wird bei hohen Kobaltgehalten (8 bis 10%) flüssige Phase ausgequetscht, dann muß der Preßdruck gesenkt werden, es sei denn, daß man absichtlich von höheren Kobaltgehalten ausgeht und die Kobaltverluste berücksichtigt.

Da das Heißpressen, insbesondere wegen des hohen Bedarfes an Graphit, Strom und Arbeitskräften, erheblich kostspieliger ist als das Normalsintern, hat man von Anfang an Mehrfachmatrizen angestrebt. Letztere haben jedoch den Nachteil, daß sie nicht so gleichmäßige Sinterergebnisse wie Einzelsinteraggregate ergeben (s. S. 319).

Für die Herstellung bestimmter Werkzeuge können Hartmetallformstücke auf Weißglut erhitzt und durch Biegen oder Verdrehen auf Form gebracht werden[1], eine Arbeitsweise, die allerdings nur bedingt als Heißpressen zu bezeichnen ist.

III. Vorgänge bei der Sinterung von metallischen Hartstoffen und Hartstoff-Hilfsmetallgemengen

A. Allgemeines und Diffusionsvorgänge bei der Erzeugung und Sinterung von metallischen Hartstoffen

1. Sinterung homogener Systeme (Endprodukt homogen)

Bei der Sinterung von metallischen Hartstoffen, Metall-Metalloid- und Hartstoffmischungen sowie insbesondere von Hartstoff-Hilfsmetallgemengen handelt es sich in der Regel um Sinterung von Mehrstoffsystemen. In letzter Zeit haben aber homogene, binderfreie

[1] KAUFFMANN, D.: Tool Eng. **25** (1950), Nr. 4, S. 24/26.

Hartstoffe wie TiC, ZrN, TiB_2, ZrB_2, $MoSi_2$ sowie homogene Karbid-, Nitrid-, Borid- und Silizidmischkristalle neben inhomogenen Verbundkörpern aus den vorgenannten Hartstoffen eine gewisse praktische Bedeutung als Hochtemperaturmaterialien erlangt. Es soll daher einleitend auch der Sintermechanismus homogener Systeme aus technischen und nicht nur aus historischen sowie theoretischen Gründen besprochen werden.

Die Ergebnisse der Forschungen auf dem Gebiete der Festkörperphysik spiegelt sich auch in der Entwicklung neuer Vorstellungen über den Sintermechanismus wieder. Die ersten theoretischen Überlegungen durch Pulvermetallurgen wie F. Sauerwald, F. Skaupy, W. D. Jones und M. J. Balschin regten das Interesse der Physikochemiker an, und die Sintertheorien von J. A. Hedvall und insbesondere von G. F. Hüttig sind stark durch physikalisch-chemische Denkweisen gekennzeichnet. Das Sintern wurde zunächst als eine chemische Reaktion im festen Zustand aufgefaßt. Während dieser Periode wurde allerdings auch die Rolle der Oberflächenspannungskräfte bereits klar erkannt. Um 1950 nehmen sich die reinen Physiker der Sinterprobleme an. Die Theorien, die von G. C. Kuczynski einerseits und A. J. Shaler andererseits entwickelt wurden, führten zu fruchtbaren Diskussionen, die eine Reihe weiterer theoretischer und praktischer Arbeiten in dieser Richtung beeinflußt haben. Diese Entwicklung führte vielleicht nicht zu einer vollkommenen Klärung der Sintervorgänge in Ein- und Mehrstoffsystemen; auf jeden Fall gelangte man aber zur Erkenntnis, daß es sich um einen sehr verwickelten Fragenkomplex handle. In diesem Zusammenhang sind insbesondere die Arbeiten von B. H. Alexander, R. W. Baluffi, N. Cabrera, P. Clark, W. Dawihl, J. H. Dedrick, P. Duwez, J. Frenkel, A. P. Greenough, C. Herring, W. E. Kingston, J. Mackenzie, F. R. N. Naborro, B. J. Pines, A. W. Postlethwaite, F. N. Rhines, L. Seigle, R. Shuttleworth und J. Wulff zu nennen.

Im Rahmen dieses Buches ist es lediglich möglich, einen kurzen Überblick über die zur Zeit geltenden und bevorzugten Theorien zu geben. Zum eingehenden Studium sei auf die kritischen Literaturübersichten von J. P. Roberts[1], G. A. Geach[2], P. Schwarzkopf[3],

---

[1] Roberts, J. P.: Metallurgia, Manchester **42** (1950), S. 123/30.

[2] Geach, G. A.: In: Progress in Metal Physics, Vol. 4, Pergamon Press, London 1953, S. 174/204.

[3] Schwarzkopf, P.: Powder Metallurgy. Macmillan New York 1947, S. 273/87; Powder Met. Bull. **5** (1950), S. 4/14.

F. Thümmler[1] und H. Schreiner[2], ferner auf die Bibliographie von H. W. Michaelson[3] verwiesen.

Bei der Sinterung homogener Pulver können zwei sich überlappende Sinterphasen unterschieden werden. Die erste Phase umfaßt die Bildung und das Wachstum von Brücken, d. h. von Kontaktbereichen zwischen benachbarten Pulverteilchen. Das Wachstum dieser Kontaktzonen in der ersten Stufe des Sintervorganges hat eine verstärkte Kohäsion der Pulverteilchen im Preßkörper und ein starkes Anwachsen der elektrischen Leitfähigkeit zur Folge. Diese plötzliche Zunahme der Leitfähigkeit erfolgt bereits, ohne daß der Preßkörper schon wesentlich schrumpft. Während der zweiten Phase der Sinterung nimmt die Dichte des Preßlings zu. Der Sinterkörper schrumpft, d. h. das Porenvolumen nimmt ab und die Poren verschwinden unter günstigen Bedingungen fast ganz. Die treibende Kraft in beiden Sinterphasen ist in der Veränderung der Oberflächenenergie (Oberflächenspannung) der Pulverteilchen zu suchen. Die für die Sinterung erforderliche Energie wird mit anderen Worten aus der Abnahme der großen Pulveroberflächen bzw. aus dem Ersatz verspannter Oberflächen und Kontaktbereichen mit hoher freier Energie durch solche geringeren Energieinhaltes, zu welchen das ausgeheilte Gitter bzw. die Korngrenze zählen, geliefert. Auf Grund von Berechnungen konnte bewiesen werden, daß die Oberflächenspannungskräfte groß genug sind um den Sintervorgang in Gang zu setzen. Allerdings sind entsprechende Mechanismen notwendig, welche eine Verschiebung der Atome, d. h. einen Materialtransport bewirken, der mit einer Verfestigung des Preßkörpers in Einklang steht. Die folgenden fünf Mechanismen sind bei der Sinterung homogener Preßkörper möglich:

1. Verdampfung und nachfolgende Kondensation,
2. Oberflächen- und Korngrenzendiffusion,
3. Gitterdiffusion,
4. Viskoses Fließen (Newtonsches Fließen),
5. Plastisches Fließen (Binghamsches Fließen).

In den letzten Jahren haben sich zahlreiche Forscher bemüht durch Modellversuche zu bestimmen, welcher der fünf Mechanismen bei einer gegebenen Sintertemperatur vorliegt und welcher geschwindigkeitsbestimmend ist. Kennzeichnend für diese Arbeitsrichtung

---

[1] Thümmler, F.: In: Fortschritte der Pulvermetallurgie, Akademie-Verlag, Berlin 1963, S. 329/449.

[2] Schreiner, H.: Kontaktwerkstoffe. Springer-Verlag, Berlin/Göttingen/Heidelberg, 1964.

[3] Michaelson, H. B.: Sylvania Electric. Products, Bayside N. Y., 1951.

waren die Modellversuche von G. C. KUCZYNSKI[1], wobei im Gefüge die Veränderungen beobachtet wurden, welche sich beim Aufsintern von Drähten oder Kugeln einerseits, auf plane Metallflächen andererseits, abspielen. Die Zunahmen des Radius der Kontaktbrücken, d. h. das Wachsen der Kontaktflächen mit der Zeit bei gegebener Sintertemperatur wurden als Maß der Sinterung herangezogen. Durch Vergleich der ermittelten, mit berechneten Werten konnten dann Aussagen über den vorliegenden Sintermechanismus gemacht werden. Nach G. C. KUCZYNSKI ist die Gitterdiffusion (Volumsdiffusion) der geschwindigkeitsbestimmende Mechanismus für das Wachsen der Kontaktzonen in der ersten Sinterphase. Für die zweite Sinterstufe, welche unter Schrumpfen erfolgt, steht heute noch nicht eindeutig fest, ob Diffusion oder Fließen geschwindigkeitsbestimmend sind. Der Verdampfungs-Kondensationsmechanismus trägt anscheinend nur zur Abrundung der Poren bei, beeinflußt die Schrumpfung selbst aber nicht (vgl. a. S. 93). Nach Ansicht der Verff. spielen Spuren von Verunreinigungen und dadurch gebildete eutektische Filme in den Korngrenzen sowie die flüssigkeitsähnliche hohe Beweglichkeit der Oberflächenatome der Pulverteilchen eine große Rolle bei den verschiedenen Fließmechanismen. Diese Phänomene lassen den Schluß zu, daß man es in der Hartstoffpraxis selten mit ideal homogenen Systemen zu tun hat und sie führen zu der nachfolgend beschriebenen Sinterung heterogener Systeme mit oder ohne Anwesenheit flüssiger Phasen über.

2. Sinterung heterogener Systeme (Endprodukt homogen oder heterogen)

R. KIEFFER[2–4] unterscheidet schematisch vier Sintertypen bei Mehrstoffsystemen, je nachdem die Komponenten bei der Sinterung mit oder ohne Auftreten einer flüssigen Phase im Endzustand homogene oder heterogene Sinterkörper bzw. Legierungen ergeben. Zahlentafel 12 gibt über die möglichen Sintertypen Aufschluß, wobei als Beispiele insbesondere solche aus dem Gebiete der metallischen Hartstoffe und Hartmetalle berücksichtigt wurden. Von den vier Möglichkeiten hat der Fall I, d. h. die Herstellung von homogenen metallischen Hartstoffen, Hartstoff-Mischkristallen und Sinterkörpern

[1] KUCZYNSKI, G. C.: Trans. Am. Inst. Min. Met. Eng. **185** (1949), S. 169/78; Acta. Met. **4** (1956), S. 58/61, **8** (1960), S. 209/15.

[2] KIEFFER, R.: In K. WANKE: Einführung in die Pulvermetallurgie, Graz 1949, S. 7/33.

[3] KIEFFER, R.: In: The Physics of Powder Metallurgy McGraw Hill, New York 1951, S. 278/91, Disk., S. 292/94.

[4] KIEFFER, R. u. F. BENESOVSKY: Berg- u. Hüttenmänn. Mh. **94** (1949), S. 284/94.

Zahlentafel 12. *Sinterung von Mehrstoffsystemen: Schema der Möglichkeiten*

Ausgangs-komponente . . .	Fall I. A + B	Fall II. A + B	Fall III. A + B	Fall IV. A + B
Sinterung	A und B fest	A und B fest	A fest, B flüssig	A fest, B flüssig
Sinterkörper	AB homogener Mischkristall oder Verbindung	A′ + B′ heterogen*	AB homogener Mischkristall oder Verbindung	A′ + B′ heterogen*
Beispiele aus dem Hartstoffgebiet .	W + C → WC Mo + B → MoB Ta + 2 Si → $TaSi_2$ TiC + TaC → (Ti, Ta) C WC + TiC → (W, Ti) C (TiC-Seite) TiC + VC → (Ti, V) C TiC + TaC + VC → (Ti, Ta, V) C TiN + VN → (Ti, V) N TiN + VN + NbN → (Ti, V, Nb) N TiB_2 + ZrB_2 → (Ti, Zr) B_2 VSi_2 + $TaSi_2$ → (V, Ta) Si_2	ZrC + VC ZrN + VN WC + Graphit VB_2 + B WSi_2 + Si TiB_2 + TiC Graphit + $MoSi_2$ + TiB_2 Al_2O_3 + WC (Mo_2C, TiC) ZrB_2 + $MoSi_2$	Ta + 2 B → TaB_2 > 2300° 3 Mo + Si → Mo_3Si > 1500° TiB_2 + CrB_2 → (Ti, Cr) B_2 TiC + Ni → (TiC-Ni) (abgeschreckt aus MK-Gebiet) WSi_2 + $CrSi_2$ → (W,Cr)Si_2-MK (Bereich vollst. Mischbarkeit)	WC + Co WC + TiC + Co WC + (Ti, Ta) C + Co Ti + Cu TaC + Ni $MoSi_2$ + Cr-Si-Ni-Leg. TiB_2 + NiCr-B-Leg. TiB_2 + Co-Si-B-Leg.
Sonstige Beispiele aus der Pulvermetallurgie	Fe-Ni Nb-Ta Mo-W Mo-Re Ni-Mo-Fe	W-Cu (< 1083°) Cu-Fe Cu-Fe-C Cu-Graphit Metall-Oxid	Cu + Sn → Bronze Fe + Ni + (FeAl) → Fe-Ni-Al-MK	W-Cu W-Ag W-(Cu-Ni-MK) Ta-Cu W-U W(Fe-Ni-Mo)

* Geringe Mengen von Mischkristallen oder intermediären Phasen können auftreten.

daraus sowie der Fall IV, das Abbinden der Hartstoffe mit flüssigen Bindern zu heterogenen Hartmetallegierungen besondere technische Bedeutung.

Die Vorgänge, die sich gefügemäßig bei der Sinterung von Mehrstofflegierungen mit homogenem und heterogenem Endzustand abspielen, seien an Hand der stark vereinfachten, schematischen Abb. 34 bis 36 erläutert. Abb. 34 zeigt die Verhältnisse bei vollkommener Mischbarkeit zweier Phasen A und B, die nach vollkommener Homo-

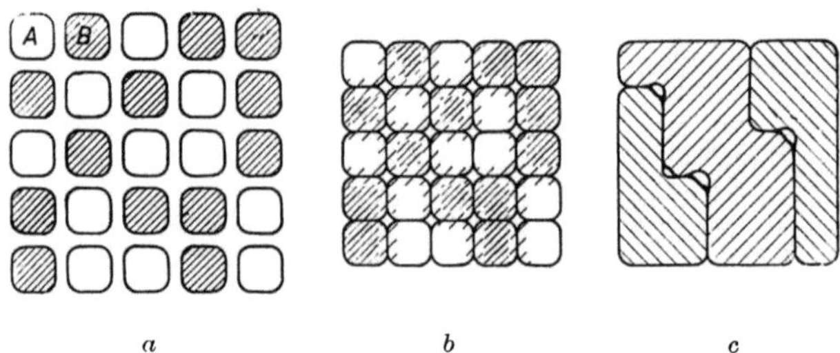

Abb. 34. Bildung eines homogenen Sinterkörpers aus zwei vollkommen mischbaren Komponenten, schematisch

genisierung ein einphasiges Gefüge zeigen (Fall I). Abb. 35a zeigt das ungepreßte Haufwerk aus den zwei unmischbaren Kristallarten A und B, Abb. 35b den dichtgepackten Sinterkörper ohne Kornwachstum, Abb. 35c einen Körper mit starkem Kornwachstum. Haben die beiden Komponenten eine geringfügige gegenseitige Löslichkeit,

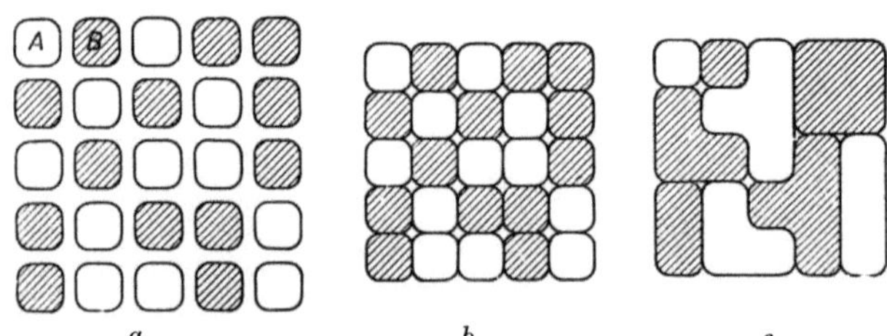

Abb. 35. Bildung eines heterogenen Sinterkörpers aus zwei unmischbaren Komponenten, schematisch

dann treten an Stelle der reinen Kristallarten A und B die Mischkristallphasen A′ und B′ auf (Fall II).

Abb. 36 zeigt den Fall, daß die Komponente B flüssig wird, die Kristallart A umschmilzt und eine Art „Raumlötung" eintritt. Das Einbringen der Komponente B kann auch auf dem Tränkwege erfolgen (s. links unten). Begünstigt durch die flüssige Phase, Lösungs- und Abscheidungsvorgänge findet Kornwachstum schon bei verhältnismäßig niedrigen Schmelztemperaturen der Tränklegierung statt (s. S. 111) (Fall IV).

Abb. 36 b zeigt den Fall, daß die flüssige Komponente B von der Kristallart A unter Mischkristallbildung aufgenommen wird. Der

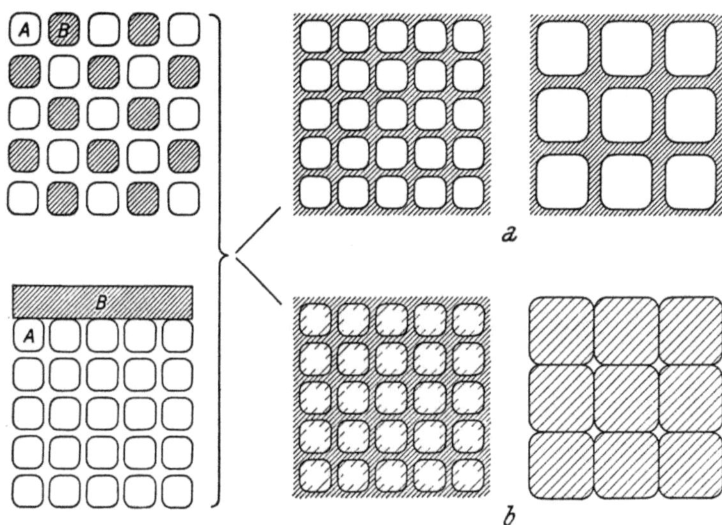

Abb. 36. Bildung eines heterogenen *a* bzw. homogenen *b* Sinterkörpers aus zwei Komponenten, von denen die eine bei der Sintertemperatur flüssig ist, schematisch

klassische Fall für diesen Sintertyp liegt bei porösen Bronzelagern und bei der Sinterung von Alni-Magneten vor, wo die flüssige Eisen-Aluminiumvorlegierung nach dem Schmelzen von der Eisen-Nickel-Kobalt-Grundmasse unter Mischkristallbildung aufgenommen wird (Fall III).

Bevor näher auf die Vorgänge bei der Sinterung von metallischen Hartstoffen und insbesondere auf die Sinterung von Hartstoff-Hilfsmetallgemengen, bei denen flüssige Phasen auftreten, eingegangen wird, seien einige allgemeine Betrachtungen über Reaktionen im festen Zustand vorausgeschickt, wobei auch auf das umfangreiche neuere Schrifttum verwiesen sei[1–5].

---

[1] Seith, W.: Diffusion in Metallen, Springer-Verlag, Berlin 1939.

[2] s. die betreffenden Abschnitte in W. E. Kingston: The Physics of Powder Metallurgy, McGraw Hill, New York 1951.

[3] Goetzel, C. G.: Treatise on Powder Metallurgy, Bd. II, Interscience Publ., New York 1950, S. 797/859.

[4] Thümmler, F.: In: Fortschritte der Pulvermetallurgie. Akademie-Verlag, Berlin, 1963, S. 329/449.

[5] Schreiner, H.: Kontaktwerkstoffe. Springer-Verlag, Berlin/Göttingen/Heidelberg, 1964.

Bei der Sinterung disperser Stoffe spielen die *Diffusionsvorgänge* (Oberflächendiffusion, Gitterdiffusion als Selbst- und Fremddiffusion) eine so überragende Rolle, daß man die *Pulvermetallurgie* auch als *Diffusionsmetallurgie* bezeichnen könnte. Unter Berücksichtigung der *Kornbeschaffenheit* (Korngröße, Kornform, Oberfläche, Verformungsgrad) und der *Herstellungsbedingungen* (Preß- und Sinterverhältnisse) kann man sich allgemein folgende Vorstellungen machen.

Bei der Sinterung von *Einstoffsystemen,* also z. B. einheitlichen Hartstoffen ohne Zusätze, spielen sich mit steigender Sintertemperatur Vorgänge ab, die im wesentlichen durch *Adhäsion* und *Platzwechsel-* bzw. *Kristallisationsvorgänge* bedingt werden, wobei der Sinterablauf nach G. F. Hüttig[1] durch bestimmte Temperaturbereiche gekennzeichnet ist.

Wie sich die Vereinigung von zwei Metall- oder Hartstoffkristallen abwickelt, zeigt die von G. F. Hüttig[1] stammende schematische Darstellung in Abb. 37. Wenn sich, wie in a) gezeigt, die Oberflächen zweier Partikelchen, d. h. die Grenzebenen ihrer Gitter gegenüberliegen, so werden von beiden Gittern aus die Kraftfelder in den zwischen ihnen befindlichen Raum hineinreichen und es wird eine gegenseitige Anziehung stattfinden. Die Struktur des linken Kristalles A sei als stabiler angesehen als die Struktur des Kristalles B. Bei Steigerung der Temperatur wird das stabilere Gitter A auf Kosten des Kristalles B wachsen und letzten Endes B ganz aufgezehrt haben. Im Fall b) wird gezeigt, wie die Oberflächendiffusion, die schon bei einem Viertel der Schmelztemperatur einsetzt, sich auswirkt. Über die Oberfläche diffundierende Atome werden zwischen den Kristallen ortsfest eingefangen. Der Spalt wirkt gewissermaßen, um einen Sauerwaldschen Ausdruck[2] zu wählen, wie eine Falle für die aktiven

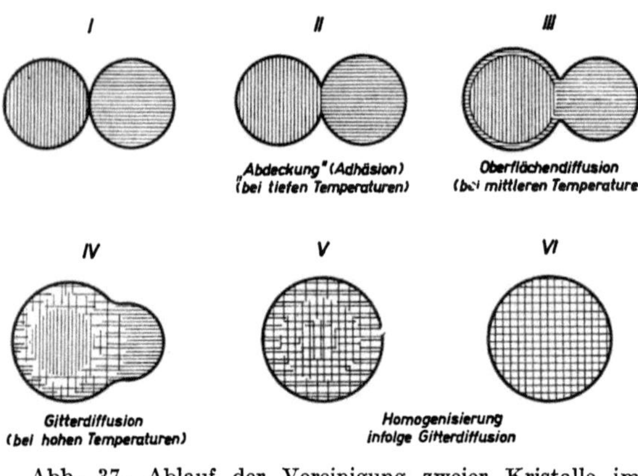

Abb. 37. Ablauf der Vereinigung zweier Kristalle im festen Zustand (G. F. Hüttig)

[1] Hüttig, G. F.: Kolloid-Z. **97** (1941), S. 227/30, 281/300, **98** (1942), S. 6/33, 263/86, **99** (1942), S. 262/77.

[2] Sauerwald, F.: Z. anorg. allg. Chem. **122** (1922), S. 277/94, Kolloid-Z. **104** (1943), S. 144/60.

Oberflächenatome. Das Resultat dieser Diffusion ist das Entgegenwachsen beider Kristalle und die Vereinigung zu einem Individuum. Im Fall c) endlich wird die Wirkung der Gitterselbstdiffusion gezeigt. Die Selbstdiffusion innerhalb der Kristallgitter unterscheidet sich von der Selbstdiffusion in der Oberfläche nur dadurch, daß die Fortbewegung der Atome nicht nur durch die Kristalloberfläche, sondern durch den ganzen Querschnitt der Kristalle hindurch geht. Die Gitterselbstdiffusion wird im Vergleich zu der Oberflächendiffusion erst bei höheren Temperaturen wirksam, kann aber mit steigender Temperatur so rasch ansteigen, daß sie den Materialtransport bei der Oberflächendiffusion weit übertrifft. Praktisch können wir uns den Diffusionsvorgang der Kristalle A und B so vorstellen, daß es erst zu einer festen Verwachsung kommt, dann ein Materialtransport nach dem Innern und auf der Oberfläche stattfindet, wobei es zu einem neuen Individuum C kommt, das um das Individuum B größer als A ist.

Bei der Sinterung von *Mehrstoffsystemen*, also z. B. bei der Herstellung von Hartstoffen aus den Komponenten oder von Hartstoffmischkristallen, gelten die bekannten Diffusionsgesetze und gemäß Zustandsdiagramm ergeben sich im wesentlichen drei Möglichkeiten:

1. Wenn die beiden Komponenten eine lückenlose Reihe von Mischkristallen bilden, so wird jede Komponente von der anderen unter Mischkristallbildung aufgenommen. An der Grenze tritt kein Konzentrationssprung auf.

2. Wenn die beiden Komponenten A und B miteinander Mischkristalle bilden, jedoch so, daß eine Mischungslücke auftritt, so entstehen Mischkristalle von A in B und von B in A. An der Grenze tritt ein Konzentrationssprung auf, der der Mischungslücke bei der angewandten Sintertemperatur entspricht.

3. Wenn die Komponenten außer den Mischkristallen noch intermediäre Phasen bilden, so können, müssen aber nicht, zwischen ihnen so viele Schichten auftreten, wie bei der Versuchstemperatur Phasen möglich sind.

Die Diffusionsfälle 1 und 2 spielen in der Hartmetalltechnik nur eine Rolle, wenn man zur Herstellung von Hartstoff-Mischkristallen zuerst Mischkristalle aus den Metallkomponenten vorbildet. Sie sind ferner übertragbar auf die Mischkristallbildung von vollkommen mischbaren Hartstoffen (vgl. TiC-TaC), die also ohne Konzentrationssprung erfolgt, während z. B. in den Systemen ZrC-VC oder Mo_2C-TiC ein der Mischungslücke bei der Sintertemperatur entsprechender Konzentrationssprung auftritt (Fall 2). Fall 3 ist von entscheidender Bedeutung für die Systeme Metall-Metalloid, die der Bildung von Hartstoffen zugrunde liegen und z. B. für die pseudobinären Systeme $MoSi_2$-$TiSi_2$ und WSi_2-$TiSi_2$.

Alle Erfahrungen, welche man seit den Anfängen der Diffusionsforschung über die Diffusion von kompakten Metallen im festen Zustand gesammelt hat, gelten natürlich auch für die Sinterung von Mehrstoffsystemen aus Metallpulvern, in unserem speziellen Fall von Hartstoffpulvern. R. KIEFFER und W. HOTOP[1] fassen die Erfahrungstatsachen bei der Sinterung von dispersen Mehrstoffsystemen wie folgt zusammen:

1. In innigen Gemischen feiner Pulver führt die Diffusion infolge der Kleinheit der Teilchen und der Größe der Berührungsfläche sehr viel rascher zur Homogenisierung als im kompakten Stoff. Da in die FICKsche Diffusionsgleichung die Quadratwurzel der Zeit eingeht, bedingt eine Verdopplung des Korndurchmessers eine Vervierfachung der Sinterzeit, um den gleichen Homogenisierungseffekt zu erreichen.

2. Die Diffusionsgeschwindigkeit steigt exponentiell mit der Temperatur.

3. Erleiden die verwendeten Pulver während der Glühbehandlung Modifikationsänderungen, so können sich diese selbstverständlich auf die Art und Weise der Diffusion auswirken.

4. Der Platzwechsel der Atome wird durch alle jene Faktoren ungünstig beeinflußt, welche die Anziehung behindern, wie z. B. mangelnder Kontakt der Einzelteilchen durch ungenügende Annäherung aneinander oder durch Oxid- und Gashäute usw.

5. Die Homogenisierung geht wesentlich schneller vor sich, wenn geringe Mengen flüssiger Phase vorliegen, insbesondere, wenn die flüssige Phase vorhandene Oxidhäute und sonstige Verunreinigungen zu lösen vermag.

Im übrigen hat man sich die Diffusion von Metall- und Metalloidpulvern wie bei reinen Metallpulvern so vorzustellen, daß sich die auf Grund des Zustandsbildes bei genügend hoher Temperatur zu erwartenden Gleichgewichtskristallarten zunächst in Form von Säumen bilden. Die Dicke der sich bildenden Schichten hängt natürlich von vielen Umständen ab, beispielsweise bei zwei Pulvern A und B von der Sintertemperatur und -zeit, von der Diffusionsgeschwindigkeit der beiden Komponenten A und B durch jede gebildete Schicht, von dem Mengenverhältnis der beiden Komponenten und den relativen Mengen, die zur Schichtbildung benötigt werden.

Welche Rolle bei übereutektischen Diffusionstemperaturen die auftretenden flüssigen Phasen spielen, ist noch nicht eindeutig geklärt. Man muß sich zweifelsohne vorstellen, daß zwischen den

[1] KIEFFER, R. u. W. HOTOP: Sintereisen und Sinterstahl, Springer-Verlag, Wien 1948, S. 167, Neubearbeitung, im Druck.

verschiedenen Hartstoffschichten eutektische Säume mit einer je nach Temperatur verschiedenen Breite auftreten.

Die Gewinnung der Hartstoffe aus pulverförmigen Übergangsmetallen und den pulverförmigen bzw. gasförmigen Metalloiden bzw. Metallen C, B, N und Si umfaßt Diffusionsvorgänge in den Zustandsgebieten: fest-fest, flüssig-fest, fest-gasförmig und fest-flüssig-gasförmig. Bei der Herstellung beispielsweise der Karbide WC und TaC aus

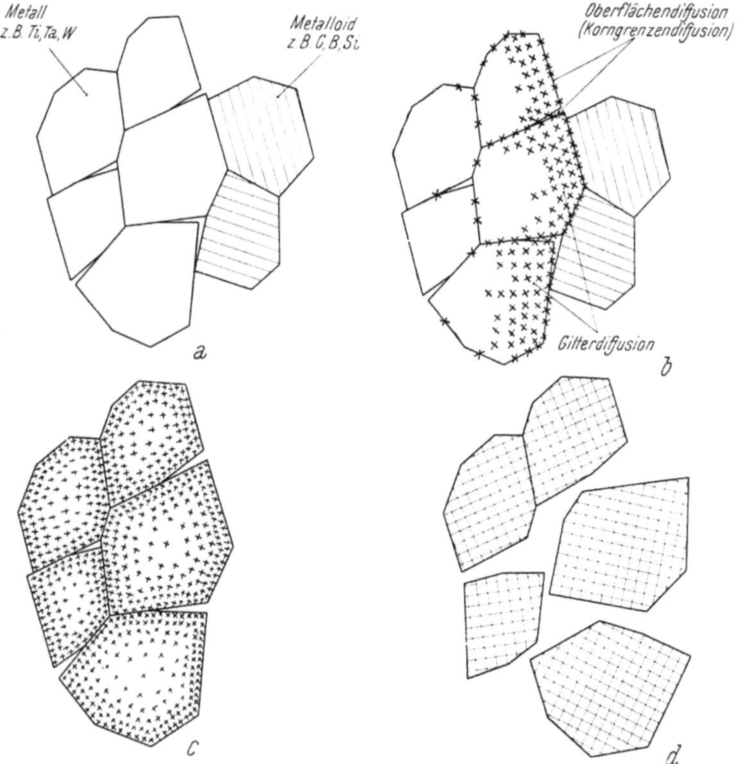

Abb. 38. Diffusionsvorgänge bei der Herstellung von Hartstoffen, schematisch

Metall und Ruß unter Schutzgas handelt es sich vorzugsweise um Diffusion fest-fest oder auch fest-gasförmig, falls Kohlenwasserstoffe am Karburierungsvorgang in beschränktem Umfang teilnehmen. Erzeugt man Silizide und Boride durch Erhitzen der Komponenten oberhalb des Schmelzpunktes der Halbmetalle Silizium und Bor, so arbeitet man im Gebiete fest-flüssig bzw. fest-flüssig-gasförmig. Die Herstellung der Nitride durch Nitrieren von Metallpulvern mit Stickstoff oder Ammoniak ist ein klassisches Beispiel für den Diffusionsfall fest-gasförmig. Dieser Fall der heterogenen Kinetik unterteilt sich allerdings in Adsorption der Gasmoleküle, deren Spaltung an der Oberfläche und anschließende Diffusion der Atome.

An Hand der Abb. 38 seien stark schematisiert die Diffusionsvorgänge erläutert, wobei der Einfachheit halber angenommen wird, daß die Diffusion nur in einer Richtung verläuft. Erhitzt man ein Kristallagglomerat aus beispielsweise Ti, Ta oder W (es wird in der Abb. 38a ein aus fünf Primärkristallen zusammengesetzter Sekundärkristall gezeigt) mit der stöchiometrischen Menge des kleinatomigen Hartstoffbildners C, B und Si, so diffundieren die Atome der Oberfläche, den Spalten, Kapillaren und Korngrenzen des Kristallagglomerats entlang und diffundieren mit steigender Temperatur immer stärker in das Gitter des Metalles (Abb. 38b). Die resultierenden, inhomogenen Hartstoffe (Abb. 38c) werden nach einer ausreichend langen Glüh- bzw. Diffusionsdauer homogen (Abb. 38d), wobei gerne mit der fortschreitenden Verbindungsbildung eine Aufteilung und Zerkleinerung der Sekundärkristalle erfolgt. Wurde von besonders feinen Metallpulvern ausgegangen, die schon vor oder bei der Temperatur der Verbindungsbildung Kornwachstum zeigen, so ergibt sich auch eine entsprechende Kornvergröberung in den Hartstoffpulvern. Die Diffusionsvorgänge und die endgültige Homogenisierung der Hartstoffkristalle, d. h. die Reaktionsgeschwindigkeit der Verbindungsbildung, werden von dem Diffusionsvermögen der Legierungspartner in den vorhandenen und den entstehenden Phasen bestimmt. Es treten, aber nicht zwangsläufig, so viele Schichten von Hartstoffphasen auf, als gemäß Zustandsbild und Reaktionstemperatur möglich sind. Solange bei der Hartstoffbildung Diffusion als Reaktion stattfindet und der Gleichgewichtszustand nicht erreicht ist, kann allerdings eine derartige Phase auch übersprungen werden. In Abb. 39 wurde an einer Berührungsstelle Metall-Metalloid schematisch der Diffusionsfortschritt, die Schichtenbildung und der Endzustand in Systemen mit Diffusion in beiden Richtungen[1] näher gekennzeichnet. Werden bei der Diffusionsbildung, wie schon vorher gesagt, die eutektischen Temperaturen zwischen den Schichten überschritten, so werden vorübergehend auch noch eutektische Säume zwischen den Hartstoffphasen auftreten.

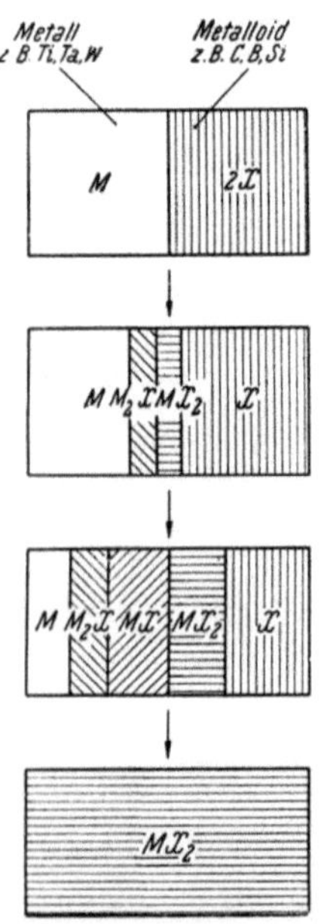

Abb. 39. Diffusionsvorgänge zwischen zwei Komponenten, welche verschiedene Verbindungen miteinander bilden, schematisch

[1] Fitzer, E.: Berg- u. Hüttenmänn, Mh. **97** (1952), S. 81/91.

Der bei steigender Temperatur auftretende Metalloid- und Metalldampf fördert die Hartstoffreaktion; beim Übersteigen des Schmelzpunktes, beispielsweise von Silizium bzw. Bor, verläuft die Reaktion exotherm mit hoher Geschwindigkeit. Die Dichtsinterung der gebildeten Hartstoffe erfolgt durch die Erhöhung der Temperatur bis dicht an den Schmelzpunkt, zweckmäßig unter Zwischenschaltung eines Zerkleinerungs- und Preßvorganges, am besten aber durch gleichzeitige Anwendung von Druck und Temperatur, d. h. durch Drucksintern.

Trotz der Wichtigkeit des Problems wurden quantitative Untersuchungen über den Diffusionsablauf bei der Bildung von Hartstoffen aus den Komponenten nur vereinzelt durchgeführt[1–5] (vgl. Hartstoffe). G. C. KUCZYNSKI und R. LANDAUER[6] haben versucht, die Verhältnisse rechnerisch zu erfassen. Erst die eingehenden Arbeiten von G. V. SAMSONOV und Mitarbeitern[7–10] brachten vergleichbare Werte für die Diffusionskonstanten und Aktivierungsenergien bei der Bildung von Karbiden, Nitriden, Boriden und Siliziden der meisten 4a bis 6a Metalle. Ohne hier auf Einzelheiten der Versuchstechnik und auf die theoretischen Folgerungen einzugehen, sind in Zahlentafel 13 nur die Ergebnisse selbst zusammengefaßt[11].

Gemäß Zahlentafel 12 wurden bei der Sinterung pulverförmiger Stoffe vier Möglichkeiten unterschieden. Was die Sinterung von Hartstoffen, Hartstoffmischungen und Hartstoff-Hilfsmetallgemengen betrifft, ist zu den Einzelfällen noch folgendes zu sagen.

---

[1] VAN LIEMPT, J. A. M.: Metallwirtsch. **7** (1928), S. 558; Z. Metallkunde **16** (1924), S. 317.

[2] FITZER, E.: Berg- u. Hüttenmänn. Mh. **97** (1952), S. 81/91.

[3] WASILEWSKI, R. J. u. G. L. KEHL: J. Inst. Met. **83** (1954), S. 94/104.

[4] GULBRANSEN, E. A. u. K. F. ANDREW: Trans. Am. Inst. Met. Eng. **185** (1949), S. 741/48 u. **186** (1950), S. 586/99.

[5] KREIMER, G. S., L. D. EFROSS u. E. A. VORONKOVA: Zur. Techn. Fiz. **22** (1952), S. 858/73, 874/76.

[6] KUCZYNSKI, G. C. u. R. LANDAUER: J. Appl. Phys. **22** (1951), S. 952/55.

[7] SAMSONOV, G. V. u. V. P. LATYSCHEVA: Dokl. Akad. Nauk SSSR **109** (1956), S. 582/85; Fiz. Metallov Metalloved. **2** (1956), S. 309/19; In: Bor, Moskau 1958, S. 74/89.

[8] SAMSONOV, G. V. u. L. A. SOLONNIKOVA: Fiz. Metallov Metalloved. **5** (1957), S. 565/66.

[9] SAMSONOV, G. V., M. S. KOVALTSCHENKO u. T. S. VERCHOGLJADOVA: Zur. Neorg. Chim. **4** (1959), S. 2759/65; Dop. Akad. Nauk Ukr. RSR (1959), Nr. 1, S. 32/35; In: Bor, Moskau 1958, S. 74/89.

[10] SAMSONOV, G. V.: Hochschmelzende Verbindungen. Tabellen der Eigenschaften. Metallurgizdat, Moskau 1963.

[11] s. a. PETERSON, N. L.: WADD TR 60—793 (1961).

Zahlentafel 13. *Diffusionskonstanten und Aktivierungsenergien bei der Diffusion von Metalloiden in Übergangsmetallen* (G. V. SAMSONOV u. a., vgl. Lit. S. 67)

Gebildete Phase	Temperatur °C	D_0 cm²/sec	Q cal/Mol
TiC	800 bis 1400	$2,44 \cdot 10^3$	17 500
ZrC	1000 bis 1600	$4,52 \cdot 10^3$	17 900
Nb_2C	1000 bis 2000	$3,14 \cdot 10^4$	18 900
Ta_2C	1000 bis 1800	$1,98 \cdot 10^4$	19 300
Cr-C	—	—	26 000
Mo_2C	1200 bis 2000	$2,26 \cdot 10^6$	33 400
W_2C	1400 bis 2000	$1,82 \cdot 10^6$	39 500
TiN	900 bis 1570	$3,5 \cdot 10^{-2}$	36 300
ZrN	600 bis 830	$3,5 \cdot 10^{-2}$	39 200
NbN	400 bis 800	$9,8 \cdot 10^{-2}$	25 400
TaN	600 bis 850	$5,6 \cdot 10^{-3}$	39 400
Mo-N	1100 bis 1600	—	45 000
TiB_2	800 bis 1200	$2,15 \cdot 10^4$	9 150
NbB_2	1400 bis 2000	$5,62 \cdot 10^3$	14 130
TaB_2	1200 bis 2000	$5,92 \cdot 10^3$	16 900
Cr-B	—	—	20 520
Mo_2B	1100 bis 1800	$4,74 \cdot 10^3$	14 300
W_2B	1000 bis 1900	$3,72 \cdot 10^3$	20 400
$TiSi_2$	900 bis 1200	$8,1 \cdot 10^2$	39 700
$ZrSi_2$	1000 bis 1200	$1,1 \cdot 10^5$	55 750
VSi_2	1000 bis 1200	$6,2 \cdot 10^5$	61 200
$NbSi_2$	900 bis 1100	56,1	36 840
$TaSi_2$	800 bis 1200	93,1	34 600
$CrSi_2$	900 bis 1100	3,92	22 760
$MoSi_2$	900 bis 1100	56,1	36 840
WSi_2	900 bis 1100	$4,4 \cdot 10^6$	63 000

Fall I: Homogene Mischkristalle und Verbindungen

Bei der Sinterung von reinen, einphasigen Hartstoffen können wie bei reinen Metallpulvern folgende Wege beschritten werden:

1. Hochsintern der ungepreßten oder nur gerüttelten Hartstoffpulver.
2. Hochsintern der verpreßten oder stranggepreßten Hartstoffpulver.
3. Drucksintern
   a) des ungepreßten, vorgepreßten oder bereits gesinterten Hartstoffpulvers,
   b) des ungepreßten oder vorgepreßten Metall-Metalloidgemenges.

4. Weg 1—3, besonders Weg 2, unter Zusatz von flüchtigen metallischen Bindern und Ausdampfen derselben, vorzugsweise im Vakuum.

Die hochschmelzenden, spröden Hartstoffe werden erst dicht unterhalb des Schmelzpunktes bei $\alpha = 0{,}8$ bis $0{,}9$* plastisch, wobei Gitterselbstdiffusion und Kornwachstum verhältnismäßig langsam einsetzen. Man kann die Sinterung reiner Hartstoffe am besten mit derjenigen von z. B. Wolframpulver vergleichen. Es spielen sich dabei Vorgänge ab, welche auf S. 62 beschrieben wurden.

Durch Normalsinterung ist es nur bei Anwendung höchster Sintertemperaturen (Erhitzung im direkten Stromdurchgang) möglich, zu einigermaßen dichten Hartstoffkörpern zu gelangen. Durch Anwendung von Druck bei der Sinterung oder durch Heißnachverdichten bereits gesinterter Körper läßt sich bei etwas niedrigeren Temperaturen eine 95- bis 99%ige Raumerfüllung erzielen. Eine ähnlich hohe oder fast theoretische Dichte erreicht man durch geringfügige Hilfsmetallzusätze, die in den Hartstoff-Sinterkörpern gegebenenfalls sogar unter Mischkristallbildung verbleiben bzw. wieder ausgetrieben werden können. Da fast alle technisch reinen Hartstoffe aus den Ausgangskomponenten und den Zerkleinerungsvorgängen stets Fremdmetalle, insbesondere Eisenmetalle, in Mengen von 0,05 bis etwa 1,5% enthalten, ist die Sinterung vollkommen reiner Hartstoffe ohne flüssige Phase praktisch äußerst selten (vgl. S. 97). Eine ausführliche Besprechung kann daher unterbleiben. Im einzelnen sei diesbezüglich noch auf die Abschnitte über die Reindarstellung von Hartstoffen (Bd. Hartstoffe), insbesondere auf die Ausführungen über das Drucksintern und die Reindarstellung kompakter Hartstoffkörper unter Verwendung austreibbarer Hilfsmetalle verwiesen.

Der außerordentlich große Einfluß, welchen geringe Hilfsmetallmengen bei der Sinterung von Wolframkarbid ausüben, wurde von W. Dawihl[1] an Hand des Schwundverhaltens untersucht (Zahlentafel 14). Eine sehr kleine Menge von 0,03% Eisen fördert die Schrumpfung bei 1600° bereits erheblich, um bei Sintertemperaturen von 1800 bis 1900° nach eigenen Erfahrungen bereits zu fast dichten Sinterkörpern zu führen[2]. 0,32% Eisen ergeben bereits bei 1600° Dichtsinterung, während eine Menge von 5% Eisen, Nickel oder Kobalt bereits eine Dichtsinterung bei etwa 1400° bewirkt.

Die Herstellung von Hartstoff-Mischkristallen und Hartstoffgemengen mit beschränkter oder vollständiger Mischbarkeit erfolgt

---

* Nach G. F. Hüttig: Bruchteil der absoluten Schmelztemperatur.

[1] Dawihl, W.: Z. Metallkunde **43** (1952), S. 20/22.

[2] Nowotny, H. u. R. Kieffer: Metallforschung 2 (1947), S. 257/65.

am besten wie bei den reinen Hartstoffen unter Weg 1—4 beschrieben. Das Schema der Mischkristallbildung von Metallen im festen Zustand,

Zahlentafel 14. *Einfluß verschiedenartiger niedrigschmelzender Metalle auf den Schwund von Wolframkarbid* (W. DAWIHL)

Zusatz %	Schwund in % bei einer Sintertemperatur* von		
	1200°	1400°	1600°
0,03 Eisen	1,9	2,9	15,6
0,32 Eisen	—	14,5	21,0
5 Eisen	7,6	20,9	—
5 Kobalt	8,1	21,5	21,9
5 Nickel	—	21,2	—

* Dauer der Erhitzung 2 Stunden

wie es von G. F. HÜTTIG angegeben wurde (s. Abb. 37), kann auch auf vollkommen mischbare Hartstoffe, d. h. auf die Vereinigung zweier Hartstoffkristalle, übertragen werden.

Fall II: Heterogene Mehrstoffsysteme

Verpreßt und sintert man Pulver zweier Hartstoffe (z. B. ZrC-VC, TiB_2-TiC, ZrB_2-$MoSi_2$), die nicht oder nur sehr beschränkt miteinander legieren, so kommt es mit steigender Temperatur zu einer gewissen Oberflächen- und Gitterselbstdiffusion, zu Umkristallisationen und letzten Endes zum Kornwachstum in jeder einzelnen Komponente. Je nach der Konzentration der Komponenten ist die eine in die andere eingebettet bzw. es bilden sich zwei sich durchdringende Skelette.

Fall III: Sinterung mit flüssiger Phase, heterogenes Endprodukt

Dieser Fall umfaßt die technisch besonders wichtigen Sinterlegierungen, welche mit flüssiger Phase gesintert werden, wobei heterogene Endprodukte mit einem verbundmetallartigen Gefüge entstehen. Den hilfsmetallgebundenen, karbidischen Hartstoffen ist der nachfolgende, ausführliche Abschnitt B gewidmet, so daß hier nur auf einige allgemeine Fragen eingegangen wird. Bei der Besprechung der Verhältnisse in homogenen Systemen (S. 57) wurde der Sintermechanismus von Diffusionsvorgängen unterschieden, die zufolge von Konzentrationsunterschieden ablaufen. Die Sinterung wurde als ein Vorgang beschrieben, der auf der Bildung metallischer Bindungsbereiche und auf der anschließenden Verdichtung (Dichtsinterung, Schrumpfung, Entfernung der Poren) beruht.

In *homogenen* Systemen, und wo Legierungsbildung und Homogenisierungsvorgänge vernachlässigt werden können, und ebenso in homogenen Systemen, wo in Abwesenheit einer flüssigen Phase gesintert wird, sind Festigkeit und andere charakteristische Größen, die die Eigenschaften von Sinterkörpern bestimmen, im wesentlichen eine Funktion der Dichte, so daß die erzielte Dichte als Maßstab für die Wirksamkeit der Sinterung herangezogen werden kann.

Wenn das Endprodukt *heterogen* bleibt und die Sinterung in Gegenwart einer flüssigen Phase erfolgt, dann werden die Eigenschaften des verbundmetallartigen, heterogenen Sinterproduktes nicht allein durch die Dichte bestimmt. In Sinterkörpern kann eine oder beide der in Frage kommenden Phasen in Form eines kontinuierlichen Netzwerkes oder in Form isolierter Strukturelemente vorliegen. Es ist leicht einzusehen, daß besonders in ganz dichten Sinterkörpern das Vorhandensein oder die Abwesenheit eines festen Skelettes der höherschmelzenden Hartstoffkomponente entscheidend die Festigkeit und andere Kenngrößen beeinflussen können (s. S. 91). Folglich kann der Sinterverlauf nicht allein auf Basis der Dichtebestimmung oder dilatometrischer Messungen verfolgt werden. In der Praxis kann sogar bei Anwesenheit einer flüssigen Phase schon volle Dichtsinterung in der ersten Stufe des Sintervorganges erzielt werden. Experimentell ist es beispielsweise schwierig, das Ausmaß einer Skelettbildung oder die Kontinuität einer Phase in der Sinterprobe zu bestimmen. Mikroskopische Prüfungen zweidimensionaler Schliffe erlauben nämlich oft nicht, festzustellen, ob ein dreidimensionales Netzwerk einer Phase vorliegt. Die experimentelle Basis der Theorie der Sinterung mit flüssiger Phase ist daher bis heute nicht so gut unterbaut wie die der Sinterung ohne flüssige Phase.

Der Mechanismus der Sinterung mit flüssiger Phase ist im wesentlichen durch die Arbeiten von S. Hoyt[1], L. L. Wymann und F. C. Kelley[2], S. Takeda[3], G. H. S. Price und Mitarbeiter[4], F. Lenel[5] und H. S. Cannon[6] sowie von zahlreichen Hartmetall-Forschern (s. S. 84) und nicht zuletzt durch die Arbeiten der Keramiker, welche die Sinterung mit flüssiger Phase seit Jahrtausenden beherrschen, untersucht und gedeutet worden.

---

[1] Hoyt, S.: Trans. Am. Inst. Met. Eng. **89** (1930), S. 9/58.

[2] Wymann, L. L. u. F. C. Kelley: Trans. Am. Inst. Min. Met. Eng. **93** (1931), S. 208/26, Disk. S. 226/29.

[3] Takeda, S.: Sci. Rep. Tohoku Univ., Honda-Festband (1936), S. 864/81.

[4] Price, G. H. S., C. J. Smithells u. S. V. Williams: J. Inst. Met. **62** (1938), S. 239/54.

[5] Lenel, F. V.: Trans. Am. Inst. Met. Eng. **175** (1948), S. 878/905. In: The Physics of Powder Metallurgy, McGraw Hill, New York 1951, S. 238/53, Disk. S. 253/55.

[6] Cannon, H. S. u. F. V. Lenel: 1. Plansee Seminar, Reutte/Tirol 1952, S. 106/21.

Wie beim Sintern in Abwesenheit einer flüssigen Phase, ist die hauptsächlich treibende Kraft auch bei der Sinterung mit flüssiger Phase, die freie Oberflächenenergie (Oberflächenspannung) der Komponenten und deren Wechselwirkung. Die Dichtsinterung unter starker Schrumpfung tritt aber schon unmittelbar nach Bildung und Auftreten der flüssigen Phase ein, wobei diese in die Zwischenräume der höher schmelzenden Komponente einfließt. Das Benetzen der festen Teilchen durch die flüssige Phase entfernt meist alle festen und gasförmigen Oberflächenfilme. Der Abtransport von Gasen über die flüssige Phase zur Oberfläche des Sinterkörpers, mit anderen Worten, die Beseitigung der Poren in der flüssigen Phase bewirkt unter Schrumpfung auch eine dichtere Packung der festen Teilchen. In dieser Stufe kann man das System als eine Art Suspension fester Teilchen in einer kontinuierlichen flüssigen Phase auffassen. Für die schnelle und unter gewissen Umständen voll ablaufende Schrumpfung in der ersten Stufe der Sinterung mit flüssiger Phase ist nach H. S. Cannon und F. V. Lenel[1] der sogenannte „Liquid flow"-Effekt verantwortlich. R. Kieffer und F. Kölbl[2] sprechen bei Tränkhartmetallen von einem „Zusammengleiten" bzw. „Zusammenziehen" der Karbidteilchen in der flüssigen Phase. Man könnte auch von einem „Zusammenschlämmen" oder „Zusammenschwimmen" der frei beweglichen Karbidkörner (vgl. auch Zahnamalgam-Technik, Ag-Sn-Pulver + Hg) sprechen. Ein gutes Benetzen der festen Phase durch die in genügender Menge anwesenden flüssigen Phase und die Wirkung der Oberflächenspannungskräfte sind Voraussetzung für diesen Mechanismus, der auch wirksam ist, wenn die Löslichkeit der festen Phase in der Schmelze sehr klein ist.

Der wahrscheinlich wichtigste Mechanismus bei der Sinterung mit flüssiger Phase wurde erstmalig für das System WC-Co von S. Hoyt[3] beschrieben und später für Wolfram-reiche Legierungen aus dem System W-Cu-Ni (sogenannte Wolfram-Schwermetall-Legierungen) von G. H. S. Price und Mitarbeitern[4] bestätigt. Bei derartigen Kombinationen tritt Lösung kleinster Teilchen der schwerschmelzbaren Komponente in der flüssigen Phase und Wiederausscheidung derselben an der Oberfläche größerer Teilchen ein. Dieser Vorgang, meist gekoppelt mit einer stark temperaturabhängigen Löslichkeit

---

[1] Cannon, H. S. u. F. V. Lenel: 1. Plansee Seminar, Reutte/Tirol 1952, S. 106/21.

[2] Kieffer, R. u. F. Kölbl: Berg- u. Hüttenmänn. Mh. **95** (1950), 49/58.

[3] Hoyt, S.: Trans. Am. Inst. Met. Eng. **89** (1930), S. 9/58.

[4] Price, G. H. S., C. J. Smithells u. S. V. Williams: J. Inst. Met. **62** (1938), S. 239/54.

der schwerschmelzenden Komponente in der flüssigen Phase, führt zu Kornwachstum und zur Brückenbildung zwischen benachbarten Teilchen und trägt somit stark, besonders bei kleinen Hilfsmetallgehalten, zur Ausbildung eines mehr oder minder festen Skelettes der hochschmelzenden Phase bei.

Dieser partielle Lösungs- und Ausscheidungsmechanismus, den wir im weiteren *Umfällungsmechanismus* nennen wollen, strebt einem gewissen Gefügegleichgewicht zu. Es bilden sich besonders im System W-Cu-Ni bei langer Sinterzeit und höheren Gehalten an Bindemetall z. B. 10 bis 25% Binder statt der üblichen 3 bis 10%, rundliche Wolframeinkriställchen ziemlich einheitlicher Größe aus. Das Gefüge wirkt wie ein Haufwerk aus ziemlich einheitlichen Kugeln, deren Zwischenräume mit einer später erstarrenden Flüssigkeit ausgegossen worden sind. Dieser Gefügeaufbau bringt aber zwangsläufig eine starke Auflockerung des primärgebildeten mehr oder minder starren Skelettes mit sich. Ähnliche Phänomene sind auch bei hochhilfsmetallhaltigen Titankarbidhartmetallen (s. S. 458) und weniger ausgeprägt bei hochkobalthaltigen WC-TiC-Co-Legierungen (s. S. 147) beobachtet worden[1–4]. Der „Flüssig-Packeffekt“ durch Zusammengleiten (Liquid flow) und der Umfällungsmechanismus überlappen einander und können sich behindern. Die Bildung eines starren Skelettes kann das Zusammengleiten mit Dichtpacken der Körner behindern und damit auch die endgültige Schrumpfung hemmen.

Der Umfällungsmechanismus verringert das Volumen der festen Phase und trägt so ebenfalls zur Verdichtung bei. Er beeinflußt jedoch nicht die Poren und ist auch nach der vollständigen Dichtsinterung noch wirksam. Der Umfällungsmechanismus kann ausgeprägte Änderungen im Gefüge des Sinterkörpers bewirken. So z. B. kann er starre, mehr oder minder kontinuierliche Skelette der festen Phase bilden und festigen, er kann aber auch umgekehrt Metallbrücken unterbrechen und so zur Zerstörung früher gebildeter Skelette führen. Ob starre Skelette gebildet werden oder nicht hängt augenscheinlich nicht von den Benetzungseigenschaften — das ist der relative Wert der im Spiel befindlichen freien Oberflächenenergien — sondern auch von dem relativen Anteil der festen und flüssigen Phase während des Sintervorganges ab. In einigen Sonderfällen ist die

---

[1] Kieffer, R. u. F. Benesovsky: Berg- u. Hüttenmänn. Mh. **94** (1949), S. 284/94.

[2] Kieffer, R. u. F. Kölbl: Berg- u. Hüttenmänn. Mh. **95** (1950), S. 49/58.

[3] Kingery, W. D., E. Niki u. M. D. Narasimhan: J. Am. Ceram. Soc. **44** (1961), S. 29/35.

[4] Čech, B.: Pokroky Práškové Met. (1963), Nr. 1, S. 14/24.

Existenz eines kontinuierlichen Skelettes umstritten, besonders bei Legierungen, die nur relativ kleine Mengen an Bindephasen enthalten (s. S. 91). Bei der Endsinterung mag der Umfällungsmechanismus zu einer Verfestigung des Gesamtkörpers durch Ausheileffekte der festen Phase beitragen. Zu diesem Zeitpunkt — ob ein festes Skelett vorhanden ist oder nicht — steht der Umfällungsmechanismus in Konkurrenz zu den früher besprochenen Sintermechanismen, die bei Abwesenheit einer flüssigen Phase wirksam sind. Es ist in diesem Zeitpunkt nicht möglich zu entscheiden, welcher Beitrag größer ist, der Umfällungsmechanismus, die Gitterdiffusion oder der „Flüssig-Packeffekt".

Wie R. Steinitz[1] ausgeführt hat, ist die flüssige Phase beim Sintern selten eine reine metallische Phase, sondern eine Legierung aus zwei oder mehr Komponenten, deren Zusammensetzung durch die Lage des Eutektikums bestimmt ist. „Eutektische Sinterung" tritt nach R. Steinitz überall auf, wo Systeme vorliegen, bei denen eine höher schmelzende Komponente eine stark temperaturabhängige Löslichkeit im Bindermetall hat. Grundsätzlich kann z. B. die Hochtemperatursinterung von Karbiden auch in Gegenwart gewisser Kupferlegierungen mit sehr geringer Löslichkeit für Karbide ohne Auftreten eines Eutektikums zu hohen Dichten führen, aber alle technisch erzeugten Hartlegierungen, einschließlich Mehrkarbidlegierungen und Hochtemperaturwerkstoffen, werden in der Gegenwart einer flüssigen eutektischen Phase gesintert. Im System WC-Co z. B. findet die Sinterung unter dem Schmelzpunkt beider Komponenten, nämlich in Gegenwart eines niedrigschmelzenden ternären W-C-Co-Eutektikums statt. Wenn man berücksichtigt, daß sich stets eutektische Filme aus Verunreinigungen bilden können, z. B. aus dem eingemahlenen Eisen oder Hartmetall beim Naßmahlen, so kann eutektisches Sintern auch bei Hartstoffen auftreten, zu denen kein Binder absichtlich beigefügt wurde (vgl. S. 37).

In hilfsmetallhaltigen Borid- und Silizidsystemen führt die Löslichkeit der Komponenten ineinander zur Bildung spröder, ternärer Phasen und Legierungen (s. Bd. Hartstoffe) und somit zu Sinterbedingungen, die erheblich ungünstiger sind als diejenigen bei Karbiden. Es ergeben sich ähnliche Verhältnisse wie bei der Abbindung von W_2C mit Metallen der Eisengruppe unter Bildung spröder, ternärer Phasen und Bindelegierungen.

Geschieht das Einbringen des Hilfsmetalles nicht durch Zumischen in Form des Metallpulvers sondern durch Eintränken in Karbidskelettkörper, so spricht man von *Tränk-Hartmetallen* (s. Ab-

---

[1] Steinitz, R.: J. Metals 5 (1953), S. 891/94.

schnitt 6)[1, 2]. Die Vorgänge, die sich beim Tränken zwischen dem porösen Karbidkörper und dem eindringenden flüssigen, Tränkmetall abspielen, sind grundsätzlich die gleichen wie bei der Sinterung mit flüssiger Phase, nur ist der Ablauf zeitlich verkürzt. Die Verhältnisse wurden insbesondere an den Kombinationen von TiC, WC und WC-TiC-Mischkristallen mit Ni-, Co- oder Ni-Co-Cr-Bindern eingehend untersucht, und es sei hier nur auf die entsprechenden Abschnitte verwiesen (S. 112, 455)[1, 2]. Die Frage der Benetzbarkeit der hochschmelzenden Komponente durch das Tränkmetall und aller Faktoren, welche diese beeinflussen, spielt dabei eine große Rolle (s. S. 113).

Im Falle der beschränkten Löslichkeit der Hartstoffkomponenten in der flüssigen Phase ist der spezifische Ausdehnungskoeffizient und die Einstellung der Gleichgewichte bei den erreichten Sintertemperaturen bzw. bei Zimmertemperatur von ausschlaggebender Bedeutung für den Bindevorgang. Auf die erheblichen Spannungen, die im Hilfsmetall nach der Erstarrung vorliegen, haben G. Ritzau[3] und später J. T. Norton[4] hingewiesen (vgl. S. 94).

Mit der Frage eines geeigneten Binders für Hartstoffe von Art der Karbide und Boride setzt sich J. T. Norton[4] eingehender auseinander und gibt für die Auswahl eines solchen Binders folgende Richtlinien:

1. Der Binder muß bei der Sintertemperatur eine flüssige Phase bilden, die im Gleichgewicht mit der Hartstoffphase bestehen kann.

2. Die flüssige Bindemittelphase muß die Hartstoffphase benetzen.

3. Die flüssige Bindemittelphase soll eine beachtliche Löslichkeit für die Hartstoffphase bei der Sintertemperatur haben, soll dieselbe jedoch beim Abkühlen wieder ausscheiden.

4. Die Bindemittelphase soll nicht mit der Hartstoffphase bei der Sintertemperatur derart reagieren, daß eine andere feste Phase gebildet wird und dadurch die flüssige Phase aufgezehrt wird.

5. Die Bindemittelphase soll mit der Hartstoffphase nicht derart reagieren, daß eine andere, bei Raumtemperatur feste Phase gebildet wird, die mechanisch schlechte Eigenschaften aufweist und die eine Bildung von zusammenhängenden Bindemittelfilmen um die harten Teilchen verhindert.

6. Die Bindemittelphase soll solche mechanische Eigenschaften bei den zu erwartenden Arbeitstemperaturen des Sinterkörpers haben,

---

[1] Kieffer, R. u. F. Kölbl: Berg- u. Hüttenmänn. Mh. **95** (1950), S. 49/58.

[2] Kieffer, R. u. F. Benesovsky: Berg- u. Hüttenmänn. Mh. **94** (1949), S. 284/94.

[3] Ritzau, G.: Stahl u. Eisen **60** (1940), S. 890/91.

[4] Norton, J. T.: Powder Met. Bull **6** (1951), S. 75/78.

daß der dünne Binderfilm unter den von den Hartstoffteilchen verursachten Spannungen eine besonders hohe Festigkeit aufweist.

Diese NORTONschen Richtlinien brauchen natürlich nicht immer gleichzeitig strenge Gültigkeit zu haben, vor allem weil auch unsere Kenntnisse über verschiedene Hartstoff-Hilfsmetallsysteme (z. B. Borid-, Silizid-, Nitrid-Hilfsmetall) noch sehr dürftig sind. Immerhin dürften diese Gesichtspunkte bei der Entwicklung neuer hilfsmetallhaltiger, hochschmelzender Hartstofflegierungen von Nutzen sein.

Fall IV: Sinterung mit flüssiger Phase bei homogenem Endprodukt

Die Aufnahme der flüssigen Hilfsmetalle durch die Hartstoffkomponente unter Bildung homogener Mischkristalle ist verhältnismäßig selten und tritt nur bei geringen, im Kristallgitter einbaubaren Mengen von Hilfsmetallen bzw. dem Einfrieren von Mischkristallzuständen durch Abschrecken ein. Unter den Fall IV fällt auch die Möglichkeit, daß ein niedrig schmelzender Hartstoff neben einem höher schmelzenden Hartstoff auftritt, als Hilfsmetall wirkt und bei steigender Temperatur unter Mischkristallbildung verzehrt wird. Beispiele hiefür wären die Abbindung von Mo_3Si mit V_3Si oder von $TaSi_2$ mit $CrSi_2$, d. h. von Hartstoffpaaren, bei denen weitgehende Mischbarkeit zu erwarten ist.

B. Vorgänge bei der Sinterung von Karbid-Hilfsmetallgemengen mit flüssiger Phase

1. Vorgänge bei der Sinterung von WC-Co-Hartmetallen

Die Sinterung von Hartmetallen auf WC-Co-Basis erfolgt bei Temperaturen von über 1350°. Die Sintertemperatur liegt damit höher als die Schmelztemperatur des W-Co-C- und des Co-C-Eutektikums und es wurde schon frühzeitig vermutet, daß die metallurgischen Vorgänge, welche sich zwischen festen Wolframkarbidkristallen und der, während der Sinterung auftretenden Schmelze abspielen, von größter Bedeutung für die Eigenschaften der Fertigprodukte sind. Zur Erklärung der Verhältnisse bei der Sinterung von WC-Co-Hartmetallen sind zunächst die Kenntnisse im Dreistoffsystem W-Co-C erforderlich.

a) Das Dreistoffsystem W-Co-C

Die festen und flüssigen Phasen, die im System W-Co-C bei der Sinterung auftreten, sind erst verhältnismäßig spät erforscht worden. Die Sinterphänomene im pseudobinären System WC-Co zeigen dabei überraschende Ähnlichkeit mit den Verhältnissen in der Keramik bei Sinterung mit flüssiger Phase. Als Beispiel sei hier das klassische System Al_2O_3-SiO_2 angeführt[1, 2, 3].

Das Dreistoffsystem W-Co-C wurde von S. TAKEDA[4], L. D. BROWNLEE[5] und in neuester Zeit von P. RAUTALA und J. T. NORTON[6] untersucht. Beiträge zur Konstitution von WC-Co-Legierungen haben ferner S. L. HOYT[7], L. L. WYMANN und F. C. KELLEY[8], W. P. SYKES[9], russische Forscher[10, 11, 12, 13], E. J. SANDFORD und E. M. TRENT[14], V. BERG und H. KRAINER[15], W. DAWIHL und K. SCHRÖTER[16], H. PFAU und W. RIX[17] sowie T. FUKATSU[18] auf Grund mikroskopischer, röntgenographischer, thermischer und magnetischer Untersuchungen gebracht.

α) Schnitt WC-Co. Da in der Praxis aus dem Dreistoffsystem vornehmlich der Schnitt WC-Co interessiert, sei die Sinterung eines typischen Hartmetalles mit 6% Co an diesem pseudobinären System nach S. TAKEDA[4] unter Berücksichtigung des nach P. RAUTALA und J. T. NORTON[6] korrigierten Systems erläutert (Abb. 40). Erhitzt man das feinstgemahlene und gepreßte Gemenge aus 94% WC und 6% Co (senkrechte, gestrichelte Linie) auf 1400° — die Diffusions-

---

[1] s. E. RYSCHKEWITSCH: Oxidkeramik der Einstoffsysteme, Springer-Verlag, Berlin/Göttingen/Heidelberg 1948, S. 110ff.

[2] KIEFFER, R.: Metall u. Erz **37** (1940), S. 67/70, 88/92.

[3] KIEFFER, R.: In: The Physics of Powder Metallurgy, McGraw Hill, New York 1951, S. 278/91, Disk. S. 292/94.

[4] TAKEDA, S.: Sci. Rep. Tôhoku Univ., Honda-Festband (1936), S. 864/81.

[5] BROWNLEE, L. D.: Vortrag IPT., Graz 1948, Ref. Nr. 15; L. D. BROWNLEE, R. EDWARDS u. T. RAINE: Symposium on Powder Metallurgy 1954, Iron Steel Inst., London 1956, S. 302/04.

[6] RAUTALA, P. u. J. T. NORTON: J. Metals **4** (1952), S. 1045/50. 1. Plansee-Seminar, Reutte/Tirol 1952, S. 303/16.

[7] HOYT, S. L.: Trans. Am. Inst. Min. Met. Eng. **89** (1930), S. 9/58.

[8] WYMANN, L. L. u. F. C. KELLEY: Trans. Am. Inst. Min. Met. Eng. **93** (1931), S. 208/26, Disk. S. 226/29.

[9] SYKES, W. P.: Trans. Am. Inst. Min. Met. Eng. **128** (1938), S. 76/86.

[10] KOROLKOV, A. M. u. A. M. LAVLER: Metallurg **9** (1934), Nr. 2, S. 53/55.

[11] ZARUBIN, N. M.: Zavod. Lab. **14** (1948), S. 1434/36.

[12] TSCHAPOROVA, I. N., J. A. SCHTSCHETELINA, V. I. TRETJAKOV u. T. G. MAKARENKO: Izv. Akad. Nauk SSSR, Met. Topl. (1959), Nr. 5, S. 91/96, (1961), Nr. 1, S. 126/32, Tverdyje Splavy **1** (1959), S. 177/90, 202/25.

[13] KOVALSKI, A. E. u. L. Ch. PIVOVAROVA: Izv. Akad. Nauk SSSR, Met. Topl. (1959), Nr. 6, S. 113/20.

[14] SANDFORD, E. J. u. E. M. TRENT: Iron Steel Inst., Spec. Rep. Nr. 38, London 1947, S. 84/91.

[15] BERG, V. u. H. KRAINER: Diskussionsvortrag IPT, Graz 1948.

[16] DAWIHL, W. u. K. SCHRÖTER: Z. Metallkunde **41** (1950), S. 231/33.

[17] PFAU, H. u. W. RIX: Techn. Wiss. Abh. Osram-Konzern **6** (1953), S. 193/301.

[18] FUKATSU, T.: J. Japan Soc. Powder Met. **8** (1961), S. 183/94.

vorgänge bei der Vorsinterung zwischen 600 und 1200° sollen hier der Deutlichkeit halber nicht berücksichtigt werden —, so wickeln sich die nachfolgenden Vorgänge ab, denen wir im Sinne der Pfeile auf der waagrechten, gestrichelten Linie im Diagramm folgen. Da

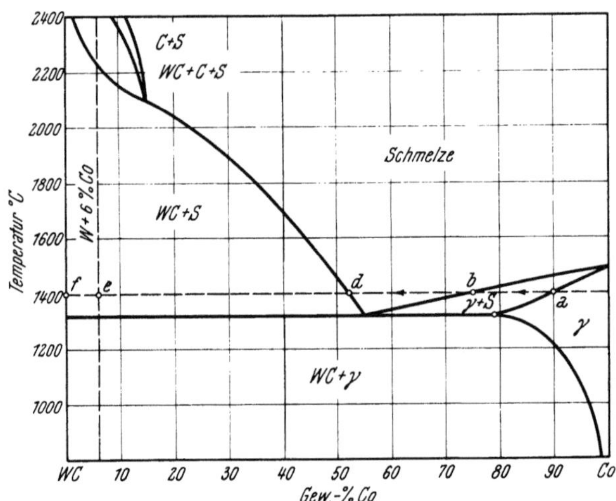

Abb. 40. Zustandsschaubild W-C-Co, Schnitt WC-Co (P. Rautala und J. T. Norton)

reines Kobalt erst bei 1490° schmilzt, könnte sich das Bindemetall beim Erreichen der Sintertemperatur von 1400° noch nicht verflüssigen. Kobalt löst jedoch Wolframkarbid bereits im festen Zustand, so daß sich der Schmelzpunkt des Kobalts schrittweise senkt und es langsam beim Punkt a bei Aufnahme von etwa 10% WC (γ-Mischkristall) zu schmelzen beginnt.

Mit fortschreitender Sinterzeit lösen sich nun weitere feinste Wolframkarbidteilchen, sowohl in der gebildeten Schmelze, als auch in der festen Phase, so daß sich die ungefähre Zusammensetzung von Punkt a gegen Punkt b verschiebt. Schließlich schmilzt das Bindemetall bei Punkt b zur Gänze, wobei es eine Zusammensetzung von 75% Co und 25% WC hat. Die Schmelze löst nun einzelne lockere Brücken, die sich zwischen den Karbidteilchen gebildet haben und führt dieselben mit Hilfe von Oberflächenspannungskräften unter kontinuierlicher Schrumpfung zu einer dichtesten Lagerung zusammen. Der Sinterkörper besteht nun aus etwa 91,5% WC und 8,5% flüssiger Phase. Der Mengenanteil dieser flüssigen Phase errechnet sich gemäß dem Hebelgesetz aus der Beziehung 100 · ef/df. Würde man bei diesem kurzen Sinterungsgrad den Sinterkörper abkühlen, so würde man nach S. Takeda in der Bindemittelphase die binären Eutektika

(γ + Graphit) oder ($\gamma + \eta$)* und das metastabile ternäre Eutektikum ($\gamma + \eta$ + Graphit) finden müssen, da bei kleinen Gehalten an Kohlenstoff und Wolfram die η-Phase etwas stabiler ist und leichter in Erscheinung tritt als die stabile WC-Phase. Tatsächlich ist jedoch bei schwach gesinterten oder untersinterten Proben der Nachweis der vorgenannten Eutektika schwer oder kaum durchzuführen. Wahrscheinlich wird im feinstdispersen System Hartstoff-Hilfsmetall bei starkem Hartstoffüberschuß die Ausbildung eutektischer Strukturen in den sehr dünnen Binderfilmen unterdrückt.

Bei fortschreitender Sinterung lösen sich weitere WC-Teilchen in der Schmelze, die sich in der Zusammensetzung von Punkt b nach Punkt d (52% WC) bewegt, wo sich ein Gleichgewichtszustand zwischen WC fest und Schmelze (48% Co, 52% WC) einstellt. Letztere macht nun etwa 11% der Gesamtmenge des Sinterkörpers aus, so daß sich die Bindemittelphase fast verdoppelt hat. Würde die Sintertemperatur im Punkt b stark schwanken, beispielsweise zwischen 1375 und 1500° pendeln, so könnte sich entsprechend der Liquiduskurve noch mehr WC lösen oder WC primär wieder aus der Schmelze ausgeschieden werden. Die Schrumpfung ist jedoch bei Erreichung des Punktes d fast vollendet. Kühlt man nun den Sinterkörper vom Punkt d rasch ab, so sollten sich nach S. Takeda aus der Schmelze primär Kristalle von η, binäres Eutektikum (γ + Graphit) und ternäres Eutektikum ($\gamma + \eta$ + Graphit) aus dem metastabilen kohlenstoffärmeren System ausscheiden. Bei mäßiger oder langsamer Abkühlung tritt jedoch, wenn die Legierung genügend Kohlenstoff enthält, die *stabile WC-Phase* auf und nicht die η-Phase. Es müßten sich also primär Kristalle von WC abscheiden und dann binäres Eutektikum (γ + WC), wobei die Ausscheidung bis 1280° vollendet sein müßte. In den meisten Fällen scheidet sich aber das Wolframkarbid an den ungelösten Wolframkarbidteilchen unter Kornwachstum ab, so daß eine eutektische Struktur in der Hilfsmetallphase — wie schon früher ausgeführt — bei den üblichen Sinterhartmetallen praktisch nicht beobachtet werden kann[1, 2].

Die γ-Phase enthält beim Erstarren ungefähr 4% Wolframkarbid in fester Lösung. Die Löslichkeit wird jedoch mit fallender Temperatur erheblich geringer, so daß sich im festen Zustand weiteres WC abscheidet und die γ-Phase bei niedrigen Temperaturen weniger

* Zwecks besserer Übersicht ist das metastabile System mit den entsprechenden Phasen nicht eingezeichnet. η ist eines der stöchiometrisch nicht genau definierten Doppelkarbide, z. B. Co_3W_3C.

[1] Berg, V. u. H. Krainer: Diskussionsvortrag IPT., Graz 1948.

[2] Petrdlik, M. u. V. Dufek: Hutnicke Listy **14** (1959), S. 786/90.

als 1% WC in fester Lösung enthält. Die Angaben von S. TAKEDA[1] sowie L. L. WYMANN und F. C. KELLEY[2] über die leichte Entmischbarkeit des γ-Mischkristalles bei der Abkühlung konnte von W. DAWIHL und K. SCHRÖTER[3] sowie von H. PFAU und W. RIX[4] durch röntgenographische Befunde nicht immer bestätigt werden. Es wurde nämlich bei bestimmten Zusammensetzungen eine starke Unterkühlbarkeit gefunden, welche die unterschiedlichen Werte über die Temperaturabhängigkeit der Löslichkeit von Wolframkarbid in Kobalt erklären dürfte (siehe weiter unten). In technischen WC-Co-Hartmetallen, welche überwiegend WC enthalten, erfolgt die Entmischung unter den üblichen Abkühlungsbedingungen, d. h. ohne Abschreckung, und infolge der großen Anzahl von WC-Keimen mit großer wirksamer Oberfläche allerdings vollständig. Das Bindemetall enthält nur geringe Mengen WC in fester Lösung[5].

Über eine geringe allfällige Löslichkeit von Kobalt in Wolframkarbid, die unzweifelhaft bei höheren Temperaturen besteht, macht S. TAKEDA[1] keine Angaben. Auch sehr exakte Gitterkonstantenmessungen von H. PFAU und W. RIX[4] sowie R. RAUTALA und J. T. NORTON[6] ergaben keinen Aufschluß über eine Löslichkeit von Kobalt in WC.

Auf Grund mikroskopischer Untersuchungen an im Kohlerohrkurzschlußofen gesinterten Proben vermag nach E. J. SANDFORD und E. M. TRENT[7] das Kobalt im festen Zustand bis etwa 15% WC bei 1320° zu lösen. Das Eutektikum bei 35% WC soll im Gegensatz zu S. TAKEDA erst bei etwa 1320° auftreten. L. D. BROWNLEE und T. RAINE[8] geben auf Grund röntgenographischer Untersuchungen an gesinterten Proben das Eutektikum bei 37% WC und einer Temperatur von 1235° an. Bei dieser Temperatur soll Kobalt in festem Zustand etwa 12% WC lösen. R. EDWARDS und T. RAINE[9] fanden an

[1] TAKEDA, S.: Sci. Rep. Tohoku Univ. Honda-Festband (1936), S. 864/81.

[2] WYMAN, L. L. u. F. C. KELLEY: Trans. Am. Inst. Min. Met. Eng. **93** (1931), S. 208/26.

[3] DAWIHL, W. u. K. SCHRÖTER: Z. Metallkunde **41** (1950), S. 231/33.

[4] PFAU, H. u. W. RIX: Techn.-Wiss. Abh. Osram-Konzern **6** (1953), S. 193/201.

[5] FLURSCHÜTZ, W.: In: Ber. II. Internat. Pulvermet. Tagung Eisenach 1961, Akademie-Verlag, Berlin 1962, S. 385/89.

[6] RAUTALA, P. u. J. T. NORTON: 1. Plansee Seminar, Reutte/Tirol 1952, S. 303/16; J. Metals **4** (1952), S. 1045/50.

[7] SANDFORD, E. J. u. E. M. TRENT: Iron Steel Inst., Spec. Rep. Nr. 38, London 1947, S. 84/91.

[8] BROWNLEE, L. D. u. T. RAINE: Persönliche Mitteilung 1947.

[9] EDWARDS, R. u. T. RAINE: 1. Plansee Seminar, Reutte/Tirol, 1952, S. 232/43.

geschmolzenen Proben mit 20 Gew.-% WC, die bei 1250° 24 Stunden geglüht und abgeschreckt worden waren, im Schliff einen homogenen Mischkristall. Die Löslichkeit von Kobalt für WC in festem Zustand dürfte also bei dieser Temperatur sogar noch etwas höher liegen (22 Gew.-%?). W. DAWIHL und K. SCHRÖTER[1] finden bei 1200° ein Lösungsvermögen des Kobalts für WC, welches 10% nicht wesentlich übersteigen soll. Auf Grund röntgenographischer Befunde geben H. PFAU und W. RIX[2] bei 1600° eine Löslichkeit von 25% WC, bei 1400° eine solche von 20% an[3,4].

Man wird bei den üblichen Sinterzeiten von 1 bis 4 Stunden unterhalb des Auftretens euktischer Schmelze kaum auf die hohe gefundene optimale Löslichkeit von WC in Kobalt kommen. Die unterschiedlichen Untersuchungsergebnisse sind ohne Zweifel auf mangelhafte Gleichgewichtseinstellung zurückzuführen. In diesem Zusammenhang sei auf die eingehenden Untersuchungen von L. SKOLNICK[5] über die Kinetik des Lösungsvorganges von WC in Kobalt hingewiesen.

Bei der mikroskopischen Untersuchung von gesinterten und geschmolzenen WC-Co-Legierungen mit weniger als 40% WC stellten L. L. WYMANN und F. C. KELLEY[6] drei Arten eutektischer Struktur fest, und zwar eine fischgrätenartige, eine gesprenkelte und eine nadelförmige. Eine eingehende Untersuchung und Definition dieser Phasen wird nicht gegeben. Nach S. TAKEDA[7] handelt es sich bei der Fischgrätenstruktur um das metastabile Eutektikum ($\gamma + \eta$), die gesprenkelte Phase ist das metastabile ternäre Eutektikum ($\gamma + \eta +$ Graphit) und das nadelförmige Gefüge stellt das stabile binäre Eutektikum ($\gamma +$ WC) dar. Die Verfasser vermuteten bereits eine gewisse Löslichkeit des Kobalts im Wolframkarbid bei höherer Temperatur.

β) Schnitt im System W-Co-C. Die Ausführungen im Abschnitt α) ergaben, daß zum Verständnis der Vorgänge bei der Sinterung von

[1] DAWIHL, W. u. K. SCHRÖTER: Z. Metallkunde **41** (1950), S. 231/33.

[2] PFAU, H. u. W. RIX: Techn.-Wiss. Abh. Osram-Konzern **6** (1953), S. 193/201.

[3] TSCHAPOROVA, I. N., J. A. SCHTSCHETELINA, V. I. TRETJAKOV u. T. G. MAKARENKO: Izv. Akad. Nauk SSSR, Met. Topl. (1959), Nr. 5, S. 91/96, (1961), Nr. 1, S. 126/32, Tverdyje Splavy **1** (1959), S. 177/90, 202/25.

[4] KOVALSKI, A. E. u. L. Ch. PIVOVAROVA: Izv. Akad. Nauk SSSR, Met. Topl. (1959), S. 113/20.

[5] SKOLNICK, L.: In: Kinetics of High Temperature Processes. Massachusetts Inst. Techn. 1959, S. 92/99.

[6] WYMANN, L. L. u. F. C. KELLEY: Trans. Am. Inst. Min. Met. Eng. **93** (1931), S. 208/26, Disk. S. 226/29.

[7] TAKEDA, S.: Sci. Rep. Tôhoku Univ., Honda-Festband (1936), S. 864/81.

WC-Co-Hartmetallen insbesondere bei solchen, bei denen kein stöchiometrisches WC vorliegt, das quasibinäre System WC-Co nicht ausreicht, vielmehr muß man die Verhältnisse im gesamten Dreistoffsystem W-Co-C, besonders natürlich in der Nähe des Schnittes WC-Co im Bereich der üblichen Sintertemperaturen von etwa 1375 bis 1550° kennen. Gestützt auf die früheren Untersuchungen von S. TAKEDA[1] und L. D. BROWNLEE[2] und die Untersuchungen im Pseudo-Zweistoffsystem WC-Co (s. S. 77) haben P. RAUTALA und J. T. NORTON[3] das gesamte Dreistoffsystem W-Co-C röntgenographisch, thermisch und mikroskopisch eingehend untersucht. Die Randsysteme W-Co, C-Co und C-W liegen durch die Untersuchungen von W. P. SYKES[4], G. BOECKER[5] und U. HASHIMOTO[6] bzw. W. P. SYKES[7], fest (vgl. auch die zusammenfassende Darstellung bei M. HANSEN[8]).

P. RAUTALA und J. T. NORTON[3] stellten die Proben durch Pressen von Wolframmonokarbid-Kobalt- und Graphitpulver und Sintern in einem Vakuumofen mit einem Graphitspiral-Heizleiter und Graphitunterlagen her. Die Abkühlung erfolgt ziemlich rasch. In Abb. 41 ist ein Schnitt des Systems W-Co-C bei 1400° wiedergegeben. Im System treten drei intermediäre Phasen auf, neben der bekannten η-Phase, zwei neuidentifizierte Verbindungen θ und $\varkappa$. Die schon früher von V. ADELSKÖLD, A. SUNDELIN und A. WESTGRÉN[9], W. P. SYKES[10, 11] und S. TAKEDA[1], V. BERG und H. KRAINER[12] beschriebene η-Phase (Doppelkarbid wechselnder Zusammensetzung, z. B. der Formel Co_3W_3C) ist im Bereich von 7 bis 20% C und 38 bis 48% Co homogen und bei 1400° im Gleichgewicht mit WC, θ, W, δ (Co_3W), γ' (Co-WC-Mischkristalle) und

[1] TAKEDA, S.: Sci. Rep. Tôhoku Univ., Honda-Festband (1936), S. 864/81.

[2] BROWNLEE, L. D., R. EDWARDS u. T. RAINE: Symposium on Powder Metallurgy, 1954, Iron Steel Inst., London 1956, S. 302/04.

[3] RAUTALA, P. u. J. T. NORTON: 1. Plansee Seminar, Reutte/Tirol 1952, S. 303/16, J. Metals **4** (1952), S. 1045/50.

[4] SYKES, W. P.: Trans. Am. Soc. Steel Treating **18** (1930), S. 968/91.

[5] BOECKER, G.: Metallurgie **9** (1912), S. 296/303.

[6] HASHIMOTO, U.: Kinzoku no Kenkyu **9** (1932), S. 57/73.

[7] SYKES, W. P.: Trans. Am. Soc. Steel Treating **21** (1933), S. 385/421.

[8] HANSEN, M. u. K. ANDERKO: Constitution of Binary Alloys. McGraw Hill, New York 1958, S. 518/20, 349/51, 391/93.

[9] ADELSKÖLD, V., A. SUNDELIN u. A. WESTGRÉN: Z. anorg. allg. Chem. **212** (1933), S. 401/09.

[10] SYKES, W. P.: Trans. Am. Inst. Min. Met. Eng. **93** (1931), S. 227/29.

[11] SYKES, W. P.: Trans. Am. Inst. Min. Met. Eng. **128** (1938), S. 76/78.

[12] BERG, V. u. H. KRAINER: Diskussionsvortrag IPT., Graz 1948.

Schmelze. Der Homogenitätsbereich ist wesentlich enger als der von L. D. BROWNLEE[1] angegebene. Die beiden η-Phasen, die von E. N. KISLJAKOVA[2], E. J. SANDFORD und E. M. TRENT[3] sowie von

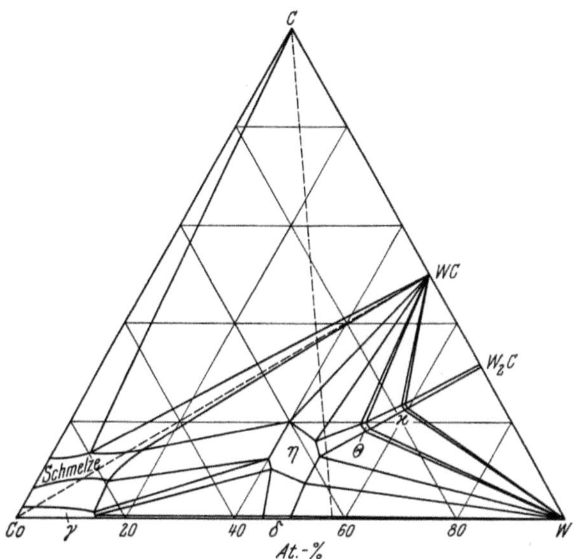

Abb. 41.
System Wolfram-Kohlenstoff-Kobalt, Schnitt bei 1400° (P. RAUTALA und J. T. NORTON)

R. KIESSLING[4] angegeben werden, dürften die Grenzverbindungen von η gesättigt mit Kobalt bzw. Wolfram sein.

Die Zusammensetzung der θ-Phase entspricht der Formel $Co_3W_6C_2$. Sie ist kubisch und strukturell der η-Phase sehr ähnlich und hat einen sehr engen Homogenitätsbereich. Sie steht bei 1400° im Gleichgewicht mit WC, $\varkappa$, W und η. In der Literatur finden sich keine Hinweise auf eine Phase mit der genannten Zusammensetzung; die von E. N. KISLJAKOVA sowie von R. KIESSLING angegebene Phase Co_2W_4C hat jedoch das gleiche Co-W-Verhältnis, aber weniger Kohlenstoff[5].

---

[1] BROWNLEE, L. D.: Vortrag IPT., Graz 1948, Ref. Nr. 15; L. D. BROWNLEE, R. EDWARDS u. T. RAINE: Symposium on Powder Metallurgy 1954, Iron Steel Inst., London 1956, S. 302/04.

[2] KISLJAKOVA, E. N.: Zur. Fiz. Chim. **17** (1943), S. 108/14.

[3] SANDFORD, E. J. u. E. M. TRENT: Iron Steel Inst., Spec. Rep. Nr. 38, London 1947, S. 84/91.

[4] KIESSLING, R.: Proc. Göteborg 1953, S. 1065/68.

[5] BERNARD, R., G. CHAPPUIS u. M. R. RIVIERE: J. Phys. Radium **19** (1958), S. 82S/83S

Die $\varkappa$-Phase entspricht der Formel $Co_3W_{10}C_4$; auch ihr Homogenitätsbereich ist sehr klein. Bei 1400° steht sie im Gleichgewicht mit θ, W, W_2C und WC. Die Struktur ist hexagonal und wurde von N. SCHÖNBERG[1] bestätigt.

Bereits von L. D. BROWNLEE wurde angenommen, daß das Wolframmonokarbid bei hohen Temperaturen in der Lage ist, geringe Mengen Kobalt aufzunehmen. Die Löslichkeit ist bei Karbiden der 4a und 5a Metalle des Periodensystems und Mischkristallen mit Karbiden der 6a Metalle nach metallographischen Untersuchungen von R. KIEFFER viel ausgeprägter. Beim Abkühlen scheidet sich das gelöste Kobalt wieder sehr rasch ab, vorausgesetzt, daß der Mischkristall nicht schroff abgekühlt wird und der Mischkristallzustand „einfriert". Bei Anwesenheit von freiem Kohlenstoff oder auch bei Kohlenstoffmangel kann das Auftreten des gesättigten WC-Co-Mischkristalls entweder durch Graphitausscheidung oder durch Auftreten der η-Phase praktisch unterdrückt werden. Röntgenographisch ist es allerdings unmöglich, den Mischkristallbereich abzugrenzen, so daß dieser in der Abb. 41 auch nicht eingezeichnet wurde.

Von P. RAUTALA und J. T. NORTON[2] wurden ferner auch vollständige metastabile und stabile Schmelzdiagramme des Systems W-Co-C aufgestellt, die ternären Reaktionen, welche darin auftreten können, besprochen und daraus Schlüsse auf die Vorgänge bei der technischen Sinterung von WC-Co-Hartmetallen gezogen (vgl. S. 86).

I. N. TSCHAPOROVA und Mitarbeiter[3] haben auf Grund röntgenographischer und chemischer Befunde die Phasenfeldaufteilung in der Kobaltecke des Systems vorgenommen und insbesondere das γ-Feld abgegrenzt.

b) Vorgänge bei der Sinterung von technischen WC-Co-Legierungen

Bevor zusammenfassende und ergänzende Vorstellungen über die Sinterung von technischen Hartstoff-Hilfsmetallsystemen gegeben werden, sei zunächst auf eine Beobachtung von H. FRANSSEN[4] eingegangen. Dieser macht darauf aufmerksam, daß unvollständig gesinterte bzw. untersinterte Hartmetallplättchen Zusammen-

---

[1] SCHÖNBERG, N.: Acta Metallurgica **2** (1954), S. 837/40.

[2] RAUTALA, P. u. J. T. NORTON: 1. Plansee Seminar, Reutte/Tirol 1952, S. 303/16, J. Metals **4** (1952), S. 1045/50.

[3] TSCHAPOROVA, I. N., J. A. SCHTSCHETELINA, V. I. TRETJAKOV u. T. G. MAKARENKO: Izv. Akad. Nauk SSSR, Met. Topl. (1959), Nr. 5 S. 91/96 (1961), Nr. 1, S. 126/32, Tverdyje Splavy **1** (1959), S. 177/90, 202/25.

[4] FRANSSEN, H.: Arch. Eisenhüttenwes. **19** (1948), S. 79/84.

ballungen von Kobalt aufweisen, welche er mit Kobalt-„Fladen“ bezeichnet und die er als das Co-C-Eutektikum deutet.

Bei der Naßmahlung von technischen Wolframkarbid-Kobaltmischungen überziehen sich die Wolframkarbidkristalle mit einem feinen Kobaltfilm, was leicht dadurch bewiesen werden kann, daß naßgemahlene Gemenge sich vollständig mit einem Magneten aufheben lassen. M. TOITOT[1] konnte auf Grund magnetischer Messungen an gemahlenen Ansätzen quantitative Aussagen über die Kobaltverteilung machen. Geringe Mengen Kobalt werden jedoch durch die stark schlagende Wirkung der Mahlkugeln zu Flitterchen zusammengeschlagen, die beim Sintern Ursache für örtlich auftretende größere Mengen eutektischer Schmelze und größere γ-Flächen sind. Schleift man hoch vorgesinterte Körper, so zeigen diese Kobalt-Flitterchen bereits metallischen Anschliff. Treibt man die Vorsintertemperatur immer höher, z. B. auf 1200°, wobei man jedoch unter den eutektischen Temperaturen des ternären Eutektikums W-Co-C (1280°) und des Co-C-Eutektikums (1315°) bleibt, so bildet das bereits plastisch gewordene Kobalt durch Gitterselbstdiffusion ein zweidimensional gesehen zusammenhängendes, aber poröses Netzwerk, dreidimensional gesehen Kobalthüllen um das Wolframkarbid, auf das es sich auch durch Oberflächendiffusion „aufzieht“. Auch die vom Kobalt durch Diffusion im festen Zustand aufgenommenen Mengen an Kohlenstoff und Wolframkarbid beeinflussen nicht das Sinterverhalten der Kobaltphase.

Kommt man auf die Temperatur von 1315°, so entsteht zweifelsohne, sofern freier Kohlenstoff in genügender Menge in dem Körper enthalten war bzw. sofern es die aufkohlende Sinteratmosphäre zeitlich erlaubte, bei genügend langer Diffusionszeit primär das binäre Co-C-Eutektikum. Die meisten WC-Co- und WC-TiC-Co-Hartmetallansätze enthalten einige Zehntel Prozent freien Kohlenstoffes, so daß bei einer Mischung von WC mit 5% Co rund 0,5% freier Kohlenstoff genügen würden, um das Co-C-Eutektikum mit 2,6% C zu bilden, d. h. die Bildung einer flüssigen Phase schon bei etwa 1300° zu bewirken. Liegt nicht genügend freier Kohlenstoff im Hartmetallansatz vor, so wird zweifelsohne das ternäre Eutektikum W-Co-C (Schmelzpunkt 1280°) zuerst auftreten, da die Gasaufkohlung des Kobalts zu viel Zeit benötigt und die Zementation mit nennenswerter Geschwindigkeit erst bei Anwesenheit einer flüssigen Phase erfolgt.

Liegt sogar ein Mangel an einigen Zehntel Prozent Kohlenstoff vor (schwach unterkohltes WC), so bildet sich zuerst bei etwas höherer Temperatur eine flüssige Phase. In solchen Legierungen treten nach

---

[1] TOITOT, M.: Compt. Rend. **251** (1960), S. 1362/64.

dem Abkühlen beachtliche Mengen von η-Phase auf. Bei Sinterung in aufkohlender Atmosphäre (z. B. Kohlerohrkurzschlußofen mit trockenem Wasserstoff oder Hochfrequenz-Vakuumofen mit Kohlepackung der Plättchen bei geringem Wasserstoffunterdruck) nimmt allerdings die flüssige Phase schnell Kohlenstoff auf und gibt bereitwillig Kohlenstoff an die ungesättigten Karbide ab. Diese Vorgänge sind also dafür verantwortlich, daß man bei unterkohlten Hartmetallplättchen unter aufkohlenden Sinterbedingungen zu Legierungen kommt, deren Karbidphase die stöchiometrische Menge Kohlenstoff enthält, während Vakuumsinterung durch Desoxidationsvorgänge im Sinterkörper gewöhnlich eine schwach entkohlende Wirkung und gerne das Auftreten mehr oder minder großer Mengen an η-Phase zur Folge hat[1–4].

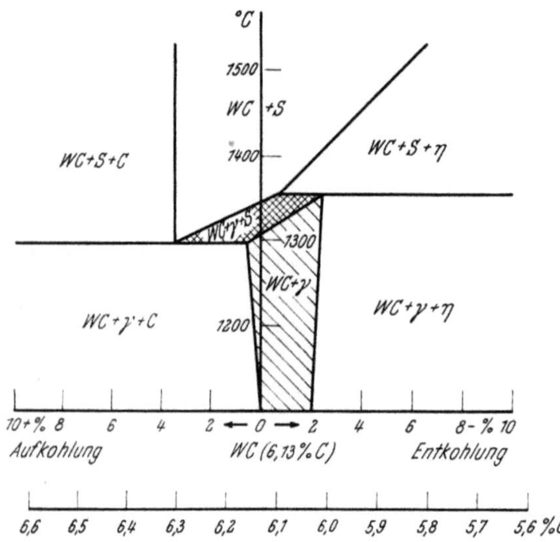

Abb. 42. Senkrechter Schnitt WC-Co durch das Raumdiagramm bei 16% Co (P. RAUTALA und J. T. NORTON)

Die Bildung der η-Phase bei einer WC-Co-Legierung mit 16% Co kann an Hand des senkrechten Schnittes (Abb. 42) durch das *Rautala-Norton-Raumdiagramm* (Abb. 41) folgendermaßen gedeutet werden[1,4,5]: Im Bereich von 6,00 bis 6,13% C im WC wird man in der Praxis bei langsamer Abkühlung die gewünschte zweiphasige Struktur WC + γ erhalten. Bei erhöhter Temperatur erscheint aber in diesem Bereich die η-Phase im Dreiphasenfeld WC + η + S, weil dieses hier bis etwa 6,08% C reicht. Kühlt man solche Legierungen rasch ab, dann kann die η-Phase im Gefüge auch bei Raumtemperatur

[1] GURLAND, J.: J. Metals **6** (1954), S. 285/90, Disk. S. 1327/30, Jernkontorets Ann. **147** (1963), S. 4/21.

[2] NORTON, J. T.: J. Metals **8** (1956), S. 49/53.

[3] PETRDLIK, M. u. V. DUFEK: Hutnické Listy **10** (1955), S. 528/35.

[4] BERNARD, R.: Neue Hütte **2** (1957), S. 757/61; Compt. Rend. **238** (1954), S. 1224/26; Metallurgia Ital. **47** (1955), S. 367/76, **49** (1957), S. 651/56; La Mét. **89** (1957), S. 307/12.

[5] FUKATSU, T.: J. Japan Soc. Powder Met. **8** (1961), S. 183/94.

erscheinen. Alle unterkohlten Legierungen mit weniger als 6,0% C enthalten auch bei langsamer Abkühlung steigende Mengen η-Phase.

Im Hinblick auf die Löslichkeit von Kobalt für Kohlenstoff bei 1000° dürfte die Bildung des Co-C-Eutektikums, bei Anwesenheit von freiem Kohlenstoff, der des ternären Eutektikums W-Co-C, wegen der vergleichsweise langsameren Diffusionsgeschwindigkeit des Wolframkarbides im Kobalt, vorauseilen. Den Ansichten, daß auch bei Abwesenheit von freiem Kohlenstoff die Kobaltphase durch Diffusion Kohlenstoff aus dem Monokarbid, das später wieder aufgekohlt wird, aufnimmt, neigen die Verfasser ebensowenig zu, als der Ansicht, daß die Sinterung stets über die η-Phase geht[1]. Die Zusammensetzung der bei 1350° gebildeten flüssigen Phase in Abhängigkeit vom Kobalt- und Kohlenstoffgehalt ergibt sich eindeutig aus dem Diagramm von P. RAUTALA und J. T. NORTON[2]. Bei 1300° wird sich das Feld „Schmelze" etwas einschnüren, bei Sintertemperaturen von 1450 bis 1500° entsprechend etwas erweitern.

Die Kobalt-„Fladen" von H. FRANSSEN[3] scheinen also keine Kobaltzusammenballungen, sondern eine von zusammensetzungsmäßig bevorzugten Punkten (Kobalt-Flittern) ausgehende, lokale Bildung von Eutektikum zu sein, welches in der Zusammensetzung je nach Anwesenheit von freiem Kohlenstoff und von aufkohlenden Gasen sowie insbesondere in Abhängigkeit von der Aufheizzeit zwischen dem Co-C- und W-Co-C-Eutektikum liegt.

Die Bildung der flüssigen Phase läßt sich nach S. L. HOYT[4] leicht durch Aufheiz- und Abkühlkurven nach Einführen eines Thermoelementes in ein Loch der Sinterplättchen kontrollieren. Ebenso ändert sich nach Feststellungen von R. KIEFFER das Reflexionsvermögen der Hartmetallplättchen, wenn sich die lokal gebildeten eutektischen Schmelzen zu einem geschlossenen flüssigen Film vereinigt haben, was leicht bei Beobachtung des Sinterkörpers durch ein Kobaltglas verfolgt werden kann.

An Hand der Abb. 43, in welcher die Änderung der Biegebruchfestigkeit eines WC-Co-Hartmetalles mit der Sintertemperatur wiedergegeben ist, sollen die Vorgänge besprochen werden, wie sie sich bei Steigerung der Sintertemperatur abspielen[5]. Als Ausgangsmaterial sollen WC-Co-Preßlinge mit 6% Co dienen. Der Preßdruck betrage

---

[1] STÄBLEIN, F.: Unveröffentlicht, s. bei H. FRANSSEN.

[2] RAUTALA, P. u. J. T. NORTON: 1. Plansee Seminar, Reutte/Tirol 1952, S. 303/16; J. Metals **4** (1952), S. 1045/50.

[3] FRANSSEN, H.: Arch. Eisenhüttenwes. **19** (1948), S. 79/84.

[4] HOYT, S. L.: Trans. Am. Inst. Min. Met. Engng. **89** (1930), S. 9/58.

[5] KIEFFER, R.: In: The Physics of Powder Metallurgy. McGraw Hill, New York 1951, S. 278/91, Disk. S. 292/94.

etwa 300 kg/cm², das Wolframkarbid habe im naßgemahlenen Gemenge eine Korngröße von 1 bis 2 μ. Erhitzen wir die Preßlinge auf Temperaturen über 400°, so setzt die Umwandlung von β-Kobalt in γ-Kobalt* ein, wobei es unwesentlich ist, ob das Kobaltpulver aus

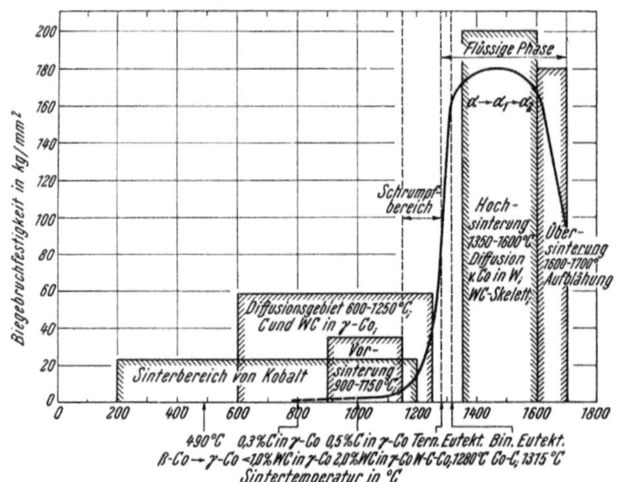

Abb. 43. Einfluß der Sintertemperatur auf die Biegebruchfestigkeit von Hartmetall (R. KIEFFER)

reinem β-Kobalt oder einem Gemenge von β- und γ-Kobalt besteht. Das Gebiet von 200 bis 1200° wird als *Kobalt-Sintergebiet* bezeichnet, obwohl sich auch hier bereits unabhängig von den Kobalt-Sintereffekten ab 800 bis 900° auch Wolframkarbid-Sintereffekte an den Kontaktstellen zwischen den Karbidkristallen bemerkbar machen, so daß sich bereits ein festes Wolframkarbid-Skelett auszubilden beginnt[1, 2] (vgl. auch S. 91). Dabei dürften sehr dünne, kobalthaltige Zwischenschichten, welche schon während des Mahlvorganges durch Eindiffundieren des Kobalts in die Oberfläche der Wolframkarbidkörner entstanden und magnetisch nachweisbar sind[3], eine wichtige Rolle spielen[4, 5].

* Die Hochtemperaturmodifikation des Kobalts werden wir im weiteren mit γ bezeichnen. γ benützen wir auch als Bezeichnung für die hochkobalthaltigen Co-WC-Mischkristalle.

[1] DAWIHL, W.: Z. techn. Physik **21** (1940), S. 336/45.

[2] DAWIHL, W. u. K. SCHRÖTER: Z. Metallkunde **41** (1950), S. 231/33.

[3] TOITOT, M.: Compt. Rend. **251** (1960), S. 1362/64.

[4] DAWIHL, W.: Z. Metallkunde **43** (1952), S. 20/22, **44** (1953), S. 69/70. Microtecnic **6** (1952), S. 165/73.

[5] DAWIHL, W. u. B. FRISCH: Arch. Eisenhüttenwes. **33** (1962), S. 61/66.

Die Verfestigung der Preßlinge nach einer Glühung bei 800 bis 1100° wird technisch zur Formgebung von Hartmetallplatten nach dem *Doppelsinterverfahren* ausgenutzt. Höher kobalthaltige Karbid-Hilfsmetallgemenge benötigen geringere Vorsintertemperaturen, höher titankarbidhaltige und niedriger kobalthaltige Körper entsprechend höhere. Im Temperaturgebiet von 600 bis 1250° (Diffusionsgebiet!) findet parallel zur Verfestigung des Kobalts eine Lösung von freiem Kohlenstoff und von feinsten WC-Teilchen in festem Zustand statt. Die Löslichkeit des γ-Kobalts für Kohlenstoff beträgt bei 800° etwa 0,3%, bei 1000° etwa 0,5% C, die entsprechende Löslichkeit für WC ist bei 800° $<$ 1%, bei 1000° etwa 2% WC (s. Abb. 40). Diese Diffusionsvorgänge werden durch die Naßmahlung und die Feinstdispersion der Komponenten in idealer Weise unterstützt, ohne daß jedoch in der Praxis die Grenzbedingungen erreicht werden. Über die Diffusionsgeschwindigkeit von Wolframkarbid und Kohlenstoff im Kobalt stehen derzeit keine Unterlagen bzw. Veröffentlichungen zur Verfügung. Gewisse Mengen Kobalt diffundieren über die Oberfläche der WC-Kristalle in Kapillaren, Spalten und Korngrenzen der WC-Sekundärkristalle. Eine Gitterdiffusion von Co in WC ist bei diesen Temperaturen noch nicht anzunehmen.

Bei der Temperatur des ternären Eutektikums W-Co-C (1280°) bzw. des binären Eutektikums Co-C (1315°) wächst die Festigkeit der Sinterkörper steil an. Die flüssige Phase netzt die Karbide und dringt in die Porenzwischenräume und Kapillaren des Karbidkristallhaufwerkes ein und durchtränkt sie gewissermaßen. (Zur Frage der Benetzbarkeit vgl. S. 113). Zuerst handelt es sich um eine „Kobalt-Lötung" der Primärkristalle, während bei steigender Temperatur sehr kleine Mengen Kobalt auch in das Gitter des rekristallisierenden Wolframkarbides eingebaut werden. In dieser Ausheilung der hochaktiven WC-Primärkriställchen in der Richtung Realkristall zum Idealkristall sieht R. Kieffer[1] eine der Ursachen für den ungewöhnlich steilen Festigkeitsanstieg bei der Kobaltabbindung von Wolframkarbid. J. T. Norton[2, 3] macht auch noch darauf aufmerksam, daß die festigkeitsherabsetzende Kerbwirkung bei fehlerhaften, spröden Hartstoffen an gesunden kobaltverlöteten WC-Kristallen erheblich geringer ist.

Die Biegebruchfestigkeit von WC-Co-Hartmetallen mit 6 bis 25% Co wird nach J. Gurland und P. Bardzil[4] sehr stark von

[1] Kieffer, R.: In: The Physics of Powder Metallurgy. McGraw Hill, New York 1951, S. 278/91, Disk. S. 292/94.

[2] Norton, J. T.: Powder Met. Bull. **6** (1951), S. 75/78.

[3] Gurland, J. u. J. T. Norton: J. Metals **4** (1952), S. 1051/56

[4] Gurland, J. u. P. Bardzil: J. Metals **7** (1955), S. 311/15.

der Kobaltverteilung, d. h. also bei gegebener Korngröße der WC-Kristallite vom sogenannten *mittleren freien Abstand*[1] zwischen diesen beeinflußt (vgl. auch S. 169). Eingehende spätere Festigkeitsuntersuchungen von C. Nishimatsu und J. Gurland[2] an WC-Co-Legierungen mit 10 bis 100% Co führten zu einer Gruppeneinteilung der Werkstoffe, je nachdem wie der Bruchmechanismus abläuft. Danach tritt bei kobaltreichen Legierungen Verformung und Bruch im Binder auf, während die WC-Kristalle nicht zerstört werden und nur in der Matrix als Dispersionshärter wirken. In Legierungen mittlerer Zusammensetzung findet der Bruch in der Matrix und in den Karbidkörnern statt, wobei durch den starken Verspannungszustand hohe Belastung von den WC-Kristallen ertragen werden kann. Bei karbidreichen Legierungen endlich erfolgt der Sprödbruch in der Karbidphase, wobei nur geringe plastische Verformung im Binder möglich ist.

M. Humenik und N. M. Parikh[3, 4] konnten die Arten der Verformung und der Bruchmechanismen an WC-Co-, WC-Cu-, TiC-Ni(Mo)-Legierungen in Beziehung zur Korngröße, d. h. zum mittleren freien Abstand zwischen den Karbidkristallen und deren Benetzung durch das Bindemetall setzen und eine Theorie des Bruchmechanismus bei derartigen heterogenen Stoffen aufstellen[5–11].

Die flüssige Phase löst ferner die schwachen, brückenartigen Bindungen zwischen den Wolframkarbid-Ausgangskristallen und den Kristallagglomeraten auf, die sich bereits bei der Vorsinterung gebildet haben. Die Oberflächenspannungskräfte lassen die kobaltgetränkten Karbidagglomerate unter Schrumpfung zu möglichst

---

[1] Gurland, J.: Trans. Met. Soc. Am. Inst. Met. Engng. **212** (1958), S. 452/55, **227** (1963), S. 1146/50; Jernkontorets Ann. **147** (1963), S. 4/21.

[2] Nishimatsu, C. u. J. Gurland: Trans. Am. Soc. Met. **52** (1960), S. 469/80.

[3] Humenik, M. u. N. M. Parikh: J. Am. Ceram. Soc. **39** (1956), S. 60/63, **40** (1957), S. 315/20, 335/39.

[4] Parikh, N. M.: J. Am. Ceram. Soc. **40** (1957), S. 335/39, In: High Temperature Materials, J. Wiley, New York 1959, S. 169/81.

[5] Low, J. R.: J. Metals **8** (1956), S. 982/84.

[6] Kreimer, G. S. u. N. Alexejeva: Fiz. Metallov Metalloved. **13** (1962), S. 609/14.

[7] Kreimer, G. S., M. R. Vachovskaja u. A. I. Baranov: Fiz. Metallov Metalloved. **10** (1960), S. 698/7/9, Tverdyje Splavy (1960), Nr. 2., S. 57/78.

[8] Kreimer, G. S., M. R. Vachovskaja, V. I. Tumanov u. Z. I. Pavlova: Fiz. Metallov Metalloved **13** (1960), S. 901/11.

[9] Gücer, D. E. u. J. Gurland: Jernkontorets Ann. **147** (1963), S. 111/15.

[10] Fukatsu, T. u. T. Sasahara: J. Japan Soc. Powder Met. **10** (1963), S. 258/65.

[11] Golovinskaja, T. M. u. V. M. Pelepelin: Dop. Akad. Nauk Ukr. RSR (1963), S. 1340/43.

dichter Packung ineinandergleiten[1–4], wobei die lineare Schrumpfung zwischen 20 und 30%, die volumenmäßige etwa 40 bis 50% beträgt (vgl. S. 94). Die Packung der leicht rekristallisierten α_1-WC-Kristalle* (aus den agglomerierten α-WC-Primärteilchen haben sich kleine, kantige Einkriställchen gebildet[5, 6]) ist nun erheblich dichter als im Preßling, so daß die Karbidkristalle an den neuen Kontaktstellen bzw. Kontaktflächen verwachsen können und sich, je nach Sinterzeit, ein mehr oder weniger lockeres Wolframkarbidskelett ausbilden kann[7–10].

Die Bildung eines zusammenhängenden Wolframkarbid-Skelettes in WC-Co-Hartmetallen mit 6% Kobalt ist von J. Gurland[4] und J. T. Norton[11] bezweifelt worden. W. Dawihl[12] führt den abweichenden Befund auf außerordentlich dünne, kobalthaltige Zwischenschichten zurück (s. S. 95), welche durch Salzsäurekochung nicht gelöst werden können, wohl aber durch elektrolytische Behandlung.[10] Den direkten Beweis der Wolframkarbid-Skelettbildung in Hartmetallen mit weniger als 10% Kobalt hat R. Bernard[13] an Hand von elektronenmikroskopischen Aufnahmen und röntgenographischen Spannungsmessungen erbracht[14, 15, 16]. Trotzdem folgern W. Dawihl

---

* Die Bezeichnung der Phasen, welche in technischen Hartmetallen auftreten, ist der Zahlentafel 17 zu entnehmen.

[1] Kieffer, R.: In: The Physics of Powder Metallurgy. McGraw Hill, New York 1951, S. 278/91, Disk. S. 292/94.

[2] Kieffer, R. u. F. Benesovsky: Berg- u. Hüttenmänn. Mh. **94** (1949), S. 284/94.

[3] Kieffer, R. u. F. Kölbl: Berg- u. Hüttenmänn. Mh. **95** (1950), S. 49/58.

[4] Gurland, J.: Trans. Met. Soc. Am. Inst. Met. Engng. **215** (1959), S. 601/08, **227** (1963), S. 1146/50, Jernkontorets Ann. **147** (1963), S. 4/21.

[5] Hinnüber, J. u. O. Rüdiger: Arch. Eisenhüttenwes. **23** (1952), S. 475/82. Techn. Mitt. Krupp **20** (1962), S. 162/71.

[6] Hinnüber, J. u. W. Kinna: Techn. Mitt. Krupp **19** (1961), S. 130/53, Stahl u. Eisen **82** (1962), S. 31/46.

[7] Dawihl, W.: Z. techn. Physik **21** (1940), S. 336/45.

[8] Dawihl, W. u. J. Hinnüber: Kolloid-Z. **104** (1943), S. 233/36.

[9] Dawihl, W. u. K. Schröter: Z. Metallkunde **41** (1950), S. 231/33.

[10] Tumanov, V. I., Z. S. Truchanova, V. F. Funke u. V. G. Schtscherbakova: Zavod. Labor **29** (1963), S. 277/80.

[11] Gurland, J. u. J. T. Norton: J. Metals **4** (1952), S. 1051/56.

[12] Dawihl, W.: Z. Metallkunde **43** (1952), S. 20/22, **44** (1953), S. 69/70. Microtecnic **6** (1952), S. 165/73.

[13] Bernard, R.: 2. Plansee Seminar, Reutte/Tirol, 1955, S. 41/49.

[14] Bernard, R. u. R. Riviere: In: Ber. II. Internat. Pulvermet. Tagung Eisenach 1961. Akademie-Verlag, Berlin 1962, S. 341/45.

[15] Bernard, R.: Jernkontorets Ann. **147** (1963), S. 22/36.

[16] Corteville, J. u. L. Pons: Compt. Rend. **258** (1964), S. 2058/61.

und B. FRISCH[1] aus dem Verformungsverhalten von WC-Hartmetallen bis zu 6% Co, daß das hier „kapillargebundene" Kobalt die Wolframkarbidkörner in Schichten von etwa 0,04 μ Stärke (etwa 200 Atomlagen) umhülle. Diese Anschauung wurde durch Ergebnisse bei Untersuchungen des Vorformungsverhaltens beim Druckversuch gestützt[2–4].

Im *Hochsintergebiet* zwischen 1350 bis 1600° (praktisch wird nur das Gebiet von 1375 bis 1550° genutzt) tritt verstärktes Kornwachstum der α_1-WC-Mischkristalle ein. Durch Sammelrekristallisation werden aus den α_1-Kriställchen wohlkristallisierte α_2-Teilchen[5–7]. Durch Langzeitsinterung können α_2-Kriställchen einer Größe von 50 μ und mehr entstehen[8]. Im heterogenen System WC-Co und einer Temperatur von 1500° dürfte der Gleichgewichtszustand bei einer Korngröße von etwa 50 bis 100 μ für die α_2-Mischkristalle liegen. Hartmetalltechnisch vermeidet man die verstärkte Rekristallisation der α-Phase, da sie mit einem Härteabfall, allerdings auch mit einem gewissen Zähigkeitszuwachs, verbunden ist. Angaben über die prozentuelle Verteilung der Phasen in den technischen Hartmetallen sind der Zahlentafel 17, S. 104 zu entnehmen.

Die ungewünschte Grobkornbildung der α-Phase bei 1500° übersteigenden Temperaturen bezeichnet man als *Übersinterung*. Bei 1600° übersteigenden Temperaturen beginnen sich die Karbid-Hilfsmetallgemenge aufzublähen[5] (s. S. 160). Die α-Mischkristalle werden zu parallelen Platten aufgerissen. Inwieweit hiebei der Kobaltdampfdruck oder der Dampfdruck über den gebildeten Co-C- bzw. W-Co-C- bzw. Co-C-O-Legierungen eine Rolle spielt, ist noch nicht geklärt. Auf alle Fälle findet man bei im Vakuum übersinterten WC-Co-Plättchen eine starke Bildung von kohlenstoffhaltigen Kobaltperlen an kühleren Stellen des Ofens.

Die Schwindungsvorgänge in WC-Co-Legierungen und in Wolframmonokarbid sowie das Aufblähen bei Übersinterung zeigt nach

---

[1] DAWIHL, W. u. B. FRISCH: Arch. Eisenhüttenwes. **33** (1962), S. 61/66.

[2] DAWIHL, W. u. G. ALTMEYER: Ann. Univ. Saraviensis Naturwiss. Sci. **9** (1960/61), S. 121/61.

[3] ALTMEYER, G. u. O. JUNG: Z. Metallkunde **52** (1961), S. 576/83.

[4] DAWIHL, W., G. ALTMEYER u. M. K. MAL: Z. Metallkunde **54** (1963), S. 66/71, 645/50.

[5] DAWIHL, W.: Z. Metallkunde **42** (1951), S. 193/97.

[6] GURLAND, J. u. J. T. NORTON: J. Metals **4** (1952), S. 1051/56.

[7] GURLAND, J.: J. Metals **6** (1954), S. 285/90, Disk. S. 1327/30, Trans. Met. Soc. Am. Inst. Met. Engng. **215** (1959), S. 601/08, **227** (1963), S. 1146/50. Jernkontorets Ann. **147** (1963), S. 4/21.

[8] KIEFFER, R.: Z. Metallkunde **46** (1944), Nr. 9, Metallforschung **2** (1947), S. 236/38, Powder Met. Bull. **2** (1947), S. 104/11.

W. DAWIHL[1, 2] Abb. 44. Zu Vergleichszwecken sei noch auf die praktisch erzielbaren Biegebruchfestigkeitswerte in Abb. 43 hingewiesen[3, 4]. Schrumpfungsmessungen während der Sinterung von Hartmetallen sind in letzter Zeit mehrfach durchgeführt worden[5, 6] und daraus theoretische Schlüsse über Ablauf des Sintervorganges gezogen worden.

Bei der Abkühlung der Sinterkörper scheidet sich Wolframkarbid ab, welches sich an der Oberfläche der WC-Kristalle oder nach den Vorstellungen von F. SAUERWALD[7] an den WC-Brücken, die wie Fallen arbeiten, anlagert. Bei Kohlenstoffüberschuß kommt es zu gleichzeitiger Abscheidung von Graphit, bei Kohlenstoffmangel und hierdurch bedingter metastabiler Erstarrung zur Ausscheidung spröder η-Phase, gegebenenfalls neben Graphit (s. S. 86)[8]. Beim raschen Abkühlen von der Sintertemperatur kann sich das temperaturabhängig im Kobalt gelöste WC nicht restlos ausscheiden, so daß in der Kobaltphase zwei Gefügebestandteile zu beobachten sind[9–12] (Feinstdisperses WC im Co-WC-Mischkristall.)

Die metallurgisch-chemischen Vorgänge bei der Hochsinterung sind *irreversibel*. Es ist nur noch eine gefügemäßige Änderung in Richtung $\alpha \rightarrow \alpha_1 \rightarrow \alpha_2$ möglich, aber keine umgekehrt verlaufende, z. B. in der Stahlwerkpraxis übliche Kornverfeinerung. Kohlenstoff und Wolframkarbid können aus dem γ-Mischkristall bis auf die gleichgewichtsmäßig bedingten Restmengen wieder ausgeschieden werden. Abgeschiedener Graphit kann jedoch durch Nachglühen unter feuchtem Wasserstoff, die η-Phase durch Nachsinterung in aufkohlender Atmosphäre möglichst über 1500° weitgehend beseitigt werden, wobei

---

[1] DAWIHL, W. u. J. HINNÜBER: Kolloid-Z. **104** (1943), S. 233/36.

[2] DAWIHL, W. u. K. SCHRÖTER: Z. Metallkunde **41** (1950), S. 231/33, **42** (1951), S. 193/97, **43** (1952), S. 138/42, Arch. Eisenhüttenwes. **23** (1952), S. 483/88.

[3] GURLAND, J. u. J. T. NORTON: J. Metals **4** (1952), S. 1051/56.

[4] PETRDLIK, M. u. V. DUFEK: Hutnické Listy **10** (1955), S. 528/34.

[5] ČECH, B.: Hutnické Listy **15** (1960), S. 287/92.

[6] TIKKANEN, M. H.: Jernkontorets Ann. **147** (1963), S. 37/52.

[7] SAUERWALD, F.: Kolloid-Z. **104** (1943), S. 144/60.

[8] BROWNLEE, L. D., R. EDWARDS u. T. RAINE: Symposium on Powder Metallurgy 1954. Iron Steel Inst., London 1956, S. 302/04.

[9] TRETJAKOV, V. I., I. N. TSCHAPOROVA u. E. D. SAMOJLOVA: Tverdyje Splavy **1** (1959), S. 169/76.

[10] ČECH, B.: Hutnické Listy **11** (1956), S. 419/24, **13** (1958), S. 113/23, Neue Hütte **3** (1958), S. 300/02, In: Probleme der Pulvermetallurgie. Slov. Akad. Wiss., Bratislava 1964, S. 39/51.

[11] PETRDLIK, M. u. V. DUFEK: Hutnické Listy **14** (1959), S. 786/90.

[12] KREIMER, G. S. u. O. S. SAFONOVA: Izv. Akad. Nauk SSSR, Met. Topl. (1962), Nr. 3, S. 94/97.

starkes Kornwachstum eintritt[1]. Für den weiteren Festigkeitszuwachs ist das γ-Kobalt-Netzwerk, die Kobalt-„Raumlötnaht" und deren hoher Verspannungszustand verantwortlich zu machen. Durch den starken Unterschied der Ausdehnungskoeffizienten zwischen Hartstoff und Binder bilden sich nach G. Ritzau[2] sogenannte Volumensdifferenzspannungen aus, so daß der Kobaltbinder sich stark verspannt und sich gewissermaßen im Zustand hoher Verformung befindet[3]. Die auf magnetischen Messungen basierenden Ritzauschen Angaben wurden auch neuerdings von J. T. Norton[4, 5] bestätigt, der in seiner Arbeit über geeignete metallische Binder für Hartstoffe auf die zwangsläufigen hohen Spannungen im Binder verweist.

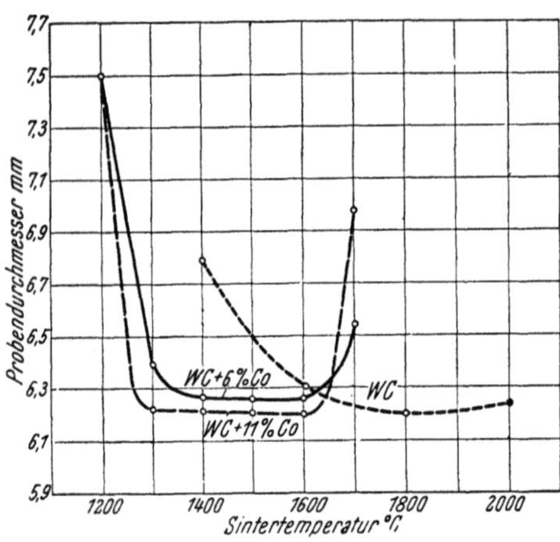

Abb. 44. Schwund von WC und WC-Co-Legierungen während der Sinterung (W. Dawihl und J. Hinnüber)

Die Frage des Spannungszustandes in WC-Co-Legierungen hat in letzter Zeit zahlreiche Forscher beschäftigt[6–16]. Die Grundlage der Untersuchungstechnik beruht auf der Bestimmung der Linienverbreiterung der Röntgenreflexe der WC-Phase im gesinterten Zustand

[1] Gurland, J.: Metals **6** (1954), S. 285/90, Disk. S. 1327/30.

[2] Ritzau, G.: Stahl u. Eisen **60** (1940), S. 890/91.

[3] Pfau, H. u. W. Rix: Z. Metallkunde **43** (1952), S. 440/43.

[4] Norton, J. T.: Powder Met. Bull. **6** (1951), S. 75/78.

[5] Gurland, J. u. J. T. Norton: J. Metals **4** (1952), S. 1051/56.

[6] Hendus, H., W. Dawihl u. G. Bartsch: Z. Metallkunde **48** (1957), S. 615/24.

[7] Gurland, J.: Trans. Am. Soc. Met. **50** (1958), S. 1063/71.

[8] Kovalski, A. E. u. I. Ch. Pivovarova: Izv. Akad. Nauk SSSR, Met. Topl. (1959), Nr. 6, S. 113/20; Fiz. Metallov Metalloved **9** (1960), S. 626/27.

[9] Bernard, R. u. R. Rivière: In: Ber. II. Internat. Pulvermet. Tagung Eisenach 1961, Akad. Verlag, Berlin 1962, S. 341/45.

[10] Bernard, R.: Jernkontorets Ann. **147** (1963), S. 22/36.

[11] Amberg, S.: Jernkontorets Ann. **147** (1963), S. 218/20.

[12] Funke, V. F., S. I. Judkovski u. V. S. Platov: Poroschkovaja Met. (1962), Nr. 6, S. 61/66.

[13] Kraus, I. u. Z. Maršak: Kovové Mat. **1** (1963), S. 440/46.

[14] Kochanovska, A., I. Kraus u. Z. Maršak: Tschech. J. Phys. **13** (1963), S. 418/23.

[15] Dawihl, W. u. G. Altmeyer: Z. Metallkunde **55** (1964), S. 231/37.

[16] Tumanov, V. I., V. F. Funke, Z. S. Truchanova, T. A. Novikova u. K. F. Kuznecova: Poroschkovaja Met. (1964), Nr. 2, S. 57/60.

bzw. nach der Isolation. Nach R. BERNARD[1, 2] treten je nach Korngröße der WC-Kristalle und Kobaltgehalt im WC-Gitter Druck bzw. Zugspannungen auf, welche sich bei einer mittleren Korngröße von 3,5 μ bei etwa 15% Co ausgleichen. Das Maximum der Druckspannungen bei dieser Korngröße liegt bei etwa 10% Co, das der Zugspannungen bei rd. 40% Co. R. BERNARD bringt diese Ergebnisse mit der Verteilung der WC- bzw. Co-Phase in Zusammenhang. Werden die Kobaltinseln bei niedrigen Co-Gehalten von einem WC-Skelett umhüllt, dann steht dieses unter Druckspannungen, im umgekehrten Fall treten Zugspannungen im WC auf. Aus den Ergebnissen der Spannungsmessungen am chemisch isolierten WC werden ferner Schlüsse gezogen, welche die Annahme eines zusammenhängenden WC-Skeletts bekräftigen (vgl. auch S. 88, 91).

Verfeinerte Auskochversuche mit Salzsäure an WC-Co-Hartmetallen und die dabei auftretenden Längenänderungen der Proben deuten nach W. DAWIHL und G. ALTMEYER[3] ebenfalls auf Druckspannungen in Sorten mit Kobaltgehalten über 5% hin. Darunter liegt das Kobalt „kapillargebunden" vor und ist chemisch nur langsam zu lösen.

Nach Untersuchungen von B. CECH[4] kristallisiert die Kobaltphase bei der Abkühlung aus dem flüssigen Zustand in Kristalliten von der Größenordnung 1 mm aus, unabhängig davon, wieviel Karbidphase zugegen ist. Die Kristallisationsform der Kobalt-Bindemetallphase wird allerdings von Art und Menge der im flüssigen Zustand gelösten Karbide, insbesondere von TaC, VC und Cr_3C_2 stark beeinflußt[5], während die Kobaltumwandlung keine Rolle zu spielen scheint[6, 7]. W. DAWIHL und B. FRISCH[8] unterscheiden in WC-Co-Hartmetallen zweierlei Formen des Bindemetalles: In Hartmetallen unter 6% Co, das sogenannte *kapillargebundene Kobalt*, welches die WC-Kristalle in einer mittleren Schichtdicke von 90 bis 200 Atomlagen ($\sim$ 0,04 μ) umgibt und in Hartmetallen über 6% Co das sogenannte *freie Kobalt* in Form größerer Ansammlungen und Umhül-

---

1 BERNARD, R. u. R. RIVIERE: In: Ber. II. Internat. Pulvermet. Tagung Eisenach 1961, Akad. Verlag, Berlin 1962, S. 341/45.

2 BERNARD, R.: Jerkontorest Ann. **147** (1963). S. 22/36.

3 DAWIHL, W. u. G. ALTMEYER: Z. Metallkunde **54** (1963), S. 645/50.

4 ČECH, B.: Hutnické Listy **11** (1956), S. 419/24; **13** (1958), S. 113/23, Neue Hütte **3** (1958), S. 300/02. In: Probleme der Pulvermetallurgie. Slov. Akad. Wiss., Bratislava 1964, S. 39/51.

5 PETRDLIK, M. u. V. DUFEK: Hutnické Listy **14** (1959), S. 786/90.

6 KOCHANOVSKA, A.: Z. Physik tschech. **5** (1955), S. 213.

7 GOLOVINSKAJA, T. M. u. V. M. PELEPELIN: Dop. Akad. Nauk Ukr. RSR (1963), S. 1340/43.

8 DAWIHL, W. u. B. FRISCH: Arch. Eisenhüttenwes. **33** (1962), S. 61/66.

lungen von 5 bis 20 μ Stärke (vgl. die Ausführungen über die Skelettbildung S. 88, 91).

Über die wichtige Rolle, welche das Kobalt bei der Sinterung von Hartmetallen spielt, sei auf die zusammenfassende Arbeit von J. HINNÜBER u. O. RÜDIGER[1] hingewiesen.

Betrachten wir zusammenfassend die metallurgischen Vorgänge bei der Sinterung und das Gefüge eines fertiggesinterten WC-Co-Hartmetalles, so können wir uns nunmehr mit der üblichen Deutung desselben, nämlich Wolframkarbidkristalle mit leichter Skelettbildung, eingelagert in einer vorübergehend als eutektische W-C-Co-Legierung flüssig gewesenen zähen Kobaltgrundmasse, nicht mehr zufrieden geben, sondern wir müssen den Aufbau nach R. KIEFFER[2] folgendermaßen charakterisieren:

WC-Co-Sinterhartmetalle bestehen je nach Kobaltgehalt, Sintertemperatur und Sinterzeit aus einem mehr oder minder stark ausgeprägten Skelett aus α_1- oder α_2-WC-Mischkristallen (sehr kleine Löslichkeit von Kobalt in Wolframkarbid bei Zimmertemperatur), die von einer „Raumlötnaht" aus γ-Co-Mischkristall (WC gelöst in Co) umhüllt sind, die sich im Zustand hoher Verspannung befindet.

Mit dieser Gefügedeutung findet auch die starke Steigerung der Biegebruchfestigkeit bei der Sinterung von WC-Co-Hartmetallen ihre Erklärung. Während reines gesintertes Wolframkarbid, nach Sinterung bei 1800 bis 2000°, eine Biegebruchfestigkeit von max. 50 bis 60 kg/mm² hat[3], ergibt ein Zusatz von 5 bis 6% Kobalt zum Wolframkarbid bereits eine Biegebruchfestigkeit von 140 bis 180 kg/mm². Dieser Festigkeitszuwachs kann aus dem Kobaltnetzwerk, seinen Verspannungen, der Kobaltmenge und der relativ schwachen Skelettfestigkeit *allein* heraus nicht erklärt werden. Löst man das Kobalt nach W. DAWIHL und J. HINNÜBER[4–7] aus einem 6% Kobalt enthaltenden Hartmetallkörper aus, so erhält man einen porösen Skelettkörper mit etwa 12% Porenvolumen, der bei einem Restgehalt von 0,4% Co trotz seiner hohen Porosität noch eine Biegebruchfestigkeit von etwa 45 kg/mm² hat (Zahlentafel 15). Würde es gelingen, aus diesem Skelettkörper, der aus ausgeheilten Wolframkarbidkriställchen besteht, etwa durch Heißpressen, aber ohne Zerstörung der Wolfram-

[1] HINNÜBER, J. u. O. RÜDIGER: Techn. Mitt. Krupp **20** (1962), S. 162/71.

[2] KIEFFER, R.: In: The Physics of Powder Metallurgy, McGraw Hill, New York 1951, S. 278/91, Disk. S. 292/94.

[3] AGTE, C. u. J. VACEK: Hutnické Listy **8** (1953), S. 249/52.

[4] DAWIHL, W. u. J. HINNÜBER: Kolloid-Z. **104** (1943), S. 233/36.

[5] DAWIHL, W.: Z. techn. Physik **21** (1940), S. 336/45.

[6] DAWIHL, W. u. K. SCHRÖTER: Z. Metallkunde **41** (1950), S. 231/33.

[7] DAWIHL, W. u. G. ALTMEYER: Z. Metallkunde **54** (1963), S. 645/50.

karbidkristall-Individuen, einen dichten Körper aufzubauen, so käme man sehr nahe an die tatsächliche Eigenfestigkeit des Wolframkarbides heran. Erfahrungswerte lehren, daß die Festigkeit eines Sinterkörpers von etwa 85% Dichte beim Anwachsen auf eine 100%ige Dichte um

Zahlentafel 15. *Biegebruchfestigkeit des Karbidskelettes nach dem Herauslösen des Kobalts* (W. DAWIHL)

Kobaltgehalt vor dem Auskochen %	Biegebruchfestigkeit (kg/mm^2)		Kobaltgehalt nach dem Auskochen %	Porosität nach dem Auskochen %
	vor dem Auskochen	nach dem Auskochen		
3	126	54	0,04	6,1
6	165	45	0,04	12
11	182	zerfällt	0,03	22

mindestens das Zweieinhalbfache zunimmt[1]. Dichte Wolframkarbidkörper müßten also, nicht wie üblich, etwa 50 bis 60 kg/mm^2, sondern mindestens 110 bis 120 kg/mm^2 Biegebruchfestigkeit haben. In Annäherung an diesen Idealfall kann man durch einen Zusatz von 0,5 bis 1% Kobalt, bei der Sinterung von Wolframkarbid unter besonders sorgfältigen Arbeitsbedingungen, tatsächlich bereits Biegebruchfestigkeiten von 100 bis 110 kg/mm^2, gewöhnlich allerdings nur 60 bis 80 kg/mm^2, erzielen.

Zur Stützung der vorangehenden Ausführungen sei noch bemerkt, daß Karbidmischkristalle aus Karbiden der 4a Metalle des periodischen Systems mit Karbiden der 5a und 6a Metalle bei Zimmertemperatur meist noch eine Löslichkeit von 1 bis 4% Nickel bzw. Kobalt haben, so daß solche Sinterkörper oft keine zähen Korngrenzbinder aufweisen, sondern praktisch fast homogene, einphasige Legierungen darstellen. Der Einbau von Eisenmetallen in das Karbidmischkristallgitter bedingt hierbei eine starke Ausheilung der Realkristalle und folglich eine Erhöhung der Biegebruchfestigkeit um das Drei- bis Vierfache im Vergleich zu Körpern ohne Bindemetallzusatz.

Den Sinterungsvorgang selbst wollen wir wie folgt festhalten: Bei Erhitzung gepreßter WC-Co-Körper bildet sich ein ternäres W-C-Co-Eutektikum, das mit Hilfe der Oberflächenspannung als treibende Kraft die Karbide unter Schrumpfung auf engstem Raum zusammenführt und „zusammenlötet". Die Löslichkeit des WC für Co und des Co für WC bei Sintertemperatur und bei Raumtemperatur ist durch das Zustandsbild bzw. die für Sinterprodukte typischen Ungleichgewichtszustände bei speziellen Sinterbedingungen bestimmt.

[1] KIEFFER, R. u. W. HOTOP: Sintereisen und Sinterstahl, Springer-Verlag, Wien 1948, S. 221.

Die Vorstellung über das Gefüge und den Sintermechanismus von WC-Co-Hartmetallen ist auch auf andere Karbid-Hilfsmetallegierungen und grundsätzlich auf alle *Hartstoff-Hilfsmetallsysteme* und *Cermets* übertragbar, wenn dieselben metallurgischen Voraussetzungen vorliegen, wie sie auch von J. T. NORTON[1] in den eingangs angeführten Richtlinien aufgezeichnet sind.

2. Vorgänge bei der Sinterung von WC-TiC-Co-Hartlegierungen

a) Das System TiC-Co

Zum Verständnis der Vorgänge bei der Sinterung von WC-TiC-Co-Hartmetallen ist neben der Kenntnis des pseudobinären Systems WC-Co (s. S. 78) auch die des Systems TiC-Co notwendig. In der Literatur finden sich sehr spärliche Angaben, die sich mit den gegenseitigen Löslichkeitsverhältnissen im System TiC-Co beschäftigen. N. ZARUBIN und L. P. MOLKOV[2] wollen auf Grund von Gefügeuntersuchungen an bei 1400° gesinterten Proben keine Löslichkeit von TiC in Co gefunden haben. POLIKARPOVA[3] gibt an, daß Kobalt im festen Zustand zwischen 1150 und 1250° etwa 7 und 10% TiC zu lösen vermag. Eine eingehende, unveröffentlichte Arbeit stammt von L. D. BROWNLEE und T. RAINE[4]. Die Forscher verfolgten röntgenographisch an Sinterproben die wechselseitige Löslichkeit der beiden Komponenten. Sie finden bei 1250° eine etwas geringere Löslichkeit des Kobalts für TiC als POLIKARPOVA. Bei etwa 6 At.-% TiC tritt eine eutektische Schmelze auf. Das Titankarbid als starker Solvent baut bei Tem-

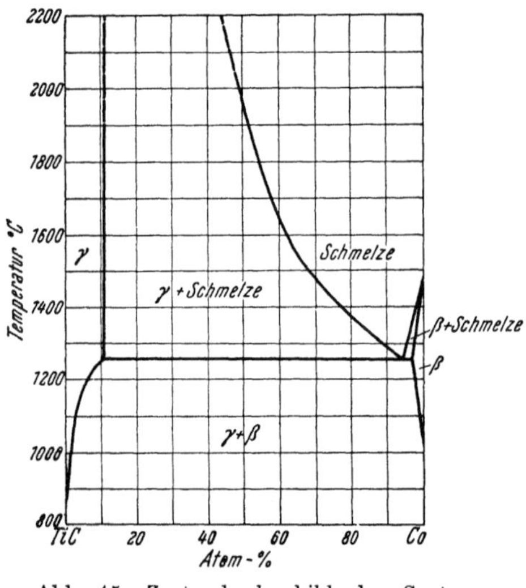

Abb. 45. Zustandsschaubild des Systems TiC-Co (L. D. BROWNLEE und T. RAINE)

---

[1] NORTON, J. T.: Powder Met. Bull. **6** (1951), S. 75/78; In: High Temperature Materials, J. Wiley, New York 1959, S. 119/24.

[2] ZARUBIN, N. u. L. P. MOLKOV: Vestn. Metallprom. **14** (1934), S. 59/68, **15** (1935), S. 93/98.

[3] POLIKARPOVA bei G. A. MEERSON, G. L. ZVEREV u. B. J. OSINOVSKAJA: Zur. Prikl. Chim. **3** (1949), S. 66/75.

[4] BROWNLEE, L. D. u. T. RAINE: Persönliche Mitteilung 1947.

peraturen zwischen 1250 und 1500° bereits erhebliche und mit steigender Temperatur wachsende Mengen Kobalt in sein Gitter ein. Die aufgezeigten Löslichkeitsverhältnisse sind in Abb. 45 wiedergegeben. Nach Untersuchungen von R. EDWARDS und T. RAINE[1] ist die Löslichkeit von Titankarbid in Kobalt bei 1250° rund 1 Gew.-% TiC (s. Zahlentafel 18), ein Befund der von russischen[2, 3] und japanischen Forschern[4] auf Grund thermoanalytischer, mikroskopischer und röntgenographischer Befunde bestätigt werden konnte.

b) Das System WC-TiC-Co

Auch über das pseudoternäre System WC-TiC-Co sind in der Literatur wenig Angaben zu finden. Nach KATZ[5] hat Kobalt im festen Zustand für einen TiC-WC-Mischkristall (1 : 2) eine Löslichkeit bis zu 5%.

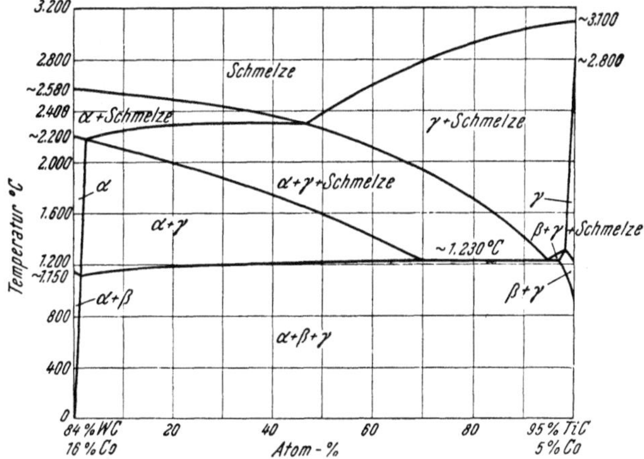

Abb. 46. Schnitt im System WC-TiC-Co bei der Zusammensetzung 84 At.-% WC, 16 At.-% Co und 95 At.-% TiC, 5 At.-% Co, schematisch (T. RAINE und L. D. BROWNLEE)

Auf Grund des ihnen vorliegenden Untersuchungsmaterials, insbesondere unter Auswertung der bekannten Randsysteme, haben T. RAINE und L. D. BROWNLEE[6] unter der Annahme, daß Co in WC und TiC bei höherer Temperatur löslich ist, zunächst aus einem

[1] EDWARDS, R. u. T. RAINE: 1. Plansee Seminar, Reutte/Tirol 1952, S. 232/49.

[2] EREMENKO, V. N. u. N. D. LESNIK: In: Probleme der Pulvermetallurgie, Akad. Nauk. Ukr. SSR Kiew 1956, S. 73/80.

[3] RYBALTSCHENKO, R. V., I. N. TSCHAPOROVA u. V. I. TRETJAKOV: Zur. Neorg. Chim. **6** (1961), S. 2517/27.

[4] TAKAMURA, J. u. Y. SASAKI: Kyoto Daigaku Kenkyusho Iho (1959), Nr. 15, S. 90.

[5] Bei G. A. MEERSON, G. L. ZVEREV u. B. J. OSINOVSKAJA: Zur. Prikl. Chim. **13** (1940), S. 66/75.

[6] RAINE, T. u. L. D. BROWNLEE: Persönliche Mitteilung 1951.

hypothetischen pseudoternären System WC-TiC-Co einen schematischen Schnitt bei der Zusammensetzung 84 At.-% WC, 16 At.-% Co und 95 At.-% TiC, 5 At.-% Co gezeichnet (Abb. 46).

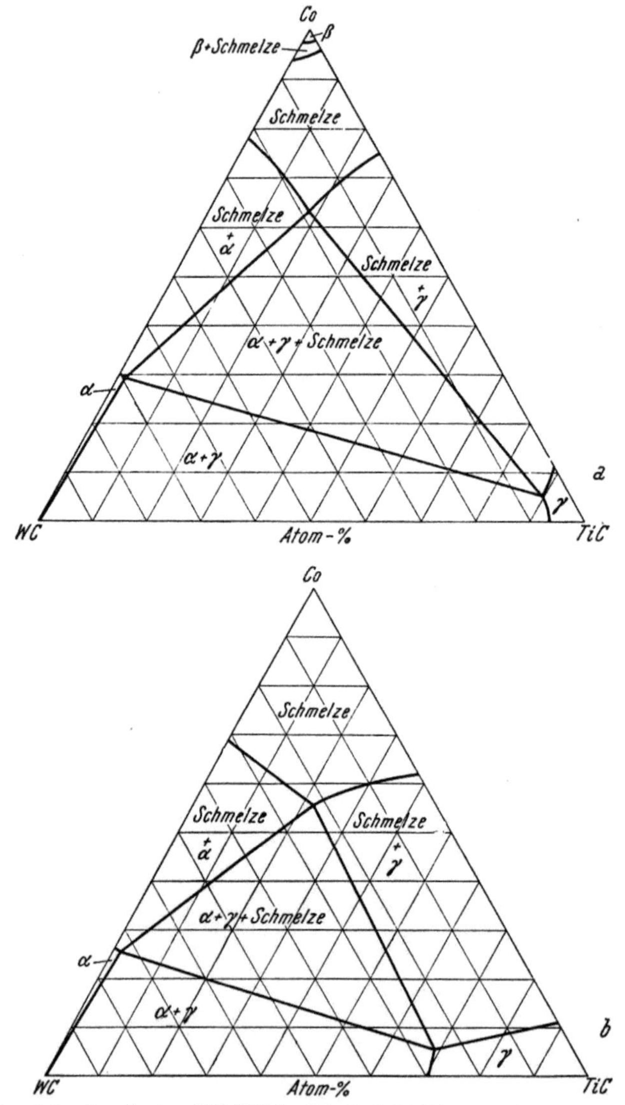

Abb. 47. Pseudoternäres System WC-TiC-Co, Schnitt bei 1400° (*a*) und 1600° (*b*), schematisch T. Raine und L. D. Brownlee)

Abb. 47a und b zeigen das pseudoternäre System WC-TiC-Co im Schnitt bei 1400 und 1600° sowie die schematische Abgrenzung der Phasenfelder. Eine sehr kleine Löslichkeit von TiC in WC, welche höchstwahrscheinlich besteht, ist von T. RAINE und L. D. BROWNLEE[1] in der Darstellung nicht berücksichtigt worden. Die Löslichkeit von Ti-W-C in Kobalt ist bei 1250° etwa 2 Gew.-%[2] (s. Zahlentafel 18).

Obzwar das System WC-TiC-Co nicht pseudoternär sein dürfte und bei kleinen Kohlenstoffüberschüssen nicht ganz korrekt ist, werden die Verhältnisse für die Praxis doch recht anschaulich wiedergegeben.

c) Vorgänge bei der Sinterung von technischen WC-TiC-Co-Hartlegierungen

Bei der Sinterung von WC-TiC-Co-Legierungen ändert sich nur wenig an den grundlegenden Vorstellungen, welche für das System WC-Co entwickelt wurden. An Stelle des ternären Eutektikums W-Co-C tritt bei der entsprechenden Sintertemperatur eine quaternäre Legierung W-Ti-Co-C auf, die bei WC-TiC-Co-Legierungen etwa die Zusammensetzung 25 bis 35% WC, 3 bis 5% TiC, 72 bis 60% Co hat. Die Karbidphasen bestehen aus dem α-(WC-)Mischkristall und aus dem β-(TiC) Mischkristall, welche sich beide in Form zweier locker zusammenhängender, unabhängiger Karbidskelette durchdringen. Die β-Phase ist durch entsprechende Ätzung leicht im Schliff zu entwickeln und zeigt stets rundliche Formen, im Gegensatz zu den kantigen, charakteristischen Formen des α-Mischkristalles. Durch Feuerätzen[3, 4] läßt sich eine typisch gelblich-bräunliche Anfärbung der β-Phase erzielen, während die α-Phase hell bleibt und die γ-Phase bläulich wird. Auch im Schwarz-Weiß-Bild des Gefüges einer WC-TiC-Co-Legierung, welche z. B. in Abb. 63 zu sehen ist, kann man deutlich den Unterschied erkennen.

Die Zusammensetzung des β-Mischkristalles (etwa 50 bis 70% WC und 50 bis 30% TiC) ist nicht immer konstant und der Mischkristall ist bei der Sintertemperatur nicht immer im Gleichgewicht. Die Zusammensetzung hängt beispielsweise davon ab, ob von bei 2000 bis 2500° gebildeten Mischkristallen oder von nicht wärmebehandelten, mechanischen Karbidgemengen ausgegangen wird. Im

---

[1] RAINE, T. u. L. D. BROWNLEE: Persönliche Mitteilung 1951.

[2] EDWARDS, R. u. T. RAINE: 1. Plansee Seminar, Reutte/Tirol 1952, S. 232/42.

[3] FRANSSEN, H.: Arch. Eisenhüttenwes. **19** (1948), S. 79/84.

[4] BURDEN, H.: Vortrag IPT., Graz 1948, Ref. Nr. 12.

ersten Fall kommt es zur Ausscheidung von Wolframkarbid aus dem an Wolframkarbid übersättigten β-Mischkristall[1, 2], im zweiten Fall zu Mischkristallen, die weniger Wolframkarbid enthalten, als dem Gleichgewichtszustand bei 1500° entspricht und die sogar im Innern der Mischkristalle noch freies Titankarbid (β'-Phase) enthalten können, was elektronenmikroskopisch nachgewiesen werden konnte[3–6].

Die Mischkristallbildung in WC-TiC-Co-Gemischen wird bei der Sinterung durch stetige Einwanderung von W aus dem WC in das TiC bewirkt, so daß die ursprüngliche Korngröße der TiC-Kristallite auch die Korngröße des Mischkristalles bedingt. Sind die WC-Ausgangsteilchen sehr klein, dann verhindern sie das Koagulieren und das Kornwachstum des Mischkristalles[7–9].

Bei wolframkarbidarmen Legierungen mit etwa 35 bis 60% TiC, 6% Co, Rest WC oder bei wolframkarbidfreien Legierungen auf Basis TiC-VC oder TiC-Mo_2C auf der TiC-Seite haben wir es wieder nur mit zweiphasigen Sinterlegierungen zu tun. Der reine Karbidmischkristall übernimmt die Rolle des Wolframmonokarbides bzw. der α-Phase (vgl. Abb. 69).

Aus den Ausführungen war zu entnehmen, daß bei der Sinterung von WC-Co- und WC-TiC-Co-Hartmetallen im Gefüge der Legierungen wohldefinierte, charakteristische Phasen auftreten, welche von verschiedenen Autoren, trotz Identität, verschiedenartig bezeichnet werden[10–12]. In Zahlentafel 16 wird eine neuartige Zusammenstellung der Phasenbezeichnungen nebst deren Definition vorgeschlagen. Zahlentafel 17 bringt Werte von H. FRANSSEN[10] über den prozentuellen Anteil der Phasen in technischen Hartmetallen; die Phasenbezeichnungen wurden gemäß obigem Vorschlag geändert und die Tafel um weitere Legierungen ergänzt.

---

[1] LVOVSKAJA, V. P. u. J. S. UMANSKI: Zur. Techn. Fiz. **20** (1950), S. 1167/74.

[2] KIEFFER, R.: 1. Plansee Seminar, Reutte/Tirol, 1952, S. 268/95.

[3] PFISTERER, H.: Siemens-Z. **29** (1955), S. 199/205.

[4] PFISTERER, H. u. H. KASPEREK: Z. Metallkunde **46** (1955), S. 574/78.

[5] BERNARD, R.: 2. Plansee Seminar, Reutte/Tirol 1955, S. 41/49.

[6] PETRDLIK, M., V. DUFEK u. HRUŠKA: Hutnické Listy **12** (1957), S. 617/18.

[7] TRETJAKOV, V. I. u. I. N. TSCHAPOROVA: Tverdyje Splavy **1** (1959), S. 191/204.

[8] KREIMER, G. S. u. M. R. VACHOVSKAJA: Tverdyje Splavy **1** (1959), S. 205/08.

[9] ČECH, B.: Pokroky Práškové Met. (1963), Nr. 1, S. 14/24.

[10] FRANSSEN, H.: Arch. Eisenhüttenwes. **19** (1948), S. 79/84.

[11] DAWIHL, W.: B.I.O.S. Final Rep. Nr. 925.

[12] BLEECKER, W. H.: Iron Age **165** (1950), Nr. 21, S. 71/74.

3. Vorgänge bei der Sinterung von WC-TiC-TaC(NbC)-Co-Legierungen

a) Das System TaC(NbC)-Co

Zum Verständnis der Vorgänge im pseudoquaternären System WC-TiC-TaC-Co sind noch die Kenntnisse von den Verhältnissen im System TaC-Co erforderlich. Hiezu liegt nur ein Beitrag von N. M. ZARUBIN und L. P. MOLKOV[1] und L. P. MOLKOV und A. V. CHOCHLOVA[2] vor, aus dem hervorgeht, daß das System TaC-Co sehr viel Ähnlichkeit mit dem System WC-Co aufweist. Die Löslichkeit des Kobalts für TaC beträgt bei 1450 bis 1550° etwa 6%. Bei Zimmertemperatur dürfte sie sehr klein sein. Bei etwa 35% TaC tritt das zu erwartende Eutektikum auf[1, 3]. Über eine vielleicht vorhandene Löslichkeit des TaC für Co werden von den Verfassern keine Angaben gemacht. Nach Untersuchungen von R. EDWARDS und T. RAINE[4] löst Kobalt im festen Zustand bei 1250° 3% TaC oder 5% NbC bzw. 5 Gew.-% TaC-NbC 1 : 1.

Die physikalischen Eigenschaften von Legierungen aus TaC mit hohen Gehalten an Nickel (Tantal)-Bindern wurden von R. P. FLEMING[5] untersucht.

Zahlentafel 16. *Gefügephasen in Hartmetallen*

Gefügephase	Zusammensetzung
α	WC, nicht rekristallisiert
α_1	WC bzw. WC-Co-Mischkristall, schwach rekristallisiert
α_2	WC bzw. WC-Co-Mischkristall, rekristallisiert
β	(Ti, W)C-bzw. (Ti, Ta, W)C-Mischkristall
β'	TiC-Einschlüsse in β
γ	Co bzw. Co-WC-Mischkristall
η	Doppelkarbide, z. B. Co_3W_3C

b) Vorgänge bei der Sinterung von technischen WC-TiC-TaC(NbC)-Co-Hartmetallen

Bei WC-TiC-TaC(NbC)-Co-Legierungen mit 3 bis 20% TiC und 3 bis 20% TaC treten ebenso wie bei WC-TiC-Co-Legierungen zwei

---

[1] ZARUBIN, N. M. u. L. P. MOLKOV: Vestn. Metalloprom. **14** (1934), Nr. 7, S. 59/68, **15** (1935), S. 93/98. Zavod. Labor. **14** (1948), S. 1434/36.

[2] MOLKOV, L. P. u. A. V. CHOCHLOVA: Redkije Metally **4** (1935), Nr. 1, S. 10/23.

[3] SCHTSCHETELINA, J. A. u. I. N. TSCHAPOROVA: Metalloved. Term. Obr. Metallov (1959), Nr. 6, S. 19/23.

[4] EDWARDS, R. u. T. RAINE: 1. Plansee Seminar, Reutte/Tirol 1952, S. 232/43.

[5] FLEMING, R. P. H.: Powder Met. (1963), Nr. 12, S. 179/87.

Zahlentafel 17. *Ungefähre Anteile der Phasen und deren Teilchengröße in handelsüblichen Hartmetallen* (H. Franssen)

Zusammensetzung des Hartmetalles	α_1		α_2		γ		β		β'		η
	Anteil %	Teilchengröße μ	Anteil %	Teilchengröße μ	Anteil %	Teilchengröße μ	Anteil %	Teilchengröße μ	Anteil %	Teilchengröße μ	
WC + 6% Co*	20 bis 30	1 b. 3	Rest	2 b. 6	10 bis 12	< 1	—	—	—	—	Soll nicht vorkommen, tritt aber gelegentlich bis 5% auf, Teilchen von 2 bis 5 μ, bisweilen auch Schwämme bis zu mehreren hundert μ
WC + 11% Co (1 bis 3% TiC)	5 bis 15	1 b. 3	Rest	2 b. 8	18 bis 20	1 b. 3	(5 b. 10)	—	—	—	
WC + 13% Co (1 bis 3% TiC)	5 bis 10	1 b. 3	Rest	2 b. 10	22 bis 24	1 b. 4	(5 b. 10)	—	—	—	
WC + 6% Co**	Rest	1 b. 3	5 bis 10	2 b. 10	10 bis 12	< 0,5	—	—	—	—	
WC + 8% Co	Rest	1 b. 3	5	2 b. 5	12 bis 15	< 0,5	—	—	—	—	
WC+16% TiC+6% Co***	—	—	35	2 b. 8	8 bis 10	1 b. 2	Rest	2 b. 5	—	—	
WC+15% TiC+8% Co	—	—	35	2 b. 8	12 bis 15	1 b. 2	Rest	2 b. 5	—	—	
WC+5% TiC+8% Co	15 bis 20	1 b. 4	Rest	2 b. 6	8 bis 10	1	20 bis 25	2 b. 5	2 bis 3	2 b. 4	
WC+25% TiC+6% Co	—	—	20	2 b. 10	6 bis 8	1 b. 2	Rest	2 b. 8	3 bis 5	2 b. 5	
WC+60% TiC+6% Co	—	—	—	—	5 bis 7	1 b. 2	Rest	2 b. 8	3 bis 10	2 b. 5	

* G 1-Charakter.

** H 1- und H 2-Charakter.

*** Auch bei TaC-Zusätzen zum TiC ändert sich nur wenig an der prozentuellen Phasenverteilung; die α-Anteile wachsen etwas auf Kosten der β-Phase an.

Karbidphasen neben dem Bindemetall in den Hartmetallplatten auf. Wenn von nicht vorgebildeten Mischkristallen ausgegangen wird, dann zeigt sich häufig, daß neben der α-WC-Phase zwei Mischkristallphasen auftreten, ein TiC-reicher TiC-TaC-WC-Mischkristall und ein TaC-reicher TaC-TiC-WC-Mischkristall, die erst bei sehr langen Sinterzeiten in einen homogenen ternären Mischkristall übergehen. Besonders die Feuerätzung ist geeignet, diese Verhältnisse durch Farbtönung der Mischkristalle aufzuzeigen (Abb. 66)[1].

4. Vorgänge bei der Sinterung von Karbiden mit Nickel und Eisen

Da neben Kobalt auch Nickel bzw. Eisen als Bindemetalle für Hartkarbide in Frage kommen (s. S. 246), haben R. Edwards und T. Raine[2] metallographisch und röntgenographisch die Löslichkeit von TiC, VC, NbC, TaC, Cr_3C_2, Mo_2C und WC in Nickel bzw. Eisen bei 1250° bestimmt. In Zahlentafel 18 sind die Ergebnisse, ergänzt

Zahlentafel 18. *Löslichkeit verschiedener Karbide in Kobalt, Nickel und Eisen bei 1250°* (R. Edwards u. T. Raine)

Karbid	Gew.-% Kobalt	Gew.-% Nickel	Gew.-% Eisen
Wolframkarbid	22	12	7
Titankarbid	1	5	< 0,5
TiC-WC 1 : 1	2	5	0,5
Tantalkarbid	3	5	0,5
Niobkarbid	5	3	1
Molybdänkarbid	13	8	5
Vanadinkarbid	6	7	3
Chromkarbid	12	12	8

um die Löslichkeitswerte in Kobalt, zusammengestellt. Aus den Ergebnissen versuchen die beiden Autoren den Schluß zu ziehen, daß bei hoher, temperaturabhängiger Löslichkeit (z. B. WC in Co) zähe Hartmetalle entstehen, während niedrige Löslichkeiten (z. B. TaC oder TiC in Co) weniger zähe Legierungen ergeben. Bei 1200° übersteigenden Temperaturen (z. B. 1250 bis 1400°) nimmt die Löslich-

[1] Nowotny, H., R. Kieffer u. O. Knotek: Berg- u. Hüttenmänn. Mh. **96** (1951), S. 6/8.

[2] Edwards, R. u. T. Raine: 1. Plansee Seminar, Reutte/Tirol 1952, S. 232/49.

keit im Hilfsmetall zu und es entstehen niedrig schmelzende Eutektika, welche die Dichtsinterung begünstigen.

W. FLURSCHÜTZ[1] untersuchte ebenfalls unter technischen Verhältnissen die Löslichkeit von WC, TiC und WC-TiC-Mischkristallen in den Eisenmetallen und deren Legierungen und konnte im Wesentlichen die Angaben von R. EDWARDS und T. RAINE bestätigen. Besonders zahlreich sind die Arbeiten, welche sich mit der Löslichkeit von TiC in Nickel[2–6] bzw. Eisen[7, 8] befassen. Dabei wurde auch die Kinetik des Vorganges und die Gefügeausbildung bei derartigen heterogenen Legierungen, die unter Anwendung einer flüssigen Phase gesintert werden, studiert[9–11] (Vgl. a. Kap. VIII, S. 455 ff.) In diesem Zusammenhang sei auch auf die Untersuchung des gesamten Dreistoffsystems Ti-C-Ni durch E. R. STOVER und J. WULFF[12] hingewiesen.

Im Dreistoffsystem W-C-Ni[13–15,5] treten nach K. WHITEHEAD und L. D. BROWNLEE[16] drei ternäre Verbindungen, etwa der Zusammen-

---

[1] FLURSCHÜTZ, W.: In: Ber. II. Internat. Pulvermet. Tagung, Eisenach 1961. Akademie-Verlag Berlin 1962, S. 385/89, Disk. S. 450.

[2] EREMENKO, V. N., V. M. POLJAKOVA u. Z. P. GOLUBENKO: In: Fragen der Pulvermetallurgie. Kiew 1956. Bd. 3, S. 62/72.

[3] EREMENKO, V. N. u. T. J. KOSOLAPOVA: In: Fragen der Pulvermetallurgie. Kiew 1959. Bd. 7, S. 3/6.

[4] KORNILOV, I. I., L. I. PRJACHINA, O. W. OSCHIMKOVA u. A. J. SNETKOV: Dokl. Akad. Nauk SSSR **119** (1958), S. 501/03, Planseeber. Pulvermetallurgie **6** (1958), S. 79/88.

[5] ZARUBIN, N. M. u. L. P., MOLKOV: Vestn. Metalloprom. **15** (1935), Nr. 7 S. 93/98.

[6] GOLUBCOVA, R. B. u. L. A. MASCHKOVITSCH: Dokl. Akad. Nauk SSSR **130** (1960), S. 79/81.

[7] EREMENKO, V. N., V. M. BULANOV u. L. O. GAJEVSKAJA: Nauk Zap. Kiewskogo Inst. (1956), Nr. 13, S. 119/24, Zur. Neorg. Chim. **1** (1956), S. 2131/48.

[8] MURAKAMI, Y., H. KIMURA u. Y. NISHIMURA: Trans. Nat. Res. Inst. Met. Japan **1** (1959), S. 7/21.

[9] SKOLNICK, L.: J. Metals **9** (1957), S. 438/42.

[10] WHALEN, T. J. u. M. HUMENIK: Trans. Met. Soc. Am. Inst. Met. Engng. **218** (1960), S. 401/04.

[11] ČECH, B.: Silikáty **4** (1960), S. 1/9, Poroschkovaja Met. (1963), Nr. 1, S. 112/19.

[12] STOVER, E. R. u. J. WULFF: Trans. Met. Soc. Am. Inst. Met. Engng. **215** (1959), S. 127/36.

[13] ADELSKÖLD, V., A. SUNDELIN u. A. WESTGRÉN: Z. anorg. allg. Chem. **212** (1933), S. 401/09.

[14] TAKEDA, S.: Sci. Rep. Tohôku Univ., Honda-Festband (1936), S. 864/81.

[15] TSCHAPOROVA, I. N., J. A. SCHTSCHETELINA, V. I. TRETJAKOV u. T. G. MAKARENKO: Izv. Akad. Nauk SSSR, Met. Topl. (1959), Nr. 5, S. 91/96, (1961), Nr. 1, S. 126/32, Tverdyje Splavy **1** (1959), S. 177/90, 202/25.

[16] WHITEHEAD, K. u. L. D. BROWNLEE: Planseeber. Pulvermetallurgie **4** (1956), S. 62/71.

setzung $Ni_5W_6C_2$ (η), $Ni_5W_6C_2$ (θ) und $Ni_3W_{16}C_6$ ($\varkappa$) mit bei 1200° engem Homogenitätsbereich auf.

Im System W-C-Fe treten ebenfalls eine Reihe von Doppelkarbiden der Formeln Fe_3W_3C, Fe_4W_2C, Fe_6W_6C[1–3], Fe_2W_2C[4] und Fe WC[5] auf. Erwähnt seien schließlich noch die Arbeiten über die Systeme Mo-C-Ni(Co, Fe)[6–8], während über die Systeme der restlichen Übergangsmetalle mit Kohlenstoff und Eisen auf die Ausführungen über Doppelkarbide in Bd. Hartstoffe verwiesen sei[9].

Legierungen aus dem System W-Mo-C-Co sind kürzlich röntgenographisch und auf ihre mechanischen Hartmetalleigenschaften untersucht worden[10].

Bei der Sinterung von Legierungen aus WC, TaC bzw. NbC mit Platin tritt Zersetzung der Karbide ein[11].

5. Vorgänge beim Heißpressen von Hartmetallen

Die Vorgänge, die sich beim Heißpressen von Karbid-Hilfsmetallgemengen abspielen, sind metallurgisch grundsätzlich nicht von denen beim Normalsintern verschieden[12–14]. Nur der Zeitablauf der Legierungsbildung und der Umsetzung der Phasen ist ein anderer. Technisch kann man entweder 1. vorgesinterte oder hochgesinterte

---

[1] Westgren, A.: Jernkontorets Ann. **116** (1933), S. 1.

[2] Adelsköld, V., A. Sundelin u. A. Westgren: Z. anorg. allg. Chem. 212 (1933), S. 401/09.

[3] Archarov, I., S. Kvater u. T. Kiselev: Izv. Akad. Nauk SSSR, (1947), S. 749/56.

[4] Umanski, I. S. u. T. Tschebotarev: Izv. Akad. Nauk SSSR, Fiz. **15** (1951), S. 27/38.

[5] Chretien, A., W. Freundlich u. F. O. Josien: Compt. Rend. **242** (1956), S. 1619/21.

[6] Adelsköld, V., A. Sundelin u. A. Westgren: Z. anorg. allg. Chem. **212** (1933), S. 401/09.

[7] Zarubin, N. u. L. P. Molkov: Vestn. Metallprom. **14** (1934), Nr. 7, S. 59/68, **15** (1935), Nr. 7, S. 93/98, Zavod. Labor. **14** (1948), S. 1434/36.

[8] Svetschnikov, V. N. u. N. S. Alferova: Teor. Prakt. Metallurgii (1936), Nr. 4, S. 72/84.

[9] Kieffer, R. u. F. Benesovsky: Hartstoffe. Springer-Verlag, Wien 1963.

[10] Funke, V. F., T. A. Novikova u. V. I. Tumanov: Izv. Akad. Nauk SSSR, Met. Topl. (1962), Nr. 2, S. 113/18.

[11] Raub, E. u. G. Falkenburg: Z. Metallkunde **55** (1964), S. 190/92.

[12] Hoyt, S. L.: Trans. Am. Inst. Min. Met. Eng. **89** (1930), S. 9/58.

[13] Meerson, G. A. u. V. I. Schabalin: Cventyje Metally (1940), Nr. 3, S. 77/85.

[14] Molkov, L. P. u. A. V. Chochlova: Redkije Metally **4** (1935), Nr. 1, S. 10/23.

Hartmetallplättchen bei Sintertemperatur heißpressen oder 2. Karbid-Hilfsmetall-Pulvergemenge unter Druck sintern. Im weiteren soll nur von der zweiten, fast ausschließlich angewendeten Technik gesprochen werden. Vergleichen wir zunächst die augenfälligen Unterschiede zwischen den Eigenschaften eines normal- und druckgesinterten Körpers, beispielsweise aus einer WC-Co-Legierung mit 6% Co, (Zahlentafel 19). In dieser Gegenüberstellung fällt besonders auf, daß

Zahlentafel 19. *Unterschiede zwischen Normal- und Drucksinterung im Hinblick auf Ablauf und Eigenschaften*

Eigenschaften	Normalsinterung	Drucksinterung
Aufheizzeit		
a) im Vakuum-, ...	etwa 2 Stunden	1 bis 15 Minuten, je nach Probendurchmesser
b) im Kohlerohrofen .	etwa 1 Stunde	
Hochsinterzeit	$^3/_4$ bis $1^1/_2$ Stunden	$^1/_2$ bis 10 Minuten
Abkühlgeschwindigkeit		
a) im Vakuum-, ...	in 2 Stunden auf 1200°	1 bis 5 Minuten
b) im Kohlerohrofen .	in 1 Stunde auf 1200°	
Kohlungsbedingungen		
a) im Vakuum-, ...	geringe Entkohlung	Kohlegehalt konstant
b) im Kohlerohrofen .	geringe Aufkohlung	geringe Randaufkohlung
Dichte	14,8 bis 15,0 g/cm^3	15,0 bis 15,2 g/cm^3
Härte	90 bis 91 R_A	91 bis 92 R_A
Porosität	feinporig, einige Makroporen	praktisch porenfrei
Kornwachstum des WC	$\alpha \rightarrow \alpha_1 \rightarrow \alpha_2$ gering bis stark	$\alpha \rightarrow \alpha_1$ äußerst gering
Randzone	Kobaltverarmung, Sinterhaut, geringe Entkohlung	Kobaltanreicherung, Aufkohlung
Nachsinterung	Härtezuwachs nur bei untersinterten Körpern	Härtezuwachs um etwa 0,5 bis 1 R_A-Einheit
Polierfähigkeit	gut bis sehr gut	hervorragend
Preßdruck	Kaltpreßdruck 0,3 bis 1 t/cm^2	Warmpreßdruck 0,1 bis 0,3 t/cm^2

die Aufheiz-, Hochsinter- und Abkühlzeiten beim Drucksinterverfahren erheblich kürzer sind, während die Porosität und das Kornwachstum wesentlich geringer sind als bei normalgesinterten Körpern.

Am anschaulichsten erkennt man die Unterschiede nach R. KIEFFER[1] in der Verfahrenstechnik, wenn man die erzielten

[1] KIEFFER, R.: In: The Physics of Powder Metallurgy, McGraw Hill, New York 1951, S. 278/91, Disk. 292/94.

Dichten in Abhängigkeit von der Sinterzeit aufträgt, wie es in Abb. 48 geschehen ist. Die Sintervorgänge, welche sich bei der Normalsinterung in 1 bis 2 Stunden abspielen, werden bei der Drucksinterung in 3 bis 10 Minuten abgewickelt. Metallurgisch spielen sich aber dieselben Vorgänge ab, wie in Abb. 43 beim Normalsintern erläutert wurde. Das Kobaltdiffusions- bzw. -sintergebiet wird sehr rasch durchlaufen, um in das Hochsintergebiet zwischen 1400 und 1500° zu gelangen. Das Eutektikum wird sehr rasch, aber bei entsprechend höherer Temperatur gebildet. Unter der Belastung des Stempels verteilt sich die flüssige Phase, die nun gegenüber der eutektischen Schmelze wolframkarbidreicher ist, rasch zwischen den Karbidkörnern, dringt in die Spalten und Kapillaren der Kristallagglomerate ein, wobei unter Einbau von geringfügigen Mengen Kobalt in das Wolframkarbidgitter Rekristallisation einsetzt. Die leicht abgerundeten α_1-Kristalle schieben sich unter dem Druck der Elektroden zu einer möglichst dichten Packung zusammen, wonach durch plötzliche Unterbrechung des Sinterstromes eine gewisse Abschreckwirkung auftritt.

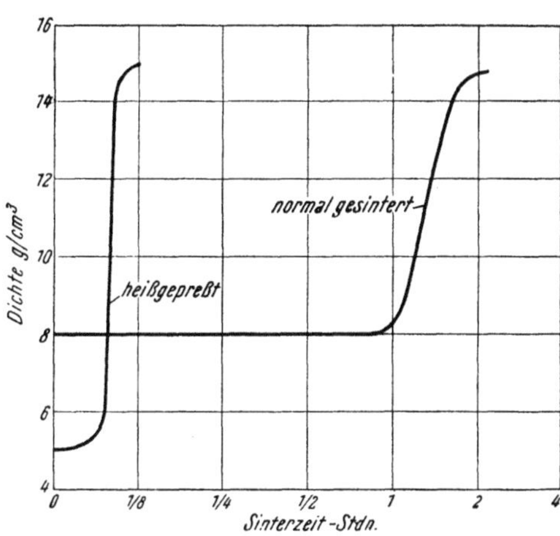

Abb. 48. Einfluß der Sinterzeit auf die Dichte von heißgepreßten und normalgesinterten Hartmetallen, schematisch (R. KIEFFER)

An nachgesinterten, vorher heißgepreßten Hartmetallproben konnte G. A. MEERSON[1] eine deutliche Härtesteigerung beobachten.

6. Das Tränkverfahren

Hartmetalle kann man auch auf einem anderen Wege als durch Zusammensintern der pulverförmigen Karbid-Hilfsmetallgemenge herstellen, nämlich nach dem BAUMHAUERschen Vorschlag[2] durch Tränken von porösen Karbidskelettkörpern mit dem flüssigen Hilfsmetall. Beim Tränkverfahren sind nach R. KIEFFER und F. BENE-

[1] MEERSON, G. A. u. V. I. SCHABALIN: Cvetnyje Metally (1940,) Nr. 3, S. 77/85.

[2] D.R.P. 443911 (1922).

SOVSKY[1] drei Wege möglich: die „Volltauchtränkung", die „Kapillar-Tauchtränkung" oder „Dochttränkung"[2] und die „Auflagetränkung". (Abb. 49) Die entstehenden Tränkkörper sind im Gefügeaufbau,

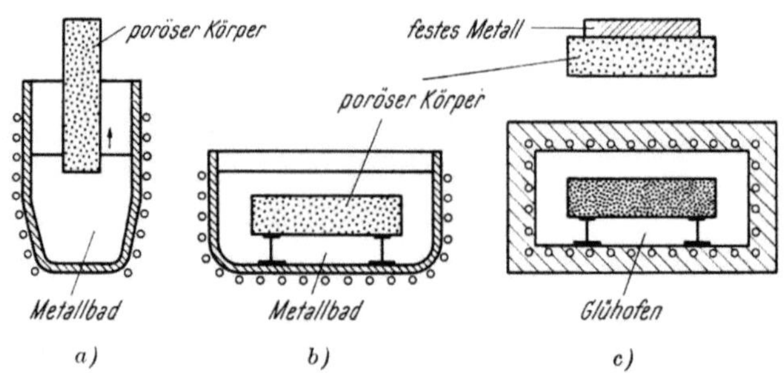

Abb. 49. Tränkarten, schematisch *a)* Kapillartauchtränkung, *b)* Volltauchtränkung *c)* Auflagetränkung (R. KIEFFER und F. BENESOVSKY)

in ihrer Zusammensetzung und ihren Eigenschaften sehr ähnlich. Im nachfolgenden sei nach Untersuchungen von R. KIEFFER und F. KÖLBL[3] nur von den Vorgängen bei der Auflagetränkung die Rede.

Legt man auf einen Wolframkarbid-Skelettkörper — die Probe kann nur gepreßt, vorgesintert oder hochgesintert sein — eine entsprechende Menge von reinem Kobalt, z. B. 5 bis 15% auf das Endprodukt bezogen, auf, so vollziehen sich bei entsprechender Erhitzung unter reduzierender Atmosphäre die im Schemabild (Abb. 50a bis h) wiedergegebenen Vorgänge.

Beim Aufheizen der Skelettkörper auf etwa 1250° (Abb. 50a), findet ein leichter Sintereffekt der Karbidteilchen statt, besonders wenn geringe Mengen an Eisenmetallen, von der Feinst- bzw. Naßmahlung herrührend, als Verunreinigungen vorhanden sind. Der Sintereffekt kann leicht am Zuwachs der Schlagfestigkeit verfolgt werden (s. Abb. 86, S. 173). Die erzielte Biegebruchfestigkeit ist jedoch noch sehr gering und liegt unter 10 kg/mm². Bei etwa 1280°, der Temperatur des ternären Eutektikums W-Co-C, bildet sich an der Kontaktfläche durch Auflösen der feinsten Wolframkarbidpartikelchen der Außenschicht in der Kobaltauflage eine flüssige Phase, welche verhältnismäßig schnell von den Kapillaren des Skelettkörpers aufgenommen wird (Abb. 50b). Die unterhalb der eutektischen Temperatur erfolgende Diffusion von Wolframkarbid in Kobalt im festen

[1] KIEFFER, R. u. F. BENESOVSKY: Berg- u. Hüttenmänn. Mh. **94** (1949), S. 284/94.

[2] KIEFFER, R. u. K. SEDLATSCHEK: Planseeber. Pulvermetallurgie **5** (1957), S. 104/20.

[3] KIEFFER, R. u. F. KÖLBL: Berg- u. Hüttenmänn. Mh. **95** (1950), S. 49/58.

Zustand kann praktisch vernachlässigt werden. Mit steigender Temperatur wird das ganze Kobalt in eine flüssige W-C-Co-Legierung übergeführt, die sich nach etwa 10 Minuten Tränkzeit bei 1450° ungleichmäßig, nach zwei- bis vierstündiger Erhitzung bei dieser Temperatur gleichmäßig im Karbidskelettkörper verteilt (Abb. 50c). Die flüssige Phase durchtränkt die Wolframkarbidagglomerate (α), die zu wohlausgebildeten Kristallen rekristallisieren (α_1, α_2). Die Oberfläche der Körper zeigt 1 bis 3 mm tiefe Tränklunker. Bei der Abkühlung auf Raumtemperatur scheidet sich das überschüssige Wolframkarbid bis auf kleine im γ-Mischkristall gelöste Mengen aus und bewirkt ein weiteres Kornwachstum der Wolframkarbidkristalle (Abb. 50d). Das Auflösen der ursprünglichen Karbidbrücken, das Zusammengleiten bzw. Zusammenziehen der Karbidteilchen in der flüssigen Phase (s. S. 90), der Ablauf der Schrumpfung und die Bildung neuer, lockerer Karbidbrücken vollzieht sich vollkommen analog den Vorgängen bei der Normalsinterung.

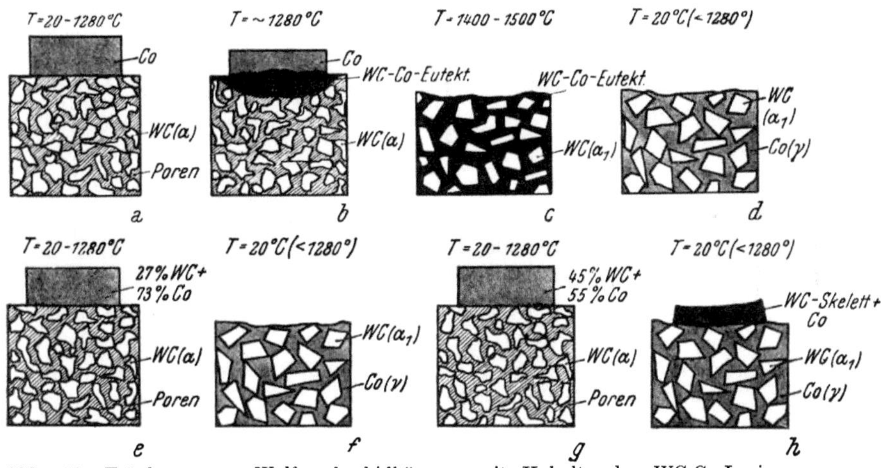

Abb. 50. Tränken von Wolframkarbidkörpern mit Kobalt oder WC-Co-Legierungen, schematisch (R. KIEFFER)

Um die unerwünschten Tränklunker zu vermeiden, verwendet man mit Vorteil als Auflage an Stelle von reinem Kobalt WC-Co-Legierungen oder Pulverpreßlinge entsprechender Zusammensetzung[1]. Es wird so verhindert, daß das unter Wolframkarbidaufnahme schmelzende Kobalt das benötigte Wolframkarbid der Oberflächenschicht entnimmt[2]. Abb. 50e und f geben diese Verhältnisse schematisch wieder. Die eutektische Auflagelegierung wird vollkommen

[1] KIEFFER, R. u. F. KÖLBL: Berg- u. Hüttenmänn. Mh. **95** (1950), S. 49/58.
[2] PETRDLIK, M. u. V. DUFEK: Hutnické Listy **14** (1959), S. 786/90.

aufgesaugt, wobei auf der Tränkseite nur leichte Aufrauhungen auftreten. Wird jedoch ein Überschuß von Wolframkarbid (Abb. 50g und h) in der Auflagelegierung verwendet, so bleibt auf dem Tränkkörper ein kobalthaltiges Wolframkarbidskelett zurück, das sich meist leicht entfernen läßt.

Der Tränkvorgang kann leicht mit freiem Auge unter Verwendung eines Kobaltglases verfolgt werden. Während der Karbidkörper stumpf reflektiert, zeigen die Körper nach Überschreiten der eutektischen Temperatur und nach vollständiger Tränkung und Schrumpfung eine glänzende Außenschicht und ein stark unterschiedliches Reflexionsvermögen.

Tritt an Stelle des Wolframkarbides ein anderes Karbid, z. B. Titankarbid oder Molybdänkarbid und an Stelle des Kobalts eine beliebige stellitartige Hilfsmetallegierung[1], z. B. Ni-Cr, Co-Cr oder Co-Cr-Mo, so ergeben sich ähnliche Verhältnisse wie bei dem beschriebenen System WC-Co. Beispielsweise haben R. Kieffer und F. Kölbl[2] sowie C. G. Goetzel und Mitarbeiter[3, 4] auf diese Weise hochwarmfeste Hartmetalle hergestellt (vgl. a. S. 456).

Bei Mehrstoffsystemen konnten R. Kieffer und F. Kölbl[2] noch einige besondere Effekte beobachten. Tränkt man z. B. Körper aus WC- und WC-TiC-Mischkristallen 1 : 1 mit reinem Kobalt, so tritt an der Außenschicht eine Wolframkarbidverarmung ein, was leicht aus Abb. 50c zu erklären ist. Tränkt man mit WC-Co-Legierungen mit höherem WC-Gehalt, so ergibt sich umgekehrt eine Anreicherung von WC auf der Tränkseite.

Im Gefügebild (Abb. 211, S. 458) eines mit Nickel-Chrom getränkten Titankarbidkörpers sieht man die abgerundeten Karbidkörner, welche von der Ni-Cr-Legierung umgeben sind. Entsprechend der Ausgangsporosität des Karbidkörpers enthält die Tränklegierung etwa 30 Vol.-% Ni-Cr.

L. P. Skolnik[5] hat die Kinetik der Veränderung der TiC-Kristalle während der Tränkung mit Nickel eingehend untersucht. Er führt die Abrundung, das Koagulieren und das Kornwachstum der TiC-Kristalle auf die früher beschriebenen Vorgänge, die auch bei der Sinterung mit flüssiger Phase auftreten, also auf das Zusammengleiten und Zusammenfließen der Karbidteilchen- bzw. -kügelchen (Flüssig-Packeffekt oder sog. „Liquid flow") und auf den Um-

---

[1] D.R.P. 443911 (1922), 521785 (1928).

[2] Kieffer, R. u. F. Kölbl: Berg- u. Hüttenmänn. Mh. **95** (1950), S. 49/58.

[3] Skolnik, L. P. u. C. G. Goetzel: Am. Soc. Test. Mat., Spec. Techn. Publ. Nr. 174, Philadelphia 1956, S. 103/09.

[4] Goetzel, C. G. u. J. B. Adamec: Metal Progr. **70** (1956), Nr. 6, S. 101/06.

[5] Skolnik, L. P.: J. Metals **9** (1957), S. 438/42.

fällungsmechanismus zurück. Der Sauerstoffgehalt des Schutzgases bewirkt eine Abrundung der Karbidkristalle[1].

Sowohl bei der Besprechung der Vorgänge bei der Sinterung mit flüssiger Phase (s. S. 89) als auch beim Tränken wurde mehrfach auf die Bedeutung der *Benetzbarkeit* der hochschmelzenden Komponente durch die Bindemetallschmelze hingewiesen. Die experimentelle Ermittlung der Benetzbarkeit von Hartstoffen erfolgt an Modellen durch Messung des Kontaktwinkels eines Tropfens des Bindemetalles während des Schmelzens auf der entsprechenden Unterlage. Ohne auf die zahlreichen theoretischen und praktischen Arbeiten[2–23] zu diesem Problem im Einzelnen einzugehen, sei nur

[1] Whalen, T. H. u. M. Humenik: Trans. Met. Soc. Am. Inst. Met. Engng. **218** (1960), S. 401/04.

[2] Meerson, G. A., G. L. Zverev u. B. J. Osinovskaja: Zur. Prikl. Chim. **13** (1940), Nr. 1, S. 66/75.

[3] Williams, L. S. u. P. Murray: Metallurgia **49** (1954), S. 210/17.

[4] Livey, D. T. u. P. Murray: 2. Plansee Seminar, Reutte/Tirol 1955, S. 375/404.

[5] Parikh, N. M. u. M. Humenik: J. Am. Ceram. Soc. **39** (1956), S. 60/63, **40** (1957), S. 315/20.

[6] Kingery, W. D. u. F. A. Halden: Bull. Am. Ceram. Soc. **34** (1955), S. 117/19; **35** (1956), S. 108/23.

[7] Čech, B.: Hutnické Listy **13** (1958), S. 113/23.

[8] Boos, H. J.: Planseeber. Pulvermetallurgie **6** (1958), S. 17/21.

[9] Eremenko, V. N., J. V. Najditsch u. V. V. Fesenko: In: Fragen der Pulvermetallurgie. Kiew 1958, Bd. 6, S. 53/64, Bd. 7, S. 39/45; In: Warmfeste Werkstoffe, Kiew 1959, S. 38/51; Zur. Fiz. Chim. **33** (1959), S. 1238/45; Poverch. Javlenia Met. Splav., Akad. Nauk Ukr. RSR (1961), S. 178/81.

[10] Benesovsky, F. u. W. Hotop: In: Trabajos de la Tercera Reunion Internacional sobre Reactividad de los Solidos, Madrid 1959, Vol. 3, S. 403/31.

[11] Gurland, J.: Trans. Met. Soc. Am. Inst. Met. Engng. **215** (1959), S. 601/08.

[12] Allen, B. C. u. W. D. Kingery: Trans. Met. Soc. Am. Inst. Met. Engng. **215** (1959), S. 30/37.

[13] Murray, P.: Powder Met. (1960), Nr. 5, S. 64/80.

[14] Fujii, Y.: Japan Soc. Powder Met. **7** (1960), S. 211/26.

[15] Monma, K. u. H. Suto: Nippon Kinzoku Gakkai-Si **24** (1960), S. 117/21.

[16] Humenik, M. u. T. J. Whalen: In: Cermets. Reinhold Pulb., New York 1960, S. 6/49.

[17] Hinnüber, J. u. O. Rüdiger: Techn. Mitt. Krupp. **20** (1962), S. 162/71.

[18] Hinnüber, J. u. W. Kinna: Techn. Mitt. Krupp. **19** (1961), S. 130/53, Stahl u. Eisen **82** (1962), S. 31/46.

[19] Tumanov, V. I., V. F. Funke u. L. I. Belenkaja: Zur. Fiz. Chim. **36** (1962), S. 1574/77.

[20] Tumanov, V. I., V. F. Funke, L. I. Belenkaja u. L. P. Usolceva: Izv. Akad. Nauk SSSR, Met. Popl. (1962), Nr. 6, S. 43/48.

[21] Tikkanen, M. H.: Jernkontorets Ann. **147** (1963), S. 22/37.

[22] Kisljakov, I. P., L. V. Beilina u. A. N. Kuzin: Izv. Vysch. Utsch. Zaved Cvet. Met. **6** (1963), Nr. 1, S. 117/20.

[23] Čech, B. u. P. Oliverius: Pokroky Práškové Met. (1963), Nr. 3, S. 3/30.

folgendes festgehalten: Bei der Benetzung von Hartstoffen, z. B. von Karbiden oder Oxiden durch Schmelzen der üblichen Bindemetalle, spielt die Wechselwirkung der Oberflächenspannungen der beteiligten Komponenten die entscheidende Rolle. Während Oberflächenfilme aus Gasen oder oxidischen, nitridischen oder anderen Verunreinigungen die Benetzbarkeit hemmen oder gar verhindern können[1], tragen Lösungsreaktionen z. B. zwischen dem Karbid und dem Binder, welche bei den technischen Hartmetallen die Regel sind, zu einer Erleichterung der Benetzung bei (s. S. 89).

R. Kieffer und F. Kölbl[2] haben die Erfahrungen mit Tränklegierungen wie folgt zusammengefaßt:

1. Reine Tränkmetalle, wie reines Kobalt, Eisen und Nickel, geben durch Bildung von niedrigschmelzenden Legierungen mit den Hartstoffen (Karbiden), aus denen der Skelettkörper besteht, tiefgehende Lunker an der Tränkfläche.

2. Durch Vorsättigung des Tränkmetalles mit den Hartstoffen des Skelettkörpers kann die Lunkerbildung fast vollkommen vermieden werden.

3. Die Lunkerbildung wächst bei den unlegierten, reinen Tränkmetallen mit der Löslichkeit des Hartstoffes in denselben. Beispielsweise geben Wolframkarbid und Molybdänkarbid starke Tränklunker, Titankarbid und Vanadinkarbid schwache Lunker bzw. schwache Aufrauhungen an der Tränkfläche.

4. Die Tränkseite ist bei kurzer Tränkzeit dichter und reicher an Hilfsmetall als die Bodenfläche des Tränkkörpers.

5. Mehrstündige Homogenisierungsglühung bei Sintertemperatur bewirken gleichmäßige Hilfsmetallverteilung im Tränkkörper.

6. Doppelseitiges Tränken von oben und unten wirkt ähnlich wie eine verlängerte Tränkzeit oder Volltauchtränkung.

7. Mit steigendem Hilfsmetallgehalt wird die Verteilung desselben gleichmäßiger, das Kornwachstum der α-Kristalle wird im selben Sinne verstärkt.

8. Die Tränkverfahren erlauben bei spezifisch leichten Karbiden, z. B. Titankarbid, die Einführung von 20 bis 45 Gew.-% Bindemetall. Die Normalsinterung führt hingegen bei zu hohen Hilfsmetallgehalten ($> 18\%$) gerne zu porösen Körpern verminderter Güte.

---

[1] Whalen, T. H. u. M. Humenik: Trans. Met. Soc. Am. Inst. Met. Engng. **218** (1960), S. 401/04, 952/56.

[2] Kieffer, R. u. F. Kölbl: Berg- u. Hüttenmänn. Mh. **95** (1950), S. 49/58.

IV. Prüfung der Hartmetalle

A. Prüfung der Ausgangsstoffe

Die Prüfung der Ausgangsstoffe für die Hartmetallherstellung[1] erstreckt sich meist auf die Bestimmung gewisser, bei der Fertigung störender Verunreinigungen, auf den Gehalt der Karbide an gebundenem und freiem Kohlenstoff und auf physikalische Größen, wie Korngröße und Korngrößenverteilung sowie Füll- und Klopfvolumen. Die nachfolgenden Ausführungen beziehen sich ausschließlich auf Karbidhartmetalle, das Gesagte läßt sich aber sinnvoll auch auf Sonderhartmetalle und Sonderhartstoffe übertragen.

1. Chemische Analyse

Die chemische Untersuchung der Ausgangsstoffe für die Hartmetallerzeugung erfolgt nach den üblichen Methoden der analytischen Chemie, wobei man sich, wie bei den Fertigerzeugnissen, nach erprobten Verfahren richtet[2] (vgl. Bd. I.[3] und S. 121). Meist begnügt man sich mit der Prüfung der Ausgangskarbide auf gebundenen bzw. freien Kohlenstoff[4]. Diese Bestimmung ist besonders wichtig, weil bei überkohltem Wolframkarbid freier Graphit und bei unterstöchiometrischem Wolframkarbid die spröde η-Phase im fertigen Hartmetall auftritt.

Gelegentlich führt man auch Kontrollanalysen auf einzelne Bestandteile im Ansatz aus oder führt Vollanalysen auf alle Bestandteile durch[2, 5–7]. Wolframmetallpulver bzw. Wolframkarbid wird auf Verunreinigungen untersucht, welche aus dem Erz oder von der Aufarbeitung stammen können[8]. In Titankarbid interessiert der Stickstoffgehalt, welcher in technischen Produkten etwa 1% beträgt; Wolframkarbid enthält demgegenüber nur etwa 0,1% N_2 (vgl. Zahlentafel 24)[9].

---

[1] s. a. Franssen, H.: Metall **6** (1952), S. 12/21.

[2] Handbuch für das Eisenhüttenlaboratorium, Verlag Stahleisen, Düsseldorf 1941, Bd. 2, S. 388/91.

[3] vgl. Kieffer, R. u. F. Benesovsky: Hartstoffe, Springer-Verlag, Wien 1963, S. 565/68.

[4] Touhey, W. O. u. J. C. Redmond: Analyt. Chem. **20** (1948), S. 202/06.

[5] Kriege, O. H.: LA 2306 (1959).

[6] Skaupy, F. u. A. Herrmann: Z. anorg. allg. Chem. **299** (1959), S. 338/40.

[7] Cox, H.: Analyst **69** (1944), S. 235/37.

[8] Shanahan, C. E. A.: Analyst **70** (1945), S. 421/23.

[9] Redmont, J. C., L. Gerst u. W. O. Touhey: Ind. Engng. Chem., Analyt. Ed. **18** (1946), S. 24/26.

Der Sauerstoffgehalt in Karbiden und anderen Hartstoffen läßt sich meist nur durch Vakuum-Heißextraktion erfassen[1–3].

2. Röntgenographische Untersuchung

Neben chemischen Verfahren werden immer häufiger auch röntgenographische Methoden benützt, um die Gehalte an gebundenem Kohlenstoff und Sauerstoff in den Karbiden und Karbidmischkristallen sowie die Homogenität der letzteren zu ermitteln[4–6] (s. Abschn. B 6, S. 134). Im Wolframmonokarbid kann man röntgenographisch auch leicht W_2C nachweisen und genügend genau quantitativ bestimmen. Die Verwendung einer Zählrohrinterferenzkammer hat dabei für die laufende rasche Untersuchung von Betriebsproben beachtliche Vorteile[7].

Bei der Verfolgung des Mahlvorganges an WC-Co-Mischungen kann neben der elektronenoptischen Untersuchung auch die röntgenographische Prüfung mit Vorteil herangezogen werden[8–10]. Die fortschreitende Mahlung macht sich durch Änderung des Verhältnisses von hexagonalem und kubischem Kobalt sowie durch Verbreiterung der Linien des ersteren bemerkbar[11, 12].

3. Korngröße und Korngrößenverteilung, Füll- und Klopfvolumen

Die Härte von Wolframkarbid-Kobalt-Hartmetallen hängt vom Gehalt an Kobalt und von der Korngröße der Wolframkarbidkristalle im fertiggesinterten Produkt ab. Die Korngröße der Wolframkarbid-

---

[1] Wölfl, E. u. E. Lassner: Planseeber. Pulvermetallurgie **9** (1961), S. 162/69.

[2] Hinnüber, J. O. Rüdiger u. W. Kinna: Powder Met. (1961), Nr. 8, S. 1/24.

[3] Hendus, H., W. Dawihl u. G. Bartsch: Z. Metallkunde **48** (1957), S. 615/24.

[4] Redmond, J. C.: Ind. Engng. Chem., Analyt. Edit. **19** (1947), S. 773/77.

[5] Krainer, H. u. K. Konopicky: Berg- u. Hüttenmänn. Mh. **92** (1947), S. 166/78.

[6] Okubo, D.: J. Japan Soc. Powder Met. **7** (1960), S. 106/11.

[7] Krainer, H.: Arch. Eisenhüttenwes. **21** (1950), S. 119/27.

[8] Hinnüber, J., O. Rüdiger u. W. Kinna: Powder Met. (1961), Nr. 8, S. 1/24.

[9] Hinnüber, J. u. W. Kinna: Techn. Mitt. Krupp **19** (1961), S. 130/53; Stahl u. Eisen **82** (1962), S. 31/46.

[10] Missol, W.: Prace Inst. Hutnicke **12** (1960), S. 295/304.

[11] Kovalski, A. E. u. L. C. Pivovarova: Fiz. Metallov Metalloved. **9** (1940), S. 626/27.

[12] Kochanovská, A.: Czechoslov. J. Physics **5** (1955), S. 201/13.

phase ist wieder abhängig von der Korngröße des Wolframausgangspulvers und von der Kornveränderung während des Herstellungsganges (über das Kornwachstum während der Sinterung s. S. 92). Die Korngröße der Wolframausgangspulver und die Bestimmung derselben hat daher größte Bedeutung für die praktische Herstellung von Sinterhartmetallen. H. BURDEN und A. BARKER[1] haben sich eingehend mit der Bestimmung der Korngröße und mit der Verfolgung der Veränderung dieser Eigenschaft während der einzelnen Stufen der Pulvervorbereitung bei der Hartmetallherstellung beschäftigt. Je feiner das Korn des Ausgangs-Wolframpulvers ist, um so feiner wird auch das Karbidpulver bei der Karburierung anfallen. Durch nachträgliche mechanische Zerkleinerung können wohl die Pulveragglomerate zerstört werden, das Primärkorn wird aber, auch bei sehr langer Mahlung, wenig beeinflußt. Da die Korngröße der fraglichen Pulver unter dem Bereich der üblichen Prüfsiebe liegt, kann sie nur indirekt durch Sedimentation oder direkt durch Ausmessen einer entsprechenden Anzahl von Teilchen unter dem Mikroskop oder im elektronenmikroskopischen Bild[2–6] bestimmt werden. Die hauptsächlichste Schwierigkeit bei der Untersuchung besteht darin, daß sich die feinen Teilchen äußerst leicht agglomerieren und das Ergebnis der Sedimentationsanalyse verfälschen. Durch Wahl entsprechender Aufschlämmflüssigkeiten (am besten haben sich Wasser, Alkohol oder Anilin bewährt) gelingt es, brauchbare Suspensionen mit Hilfe von Ultraschall zu erzeugen.

Zahlentafel 20. *Ausgangsmaterialien und Reduktionsbedingungen für die untersuchten Wolframpulver* (H. BURDEN u. A. BARKER)

Nummer	Ausgangsmaterial	Reduktionsmittel	Reduktionstemperatur °C
I	Wolframtrioxid	Kohle	1250
II	Wolframtrioxid	Wasserstoff	950
III	Ammoniumparawolframat	Wasserstoff	900
IV	Wolframsäure	Wasserstoff	900

Vier aus verschiedenen Ausgangsrohstoffen hergestellte Wolframpulver gemäß Zahlentafel 20 wurden mit 6,1% Kohlenstoff 24 Stunden

[1] BURDEN, H. u. A. BARKER: J. Inst. Met. **75** (1948), S. 51/68.

[2] BROCHIN, I. S. u. L. M. BURSUK: Zavod. Labor **16** (1950), S. 1331/35.

[3] ROGERS, M. F.: In: Powder Metallurgy, Am. Soc. Met., Cleveland 1942, S. 182/85.

[4] BERNARD, R. u. F. DAVOINE: Optik **10** (1953), S. 150/55.

[5] HENDUS, H., W. DAWIHL u. G. BARTSCH: Z. Metallkunde **48** (1957), S. 615/24.

[6] BÖHMER, W. u. H. DÜKER: Z. Metallkunde **53** (1962), S. 529/34.

in einer Kugelmühle gemahlen, in einem Graphittiegel bei 1420° 3 Stunden karburiert, das Karbid in einer Kugelmühle 24 Stunden zerkleinert, hierauf mit 6,25% Kobaltpulver versetzt, mit Wasser 72 Stunden gemahlen, getrocknet und abgesiebt. Wie sich die Korngrößenverteilung, welche mit dem RICHARDSON-Turbidimeter bestimmt wurde, bei den einzelnen Verfahrensschritten ändert, ist der Zahlentafel 21 zu entnehmen.

Zahlentafel 21. *Korngrößenverteilung verschiedener Wolframpulver und daraus hergestellter Wolframkarbide und Hartmetallansätze, bestimmt mit dem* RICHARDSON-Turbidimeter (H. BURDEN u. A. BARKER)

Material und Zustand	Bereich μ	Gewichtsprozent der Fraktion bei Pulver			
		I	II	III	IV
Wolframpulver, reduziert	∞ bis 18	32,2			
	18 bis 14	22,9			
	14 bis 10	17,1	16,2 (∞ bis 8)	21,1 (∞ bis 4)	19,9 (∞ bis 4)
	10 bis 8	6,9			
	8 bis 6	5,2	16,1		
	6 bis 4	5,3	21,7		
	4 bis 3	3,2	10,8	9,2	6,9
	3 bis 2	3,5	12,9	13,4	11,1
	2 bis 1,5	1,9	9,8	12,9	8,3
	1,5 bis 1	1,1	7,3	13,1	9,1
	1 bis 0,75	0,4	4,5	14,5	13,4
	0,75 bis 0,5	0,2	0,7	9,3	14,7
	0,5 bis 0	0,1	0,0	6,5	16,6
Wolframkarbid, 24 Stunden trocken gemahlen	∞ bis 4	49,0	55,7	10,2	7,0
	4 bis 3	12,8	10,9	6,4	0,0
	3 bis 2	16,2	11,3	14,2	0,6
	2 bis 1,5	9,8	8,7	17,3	5,1
	1,5 bis 1	7,2	7,7	21,2	16,2
	1 bis 0,75	3,0	5,2	19,8	22,0
	0,75 bis 0,5	0,9	0,5	8,9	25,4
	0,5 bis 0	0,2	0,1	2,0	23,7
WC + 6,25% Co 72 Stunden naß gemahlen, getrocknet und abgesiebt	∞ bis 4	37,4	38,9	37,7	27,1
	4 bis 3	14,1	13,3	8,8	6,6
	3 bis 2	16,1	15,4	11,5	8,0
	2 bis 1,5	10,5	11,3	12,2	8,7
	1,5 bis 1	8,2	12,1	18,7	15,7
	1 bis 0,75	7,3	6,9	15,4	18,9
	0,75 bis 0,5	5,0	1,7	5,0	13,3
	0,5 bis 0	1,4	0,4	0,7	1,6

Die Änderung der spezifischen Oberfläche[1, 2] der Teilchen und des daraus errechneten mittleren Korndurchmessers ist rasch mit dem

[1] DERJAGINA, B. V., V. N. ERMIN, P. L. GRETSCHNJUK, N. N. ZACHAVAEVA, V. V. FILIPPOVSKY, V. F. FUNKE u. A. M. LOPATINA: Cvetnyje Metally **11** (1959), Nr. 11, S. 55/60; Tverdyje Splavy (1960), Nr. 2, S. 158/71.

[2] TAKAJANAGI, S.: Nippon Kinzoku Gakkai-Si **25** (1961), S. 44/48.

SPEKKER-Absorptiometer bestimmbar. In Zahlentafel 22 sind die entsprechenden Werte zusammengestellt. Den Resultaten kann man entnehmen, daß das grobe Ausgangspulver während der Weiterverarbeitung feiner wird, während feine Pulver dabei gröber werden, d. h. agglomerieren[1]. Die auf indirektem Wege bestimmten Korn-

Zahlentafel 22. *Spezifische Oberfläche und mittlerer Korndurchmesser verschiedener Wolframpulver und daraus hergestellter Wolframkarbide und Hartmetallansätze, bestimmt mit dem* SPEKKER-*Absorptiometer* (H. BURDEN u. A. BARKER)

Wolfram-pulver	Wolframpulver reduziert		Wolframkarbid 24 Stdn. trocken gemahlen		WC + 6,25% Co 72 Stunden naß gemahlen, getrocknet und abgesiebt	
	Spez. Oberfläche cm²/g	Mittlerer Korn-durchmesser μ	Spez. Oberfläche cm²/g	Mittlerer Korn-durchmesser μ	Spez. Oberfläche cm²/g	Mittlerer Korn-durchmesser μ
I	322	9,65	2560	1,49	4050	0,99
II	1760	1,77	1800	2,12	5080	0,79
III	4720	0,66	5920	0,64	5450	0,73
IV	14500	0,21	8390	0,46	6400	0,62

größen können durch Untersuchungen im Mikroskop, d. h. durch direktes Ausmessen einer entsprechenden Zahl von Einzelkörnern, bestimmt werden. Für die feinsten Pulver ist die Heranziehung eines Elektronenmikroskopes erforderlich, allerdings kann auf Grund des elektronenmikroskopischen Bildes die Korngröße lediglich geschätzt werden, denn die Herstellung entsprechender Präparate ist schwierig[2–5].

Die elektronenmikroskopische Untersuchungstechnik ist in letzter Zeit verfeinert und von J. HINNÜBER und Mitarbeitern[6–8] zur Untersuchung des Mahlvorganges an WC-Co-80/20-Gemischen herangezogen worden. Derartige Untersuchungen erlauben insbesondere Aussagen über die Kobaltverteilung im Ansatz.

---

[1] FISCHMEISTER, H. F.: Jernkont. Ann. **147** (1963), S. 57/86.

[2] BERNARD, R. u. F. DAVOINE: Optik **10** (1953), S. 150/55.

[3] MADER, W.: Radex Rdsch. (1956), S. 247/51.

[4] MISSOL, W.: Prace Inst. Hutn. **12** (1960), S. 295/304.

[5] OKUBO, D.: J. Japan Soc. Powder Met. **7** (1960), S. 106/11.

[6] HINNÜBER, J., O. RÜDIGER u. W. KINNA: Powder Met. (1961), Nr. 8, S. 1/24.

[7] KINNA, W.: Ber. II. Internat. Pulvermet. Tagung Eisenach 1961, Akademie Verlag Berlin 1962, S. 347/53, Disk. S. 449.

[8] HINNÜBER, J. u. W. KINNA: Techn. Mitt. Krupp **19** (1961), S. 130/53; Stahl u. Eisen **82** (1962), S. 31/46.

Den Einfluß der Korngröße des Ausgangspulvers auf die Härte des fertigen Sinterhartmetalles zeigt deutlich Zahlentafel 23.

Zahlentafel 23. *Härte von Hartmetallen (WC + 6,25% Co) in Abhängigkeit von der Korngröße verschiedener Wolframpulver* (H. BURDEN u. A. BARKER)

Wolframpulver	Mittlerer Korndurchmesser μ	Härte R_A	Härte H_V kg/mm²
I	9,65	88,3	1220
II	1,77	90,8	1540
III	0,66	91,2	1590
IV	0,21	91,7	1650

Zur Bestimmung der Korngröße und Korngrößenverteilung von Wolfram und Wolframkarbidpulvern können auch andere indirekte Methoden herangezogen werden, die für die Untersuchung feinster Pulver üblich sind. Vorgeschlagen wurden die Bestimmung der Farbstoffabsorption (Methylenblau)[1], die Oxidation mit konzentrierter HNO_3, das Lösungsverhalten und die katalytische Zerlegung von H_2O_2. Schließlich kann man auch aus dem Schwund beim Sintern Schlüsse auf den Dispersionsgrad der Ausgangspulver ziehen[2, 3, 4].

Die nach den verschiedenen indirekten Verfahren ermittelten Korngrößenverteilungskurven weisen voneinander manchmal beträchtliche Abweichungen auf. Auf diese Tatsache hat insbesondere H. F. FISCHMEISTER in einer eingehenden kritischen Studie hingewiesen[5].

Da die Bestimmung der Korngröße und Korngrößenverteilung auf einem der angegebenen Wege beträchtliche apparative Anforderungen stellt und zeitraubend ist, begnügt man sich in der Praxis meist mit der Bestimmung des *Füll- und Klopfvolumens* der Ausgangspulver[6]. Daraus kann man auf die Siebanalyse des Pulvers schließen. Das Füll- und Klopfvolumen wird nach den in der Pulvermetallurgie üblichen Verfahren ermittelt. Man bestimmt das Volumen und die dichteste, durch Klopfen erzielbare Packung von 100 g Pulver.

---

[1] HÄKKÄ, L. R.: Tercera Reunion Int. React. Solidos, Madrid 1959, S. 567/72.

[2] KREIMER, G. S., M. R. VACHOVSKAJA, O. S. SAFONOVA u. E. M. BOGINO: Zavod. Labor. **15** (1949), S. 159/67.

[3] HINNÜBER, J., O. RÜDIGER u. W. KINNA: Powder Met. (1961), Nr. 8, S. 1/24, Techn. Mitt. Krupp **19** (1961), S. 130/53; Stahl u. Eisen **82** (1962), S. 31/46.

[4] BÖHMER, W. u. H. DÜKER: Z. Metallkunde **53** (1962), S. 529/34.

[5] FISCHMEISTER, H. F.: Jernkont. Ann. **147** (1963), S. 57/86.

[6] KIEFFER, R. u. W. HOTOP: Pulvermetallurgie und Sinterwerkstoffe, 2. Aufl., Springer-Verlag, Berlin/Göttingen/Heidelberg 1948, S. 27.

B. Prüfung der Fertigprodukte

Die gesinterten Hartmetallplättchen werden verschiedenen chemischen, physikalischen, mechanischen und metallographischen Prüfungen unterzogen[1–4]. Für eine einwandfreie Qualitätsüberwachung sind folgende Prüfungen üblich:

1. Chemische Analyse.
2. Bestimmung der Dichte.
3. Bestimmung der Biegebruchfestigkeit.
4. Bestimmung der Härte.
5. Magnetische Untersuchung.
6. Röntgenographische Untersuchung.
7. Prüfung der Porosität und des Makrobruchgefüges sowie metallographische Gefügeuntersuchung.
8. Prüfung der Zerspanungsleistung.

Für eine schnelle Kontrolle der Sinterchargen, die sich meist zwischen 10 und 50 kg bewegen, sind die Prüfungen auf Biegebruchfestigkeit, Härte und Porosität ausreichend. Für eine genauere Untersuchung wird man auch die Dichte und die Zerspanungsleistung bestimmen, während man nur größere Ansätze von etwa 500 bis 2000 kg chemisch und metallographisch untersuchen wird. Die früher meist für wissenschaftliche Zwecke benützten magnetischen und röntgenographischen Verfahren haben sich heute auch für die betriebliche Prüfung von Hartmetallen eingebürgert.

1. Chemische Analyse

Die Gesamtanalyse von Hartmetallen, welche Karbide, Nitride und Boride der Metalle der 4a bis 6a Gruppe des Periodensystems neben Bindemetallen der Eisengruppe sowie verschiedenartigste Verunreinigungen enthalten können, gehört zu den schwierigen Aufgaben der analytischen Chemie. (Über die Untersuchung der Hartstoffe selbst vgl. Bd. Hartstoffe) In der Literatur werden exakte Analysengänge auch für verwickelte Zusammensetzungen angegeben[5–8]. In der Praxis begnügt man sich aber meist mit der

---

[1] s. a. Franssen, H.: Metall **6** (1952), S. 12/21.

[2] Stevens, A. D. u. J. C. Redmond: Am. Soc. Testing Mater., Spec. Techn. Publ. No. 140 (1952), S. 43/53.

[3] Gardner, A. G.: Metallurgia (Manchester) **47** (1953), S. 163/70.

[4] Seitz, W. C. u. J. H. Powers: Tooling and Production **22** (1956), Nr. 2, S. 93/94, 104.

[5] Handbuch für das Eisenhüttenlaboratorium, Verlag Stahleisen, Düsseldorf 1941, Bd. 2, S. 369/87.

[6] Gerke, F. K. u. Z. I. Kardakova: Zavod. Labor. **6** (1937), S. 410/19.

[7] Kriege, O. H.: LA 2306 (1959).

[8] Streil, C.: Chem. Techn. **9** (1957), S. 672/75.

Bestimmung von Einzelbestandteilen, insbesondere des freien und gebundenen Kohlenstoffes, des Kobalts, Wolframs und Titans. Für diese Zwecke sind von den Hartmetallerzeugern Spezialverfahren ausgearbeitet worden, über welche zum Teil Angaben im Schrifttum zu finden sind[1–9]. Nach wie vor spielt die gravimetrische und maßanalytische Bestimmung von Einzelbestandteilen die wichtigste Rolle. Aber auch kolorimetrische[10–12], potentiometrische Untersuchungen[13–15] sowie Tüpfelanalyse[10] und spektroskopische Methoden[16–18] werden insbesondere zur raschen qualitativen Untersuchung und zur quantitativen Analyse von fertigen Hartmetallen herangezogen. Die chemische Untersuchung der neuerdings in hochwarmfesten Werkstoffen eingesetzten Boride[19–23] und Silizide[24] wird mehrfach beschrieben.

Die chemische Analyse gibt vor allem Aufschluß, inwieweit die Ist-Analyse von der Soll-Analyse abweicht. Der Gesamtkohlenstoff gibt Auskunft über Auf- oder Entkohlungen während der Sinterung;

---

[1] SCHIFFER, E.: Stahl u. Eisen **47** (1927), S. 1569/71.

[2] FUREY, J. J. u. T. R. CUNNINGHAM: Analyt. Chem. **20** (1948), S. 563/70.

[3] TOUHEY, W. O. u. J. C. REDMOND: Analyt. Chem. **20** (1948), S. 202/06.

[4] BROPHY, D. H.: Ind. Engng. Chem. Analyt. Edit. **3** (1931), S. 363/65.

[5] EVANS, B. S. u. F. W. BOX: Analyst **68** (1943), S. 203/06.

[6] SCHTSCHERBAKOV, V. G.: Zavod. Labor. **8** (1939), S. 389/91.

[7] SMIRNOVA, W. I., B. F. ORMONT u. J. JEGOROVA: Zur. Anal. Chim. **9** (1954), S. 359/63.

[8] LASSNER, E. u. H. WEISSER: Z. anal. Chem. **157** (1957), S. 343/45. Planseeber. Pulvermetallurgie **5** (1957), S. 53.

[9] LASSNER, E. u. R. SCHARF: Planseeber. Pulvermetallurgie **7** (1959), S. 129/31, Chemist Analyst **50** (1961), S. 69/71.

[10] PETRDLIK, M.: Hutnické Listy **4** (1949), S. 165/68.

[11] COX, H.: Analyst **69** (1944), S. 235/37.

[12] SCHWARZ, H.: Z. analyt. Chem. **176** (1960), S. 241/49.

[13] IVANOVA, N. S. u. S. I. MALOV: Zavod. Labor. **12** (1946), S. 624/25.

[14] PROTIVA, K.: Chem. Listy **47** (1953), S. 1095/97.

[15] ŠICHA, M.: Hutnické Listy **10** (1955), S. 535/41.

[16] GRINGAUZ, L.: Izv. Akad. Nauk SSR., Ser. Fiz. **4** (1940), S. 200/02.

[17] DOBRINSKAJA, A. A. u. E. P. SELJANINOVA: Zavod. Labor. **15** (1949), S. 1480/82.

[18] HAMPL, V. u. V. DUFEK: Hutnické Listy **15** (1960), S. 300/01.

[19] BLUMENTHAL, H.: Analyt. Chem. **23** (1951), S. 992/94.

[20] BLUMENTHAL, H. u. W. FALL: Powder Met. Bull. **6** (1951), S. 48/50, 80/82; J. Metals **4** (1952), S. 140/42; Powder Met. Bull. **7** (1956), S. 88/89.

[21] MATĚJIČEK, F.: Chemie, tschech. **8** (1952), S. 87.

[22] KABRT, L. u. Z. MAREK: Hutnické Listy **15** (1960), S. 297/99.

[23] POPOVA, N. M., A. F. PLATONOVA u. L. V. ZASLAVSKAJA: Zavod. Labor. **25** (1959), Nr. 3, S. 271/73.

[24] DISEN, M. K. u. G. F. HÜTTIG: Planseeber. Pulvermetallurgie **4** (1956), S. 10/14.

die Anwesenheit von etwa 0,05 bis 0,2% freiem Kohlenstoff ist ein Gradmesser für den stöchiometrischen Gehalt an gebundenem Kohlenstoff bei den eingesetzten Karbiden oder Karbidmischkristallen. R. BERNARD[1] wies darauf hin, daß bei geringfügiger Überkohlung bei Wolframkarbid-Kobalt-Hartmetallen nur freier Graphit auftritt, während die spröde η-Phase erst nach einer Unterkohlung von etwa 2% (etwa 0,1% Kohlenstoffgesamtverlust) erscheint (s. a. S. 86). Die Auswirkung der positiven bzw. negativen Kohlenstoffbilanz auf die Biegebruchfestigkeit und Härte s. S. 169.

Der Eisen-, Nickel- und Chromgehalt spiegelt die Aufnahme dieser Metalle aus den Mahlaggregaten wider. Höhere Gehalte als 0,5% Eisen und Chrom wirken härtesteigernd, setzen aber die Festigkeit herab. Der Stickstoffgehalt ist meist proportional dem Gehalt an Karbiden der 4a und 5a Metalle[2, 3] (Zahlentafel 24).

Zahlentafel 24. *Stickstoffgehalte von WC-TiC-Hartmetallen in Abhängigkeit vom Titangehalt* (Friedr. KRUPP A. G., Widia-Fabrik)

Gesamt C %	Freier C %	W %	Ti %	Co %	N %
6,17	0,16	82,55	3,77	6,63	0,15
7,30	0,22	73,06	11,13	7,64	0,29
7,57	0,21	73,33	12,76	5,48	0,26
8,10	0,06	66,86	18,3	5,48	0,42
12,8	0,05	32,40	46,6	5,25	1,14

2. Bestimmung der Dichte

Wegen des großen Dichteunterschiedes der verschiedenen Hartmetallsorten, insbesondere der WC-Co-Gruppe einerseits und der WC-TiC-Co- bzw. WC-TiC-TaC(NbC)-Co-Gruppe andererseits, ist die Dichtebestimmung ein bequemes Mittel, um Rückschlüsse auf den Wolframkarbid-, Titankarbid-, Tantalkarbid- und Kobaltgehalt zu ziehen und um ferner allfällige Verwechslungen zu vermeiden bzw. richtigzustellen[4, 5]. Die Dichte der Hartmetalle wird wesentlich vom

[1] BERNARD, R.: Neue Hütte **2** (1957), S. 757/61; La Mét. **89** (1957), S. 307/12.

[2] REDMOND, J. C., L. GERST u. W. O. TOUHEY: Ind. Engng. Chem. Analyt. Edit. **18** (1946), S. 24/26.

[3] B.I.O.S. Final Rep. Nr. 1385 (1945), S. 40.

[4] STEVENS, A. D. u. J. C. REDMOND: Amer. Soc. Testing Mater., Spec. Techn. Publ. Nr. 140 (1952), S. 43/53.

[5] EDGAR, C.: Amer. Machinist **97** (1953), Nr. 19, S. 187.

TiC-Gehalt, nicht so stark vom Kobaltgehalt beeinflußt. Ermittelt man die Dichte nach der Mischungsregel, dann ergibt sich die Abhängigkeit vom TiC- bzw. Co-Gehalt aus den Kurven in Abb. 93, S. 190. Bei den technischen Legierungen ist allerdings stets eine gewisse Porosität vorhanden, was zur Folge hat, daß die tatsächlich bestimmten Dichtewerte 0,5% bis 3% unter der theoretischen Dichte liegen können (s. Abb. 73, S. 159). Heißgepreßte Körper haben fast die theoretische Dichte.

Die praktische Bestimmung der Dichte erfolgt bei geometrisch einfachen Körpern durch Messen und Wägen. Allgemein anwendbar ist die Auftriebmethode. Mit Hilfe der Mohrschen Waage kann man rasch und genau die Dichte ermitteln[1]. Von H. Franssen[2] wird für die Massenbestimmung der Dichte von Hartmetallplättchen eine besonders geeignete Schnellwaage beschrieben.

Bei Prüfung poröser und ungenügend dicht gesinterter Hartmetalle müssen die Körper vor der Wägung mit einer dünnen Paraffin- oder Kollodiumschicht überzogen werden.

Eine grobe aber sehr rasche Trennung der Hartmetallsorten nach der Dichte kann mittels Quecksilber als Auftriebsflüssigkeit durchgeführt werden. Die Dichte des Quecksilbers von 13,5 g/cm³ liegt nämlich gerade zwischen den Dichtewerten der P- und K-Gruppe. Während die WC-Co-Hartmetalle in Quecksilber untersinken, schwimmen die WC-TiC-Co-Hartmetalle auf der Oberfläche. Die Sorte 88/5/7 mit einer Dichte von etwa 13,3 g/cm³ schwimmt beim vorsichtigen Auflegen auf der Oberfläche, sinkt aber bei geringfügiger Belastung unter.

3. Bestimmung der Biegebruchfestigkeit

Die Biegebruchfestigkeit der Hartmetalle gibt am besten Auskunft über die Zähigkeit der betreffenden Sorte, d. h. ihren Widerstand gegen schlag- und stoßartige Beanspruchung, gegen Spannungsrisse beim Löten und Schleifen und allgemein gegen Druck- und Zugbeanspruchungen, beispielsweise bei Ziehsteinen, Matrizen, Walzen u. a. Die Biegebruchfestigkeit wird gewöhnlich an stabförmigen Bruchproben etwa mit den Abmessungen $5 \times 5 \times 60$ mm, welche jeder Sintercharge beigelegt werden, unter Verwendung einer Prüfeinrichtung gemäß Abb. 51 bestimmt.

Die Prüfstäbchen liegen am besten auf eingelöteten Hartmetallrundstäben auf. Die Auflagelänge kann verschieden sein, sie beträgt

---

[1] Am. Soc. Test. Mat. Stand. B 311-58.

[2] Franssen, H.: Arch. Eisenhüttenwes. **19** (1948), S. 85/89.

in Europa meist 40 mm[1–4]. Da die Schwankungen zwischen den Einzelbestimmungen $\pm$ 15% betragen können, werden meist 4 bis 6 Stäbchen geprüft, um einen verbindlichen Mittelwert zu erhalten. Das Abschleifen der Proben erlaubt eine genauere Ausmessung und eine bessere Auflage der Stäbchen, bedingt aber meist geringere Werte der Biegebruchfestigkeit[5].

Auch die Probenlage hat einen Einfluß auf die Werte[6].

E. BRYJAK und Mitarbeiter[7] haben die bildsame Verformung von WC-Co-Hartmetallen beim Biegeversuch durch Gegeneinanderdrücken kreuzweise angeordneter Hartmetallzylinder und Ausmessen der Eindruckdurchmesser und -tiefen verfolgt.

Für die Anwendung warmfester Hartmetalle bei höheren Temperaturen ist auch die *Warmbiegebruchfestigkeit* von Interesse. Versuche in dieser Richtung wurden mehrfach durchgeführt[8–10].

Abb. 51. Geräte zur Bestimmung der Biegebruchfestigkeit von Hartmetallen (Hersteller: M. KOYEMANN Nachf., PUCHSTEIN & Co., Düsseldorf)

Über Einzelwerte der Biegebruchfestigkeit in Abhängigkeit von der Zusammensetzung und den Herstellungsbedingungen vergleiche Zahlentafel 25.

4. Bestimmung der Härte

Die Bestimmung der Härte von Hartmetallen ist praktisch von größter Bedeutung, denn die Härte zusammen mit der Biegebruch-

---

[1] STEVENS, A. D. u. J. C. REDMOND: Am. Soc. Testing Mater., Spec. Techn. Publ. Nr. 140 (1952),S. 43/53.

[2] WIDMER, M.: Ind. Organisation **23** (1954), S. 215/20.

[3] MERZ, A.: In: Ber. II. Internat. Pulvermet. Tagung Eisenach 1961, Akademie Verl. Berlin 1962, S. 373/79, Disk. S. 449.

[4] Am. Soc. Test. Mat. Stand. B 311-58.

[5] KOLOČ, J. u. J. PREISLER: Strojírenstivi **5** (1953), S. 75/78.

[6] DLOUHY, M. u. J. HOUDEK: Pokroky PRÁŠKOVÉ Met. (1964), Nr. 1, S. 33/40.

[7] BRYJAK, E., S. PIASKOWSKI u. Z. BOJARSKI: Fertigungstechnik **8** (1958), S. 60/65.

[8] DLOUHY, M.: Hutnické Listy **14** (1959), S. 692/95, Strojírenství **9** (1959), Nr. 1, S. 43/46.

[9] PLATOV, A. B.: Izv. Akad. Nauk SSSR, Met. Topl. (1960), Nr. 6, S. 136/42.

[10] KREIMER, G. S., M. R. VACHOVSKAJA u. A. I. BARANOV: Fiz. Metallov Metalloved. **10** (1960), S. 698/709, Tverdyje Splavy (1960), Nr. 2, S. 57/78.

festigkeit sind die wichtigsten Eigenschaftsgrößen, welche die Leistungsfähigkeit einer gegebenen Hartlegierung beeinflussen.

Bei der Bestimmung der Härte ist zu berücksichtigen, daß die gebräuchlichen Hartmetalle nach der MOHSschen Härteskala zwischen Topas und Korund liegen, also wesentlich härter sind als alle bisher bekannten metallischen Werkstoffe. Es ist daher nur die Prüfung mit Diamantspitzen möglich. Die Bestimmung der *Rockwell-C-Härte* mit 150 kg Gesamtlast ist nicht zu empfehlen, weil der Prüfdiamant wegen der hohen Prüflast in kürzester Zeit, wenn nicht schon beim ersten Eindruck, zu Bruche geht.

In der Praxis hat sich das *Rockwell-A-Verfahren* als rasche Betriebsprüfung eingebürgert[1–5]. Man benützt ebenfalls den Rockwellkegel, wählt aber eine Gesamtlast von 60 kg, davon 10 kg Vorlast. So wie bei allen Eindringtiefe-Verfahren muß auch bei der Rockwell-A-Prüfung größter Wert auf tadellose Oberflächenbeschaffenheit und vollkommen sattes Aufliegen der Probe gelegt werden. Die sehr geringen Eindringtiefe-Werte können durch subjektive Fehler, insbesondere Geschwindigkeit des Aufbringens und Abhebens der Prüflast, stark beeinflußt werden. Auch die Abrundung der Prüfspitze hat einen Einfluß auf die Ergebnisse, weshalb vorgeschlagen wurde, Kegel mit definierten Abstumpfungen zu verwenden. Die Kegel sind dauernd mittels Lupe zu überprüfen, da der Verschleiß verhältnismäßig groß ist und Diamanten mit Rissen und Kratern vollkommen falsche Werte ergeben.

Wegen der Unsicherheit des Rockwell-Verfahrens wendet man für genauere Untersuchungen und auch im Betrieb zunehmend das Vickers-Verfahren an. Man benützt die übliche Vickers-Pyramide und Prüflasten von 50 kg.

Auch bei der Vickers-Prüfung ist größter Wert auf einwandfreie Oberflächenbeschaffenheit der Proben zu legen. Die Körper müssen mit Diamantscheiben feinst geläppt werden, da Schleifriefen ein genaues Ausmessen der verhältnismäßig kleinen Eindrücke nicht erlauben (Abb. 52). Fehlerhafte Diamantspitzen, die auch hier wegen der hohen Beanspruchung häufig auftreten können, ergeben ebenfalls vollkommen falsche Werte. Die Vickers-Härtewerte, ausgedrückt in kg/mm², können, bedingt durch den charakteristischen

---

[1] HOYT, S. L.: Trans. Am. Inst. Min. Met. Engng. **89** (1930), S. 9/58.

[2] AGTE, C.: Metallwirtsch. **9** (1930), S. 401/02.

[3] DAWIHL, W.: Z. techn. Physik **21** (1940), S. 336/45.

[4] STEVENS, A. D. u. J. C. REDMOND: Am. Soc. Testing Mater., Spec. Techn. Publ. Nr. 140 (1952), S. 43/53.

[5] CAUGHERTY, B. M., H. T. OATMAN u. O. W. REEN: Am. Soc. Test. Mater., Preprint **79** (1959).

Gefügeaufbau und eine gewisse Porosität der Hartmetalle, nicht ohne weiteres mit den Vickers-Werten anderer metallischer Werkstoffe verglichen werden.

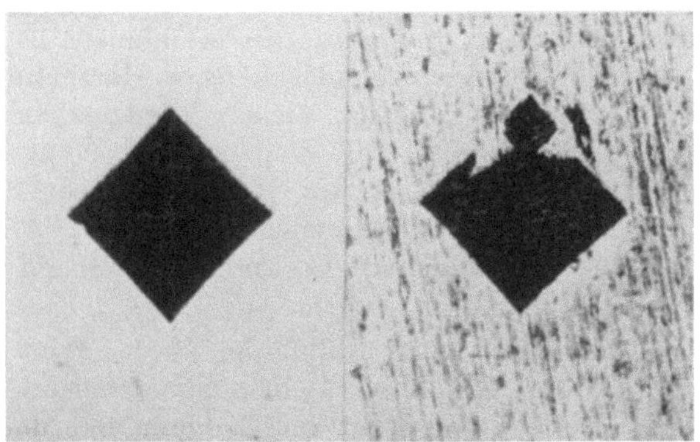

Abb. 52. Vickershärteeindrücke in Hartmetallschliffen: links: Einwandfreier Eindruck auf polierter Fläche; rechts: Eindruck mit beschädigter Prüfspitze auf nicht genügend fein geschliffener Fläche

Auf Grund zahlreicher praktischer Bestimmungen kann man den Zusammenhang zwischen Rockwell-A-Härte und Vickers-Härte in Kurvenform darstellen (Abb. 53)[1]. Der Verlauf der Kurve im Gebiete der höchsten Härtewerte zeigt, wie unsicher in diesem Bereich die Rockwell-A-Härte ist. Für die Umrechnung der Rockwell-A- in Rockwell-C-Werte gilt nach P. M. McKenna[2] für Hartmetalle die Beziehung:

$$R_A = \frac{R_C}{2} + 52.$$

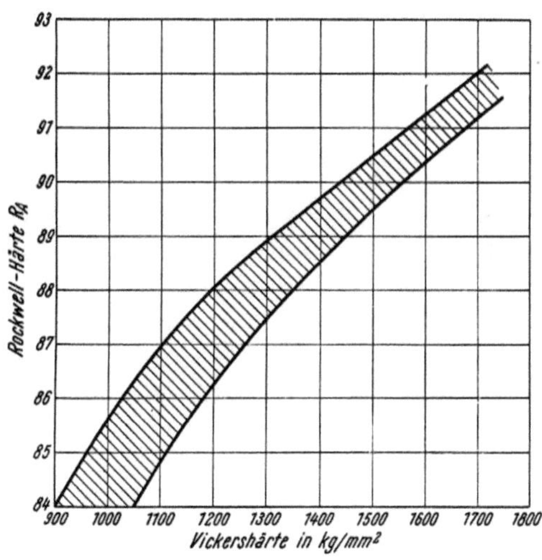

Abb. 53. Zusammenhang zwischen Rockwell-A- und Vickers-Härte bei Hartmetallen (S. L. Hoyt)

Eine Vergleichstafel für Diamantpyramiden-, Rockwell-A- und Rockwell-C-Härten von Sinterhartmetallen haben H. Scott und T. H. Gray[3] aufgestellt.

---

[1] Hoyt, S. L.: Trans. Am. Inst. Min. Met. Engng. **89** (1930), S. 9/58.

[2] McKenna, P. M.: Am. Inst. Min. Met. Engng., Techn. Publ. Nr. 897 (1938).

[3] Scott, H. u. T. H. Gray: Trans. Am. Soc. Met. **28** (1940), S. 399/416.

Die Härtemessung erlaubt auch gewisse Rückschlüsse auf die Zähigkeit des Hartmetalles zu ziehen, wenn man den Härteeindruck bei entsprechender Vergrößerung betrachtet[1, 2]. Von dem Härteeindruck gehen Risse aus, deren Zahl, Breite und Länge mit steigender Zähigkeit des Hartmetalles abnimmt. Die Abbildungen 54a—d zeigen Schliffe von vier verschiedenen handelsüblichen Hartmetallsorten bei gleicher Vergrößerung mit je einem Vickers-Härteeindruck bei 50 kg Belastung und einem Rockwell-A-Eindruck bei 60 kg Belastung. Abb. 54a stellt ein druckgesintertes Hartmetall sehr hoher Härte dar, Abb. 54b ein WC-TiC-Co-Hartmetall (78/16/6), Abb. 54c ein Hartmetall aus 94% WC und 6% Co und Abb. 54d ein Hartmetall aus 85% WC und 15% Co.

Die zu beobachtende Art der Rißbildung an den Härteeindrücken läßt auf eine in der gewählten Reihenfolge steigende Zähigkeit schließen. Diese Feststellung steht im Einklang mit der Tatsache, daß die Biegebruchfestigkeit der angeführten Hartmetalle in der genannten Reihenfolge zunimmt. Die Größe der Härteeindrücke zeigt, daß die Härte in der gleichen Reihenfolge abnimmt.

Die quantitative Auswertung der Rißbildung ist in letzter Zeit mehrfach zur Charakterisierung der Zähigkeit und Festigkeit von Hartmetallen herangezogen worden[3–8]. S. Palmquist[3] wendet dabei die übliche Diamant-Vickerspyramide an, während J. Houdek und M. Dlouhy[5] Hartmetallkugeln benützen. Aus der Länge der auftretenden Risse in Abhängigkeit von der Prüflast können Schlüsse auf die kritische Prüfkraft bzw. Rißbildungsarbeit gezogen werden. Da die Probenvorbereitung (Oberflächengüte) die Meßergebnisse stark beeinflußt, ist allerdings die Anwendung derartiger Verfahren in der Praxis in Frage gestellt.

Es hat nicht an Versuchen gefehlt, die Hartmetalle auf Grund ihrer Härte- und Biegefestigkeitswerte unter Benutzung empirischer

---

[1] Dawihl, W.: Z. techn. Physik **21** (1940), S. 336/45.

[2] Tolansky, S. u. D. G. Nichols: Philos. Mag. **43** (1952), S. 410/21.

[3] Palmquist, S.: Jernkontoret Ann. **141** (1957), S. 300/07, **147** (1963), S. 87/107, Arch. Eisenhüttenwes. **33** (1962), S. 629/33.

[4] Brochin, I. S., I. I. Olchov u. A. B. Platov: Cvetnyje Metally (1959), Nr. 10, S. 75/82.

[5] Houdek, J. u. M. Dlouhy: Strojírenství **11** (1961), S. 126/32. Pokroky Práškové Met. (1963), Nr. 4, S. 43/55.

[6] Parikh, N. N.: In: High Temperature Materials. J. Wiley, New York 1959, S. 169/81.

[7] Altmeyer, G. u. O. Jung: Z. Metallkunde **52** (1961), S. 576/83.

[8] Dawihl, W., G. Altmeyer u. M. K. Mal: Z. Metallkunde **54** (1963), S. 66/71, **55** (1964), S. 231/37.

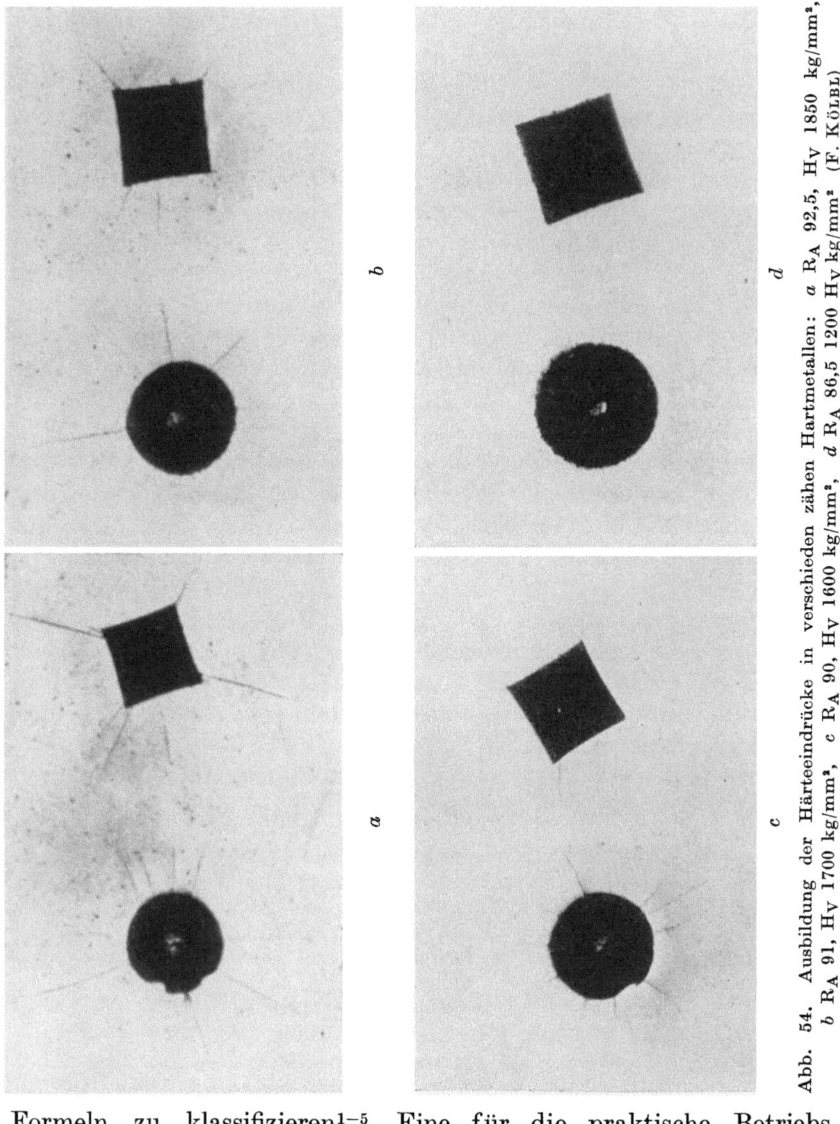

Abb. 54. Ausbildung der Härteeindrücke in verschieden zähen Hartmetallen: *a* R_A 92,5, H_V 1850 kg/mm², *b* R_A 91, H_V 1700 kg/mm², *c* R_A 90, H_V 1600 kg/mm², *d* R_A 86,5 1200 H_V kg/mm² (F. Kölbl)

Formeln zu klassifizieren[1–5]. Eine für die praktische Betriebskontrolle besonders einfache Formel für einen *Gütewert* G_W, welche

---

[1] Dawihl, W.: Z. techn. Physik **21** (1940), S. 336/45.
[2] McKenna, P. M.: Iron Age **157** (1946), 7. Feb., S. 64/68.
[3] Schliemann, H.: Maschinenmarkt **61** (1955), Nr. 87/88, Nov.
[4] Dufek, V.: Strojírenství **7** (1957), S. 857/61.
[5] Woods, W. O.: Proc. 16th. Ann. Meeting, Met. Powder Assoc. New York 1960, S. 34/41.

den linearen Zusammenhang zwischen R_A-Härte und Biegebruchfestigkeit σ_B darstellt, geben C. AGTE und R. WEHNER[1]

$$G_W = 10\, R_A + \sigma_B - 1025.$$

Abgesehen von den erwähnten Schwierigkeiten bei der Bestimmung von vergleichbaren Werten für Härte und Biegebruchfestigkeit, erfolgt die Errechnung auf Grund von Erfahrungstatsachen, so daß die Brauchbarkeit derartiger Gütewerte für die Praxis noch offen ist.

Neuerdings ist auch die *Mikrohärteprüfung* zur Bestimmung der Härte einzelner Gefügebestandteile in Hartmetallen herangezogen worden[2–7]. Die Mikrohärte ist bekanntlich belastungsabhängig, man muß sich also, wenn man vergleichbare Werte erhalten will, auf eine bestimmte Eindruckdiagonale beziehen und dazu noch den MEYER-Exponenten angeben. Es ist also zunächst erforderlich, die sogenannte MEYER-Gerade festzulegen, welche in doppeltlogarithmischem Maßstab die Abhängigkeit der Eindruckdiagonale von der Belastung angibt. Bei den üblichen Hartmetallen ist es wegen der Kleinheit der Karbidkristalle unmöglich, mehrere Mikrohärteeindrücke mit verschiedener Belastung in ein Korn zu setzen und die Diagonalen auszumessen. Man muß also verschiedene Karbidkörner zur Messung heranziehen, was natürlich mit den großen Meßfehlern beim Ausmessen der sehr kleinen Eindrücke (5 bis 10 μ) zu recht ungenauen Ergebnissen führt[8, 9]. Durch Langzeitsinterung gelingt es nach R. KIEFFER[10], größere Karbidkristalle zu züchten, welche leichter und genauer zu prüfen sind (s. S. 148).

Für die praktische Bestimmung der Mikrohärte sind die bekannten Geräte von HANEMANN[11], KNOOP[12], REICHERT[13] u. a. in Gebrauch.

---

[1] AGTE, C. u. R. WEHNER: Fertigungstechnik **6** (1956), S. 385/88.

[2] MOTT, B. W.: Micro-Indentation. Butterworth, London 1956.

[3] BÜCKLE, H.: Ver. dtsch. Ing. Ber. **11** (1957), S. 9/27, 29/43, 147/51; Met. Rev. **4** (1959), S. 49/100.

[4] BÜCKLE, H.: L'essai de microdureté et ses applications. Ministère de l'air, Paris 1960.

[5] KIRNER, K.: Z. Metallkunde **51** (1960), S. 391/93.

[6] WESTBROOK, J. H.: Am. Soc. Test. Mat. Bull. 1960, S. 53/58.

[7] SCHMIDT, W.: Arch. Eisenhüttenwes. **32** (1961), S. 467/73.

[8] BÜCKLE, H.: Rev. Mét. **48** (1951), S. 957/65; Metall **9** (1955), S. 549/54, 1067/74, VDI-Ber. (1961), Nr. 41, S. 14/28, 171/88; Publ. Sci. Techn. Min. Air, Paris 1960.

[9] FOSTER, L. S., L. W. FORBES, L. B. FRIAR, L. S. MOODY u. W. H. SMITH: J. Am. Ceram. Soc. **33** (1950), S. 27/33.

[10] KIEFFER, R.: Z. Metallkunde **46** (1944), Nr. 9, Metallforschung **2** (1947), S. 236/58, Powder Met. Bull. **2** (1947), S. 104/11.

[11] HANEMANN, H. u. E. O. BERNHARDT: Z. Metallkunde **32** (1940), S. 35/38.

[12] KNOOP, F., C. G. PETERS u. W. B. EMERSON: J. Res. Nat. Bur. Stand. **23** (1939), S. 39/61.

[13] RAMSTHALER, P.: Mikroskopie Wien **2** (1947), S. 345/52.

Der Diamantkörper nach KNOOP, welcher spitz-rhombische Eindrücke erzeugt bzw. ein neuestens empfohlener sogenannter doppelkonischer Eindringkörper[1, 2] bewähren sich besonders gut, weil auch bei Untersuchung spröder Hartmetalle kaum Rißbildung auftritt. Die Eindrucke sind in der Längsachse sehr exakt ausmeßbar, was die Genauigkeit im Vergleich zur üblichen Vickers-Methode beträchtlich steigert.

Zur Bestimmung der *Mikro-Ritzhärte* wird das von C. H. BIERBAUM[3] entwickelte Gerät empfohlen.

Von P. GRODZINSKI[4] wurde aus ähnlichen Gründen vorgeschlagen, aus der Größe der Schleifmarke, die mit einer Diamantschleifscheibe auf der Oberfläche des Hartstoffes erzeugt wird, auf die sogenannte *Schleifhärte* (vgl. S. 270) zu schließen.

Zur Bestimmung der *Warmhärte* kann ein Gerät benutzt werden, wie es F. P. BENS[5] u. a.[6–10] beschreibt. Die Probe wird in einem Vakuumofen erhitzt und mittels eines vakuumdicht geführten Vickersdiamanten werden Härteeindrücke erzeugt. Einfacher ist es, nach E. AMMANN und J. HINNÜBER[11] die Wärmhärte dynamisch zu bestimmen. Die Probe wird in einem offenen Ofen angewärmt und mittels eines Pendelschlaghammers, auf welchem die Diamantspitze befestigt ist, wird direkt im Ofen der Eindruck erzeugt.

Über die Makro- und Mikrohärte verschiedener Karbide, Karbidmischkristalle und Hartmetalle in Abhängigkeit von den Herstellungsbedingungen und der Zusammensetzung, vgl. die Ausführungen auf S. 262.

5. Magnetische Untersuchung

Zur Charakterisierung von Hartmetallen können die Werte für die *magnetische Sättigung* und die *Koerzitivkraft* herangezogen werden. Die Hartmetalle enthalten als Ferromagnetikum im allgemeinen

[1] GRODZINSKI, P.: Machinist, Lond. **94** (1950), S. 397/401, Feinwerktechn. **54** (1950), S. 317/21.

[2] GRODZINSKI, P.: Metall **9** (1955), S. 554/60.

[3] BIERBAUM, C. H.: Trans. Am. Soc. Steel Treat. **18** (1930), 1009/26.

[4] GRODZINSKI, P.: Werkstattechn. u. Maschinenbau **48** (1958), S. 364/72. Ind. Diamond Rev. **17** (1957), S. 70/74, 106/14.

[5] BENS, F. P.: Trans. Am. Soc. Met. **38** (1947), S. 505/16.

[6] WESTBROOK, J. H.: Proc. Am. Soc. Test. Mat. **57** (1957), S. 873/96, J. Metals **9** (1957), S. 898/904.

[7] FITZGERALD, L. M.: Brit. J. Appl. Phys. **11** (1960), S. 551/54.

[8] BROCHIN, I. S., I. I. OLCHOV u. A. B. PLATOV: Cvetnyje Metally (1959), Nr. 10, S. 75/82, Poroschkovaja Met. (1962), Nr. 3, S. 63/68.

[9] ALTMEYER, G. u. O. JUNG: Z. Metallkunde **52** (1961), S. 576/83.

[10] DAWIHL, W., G. ALTMEYER u. M. K. MAL: Z. Metallkunde **54** (1963), S. 66/71.

[11] AMMANN, E. u. J. HINNÜBER: Stahl u. Eisen **71** (1951), S. 1081/90.

nur Kobalt neben geringen Mengen Eisen bzw. Nickel. Die Wolframkarbide sowie die spröden Doppelkarbide (η-Phase), welche bei Kohlenstoffunterschuß oder unsachgemäßer Sinterung entstehen können, sind unmagnetisch. Zur Magnetisierung tragen also nur die Kobaltanteile bei, welche nicht als Doppelkarbide gebunden sind. Aus den Werten für die magnetische Induktion kann also auf den Gehalt an Kobalt[1–4], und, sofern der Kobaltgehalt durch chemische Analyse bestimmt wurde, auf das Vorhandensein von Doppelkarbiden (η-Phase) und daraus auf die Unterkohlung von WC-Co-Hartmetallen geschlossen werden[5]. Die versprödend wirkenden Doppelkarbide sind im Hartmetall sehr unerwünscht und mit Hilfe der Sättigungsmessung hat man ein vorzügliches Mittel in der Hand, um zerstörungsfrei eine Sprödigkeitsprüfung durchzuführen. Die η-Phase kann sonst nur metallographisch festgestellt werden.

Für die Durchführung der Sättigungsmessung kann man das Spannungsmesserjoch von H. Neumann[6] oder die besonders rasch arbeitenden magnetischen Waagen[7] benützen. Bedingt durch die magnetischen Eigenschaften des Kobalts sind bei Sättigungsmessungen an Hartmetallen Feldstärken von 10000 bis 15000 Oerstedt anzuwenden. Nach Angaben von F. Stäblein wird von H. Franssen[8] ein Gerät empfohlen, mit dem man auf Grund des Ferromagnetikumgehaltes laufend Hartmetalle sortieren kann. Abb. 55 zeigt schematisch diesen sogenannten Magnettrenner, welcher sich beim Sortieren von Hartmetallen mit verschiedenen Kobaltgehalten, unabhängig von Form und Größe, praktisch bewährt hat.

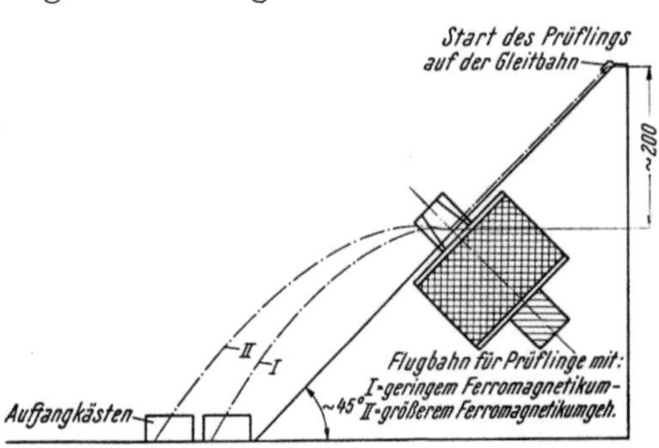

Abb. 55. Magnettrenner, schematisch (H. Franssen)

---

[1] Hajdovsky, V. u. V. Hampl: Strojírenství 8 (1958), S. 548/51.

[2] Petrdlik, M. u. V. Dufek: Strojírenství 8 (1958), S. 545/47.

[3] Toitot, M.: Compt. Rend. **251** (1960), S. 1362/64.

[4] Fukatsu, T.: J. Japan Soc. Powder Met. **8** (1961), S. 183/94.

[5] B.I.O.S. Final Rep. Nr. 1385, S. 261/73 (1945).

[6] Neumann, H.: Arch. techn. Messen 1934, J 66 — 2, Arch. Eisenhüttenwes. **11** (1937/38), S. 483/96.

[7] Lange, H. u. K. Mathieu: Mitt. Kaiser-Wilhelm-Inst. Eisenforsch. **20** (1938), S. 239/46; Lange, H. u. H. Franssen: Mitt. Kaiser-Wilhelm-Inst. Eisenforsch. **24** (1942), S. 139/44, Techn. Mitt. Krupp A **5** (1942), S. 201/07.

[8] Franssen, H.: Arch. Eisenhüttenwes. **19** (1948), S. 85/89.

Findet man bei Hartmetallen Sättigungsmagnetisierungen von beispielsweise 120 bis 100 cgs/g, die also beträchtlich unter der spezifischen Magnetisierung σ_S von reinem Kobalt (160 cgs/g) liegen, dann bedeutet dies auf Vorhandensein von η-Phase hin. Sättigungswerte, die über jenen des reinen Kobalts liegen, sind auf Eisen- bzw. Nickelgehalte zurückzuführen.

Auch bei nichtgesinterten Hartmetallansätzen ist die Messung der magnetischen Sättigung von Bedeutung. Erreicht die Sättigung dabei nicht den dem Kobaltgehalt entsprechenden Wert, so ist dies im allgemeinen nicht auf einen Gehalt an Doppelkarbid, sondern auf Oxide des Kobalts zurückzuführen[1].

Während die magnetische Sättigung bei gleichbleibendem Kobaltgehalt im allgemeinen durch den Sintervorgang nicht beeinflußt wird, ändert sich die Koerzitivkraft mit steigender Sintertemperatur beträchtlich. Man kann daher aus den Werten für die Koerzitivkraft Schlüsse auf die Veränderungen im Gefüge im Verlauf der Sinterung ziehen, welche insbesondere durch Kristallisationsvorgänge und Veränderungen der Spannungszustände bedingt sind[1–3] (s. S. 94). Bei WC-Co-Hartmetallen erreicht die Koerzitivkraft, wie Abb. 56 schematisch zeigt, bei der optimalen Sintertemperatur einen Höchstwert[2]. Mit weiter steigender Temperatur nimmt die Koerzitivkraft infolge Kornwachstum wieder ab. Die Koerzitivkraftmessung erlaubt also eine rasche Kontrolle des Sinterungsgrades.

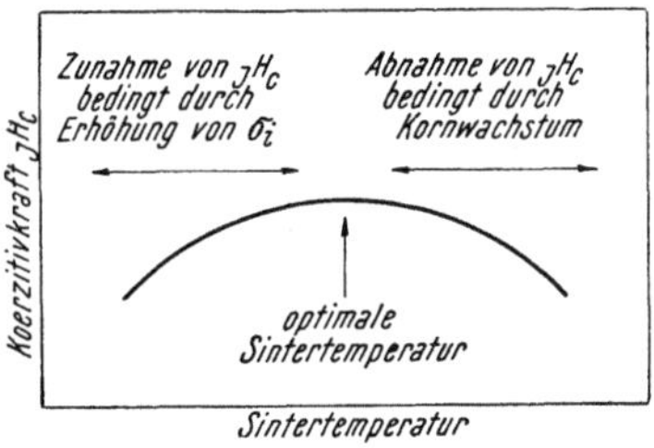

Abb. 56. Abhängigkeit der Koerzitivkraft von Hartmetallen von der Sintertemperatur, schematisch (H. KRAINER)

Da die Koerzitivkraft von Hartmetallen auch sehr stark vom Verteilungsgrad der Karbidphase abhängig ist, kann nach H. KRAINER[4] die Koerzitivkraftmessung auch zur Bestimmung der Korngröße von Hartmetallen herangezogen werden.

Die praktische Bestimmung der Koerzitivkraft erfolgt rasch und einfach mit dem Koerzimeter nach H. NEUMANN[5]. Für den Betriebsgebrauch und besonders für Reihenmessungen wird ein Gerät von

---

[1] FRANSSEN, H.: Arch. Eisenhüttenwes. **19** (1948), S. 85/89.

[2] RITZAU, G.: Verh. dtsch. physik. Ges. **21** (1940), S. 42, Stahl u. Eisen **60** (1940), S. 809/91.

[3] B.I.O.S.: Final Rep. Nr. 1385 (1945), S. 261/73, 307/10 u. 316/24.

[4] KRAINER, H.: Arch. Eisenhüttenwes. **21** (1950), S. 119/27.

[5] NEUMANN, H.: Arch. techn. Messen 1934, J 66—2, 1935, J 66—3, 1937, V 956—2, Arch. Eisenhüttenwes. **11** (1937/38), S. 483/96.

F. Stäblein, welches von H. Franssen abgewandelt wurde, empfohlen (vgl. S. 132).

Zahlenmäßige Angaben über die magnetische Sättigung bzw. die Werte für $4\pi\sigma$ und die Koerzitivkraft von Hartmetallen sind auf S. 181 und 198 zu finden.

B. Livschitz und A. Korotkoruschko[1] haben nickelabgebundene WC-Hartmetalle magnetisch untersucht.

6. Röntgenographische Untersuchungen

Das röntgenographische Verfahren ist heute ein unentbehrliches Hilfsmittel für die Erforschung der Feinstruktur von Hartstoffen und Hartmetallen. Die Bedeutung der Röntgenmethodik zur Ermittlung der Kristallstruktur und der Gitterkonstanten von Karbiden, Nitriden, Boriden und Siliziden sowie deren Systeme sind im Bd. Hartstoffe eingehend besprochen worden. Die bei diesen Untersuchungen gesammelten Erfahrungen sind von großem Wert auch für die praktische Prüfung gesinterter Hartmetalle. Da zudem die Prüfung größtenteils an fertigen Hartmetallplättchen durchgeführt werden kann, handelt es sich um ein zerstörungsfrei arbeitendes Verfahren.

Das Röntgenverfahren erlaubt zunächst den Nachweis verschiedener Phasen im Hartmetall[2–9]. Dies ist von großer Bedeutung bei der qualitativen und quantitativen Bestimmung der unerwünschten η-Phase in WC-Co-Hartmetallen. Die röntgenographische Prüfung ist empfindlich genug; Gehalte, die unter der Nachweisbarkeitsgrenze liegen, stören praktisch nicht.

In WC-TiC-Co-Hartmetallen gibt die Röntgenfeinstrukturuntersuchung nach H. Krainer und K. Konopicky[2] Aufschluß über die Beschaffenheit des WC-TiC-Mischkristalles. Durch Vergleich der

---

[1] Livschitz, B. u. A. Korotkoruschko: Zavod. Labor. **7** (1941), S. 202/04.

[2] Krainer, H. u. K. Konopicky: Berg- u. Hüttenmänn. Mh. **92** (1947), S. 166/77.

[3] Krainer, H.: Arch. Eisenhüttenwes. **21** (1950), S. 109/27.

[4] Sandford, E. J. u. E. M. Trent: Iron Steel Inst., Spec. Rep. Nr. 38, London 1947, S. 84/91.

[5] Stevens, A. D. u. J. C. Redmond: Amer. Soc. Testing Mater., Spec. Techn. Publ. Nr. 140 (1952), S. 43/53.

[6] Rautala, P. u. J. T. Norton: J. Metals **4** (1952), S. 1045/50.

[7] Pfau, H. u. W. Rix: Techn.-Wiss. Abh. Osram-Konzern **6** (1953), S. 193/201.

[8] Bernard, M. R.: Metallurgia Ital. **47** (1955), S. 367/76.

[9] Kovalski, A. E., T. K. Makarenko u. L. Ch. Pivovarova: Tverdyje Splavy **1** (1959), S. 275/94. 320/31, Izv. Akad. Nauk SSSR, Met. Topl. (1959), Nr. 6, S. 113/20; Fiz. Metallov Metalloved. **9** (1960), S. 626/27.

Intensität der Interferenzen des Wolframkarbides mit der der Mischkarbide kann man schließen, wieviel WC in TiC gelöst ist (vgl. Bd. Hartstoffe). Die Gitterkonstantenbestimmung[1] gibt Aufschluß über den Kohlenstoffgehalt (gegebenenfalls Kohlenstoffdefekt) des Mischkristalles[2, 3]. Selbstverständlich gelten diese Untersuchungen auch für WC-TiC-TaC-Co-Hartmetalle und für WC-TiC-TaC-Mischkristalle.

Endlich kann man aus Rückstrahlaufnahmen auch zerstörungsfrei die Korngröße des Hartmetalles bestimmen. Die Ergebnisse werden im Gegensatz zur magnetischen Korngrößenbestimmung vor allem durch die grobkörnigen Anteile beeinflußt[3].

Auch die Korngrößenbestimmung der Ausgangspulver ist röntgenographisch möglich[4, 5]. Ferner können röntgenographische Gitterverzerrungen im Wolframkarbid-Ausgangspulver[5] sowie Spannungen im Hartmetall selbst[6–14] ermittelt werden. Die Oberfläche der Proben muß dabei erst durch elektrolytisches Abätzen entsprechend vorbereitet werden[15].

Die praktische röntgenographische Untersuchung von Hartmetallen erfolgt meist nach der Methode von Debye-Scherrer. Man arbeitet mit den üblichen Geräten unter Benutzung von Kobalt-, Chrom- oder Eisenstrahlung. Die Präparate sind pulverförmig; beim Rückstrahlverfahren werden fertige Hartmetallplättchen verwendet. Für die Korngrößenbestimmung ist das Ringfilmverfahren

---

1 Straumanis, M. u. A. Jevins: Die Präzisionsbestimmung von Gitterkonstanten nach der asymmetrischen Methode. Springer-Verlag, Berlin 1940.

2 Krainer, H. u. K. Konopicky: Berg- u. Hüttenmänn. Mh. **92** (1947), S. 166/77.

3 Krainer, H.: Arch. Eisenhüttenwes. **21** (1950), S. 190/27.

4 Penrice, T. W.: Vortrag IPT., Graz 1948, Ref. Nr. 73.

5 Hendus, H., W. Dawihl u. G. Bartsch: Z. Metallkunde **48** (1957), S. 615/24.

6 Landa, R. A.: Zavod. Labor. **22** (1956), Nr. 7, S. 821/23.

7 Bryjak, E., S. Piaskowski u. Z. Bojarski: Fertigungstechnik **8** (1958), S. 60/65.

8 Riviere, R. u. R. Bernard: J. Physique Radium **19** (1958), S. 81 S/82 S, In: Ber. II. Internat. Pulvermet. Tagung Eisenach 1961, Akademie Verl. Berlin 1962, S. 341/45.

9 Gurland, J.: Trans. Am. Soc. Met. **50** (1958), S. 1063/71.

10 Newkirk, H. W. u. H. H. Sisler: J. Am. Ceram. Soc. **41** (1958), S. 93/103.

11 Graham, J.: J. Am. Ceram. Soc. **42** (1959), S. 306/09.

12 Funke, K. F., S. I. Judvovski u. V. S. Platov: Poroschkovaja Met. (1962), Nr. 6, S. 61/66.

13 Bernard, R.: Jernkontorets Ann. **147** (1963), S. 22/36.

14 Amberg, S.: Jernkontorets Ann. **147** (1963), S. 218/20.

15 Kraus, I. u. G. Gosmanova: Pokroky Práškové Met. (1964), Nr. 1, S. 20/23.

von F. Regler[1] besonders geeignet. Es ist auch bei der genauen Bestimmung von Gitterkonstanten vorteilhaft anzuwenden.

Der Intensitätsvergleich der Bezugslinien in den Röntgenogrammen erfolgt photometrisch unter Benutzung von Eichkurven. Die Benutzung einer Zählrohrinterferenzkammer zur unmittelbaren Bestimmung der Intensitäten gestattet die Auswertung in kürzester Zeit, so daß die röntgenographische Untersuchung auch zur betrieblichen Schnellprüfung herangezogen werden kann.

7. Prüfung der Porosität

Die Eigenschaften von Sinterhartmetallen sind ebenso wie diejenigen anderer Sinterwerkstoffe dichteabhängig. Fertigungsmäßig wird man daher stets trachten, möglichst dichte und porenfreie Hartmetalle zu erzeugen. Die Porosität eines Hartmetalles ist jedoch nur dann schädlich, wenn die Gesamtporosität bzw. das Volumen der größten Poren ein gewisses Maß überschreitet. Insbesondere bei Hartmetallen, die für ihre Verwendung Hochglanzpolitur erhalten müssen, z. B. Ziehsteine und Walzen, ist daher die Prüfung und Beurteilung der Porosität wesentlich.

Zur Feststellung der Porosität wird eine Seite eines Hartmetallquaders mit Diamantmetallscheiben plangeschliffen und mit feinstem Diamantboart fertigpoliert. Die Betrachtung der Schliffe erfolgt zunächst mit Handlupe bei 6- bis 25facher Vergrößerung, dann unter dem Mikroskop bei 50- bis 100facher Vergrößerung[2–6].

Abb. 57a zeigt ein druckgesintertes, porenfreies Spitzenhartmetall, wie es für Ziehsteine beim Feinzug von Kupfer und Eisen besonders vorteilhaft eingesetzt wird. Abb. 57b zeigt einen Hartmetallschliff mit einer für handelsübliche Sinterhartmetalle typischen gleichmäßigen Mikroporosität. Zeigt der Schliff eines Hartmetalles außer den gleichmäßig verteilten Feinporen einzelne große Poren

---

[1] Regler, F.: Z. techn. Physik **24** (1943), S. 291/96, Arch. Metallkunde **1** (1946), S. 11/14.

[2] Kölbl, F.: In H. Freund: Handbuch der mikroskopischen Untersuchungsmethoden in der Technik, Bd. I. Umschau-Verlag, Dr. Breidenstein, Frankfurt/Main, 1964.

[3] Stevens, A. D. u. J. C. Redmond: Am. Soc. Testing Mater., Spec. Techn. Publ. Nr. 140 (1952), S. 43/53.

[4] Blažek, St.: Hutnické Listy **8** (1953), S. 622/24.

[5] Carboni, E.: Met. Italiana **54** (1962), S. 505/15.

[6] Čech, B. u. P. Oliverius: Pokroky Práškové Met. (1963), Nr. 3, S. 3/30.

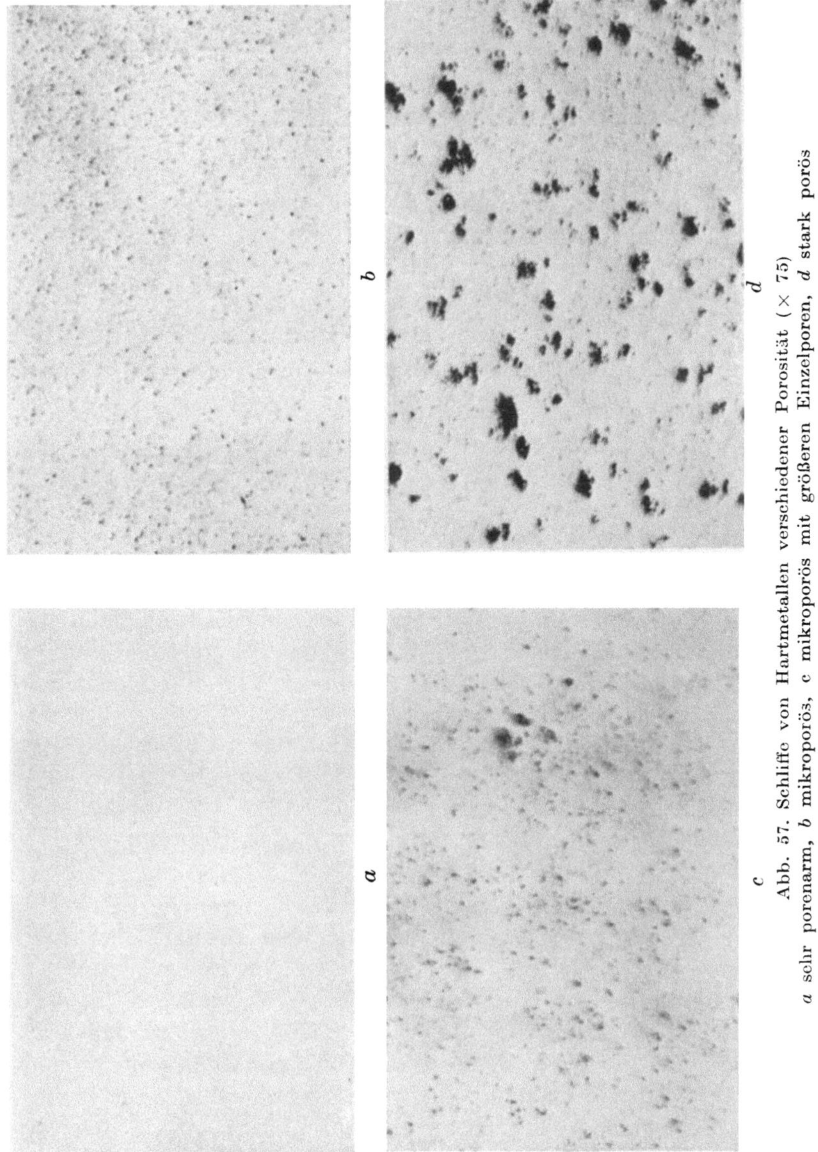

Abb. 57. Schliffe von Hartmetallen verschiedener Porosität (× 75)
a sehr porenarm, *b* mikroporös, *c* mikroporös mit größeren Einzelporen, *d* stark porös

oder Porennester, wie z. B. Abb. 57c, so ist dieses für Ziehsteine, die im Feinzug eingesetzt werden sollen, nicht mehr geeignet.

Das Hartmetall in Abb. 57d ist so stark porös, daß es nur noch für grobe Schrupparbeiten, bei denen an die Schneidgüte keine hohen Anforderungen gestellt werden, in Betracht kommt.

Die amerikanische Gesellschaft für Materialprüfung[1] hat drei Vergleichstafeln für die Porosität von Hartmetallen herausgegeben, wobei jede Tafel gesondert Mikroaufnahmen von Hartmetallen mit verschiedenen Porenarten bei zunehmender Porosität zeigt. Die erste Gruppe umfaßt Hartmetalle mit einer mittleren Porengröße unter 10 μ. Die zweite Gruppe bringt eine ähnliche Reihe, wobei einzelne Makroporen bis 40 μ auftreten. Die dritte Tafel endlich zeigt eine sekundäre Porosität, die sich durch das Herausschleifen von Graphiteinschlüssen und Nestern zu erkennen gibt.

Auf die meist auf Verunreinigungen zurückzuführenden Gründe für das Auftreten von Poren bei der Sinterung von Hartmetall soll hier nicht näher eingegangen werden (vgl. die Ausführungen auf S. 150).

8. Gefügeuntersuchung

Die Auswertung von Gefügebildern von Hartmetallen zeigt, daß ein grundsätzlicher Zusammenhang zwischen der Gefügeausbildung der Hilfsmetall- und Karbidphase einerseits und den physikalischen und mechanischen Eigenschaften der Zerspanungsleistung andererseits besteht. So kann die Härte und Zähigkeit des Hartmetalles durch die Ausbildungsform, die Größe, die Verteilung und die Homogenität der karbidischen Gefügeelemente in gewissen Grenzen beeinflußt werden (s. S. 161). Hartmetalle mit feinkörnigem Gefüge haben größere Härte, während ein gröberes Gefüge meist mit höherer Zähigkeit gepaart ist. Ähnliche Zusammenhänge bestehen auch bezüglich der Zerspanungsleistung, Fasenstumpfung und der Kolkung bei Hartmetallen für Guß- und Stahlbearbeitung.

Bereits aus dem *Makrobruchgefüge* kann man bei Betrachtung mittels einer Lupe, insbesondere aus der Kornfeinheit, der Farbe, dem Glanz und dem Fehlen oder Auftreten von freiem Graphit, der Zonenbildung (η-Phase), gewisse qualitative Aussagen über die mechanischen Eigenschaften bzw. den Sinterungsgrad machen[2,3]. Diese einfache und sehr rasche Beurteilung gehört zu der laufenden Betriebskontrolle der Hartmetallerzeugung und sie erlaubt es sogar, gewisse Rückschlüsse auf Härte, Biegebruchfestigkeit, Schlagfestigkeit, also auf die Zähigkeit zu ziehen[4].

---

[1] Am. Soc. Testing Mater. Standard B 276—54 (1954).

[2] Brownlee, L. D., R. Edwards u. T. Raine: Symposium on Powder Metallurgy 1954, Iron Steel Inst., London 1956, S. 302/04.

[3] Petrdlik, M. u. V. Dufek: Hutnické Listy **10** (1955), S. 528/34.

[4] Dufek, V.: Strojírenství **7** (1957), S. 686/87, 857/61.

In vielen neueren Arbeiten sind Abdrücke von Hartmetall-Bruchflächen elektronenmikroskopisch untersucht worden[1–8]. Die zum Teil sehr aufschlußreichen Bilder erlaubten Einblicke in den Feinaufbau des Hartmetalles (vgl. Gerüsttheorie S. 88 u. 91) und sogar in die Beschaffenheit der einzelnen WC-Kristalle.

Eine genauere Beurteilung des Gefügeaufbaues kann aber nur an Hand eines metallographischen Schliffes, der entsprechend angeätzt sein muß, erfolgen. Die Herstellung von Hartmetallschliffen ist wegen der außerordentlich hohen Härte des Werkstoffes und wegen der verhältnismäßig schwierigen Anätzbarkeit der Gefügebestandteile nicht einfach. Die Betrachtung der Schliffe erfordert wegen der äußerst feinen Verteilung der Komponenten höchste Vergrößerungen (Ölimmersion, bis 2000fach), was weitere Schwierigkeiten mit sich bringt. Trotz alldem ist heute die metallographische Untersuchungstechnik für Hartmetalle soweit durchentwickelt, daß man mit den entsprechenden Mitteln und Erfahrungen einwandfreie Gefügeauswertungen vornehmen kann. Die Gefügeuntersuchung ist heute ein unentbehrliches Hilfsmittel der Hartmetalltechnik geworden[9–15].

Bereits K. Schröter[16] hat bei der Osram-Studiengesellschaft eine geeignete Schleif- und Ätztechnik für Hartmetalle auf WC-Co-Basis entwickelt. Hartmetallbruchstücke werden in leichtschmelzende Metalle oder Kunstharze eingebettet, dann mittels einer Siliziumkarbidscheibe mit weicher Bindung vorgeschliffen, hierauf auf einer

[1] Pfisterer, H.: Siemens-Z. **29** (1955), S. 199/205.

[2] Pfisterer, H. u. H. Kasperek: Z. Metallkunde **46** (1955), S. 574/78.

[3] Mader, W.: Radex Rdsch. (1956), S. 247/51.

[4] Piljankevitsch, A. N.: In: Fragen der Pulvermetallurgie, Kiew 1959, Bd. 7, S. 46/56.

[5] Mader, W. u. J. Blaha: Radex Rdsch. (1962), S. 25/32.

[6] Hinnüber, J. u. W. Kinna: Techn. Mitt. Krupp **19** (1961), S. 130/53; Stahl u. Eisen **82** (1962), S. 31/46.

[7] Kinna, W.: Ber. II. Internat. Pulvermet. Tagung Eisenach 1961, Akademie Verlag Berlin 1962, S. 347/53, Disk. 449.

[8] Fukatsu, T. u. T. Sasahara: J. Japan Soc. Powder Met. **10** (1963), S. 258/65.

[9] Kölbl, F.: In H. Freund: Handbuch der mikroskopischen Untersuchungsmethoden in der Technik, Umschau-Verlag, Dr. Breidenstein, Frankfurt/Main, 1964.

[10] Stevens, A. D. u. J. C. Redmond: Amer. Soc. Testing Mater., Spec.. Techn. Publ. Nr. 140 (1952), S. 43/53.

[11] Powers, J. H. u. W. J. Loach: Steel **133** (1953), Nr. 16, S. 93/96.

[12] Flašar, J. u. D. Friedl: Hutnické Listy **8** (1953), S. 246/49.

[13] Blažek, St.: Hutnické Listy **8** (1953), S. 622/26.

[14] Bernard, R.: Metallurgia Ital. **47** (1955), S. 367/76.

[15] Čech, B. u. P. Oliverius: Pokroky Práškové Met. (1963), Nr. 3, S. 3/30.

[16] Schröter, K.: Z. Metallkunde **20** (1928), S. 31/33.

Gußscheibe mit Diamantpulver fertiggeschliffen und endlich auf einer Filzscheibe mit feinstem Diamantboart, der in Olivenöl aufgeschlämmt ist, bis zur völligen Kratzer- und Riefenfreiheit poliert. Dieses Verfahren ist bis heute beibehalten worden; man verwendet gelegentlich nur andere Scheibenmaterialien und zwecks Einsparung von Diamant Borkarbid als Schleifmittel[1–9, 14–18].

Bevor mit dem Ätzen begonnen wird, überprüft man zunächst mit kleiner Vergrößerung die Porosität (vgl. Abschn. 7). Als Ätzmittel werden vorzugsweise alkalische Ferricyanid-Lösungen für WC-Co-Hartmetalle und Flußsäure-Salpetersäure-Gemische für WC-TiC(TaC, NbC)-Co-Hartmetalle angewendet. Auch andere Ätzmittelkombinationen wurden vorgeschlagen[1–3, 10–12, 14–20]. R. Kieffer[13] konnte z. B. an langzeitgesinterten WC-TiC-Co-Hartmetallen die WC-, die WC-TiC-Mischkristalle und die Kobalt-Phase durch Farbtönungen kenntlich machen. Heute ist vorzugsweise das elektrolytische Ätzen mit Alkalien, gegebenenfalls unter Zusatz von Ferricyankali, gebräuchlich. Während des zweiten Weltkrieges ist in Deutschland die sogenannte *Feuerätzung* für Hartmetalle entwickelt worden. Einzelheiten und Aufnahmen sind erst nach dem Kriege aus englischen Arbeiten

---

[1] Berglund, T.: Handbuch der metallographischen Schleif-, Polier- und Ätzverfahren. Springer-Verlag, Berlin 1940, S. 155/57 (vgl. dort die Literaturzusammenstellung).

[2] Gregg, J. L. u. C. W. Küttner: Am. Inst. Min. Met. Engng., Techn. Publ. Nr. 184 (1929).

[3] Hoyt, S. L.: Trans. Am. Soc. Steel Treat. **17** (1930), S. 54/58.

[4] Sykes, W. P.: Trans. Am. Soc. Steel Treat **18** (1930), S. 968/91.

[5] Shute, D. H.: Metal Treatment **12** (1945), S. 13/19.

[6] Kehl, G. L.: Ind. Diamond Rev. **8** (1948), S. 340.

[7] Tschaporova, I. N.: Zavod. Labor. **15** (1949), S. 799/805.

[8] Wissler, W. A.: Metal Progr. **29** (1931), Nr. 4, S. 49/51.

[9] Bleecker, W. H.: Iron Age **165** (1950), Nr. 21, S. 71/74.

[10] Sykes, W. P.: Trans. Am. Soc. Steel Treat. **21** (1933), S. 395/421.

[11] Zarubin, N. M.: Zavod. Labor. **14** (1948), S. 1434/36.

[12] Zarubin N. M. u. M. V. Suitin: Zavod. Labor. **3** (1934) S. 919/26 **4** (1935), S. 431/37, 786/99.

[13] Kieffer R.: Z. Metallkunde **46** (1944), Nr. 9, Metallforschung **2** (1947), S. 236/38, Powder Met. Bull. **2** (1947), S. 104/11.

[14] Stevens, A. D. u. J. C. Redmond: Amer. Soc. Testing Mater., Spec. Techn. Publ. Nr. 140 (1952), S. 43/53.

[15] Flašar, J. u. D. Friedl: Hutnické Listy **8** (1953), S. 246/49.

[16] Blažek, St.: Hutnické Listy **8** (1953), S. 622/26.

[17] Silverman, R. u. P. D. Luscz: Powder Met. Bull. **7** (1954), S. 25/28.

[18] Ministr, Z.: Hutnické Listy **11** (1956), S. 154/50, Ind. Diamond Rev. **18** (1958), S. 7/10, 26/28, 166/70, 190/94.

[19] Radd, F. J. u. L. H. Crowder: Nature **181** (1958), S. 258/59.

[20] Carboni, E.: Met. Italiana **54** (1962), S. 505/15.

bekanntgeworden[1,2]. Durch Erhitzen der Schliffe an Luft bei etwa 400 bis 500° laufen die einzelnen Gefügebestandteile verschiedenfarbig an. Man kann auf diese Weise, insbesondere in Mehrkarbidhartmetallen, das WC, die TiC(TaC, NbC)-WC-Mischkristalle neben dem Kobalt sehr deutlich kenntlich machen. Auch die schädliche η-Phase in unterkohlten Hartmetallen kann so eindeutig nachgewiesen werden (s. S. 86)[2–7]. Für die Unterscheidung der verschiedenen η-Phasen wurden ebenfalls besondere Ätzmethoden ausgearbeitet[8].

Neuerdings ist auch das Elektronenmikroskop zur Untersuchung des Gefüges von Hartmetallen herangezogen worden[9–17]. Von der normal geätzten Probe wird mittels organischer Filme ein Oberflächenabdruck hergestellt, der nach dem Schattieren im Durchstrahlungselektronenmikroskop photographiert werden kann. Bei etwa 6000- bis 8000facher Vergrößerung werden auch die kleinsten Karbidkörner und weitere Einzelheiten im Gefüge sichtbar gemacht. (vgl. S. 148).

Bei der Beurteilung des Gefüges von Hartmetallen hat man zwischen WC-Co-, WC-TiC-Co- und WC-TiC-TaC(NbC)-Co- bzw. anderen Mehrkarbidlegierungen zu unterscheiden.

---

[1] Burden, H.: Vortrag I.P.T., Graz 1948, Ref. Nr. 12.

[2] Powers, J. H. u. W. J. Loach: Steel **133** (1953), Nr. 16, S. 93/96.

[3] Flašar, J. u. D. Friedl: Hutnické Listy **8** (1953), S. 246/49.

[4] Gurland, J.: J. Metals **6** (1954), S. 285/90, Disk. S. 1327/30.

[5] Brownlee, L. D., R. Edwards u. T. Raine: Symposium on Powder Metallurgy 1954, Iron Steel Inst., London 1956, S. 302/04.

[6] Petrdlik, M. u. V. Dufek: Hutnické Listy **10** (1955), S. 528/34.

[7] Bernard, R.: Metallurgia Ital. **47** (1955), S. 367/76; La Mét. **89** (1957), S. 307/12.

[8] Bernard, R. u. C. Berger: Compt. Rend. **238** (1954), S. 1224/26; Neue Hütte **2** (1957), S. 757/61.

[9] Grube, W. L.: Metal Progr. **57** (1950), S. 341/45, J. Metals **3** (1951), S. 1171/73.

[10] Bernard, R. u. S. Bernard: Compt. Rend. **238** (1954), S. 222/24; Bull. Micr. Appl. **6** (1956), Nr. 2, S. 51/53.

[11] Bernard, R.: 2. Plansee Seminar, Reutte/Tirol 1955, S. 41/49.

[12] Bierlein, T. K., H. W. Newkirk u. B. Mastel: J. Am. Ceram. Soc. **41** (1958), S. 196/200.

[13] Piljankevitsch, A. N.: In: Fragen der Pulvermetallurgie, Bd. 7, Kiew 1959, S. 46/56.

[14] Svistunova, E. V., I. N. Tschaporova, N. P. Vasileva, T. A. Sultanjan u. V. E. Kiselev: Tverdyje Splavy **1** (1959), S. 263/74; Zavod. Labor. **24** (1958), S. 1093/95.

[15] Hinnüber, J., O. Rüdiger u. W. Kinna: Powder Met. (1961), Nr. 8, S. 1/24.

[16] Hinnüber, J. u. W. Kinna: Techn. Mitt. Krupp **19** (1961), S. 130/53; Stahl u. Eisen **82** (1962), S. 31/46.

[17] Kinna, W.: Ber. II. Internat. Pulvermet. Tagung Eisenach 1961, Akademie Verl., Berlin 1962, S. 347/53, Disk. S. 449.

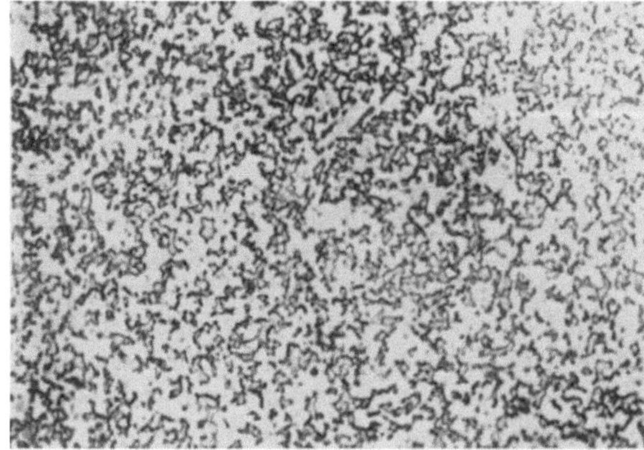

Abb. 58. Gefüge von WC-Co-Hartmetall mit etwa 8% Co, druckgesintert, α_1-Phase (× 2000)

Abb. 59. Gefüge von WC-Co-Hartmetall mit etwa 8% Co, α_2-Phase, grobkörnig (× 2000)

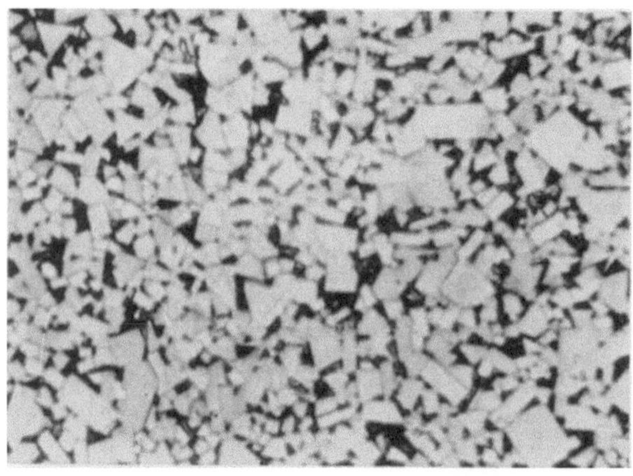

Abb. 60. Gefüge von WC-Co-Hartmetall und etwa 8% Co, α_2-Phase, feinkörnig (× 2000)

Abb. 58 bis 62 zeigen Gefüge von WC-Co-Hartmetallen, und zwar Abb. 58 und Abb. 59 ein solches mit etwa 8% Kobalt, die Abb. 60 bis 62 solche mit 8, 12 und 20% Kobalt. An Hand dieser Bilder sollen die bei WC-Co-Hartmetallen auftretenden Gefügephasen erläutert werden[1]. Abb. 58 stellt einen Gefügetypus dar, dessen überwiegendes und kennzeichnendes Gefügeelement nicht umkristallisiertes Wolframkarbid ist, welches im wesentlichen die Größe und unregelmäßige Form des Wolframkarbidausgangspulvers hat. Man bezeichnet diese Form des Wolframkarbides als α_1-Gefügephase*. Dieser Gefügebestandteil ist stark metastabil, kann aber durch eine Sinterbehandlung irreversibel in den stabilen Zustand überführt werden. Das vorliegende, durch Drucksinterung hergestellte Hartmetall zeichnet sich durch Härte und durch einen besonders hohen Elastizitätsmodul aus. Die Hartmetalle gemäß den Abb. 59

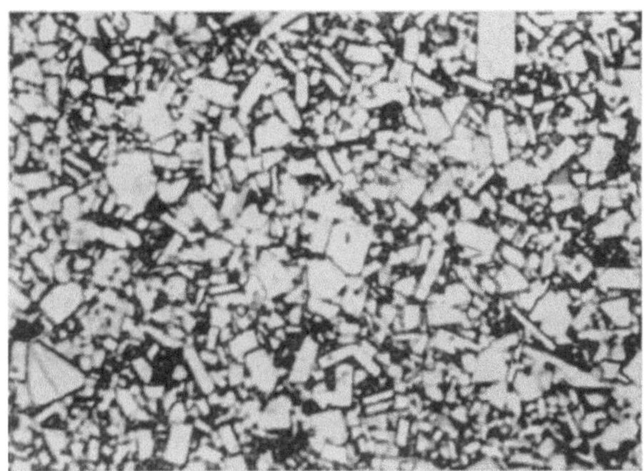

Abb. 61. Gefüge von WC-Co-Hartmetall mit 12% Co (× 2000)

bis 62 zeigen bereits umkristallisiertes Wolframkarbid, und zwar Abb. 59 in Form von mittelgroßen bis großen wohlausgebildeten Kristallen, die Abb. 60 bis 62 in Form von kleinen bis mittelgroßen Kristallen. Diese Gefügeform der α-WC-Phase wird als α_2-Phase bezeichnet. Die mittelgroßen bis großen α_2-Kristalle sind dem stabilen Gefügezustand bereits wesentlich näher als die früher gezeigten α_1-Kristalle. Die durch Sammelkristallisation entstandenen, gut ausgebildeten α_2-Kristalle haben meist die Form eines trigonalen Prismas,

---

* Über die Bezeichnung der Gefügephasen und ihre Entstehung vgl. die Ausführungen auf S. 103.

[1] Kölbl, F.: In H. Freund: Handbuch der mikroskopischen Untersuchungsmethoden in der Technik, Umschau-Verlag, Dr. Breidenstein, Frankfurt/Main, 1964.

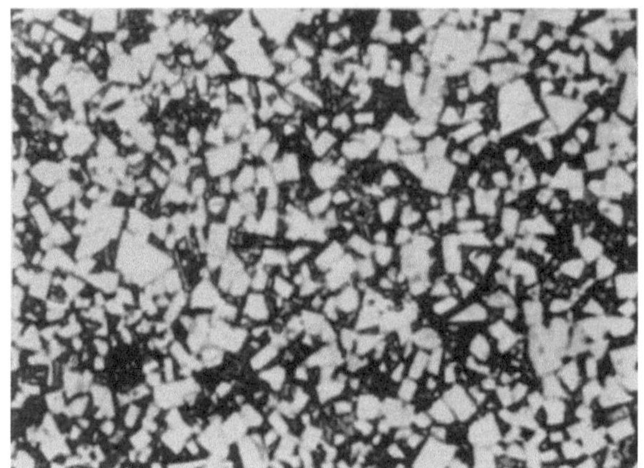

Abb. 62. Gefüge von WC-Co-Hartmetall mit 20% Co (× 2000)

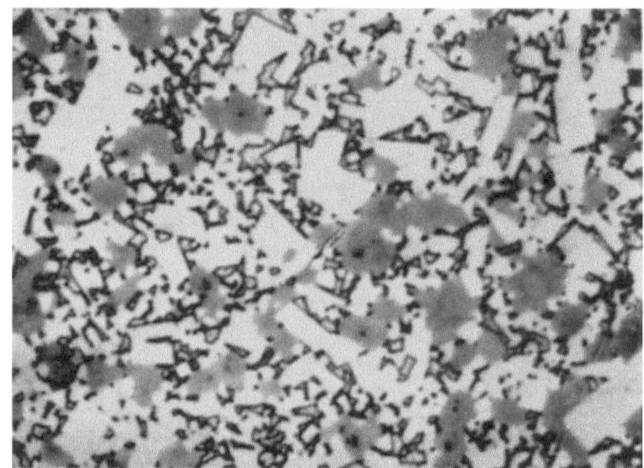

Abb. 63. Gefüge von WC-TiC-Co-Hartmetall mit 5% TiC, 6% Co, Rest WC (× 2000)

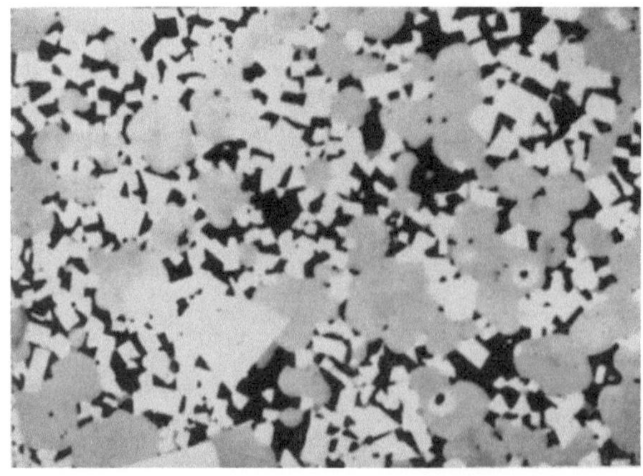

Abb. 64. Gefüge von WC-TiC-Co-Hartmetall mit 16% TiC, 8% Co, Rest WC (× 2000)

dessen Grundfläche ein gleichseitiges Dreieck ist. Auch in Form von rechteckigen Prismen wurden α_2-Kristalle beobachtet. Im Schliffbild erscheinen die α_2-Kristalle im Schnitt meist als trapezoidförmige Flächen oder gleichseitige Dreiecke.

Ein Vergleich der Hilfsmetallphase bei den Schliffbildern 58 bis 62 zeigt, daß bei dem druckgesinterten Hartmetall gemäß Abb. 58 das Kobalt in zahlreichen, sehr feinen Einlagerungen, bei dem Hartmetall gemäß Abb. 59 in Form von breiten Einlagerungen zwischen den Wolframkarbidkristallen vorhanden ist. Das Kobalt enthält etwas Wolframkarbid in fester Lösung (γ-Phase).

Bei der quantitativen Auswertung der Gefügebilder zwecks Feststellung des volumenmäßigen Anteiles an Hilfsmetall ist zu berücksichtigen, daß die dunkel erscheinenden Flächen auch Poren und gegebenenfalls Graphitausscheidungen aufweisen können. Bei den

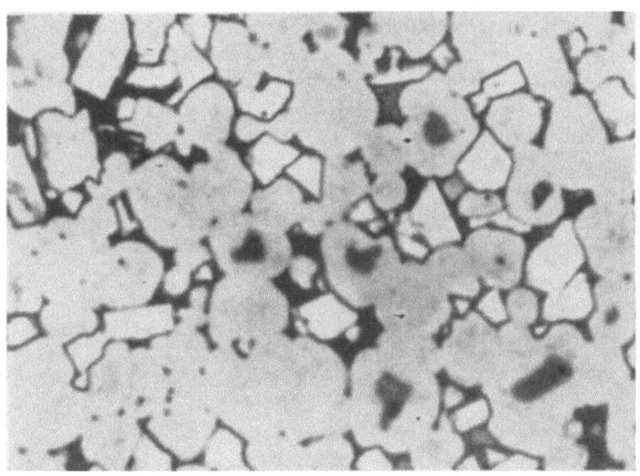

Abb. 65. Gefüge eines WC-TiC-Co-Hartmetalles mit 25% TiC, 6% Co, Rest WC (× 2000)

Hartmetallen gemäß Abb. 58 bis 60 sind die Wolframkarbidkristalle so dicht gelagert, daß sie einander berühren und daß nur die Lücken des Karbidgerüstes mit Hilfsmetall ausgefüllt werden.

Die Abb. 61 und 62 zeigen, wie sich der Gefügeaufbau des Hartmetalles ändert, wenn der Kobaltgehalt z. B. auf 12 bzw. 20% gesteigert wird. Als Vergleich sei noch die Abb. 60 eines Hartmetalles mit 8% Kobalt herangezogen, welches Karbidkristalle mit etwa der gleichen Größe aufweist wie die Hartmetalle in Abb. 61 und 62. Bei einem Hartmetall mit 12% Kobalt (Abb. 61) schiebt sich das Hilfsmetall bereits an einigen Stellen zwischen die Wolframkarbidkristalle ein und unterbricht ihren Zusammenhang. Bei dem Hartmetall mit einem Kobaltgehalt von 20% (Abb. 62 liegen die Wolframkarbidkristalle größtenteils einzeln in einer zusammenhängenden Grundmasse aus Hilfsmetall.

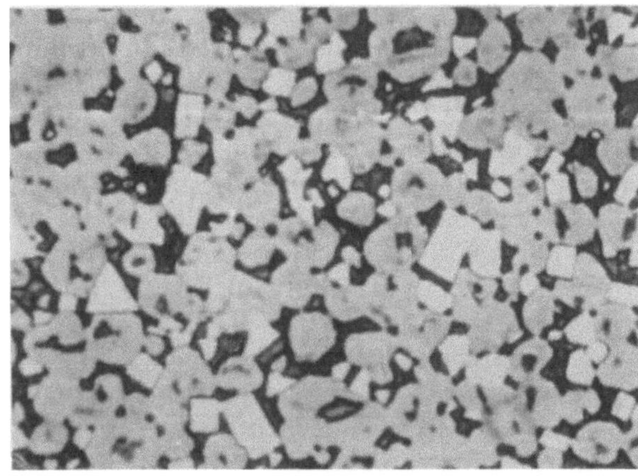

Abb. 66. Gefüge eines WC-TiC-TaC (NbC)-Co-Hartmetalles mit 18 % TiC, 5% TaC (NbC), 7,5% Co, Rest WC (× 2000)

Abb. 67. Gefüge eines WC-TiC-TaC (NbC)-Co-Hartmetalles mit 5% TiC, 5% TaC (NbC), 9% Co, Rest WC (× 2000)

Abb. 68. Gefüge eines langzeitgesinterten WC-TiC-Co-Hartmetalles mit 5% TiC, 10% Co Rest WC (× 2000)

Einen anderen Gefügeaufbau als WC-Co-Hartmetalle zeigen WC-TiC-Co- bzw. andere Mehrkarbidlegierungen, z. B. WC-TiC-TaC-(NbC)-Co-Hartmetalle. Bei diesen Hartmetallen tritt im Gefüge neben WC und dem Hilfsmetall eine neue Phase, nämlich der mehr oder weniger WC-enthaltende TiC-WC bzw. TiC-TaC(NbC)-WC-Mischkristall auf. Mit Hilfe der Feuerätzung kann man die einzelnen Phasen sehr gut unterscheiden und durch Ausplanimetrieren auch quantitativ bestimmen. Abb. 63 und 64 zeigen das durch Feuerätzung entwickelte Gefüge von WC-TiC-Co-Hartmetallen mit 5% TiC bzw. 16% TiC und 6% Co bzw. 8% Co, Rest WC. Die auf den Bildern hell erscheinenden, kantigen Kristallschnittflächen sind fast reines Wolframkarbid (α_2-Gefügephase). Die graue, rundliche Gefügephase ist der TiC-WC-Mischkristall (β-Phase). Die dunkel umrandet erscheinende Zwischensubstanz ist das Hilfsmetall (γ-Phase). Die 76 Gew.-%

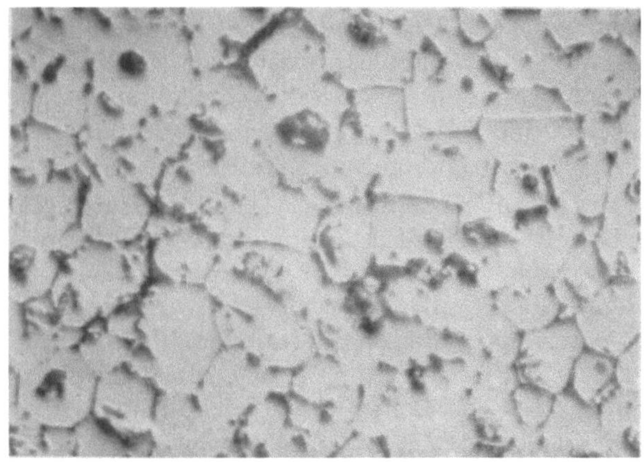

Abb. 69. Gefüge eines langzeitgesinterten WC-TiC-Co-Hartmetalles mit 67% TiC, 8% Co, Rest WC (× 2000)

WC bei Abb. 64 müßten, wenn keine Mischkristallbildung eingetreten wäre, mit 53 Vol.-% am Gefügeaufbau beteiligt sein. Wie durch Ausplanimetrieren festgestellt werden kann, nimmt das Wolframkarbid jedoch nur 32 Vol.-% ein, der Rest liegt als TiC-WC-Mischkristall vor, welcher ein zusammenhängendes Gerüst bildet. Gelegentlich sind in TiC-Mischkristallen (β-Phase) noch Reste von nicht umgesetztem TiC zu sehen (β'-Phase).

Das Gefüge eines Hartmetalles mit höherem TiC-Gehalt ist in Abb. 65 zu sehen. Der Mischkristallanteil ist hier viel höher als in den Abb. 63 und 64.

Noch verwickelter werden die Verhältnisse, wenn weitere Karbide, z. B. TaC(NbC), zu WC-TiC-Co-Hartmetallen zulegiert werden. TiC und TaC bilden eine lückenlose Reihe von Mischkristallen und WC ist in TaC ebenso wie in TiC und demnach auch in TiC-TaC-Mischkristallen temperaturabhängig stark löslich. In im Gefügegleichgewicht befindlichen Hartlegierungen müßte folglich WC (α_1-, α_2-Phase) und die Hilfsmetallphase neben einem homogenen TiC-TaC-WC-Mischkristall erscheinen. Unter technischen Sinterbedingungen erreicht man aber nicht immer das Gleichgewicht, so daß man im Schliffbild einer WC-TiC-TaC-Co-Legierung reines WC und oft zwei *inhomogene* TiC- bzw. TaC-reiche TiC-TaC-WC-Mischkristalle neben dem Hilfsmetall feststellen kann[1] (Abb. 66 und 67).

Im Gefüge von Hartmetallen, z. B. aus TiC, VC, ZrC sowie Mischkristallen dieser Karbide (wolframkarbidfreie Hartmetalle auf S. 245, warm- und zunderfeste Hartmetalle auf S. 458) ist ebenso wie bei den WC-Co-Hartmetallen eine Karbid- bzw. Karbidmischkristallphase neben dem Bindemetall (z. B. Ni-Co, Co-Cr-Ni u. a.) zu sehen (s. Abb. 211).

Die besprochenen Gefügebilder kann man auch bei mittleren Vergrößerungen besonders deutlich an langzeitgesinterten Legierungen beobachten. Nach R. KIEFFER[2] gelingt es, durch sehr lange Sinterzeiten große Karbidkristalle und -mischkristalle zu züchten, welche für die kristallographischen und sonstigen Eigenschaftsbestimmungen (Mikrohärte s. S. 130) besonders gut geeignet sind[3].

Abb. 68 zeigt ein durch Langzeitsinterung erhaltenes Hartmetall aus 5% TiC, 10% Co, Rest WC. Die auf der Abbildung hell erscheinenden balkenförmigen Kristalle stellen das Wolframkarbid dar, die dunkler gefärbten den TiC-WC-Mischkristall. Abb. 69 stellt ein langzeitgesintertes hochtitankarbidhaltiges Hartmetall (67% TiC, 25% WC und 8% Co) dar. Auf diesem Schliffbild ist Wolframkarbid als Gefügeelement nicht mehr festzustellen, die 67 Teile TiC haben die 25 Teile WC vollkommen gelöst und TiC-WC-Mischkristalle gebildet. Die elektronenoptischen Aufnahmen in Abb. 70 bis 72[4] — es handelt sich um Lackabdrücke, welche mit Palladium schräg bedampft wurden — bestätigen im wesentlichen die Befunde der lichtoptischen Bilder. Das wesentlich höhere Auflösungsvermögen erlaubt allerdings weitere Aussagen über Gefügefeinheiten.

Abb. 70 zeigt das Gefüge eines WC-Co-Hartmetalles mit 6% Co und einem Zusatz von etwa 2% TiC-TaC. Die außerordentlich feinen, zum Teil zusammenhängenden WC-Kristalle (α_2) sind von dünnen

[1] NOWOTNY, H., R. KIEFFER u. O. KNOTEK: Berg- u. Hüttenmänn. Mh. **96** (1951), S. 6/8.

[2] KIEFFER, R.: Z. Metallkunde **46** (1944), Nr. 9, Metallforschung **2** (1947), S. 236/38, Powder Met. Bull. **2** (1947), S. 104/11.

[3] DAWIHL, W.: Z. techn. Physik **21** (1940), S. 336/45.

[4] HINNÜBER, J. u. W. KINNA: Techn. Mitt. Krupp **19** (1961), S. 130/53; Stahl u. Eisen **82** (1962), S. 31/46.

Abb. 70. Elektronenmikroskopische Aufnahmen eines WC-(TiC-TaC)-Co-Hartmetalles 92/2/6 (×4000) (J. HINNÜBER und W. KINNA)

Abb. 71. Elektronenmikroskopische Aufnahmen eines WC-TiC-TaC(NbC)-Co-Hartmetalles 70/20/10 (× 4000) (J. HINNÜBER und W. KINNA)

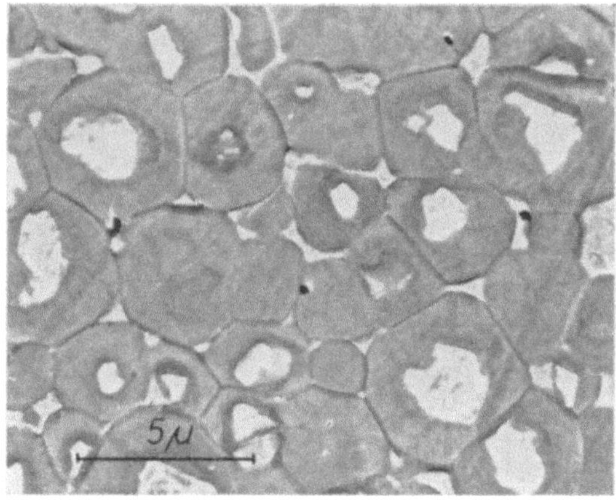

Abb. 72. Elektronenmikroskopische Aufnahmen eines WC-TiC-TaC(NbC)-Co-Hartmetalles 51/43/6 (× 4000) (J. HINNÜBER und W. KINNA)

Kobaltsäumen umgeben. Im elektronenoptischen Gefügebild eines WC-TiC-TaC(NbC)-Co-Hartmetalles 70/20/10 sind die dunkelgrauen kantigen WC-Kristalle in einer Grundmasse von hellerem TiC-TaC(NbC)-WC-Mischkristall eingebettet. Dazwischen befindet sich das Kobalt. Das Gefüge eines WC-TiC-TaC(NbC)-Co-Hartmetalles 51/43/6 zeigt große rundliche Körner der Mischkristallphase, umgeben von Kobaltsäumen. Freies WC ist keines mehr vorhanden. Im Inneren der Kristalle sind etwas hellere Zusammenballungen von verunreinigtem TiC (β') deutlich zu erkennen.

Die Gefügeuntersuchung ist ferner ein vorzügliches Mittel, um Fehler in Hartmetallen festzustellen. Außer den bereits erwähnten Fällen, der auf zu hohe und zu lange Sinterung zurückzuführenden Grobkornbildung und der Sichtbarmachung von schädlichen Poren und Rissen, können auch Graphitausscheidungen, Doppelkarbide (η-Phase), Kobaltansammlungen und ganz allgemein verschiedene Einschlüsse, die aus Verunreinigungen der Ausgangsmaterialien oder aus dem Herstellungsprozeß stammen, metallographisch nachgewiesen werden[1–14].

Die Gefügeuntersuchung von Hartlegierungen auf Basis anderer Karbide wie z. B. Titankarbid[15–21] (hochwarm und zunderfeste Hart-

---

[1] Oliver, A. E.: Vortrag I.P.T., Graz 1948, Ref. Nr. 11.

[2] Sandford, E. J.: Alloy Metals Rev. **7** (1949), Nr. 52, S. 2/12.

[3] Tschaporova, I. N.: Zavod. Labor. **15** (1949), S. 799/805.

[4] Powers, J. H. u. W. J. Loach: Steel **133** (1953), Nr. 16, S. 93/96.

[5] Flašar, J. u. D. Friedl: Hutnické Listy **8** (1953), S. 246/49.

[6] Gardner, A. G.: Metallurgia **47** (1953), S. 163/70.

[7] Gurland, J.: J. Metals **6** (1964), S. 285/90.

[8] Bernard, R. u. C. Berger: Compt. Rend **238** (1954), S. 1224/26; Neue Hütte, **2** (1957), S. 757/61.

[9] Brownlee, L. D., R. Edwards u. T. Raine: Symposium on Powder Metallurgy 1954, Iron Steel Inst., London 1956, S. 302/04.

[10] Petrdlik, M. u. V. Dufek: Hutnické Listy **10** (1955), S. 528/34.

[11] Bernard, R.: Metallurgia Ital. **47** (1955), S. 367/76.

[12] Doeg, H. H.: J. South African Inst. Min. Met. **60** (1960), S. 663/87.

[13] Anders, N. R.: Tverdyje Splavy (1960), Nr. 2, S. 46/56.

[14] Kieffer, R. u. F. Kölbl: Planseeber. Pulvermetallurgie **1** (1952), S. 17/35.

[15] McBride, C. C.: Metal Progr. **61** (1952), Nr. 2, S. 84.

[16] Silverman, R. u. P. D. Luscz: Powder Met. Bull. **7** (1954), S. 25/28.

[17] Blumenthal, H. u. R. Silverman: J. Metals **7** (1955), S. 317/22, Disk. 1277/78.

[18] Knudsen, F. P., R. E. Moreland u. R. F. Geller: J. Amer. Ceram. Soc. **38** (1955), S. 312/23.

[19] Havekotte, W. L.: 2. Plansee Seminar, Reutte/Tirol 1955, S. 111/25.

[20] Hinnüber, J., O. Rüdiger u. W. Kinna: 2. Plansee Seminar, Reutte/Tirol 1955, S. 130/53; Arch. Eisenhüttenwes. **27** (1956), S. 259/67.

[21] Trent E. M. u. A. Carter: Symposium on Powder Metallurgy 1954, Iron Steel Inst., London 1956, S. 272/76.

metalle), Chromkarbid[1,2] (korrosionsbeständige Hartmetalle) sowie anderer metallischer Hartstoffe, z. B. Boride und Silizide muß, insbesondere was die Ätzmethoden betrifft, dem betreffenden Werkstoff angepaßt werden. Bei harten, bindemetallfreien Materialien besteht die Gefahr, daß beim Schleifen zahlreiche Kristalle aus dem Verband herausgerissen werden. Nach einem sehr zweckmäßigen Vorschlag von R. WACHTELL[3] schleift man solche Körper, z. B. heißgepreßtes bindemetallfreies Zirkoniumborid, auf einer mittels feinstem Karborundum-Mehl aufgerauhten Glasplatte.

9. Prüfung der Zerspanungsleistung

Während die Untersuchung und Kontrolle der Härte, Zähigkeit und des Gefügeaufbaues von Hartmetallen vornehmlich den Erzeuger interessieren, ist für den Verbraucher die aus den genannten Eigenschaften resultierende Zerspanungsleistung von entscheidender Bedeutung. Die Bestimmung der Leistungsfähigkeit des Hartmetalles beim Dreh- bzw. Fräs-, Hobel- oder Bohrversuch gehört daher zu den wesentlichsten Eignungsprüfungen. Um die Zerspanungsleistung verschieden zusammengesetzter Sinterhartmetalle unter verschiedenen Schnittbedingungen überblicken zu können, nimmt man in bekannter Weise sogenannte T-v-Kurven auf (T = Standzeit der Schneide in Minuten, v = Schnittgeschwindigkeit in Meter/Minute). Im doppeltlogarithmischen Koordinatensystem erscheinen diese Kurven in Abhängigkeit vom Spanquerschnitt als Schar paralleler Geraden. Der Verlauf der Geraden ist, bei sonst gleichbleibenden Bedingungen, abhängig von den Eigenschaften des bearbeiteten Werkstoffes und vom Schneidwerkstoff (s. S. 378).

Die Ermittlung der Standzeitkurve ist recht zeitraubend und kostspielig. Bei Zerspanungsversuchen mit Hartmetall kann auch der Punkt des Erliegens der Schneide nicht so deutlich festgestellt werden wie beim Schnellstahl, bei dem in diesem Fall die sogenannte Blankbremsung auftritt. Beim Hartmetall erfolgt vielmehr der Abbau der Schneide allmählich unter dem kombinierten Einfluß der Fasenstumpfung an der Freifläche und der Auskolkung an der Spanfläche (vgl. die Ausführungen auf S. 371). Zwecks Bestimmung der Standzeit eines Hartmetallwerkzeuges wird als Maßstab für die Abstumpfung

---

[1] HINNÜBER, J. u. O. RÜDIGER: Arch. Eisenhüttenwes. **24** (1953), S. 267/74.

[2] HINNÜBER, J.: Techn. Mitt. Krupp **12** (1954), S. 5/12, Symposium on Powder Metallurgy 1954, Iron Steel Inst., London 1956, S. 305/10.

[3] WACHTELL, R.: Powder Met. Bull. **6** (1951), S. 62/66, (1953), S. 133/34.

in der Regel eine bestimmte Verschleißmarkenbreite (z. B. 0,3 bis 0,5 mm) auf der Freifläche gewählt. Bei der Bearbeitung langspanender Werkstoffe ist auch der Kolkverschleiß von größter Bedeutung. Die Beurteilung der Auskolkung erfolgt subjektiv bzw. grob quantitativ durch Ausmessen der Kolkbreite bzw. des Kolkvolumens[1–5], (vgl. S. 372).

Man kann auch das Anwachsen der Verschleißmarkenbreite mit zunehmender Zerspanungszeit schrittweise messen und im doppeltlogarithmischen Maßstab die B-T'-Geraden ermitteln. Wendet man bei gleichen Spanquerschnitten verschiedene Schnittgeschwindigkeiten an, dann kann man daraus die T'-v-Geraden graphisch ermitteln.

Um die Standzeitversuche abzukürzen, sind zahlreiche Verfahren vorgeschlagen worden. Man arbeitet z. B. nur bis zu einer Verschleißmarkenbreite von 0,1 mm und erhält dann die sogenannten $T_{0,1}$-v-Kurven.

Sogenannte künstliche Standzeitkurven kann man auch aus der Schnittemperatur, welche verhältnismäßig einfach zu bestimmen ist, aufstellen[6]. Über weitere Verfahren vgl. das umfangreiche Schrifttum[7–14], (s. S. 370).

Ferner kann man auch durch Verschleiß-Reibungsversuche unter ähnlichen Bedingungen wie sie bei der Zerspanung auftreten, Schlüsse auf das Verhalten des Drehmeißels im Einsatz ziehen[14].

Bei der laufenden Betriebskontrolle stellt man in der Regel nicht vollständige T-v-Kurven auf, sondern begnügt sich mit einem *Kurz-*

---

[1] Taylor, J.: Machinery **90** (1957), S. 927/34.

[2] Weber, G.: In: Fortschrittliche Fertigung und moderne Werkzeugmaschinen. Girardet Essen 1954 S. 80/90; Stahl u. Eisen **78** (1958) S. 1678/90.

[3] Sadek, A. M.: 4. Fokoma. München 1959, Bd. 1, S. D 157/D 160.

[4] Sun, E. Y. C. u. W. B. Heginbotham: Microtecnic **11** (1957), Nr. 2, S. 74/78.

[5] Colding, B.: Jernkont. Ann. **147** (1963), S. 160/99.

[6] Lang, M.: Prüfen der Zerspanbarkeit durch Messung der Schnitttemperatur. C. Hanser-Verlag, München 1949.

[7] Leyensetter, W.: Grundlagen und Prüfverfahren der Zerspanung. R. K. W. Veröffentlichung Nr. 114, B. G. Teubner, Leipzig/Berlin 1938.

[8] Schallbroch, H. u. H. Bethmann: Kurzprüfverfahren der Zerspanbarkeit. B. G. Teubner, Leipzig 1950.

[9] Widmer, M.: Ind. Organisation **23** (1954), S. 215/20.

[10] Booss, H. J.: Metall **9** (1955), S. 560/64.

[11] Wiest, P.: 4. Fokoma, München 1959, Bd. 1, S. D 137/D 141.

[12] Hall, H. L.: 3. Fokoma, München 1957, S. C 35/C 37.

[13] Müller, E.: Schweizer Arch. **28** (1962), S. 317/28.

[14] Busching, M. u. W. Zielenkowski: 3. Fokoma, München 1957, S. C 15/C 23; 4. Fokoma, München 1959, Bd. 1, S. D 149/56D.

zerspanungsversuch[1]. Unter den für den betreffenden Werkstoff möglichst extremen Schnittbedingungen ermittelt man nach einer einheitlichen kurzen Drehzeit (3 Minuten) die Fasenstumpfung und gegebenenfalls die Auskolkung. Diese Art der Prüfung ergibt natürlich nur Vergleichswerte.

Für die Durchführung des Zerspanungsversuches sind leistungsfähige Drehbänke, gegebenenfalls Hobelbänke, Fräsmaschinen oder Bohrmaschinen, welche die entsprechenden Schnittgeschwindigkeiten erlauben, erforderlich. Zerspant werden beim Drehversuch Wellen aus den betreffenden Werkstoffen (z. B. Grauguß, Stahl, Leichtmetall u. a.), gegebenenfalls mit Nuten, welche die Prüfung mit unterbrochenem Schnitt ermöglichen. Im übrigen müssen alle Regeln eingehalten werden, welche bei der Bearbeitung mit Hartmetall zu beachten sind. Das Ausmessen der Verschleißmarken und Kolkungen erfolgt unter dem Mikroskop[2].

Neuerdings führt man die Verschleißmessung beim Drehen auch unter Benützung aktivierter Hartmetallplatten aus[3–14]. Die Formstücke werden in einem Reaktor der Neutroneneinwirkung ausgesetzt, wobei insbesondere das Kobalt, Wolfram und gegebenenfalls Tantal radioaktiv werden. Da der überwiegende Teil der Hartmetall-Verschleißpartikelchen an den Drehspänen haften bleibt, kann man an diesen mittels Zählrohr die abgeriebene Hartmetallmenge ermitteln (vgl. auch Ziehsteinprüfung S. 273).

---

[1] DAWIHL, W. u. E. DINGLINGER: Handbuch der Hartmetallwerkzeuge, Springer Verlag, Berlin 1953, Bd. I, S. 24/26.

[2] JAMES, J. S.: Machinery **89** (1956), S. 1365/68.

[3] MERCHANT, M. E. u. E. J. KRABACHER: J. Appl. Physics **22** (1951), S. 1507/08.

[4] MERCHANT, E., H. ERNST u. E. J. KRABACHER: Automotive Ind. **108** (1953), Nr. 2, S. 48/50, 90, 92; Nucleonics **14** (1956), Nr. 5, S. 55/57; Trans. Am. Soc. Mech. Engng. **75** (1953), S. 549/59.

[5] COLDING, B. u. L. G. ERWALL: Nucleonics **11** (1953), Nr. 2, S. 46/49; Acta Polytechn. Scand. (1958), Nr. 243, S. 5/73.

[6] OPITZ, H.: Forsch.-Ber. Wirtsch. Verkehrs. Min. Nordrhein-Westfalen, Nr. 112, Köln 1954.

[7] KATTWINKEL, W.: In: Fortschrittliche Fertigung und moderne Werkzeugmaschinen. W. Girardet, Essen 1954, S. 71/73.

[8] HOOK, R. T.: Machinery **88** (1956), S. 245/48.

[9] OPITZ, H. u. O. HAKE: Microtecnic **10** (1956), Nr. 1, S. 5/9; Forschungsber. Nordrhein-Westfalen, Nr. 386, Westdtsch. Verlag, Köln 1958.

[10] BACKER, W. R. u. E. J. KRABACHER: Trans. Am. Soc. Mech. Engng. **78** (1956), S. 1497/1505.

[11] SNOW, A. J. u. H. L. SKONECKE: Atompraxis **3** (1957), S. 299/306.

[12] HAKE, O.: Ind. Anz. Essen (1958), S. 385/94.

[13] USUI, E., H. TAKEYAMA u. Y. NAGANO: Rep. Gov. Mech. Lab. Japan Nr. 47 (1962).

[14] COLDING, B.: Jernkont. Ann. **147** (1963), S. 160/99.

10. Sonstige Prüfverfahren

Außer den genannten Prüfungen werden natürlich, zwecks Bestimmung weiterer Eigenschaftsgrößen von Hartmetallen, gelegentlich auch andere Untersuchungen vorgenommen. So z. B. wird die Wärmeleitfähigkeit[1], die Wärmeausdehnung[2], die spezifische Wärme[3], die elektrische Leitfähigkeit[1, 2, 4, 5], die Zugfestigkeit[1, 2, 3], die Druckfestigkeit[6, 7, 9–12], der Elastizitätsmodul[6, 7, 13–15], die Schlagfestigkeit[7, 16–22], die Verdrehfestigkeit[7, 23], die Dauerstandfestigkeit[24–32], die Temperaturwechselbeständigkeit[33–39], das Verschleißverhalten, die Korro-

---

[1] Rüdiger, O. u. A. Winkelmann: Techn. Mitt. Krupp **18** (1960), S. 19/24.

[2] Tumanov, V. I., M. L. Baskin u. N. R. Anders: Cvetnyje Metally (1961), Nr. 12, S. 68/73.

[3] Booss, H. J.: Metall **11** (1957), S. 22/23.

[4] Funke, V. F., A. N. Schurschakov, S. I. Judkovski, K. F. Kuznecova, V. N. Schulenov u. J. I. Jurkevitsch: Fiz. Metallov Metalloved **10** (1960), S. 207/15.

[5] Ivensen, V. A. u. A. E. Kovalski: Fiz. Metallov Metalloved. **13** (1962), S. 793/94.

[6] Felgar, R. P. u. J. D. Lubhan: Proc. Am. Soc. Test. Mat. **57** (1957), S. 770/90.

[7] Kerper, M. J., L. E. Mong, M. B. Stiefel u. S. F. Holley: J. Res. Nat. Bur. Stand. **61** (1958), S. 149/69.

[8] Kreimer, G. S. u. N. A. Alexejeva: Fiz. Metallov Metalloved. **13** (1962), S. 609/14.

[9] Bryjak, E., S. Piaskowski u. Z. Bojarski: Fertigungstechnik **8** (1958), S. 60/65.

[10] Dawihl, W., G. Altmeyer u. M. K. Mal: Ann. Univ. Saraviensis Naturwiss. Sci. **9** (1960/61), S. 121/61, Z. Metallkunde **54** (1963), S. 66/71.

[11] Altmeyer, G. u. O. Jung: Z. Metallkunde **52** (1961), S. 576/83.

[12] Dawihl, W. u. B. Frisch: Arch. Eisenhüttenwes. **33** (1962), S. 61/66.

[13] Dlouhy, M.: Strojírenství **9** (1959), Nr. 1, S. 43/46.

[14] Wachtman, J. B. u. D. G. Lam: J. Am. Ceram. Soc. **42** (1959), S. 254/60.

[15] Lang, S. M.: Nat. Bur. Standards Mon. **6** (1960).

[16] Ault, G. M. u. G. C. Deutsch: J. Metals **6** (1954), S. 1214/26, Disk. S. 1227/30.

[17] Pinkel, B., G. C. Deutsch u. N. H. Katz: NACA RM E 54 D 13 (1955).

[18] Crandall, W. B. u. J. R. Tinklepaugh: 2. Plansee Seminar, Reutte/Tirol 1955, S. 344/60.

[19] Probst, H. B. u. H. T. McHenry: NACA Techn. Note 3894 (1957).

[20] Späth, W.: Metall **12** (1957), S. 598/604, **12** (1958), S. 925/29; Ind. Diamond Rev. **17** (1957), S. 65/70.

[21] Kreimer, G. S., A. I. Baranov u. N. A. Alexejeva: Tverdyje Splavy (1959), Nr. 1, S. 161/68, (1960), Nr. 2, S. 57/78; Izv. Akad. Nauk. SSSR, Met. Topl. (1962), Nr. 5, S. 163/66; Fiz. Metallov Metalloved. **10** (1960), S. 698/709.

[22] Soxman, E. J., J. R. Tinklepaugh u. M. T. Curran: In: Cermets. Reinhold Publ., New York 1960, S. 181/91, J. Am. Ceram. Soc. **39** (1956), S. 261/65.

[23] Holmes, A. G. u. A. J. Repko: Non-Destr. Test. **17** (1959), Nr. 3, S. 156/64.

sions- und Zunderbeständigkeit u. a. bestimmt. Eine Beschreibung der entsprechenden Prüfverfahren würde hier zu weit führen. Literaturhinweise sind in Kap. V zu finden. Auf S. 357 werden noch Angaben über die Prüfung der Schweißneigung, auf S. 269 über die Verschleißprüfung und auf S. 425 über die Warmfestigkeit, Bestimmung der Temperaturwechselbeständigkeit und über das Zunderverhalten gemacht.

V. Eigenschaften der Hartmetalle

Einleitung

Überblickt man die große Zahl der Hartmetalle, welche erzeugt werden, und solche, die nur versuchsmäßig oder im Rahmen wissenschaftlicher Arbeiten geprüft wurden, dann kann man zunächst zwei Gruppen unterscheiden:

1. marktgängige Hartmetalle,
2. nichtmarktgängige Hartmetalle.

Innerhalb der Gruppe der Hartmetalle, welche zum normalen Erzeugungsprogramm der Hartmetallhersteller gehören, kann man

---

[24] Blackburn, A. R., T. S. Shevlin u. H. R. Lowers: J. Am. Ceram. Soc. **32** (1949), S. 93/98.

[25] Maxwell, W. A. u. P. F. Sikora: Metal Progr. **62** (1952), Nr. 5, S. 97/99.

[26] Penrice, T. W. u. D. H. Shute: Symp. Powder Met., Iron Steel Inst., London 1954, S. 277/81.

[27] Gangler, J. J.: J. Am. Ceram. Soc. **37** (1954), S. 439/44.

[28] Knudsen, F. P., R. E. Moreland u. R. F. Geller: J. Am. Ceram. Soc. **38** (1955), S. 312/23.

[29] Pfaffinger, K.: Planseeber. Pulvermetallurgie **3** (1955), S. 17/33; Am. Soc. Test. Mat. Sepc. Techn. Publ. No. 174, Philadelphia 1956, S. 90/99.

[30] Redmond, J. C., R. J. Reintgen, J. R. Fenton u. M. E. Simon: WADC TR 57725 (1956).

[31] Sinnot, M. J. u. W. R. Kiessel: In: I. E. Campbell, High Temperature Technology, J. Wiley, New York 1956, S. 384/96.

[32] Wambold, J. u. J. C. Redmond: In: High Temperature Materials. J. Wiley, London 1959, S. 125/39.

[33] Hoffman, C. A., G. M. Ault u. J. J. Gangler: NACA Techn. Note 1836 (1949), NACA RM E 52 L 15 a (1953).

[34] Gangler, J. J.: J. Am. Ceram. Soc. **37** (1954), S. 439/44.

[35] Hunter, T. A.: Am. Soc. Test. Mat. Techn. Publ. No. 174, Philadelphia 1955, S. 164/79.

[36] Montgomery, E. T., T. S. Shevlin, H. M. Greenhouse u. H. W. Newkirk: WADC TR 54-33 (1955).

[37] Shaffer, P. T. B., D. P. H. Hasselman u. A. Z. Chaberski: WADD TR 60—749 (1961).

[38] Lewis, B. W.: NASA TN D 906 (1961).

[39] Tyrell, M. E. u. G. M. Farrior: Bur. Mines RI 6095 (1962).

bezüglich der Anwendungsgebiete wiederum zwei große Untergruppen unterscheiden. Die erste umfaßt Hartmetalle, die vorzugsweise zur Bearbeitung *kurzspanender Werkstoffe*, wie z. B. Guß, Glas, Porzellan u. a. dienen. Dafür werden heute fast ausschließlich *WC-Co-Hartmetalle*, gegebenenfalls unter Zusatz kleiner Mengen Zweitkarbide eingesetzt. Diese Hartmetalle werden auch für Verschleißteile (Ziehsteine, Matrizen und viele andere, vgl. auf S. 276 benützt. Die zweite Untergruppe umfaßt Mehrkarbidhartmetalle, welche für die Bearbeitung *langspanender Werkstoffe*, z. B. Stähle aller Art, herangezogen werden. Je nach Zusammensetzung kann man hier Hart-

Zahlentafel 25. *Zusammensetzung und*

Zusammensetzung % Sollanalyse		Dichte g/cm³	Rockwell-Härte R_A	Vickers-Härte kg/mm²	Biegebruch-festigkeit kg/mm²
WC	Co				
100	—	15,7	92 bis 94	1800 b. 2000	30 bis 50
97	3	15,1 bis 15,2	90 bis 93	1600 b. 1700	100 bis 120
95,5	4,5	15,0 bis 15,1	90 bis 92	1550 b. 1650	120 bis 140
94 b. 94,5*	5,5 bis 6	14,8 bis 15,0	90 bis 91	1500 b. 1600	160 bis 180
94 b. 94,5**	5,5 bis 6	14,8 bis 15,0	91 bis 92	1600 b. 1700	140 bis 160
91	9	14,5 bis 14,7	89 bis 91	1400 b. 1500	150 bis 190
90	10	14,3 bis 14,5	88,5 bis 90,5	1350 b. 1450	155 bis 195
89	11	14,0 bis 14,3	88 bis 90	1300 b. 1400	160 bis 200
87	13	14,0 bis 14,2	87 bis 89	1250 b. 1350	170 bis 210
85	15	13,8 bis 14,0	86 bis 88	1150 b. 1250	180 bis 220
80	20	13,1 bis 13,3	83 bis 86	1050 b. 1150	200 bis 260***
75	25	12,8 bis 13,0	82 bis 84	900 b. 1000	200 bis 280***
70	30	12,3 bis 12,5	80 bis 82	850 b. 950	180 bis 300***
—	100	8,7	—	125 b. 250	70 bis 120

* Grobe WC-Phase. 2 bis 4 μ. ** Feinkörnige WC-Phase 0,5 bis 2 μ. *** Spricht

metalle auf Basis *WC-TiC-Co*, *WC-TaC(NbC)-Co* und *WC-TiC-TaC(NbC)-Co* unterscheiden.

Bei geringen bis mittleren Gehalten an TiC- und/oder TaC bzw. TaC(NbC) können die angeführten Legierungen auch für die Bearbeitung kurzspanender Werkstoffe benutzt werden, so daß es gelingt, für nicht allzu extreme Schnittbedingungen *Universalhartmetalle* bzw. *Mehrzwecksorten* für die Bearbeitung kurz- *und* langspanender Werkstoffe herzustellen.

Bei den nichtmarktgängigen Hartmetallen ist nach wie vor die Gruppe der sogenannten *wolframkarbidfreien* Legierungen von größtem Interesse, da Wolfram ein verhältnismäßig teurer, auf dem Weltmarkt gelegentlich knapper Rohstoff ist.

A. Marktgängige Hartmetallsorten

1. WC-Co-Hartmetalle

Wie bereits auf S. 6 bei der geschichtlichen Entwicklung ausgeführt wurde, waren die WC-Co-Hartlegierungen die ersten Sinterhartmetalle, welche großtechnische Bedeutung erlangt haben. Diese Gruppe der Hartmetalle dient vornehmlich für die Bearbeitung

Eigenschaften von WC-Co-Hartmetallen

Druckfestigkeit **** kg/mm²	Elastizitätsmodul* kg/mm²	Wärmeleitfähigkeit cal/cm. sec. °C	Wärmeausdehnungskoeffizient $\beta \cdot 10^6$		Spezifischer elektrischer Widerstand Mikroohm . cm
300	72200	—	5,7 bis 7,2		53
590	67000	0,21	—		—
580	64000	0,20	0 bis 300°	300 bis 600°	—
			3,4	4,1	
500	62000	0,19	0 bis 300°	300 bis 600°	20
			3,6	4,6	
550	63000	0,19	5		21
480	59000	0,18	—		—
470	58500	0,17	—		—
460	58000	0,16	0 bis 300°	300 bis 600°	18
			3,8	4,8	
450	56000	0,14	—		—
390	54000	—	6		—
340	50000	—	0 bis 300°	300 bis 600°	—
			4,7	6,2	
320	47000	—	0 bis 300°	300 bis 600°	—
			5,0	6,7	
300	44000	—	—		—
—	18000	0,17	5,1		14

stark auf Korngröße und Kohlenstoffbilanz an. **** Mittelwerte.

kurzspanender Werkstoffe und für Verschleißteile[1–4]. Zahlentafel 25 (s. a. Zahlentafel 45, S. 210) zeigt zunächst übersichtlich, wie sich die physikalischen und mechanischen Eigenschaften von WC-Co-

[1] Becker, K.: Hochschmelzende Hartstoffe und ihre technische Anwendung, Verlag Chemie, Berlin 1933, S. 98ff.

[2] Skaupy, F.: Metallkeramik, 4. Aufl., Verlag Chemie, Weinheim, Bergstraße. 1950, S. 198.

[3] Kieffer, R. u. W. Hotop: Pulvermetallurgie und Sinterwerkstoffe, 2. Aufl., Springer-Verlag, Berlin/Göttingen/Heidelberg 1948, S. 296ff.

[4] Beutel, H.: Techn. Mit. Essen 52 (1958), S. 218/28.

Hartmetallen mit steigendem Kobaltgehalt ändern[1]. Vergleichsweise sind auch die Eigenschaften von reinem WC und reinem Kobalt mit aufgenommen. Das zähe Kobalt ist durch eine Dehnung bis 20% im weichgeglühten Zustand und eine sehr hohe Schlagfestigkeit (etwa 750 cmkg gegenüber 40 bis 90 cmkg bei WC- [6 bis 11%] Co-Hartmetallen) gekennzeichnet. Über WC-Co-Legierungen im Bereich über 30% Co bis zu reinem Kobalt, welche allerdings zunächst nur theoretisches Interesse haben, werden insbesondere Härte- und Festigkeitsangaben von C. NISHIMATSU und J. GURLAND[2] gemacht.

Bei den meisten Angaben in Zahlentafel 25 handelt es sich um Mittelwerte; nur bei den Werten für Dichte, Härte und Biegebruchfestigkeit wurde auf die Angabe von Mittelwerten verzichtet, aber die Grenzen so gesetzt, daß sie die meisten Markenhartmetalle umfassen. Da die WC-Co-Hartlegierungen bei gleicher Zusammensetzung mit wachsender Kornverfeinerung härter, mit Vergröberung der Karbidphase weicher und zäher, mit fallendem Gehalt an Gesamtkohlenstoff (η-Phase vgl. S. 86 u. S. 169) wiederum härter, mit steigendem Gehalt an freiem Kohlenstoff wiederum zäher und weicher werden, hat der Hartmetallfachmann viele metallurgische Mittel und Produktionskniffe an der Hand, die WC-Co-Sorten zu variieren und sie den speziellen Verwendungszwecken anzupassen. So wird z. B. die WC-Co-Legierung mit etwa 5,5% Co meist in einer grobkörnigeren, zäheren Sorte für normalen, weichen und mittelharten Guß und in einer feinkörnigeren, härteren Sorte zum Bearbeiten von hartem und spezialhartem Guß, ferner auch zum Riffeln und Feinbohren von Guß geliefert (vgl. hierzu die Varianten a) und b) in der Tabelle „Anwendungsgebiete"). Man geht meist nicht fehl in der Annahme, daß die höheren Härtewerte geringeren Werten der Biegebruchfestigkeit und spröderen Hartlegierungen, umgekehrt die niedrigeren Härtewerte höheren Werten der Biegebruchfestigkeit und zäheren Hartlegierungen zugeordnet sind. Gegenüber den TiC- und TaC(NbC)-haltigen Hartmetallen weisen die WC-Co-Hartlegierungen bei gleichen Kobaltgehalten höhere Zähigkeit und höhere Werte der Biegebruchfestigkeit sowie ferner eine bessere Leitfähigkeit der Wärme und der Elektrizität auf. Die Oxidations- und Korrosionsfestigkeit ist jedoch erheblich geringer, was wiederum eine starke Kleb- und Schweißneigung zu Drehspänen zur Folge hat.

In letzter Zeit macht sich jedoch sehr stark die Tendenz bemerkbar, den WC-Co-Legierungen mit 4,5 bis 18% Co kleine Zusätze von

[1] KIEFFER, R. u. W. HOTOP: Pulvermetallurgie und Sinterwerkstoffe, 2. Aufl., Springer-Verlag, Berlin/Göttingen/Heidelberg 1948, S. 296ff.

[2] NISHIMATSU, C. u. J. GURLAND: Trans. Am. Soc. Met. 52 (1960), S. 469/84. S. 469/84.

etwa 0,5 bis 3% TaC + TiC (s. Zahlentafeln 43, 44, 45) zu geben, die u. a. kornwachstumshemmend und härtesteigernd wirken, ansonsten aber die nachfolgend besprochenen Eigenschaften wenig ändern.

Zu den einzelnen Eigenschaften ist noch unter Berücksichtigung sehr zahlreicher Literaturangaben folgendes auszuführen:

a) Dichte

Die Dichte von WC-Co-Hartmetallen ist in erster Linie abhängig vom Kobaltgehalt und dem Sinterungsgrad. Da im System WC-Co bei Raumtemperatur keine wesentliche Mischkristallbildung auftritt, kann man die Dichte derartiger Legierungen nach der Mischungsregel errechnen. In Abhängigkeit vom Kobaltgehalt ergibt sich demnach ein Zusammenhang gemäß Abb. 73[1–8] (s. a. Abb. 93). Die tatsächlich bestimmten Dichten liegen aber meist 0,5 bis 3% unter den theoretischen Werten (gestrichelte Linie). Diese Abweichungen sind auf eine mehr oder weniger starke, unerwünschte Restporosität zurückzuführen, welche durch ungenügende Feinmahlung[9, 10], Untersinterung, Übersinterung oder durch Verunreinigungen, wie z. B. Oxide oder Graphit[11], bedingt sein kann. Während die Höhe des Preßdruckes bei der Herstellung von WC-Co-Pulverpreßlingen (Abb. 74) keinen großen Einfluß auf die Enddichte des Sinterkörpers hat (vgl. auch die Ausführungen

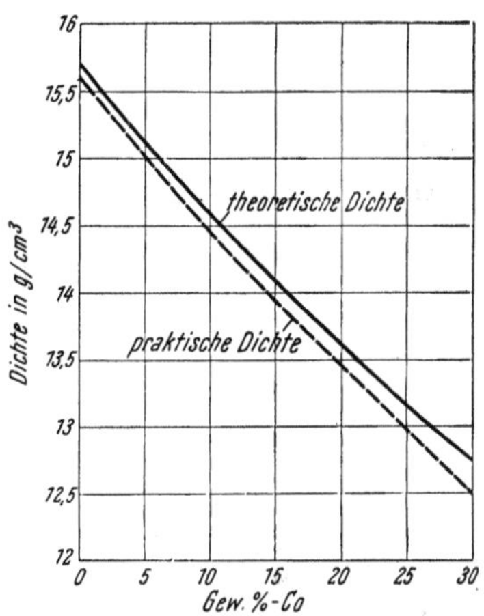

Abb. 73. Abhängigkeit der Dichte von WC-Co-Hartmetallen vom Kobaltgehalt

---

1 Hoyt, S. L.: Trans. Am. Inst. Min. Met. Engng. **89** (1930), S. 9/58.

2 Becker, K.: Physik Z. **34** (1933), S. 185/89.

3 Sykes, W. P.: Am. Inst. Min. Met. Engng., Techn. Publ. Nr. 924 (1938).

4 Sandford, E. J. u. E. M. Trent: Iron Steel Inst., Spec. Rep. Nr. 38, London 1947, S. 87/91.

5 Mantle, E. C.: Metal Treatment **14** (1947), S. 141/48.

6 Hinnüber, J.: Z. Ver. dtsch. Ing. **92** (1950), S. 111/17.

7 Petrdlik, M.: Hutnické Listy **4** (1949), S. 165/68.

8 Ballhausen, C.: Stahl u. Eisen **72** (1952), S. 489/92.

9 Kreimer, G. S., O. S. Safonova u. A. I. Baranov: Zur. Techn. Fiz. **25** (1955), S. 117/24.

10 Gurland, J. u. P. Bardzil: J. Metals **7** (1955), S. 311/15, Trans. Met. Soc. Am. Inst. Met. Engng. **215** (1959), S. 601/08, In: Powder Metallurgy. Intersci. Publ., New York 1961, S. 661/82, Jernkontorets Ann. **147** (1963), S. 4/21.

11 Petrdlik, M. u. V. Dufek: Hutnické Listy **10** (1955), S. 528/34.

bei „Härte"),spielen Sintertemperatur und Sinterzeit eine entscheidende Rolle (Abb. 75). Dabei ist zu beachten, daß bei Überschreitung einer bestimmten Sintertemperatur eine Dichteminderung (Aufblähung) eintritt[1], welche sich natürlich sehr ungünstig auf die Festigkeitswerte auswirkt (s. Abb. 44, S. 94)[2–4, 8].

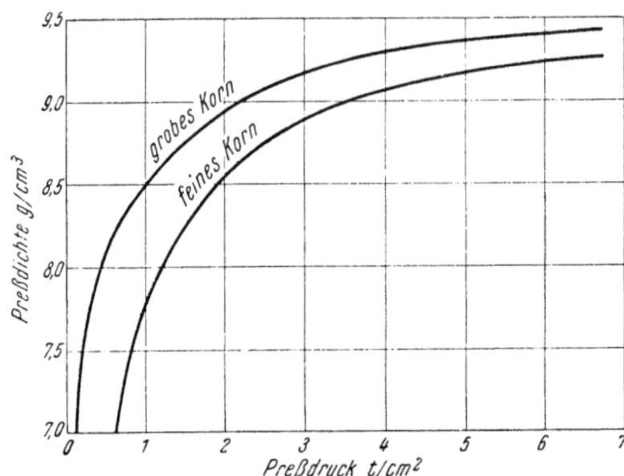

Abb. 74. Preßdichte von WC-Co-Preßlingen in Abhängigkeit vom Preßdruck und von der Korngröße (H. BURDEN)

Durch Drucksintern kann man fast porenfreie Werkstoffe erzeugen, deren Dichten mit den theoretischen Werten (Abb. 73) praktisch übereinstimmen[5, 6] (vgl. S. 166).

b) *Härte*

Zwischen dem Kobaltgehalt und der Härte (Rockwell-A- und Vickershärte) von WC-Co-Hartmetallen, die unter sonst gleichen Bedingungen hergestellt wurden, besteht ein enger Zusammenhang.

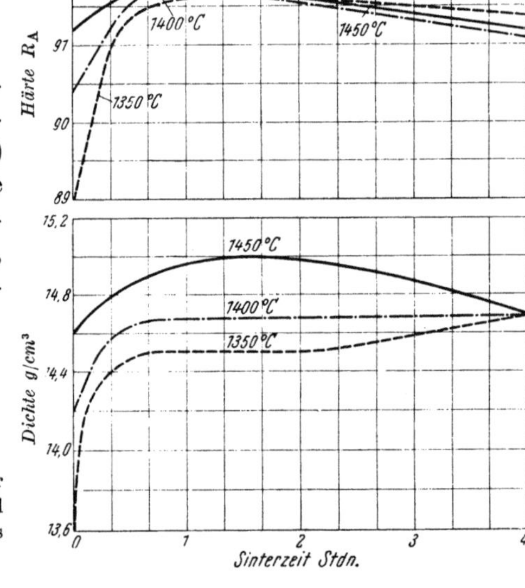

Abb. 75. Einfluß der Sintertemperatur und Sinterzeit auf die Dichte und Härte eines WC-Co-Hartmetalles (6,25% Co) (H. BURDEN)

---

[1] DAWIHL, W.: Z. Metallkunde **42** (1951), S. 193/97.

[2] MANTLE, E. C.: Metal Treatment **14** (1947), S. 141/48.

[3] BURDEN, H.: Iron Steel Inst., Spec. Rep. Nr. 38, London 1947, S. 78/83.

[4] DAWIHL, W. u. J. HINNÜBER: Kolloid-Z. **104** (1943), S. 233/36.

[5] HOYT, S. L.: Trans. Am. Inst. Min. Met. Eng. **89** (1930), S. 9/58.

[6] MEERSON, G. A. u. V. I. SCHABALIN: Cvetnyje Metally **4** (1940), Nr. 3, S. 77/85.

[8] ČECH, B.: Hutnické Listy **11** (1956), S. 419/24.

Mit steigendem Kobaltgehalt nimmt die R_A- bzw. Vickershärte gemäß Abb. 76 (s. a. Zahlentafel 25[1–29]) ab.

Wie schon mehrfach ausgeführt, wird die Härte von Hartmetallen von der Mikroporosität, am stärksten jedoch von der Korngröße der Karbidphase[30–43] (der Feinstdispersion des Hilfsmetalles und Karbides) sowie von der Kohlenstoffbilanz beeinflußt. Die Korngröße der Ausgangspulver, der Mahlungsgrad sowie Sintertemperatur und

---

[1] Hoyt, S. L.: Trans. Am. Inst. Min. Met. Engng. **89** (1930), S. 9/58.

[2] Agte, C.: Metallwirtsch. **9** (1930), S. 401/02.

[3] Becker, K.: Physik Z. **34** (1933), S. 185/98.

[4] Sykes, W. P.: Am. Inst. Min. Met. Engng., Techn. Publ. Nr. 924 (1938).

[5] Sandford, E. J. u. E. M. Trent: Iron Steel Inst., Spec. Rep. Nr. 38, London 1947, S. 84/91.

[6] Mantle, E. C.: Metal Treatment **14** (1947), S. 141/48.

[7] Burden, H.: Metallurgia **38** (1948), S. 27/33, Alloy Metals Rev. **5** (1948), Nr. 47, S. 2/11.

[8] Sandford, E. J.: Alloy Metals Rev. **7** (1949), Nr. 52, S. 2/12.

[9] Hinnüber, J.: Z. Ver. dtsch. Ing. **92** (1950), S. 111/17.

[10] Ammann, E. u. J. Hinnüber: Stahl u. Eisen **71** (1951), S. 1081/90.

[11] Ballhausen, C.: Stahl u. Eisen **72** (1952), S. 489/92.

[12] Meyer, O. u. W. Eilender: Arch. Eisenhüttenwes. **11** (1938), S 545/62.

[13] Blažek, St.: Hutnické Listy **8** (1953), S. 622/26.

[14] Widmer, M.: Ind. Organisation **23** (1954), S. 215/20.

[15] Bernard, R.: Metallurgia Ital. **47** (1955), S. 245/50.

[16] Agte, C. u. R. Wehner: Fertigungstechnik **6** (1956), S. 385/88.

[17] Dufek, V.: Strojirenstvi **7** (1957), S. 857/61.

[18] Palmquist, S.: Jernkont. Ann. **141** (1957), S. 300/07, Arch. Eisenhyttenwes. **33** (1962), S. 629/33.

[19] Bryjak, E., S. Piaskowski u. Z. Bojarski: Fertigungstechnik **8** (1958), S. 60/65.

[20] Kölbl, F.: Berg- u. Hüttenmänn. Mh. **103** (1958), S. 12/15; Planseeber. Pulvermetallurgie **6** (1958), S. 22/26.

[21] Caugherty, B. M., H. T. Oatman u. O. W. Reen: Am. Soc. Test. Mater., Prepr. Nr. 79 (1959).

[22] Nishimatsu, C. u. J. Gurland: Trans. Am. Soc. Met. **52** (1960), S. 469/84.

[23] Tschaporova, I. N. u. E. A. Schtschetelina: Tverdyje Splavy **1** (1959), S. 209/25.

[24] Kirner, K.: Z. Metallkunde **51** (1960), S. 391/93.

[25] Dawihl, W. u. G. Altmeyer: Ann. Univ. Saraviensis Naturwiss. Sci. **9** (1960/61), Nr. 1/2, S. 121/61.

[26] Tumanov, V. I., V. F. Funke, M. L. Baskin u. T. A. Novikova: Izv. Akad. Nauk SSSR, Met. Topl. (1961), Nr. 6, S. 144/48.

[27] Funke, V. F., V. I. Tumanov u. Z. S. Truchanova: Izv. Akad. Nauk SSSR, Met. Topl. (1961), Nr. 5, S. 101/08, In: Issl. Zaroprotsch. Spl. **8** (1962), S. 88/95.

[28] Funke, V. F., S. I. Judkovski u. V. S. Panov: Poroschkovaja Met. (1962), Nr. 6, S. 61/66.

[29] Kreimer, G. S. u. N. A. Alexejeva: Fiz. Metallov Metalloved. **13** (1962), S. 609/14; Poroschkovaja Met. (1963), Nr. 5, S. 61/71.

[30] Gurland, J.: J. Metals **6** (1954), S. 285/90.

Sinterzeit werden daher bei sonst gleicher Zusammensetzung die Härte entscheidend beeinflussen. O. MEYER und W. EILENDER[12]

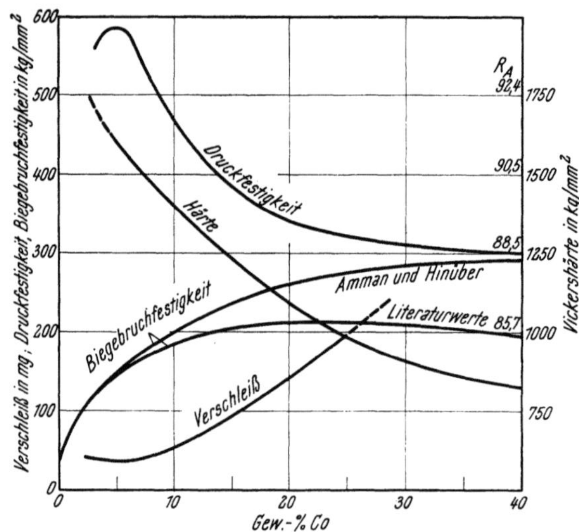

Abb. 76. Abhängigkeit der Härte, Biegebruchfestigkeit, Druckfestigkeit und des Verschleißes von WC-Co-Hartmetallen vom Kobaltgehalt

haben sehr eingehend die Änderung der Rockwell-A-Härte von WC-Co-Hartmetallen in Abhängigkeit von der Korngrößenver-

[31] GURLAND, J. u. P. BARDZIL: J. Metals **7** (1955), S. 311/15, Trans. Met. Soc. Am. Inst. Met. Engng. **215** (1959), S. 601/08, In: Powder Metallurgy. Intersci. Publ., New York 1961, S. 661/82, Jernkontorets Ann. **147** (1963), S. 4/21.

[32] PETRDLIK, M. u. V. DUFEK: Hutnické Listy **10** (1955), S. 528/34.

[33] BROWNLEE, J., R. EDWARDS u. T. RAINE: Symposium on Powder Metallurgy 1954; Iron Steel Inst., London 1956, S. 302/04.

[34] PETRDLIK, M., V. DUFEK u. J. HRUŠKA: Hutnické Listy **12** (1957), S. 617/18.

[35] KREIMER, G. S., I. I. SIDORIN u. J. F. TISCHTSCHENKOVA: Izv. Akad. Nauk SSSR, Met. Topl. (1958), Nr. **3**, S. 113/18.

[36] BYSTROVA, K. A. u. V. F. FUNKE: Izv. Akad. Nauk SSSR, Met, Topl. (1958), Nr. 6, S. 37/41.

[37] ALEXEJEVA, N. A., A. I. BARANOV u. G. S. KREIMER: Izv. Akad. Nauk. SSSR, Met. Topl. (1959), Nr. **3**, S. 92/98.

[38] PLATOV, A. B.: Izv. Akad. Nauk SSSR, Met. Topl. (1960), Nr. 4, S. 136/42, Tverdyje Splavy (1960), Nr. 2, S. 82/89.

[39] KOVALSKI, A. E. u. L. C. PIVOVAROVA: Tverdyje Splavy (1960), Nr. 2, S. 172/75.

[40] SCHMIDT, W.: Arch. Eisenhüttenwes. **32** (1961), S. 467/73.

[41] KREIMER, G. S. u. O. S. SAFONOVA: Izv. Akad. Nauk SSSR, Met. Topl. (1962), Nr. 3, S. 94/97.

[42] KREIMER, G. S., M. R. VACHOVSKAJA, V. I. TUMANOV u. Z. I. PAVLOVA: Fiz. Metallov Metalloved. **13** (1962), S. 901/11.

[43] DAWIHL, W. u. G. ALTMEYER: Z. Metallkunde **55** (1964), S. 231/37.

teilung, dem angewandten Preßdruck, der Sintertemperatur und Sinterzeit untersucht. Mit steigender Korngröße nimmt die R_A-Härte beträchtlich ab (Abb. 77, s. a. Zahlentafel 25). Je feiner das Pulver ist, um so niedriger kann der Preßdruck gewählt werden, um zu dichten und möglichst harten Körpern zu gelangen (Zahlentafel 26 und 27). Mit steigender Sintertemperatur nimmt die Härte zu und erreicht bei einem bestimmten Punkt, der von der Korngröße und

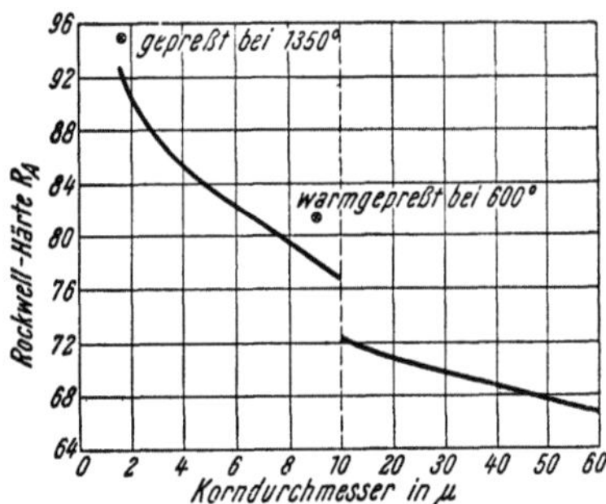

Abb. 77. Abhängigkeit der Härte eines WC-Co-Hartmetalles (etwa 8% Co) von der Korngröße des Ausgangspulvers (O. MEYER und W. EILENDER)

Zahlentafel 26. *Abhängigkeit der Härte von der Korngröße verschiedener WC-Co-Pulver nach der Sinterung bei 1500° (Co-Gehalt etwa 8%).* O. MEYER u. W. EILENDER)

Nr.	Korngröße μ	Preßdruck kg/cm²	Härte R_A
1	60 bis 200	8000	n. b.
2	60 bis 25	8000	68
3	25 bis 15	8000	70,5
4	0 bis 15	8000	78,5
5	75% < 6	800	83,5
6	75% < 4	800	89
7	75% < 3	200	92

Zahlentafel 27. *Einfluß des Preßdruckes auf die Härte verschiedener WC-Co-Mischungen nach dem Sintern* (O. MEYER u. W. EILENDER)

Grobpulver Nr. 4*		Feinpulver Nr. 6*		Feinpulver Nr. 7**	
Preßdruck kg/cm²	Härte R_A	Preßdruck kg/cm²	Härte R_A	Preßdruck kg/cm²	Härte R_A
3000	71	100	87	20	89
4000	72	200	87	40	92
5000	75	400	87,5	70	90,5
6000	77	600	87,5	100	91
8000	78	700	88	200	91,5
10000	76,5	800	89	2000	89,5
15000	75	900	88	—	—
—	—	1000	87,5	—	—
—	—	2000	86,5	—	—
—	—	3000	86	—	—
—	—	5000	85	—	—

* Sintertemperatur 1500° C.
** Sintertemperatur 1400° C, Sinterzeit ½ Stunde.

Zusammensetzung abhängig ist, einen Höchstwert, von dem sie dann infolge Rekristallisation der Karbidphase sowie später durch Aufblähung wieder abfällt (Abb. 78). Diese Beobachtung kann man auch machen, wenn die Sinterzeit übermäßig lange ausgedehnt wird (s. Abb. 75[1, 2]).

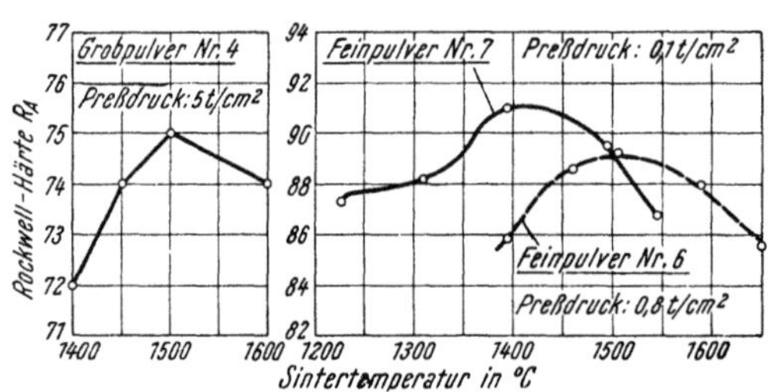

Abb. 78. Einfluß der Sintertemperatur auf die Härte verschiedener WC-Co-Pulver (etwa 8% Co) nach dem Sintern (O. MEYER u. W. EILENDER)

In letzter Zeit haben J. GURLAND und P. BARDZIL[3, 4] den gleichzeitigen Einfluß von Kobaltgehalt und Korngröße (Abb. 79) auf die Härte untersucht. Sie fanden auch einen exponentiellen Zusammenhang zwischen dem mittleren freien Abstand der WC-Körner und der R_A-Härte (Abb. 80).

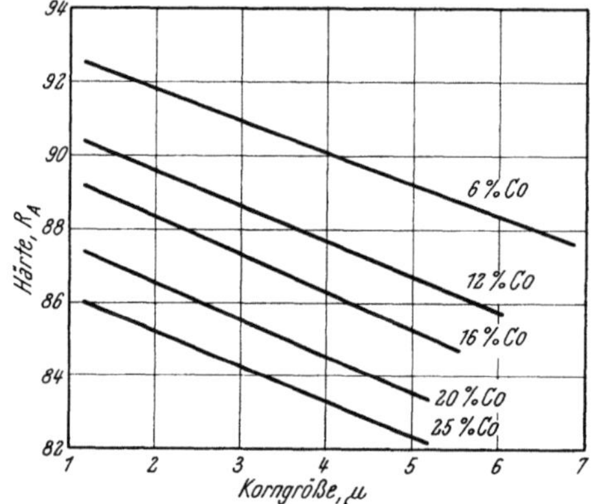

Abb. 79. Abhängigkeit der Härte von WC-Co-Hartmetallen vom Kobaltgehalt und von der Korngröße der WC-Phase (J. GURLAND und P. BARDZIL)

Die Auswirkung einer Überkohlung (Auftreten von freiem Graphit) und einer Unterkohlung (Auftreten der spröden η-Phase) auf die Härte von WC-(16%) Co-Hartmetallen geht nach R. BERNARD[5] aus Abb. 82 und zahlenmäßig aus Zahlentafel 28[6] hervor.

Zu besonders dichten, porenfreien und harten Körpern gelangt man, nach S. L. HOYT[7] u. a., wenn man die Sinterung unter Druck

[1] BURDEN, H.: Iron Steel Inst., Spec. Rep. Nr. 38, London 1947, S. 78/83.

[2] ČECH, B.: Hutnické Listy **11** (1956), S. 419/24.

[3] GURLAND, J. u. P. BARDZIL: J. Metals **7** (1955), S. 311/15, Trans. Met. Soc. Am. Inst. Met. Engng. **215** (1959), S. 601/08, In: Powder Metallurgy. Intersci. Publ., New York 1961, S. 661/82, Jernkontorets Ann. **147** (1963), S. 4/21.

[4] GURLAND, J. u. J. T. NORTON: 2. Plansee Seminar, Reutte/Tirol 1955, S. 99/100.

[5] BERNARD, R.: Neue Hütte **2** (1957), S. 757/61; La Mét. 89 (1957), S. 307/12.

[6] BROWNLEE, L. D., R. EDWARDS u. T. RAINE: Symposium on Powder Metallurgy 1954. Iron Steel Inst., London 1956, S. 302/04.

[7] HOYT, S. L.: Trans. Am. Inst. Min. Met. Engng. **89** (1930), S. 9/58.

Zahlentafel 28. *Physikalische Eigenschaften von WC-Co-Hartmetall 93,5/6,5 in Abhängigkeit von der Kohlenstoffbilanz* (L. D. BROWNLEE, R. EDWARDS u. T. RAINE)

Kohlenstoffgehalt	Härte HV kg/mm²	Biegebruchfestigkeit kg/mm²
0,2% freier Kohlenstoff	1525	102
0,05% freier Kohlenstoff	1625	142
theoretischer Kohlenstoff	1650	142
0,05% Unterkohlung	1675	134
0,1% Unterkohlung	1600	87

vornimmt[1–3]. Nach G. A. MEERSON und V. I. SCHABALIN[4] erzielt man beim Heißpressen von WC-Co-Hartmetallen in Abhängigkeit vom Kobaltgehalt Härten und Dichten gemäß Zahlentafel 29.

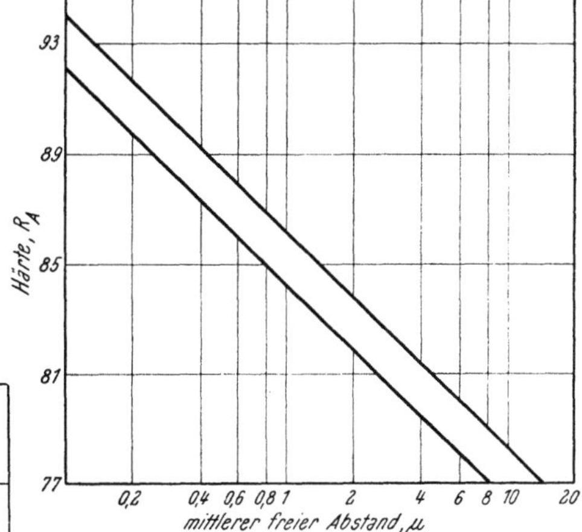

Abb. 80. Abhängigkeit der Härte von WC-Co-Hartmetallen vom Kobaltgehalt und vom mittleren freien Abstand zwischen den WC-Kristallen (J. GURLAND und P. BARDZIL)

Von größter Bedeutung für die Praxis ist die *Warmhärte* von Hartmetallen (s. S. 264 und 364). Aus der Abhängigkeit der Härte von der Temperatur gemäß Abb. 81 sieht man, daß z. B. bei

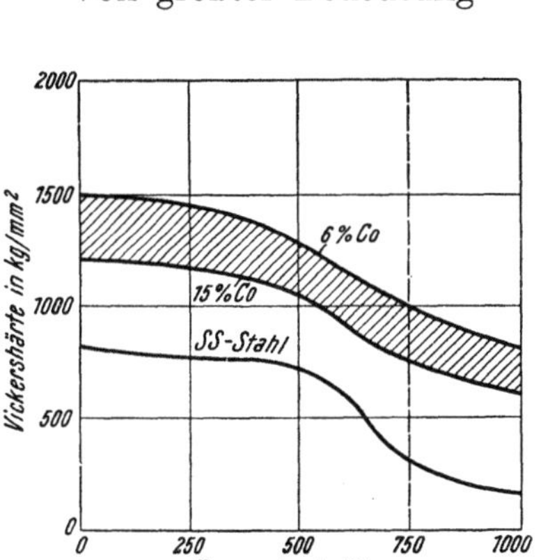

Abb. 81. Warmhärte von WC-Co-Hartmetallen im Vergleich zu Schnellstahl (E. AMMANN und J. HINNÜBER)

[1] MEYER, O. u. W. EILENDER: Arch. Eisenhüttenwes. **11** (1938), S. 545/62.

[2] BROCHIN, I. S.: Vestn. Metalloprom. **16** (1936), Nr. 14, S. 63/71, Nr. 15, S. 20/25.

[3] GENZELOVITSCH, M. I.: Automobil. Prom. (1946), Nr. 9/10, S. 20/21.

[4] MEERSON, G. A. u. V. I. SCHABALIN: Cvetnyje Metally **4** (1940), Nr. 3, S. 77/85.

750° ein Hartmetall mit 6% Co noch härter ist als Schnellstahl in der Kälte[1].

Weitere Angaben über die Warmhärte von WC-Co-Hartmetallen werden von zahlreichen Autoren gemacht[2–14].

Zahlentafel 29. *Eigenschaften heißgepreßter WC-Co-Hartmetalle* (G. A. MEERSON u. V. I. SCHABALIN)

Zusammensetzung %		Heißpreß-temperatur* °C	Nach-behandlung**	Härte R_A	Dichte g/cm³
WC	Co				
96	4	1450	—	90 bis 90,5	14,98
			geglüht	91 bis 91,5	14,99
94	6	1450	—	89,5 bis 90	14,80
			geglüht	90 bis 90,5	14,81
92	8	1425	—	87,5 bis 88	14,61
			geglüht	88,5 bis 89,5	14,60
90	10	1425	—	83 bis 84	porös
			geglüht	85 bis 86,5	porös
87	13	1400	—	80 bis 81	porös
			geglüht	82 bis 83	porös

* Heißpreßdauer: 3 Minuten. ** Glühung bei 1400° 90 Minuten.

Die Schwierigkeiten, welche bei der Bestimmung der Kalt- und Warmhärte von Hartmetallen auftreten, sind schon auf S. 126 besprochen worden. Es ist danach im allgemeinen schwer möglich,

[1] AMMANN, E. u. J. HINNÜBER: Stahl u. Eisen 71 (1951), S. 1081/90.

[2] NAVIAS, L. bei S. L. HOYT: Trans. Am. Inst. Min. Met. Eng. 89 (1930), S. 9/58.

[3] RAPATZ, F.: Z. Ver. dtsch. Ing. 75 (1931), S. 965.

[4] AMMANN, E.: Z. techn. Phys. 21 (1940), S. 332/35.

[5] ZMESKAL, O.: Metal Progr. 51 (1947), S. 86.

[6] ENGLE, E. W. in J. WULFF: Powder Metallurgy, Am. Soc. Met. Cleveland 1942, S. 436/53.

[7] DAWIHL, W.: Z. techn. Physik. 21 (1940), S. 336/45.

[8] BETANELI, A. I.: Vestn. Maschinostroj. 33 (1953), Nr. 4, S. 49/52; Strojirenstvi 9 (1959), S. 831/33.

[9] HINNÜBER, J.: In: Fortschrittliche Fertigung und moderne Werkzeugmaschinen. Girardet, Essen 1954. S. 56/60, Techn. Mitt. Krupp 13 (1955), S. 66/68.

[10] BROCHIN, I. S., I. I. OLCHOV u. A. B. PLATOV: Cvetnyje Metally (1959), Nr. 10, S. 75/82.

[11] KREIMER, G. S., M. R. VACHOVSKAJA, V. I. TUMANOV u. Z. I. PAVLOVA: Fiz. Metallov Metalloved. 13 (1962), S. 901/11.

[12] PLATOV, A. B.: Poroschkovaja Met. (1962), Nr. 3, S. 63/68.

[13] ALTMEYER, G. u. O. JUNG: Z. Metallkunde 52 (1961), S. 576/83.

[14] DAWIHL, W., G. ALTMEYER u. M. K. MAL: Z. Metallkunde 54 (1963), S. 66/71.

Härtewerte von Hartmetallen aus dem Fachschrifttum und aus Firmenangaben ohne weiteres miteinander zu vergleichen[1–3]. Dies gilt insbesondere von den Werten der Rockwell-A-Härte. Bei den Vickershärtewerten ist, sofern die Prüfung unter gleichen Bedingungen und mittels einwandfreier Pyramiden durchgeführt wurden, ein Vergleich eher möglich.

c) *Biegebruchfestigkeit*

Die Biegebruchfestigkeit der Hartmetalle ist eine Eigenschaftsgröße, welche einen gewissen Aufschluß über die Zähigkeit des Materials gibt[4–38]. Die Biegebruchfestigkeit von WC-Co-Hartmetallen

---

[1] Comstock, G. J.: Iron Age **156** (1945), Nr. 9, S. 36A/36L.

[2] McKenna, P. M.: Iron Age **157** (1946), 2. Februar, S. 64/68.

[3] Ammann, E.: Stahl u. Eisen **66/67** (1947), S. 124/26.

[4] Hoyt, S. L.: Trans. Am. Inst. Min. Met. Engng. **89** (1930), S. 9/58.

[5] Agte, C.: Metallwirtsch. **9** (1930), S. 401/02.

[6] Comstock, G. J.: Trans. Am. Soc. Steel Treat. **18** (1930), S. 993/1008.

[7] Becker, K.: Physik. Z. **34** (1933), S. 185/88.

[8] Sykes, W. P.: Am. Inst. Min. Met. Engng., Techn. Publ. Nr. 924 (1938).

[9] Mantle, E. C.: Metal Treatment **14** (1947), S. 141/48.

[10] Sandford, E. J. u. E. M. Trent: Iron Steel Inst., Spec. Rep. Nr. 38, London 1947, S. 84/91.

[11] Burden, H.: Metallurgia **38** (1948), S. 27/33, Alloy Metals Rev. **59** (148), Nr. 47, S. 1/11.

[12] Sandford, E. J.: Alloy Metals Rev. **7** (1949), Nr. 52, S. 2/12.

[13] Hinnüber, J.: Z. Ver. dtsch. Ing. **92** (1950), S. 111/17.

[14] Ammann, E. u. J. Hinnüber: Stahl u. Eisen **71** (1951), S. 1081/90.

[15] Ballhausen, C.: Stahl u. Eisen **72** (1952), S. 489/92.

[16] Widmer, M.: Ind. Organisation **23** (1954), S. 215/20.

[17] Bernard, R.: Metallurgia Ital. **47** (1955), S. 245/50.

[18] Gurland, J. u. P. Bardzil: J. Metals **7** (1955), S. 311/15, Trans. Met. Soc. Am. Inst. Met. Engng. **215** (1959), S. 601/08, In: Powder Metallurgy. Intersci. Publ., New York 1961, S. 661/82, Jernkontorets Ann. **147** (1963), S. 4/21.

[19] Gurland, J. u. J. T. Norton: 2. Plansee Seminar, Reutte/Tirol 1955, S. 99/110.

[20] Kreimer, G. S., O. S. Safonova u. A. I. Baranov: Zur. Techn. Fiz. **25** (1955), S. 117/24, Fiz. Metallov Metalloved. **5** (1958), S. 361/64.

[21] Agte, C. u. R. Wehner: Fertigungstechnik **6** (1956), S. 385/88.

[22] Dufek, V.: Strojirenstvi **7** (1957), S. 857/61.

[23] Nishimatsu, C. u. J. Gurland: Trans. Am. Soc. Met. **52** (1960), S. 469/84.

[24] Kerper, M. J., L. E. Mong, M. B. Stiefel u. S. F. Holley: J. Res. Nat. Bur. Stand. **61** (1958), S. 149/69.

[25] Kreimer, G. S., I. I. Sidorin u. J. F. Tischtschenkova: Izv. Akad. Nauk SSSR, Met. Topl. (1958), Nr. 3, S. 113/18.

[26] Alexejeva, N. A., A. I. Baranov u. G. S. Kreimer: Izv. Akad. Nauk. SSSR, Met. Topl. (1959), Nr. 3, S. 92/98.

[27] Platov, A. B.: Izv. Akad. Nauk SSSR, Met. Topl. (1960), Nr. 4, S. 136/42, Tverdyje Splavy (1960) Nr. 2, S. 82/89.

wächst mit steigendem Kobaltgehalt, ohne jedoch diesem direkt proportional zu sein (s. Abb. 76). Bei etwa 20 bis 25% Co wird ein Maximum erreicht. Bei noch höheren Kobaltgehalten fällt die Kurve der Biegebruchfestigkeitswerte ab. Dies hängt damit zusammen, daß einerseits oberhalb eines Gehaltes von etwa 25% Co auf dem normalen Wege eine Dichtsinterung sehr schwer erzielt werden kann, andererseits, daß die festigkeitssteigernde Brückenbildung zwischen den Karbidkörnern oberhalb 15% Co langsam aufhört und die Wolframkarbidkristalle mehr oder weniger frei in der Kobaltbindemasse eingebettet erscheinen[39]. Allerdings nimmt die Biegebruchfestigkeit unter bestimmten Herstellungsbedingungen nach E. Ammann und J. Hinnüber[40] auch bei Kobaltgehalten über 20% noch geringfügig zu (s. Vergleichskurve in Abb. 76).

Bei Kobaltgehalten bis etwa 10% kann bei Biegebeanspruchung bis zum Bruch keine bleibende Verformung beobachtet werden. Diese wird erst bei 20% Co übersteigenden Gehalten deutlich[41].

Wie sich die Biegebruchfestigkeit mit der Sintertemperatur ändert, ist in Abb. 43, S. 88 schematisch dargestellt. Bei Übersinterung tritt infolge von Kornwachstum und Aufblähungen ein starker Abfall der Biegebruchfestigkeit auf[39].

---

[28] Kreimer, G. S.: Izv. Akad. Nauk SSSR, Met. Topl. (1960), Nr. 4 S. 129/35.

[29] Voronov, F. F. u. D. B. Balaschov: Fiz. Metallov Metalloved. **9** (1960), S. 616/20.

[30] Hinnüber, J. u. W. Kinna: Techn. Mitt. Krupp **19** (1961), S. 13/53, Stahl u. Eisen **82** (1962), S. 31/46.

[31] Tschaporova, I. N., E. A. Schtschetelina u. O. I. Serebrova: Metalloved. Term. Obr. Metallov (1961), Nr. 7, S. 44/46.

[32] Funke, V. F., V. I. Tumanov u. Z. S. Truchanova: Izv. Akad. Nauk SSSR, Met. Topl. (1961), Nr. 5, S. 101/08, In: Issl. Zaroprotsch. Spl. **8** (1962), S. 88/95.

[33] Kreimer, G. S. u. N. A. Alexejeva: Fiz. Metallov Metalloved. **13** (1962), S. 609/14, .Poroschkovaja Met. (1963), Nr. 5, S. 61/71.

[34] Kreimer, G S. u. O. S. Safonova: Izv. Akad. Nauk SSSR, Met. Topl., (1962), Nr. 3, S. 94/97.

[35] Funke, B. F., S. I. Judkovski u. V. S. Panov: Poroschkovaja Met. (1962), Nr. 6, S. 61/66.

[36] Ivensen, V. A.: Poroschkovaja Met. (1963), Nr. 3, S. 37/51.

[37] Kreimer, G. S., N. A. Alexejeva u. M. R. Vachovskaja: Fiz. Metallov Metalloved. **15** (1963), S. 428/34.

[38] Tumanov, V. I., V. F. Funke, Z. S. Truchova, T. A. Novikova u. K. F. Kuznecova: Poroschkovaja Met. (1964), Nr. 2, S. 57/60, Izv. Akad. Nauk SSSR, Met. (1964), Nr. 1, S. 170/75.

[39] Dawihl, W. u. J. Hinnüber: Kolloid-Z. **104** (1943), S. 233/36.

[40] Ammann, E. u. J. Hinnüber: Stahl u. Eisen **71** (1951), S. 1081/90.

[41] Dawihl, W.: Z. techn. Physik **21** (1940), S. 336/45.

Unterkohlte Hartmetalle haben, bedingt durch die versprödend wirkende η-Phase, ebenfalls schlechte Biegebruchfestigkeitswerte, wie aus Abb. 82 und Zahlentafel 28 hervorgeht[1–4].

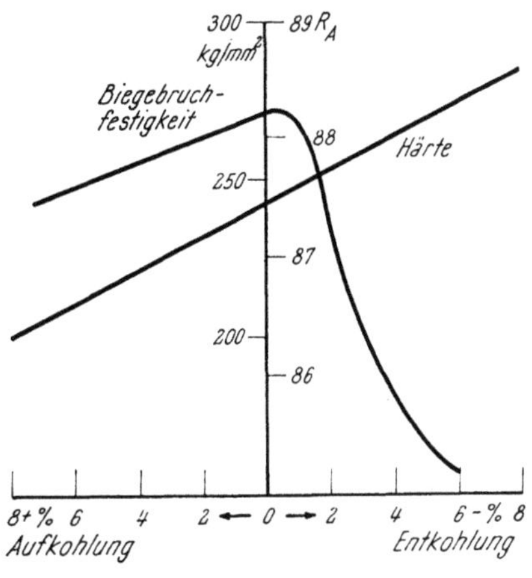

Abb. 82. Härte und Biegebruchfestigkeit von WC-Co-Hartmetallen in Abhängigkeit der Kohlenstoffbilanz (R. Bernard)

In eingehenden Untersuchungen haben J. Gurland und P. Bardzil[5–7] den sehr entscheidenden Einfluß von Korngröße und mittlerem freien Abstand der WC-Körner auf die Biegebruchfestigkeit von Hartmetallen mit unterschiedlichem Kobaltgehalt untersucht. (Vgl. auch die entsprechenden Untersuchungen an WC-TiC-Co-Hartmetallen von russischen Forschern S. 194). Sie kommen zu der für die Hartmetallpraxis sehr bedeutenden Feststellung, daß die Zähigkeit — ausgedrückt durch die Biegebruchfestigkeitswerte — für einen bestimmten Kobaltgehalt und bei einer

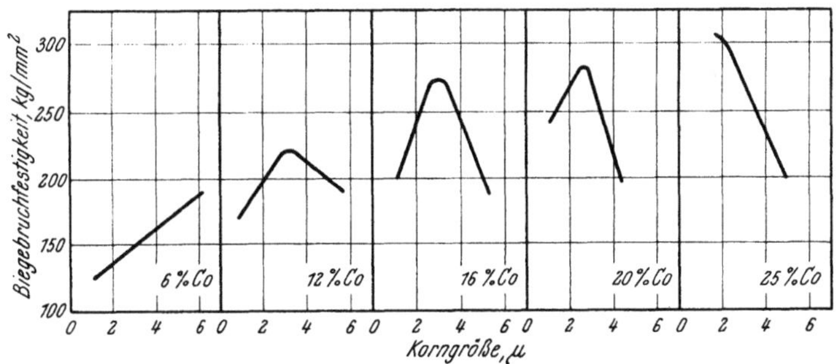

Abb. 83. Biegebruchfestigkeit von WC-Co-Hartmetallen in Abhängigkeit vom Kobaltgehalt und von der Korngröße der WC-Phase (J. Gurland und P. Bardzil)

---

[1] Gurland, J.: J. Metals **6** (1954), S. 285/90.

[2] Petrdlik, M. u. V. Dufek: Hutnické Listy **10** (1955), S. 528/34.

[3] Brownlee, L. D., R. Edwards u. T. Raine: Symposium on Powder Metallurgy 1954, Iron Steel Inst., London 1956, S. 302/04.

[4] Bernard, R.: Neue Hütte **2** (1957), S. 757/61, La Mét. **89** (1957), S. 307/12.

[5] Gurland, J. u. P. Bardzil: J. Metals **7** (1955), S. 311/15, Trans. Met. Soc. Am. Inst. Met. Engng. **215** (1959), S. 601/08, In: Powder Metallurgy. Intersci. Publ., New York 1961, S. 661/82, Jernkontorets Ann. **147** (1963), S. 4/21.

[6] Gurland, J. u. J. T. Norton: 2. Plansee Seminar, Reutte/Tirol 1955, S. 99/110.

[7] Nishimatsu, C. u. J. Gurland: Trans. Am. Soc. Met. **52** (1960), S. 469/84.

bestimmten Korngröße bzw. einem bestimmten mittleren freien Abstand der Karbidkörner ein ausgesprochenes Maximum aufweist (Abb. 83 und 84).

Die *Warmbiegebruchfestigkeit* von WC-Co-Hartmetallen mit 2 bis 25% Co zeigt nach G. S. KREIMER und Mitarbeitern[1–5] ein deutliches Maximum bei etwa 20% Co und 200°, wobei grobkörnigere Legierungen den feinkörnigeren überlegen sind[4–8] (Abb. 85).

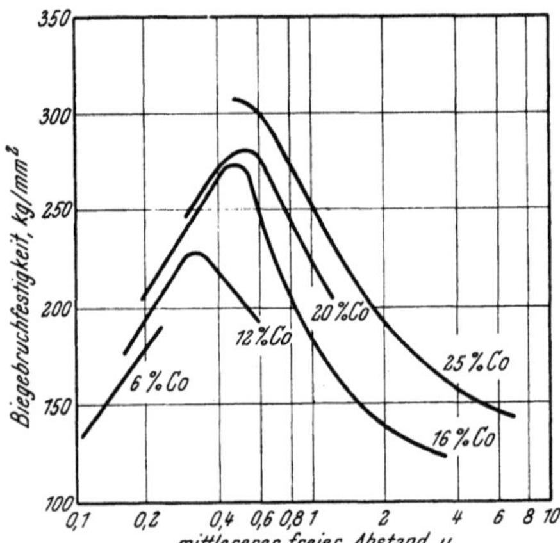

Abb. 84. Biegebruchfestigkeit von WC-Co-Hartmetallen in Abhängigkeit vom Kobaltgehalt und vom mittleren freien Abstand zwischen den WC-Kristallen (J. GURLAND und P. BARDZIL)

Wegen älterer Angaben über die Warmbiegebruchfestigkeit vgl. das Schrifttum[9–11] und die Ausführungen auf S. 194.

Die Literaturwerte der Biegebruchfestigkeit sind, ähnlich wie die Härtewerte, nicht ohne weiteres vergleichbar. Nur auf ein und derselben Prüfmaschine unter gleichen Bedingungen und an gleichen Stabquerschnitten gefundene Werte können im Vergleich zueinander gesetzt werden. Es ergeben sich, über die sonst üblichen Schwankungen der Prüfung von 5 bis 10% hinaus, zwischen den einzelnen Proben weitere, von den Prüfbedingungen

[1] KREIMER, G. S., O. S. SAFONOVA u. A. I. BARANOV: Zur. Techn. Fiz. **25** (1955), S. 117/24, Fiz. Metallov Metalloved **5** (1957), S. 361/64.

[2] KREIMER, G. S., I. I. SIDORIN u. J. F. TISCHTSCHENKOVA: Izv. Akad. Nauk SSSR, Met. Topl. (1958), Nr. 3, S. 113/18.

[3] KREIMER, G. S.: Izv. Akad. Nauk SSSR, Met. Topl. (1960), Nr. 4, S. 129/35.

[4] BARANOV, A. I.: Tverdyje Splavy **1** (1959), S. 161/68.

[5] ALEXEJEVA, N. A., A. I. BARANOV u. G. S. KREIMER: Izv. Akad. Nauk SSSR, Met. Topl. (1959), Nr. 3, S. 92/98.

[6] PLATOV, A. B.: Izv. Akad. Nauk SSSR, Met. Topl. (1960), Nr. 4, S. 136/42, Tverdyje Splavy (1960), Nr. 2, S. 82/89.

[7] KREIMER, G. S., M. R. VACHOVSKAJA, V. I. TUMANOV u. Z. I. PAVLOVA: Fiz. Metallov Metalloved. **13** (1962), S. 901/11.

[8] KREIMER, G. S., M. R. VACHOVSKAJA u. A. I. BARANOV: Fiz. Metallov Metalloved. **10** (1960), S. 698/709, Tverdyje Splavy (1960), Nr. 2, S. 57/78.

[9] HOYT, S. L.: Trans. Am. Inst. Min. Met. Engng. **89** (1930), S. 9/58.

[10] BECKER, K.: Physik. Z. **34** (1933), S. 185/88.

[11] BROCHIN, I. S.: Vestn. Metalloprom. **16** (1936), Nr. 14, S. 63/71, Nr. 15, S. 20/25.

abhängige Streuungen, welche die von verschiedenen Erzeugern angegebenen Werte auf ± 15 bis 20% auseinanderziehen[1–3]. Auch die

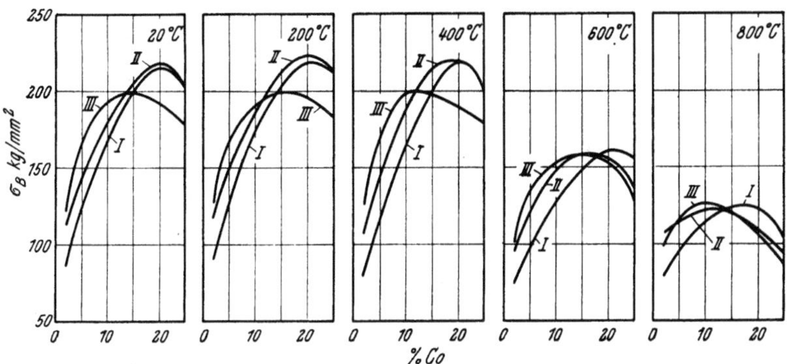

Abb. 85. Warmbiegebruchfestigkeit von WC-Co-Hartmetallen in Abhängigkeit vom Kobaltgehalt und von der Korngröße (I: 1,64 μ; II: 3,3 μ; III: 4,95 μ). (N. A. ALEXEJEVA, A. I. BARANOV u. G. S. KREIMER).

Oberflächenbeschaffenheit der Probe (Schleifmarken, Mikrokerben) ist von großem Einfluß auf die Ergebnisse[4–6].

d) *Druckfestigkeit (Stauchverhalten)*

Bei der Beanspruchung von Hartmetallen durch Druck soll nach W. DAWIHL nach der elastischen Verformung keine plastische Verformung, sondern sofort der Bruch eintreten[7]. Die Druckfestigkeit von

Zahlentafel 30. *Stauchung von Hartmetallen bei verschiedenen Temperaturen unter einem Druck von 1000 kg/cm²* (W. DAWIHL u. W. RIX)

Stauchtemperatur °C	Stauchung % bei		
	WC-Co-Hartmetall 94/6	WC-TiC-Co-Hartmetall 78/16/6	Stahl 140 kg/mm²
600	0	0	0
900	0	0	40
1000	0,3	0,1	60
1100	1,8	0,8	—

[1] COMSTOCK, G. J.: Iron Age **156** (1945), Nr. 9, S. 36A/36L.
[2] MCKENNA, P. M.: Iron Age **157** (1946), 2. Februar, S. 64/68.
[3] AMMANN, E.: Stahl u. Eisen **66/67** (1947), S. 124/26.
[4] KOLOČ, J. u. J. PREISLER: Strojirenstri **5** (1953), S. 75/78.
[5] IVENSEN, V. A.: Poroschkovaja Met. (1963), Nr. 3, S. 37/51.
[6] DAWIHL, W. u. G. ALTMEYER: Z. Metallkunde **54** (1963), S. 645/50, **55** (1964), S. 231/37.
[7] DAWIHL, W.: Z. techn. Physik **21** (1940), S. 336/45.

WC-Co-Hartmetallen nimmt in Abhängigkeit vom Kobaltgehalt gemäß Abb. 76 zunächst etwas zu, dann beträchtlich ab[1–12].

Auf Grund von Untersuchungen von E. Bryjak, S. Piaskowski und Z. Bojarski[13] an WC-Co-Hartmetallen mit 3 bis 25% Co, kann jedoch bei spezifischen Drücken bis etwa 100 t/cm² eine Bildsamkeit (plastische Verformung) von Hartmetallen mit Kobaltgehalten über 10% und mit Sicherheit eine geringe Bildsamkeit sogar bei Legierungen mit weniger als 10% Co angenommen werden. Bei hohen Kobaltgehalten verfestigt sich vorzugsweise die Kobaltmatrix, bei kleinen Gehalten anscheinend auch die WC-Phase.

Beim *Warmstauchen* sind nach W. Dawihl und W. Rix[14] Hartmetalle den Stählen stark überlegen (Zahlentafel 30). Bei einem Druck von 1000 kg/cm² tritt selbst bei 1000° noch keine nennenswerte Stauchung ein, die jedoch bei erheblicher Steigerung der spezifischen Preßdrücke zu wachsen scheint[13].

Weitere Angaben über das Verhalten von WC-Co-Hartmetallen bei Druckbeanspruchung in der Wärme sind zahlreichen Arbeiten zu entnehmen[15–19].

---

[1] Engle, E. W.: In: J. Wulff: Powder Metallurgy, Am. Soc. Met., Cleveland 1942, S. 436/53.

[2] Jeffries bei S. L. Hoyt: Trans. Am. Inst. Min. Met. Eng. **89** (1930), S. 9/58.

[3] Comstock, G. J.: Trans. Am. Soc. Steel Treat. **18** (1930), S. 993/1008.

[4] Sandford, E. J.: Alloy Metals Rev. **7** (1949), Nr. 52, S. 2/12.

[5] Hinnüber, J.: Z. Ver. dtsch. Ing. **92** (1950), S. 111/17.

[6] Ammann, E. u. J. Hinnüber: Stahl u. Eisen **71** (1951), S. 1081/90.

[7] Ballhausen, C.: Stahl u. Eisen **72** (1952), S. 489/92.

[8] Kerper, M. J., L. E. Mong, M. B. Stiefel u. S. F. Holley: J. Res. Nat. Bur. Stand. **61** (1958), S. 149/69.

[9] Dawihl, W. u. B. Frisch: Arch. Eisenhüttenwes. **33** (1962), S. 61/66.

[10] Kreimer, G. S. u. N. A. Alexejeva: Fiz. Metallov Metalloved. **13** (1962), S. 609/14.

[11] Vereschtschagin, A. F., V. A. Schapotschkin u. L. B. Pirogova: Zur. Techn. Fiz. **32** (1962), S. 233/37.

[12] Tumanov, V. I., V. F. Funke, Z. I. Pavlova u. J. F. Ilin: Zavod. Labor. **29** (1963), S. 981/83.

[13] Bryjak, E., S. Piaskowski u. Z. Bojarski: Fertigungstechnik **8** (1958), S. 60/65.

[14] Dawihl, W.: Z. Metallkunde **32** (1940), S. 320/25.

[15] Brochin, I. S.: Vestn. Metalloprom. **16** (1936), Nr. 14, S. 63/71, Nr. 15, S. 20/25.

[16] Tumanov, V. I., V. F. Funke, Z. I. Pavlova, T. A. Novikova u. K. A. Bystrova: Fiz. Metallov Metalloved. **15** (1963), S. 285/89.

[17] Altmeyer, G. u. O. Jung: Z. Metallkunde **52** (1961) S. 576/83.

[18] Dawihl W. u. G. Altmeyer: Ann. Univ. Saraviensis Naturwiss. Sci. **9** (1960/61), Nr. 1/2, S. 121/61.

[19] Dawihl, W., G. Altmeyer u. M. K. Mal: Z. Metallkunde **54** (1963), S. 66/71.

e) *Schlagbiegefestigkeit*

Einen Anhaltspunkt für die vergleichsweise zumutbare Schlagbeanspruchung von verschiedenen WC-Co-Legierungen gibt die Schlagbiegefestigkeit[1–8].

In Abhängigkeit vom Kobaltgehalt wurden an Bolzen mit 12 mm Durchmesser ohne Kerbe bei einseitiger Einspannung folgende Werte von J. HINNÜBER[9] gefunden:

6% Co 100 cmkg 15% Co 185 cmkg
11% Co 150 cmkg 20% Co 220 cmkg.

In Abhängigkeit vom Sinterungsgrad ergaben sich nach R. KIEFFER und K. MESSMER bei einem WC-Co-Hartmetall mit 6% Co Schlagbiegefestigkeiten gemäß Abb. 86. Die Werte wurden an Stäben von etwa 6 × 6 mm Querschnitt ohne Kerbe bei 40 mm Auflageabstand ermittelt.[10] Die Kurve hat einen ähnlichen Verlauf wie jene, welche den Zusammenhang zwischen Sintertemperatur und Schwund (s. Abb. 44) bzw. Biegebruchfestigkeit (s. Abb. 43) darstellt. Bei einer der Zusammensetzung entsprechenden Sintertemperatur tritt ein Höchstwert der Festigkeit auf. Mit weiter steigender Temperatur findet dann infolge

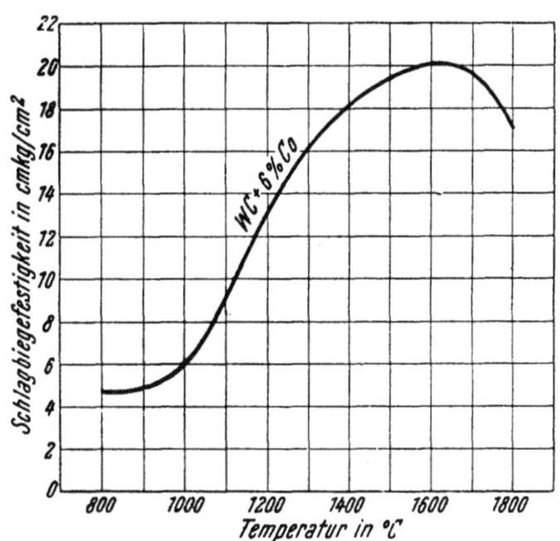

Abb. 86. Abhängigkeit der Schlagbiegefestigkeit eines WC-Co-Hartmetalles 94/6 von der Sintertemperatur

---

[1] SANDFORD, E. J.: Alloy Metals Rev. **7** (1949), Nr. 52, S. 2/12.

[2] ENGLE, E. W.: In: J. WULFF: Powder Metallurgy, Am. Soc. Met., CLEVELAND 1942, S. 436/53.

[3] FELGAR, R. P. u. J. D. LUBHAN: Proc. Am. Soc. Test. Mater. **57** (1957), S. 770/90.

[4] SPÄTH, W.: Metall **12** (1958), S. 952/29.

[5] SPÄTH, W.: Metall **11** (1957), S. 598/604; Ind. Diamond Rev. **17** (1957), S. 65/70.

[6] KERPER, M. J., L. E. MONG, M. B. STIEFEL u. S. F. HOLLEY: J. Res. Nat. Bur. Stand. **61** (1958), S. 149/69.

[7] KREIMER, G. S., N. A. ALEXEJEVA u. E. M. BOGINO: Poroschkovaja Met. (1963), Nr. 5, S. 61/67.

[8] KREIMER, G. S. u. O. S. SAFONOVA: Izv. Akad. Nauk SSSR, Met. Topl. (1962), Nr. 3, S. 94/97.

[9] HINNÜBER, J.: Z. Ver. dtsch. Ing. **92** (1950), S. 111/17.

[10] KIEFFER, R. u. K. MESSMER: Unveröff. Versuche 1950.

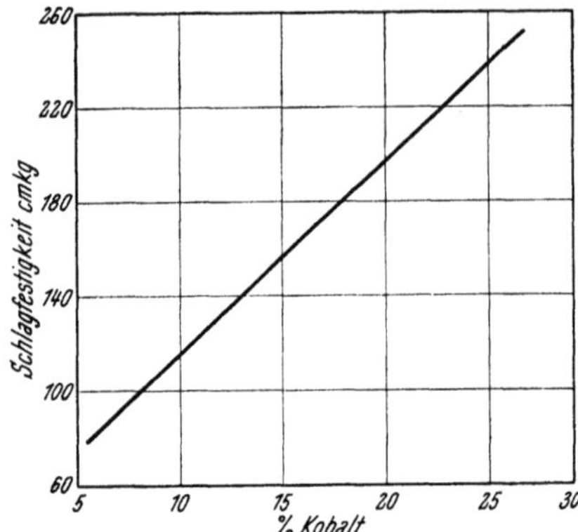

Abb. 87. Schlagfestigkeit von WC-Co-Hartmetallen in Abhängigkeit vom Kobaltgehalt (J. GURLAND und P. BARDZIL)

Auftretens erhöhter Porosität und Bläherscheinungen ein Abfall statt.

Untersuchungen von J. GURLAND und P. BARDZIL[1] ergaben zwischen Schlagfestigkeit und Kobaltgehalt einen linearen Zusammenhang (Abb. 87). Die Werte für Legierungen mit Kobaltgehalten über 25% gehen aus Zahlentafel 31 hervor[2].

Die *Warmschlagfestigkeit* von WC-Co-Hartmetallen, welche mehrfach untersucht wurde, ist stark von der Karbidkorngröße abhängig[3–6].

Zahlentafel 31. *Festigkeitseigenschaften von WC-Co-Hartmetallen* (C. NISHIMATSU u. J. GURLAND)

Kobaltgehalt Vol.-%	Biegebruchfestigkeit kg/mm²	Schlagbiegefestigkeit (Charpy) cm kg	Zugfestigkeit kg/mm²	Dehnung %	Elastizitätsmodul kg/mm²
100	72	740	84,4*	7,5*	21000
90	172	730	71,7	4,8	23000
65	207	196	115,5	0,83	33000
50	220	125	122,0	0,45	38000
37	246	98	136,0	0,23	43000
22	210	70	87,2	0,06	51000
10	142	42	66,1	—	61800

* Bei R. KIEFFER und W. HOTOP (Pulvermetallurgie und Sinterwerkstoffe, Springer-Verlag, Berlin/Göttingen/Heidelberg, 1948, S. 214) finden sich für weichgeglühte Kobaltdrähte, hergestellt aus gesinterten Stäben, Zugfestigkeitswerte von 80 bis 90 kg/mm² und Dehnungen von 10 bis 12%.

[1] GURLAND, J. u. P. BARDZIL: J. Metals **7** (1955), S. 311/15, Jernkontorets Ann. **147** (1963), S. 4/21.

[2] NISHIMATSU, C. u. J. GURLAND: Trans. Am. Soc. Met. **52** (1960), S. 469/84.

[3] BARANOV, A. I.: Tverdyje Splavy **1** (1959), S. 161/68.

[4] KREIMER, G. S., A. I. BARANOV u. N. A. ALEXEJEVA: Tverdyje Splavy (1960), Nr. 2, S. 57/78, Izv. Akad. Nauk SSSR, Met. Topl. (1962), Nr. 5, S. 163/66.

[5] KREIMER, G. S., M. R. VACHOVSKAJA, V. I. TUMANOV u. Z. I. PAVLOVA: Fiz. Metallov Metalloved. **13** (1962), S. 901/11.

[6] DAWIHL, W., G. ALTMEYER u. M. K. MAL: Z. Metallkunde **54** (1963), S. 66/71.

f) Zugfestigkeit und Dehnung

Diese Festigkeitsgrößen sind wegen der Sprödigkeit des Werkstoffes schwierig zu bestimmen. Bei WC-Co-Legierungen mit bis zu 10% Co konnte bis zum Bruch keine bleibende Verformung festgestellt werden. Auf die geringfügige elastische Verformung folgt der Bruch[1–6] ohne plastische Verformung. Die Trennfestigkeit eines WC-Co-Hartmetalles mit 6% Co, welches eine Biegebruchfestigkeit von 144 bis 165 kg/mm² hatte, beträgt nach C. BALLHAUSEN[7] 36 bis 62 kg/mm². Legierungen, in welchen volumsmäßig der Kobaltanteil überwiegt, dürften eine Zugfestigkeit von etwa 85 kg/mm² haben.

Das Verhältnis von Zugfestigkeit zu Druckfestigkeit beträgt bei WC-Co-Hartmetallen etwa 1 : 3 (Schnellstahl 1 : 1,5, Glas 1 : 10 bis 1 : 20), von Zugfestigkeit zu Biegebruchfestigkeit etwa 1 : 2.

Bei Hartmetallen mit 25% und mehr Co treten wie bei den TiC-Ni/Cr-Hartmetallen mit 60 bis 80% Hilfsmetall (s. S. 464) meßbare Dehnungswerte auf (vgl. Zahlentafel 31)[8].

g) Warmfestigkeit und Dauerstandfestigkeit

Die Warm- und Dauerstandfestigkeit von Hartmetallen hat neuerdings großes Interesse erlangt, als man versuchte, sie als warmfeste Werkstoffe für Warmpreßmatrizen, Strangpreßmatrizen, Turbinenschaufeln u. a. einzusetzen. Bei den WC-Co-Hartmetallen interessieren diese Werte allerdings nur bei mittleren Temperaturen, da diese Werkstoffe bei höherer Arbeitstemperatur stark zu zundern beginnen. Von J. HINNÜBER[9] wird die Dauerstandfestigkeit eines Hartmetalles mit 6% Co bei 900° mit etwa 7 kg/mm² angegeben.

h) Biegewechselfestigkeit

Die Biegewechselfestigkeit, welche beim Einsatz von Hartmetall für Konstruktionsteile von Bedeutung sein kann, beträgt nach

---

[1] DAWIHL, W.: Z. techn. Physik 21 (1940), S. 336/45.

[2] FELGAR, R. P. u. J. D. LUBHAN: Proc. Am. Soc. Test. Mater. 57 (1957), S. 770/90.

[3] KERPER, M. J., L. E. MONG, M. B. STIEFEL u. S. F. HOLLEY: J. Res. Nat. Bur. Stand. 61 (1958), S. 149/69.

[4] PARIKH, N. M.: J. Am. Ceram. Soc. 40 (1957), S. 335/39.

[5] KREIMER, G. S. u. N. A. ALEXEJEVA: Fiz. Metallov Metalloved. 13 (1962), S. 609/14.

[6] HINNÜBER, J. u. O. RÜDIGER: Techn. Mitt. Krupp 20 (1962), S. 162/71.

[7] BALLHAUSEN, C.: Persönliche Mitteilung 1951.

[8] NISHIMATSU, C. u. J. GURLAND: Trans. Am. Soc. Met. 52 (1960), S. 469/84.

[9] HINNÜBER, J.: Z. Ver. dtsch. Ing. 92 (1950), S. 111/17.

W. DAWIHL[1] für ein WC-Co-Hartmetall 94/6 bei zwei Millionen Lastspielen $\pm$ 46 kg/mm². Bei 11% Co sind die Werte $\pm$ 70 kg/mm² (bei 20°) bzw. $\pm$ 75 kg/mm² (bei 500°)[2].

Weitere eingehende Untersuchungen über die Wechselfestigkeit von WC-Co-Hartmetallen in Abhängigkeit von der Zusammensetzung und der Prüftemperatur wurden von russischen Forschern[3, 4] durchgeführt und auf die Zusammenhänge mit anderen physikalischen Eigenschaften hingewiesen.

i) Elastizitätsmodul

Der Elastizitätsmodul von WC-Co-Hartmetallen interessiert gelegentlich bei der elastischen Beanspruchung dieser Werkstoffe (z. B. bei Brinellkugeln, Hartmetallwalzen, Hartmetallfedern u. a.). Aber auch für die Berechnung der Kräfte, die an gelöteten Werkzeugen zwischen Hartmetall-Plättchen und Stahlschaft auftreten, ist die Kenntnis des Elastizitätsmoduls von Wichtigkeit[5–7].

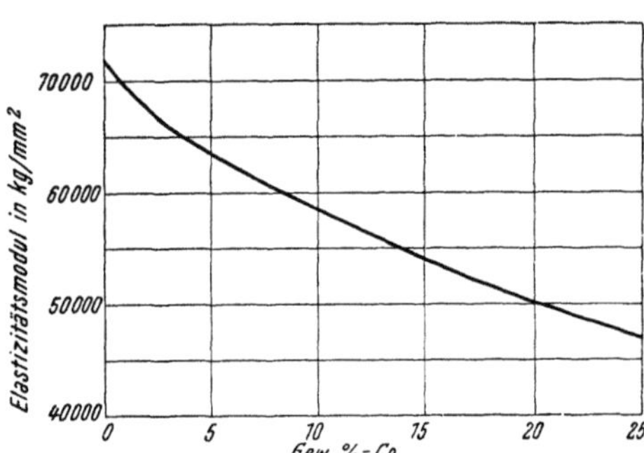

Abb. 88. Elastizitätsmodul von WC-Co-Hartmetallen in Abhängigkeit vom Kobaltgehalt (E. AMMAN und J. HINNÜBER)

Werte von W. KÖSTER und W. RAUSCHER[8] und andere sind in Zahlentafel 25 zusammengestellt. Der E-Modul nimmt im allgemeinen mit zunehmendem Kobaltgehalt ab[9–29] (Abb. 88). Die Temperaturabhängigkeit des Elastizitätsmoduls eines WC-Co-Hartmetalles 94/6 ist in Abb. 89 dargestellt.

---

[1] DAWIHL, W.: Stahl u. Eisen **61** (1941), S. 909/19.

[2] DAWIHL, W. u. G. ALTMEYER: Metall **13** (1959), S. 1116/17.

[3] KREIMER, G. S., A. I. BARANOV u. O. S. SAFONOVA: Fiz. Metallov Metalloved. **5** (1957), S. 361/64.

[4] KREIMER, G. S., I. I. SIDORIN u. J. F. TISCHTSCHENKOVA: Izv. Akad. Nauk SSSR, Met. Topl. (1958), Nr. 3, S. 113/18, Trudy Sem. Met. Term. Obr. Metallov (1958), Nr. 1, S. 184/206.

[5] KOLOČ, J. u. J. PREISLER: Strojirenstvi **5** (1955), S. 751/58.

[6] BALLHAUSEN, C. u. G. VIEREGGE: Werkstatt u. Betrieb **85** (1952), S. 657/63.

[7] BEUTEL, H.: Werkstatt u. Betrieb **85** (1952), S. 505/13, Werkstattstechn. Masch.-Bau **43** (1953), S. 560/66.

[8] KÖSTER, W. u. W. RAUSCHER: Z. Metallkunde **39** (1948), S. 111/20.

[9] KIMBALL, A. L. bei S. L. HOYT: Trans. Am. Inst. Min. Met. Engng. **89** (1930), S. 9/58.

In einer sehr eingehenden Untersuchung haben auch E. LARDNER und N. B. MCGREGOR[16] den Elastizitätsmodul von WC-Co und TiC-Co-Legierungen bei normaler und erhöhter Temperatur bestimmt. Die Autoren machen auch Angaben über die POISSONsche Zahl[19,20] dieser Hartlegierungen. Die Ergebnisse stimmen im wesentlichen mit den Befunden von W. KÖSTER und W. RAUSCHER überein.

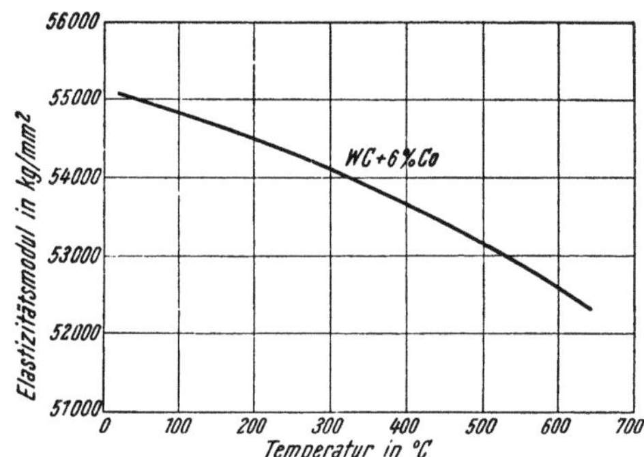

Abb. 89. Temperaturabhängigkeit des Elastizitätsmoduls eines WC-Co-Hartmetalles mit 6% Co (W. KÖSTER und W. RAUSCHER)

Zahlenmäßig liegt der E-Modul von Hartmetallen etwa dreimal so hoch wie der von Stahl. Die höchsten

[10] ENGLE, E. W. in J. WULFF: Powder Metallurgy, Am. Soc. Met., Cleveland, 1942, S. 436/53.

[11] DAWIHL, W.: Z. techn. Physik **21** (1940), S. 336/45.

[12] MCKENNA, P. M.: Am. Inst. Min. Met. Engng., Techn. Publ. 897 (1938).

[13] SANDFORD, E. J.: Alloy Metals Rev. **7** (1949), Nr. 52, S. 2/12.

[14] HINNÜBER, J.: Z. Ver. dtsch. Ing. **92** (1950), S. 111/27.

[15] AMMANN, E. u. J. HINNÜBER: Stahl u. Eisen **71** (1951), S. 1081/90.

[16] LARDNER, E. u. N. B. MCGREGOR: J. Inst. Met. **80** (1951/52), S. 369/74.

[17] BALLHAUSEN, C.: Stahl u. Eisen **72** (1952), S. 489/92.

[18] FELGAR, R. P. u. J. D. LUBHAN: Proc. Am. Soc. Test. Mater. **57** (1957), S. 770/90.

[19] KERPER, M. J., L. E. MONG, M. B. STIEFEL u. S. F. HOLLEY: J. Res. Nat. Bur. Stand. **61** (1958), S. 149/69.

[20] VORONOV, F. F. u. D. B. BALASCHOV: Fiz. Metallov Metalloved. **9** (1960), S. 616/20.

[21] NISHIMATSU, C. u. J. GURLAND: Trans. Am. Soc. Met. **52** (1960), S. 469/84.

[22] GURLAND, J.: Jernkontorets Ann. **147** (1963), S. 4/21.

[23] DAWIHL, W. u. G. ALTMEYER: Ann. Univ. Saraviensis Naturwiss. Sci. **9** (1960/61), Nr. 1/2, S. 121/61.

[24] TUMANOV, V. I., V. F. FUNKE, M. L. BASKIN u. T. A. NOVIKOVA: Izv. Akad. Nauk. SSSR, Met. Topl. (1961), Nr. 6, S. 144/48.

[25] TUMANOV, V. I., M. L. BASKIN u. N. R. ANDERS: Cvetnyje Metally (1961), Nr. 12, S. 68/73.

[26] KREIMER, G. S. u. N. A. ALEXEJEVA: Fiz. Metallov Metalloved. **13** (1962), S. 609/14.

[27] DAWIHL, W. u. B. FRISCH: Arch. Eisenhüttenwes. **33** (1962), S. 61/66.

[28] DAWIHL, W., G. ALTMEYER u. M. K. MAL: Z. Metallkunde **54** (1963), S. 66/71.

[29] BASKIN, M. L., V. I. TUMANOV u. V. F. FUNKE: Fiz. Metallov Metalloved. **16** (1963), S. 112/16.

Werte haben die feinkörnigen WC-Co-Hartmetalle für Hartgußbearbeitung. Hartmetallkugeln für die Brinellprüfung flachen sich daher wesentlich weniger ab als Stahlkugeln und geben genauere Prüfergebnisse. Beim Präzisionswalzen harter Materialien sind Walzen aus Vollhartmetall den Stahlwalzen überlegen, weil sie sich weniger durchbiegen.

j) Torsionsmodul

Für ein WC-Co-Hartmetall mit 13% Co wird ein Torsionsmodul von 12100 kg/mm² angegeben[1–3] (Schnellstahl 5660 kg/mm²).

k) Wärmeleitfähigkeit

Die im Vergleich zum Schnellstahl gute Wärmeleitfähigkeit der Hartmetalle bedingt — neben der höheren Härte — die hohe Leistungsfähigkeit der W-CCo-Legierungen bei der Bearbeitung kurzspanender Werkstoffe. Die Wärmeleitfähigkeit ist zwei- bis dreimal so hoch wie die von Schnellstahl (0,06 cal/cm · · °C · sec)[4–9]. Sie wird nach eingehenden Untersuchungen von O. RÜDIGER und A. WINKELMANN[9] vom Kobaltgehalt stark beeinflußt (Abb. 90). (Vgl. Zahlentafel 25.)

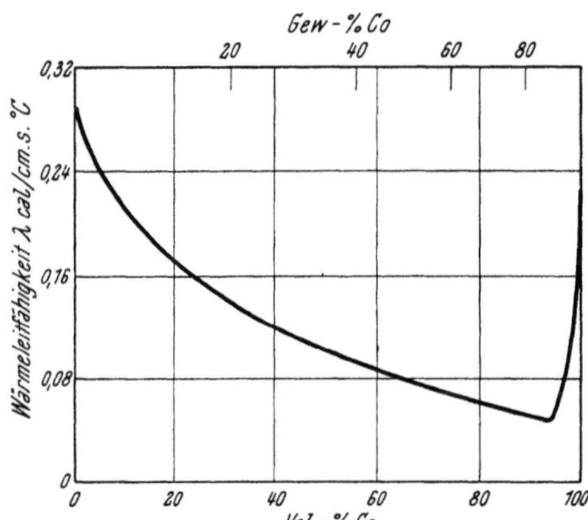

Abb. 90. Wärmeleitfähigkeit von WC-Co-Hartmetallen in Abhängigkeit vom Kobaltgehalt (O. RÜDIGER und A. WINKELMANN)

Das WIEDEMANN-FRANZ-

---

[1] EMMONS, J. V. bei S. L. HOYT: Trans. Am. Inst. Min. Met. Engng. **89** (1930), S. 9/58.

[2] KERPER, M. J., L. E. MONG, M. B. STIEFEL u. S. F. HOLLEY: J. Res-Nat. Bur. Stand. **61** (1958), S. 149/69.

[3] FELGAR, R. P. u. I. D. LUBHAN: Proc. Am. Soc. Test. Mater. **57** (1957), S. 770/90.

[4] MCKENNA, P. M.: Am. Inst. Min. Met. Engng., Techn. Publ. Nr. 897 (1938).

[5] COMSTOCK, G. J.: Trans. Am. Soc. Steel Treat. **18** (1930), S. 993/1008.

[6] SANDFORD, E. J. u. E. M. TRENT: Iron Steel Inst., Spec. Rep. Nr. 38. London 1947, S. 84/91.

[7] HINNÜBER, J.: Z. Ver. dtsch. Ing. **92** (1950), S. 111/17.

[8] AMMANN, E. u. J. HINNÜBER: Stahl u. Eisen **71** (1951), S. 1081/90.

[9] RÜDIGER, O. u. A. WINKELMANN: Techn. Mitt. Krupp **18** (1960), S. 19/24.

Verhältnis beträgt bei einem WC-Co-Hartmetall mit 13% Co $12{,}2 \cdot 10^{-6}$ Watt/$\Omega \cdot {}^\circ C$[1–3]

l) Wärmeausdehnungskoeffizient

Die Wärmeausdehnung ist von Wichtigkeit bei der Verbindung von Hartmetallplatten oder -formstücken mit anderen Werkstoffen, durch Löten oder Schrumpfen. Die Wärmeausdehnung von WC-Co-Hartmetallen nimmt mit steigendem Kobaltgehalt etwas zu (s. Zahlentafel 25)[4–13]. Sie bleibt aber immer noch um die Hälfte kleiner als die von Schnellstahl.

Während unterhalb 10% Co das starre WC-Gerüst das Ausdehnungsverhalten bestimmt, ändert es sich über 10% Co (wo also sich das WC-Gerüst aufzulösen beginnt) nach der Mischungsregel[14, 15].

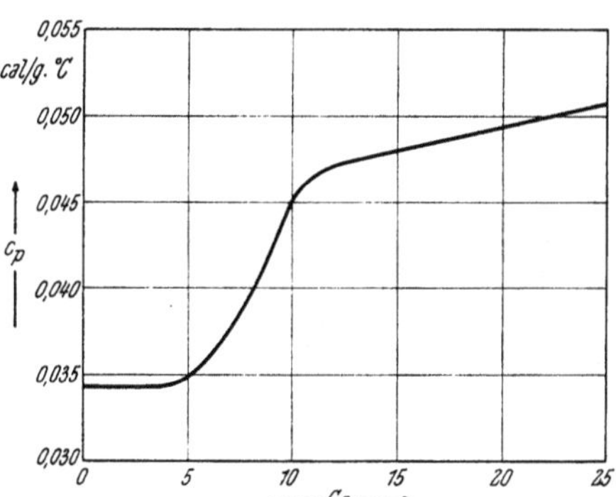

Abb. 91. Abhängigkeit der spezifischen Wärme bei WC-Co-Hartmetallen vom Kobaltgehalt (H. J. Booss)

m) Spezifische Wärme

Die spezifische Wärme[1] von WC-Co-Hartmetall mit 6 bzw. 11% Co beträgt nach J. Hinnüber[16] etwa 0,05 cal/g. Neuere, von

---

[1] Hoyt, S. L.: Gen. Electr. Co., Res. Rep. Nr. 535 (1930).
[2] Robinson, H. A. bei S. L. Hoyt: Trans. Am. Inst. Min. Met. Engng. **89** (1930), S. 9/58.
[3] Rüdiger, O. u. A. Winkelmann: Techn. Mitt. Krupp **18** (1960), S. 19/24.
[4] Comstock, G. J.: Trans. Am. Soc. Steel Treat. **18** (1930), S. 993/1008.
[5] Sandford, E. J. u. E. M. Trent: Iron Steel Inst., Spec. Rep. Nr. **38**. London 1947, S. 84/91.
[6] Hinnüber, J.: Z. Ver. dtsch. Ing. **92** (1950), S. 111/17.
[7] Ammann, E. u. J. Hinnüber: Stahl u. Eisen **71** (1951), S. 1081/90.
[8] Becker, K.: Physik. Z. **34** (1933), S. 185/98.
[9] Agte, C.: Metallwirtsch. **9** (1930), S. 401/02.
[10] Hidnert, P.: Physic. Rev. **35** (1930), S. 120, J. Res. Nat. Bur. Stand. 18 (1937), S. 47/52.
[11] Engle, E. W.: In J. Wulff: Powder Metallurgy, Am. Soc. Met., Cleveland, 1942, S. 436/53.
[12] Ballhausen, C.: Stahl u. Eisen **72** (1952), S. 489/92.
[13] Tumanov, V. I., M. L. Baskin u. N. R. Anders: Cvetnyje Metally (1961), Nr. 12, S. 68/73.
[14] Dawihl, W. u. J. Hinnüber: Kolloid-Z. **104** (1943), S. 233/36.
[15] Gurland, J. u. J. T. Norton: J. Metals **4** (1952), S. 1051/56.
[16] Hinnüber, J.: Stahl u. Eisen **62** (1942), S. 1083/91.

H. J. Booss[1, 2] zwischen 25 und — 190° C ausgeführte Messungen ergaben in Abhängigkeit vom Kobaltgehalt Werte gemäß Abb. 91.

n) *Elektrische Leitfähigkeit*

Die elektrische Leitfähigkeit von WC-Co-Hartmetallen nimmt mit steigendem Kobaltgehalt stark zu (s. Zahlentafel 25[3–14]).

o) *Magnetische Eigenschaften*

Literaturangaben über die magnetischen Eigenschaften sind spärlich[3, 15–25].

---

[1] Booss, H. J.: Metall **11** (1957), S. 22/23.

[2] Booss, H. J.: Trans. Met. Soc. Am. Inst. Met. Enngg. **215** (1959), S. 395/97.

[3] Comstock, G. J.: Trans. Am. Soc. Steel Treat. **18** (1930), S. 993/1008.

[4] Agte, C.: Metallwirtsch. **9** (1930), S. 401/02.

[5] Robinson, H. A.: Bei S. L. Hoyt: Trans. Am. Inst. Min. Met. Engng. **89** (1930), S. 9/58.

[6] Becker, K.: Physik. Z. **34** (1933), S. 185/98.

[7] Sandford, E. J. u. E. M. Trent: Iron Steel Inst., Spec. Rep. Nr. 38, London 1947, S. 84/91.

[8] Čech, B.: Hutnické Listy **9** (1956), S. 419/24.

[9] Rüdiger, O. u. A. Winkelmann: Techn. Mitt. Krupp **18** (1960), S. 19/24.

[10] Funke, V. F., A. N. Schurschakov, S. I. Judkovski, K. F. Kuznecova, V. N. Schulenov u. J. I. Jurkevitsch: Fiz. Metallov Metalloved. **10** (1960), S. 207/15, **13** (1962), S. 794/95.

[11] Tumanov, V. I., M. L. Baskin u. N. R. Anders: Cvetnyje Metally (1961), Nr. 12, S. 68/73.

[12] Ivensen, V. A. u. A. E. Kovalski: Fiz. Metallov Metalloved. **13** (1962), S. 793/94.

[13] Vereschtschagin, A. F., E. V. Zubova u. V. A. Schapotschkin: Zur. Techn. Fiz. **32** (1962), S. 230/32.

[14] Golovinskaja, T. M. u. V. M. Pelepelin: Dop. Akad. Nauk Ukr. RSR (1963), S. 1340/43.

[15] Hoyt, S. L.: Trans. Am. Inst. Min. Met. Engng. **89** (1930), S. 9/58.

[16] B.I.O.S. Final Rep. Nr. 1385 (1945), S. 261/73, 316/24.

[17] Ammann, E. u. J. Hinnüber: Stahl u. Eisen **71** (1951), S. 1081/90.

[18] Petrdlik, M. u. V. Dufek: Strojirenstvi **8** (1958), S. 545/47.

[19] Tschaporova, I. N., I. A. Schtschetelina u. O. I. Serebrova: Metalloved. Term. Obr. Metallov (1961), Nr. 7, S. 44/46.

[20] Tumanov, V. I., V. F. Funke, M. L. Baskin u. T. A. Novikova: Izv. Akad. Nauk. SSSR, Met. Topl. (1961), Nr. 6, S. 144/48.

[21] Palmquist, S.: Arch. Eisenhüttenwes. **33** (1962), S. 629/33.

[22] Hinnüber, J. u. O. Rüdiger: Techn. Mitt. Krupp **20** (1962), S. 162/71.

[23] Toitot, M.: Compt. Rend. **251** (1960), S. 1362/64.

[24] Knotek, O.: Jernkontorets Ann. **147** (1963), S. 116/32.

[25] Kreimer, G. S., N. A. Alexejeva u. E. M. Bogino: Poroschkovaja Met. (1963), Nr. 5, S. 61/67.

Wie schon auf S. 133 ausgeführt wurde, besteht zwischen dem Wert der magnetischen Sättigung und dem Kobaltgehalt (bzw. Doppelkarbidgehalt, η-Phase) einerseits und der Koerzitivkraft und dem Sinterungsgrad sowie der Korngröße andererseits ein Zusammenhang, der zur Gütekontrolle herangezogen werden kann. An WC-Co-Hartmetallen wurden für die magnetische Sättigung und Koerzitivkraft Werte gemäß Zahlentafel 32 gemessen. Sehr deutlich ist zu sehen,

Zahlentafel 32. *Magnetische Eigenschaften von WC-Co-Hartmetallen*

Zusammensetzung %	Magnetische Sättigung $4\pi\sigma$	Koerzitivkraft H_C
94 WC, 6 Co, grobkörnig	100 bis 110	145 bis 155
94 WC, 6 Co, feinkörnig	105 bis 108	225 bis 235
91,5 WC, 7 Co, 1,5 TaC-VC ...	120 bis 125	245 bis 255
89 WC, 11 Co	150 bis 180	100 bis 110
85 WC, 15 Co	230 bis 250	90 bis 100
80 WC, 20 Co	290 bis 310	—
75 WC, 25 Co	350 bis 380	—

daß die Werte für die magnetische Sättigung mit steigendem Kobaltgehalt zunehmen. Bei sonst gleicher Zusammensetzung hat die Legierung mit gröberem WC-Korn eine wesentlich niedrigere Koerzitivkraft als die sehr feinkörnige Legierung für Hartgußbearbeitung.

p) Gefüge

Die Gefügeausbildung von WC-Co-Hartmetallen und deren Einfluß auf die Eigenschaften ist schon auf S. 143 an Hand entsprechender Gefügebilder eingehend besprochen worden. Es sei nochmals auf die zahlreichen Arbeiten zum Gefügeaufbau von WC-Co-Hartmetallen verwiesen[1–50].

[1] Schröter, K.: Z. Metallkunde **20** (1928), S. 31/33.
[2] Hoyt, S. L.: Trans. Am. Inst. Min. Met. Engng. **89** (1930), S. 9/58.
[3] Comstock, G. J.: Trans. Am. Soc. Steel Treat. **18** (1930), S. 993/1008.
[4] Becker, K.: Physik. Z. **34** (1933), S. 185/98.
[5] Sykes, W. P.: Am. Inst. Min. Met. Engng., Techn. Publ. Nr. 924 (1938).
[6] Oswald, M.: Chim. et Ind. Fasc., Nr. 980, Dezember 1942.
[7] Dawihl, W. u. J. Hinnüber: Kolloid.-Z. **104** (1943), S. 233/36.
[8] McKenna, P. M.: Iron Age **157** (1946), 2. Februar, S. 64/68.
[9] Redmond, J. C.: Iron Age **159** (1947), Nr. 5, S. 42/45 u. 150.
[10] Sandford, E. J. u. E. M. Trent: Iron Steel Inst., Spec. Rep. Nr. 38, London 1947, S. 84/91.
[11] Mantle, E. C.: Metal Treatment **14** (1947), S. 141/48.
[12] Sandford, E. J.: Alloy Metals Rev. **7** (1949), Nr. 52, S. 2/12.
[13] Hinnüber, J.: Z. Ver. dtsch. Ing. **92** (1950), S. 111/17.
[14] Bleecker, W. H.: Iron Age **165** (1950), Nr. 21, S. 71/74.

[15] Tschaporova, I. N.: Zavod. Labor. **15** (1949), S. 799/805.

[16] Ammann, E. u. J. Hinnüber: Stahl u. Eisen **71** (1951), S. 1081/90.

[17] Gurland, J. u. J. T. Norton: J. Metals **4** (1952), S. 1051/56.

[18] Gardner, A. G.: Metallurgia (Manchester) **47** (1953), S. 163/70.

[19] Blažek, St.: Hutnické Listy **8** (1953), S. 622/26.

[20] Flašar, J. u. D. Friedl: Hutnické Listy **8** (1953), S. 246/49.

[21] Bernard, R. u. S. Bernard: Compt. Rend. **238** (1954), S. 222/24.

[22] Brownlee, L. D., R. Edwards u. T. Raine: Symposium on Powder Metallurgy 1954, Iron Steel Inst., London 1956, S. 302/04.

[23] Hinnüber, J.: Techn. Mitt. Krupp **12** (1954), S. 81/88.

[24] Gurland, J.: J. Metals **6** (1954), S. 285/290, Disk. S. 1327/30.

[25] Sandford, E. J. u. J. R. Wiles: Alloy Metals Rev. **8** (1954), Nr. 71, S. 2/7, Nr. 72, S. 2/8.

[26] Petrdlik, M. u. V. Dufek: Hutnické Listy **10** (1955), S. 528/34.

[27] Pfisterer, H. u. H. Kasperek: Z. Metallkunde **46** (1955), S. 574/78.

[28] Bernard, R.: Metallurgia Ital. **47** (1955), S. 245/50, 367/76; 2. Plansee Seminar, Reutte/Tirol 1955, S. 41/49; Neue Hütte **2** (1957), S. 757/61; La Mét. **89** (1957), S. 307/12.

[29] Gurland, J. u. J. T. Norton: 2. Plansee Seminar, Reutte/Tirol 1955, S. 99/110.

[30] Gurland, J. u. P. Bardzil: J. Metals **7** (1955), S. 311/15, Jernkontorets Ann. **147** (1963), S. 4/21, In: Powder Metallurgy. Intersci., Publ., New York 1961 S. 661/82.

[31] Kreimer, G. S., O. S. Safonova u. A. I. Baranov: Zur. Techn. Fiz. **25** (1955), S. 117/24.

[32] Girschig, R.: Métaux **31** (1956), S. 80/93.

[33] Gurland, J.: J. Metals **9** (1957), S. 512/13.

[34] Michajlova, P. K.: Metalloved. Obr. Metallov (1957), Nr. 7, S. 45/48.

[35] Bystrova, K. A. u. V. F. Funke: Izv. Akad. Nauk SSSR, Met, Topl. (1958), Nr. 6, S. 37/41.

[36] Parikh, N. M.: In: High Temperature Materials. J. Wiley, New York 1959, S. 169/81.

[37] Dufek, V. u. J. Likeš: Hutnické Listy **14** (1959), S. 791/96.

[38] Tschaporova, I. N. u. I. A. Schtschetelina: Tverdyje Splavy **1** (1959), S. 209/25.

[39] Tretjakov, V. I., I. N. Tschaporova u. E. D. Samojlova: Tverdyje Splavy **1** (1959), S. 169/76.

[40] Caugherty, B. M., H. T. Oatman u. O. W. Reen: Am. Soc. Test. Mat., Prepr. Nr. 79 (1959).

[41] Nishimatsu, C. u. J. Gurland: Trans. Am. Soc. Met. **52** (1960), S. 469/84.

[42] Missol, W.: Prace Inst. Hutn. **12** (1960), S. 295/304.

[43] Doeg, H. H.: J. South African Inst. Min. Met. **60** (1960), S. 663/87.

[44] Hinnüber, J. u. W. Kinna: Techn. Mitt. Krupp **19** (1961), S. 130/53, Stahl u. Eisen **82** (1962), S. 31/46.

[45] Kreimer, G. S. u. O. S. Safonova: Izv. Akad. Nauk SSSR, Met. Topl. (1962), Nr. 3, S. 94/97.

[46] Mader, W. u. J. Blaha: Radex Rdsch. (1962), S. 25/87.

[47] Dawihl, W. u. B. Frisch: Arch. Eisenhüttenwes. **33** (1962), S. 61/66.

[48] Hinnüber, J. u. O. Rüdiger: Techn. Mitt. Krupp **20** (1962), S. 162/71.

[49] Pons, L., J. Chevillon u. P. Steff: Compt. Rend. **255** (1962), S. 2100/02, Rev. Met. **60** (1963), S. 325/34.

[50] Carboni, E.: Met. Italiana **54** (1962), S. 505/15.

q) *Korrosionsbeständigkeit und Zunderverhalten*

Die Korrosionsbeständigkeit von Hartmetallen ist beim Einsatz in der chemischen Industrie oder beim Drahtzug von Bedeutung. Vergleichsweise Angaben über die Beständigkeit von Hartmetallen gegen Meerwasser, Säuren und Laugen werden von W. DAWIHL[1] u. a.[2–7] gemacht.

In Zahlentafel 33 und 34 sind die Gewichtsverluste bei längerer Einwirkung verschiedener anorganischer Säuren und Natronlauge

Zahlentafel 33. *Angriff verschiedener Säuren auf Hartmetallegierungen bei Zimmertemperatur* (W. DAWIHL)

Angriffsmittel	Gewichtsverlust in g/24 h/m² (Gesamtangriffsdauer 50 h.)		
	WC mit 6% Co	WC mit 15% TiC und 6% Co	Hilfsmetallfreie Hartmetallegierung
Salpetersäure (10%)	133	67,0	2,0
Salpetersäure (30%)	69,5	—	5,9
Salpetersäure (65%)	89,0	—	—
Salzsäure (5%)	1,2	—	—
Salzsäure (20%)	26,5	9,0	1,2
Salzsäure (35%)	86,0	—	1,6
Schwefelsäure (10%)	2,4	1,7	1,7
Schwefelsäure (50%)	1,2	—	—
Flußsäure (20%)	15,0	17,0	1,3

Zahlentafel 34. *Angriff verschiedener Säuren und von Natronlauge auf Hartmetallegierungen bei Siedetemperatur* (W. DAWIHL)

Angriffsmittel	Gewichtsverlust in g/m²/24 h				
	WC mit 6% Co	WC mit 11% Co	WC mit 15% TiC u. 6% Co	WC-Legierung mit festerer Bindung des Hilfsmetalles	Hilfsmetallfreie Hartmetalllegierung
Salpetersäure (10%)	173	800	102	59	48
Salzsäure (20%)	400	—	200	106	4,0
Schwefelsäure (10%)	154	360	28	7,2	2,1
Natronlauge (10%)	5,3	5,5	3,6	4,9	3,0

---

[1] DAWIHL, W.: Chem. Fabr. **13** (1940), S. 133/35.

[2] MCKENNA, P. M.: Ind. Engng. Chem. **28** (1936), S. 767/72.

[3] ENGLE, E. W.: In J. WULFF: Powder Metallurgy, Am. Soc. Met., Cleveland 1942, S. 436/53.

[4] HINNÜBER, J.: Stahl u. Eisen **62** (1942), S. 1083/91.

[5] GILLESPIE, J. S. u. I. L. WALLACE: Steel **130** (1952), Nr. 16, S. 84.

[6] HINNÜBER, J. u. O. RÜDIGER: Arch. Eisenhüttenwes. **24** (1953), S. 267/74. Techn. Mitt. Krupp **12** (1954), S. 5/12.

[7] TAKAHASHI, R. u. T. MINEGISHI: J. Mining. Met. Inst. Japan **74** (1958), S. 934/40.

bei Zimmertemperatur und bei Siedetemperatur auf WC-Co-Hartmetalle zusammengestellt.

Hilfsmetallhaltige Hartmetallegierungen sind bei gewöhnlicher Temperatur gegen Schwefel- und Flußsäure beständig. Gegen Salzsäure und Salpetersäure sind sie nicht beständig. Besonders bei Siedetemperatur führt das Herauslösen des Kobalts zu erheblichem Angriff. Legierungen mit unterkohltem WC, also Gehalten an sprödharter η-Phase, sind gegen starke anorganische Säuren und Verschleiß wesentlich resistenter als die entsprechenden η-freien Legierungen[1] mit einem weicheren, unlegierten Kobaltbinder.

Gegen Natronlauge ist die Beständigkeit auch bei Siedetemperatur gut. Hilfsmetallfreie Hartlegierungen zeigen im Vergleich zu WC-Co-Hartmetallen bedeutend günstigeres Korrosionsverhalten.

Die Gewichtsverluste bei Einwirkung von verdünnter Schwefelsäure auf normal- und druckgesinterte WC-Co-Hartmetalle mit 3 bis 11% Co sind nach J. HINNÜBER[2] in Zahlentafel 35 zusammengestellt. Daraus ist zu entnehmen, daß diese Hartmetalle gegen H_2SO_4 gut beständig sind, was von Wichtigkeit bei der Anwendung derartiger Legierungen beim sauren Drahtzug ist.

Zahlentafel 35. *Angriff von Schwefelsäure auf WC-Co-Hartmetalle* (J. HINNÜBER)

Kobalt %	Gewichtsverlust in $g/h \cdot m^2$ (50 Stunden Angriffsdauer)					
	bei 50°			bei Siedetemperatur		
	H_2SO_4			H_2SO_4		
	1%	5%	10%	1%	5%	10%
3*	0,16	0,20	0,23	0,24	0,26	0,43
3**	0,60	0,63	0,61	2,33	3,44	3,65
6	0,72	1,01	1,05	6,07	8,4	11,9
11	0,72	1,28	1,15	6,97	20,9***	44,8***

* Druckgesintert.
** Normal gesintert.
*** Kanten leicht abgebröckelt.

Beim Einsatz von Hartmetall als warmfester Werkstoff an Luft (Turbinenschaufeln, Düsen, Warmpreßwerkzeugen u. a.) ist das Zunderverhalten von ebenso großer Bedeutung wie bei der Verwendung von Karbidschneidlegierungen beim Zerspanungsvorgang, wobei an der Schneide Temperaturen von 700 bis 1100° auftreten können.

[1] HINNÜBER, J.: Techn. Mitt. Krupp **12** (1954), S. 5/12, S. 81/88; Techn. Mitt. Essen **47** (1954), S. 183/90; Industrie-Rdsch. **8** (1953), Nr. 6, S. 20/21.

[2] HINNÜBER, J.: Stahl u. Eisen **62** (1942), S. 1083/91.

Die WC-Co-Hartmetalle haben im allgemeinen ein schlechtes Zunderverhalten, da die bei höherer Temperatur an Luft sich bildenden Oxidschichten nicht dicht und festhaftend sind[1–8]. Die TiC-Cr_3C_2- und TaC(NbC)-haltigen Hartmetalle und insbesondere Hartmetalle, die an Stelle von Kobalt mit zunderbeständigen Legierungen abgebunden sind, zeigen demgegenüber eine hervorragende Zunderbeständigkeit (vgl. S. 457).

r) Zerspanungsleistung

Auf die Zerspanungsleistung von WC-Co-Hartmetallen in Abhängigkeit von der Zusammensetzung und der Gefügeausbildung soll hier nicht näher eingegangen werden. Diese Frage wird in Kap. VII. zusammenfassend behandelt. Es sei hier nur auf die interessanten Zusammenhänge zwischen Kornfeinheit, Härte, Biegebruchfestigkeit

Zahlentafel 36. *Einfluß der Gefügeausbildung auf das Leistungsverhalten von WC-Co-Hartmetallen* (E. AMMANN u. J. HINNÜBER)

Hartmetall	Gefügeausbildung etwa %		Härte R_A	Biegebruchfestigkeit kg/mm²	Standzeit* Minuten
	α_1	α_2			
WC-Co 94/6	34	65	90,5	160	5
WC-Co 94/6, feinkörnig	92	8	91,5	150	35
WC-Co (0,5% VC, 1% TaC)	98	2	92,5	135	60

* v = 12 m/Min., a = 2 mm, s = 0,2 mm/U, Gußeisen 440 H_B, Verschleißmarkenbreite B = 0,3 mm.

und Standzeit verwiesen (Zahlentafel 36), auf die E. AMMANN und J. HINNÜBER[9] aufmerksam machten.

s) Verschleißverhalten

Über das Verschleißverhalten von WC-Co-Hartmetallen sind wegen der Schwierigkeit der Untersuchung (vgl. S. 269) verhältnis-

[1] KLINGOHR, O.: Werkstattstechnik **26** (1933), S. 133/34.
[2] METCALFE, A. G.: Metal Treatment **13** (1946), S. 127/33.
[3] SANDFORD, E. J.: Alloy Metals Rev. **7** (1949), Nr. 52, S. 2/12.
[4] HINNÜBER, J.: Maschinenmarkt **55** (1949), S. 38/40.
[5] KIEFFER, R. u. F. KÖLBL: Z. anorg. Chem. **262** (1950), S. 229/46.
[6] MOLKOV, L. P. u. V. V. VASILJEVA: Redkije Metally **6** (1937), Nr. 5/6 S. 42/45.
[7] HINNÜBER, J.: Techn. Mitt. Krupp **12** (1954), S. 5/12.
[8] WEBB, W. W., J. T. NORTON u. C. WAGNER: J. Electrochem. Soc. **103** (1956), S. 112/17.
[9] AMMANN, E. u. J. HINNÜBER: Stahl u. Eisen **71** (1951), S. 101/90.

mäßig wenig Vergleichswerte zu finden. F. KÖLBL[1] bestimmte bei einem normalgesinterten und druckgesinterten WC-Co-Hartmetall (5% Co) nach der AMMANNschen Sandstrahlmethode[2, 3] einen Gewichtsverlust von 0,9 bzw. 0,35 g und Verschleißvolumina von 68 bzw. 22 mm³. Die Abhängigkeit des Sandstrahlverschleißes vom Kobaltgehalt ist nach E. AMMANN und J. HINNÜBER[4] in Abb. 76 S. 162 dargestellt. Der Verschleiß von Hartmetallen ist nach N. SAWIN[5] stark von der Porosität abhängig (vgl. S. 270). Auch die Gefügeausbildung hat nach J. HINNÜBER[4, 6], wie Zahlentafel 37

Zahlentafel 37. *Sandstrahlverschleiß von Hartmetallen* (J. HINNÜBER)

Werkstoff	Gewichtsverlust in g nach 50 Minuten Blasdauer
Kohlenstoffstahl 70 kg/mm²	220
Schnellstahl	115
WC-Co-Hartmetall 94/6	1,9
WC-Co-Hartmetall 94/6, feinkörnig	0,97
WC-Co-Hartmetall (0,5% VC, 1% TaC)	0,45

zeigt, einen großen Einfluß auf den Sandstrahlverschleiß von WC-Co-Hartmetallen. Im Vergleich zu üblichen Stählen ist die Verschleißfestigkeit überragend.

t) *Anwendungsgebiete*

Die Anwendungsgebiete von WC-Co-Hartmetallen, über die es ein sehr umfangreiches Schrifttum gibt[7–22], sind in Zahlentafel 38 zusammengestellt (s. a. Zahlentafel 98, S. 412).

[1] s. KIEFFER, R. u. F. BENESOVSKY: Industrie u. Technik **3** (1948), S. 251/57.

[2] AMMANN, E.: Z. techn. Physik. **21** (1940), S. 332/35.

[3] MILLIGAN, L. H. u. R. R. RIDGWAY: Trans. Electrochem. Soc. **68** (1935), S. 131/37.

[4] AMMANN, E. u. J. HINNÜBER: Stahl u. Eisen **71** (1951), S. 1081/90.

[5] SAWIN, N.: Werkstattstechnik **33** (1939), S. 165/70.

[6] HINNÜBER, J.: Maschinenmarkt **55** (1949), S. 38/40.

[7] SKAUPY, F.: Metallkeramik, 4. Aufl., Verlag Chemie, Weinheim-Bergstraße 1950, S. 198.

[8] KIEFFER, R. u. W. HOTOP: Pulvermetallurgie und Sinterwerkstoffe, 2. Aufl., Springer-Verlag, Berlin/Göttingen/Heidelberg 1948, S. 305ff.

[9] SCHWARZKOPF, P.: Powder Metallurgie, Macmillan, New York 1947, S. 212ff.

[10] GOETZEL, C. G.: Treatise on Powder Metallurgy, Vol. II, Interscience Publ., New York 1950, S. 147ff.

[11] ENGLE, E. W.: In: J. WULFF: Powder Metallurgy, Am. Soc. Met., Cleveland 1942, S. 436/53.

[12] OSWALD, M.: Chim. et Ind., Fasc. No. 980, Dezember 1942.

[13] COMSTOCK, G. J.: Iron Age **156** (1945), Nr. 9, S. 36A/36L.

Zahlentafel 38. *Anwendungsgebiete für WC-Co-Hartmetalle*

Zusammensetzung	Anwendungsgebiete
Gruppe I 97% WC, 3% Co 95,5% WC, 4,5% Co	Für die Bearbeitung von Elektrodenkohlen, Keramik und anderen nichtmetallischen Werkstoffen. Zum Schlichten, Riffeln und Feinbohren von Guß; Bearbeitung von Nichteisenmetallen. Bohrformstücke für den Bergbau. Ziehsteine (druckgesintert).
Gruppe II 94,5% WC, 5,5% Co 93,5% WC, 6,5% Co	a) *Grobkörnige Sorten.* Für die Bearbeitung von Gußeisen ($H_B < 200$ kg/mm²), Buntmetallen und -legierungen, Kunst- und Preßstoffen. Zum Bestücken von Drehbankkörnerspitzen, Meßgeräten, Gleitflächen u. a. sowie für Verschleißteile, welche keiner allzu großen Zähigkeitsbeanspruchung ausgesetzt sind. Ziehsteine. b) *Feinkörnige Sorten.* Für die Bearbeitung von Hartguß, Gußeisen ($H_B > 200$ kg/mm²), Temperguß, Guß mit harter Randschicht, Stahl mit über 180 kg/mm² Festigkeit, Bronze, siliziumlegierte Leichtmetalle, Glas, Porzellan, Gestein, Hartpapier. Ziehsteine.
Gruppe III 91% WC, 9% Co 89% WC, 11% Co 87% WC, 13% Co	Für die Bearbeitung von Holz, Kunstharz, Schichtholz, Faser-Preßstoffen. Ferner für leichte Schnitte auf Stahlguß, zum Schruppen von Messing und Bronze, insbesondere auf alten Maschinen. Zur Bearbeitung von Schweißnähten, Spritz- und Schleudergußteilen. Bestückung von Schlagbohrwerkzeugen und für Verschleißfälle, bei welchen hohe Zähigkeitsanforderungen gestellt werden (Ziehmatrizen, Schnitt- und Stanzwerkzeuge), Spikes.
Gruppe IV 85% WC, 15% Co 80% WC, 20% Co 75% WC, 25% Co 70% WC, 30% Co	Für Verschleißfälle, bei denen die Teile hohen und höchsten Zähigkeitsbeanspruchungen ausgesetzt sind, wie Schnitt- und Stanzwerkzeuge, Tiefziehwerkzeuge, Hämmerbacken, Kalt- und Warmschlagwerkzeuge, Schraubenreduziermatrizen.

[14] McKenna, P. M.: Iron Age **157** (1946), 2. Februar, S. 64/68.

[15] Cass, W. G.: Ind. Diamond Rev. **6** (1946), S. 376.

[16] Burden, H.: Metallurgia **38** (1948), S. 27/33, Alloy Metals Rev. **5** (1948), Nr. 47, S. 1/11.

[17] Hinnüber, J.: Z. Ver. dtsch. Ing. **92** (1950), S. 111/17.

[18] Hinnüber, J.: Techn. Mitt. Essen **47** (1954), S. 183/90; Techn. Mitt. Krupp **12** (1954), S. 81/88.

[19] Rauhut, H. U.: DIN Mitt. **35** (1956), S. 463/66.

[20] Hilbes, W.: Techn. Mitt. Essen **52** (1959), S. 211/17.

[21] Beutel, H.: Techn. Mitt. Essen **52** (1959), S. 218/28; Maschinenmarkt **66** (1960), Nr. 11, S. 35/36, Nr. 19, S. 35/41.

[22] Hinnüber, J. u. W. Kinna: Techn. Mitt. Krupp **19** (1961), S. 130/53, Stahl u. Eisen **82** (1962), S. 31/46.

Den Gruppen I und II sind auch die neuerdings verstärkt eingesetzten Legierungen mit etwa 0,5 bis 3% TaC + TiC Zusätzen zuzuordnen (vgl. a. Zahlentafeln **43**, **44**, **45**).

2. WC-TiC-Co-Hartmetalle

Durch „Hinzulegieren" von TiC- oder besser von TiC-WC-Mischkristallen zu gesinterten WC-Co-Legierungen wird die Oxydationsbeständigkeit, die Härte und die Warmfestigkeit derselben wesentlich verbessert, so daß mit diesen Hartmetallen langspanende Werkstoffe, insbesondere Stähle, bearbeitet werden können[1–6]. Auch die geringere Wärmeleitfähigkeit und die verringerte Schweißneigung zum ablaufenden Span wirkt sich beim Bearbeiten von Stahl und anderen langspanenden Werkstoffen sehr günstig aus. Legierungen mit kleinen

Zahlentafel 39. *Zusammensetzung und Eigen-*

Zusammensetzung % Sollanalyse			Dichte g/cm^3	Rockwell-Härte R_A	Vickers-Härte kg/mm^2
WC	TiC	Co			
94	1	5	14,5 bis 14,7	90 bis 91	1500 bis 1600
87,5	2,5	10	14,0 bis 14,2	89 bis 90	1400 bis 1500
84,5	2,5	13	13,7 bis 13,8	87 bis 89	1300 bis 1400
86	5	9	13,2 bis 13,4	89 bis 91	1450 bis 1550
82	5	13	12,8 bis 13,0	88 bis 90	1350 bis 1450
82	10	8	11,8 bis 12,0	90 bis 91	1500 bis 1600
78	14	8	11,1 bis 11,3	90 bis 91	1550 bis 1650
78	16	6	11,0 bis 11,2	90 bis 91,5	1600 bis 1700
76	16	8	10,9 bis 11,1	90 bis 91	1550 bis 1650
69	25	6	9,6 bis 9,8	91 bis 92	1650 bis 1750
61	32	7	8,7 bis 9,0	92 bis 93	1650 bis 1750
34	60	6	6,5 bis 6,8	92 bis 93	1750 bis 1850
10	84	6	5,2 bis 5,4	92 bis 93	1850 bis 1900

* Mittelwerte.

TiC-Gehalten kann man als Universalhartmetalle auch zur Bearbeitung kurzspanender Werkstoffe einsetzen.

---

[1] Kieffer, R. u. W. Hotop: Pulvermetallurgie und Sinterwerkstoffe, 2. Aufl., Springer-Verlag, Berlin/Göttingen/Heidelberg 1948, S. 300.

[2] Skaupy, F.: Metallkeramik, 4. Aufl., Verlag Chemie, Weinheim/Bergstraße 1950, S. 198.

[3] Schwarzkopf, P.: Powder Metallurgy, Macmillan, New York 1947, S. 207.

[4] Goetzel, C. G.: Treatise on Powder Metallurgy, Vol. II. Interscience Publ., New York 1950, S. 147ff.

[5] Engle, E. W.: In J. Wulff: Powder Metallurgy, Am. Soc. Met., Cleveland 1942, S. 436/53.

[6] Beutel, H.: Techn. Mitt. Essen **52** (1959), S. 218/28.

Die physikalischen und mechanischen Eigenschaften von WC-TiC-Co-Hartmetallen mit steigendem TiC-Gehalt sind der Zahlentafel 39[1–3] (s. a. Zahlentafel 45 S. 210) und ferner der räumlichen Darstellung von C. BALLHAUSEN[4] in Abb. 93 und Abb. 95 zu entnehmen.

Für die die Eigenschaften beeinflussenden physikalisch-chemischen und fabrikatorischen Faktoren gilt das schon bei den WC-Co-Legierungen Gesagte. Um Wiederholungen zu vermeiden sei daher stets auf die entsprechenden Ausführungen in Abschn. 1, S. 157 ff verwiesen.

a) Dichte

Infolge der gegenüber WC verhältnismäßig sehr geringen Reindichte von TiC (TiC = 4,9 g/cm³, WC = 15,7 g/cm³) ist die Dichte

schaften von WC-TiC-Co-Hartmetallen

Biegebruchfestigkeit kg/mm²	Druckfestigkeit* kg/mm²	Elastizitätsmodul kg/mm²	Wärmeleitfähigkeit cal/cm · sec. °C	Wärmeausdehnungskoeffizient $\beta \cdot 10^6$	Spez. elektr. Widerstand Mikroohm · cm
140 bis 160	560	63000	0,19	5	20
160 bis 180	460	57000	0,16	—	—
180 bis 200	450	55000	0,15	5,5	23
150 bis 160	460	59000	0,15	5,5	25
160 bis 180	—	—	—	—	—
150 bis 170	—	—	0,079	—	—
130 bis 140	420	54000	0,08	6,2	44
110 bis 125	430	52000	0,09	6	43
120 bis 130	—	—	0,069	6	—
90 bis 110	—	—	0,05	7	65
80 bis 100	410	42000	0,04	—	—
70 bis 80	380	38000	0,03	7,5	77
60 bis 70	360	36000	—	7,9	85

von WC-TiC-Co-Hartmetallen niedriger als die von WC-Co-Hartmetallen[5–7]. Mit steigendem TiC-Gehalt nimmt sie ständig ab (Abb. 92). Da TiC, seltener TiC-WC-Mischkristalle, meist noch TiO- oder TiN-Reste enthalten, die je nach Menge eine typische

[1] KIEFFER, R. u. W. HOTOP: Pulvermetallurgie und Sinterwerkstoffe, 2 Aufl., Springer-Verlag, Berlin/Göttingen/Heidelberg 1948, S. 300.

[2] ENGLE, E. W.: In J. WULFF: Powder Metallurgy, Am. Soc. Met., Clevelane 1942, S. 436/53.

[3] AMMANN, E. u. J. HINNÜBER: Stahl u. Eisen **71** (1951), S. 1081/90.

[4] BALLHAUSEN, C.: Stahl u. Eisen **72** (1952), S. 489/92.

[5] HINNÜBER, J.: Z. Ver. dtsch. Ing. **92** (1950), S. 111/17.

[6] PETRDLIK, M.: Hutnické Listy **4** (1949), S. 165/68.

[7] BERNARD, R.: Metallurgia Ital. **47** (1955), S. 245/50.

Makro- oder Mikroporosität bedingen, ist die Dichte nicht nur ein Gradmesser für den Sinterungsgrad, sondern auch für die Reinheit der WC-TiC-Co-Legierungen[1]. C. BALLHAUSEN[2] hat die Dichte von WC-TiC-Co-Hartmetallen in Abhängigkeit von den Volumanteilen

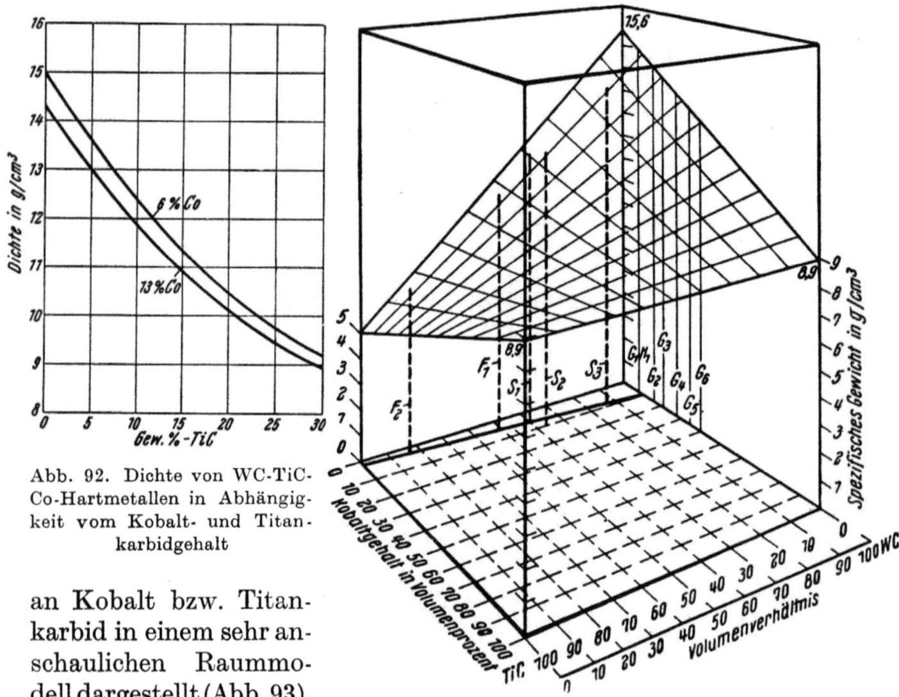

Abb. 92. Dichte von WC-TiC-Co-Hartmetallen in Abhängigkeit vom Kobalt- und Titankarbidgehalt

Abb. 93 Dichte von WC-TiC-Co-Hartmetallen in räumlicher Darstellung (C. BALLHAUSEN)

an Kobalt bzw. Titankarbid in einem sehr anschaulichen Raummodell dargestellt (Abb. 93).

WC-TiC-Co-Hartmetalle sind gegen dichtemindernde Übersinterung nicht so empfindlich wie WC-Co-Hartmetalle, was man aus dem Schrumpfverhalten schließen kann[3, 4].

Die verhältnismäßig niedrige Dichte von hoch TiC-haltigen Legierungen ist von Bedeutung beim Einsatz derartiger Werkstoffe für Konstruktionsteile, die Fliehkräften ausgesetzt sind.

---

[1] PETRDLIK, M., V. DUFEK u. J. HRUŠKA: Hutnické Listy **12** (1957), S. 617/18.

[2] BALLHAUSEN, C.: Stahl u. Eisen **72** (1952), S. 489/92; 1. Plansee Seminar, Reutte/Tirol 1952, S. 221/31.

[3] DAWIHL, W. u. J. HINNÜBER: Kolloid-Z. **104** (1943), S. 233/36.

[4] MEERSON, G. A., G. L. ZVEREV u. B. J. OSINOVSKAJA: Zur. Prikl. Chim. **13** (1940), S. 66/75.

b) *Härte*

Mit zunehmendem TiC-Gehalt wird die Härte von WC-Co-Legierungen gesteigert. Eine Erhöhung des Kobaltgehaltes setzt die Härte wieder entsprechend herab[1–20]. Wie sich die Härte in Abhängigkeit vom TiC- und Co-Gehalt bei WC-TiC-Co-Hartmetallen ändert, ist der Abb. 94 und der räum-

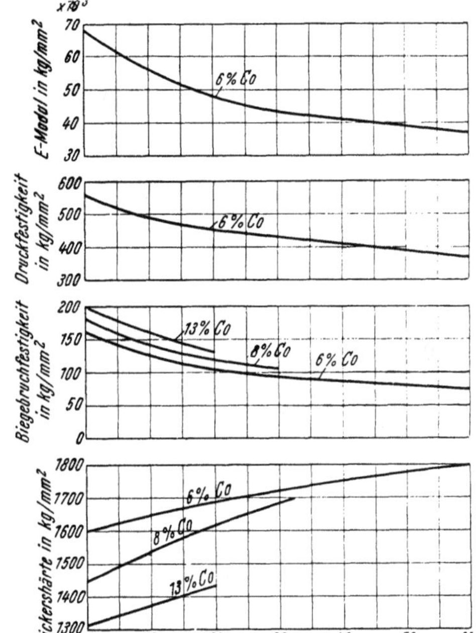

Abb. 94. Härte, Biegebruchfestigkeit, Druckfestigkeit und Elastizitätsmodul von WC-TiC-Co-Hartmetallen in Abhängigkeit vom Titankarbid- und Kobaltgehalt (E. Ammann u. J. Hinnüber)

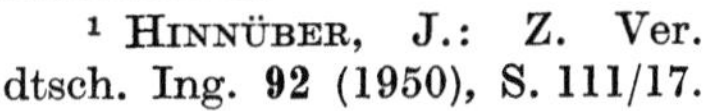

[1] Hinnüber, J.: Z. Ver. dtsch. Ing. **92** (1950), S. 111/17.

[2] McKenna, P. M.: Metal Progr. **36** (1939), S. 152/55.

[3] McKenna, P. M.: Iron Age **157** (1946), 2. Februar, S. 64/68.

[4] Sandford, E. J. u. E. M. Trent: Iron Steel Inst., Spec. Rep. Nr. 38, London 1947, S. 78/83.

[5] Burden, H.: Metallurgia **38** (1948), S. 27/33.

[6] Sandford, E. J.: Alloy Metals Rev. **7** (1949), Nr. 52, S. 2/12, **7** (1949), Nr. 54, S. 2/11.

[7] Ballhausen, C.: Stahl u. Eisen **72** (1952), S. 489/92.

[8] Blažek, St.: Hutnické Listy **8** (1953), S. 622/26.

[9] Widmer, M.: Ind. Organisation **23** (1954), S. 215/20.

[10] Bernard, R.: Metallurgia Ital. **7** (1955), S. 245/60.

[11] Agte, C. u. R. Wehner: Fertigungstechnik **6** (1956), S. 385/88.

[12] Dufek, V.: Strojirenstvi **7** (1957), S. 857/61.

[13] Samsonov, G. V.: Metalloved. Term. Obr. Metallov (1960), Nr. 1, S. 25/27.

[14] Kreimer, G. S., M. R. Vachovskaja u. A. I. Baranov: Fiz. Metallov Metalloved. **10** (1960), S. 698/709; Tverdyje Splavy (1960), Nr. 2, S. 57/78.

[15] Funke, V. F., V. S. Panov u. S. I. Judkovski: Fiz. Metallov Metalloved. **12** (1961), S. 382/88.

[16] Funke, V. F., V. I. Tumanov u. Z. S. Truchanova: Izv. Akad. Nauk SSSR, Met. Topl. (1961), Nr. 5, S. 101/08, In: Issl. Zaroprotsch. Spl. **8** (1962), S. 88/95.

[17] Funke, B. F., S. I. Judkovski u. V. S. Panov: Poroschkovaja Met. (1962), Nr. 6, S. 61/66.

[18] Kreimer, G. S., M. R. Vachovskaja, V. I. Tumanov u. Z. I. Pavlova: Fiz. Metallov Metalloved. **13** (1962), S. 901/11.

[19] Dlouhy, M. u. J. Houdek: Pokroky Práškové Met. (1964), Nr. 1, S. 33/40.

[20] Kohlermann, R. u. W. Dübel: In: Neue Werkstoffe durch pulvermetallurgische Verfahren. Akademie Verlag Berlin 1964, S. 78/87.

lichen Darstellung in Abb. 95 von C. Ballhausen[1] zu entnehmen. Bei letzterer sind allerdings die verschiedenen Einflüsse, die bei der

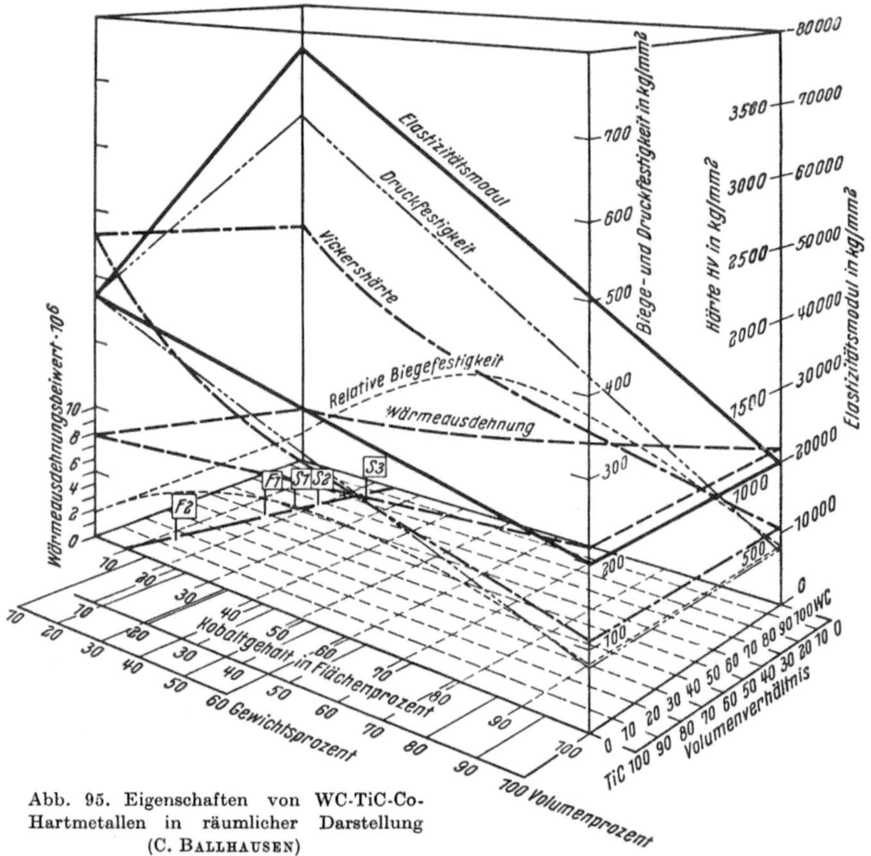

Abb. 95. Eigenschaften von WC-TiC-Co-Hartmetallen in räumlicher Darstellung (C. Ballhausen)

Herstellung eine Rolle spielen können (Ausgangsmaterialien, Reinheit, Feinstdispersion, Mischkristallbildung, Sinterbedingungen[2], Korngröße[3] u. a.) unberücksichtigt geblieben.

Die Makrohärte von WC-TiC-Co-Hartmetallen steht im Zusammenhang mit der Mikrohärte des WC-TiC-Mischkristalles. Diese haben E. Ammann und J. Hinnüber[4] in Abhängigkeit vom TiC-Gehalt bei Anwesenheit von 6% Co bestimmt.

---

[1] Ballhausen, C.: Stahl u. Eisen **72** (1952), S. 489/92.

[2] Petrdlik, M., V. Dufek u. J. Hruschka: Hutnické Listy **12** (1957), S. 617/18.

[3] Kohlermann, R. u. W. Dübel: In: Neue Werkstoffe durch pulvermetallurgische Verfahren. Akademie-Verlag Berlin 1964, S. 78/87.

[4] Ammann, E. u. J. Hinnüber: Stahl u. Eisen **71** (1951), S. 1081/90.

Die WC-TiC-Co-Legierungen zeigen mit fallendem WC-Gehalt eine erhebliche Verbesserung der Warmhärte[1–10]. Die Überlegenheit gegenüber Schnellstahl ist noch ausgeprägter als bei WC-Co-Hartmetallen (Abb. 96).

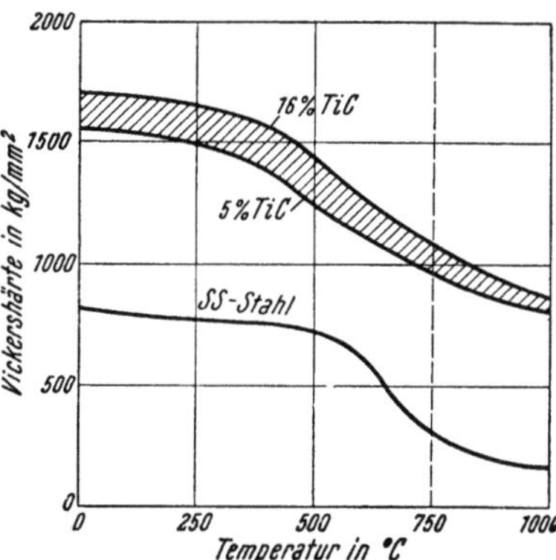

Abb. 96. Warmhärte von WC-TiC-Co-Hartmetallen im Vergleich zu Schnellstahl (E. Ammann u. J. Hinnüber)

c) *Biegebruchfestigkeit*

Die Biegebruchfestigkeit von WC-TiC-Co-Hartmetallen wird mit steigendem TiC-Gehalt kontinuierlich herabgesetzt (s. Abb. 94). Ein höherer Kobaltzusatz kompensiert diese Versprödung in einem gewissen Ausmaß[11–33].

Die *Warmbiegebruchfestigkeit* von WC-TiC-Co-Hartmetallen (WC : TiC

[1] Engle, E. W.: In J. Wulff: Powder Metallurgy, Am. Soc. Met., Cleveland 1942, S. 436/53.

[2] Kieffer, R. u. F. Benesovsky: Industrie u. Technik **3** (1948), S. 251/57.

[3] Ammann, E. u. J. Hinnüber: Stahl u. Eisen **71** (1951), S. 1081/90.

[4] Hinnüber, J.: In: Fortschrittliche Fertigung und moderne Werkzeugmaschinen, W. Girardet, Essen 1954, S. 56/60; Techn. Mitt. Krupp **13** (1955), S. 66/68.

[5] Betaneli, A. I.: Vestn. Maschinostroj. **33** (1953), Nr. 4, S. 49/52; Strojirenstvi **9** (1959), S. 831/33.

[6] Brochin, I. S., I. I. Olchov u. A. B. Platov: Cvetnyje Metally (1959), Nr. 10, S. 75/82.

[7] Rybaltschenko, R. V., V. I. Tretjakov u. I. N. Tschaporova: Izv. Akad. Nauk SSSR, Met. Topl. (1961), Nr. 4, S. 83/89.

[8] Kreimer, G. S., M. R. Vachovskaja u. A. I. Baranov: Fiz. Metallov Metalloved. **10** (1960), S. 698/709; Tverdyje Splavy (1960), Nr. 2, S. 57/78.

[9] Kreimer, G. S., M. R. Vachovskaja, V. I. Tumanov u. Z. I. Pavlova: Fiz. Metallov Metalloved. **13** (1962), S. 901/11.

[10] Platov, A. B.: Poroschkovaja Met. (1963), Nr. 4, S. 67/75.

[11] McKenna, P. M.: Metal Progr. **36** (1939), S. 152/55.

[12] Engle, E. W.: In J. Wulff: Powder Metallurgy, Am. Soc. Met., Cleveland 1942, S. 436/53.

[13] McKenna, P. M.: Iron Age **157** (1946), 7. Febr., S. 64/68.

[14] Sandford, E. J. u. E. M. Trent: Iron Steel Inst., Spec. Rep. Nr. 38, London 1947, S. 78/83.

[15] Burden, H.: Metallurgia **38** (1948), S. 27/33, Alloy Metals Rev. **5** (1948), Nr. 47, S. 1/11.

[16] Sandford, E. J.: Alloy Metals Rev. **7** (1949), Nr. 54, S. 2/11.

[17] Hinnüber, J.: Z. Ver. dtsch. Ing. **92** (1950), S. 111/17.

[18] Ammann, E. u. J. Hinnüber: Stahl u. Eisen **71** (1951), S. 1081/90.

[19] Ballhausen, C.: Stahl u. Eisen **72** (1952), S. 489/92.

1 : 1, Co: 4 bis 25%) nimmt mit steigender Temperatur zu, durchläuft bei 800° ein Maximum und fällt dann wieder ab. Die feinkörnigen Sorten sind dabei den grobkörnigen deutlich überlegen[25, 29, 30] (Abb. 97).

d) Druckfestigkeit (Stauchverhalten)

Die Druckfestigkeit von WC-TiC-Co-Hartmetallen nimmt mit steigendem TiC-Gehalt ab[1–7] (s. Abb. 94).

Ähnlich wie WC-Co-Legierungen zeigen auch WC-TiC-Co-Hartmetalle bei höheren Temperaturen hervorragendes Stauchverhalten[1].

e) Schlagbiegefestigkeit

An Proben mit quadratischem Querschnitt (etwa 16 mm) ohne Kerbe wurden bei WC-TiC-Co-Legierungen folgende Schlagar-

---

[20] Dawihl, W. u. J. Hinnüber: Koll. Z. **104** (1943), S. 233/36.

[21] Widmer, M.: Ind. Organisation **23** (1954), S. 215/20.

[22] Bernard, R.: Metallurgia Ital. **47** (1955), S. 245/50.

[23] Agte, C. u. R. Wehner: Fertigungstechnik **6** (1956), S. 385/88.

[24] Dufek, V.: Strojirenstvi **7** (1957), S. 857/61.

[25] Dlouhy, M.: Hutnické Listy **15** (1959), S. 692/95; Strojirenstvi **9** (1959), S. 43/46.

[26] Houdek, J. u. M. Dlouhy: Strojirenstvi **11** (1961), S. 126/32.

[27] Funke, V. F., V. S. Panov u. S. I. Judkovski: Fiz. Metallov Metalloved. **12** (1961), S. 382/88.

[28] Funke, V. F., V. I. Tumanov u. Z. S. Truchanova: Izv. Akad. Nauk SSSR, Met. Topl. (1961), Nr. 5, S. 101/08, In: Issl. Zaroprotsch. Spl. **8** (1962), S. 88/95.

[29] Kreimer, G. S., M. R. Vachovskaja u. A. I. Baranov: Fiz. Metallov Metalloved. **10** (1960), S. 698/709; Tverdyje Splavy (1960), Nr. 2, S. 57/78.

[30] Kreimer, G. S., M. R. Vachovskaja, V. I. Tumanov u. Z. I. Pavlova: Fiz. Metallov Metalloved. **13** (1962), S. 901/11.

[31] Funke, B. F., S. I. Judkovski u. V. S. Panov: Poroschkovaja Met. (1962), Nr. 6, S. 61/66.

[32] Dlouhy, M. u. J. Houdek: Pokroky Práškové Met. (1964), Nr. 1, S. 33/40.

[33] Kohlermann, R. u. W. Dübel: In: Neue Werkstoffe durch pulvermetallurgische Verfahren. Akademie-Verlag, Berlin 1964, S. 78/87.

[1] Dawihl, W.: Z. techn. Physik **21** (1940), S. 336/45.

[2] Engle, E. W.: In J. Wulff: Powder Metallurgy, Am. Soc. Met., Cleveland 1942, S. 436/53.

[3] Sandford, E. J. u. E. M. Trent: Iron Steel Inst., Spec. Rep. Nr. 38, London 1947, S. 78/83.

[4] Hinnüber, J.: Z. Ver. dtsch. Ing. **92** (1950), S. 111/17.

[5] Ammann, E. u. J. Hinnüber: Stahl u. Eisen **71** (1951), S. 1081/90.

[6] Ballhauser, C.: Stahl u. Eisen **72** (1952), S. 489/92.

[7] Tumanov, V. I., V. F. Funke, Z. I. Pavlova, T. A. Novikova u. K. A. Bystrova: Fiz. Metallov Metalloved. **15** (1963), S. 285/89, Zavod. Labor. **29** (1963), S. 981/83.

beiten festgestellt[1, 2]. Legierung 79/15/6 0,056 mkg, 77/15/8 0,074 mkg.

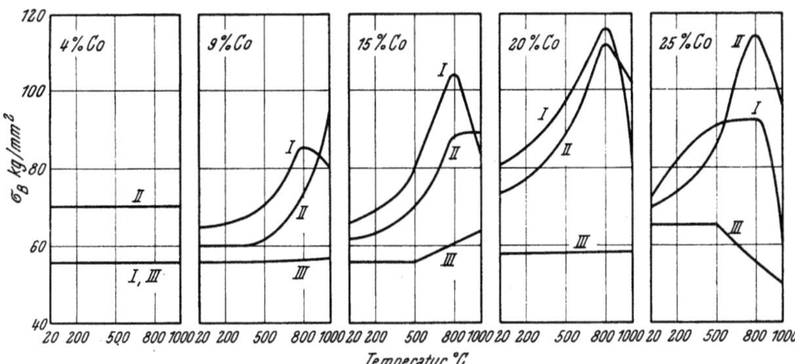

Abb. 97. Warmbiegebruchfestigkeit von WC-TiC-Co-Hartmetallen in Abhängigkeit vom Kobaltgehalt und von der Korngröße (I: 0,9 μ; II: 2,6 μ; III: 5,6 μ). (G. S. KREIMER, M. R. VACHOVSKAJA u. A. I. BARANOV)

Ebenso wie bei den WC-Co-Hartmetallen (s. S. 174) ist auch bei den WC-TiC-Co-Legierungen ein Maximum der *Warmschlagfestigkeit* bei etwa 800° zu beobachten, welches vom Kobaltgehalt und von der Korngröße abhängig ist[3, 4] (Abb. 98).

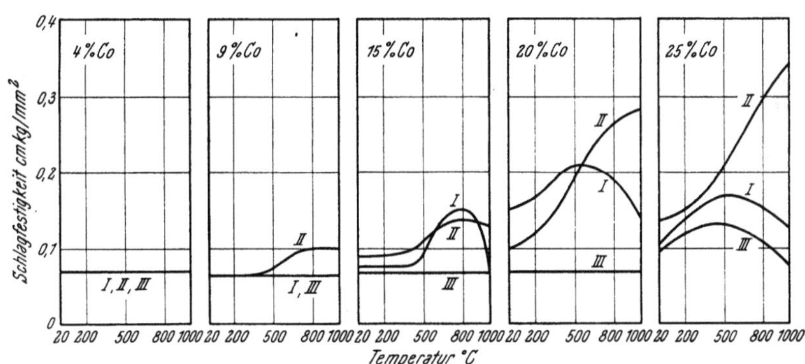

Abb. 98. Warmschlagfestigkeit von WC-TiC-Co-Hartmetallen in Abhängigkeit vom Kobaltgehalt und von der Korngröße (I: 0,9 μ; II: 2,6 μ; III: 5,6 μ). (G. S. KREIMER, M. R. VACHOVSKAJA u. A. I. BARANOV)

[1] ENGLE, E. W.: In J. WULFF: Powder Metallurgy. Am. Soc. Met., Cleveland 1942, S. 436/53.

[2] SANDFORD, E. J. u. E. M. TRENT: Iron Steel Inst., Spec. Rep. Nr. 38, London 1947, S. 78/83.

[3] KREIMER, G. S., M. R. VACHOVSKAJA u. A. I. BARANOV: Fiz. Metallov Metalloved. **10** (1960), S. 698/709, Tverdyje Splavy (1960), Nr. 2, S. 57/78.

[4] KREIMER, G. S., M. R. VACHOVSKAJA, V. I. TUMANOV u. Z. I. PAVLOVA: Fiz. Metallov Metalloved. **13** (1962), S. 901/11.

f) Warmfestigkeit und Dauerstandfestigkeit

Die Warmfestigkeit von TiC-haltigen Hartmetallen ist nicht nur beim Einsatz dieser Werkstoffe zur spanabhebenden und spanlosen Formgebung (Drehmeißel zum Heißdrehen, Warmpreßmatrizen, Strangpreßdüsen u. a.), sondern auch bei der Herstellung warmfester Teile von großer Bedeutung.

Die Dauerstandfestigkeit der WC-TiC-Co-Legierungen 88/5/7 und 78/16/6 bei 900° wurde zu 10 bzw. 15 kg/mm² ermittelt[1].

g) Biegewechselfestigkeit

Die Biegewechselfestigkeit eines WC-TiC-Co-Hartmetalles 78/16/6 beträgt nach W. Dawihl[2] bei zwei Millionen Lastspielen $\pm$ 38 kg/mm² (im Vergleich dazu Stahl von 70 kg/mm² Festigkeit: $\pm$ 40 kg/mm²).

h) Elastizitätsmodul

Der Elastizitätsmodul von WC-TiC-Co-Hartmetallen liegt etwas niedriger als der von WC-Co-Hartmetallen[1–10]. Er nimmt mit steigendem TiC-Gehalt ab (s. Abb. 94).

i) Wärmeleitfähigkeit

Die Wärmeleitfähigkeit von WC-TiC-Co-Hartmetallen ist gegenüber WC-Co-Legierungen beträchtlich niedriger, da TiC im Vergleich zu WC die Wärme schlecht leitet. Mit steigendem TiC-Gehalt nimmt die Wärmeleitfähigkeit stetig ab[4–6]. Beim Schleifen von WC-TiC-Co-Hartmetallen mit 25 bis 65% TiC, die für Schlichtarbeiten gebräuchlich sind, ist daher Überhitzung zu vermeiden und für gute Wärmeabfuhr zu sorgen, da sonst Schleifrisse entstehen können.

---

[1] Hinnüber, J.: Z. Ver. dtsch. Ing. **92** (1950), S. 111/17.

[2] Dawihl, W.: Stahl u. Eisen **61** (1941), S. 909/19.

[3] McKenna, P. M.: Metal Progr. **36** (1939), S. 152/55.

[4] Engle, E. W.: In J. Wulff: Powder Metallurgy, Am. Soc. Met., Cleveland 1942, S. 436/53.

[5] Sandford, E. J. u. E. M. Trent: Iron Steel Inst., Spec. Rep. Nr. 38, London 1947, S. 78/83.

[6] Sandford, E. J.: Alloy Metals Rev. **7** (1949), Nr. 54, S. 2/11.

[7] Ammann, E. u. J. Hinnüber: Stahl u. Eisen **71** (1951), S. 1081/90.

[8] Ballhausen, C.: Stahl u. Eisen **72** (1952), S. 489/92.

[9] Dlouhy, M.: Strojirenstvi **9** (1959), S. 43/46.

[10] Dlouhy, M. u. J. Houdek: Pokroky Práškové Met. (1964), Nr. 1, S. 33/40.

Im Vergleich zu Schnellstahl mit einer Wärmeleitfähigkeit von etwa 0,06 cal/cm · °C · sec haben verschiedene WC-TiC-Co-Legierungen folgende Leitfähigkeitswerte[1, 2]:

88/5/7	05,1 cal/cm · °C · sec
78/14/8	0,08 cal/cm · °C · sec
78/16/6	0,09 cal/cm · °C · sec
69/25/6	0,05 cal/cm · °C · sec
34,5/60/5,5	0,03 cal/cm · °C · sec.

j) Wärmeausdehnungskoeffizient

Mit steigendem TiC-Gehalt nimmt der Wärmeausdehnungskoeffizient etwas zu; er liegt aber immer noch weit unter dem von Schnellstahl[1–5].

Die Kenntnis des Wärmeausdehnungskoeffizienten ist bei der Lötung von Platten aus WC-TiC-Co-Hartmetallen und beim Einschrumpfen von Formstücken in Stahlfassungen von größter Wichtigkeit.

k) Spezifische Wärme

Die spezifische Wärme von WC-TiC-Co-Hartmetallen nimmt mit steigendem TiC-Gehalt etwas zu. Nachstehende Werte werden angegeben[4]: Legierung 89/5/9 0,05 cal/g · °C; 79/15/6 0,06 cal/g · °C; 69/25/6 0,08 cal/g · °C. H. J. Booss[6] fand zwischen 25 und — 190° C Werte, die mit steigendem TiC-Gehalt von 0,037 bis 0,076 cal/g · ° C zunehmen.

l) Elektrische Leitfähigkeit

Die elektrische Leitfähigkeit von WC-Co-Hartmetallen wird durch steigende TiC-Zusätze verschlechtert. Steigende Kobaltgehalte in derartigen Legierungen führen im Gegensatz dazu

---

[1] Ammann, E. u. J. Hinnüber: Stahl u. Eisen **71** (1951), S. 1081/90.

[2] Hinnüber, J.: Z. Ver. dtsch. Ing. **92** (1950), S. 111/27.

[3] Engle, E. W.: In J. Wulff: Powder Metallurgy, Am. Soc. Met., Cleveland 1942, S. 436/53.

[4] Sandford, E. J. u. E. M. Trent: Iron Steel Inst., Spec. Rep. Nr. 38, London 1947, S. 84/91.

[5] Ballhausen, C.: Stahl u. Eisen **72** (1952), S. 489/92.

[6] Booss, H. J.: Metall **11** (1957), S. 22/23.

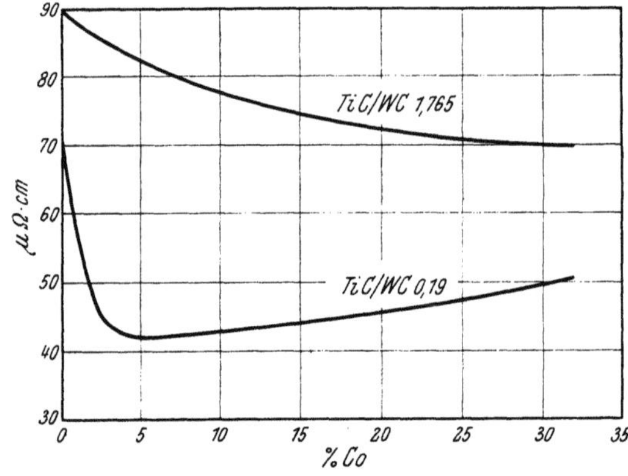

Abb. 99. Elektrischer Widerstand von WC-TiC-Co-Hartmetallen in Abhängigkeit von der Zusammensetzung (V. F. FUNKE, S. I. JUDKOVSKI u. V. S. PANOV)

wieder zu einer Erniedrigung der Widerstandswerte (Abb. 99)[1, 2].

m) Magnetische Eigenschaften

Werte für die magnetische Sättigung[3–5] und die Koerzitivkraft von WC-TiC-Co-Hartmetallen sind in Zahlentafel 40 zu finden. TiC ist nicht ferromagnetisch, so daß mit steigendem TiC-Gehalt die magnetische Sättigung abnimmt, ein Umstand, der zur Qualitätskontrolle und -trennung dienen kann (s. S. 132).

Zahlentafel 40. *Magnetische Werte von WC-TiC-Co-Hartmetallen*

Zusammensetzung %			Magnetische Sättigung $4\pi\sigma$	Koerzitivkraft Hc
WC	TiC	Co		
88	3	9	160 bis 165	185
88	5	7	107 bis 112	120 bis 130
78	14	8	140 bis 145	100 bis 110
78	16	6	97 bis 100	100 bis 110
69	25	6	89 bis 92	80 bis 90
34	60	6	89 bis 95	70 bis 80

n) Gefüge

Die in WC-TiC-Co-Hartmetallen auftretenden Gefügebestandteile — es sind dies das mehr oder weniger stark rekristallisierte WC, welches gegebenenfalls Spuren TiC gelöst enthält (α_1-, α_2-Phase),

[1] FUNKE, V. F., S. I. JUDKOVSKI u. V. S. PANOV: Poroschkovaja Met. (1962), Nr. 6, S. 61/66.

[2] FUNKE, V. F., V. S. PANOV u. S. I. JUDKOVSKI: Fiz. Metallov Metalloved. 12 (1961), S. 382/88.

[3] PETRDLIK, M. u. V. DUFEK: Strojirenstvi 8 (1958), S. 545/47.

[4] KOVALSKI, A. E. u. T. K. MAKARENKO: Tverdyje Splavy 1 (1959) S. 320/31.

[5] KOHLERMANN, R. u. W. DÜBEL: In: Neue Werkstoffe durch pulvermetallurgische Verfahren. Akademie-Verlag, Berlin 1964, S. 78/87.

der TiC-WC-Mischkristall (β-Phase), unverändertes freies TiC im Mischkristall (β'-Phase) und die Bindemetallphase (γ) — sind schon auf S. 101 eingehend besprochen worden. Je höher bei gegebener Zusammensetzung der Mischkristallanteil im Gefüge ist, um so höher ist die Schneidleistung derartiger Hartmetalle[1].

Auf die sehr zahlreichen Arbeiten zum Gefügebau von WC-TiC-Co-Hartmetallen sei nur verwiesen[2–30].

---

1 Krainer, H. u. K. Konopicky: Berg- u. Hüttenmänn. Mh. **92** (1947), S. 166/78.

2 Meerson, G. A., G. L. Zverev u. B. J. Osinovskaja: Zur Prikl. Chim. **13** (1940), S. 66/75.

3 Oswald, M.: Chim. et Ind., Fasc. Nr. 980, Dezember 1942.

4 Kieffer, R.: Z. Metallkunde **46** (1944), Nr. 9, Metallforschung **2** (1947), S. 236/38, Powder Met. Bull. **2** (1947), S. 104/11.

5 McKenna, P. M.: Iron Age **157** (1946), 2. Februar, S. 64/68.

6 Metcalfe, A. G.: Metal Treatment **13** (1946), S. 127/33.

7 Sandford, E. J. u. E. M. Trent: Iron Steel Inst., Spec. Rep. Nr. 38, London 1947, S. 84/91.

8 Burden, H.: Vortrag IPT., Graz 1948, Ref. Nr. 12.

9 Sandford, E. J.: Alloy Metals Rev. **7** (1949), Nr. 52, S. 2/12, **7** (1949), Nr. 54, S. 2/11.

10 Hinnüber, J.: Z. Ver. dtsch. Ing. **92** (1950), S. 111/17.

11 Bleecker, W. H.: Iron Age **165** (1950), Nr. 21, S. 71/74.

12 Ammann, E. u. J. Hinnüber: Stahl u. Eisen **71** (1951), S. 1081/90.

13 Kölbl, F.: In H. Freund: Handbuch der Mikroskopischen Untersuchungsmethoden in der Technik, Umschau-Verlag, Dr. Breidenstein, Frankfurt/Main, 1964.

14 Gardner, A. G.: Metallurgia **47** (1953), S. 163/70.

15 Blažek, St.: Hutnické Listy **8** (1953), S. 622/26.

16 Flašar, J. u. D. Friedl: Hutnické Listy **8** (1953), S. 246/249.

17 Powers, J. H. u. W. J. Loach: Steel **133** (1953), Nr. 16, S. 93/96.

18 Bernard, R. u. S. Bernard: Compt. Rend. **238** (1954), S. 222/24.

19 Hinnüber, J.: Techn. Mitt. Krupp **12** (1954), S. 81/88.

20 Pfisterer, H.: Siemens-Z. **29** (1955), S. 199/205.

21 Pfisterer, H. u. H. Kasperek: Z. Metallkunde **46** (1955), S. 574/78.

22 Bernard, R.: Metallurgia Ital. **47** (1955), S. 245/50, 367/76; 2. Plansee Seminar, Reutte/Tirol 1952, S. 41/49; Neue Hütte **2** (1957), S. 757/61.

23 Gurland, J. u. J. T. Norton: 2. Plansee Seminar, Reutte/Tirol 1952, S. 99/100.

24 Girschig, R.: Métaux **31** (1956), S. 80/93.

25 Michajlova, P. K.: Stanki i Instr. **28** (1957), Nr. 9, S. 45/48; Metalloved. Obr. Metallov (1957), Nr. 7, S. 45/48.

26 Tretjakov, V. I. u. I. N. Tschaporova: Tverdyje Splavy **1** (1959), S. 191/204.

27 Kreimer, G. S. u. M. R. Vachovskaja: Tverdyje Splavy **1** (1959), S. 205/08.

28 Hinnüber, J. u. O. Rüdiger: Techn. Mitt. Krupp **20** (1962), S. 162/71.

29 Kohlermann, R. u. W. Dübel: In: Neue Werkstoffe durch pulvermetallurgische Verfahren. Akademie-Verlag, Berlin 1964, S. 78/87.

30 Čech, B.: Pokroky Práškové Met. (1963), Nr. 1, S. 14/24.

o) *Korrosionsbeständigkeit und Zunderverhalten*

Angaben über die Beständigkeit von WC-TiC-Co-Legierungen gegen Meerwasser, Säuren und Alkalien werden von W. DAWIHL[1] und anderen[2–4] gemacht. Wie der Zahlentafel 33 auf S. 183 zu entnehmen ist, zeigt ein WC-TiC-Co-Hartmetall 79/15/6 im Vergleich zu einer WC-Co-Legierung 94/6 ein günstigeres Korrosionsverhalten sowohl in der Kälte als auch bei Siedetemperatur des Angriffsmittels.

Im Vergleich zu WC-Co-Legierungen sind WC-TiC-Co-Hartmetalle bedeutend zunderbeständiger[3, 5–10]. Der festhaftende, rutilhaltige Oxidfilm, welcher die Schweißneigung des Hartmetalles zum ablaufenden Span hemmt (vgl. S. 375), ist die Hauptursache für das günstige Verhalten derartiger Legierungen bei der Bearbeitung langspanender Werkstoffe.

Die verwickelte Zusammensetzung der Oxidhäute, die sich bei der Oxidation von WC-TiC-Co-Hartmetallen bilden, haben J. HINNÜBER und W. KINNA[11] röntgenographisch und mikroskopisch geklärt.

p) *Zerspanungsleistung*

Über die Zerspanungsleistung von WC-TiC-Co-Legierung, insbesondere über ihr im Vergleich zu reinen WC-Co-Legierungen günstigeres Verhalten bei der Bearbeitung langspanender Werkstoffe, wird in Kap. VII eingehend berichtet.

Es versteht sich von selbst, daß die Zerspanungsleistung durch hohe Härte, optimale Dichte, gute Biegebruchfestigkeit, hohen Anteil an reinen sauerstoff- und stickstofffreien WC-TiC-Mischkristallen

---

[1] DAWIHL, W.: Chem. Fabrik **13** (1940), S. 133/35.

[2] ENGLE, E. W.: In J. WULFF: Powder Metallurgy, Am. Soc. Met., Cleveland 1942, S. 436/53.

[3] HINNÜBER, J.: Z. Ver. dtsch. Ing. **92** (1950), S. 111/17, Maschinenmarkt **55** (1949), S. 38/40.

[4] GILLESPIE, J. S. u. I. L. WALLACE: Steel **130** (1952), Nr. 16, S. 84.

[5] KIEFFER, R. u. F. KÖLBL: Z. anorg. Chem. **262** (1950), S. 229/46.

[6] METCALFE, A. G.: Metal Treatment **13** (1946), S. 127/33.

[7] KLINGOHR, O.: Werkstattstechnik **27** (1949), S. 133/35.

[8] SANFORD, E. J.: Alloy Metals Rev. **7** (1949), Nr. 52, S. 2/12.

[9] KINNA, W. u. O. RÜDIGER: Arch. Eisenhüttenwes. **24** (1953), S. 535/42; Techn. Mitt. Krupp **12** (1954), S. 13/21.

[10] WEBB, W. W., J. T. NORTON u. C. WAGNER: J. Electrochem. Soc. **103** (1956), S. 112/17.

[11] HINNÜBER, J. u. W. KINNA: Arch. Eisenhüttenwes. **27** (1956), S. 259/67; 2. Plansee Seminar, Reutte/Tirol 1955, S. 130/53; Techn. Mitt. Krupp **20** (1962), S. 162/71.

und alle Faktoren, welche diese Eigenschaften der Legierungen verbessern, im günstigen Sinne beeinflußt wird. Eine Verbesserung der Zerspanungsleistung tritt ferner durch Einsatz von warmfesteren WC-TiC-TaC(NbC)-Mischkristallen (s. S. 206) an Stelle von WC-TiC-Mischkristallen ein.

q) Verschleißverhalten

Über das Verhalten von WC-TiC-Co-Legierungen, insbesondere bei der Zerspanung langspanender Werkstoffe und die dabei auftretende Verschleißerscheinung (Auskolkung) durch die Verschweißung mit dem ablaufenden Span vergleiche die Ausführungen auf S. 375.

Man wird WC-TiC-Co-Legierungen unter Umständen dann an Stelle der zäheren WC-Co-Hartmetalle einsetzen, wenn bei speziellen Verschleißfällen noch zusätzlich korrodierende Einflüsse auftreten.

r) Anwendungsgebiete

Die Anwendungsgebiete von WC-TiC-Co-Hartmetallen, über die es ein umfangreiches Schrifttum gibt[1–16], sind in Zahlentafel 41 zusammengestellt (s. a. Zahlentafel 98, S. 410).

---

[1] Skaupy, F.: Metallkeramik, 4. Aufl., Verlag Chemie, Weinheim/Bergstraße, 1950.

[2] Kieffer, R. u. W. Hotop: Pulvermetallurgie und Sinterwerkstoffe, 2. Aufl., Springer-Verlag, Berlin/Göttingen/Heidelberg 1948, S. 305ff.

[3] Schwarzkopf, P.: Powder Metallurgy, Macmillan, New York 1947.

[4] Goetzel, C. G.: Treatise on Powder Metallurgy, Vol. II, Interscience Publ., New York 1950, S. 147ff.

[5] Engle, E. W.: In J. Wulff: Powder Metallurgy, Am. Soc. Met., Cleveland 1492, S. 436/53.

[6] Oswald, M.: Chim. et Ind., Fasc. Nr. 980, Dezember 1942.

[7] Comstock, G. J.: Iron Age **156** (1945), Nr. 9, S. 36A/36L.

[8] McKenna, P. M.: Iron Age **157** (1946), 2. Februar, S. 64/68.

[9] Cass, W. G.: Ind. Diamond Rev. **6** (1946), S. 376.

[10] Sandford, E. J. u. E. M. Trent: Iron Steel Inst., Spec. Rep. Nr. 38, London 1947, S. 84/91.

[11] Burden, H.: Metallurgia **38** (1948), S. 27/33, Alloy Metals Rev. **5** (1948), Nr. 47, S. 1/11.

[12] Hinnüber, J.: Z. Ver. dtsch. Ing. **92** (1950), S. 111/17.

[13] Rauhut, H. U.: DIN Mitt. **35** (1956), S. 463/66.

[14] Hilbes, W.: Techn. Mitt. Essen **52** (1959), S. 211/17.

[15] Beutel, H.: Techn. Mitt. Essen **52** (1959), S. 218/28; Maschinenmarkt **66** (1960), Nr. 11, S. 35/36, Nr. 19, S. 35/41.

[16] Hinnüber, J. u. W. Kinna: Techn. Mitt. Krupp **19** (1961), S. 130/53; Stahl u. Eisen **82** (1962), S. 31/46.

Zahlentafel 41. *Anwendungsgebiete von WC-TiC-Co-Hartmetallen*

Zusammensetzung	Anwendungsgebiete
1 bis 10, vorzugsweise 2 bis 6% TiC, 6 bis 18, vorzugsweise 9 bis 15% Co, Rest WC	Für die Bearbeitung von Stahl und Stahlguß bei niedrigen und mittleren Schnittgeschwindigkeiten und großen Vorschüben (bis 3 mm/Umdr.), insbesondere für Arbeiten mit stark wechselnden Schnittiefen oder unterbrochenem Schnitt.
10 bis 15, vorzugsweise 12 bis 14% TiC, 7 bis 15, vorzugsweise 8 bis 10% Co, Rest WC	Für die Bearbeitung von Stahl und Stahlguß bei mittleren Schnittgeschwindigkeiten und mittleren Vorschüben (bis 2 mm/Umdr.) sowie bei Arbeiten mit unterbrochenem Schnitt oder wechselnden Schnittiefen.
15 bis 20, vorzugsweise 10 bis 18% TiC, 5 bis 10, vorzugsweise 6 bis 8% Co, Rest WC	Für die Bearbeitung von Stahl und Stahlguß bei hohen Schnittgeschwindigkeiten und kleinen bis mittleren Vorschüben (bis 1 mm/Umdr.).
20 bis 30, vorzugsweise 25% TiC, 5 bis 10, vorzugsweise 6 bis 8% Co, Rest WC	Zum Feinstdrehen und Feinstbohren von Stahl und Stahlguß, d. h. bei Arbeiten mit sehr kleinen Spanquerschnitten und Schnittkräften.
30 bis 70, vorzugsweise 45 bis 60% TiC, 5 bis 10, vorzugsweise 6 bis 8% Co, Rest WC	Anwendungen wie bei Legierungen mit 20 bis 30% TiC, falls auf modernen Maschinen Höchstleistungen gewünscht werden.

3. WC-TaC(NbC)-Co-Hartmetalle

Ähnlich wie TiC setzt auch ein Zusatz von TaC zu WC-Co-Hartmetallen die Fasenstumpfung, den Kolkverschleiß und die Schweißneigung zum ablaufenden Span bei der Bearbeitung langspanender Werkstoffe herab. Da aber das TaC* erheblich weicher als TiC ist, stehen WC-TaC(NbC)-Co-Hartmetalle mit TaC(NbC)-Gehalten von etwa 5 bis 30% in der Leistung hinter den WC-TiC-Co- bzw. WC-TiC-TaC(NbC)-Co-Legierungen mit ähnlichen Gehalten an Zweit- oder Drittkarbiden zurück[1]. Aus diesem Grunde konnten sich auch reine TaC-Co- bzw. TaC-Ni-Legierungen, welche seinerzeit in Amerika eine kurze Zeit unter dem Namen „Ramet" erzeugt wurden (vgl. Kap. I), nicht durchsetzen.

* Technisches TaC enthält meist beträchtliche Mengen NbC, welches bei ähnlichen Eigenschaften etwas härter als reines TaC ist. Wir setzen daher meist für TaC der Einfachheit halber TaC(NbC).

[1] ENGLE, E. W.: In J. WULFF: Powder Metallurgy, Am. Soc. Met., Cleveland 1942, S. 436/53.

Zahlentafel 42. *Zusammensetzung, Eigenschaften und Anwendungsgebiete von WC-TaC(NbC)-Co-Hartmetallen*

Zusammensetzung % Sollanalyse			Dichte g/cm³	Rockwell-Härte R_A	Vickers-Härte kg/mm²	Biegebruchfestigkeit kg/mm²	Anwendungsgebiete
WC	TaC (NbC)	Co					
93	0,7 + (0,3 VC)*	6	14,6 bis 14,8	91 bis 91,5	1600 bis 1700	140 bis 160	Bearbeitung von Spezialhartguß
91,5	1 + (0,5 VC)	7	14,5 bis 14,7	91,5 bis 92	1650 bis 1750	135 bis 150	
92	2,5 + (0,5 bis 1 TiC)	5,5	14,7 bis 14,9	91 bis 92	1600 bis 1700	140 bis 160	Hartgußbearbeitung
75	5	20	13,1 bis 13,3	84 bis 86	1100 bis 1200	210 bis 240	Verschleißteile
70	5	25	12,8 bis 13,0	82 bis 84	950 bis 1050	200 bis 230	
84	10	6	14,5 bis 14,7	89 bis 90	1500 bis 1600	140 bis 160	Bearbeitung von Guß und weichen bis mittelharten Stählen
81	10	9	14,3 bis 14,5	88 bis 90	1400 bis 1500	160 bis 180	
74	20	6	14,4 bis 14,6	88 bis 89	1450 bis 1550	150 bis 170	Bearbeitung von weichen und mittelharten Stählen
60	27	13	13,7 bis 13,9	86 bis 88	1200 bis 1300	180 bis 210	

* Ersatz durch TiC möglich.

Geringe Zusätze von TaC zu WC-Co-Hartmetallen bedingen eine Kornverfeinerung, d. h. sie hemmen die Rekristallisation der Karbidphase. Derartige Legierungen sind daher im allgemeinen feinkörniger und härter als die entsprechenden TaC-freien Hartmetalle. Solche Hartmetalle haben auch einen weiteren Sinterungsbereich und sind in der Folge unempfindlicher gegen Übersinterung.

WC-Co-Hartmetalle mit beispielsweise 0,75 bis 3,5% TaC und gleichzeitig oft vorhandenen VC- u./oder TiC-Gehalten von 0,1 bis 1,5% haben sich für die Bearbeitung von Spezialhartguß besonders bewährt; Legierungen mit bis zu 5% TaC und 20 bis 30% Co haben sich als besonders schlagfest erwiesen. Sie werden für Schraubenreduziermatrizen, Gesenke u. a. stark auf Schlag beanspruchte Werkzeuge benützt.

Eine WC-TaC(NbC)-Legierung mit 6% Co und etwa 5 bis 10% TaC(NbC) ist als Universalhartmetall für

Guß- und Stahlbearbeitung geeignet. Bei Kobaltgehalten von z. B. 9% eignet sie sich jedoch nur für die Zerspanung weicher und mittelharter Stähle; für weichen und mittelharten Guß ist sie nur noch bedingt anwendbar.

Legierungen mit 20 bis 30% TaC werden, ähnlich wie WC-Co-Legierungen mit 10 bis 16% TiC, in Amerika für die Stahlbearbeitung eingesetzt. Ihre Domäne ist die Zerspanung weicher und mittelharter Stähle.

In Zahlentafel 42 sind die Eigenschaften marktgängiger WC-TaC (NbC)-Co-Hartmetalle zusammengestellt. Weitere Hinweise auf diese Legierungen sind im Schrifttum zu finden[1–6, 8, 9]. Systematische Untersuchungen über die Wirkung steigender TaC- bzw. TaC-NbC-Gehalte auf WC-Co-Hartmetalle wurden von R. KIEFFER durchgeführt (vgl. S. 232)[7].

Zusammenfassend kann man sagen, daß TaC in kleinen bis mittleren Mengen einen günstigen legierungsmäßigen Einfluß auf WC-Co-Legierungen ausübt, besonders wenn es mit NbC, VC, HfC und insbesondere TiC zusammen auftritt.

4. WC-TiC-TaC(NbC)-Co-Hartmetalle

Von G. J. COMSTOCK[10] wurde der Vorschlag gemacht, an Stelle von WC-TaC-Co- und WC-TiC-Co-Hartmetallen Vierstoffkarbidlegierungen auf der Basis WC-TiC-TaC-Co einzuführen. Diese Legierungen, die in weiteren Grenzen 35 bis 80% WC, 5 bis 45% TaC, 0,5 bis 30% TiC und 1 bis 30% Hilfsmetalle der Eisengruppe, in engeren Grenzen 50 bis 70% WC, 10 bis 35% TaC, 3 bis 10% TiC und 5 bis 15% Hilfsmetalle enthalten sollen, weisen etwas größere Zähigkeit als reine WC-TiC-Co-Legierungen und größere Schneidhaltigkeit als WC-TaC-Co-Legierungen auf. Von G. J. COMSTOCK wird noch die geringe Auskolkung (Kolkverschleiß) dieser Legierungen bei der Bearbeitung

[1] KELLEY, F. C.: Trans. Am. Soc. Steel Treat. **19** (1932), S. 233/43.

[2] BECKER, K.: Physik. Z. **34** (1933), S. 185/98.

[3] MOLKOV, L. P. u. A. V. CHOCHLOVA: Redkije Metally **4** (1935), Nr. 1, S. 10/23.

[4] MCKENNA, P. M.: Ind. Engng. Chem. **28** (1936), S. 767/72.

[5] MCKENNA, P. M.: Am. Inst. Min. Met. Enngg., **128** (1938), S. 90/101.

[6] SYKES, W. P.: Am. Inst. Min. Met. Engng., Techn. Publ. Nr. 924 (1938).

[7] KIEFFER, R.: In R. KIEFFER u. W. HOTOP: Pulvermetallurgie und Sinterwerkstoffe, 2. Aufl., Springer-Verlag, Berlin/Göttingen/Heidelberg 1948, S. 303.

[8] GOETZEL, C. G.: Treatise on Powder Metallurgy. Intersci. Publ., New York 1950, Vol. II, S. 131.

[9] POWERS, J. H. u. W. J. LOACH: Steel **133** (1953), Nr. 16, S. 93/96.

[10] A.P. 1973428 (1932); D.R.P. 662058 (1932).

von Stahl hervorgehoben. Die WC-TiC-TaC-Co-Legierungen haben in Amerika große Verbreitung gefunden und die WC-TiC-Co- und WC-TaC-Co-Legierungen fast vollkommen verdrängt; sie sind seit über 10 Jahren auch in Europa mit Erfolg eingeführt worden. Die WC-TiC-TaC(NbC)-Co-Hartmetalle sind allerdings rohstoffmäßig teurer als reine WC-TiC-Co-Legierungen, was insbesondere bei den hoch-TaC-haltigen Sorten ins Gewicht fällt. Ähnliche Betrachtungen ergeben sich auch bei dem neuerdings von R. KIEFFER, F. BENESOVSKY und K. MESSMER[1] angeregten ganzen oder teilweisen Ersatz des TaC durch das heute noch etwas teurere HfC.

Systematische Untersuchungen über die Wirkung von steigenden TaC- bzw. TaC-NbC-Gehalten auf WC-TiC-Hartmetallen wurden von R. KIEFFER[2] schon frühzeitig durchgeführt (vgl. Abschnitt B4) und später wiederholt[3].

Bei einer Gegenüberstellung von TaC-freien und TaC-haltigen WC-TiC-Co-Hartmetallen (Zahlentafel 43 — wobei als Faustregel

Zahlentafel 43. *Gegenüberstellung von TaC-freien und TaC-haltigen WC-TiC-Co-Hartmetallen*

TiC %	TaC-NbC %	WC %	Co %	Härte R_A	Biegebruch-festigkeit in kg/mm²
40,5	0	Rest	6,5	92 bis 93	80 bis 90
38	5	Rest	6,5	92	95 bis 105
20,5	0	Rest	7,5	91,5	115 bis 125
18	5	Rest	7,5	91	130 bis 140
15	0	Rest	8,5	90	130 bis 145
13	4	Rest	8,5	90	155 bis 165
7,5	0	Rest	9	89	150 bis 160
5	5	Rest	9	89	175 bis 190
7	0	Rest	6,5	91	130 bis 140
4	6	Rest	6,5	91,5	150 bis 170

unterstellt wurde, daß 1% TaC in der Schneidleistung etwa 0,5% TiC entspricht — sieht man, daß die TaC(NbC)-haltigen Hartlegierungen bei gleicher Analyse den TaC(NbC)-freien Legierungen um etwa 5 bis 15% in der Biegebruchfestigkeit überlegen sind. R. KIEFFER

[1] KIEFFER, R., F. BENESOVSKY u. K. MESSMER: Metall **13** (1959), S. 919/22.

[2] KIEFFER, R.: In R. KIEFFER u. W. HOTOP: Pulvermetallurgie und Sinterwerkstoffe. 2. Aufl., Springer-Verlag, Berlin/Göttingen/Heidelberg 1948, S. 304.

[3] PETRDLIK, M., V. DUFEK u. J. HRUŠKA: Hutnické Listy **12** (1957), S. 617/18; Neue Hütte **3** (1958), S. 483/89.

führt dies auf die Fähigkeit des TaC, reine Mischkristalle zu bilden, sowie auf dessen kornwachstumshemmende Wirkung in den Karbidphasen zurück. Letztere Wirkung wurde schon bei dem ersten Auftreten der WC-TaC-Hartmetalle und später bei den WC-Co-Legierungen für Spezialhartguß mit Zusätzen von 1 bis 2% TaC-TiC- bzw. TaC-VC-Mischkristallen erkannt. Wie ferner aus dem System WC-TiC-TaC folgt[1], drückt ein TaC-Zusatz auch die Löslichkeit des TiC für WC herab und erhöht dadurch die Menge an zäher WC-Co-Matrix. Eine höhere Schneidleistung konnte bei gleicher Grundanalyse — abgesehen von der günstigeren Auswirkung einer größeren Zähigkeit — nicht beobachtet werden. Höhere Schneidleistungen lassen sich leicht erreichen, wenn man auf Kosten der erzielten höheren Biegebruchfestigkeit den Gehalt an TiC + TaC entsprechend erhöht. Es muß ferner festgehalten werden, daß die komplexen WC-TiC-TaC-Co-Legierungen in ihrer Zerspanungsleistung nur dann an diejenige der WC-TiC-Hartmetalle — aufgebaut auf WC-TiC-Mischkristallen in einer WC-Co-Grundmasse — herankommen oder sie übertreffen, wenn die Zusatzkarbide TiC und TaC in Form von möglichst bei 1500° gesättigten oder bei höheren Temperaturen übersättigten WC-TiC-TaC-Mischkristallen vorliegen[2].

Zahlentafel 44. *Zusammensetzung und Eigenschaften von*

Zusammensetzung % Sollanalyse				Dichte g/cm³	Rockwell-Härte R_A
WC	TiC	TaC (NbC)	Co		
85	4	1	10	13,2 bis 13,4	89 bis 90
80,5	5	5,5	9	13,1 bis 13,3	90 bis 91
77	6,5	9	7,5	12,5 bis 12,7	91 bis 92
59	7	22	12	12,3 bis 12,5	89 bis 90
76	7,5	6,5	10	12,0 bis 12,2	89 bis 90
73,5	10	8	8,5	11,8 bis 12,0	90,5 bis 91,5
72,5	10	8	9,5	11,7 bis 11,9	90 bis 91
71,5	10	8	10,5	11,7 bis 11,8	89 bis 90
62	12	18	8	11,7 bis 11,9	91 bis 92
59	12	18	11	11,4 bis 11,6	90 bis 91
69,5	12,5	8	10	11,2 bis 11,4	90,5 bis 91,5
70,5	13,5	7,5	8,5	11,1 bis 11,3	91 bis 92
62	20	8	10	10,5 bis 10,7	91 bis 92
50	30	10,5	9,5	8,7 bis 9,0	91 bis 92

[1] Vgl. R. Kieffer u. F. Benesovsky: Hartstoffe. Springer-Verlag, Wien 1963, S. 278.

[2] Petrdlik, M., V. Dufek u. J. Hruška: Hutnické Listy 12 (1957), S. 617/18; Neue Hütte 3 (1958), S. 483/89.

Fertigungstechnisch können die WC-TiC-TaC-Co-Legierungen durch Sinterung, beispielsweise folgender Ausgangsstoffe hergestellt werden:

1. Mischungen der freien Karbide WC, TiC und TaC mit Co,
2. Mischungen von freiem WC, freiem TaC mit WC-TiC-Mischkristallen und Co,
3. Mischungen von freiem WC mit TiC-TaC-Mischkristallen und Co,
4. Mischungen von freiem WC mit TiC-WC- und TaC-WC-Mischkristallen und Co,
5. Mischungen von freiem WC mit TiC-TaC-WC-Mischkristallen und Co,
6. Quasiternäre Mischkristalle WC-TiC-TaC mit Co.

In dieser Aufzählung sollen weder alle Herstellungsmöglichkeiten der WC-TiC-TaC-Legierungen, noch alle vielseitigen Möglichkeiten der Mischkristallherstellung enthalten sein. Es soll nur herausgestellt

amerikanischen WC-TiC-TaC (NbC)-Co-Hartmetallen

Vickers-Härte kg/mm²	Biegebruch-festigkeit kg/mm²	Druck-festigkeit kg/mm²	Elastizi-tätsmodul kg/mm²	Wärmeleit-fähigkeit cal/cm · sec. °C	Wärmeaus-dehnungs-koeffizient $\beta \cdot 10^6$
1350 bis 1450	170 bis 190	—	55000	0,134	—
1400 bis 1500	170 bis 200	—	56000	—	—
1550 bis 1650	140 bis 160	—	—	0,127	5,5
1300 bis 1400	160 bis 180	—	—	—	—
1350 bis 1450	170 bis 200	450	52000	0,113	6,0
1450 bis 1550	140 bis 160	—	—	—	—
1400 bis 1500	150 bis 175	—	—	—	—
1350 bis 1450	160 bis 190	—	—	—	—
1600 bis 1700	120 bis 140	510	63000	—	—
1400 bis 1500	130 bis 150	400	56000	—	—
1450 bis 1550	140 bis 170	—	—	—	—
1500 bis 1600	130 bis 150	470	50000	0,068	5
1500 bis 1650	110 bis 130	400	—	—	—
1600 bis 1700	100 bis 120	380	40000	0,04	—

werden, daß neben der Kenntnis der binären Systeme WC-TiC, TiC-TaC, WC-TaC auch eingehende Kenntnisse des pseudo-Dreistoffsystems WC-TiC-TaC (vgl. Bd. Hartstoffe)[1], der Gebiete der Mischbarkeiten der Karbide sowie eingehende Kenntnis der Mischkristallbildungsverfahren notwendig sind, um Legierungen mit optimalen Leistungen, wie sie die moderne Hartmetalltechnik erfordert, herzustellen.

[1] Kieffer, R. u. F. Benesovsky: Hartstoffe. Springer-Verlag, Wien 1963, S. 278.

Die Analysen und physikalischen Eigenschaften der handelsüblichen WC-TiC-TaC(NbC)-Co-Hartmetalle, und zwar sowohl der amerikanischen als auch der in Europa eingeführten Sorten, sind in Zahlentafel 44 und 45 zusammengestellt[1–14] und in Abb. 100 graphisch ausgewertet[5].

Der TaC-Anteil in den TiC + TaC-haltigen Zusatzmischkristallen kann bei den K-Sorten (bezüglich der ISO-Nomenklatur, vgl. S. 413)

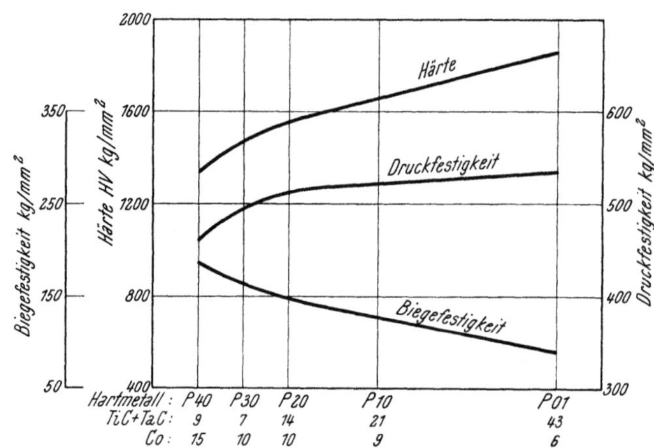

Abb. 100. Härte, Biegebruchfestigkeit und Druckfestigkeit von WC-TiC-TaC(NbC)-Co-Hartmetallen in Abhängigkeit von der Zusammensetzung (J. HINNÜBER)

50 bis 75%, bei den M-Sorten 30 bis 50%, bei den zähen P-Sorten 30 bis 50%, bei den harten P-Sorten 15 bis 40% betragen. Bei kleinen

[1] ENGLE, E. W.: In J. WULFF: Powder Metallurgy, Am. Soc. Met., Cleveland, 1942, S. 436/53.

[2] SCHWARZKOPF, P.: Powder Metallurgy, Macmillan, New York 1947, S. 216.

[3] GOETZEL, C. G.: Treatise on Powder Metallurgy, Vol. II, Interscience Publ. New York 1950, S. 132, 135.

[4] BALLHAUSEN, C.: Persönliche Mitteilung 1951.

[5] HINNÜBER, J.: Techn. Mitt. Krupp **12** (1954), S. 81/88; Techn. Mitt. Essen **47** (1954), S. 183/90.

[6] HINNÜBER, J.: In: Fortschrittliche Fertigung und moderne Werkzeugmaschinen, Girardet, Essen 1954; Techn. Mitt. Krupp **13** (1955), S. 66/68.

[7] BERNARD, R.: Metallurgia Ital. **47** (1955), S. 245/50.

[8] AGTE, C. u. M. PETRDLIK: Strojirenstvi **5** (1955), S. 358/62.

[9] AGTE, C.: Neue Hütte **1** (1955), S. 333/38.

[10] PETRDLIK, M. u. V. DUFEK: Neue Hütte **3** (1958), S. 483/89.

[11] DUFEK, V. u. J. LIKEŠ: Hutnické Listy **14** (1959), S. 791/96.

[12] HINNÜBER, J., O. RÜDIGER u. W. KINNA: Powder Met. (1961), Nr. 8, S. 1/24.

[13] PALMQUIST, S.: Arch. Eisenhüttenwes. **33** (1962), S. 629/33.

[14] KOHLERMANN, R. u. W. DÜBEL: In: Neue Werkstoffe durch pulvermetallurgische Verfahren. Akademie-Verlag, Berlin 1964, S. 78/87.

Zahlentafel 45. *Eigenschaften von WC — TiC — TaC (NbC) — Co — Hartmetallen für Zerspanungszwecke (P-, M- und K-Sorten) nach ISO TC 29 sowie für spanlose Formgebung und Verschleißteile (G-Sorten)*

Sorte (Zerspanungs-Anwendungsgruppe)[1]	Mittlere Zusammensetzung[2] %			Mittlere Eigenschaften[3]						
	WC	TiC + TaC[3]	Co	Dichte g/cm³	Härte HV kp/mm²	Biegebruchfestigkeit kp/mm²	Druckfestigkeit kp/mm²	Elastizitätsmodul kp/mm² × 10³	Ausdehnungsbeiwert 10^{-6}/° C	Wärmeleitfähigkeit cal/cm · sek° C
P 01.2	30	64	6	7,2	1800	75	350	n. b.	n. b.	n. b.
P 01.3	51	43	6	8,5	1750	90	420	46	7,5	0,04
P 01.4	62	33	5	10,1	1750	100	410	48	7,5	0,04
P 05	77	18	5	12,2	1700	110	430	n. b.	6,0	n. b.
P 10	63	28	9	10,7	1600	130	460	53	6,5	0,07
P 20	76	14	10	11,9	1550	150	480	54	6,0	0,08
P 25	71	20	9	12,4	1450	175	480	55	6,0	0,10
P 30	82	8	10	13,1	1500	170	500	56	5,5	0,14
P 40	75	12	13	12,7	1400	190	490	55	5,5	0,14
P 50	68	15	17	12,5	1300	210	400	52	n. b.	0,13
M 10	74	10	6	13,1	1750	135	500	58	5,5	0,12
M 20	72	10	8	13,4	1550	160	500	57	5,5	0,15
M 30	71	10	9	14,4	1450	180	480	55	5,5	0,15
M 40	79	6	15	13,6	1300	210	440	54	6,0	0,16

[1] Nach DIN 4990 April 1959.
[2] Mittelwerte europäischer Hartmetalle.
[3] TaC enthält meist 5 bis 40% NbC.

Fortsetzung von Zahlentafel 45.

Sorte (Zerspanungs-Anwendungs-gruppe)[1]	Mittlere Zusammensetzung[2] %			Mittlere Eigenschaften[2]						
	WC	TiC + TaC[3]	Co	Dichte g/cm³	Härte HV kp/mm²	Biegebruch-festigkeit kp/mm²	Druck-festigkeit kp/mm²	Elastizitäts-modul kp/mm² × 10³	Ausdeh-nungs-beiwert 10⁻⁶/° C	Wärme-leit-fähigkeit cal/cm · sek° C
K 01	92	4	4	15,0	1800	120	590	67	4,5	0,20
K 05	91	3	6	14,5	1750	140	590	65	5,0	0,19
K 10	92[4]	2	6	14,8	1600	150	570	63	5,0	0,19
K 20	93	1	6	14,8	1550	170	520	62	5,0	0,19
K 30	90	1	9	14,4	1450	190	470	58	5,3	0,17
K 40	87	1	12	14,2	1300	210	450	57	5,5	0,16
G 05[5]	92[4]	< 2	6	14,8	1600	150	570	63	5,0	0,19
G 10	93	< 1	6	14,8	1550	170	520	62	5,0	0,19
G 15	90	< 1	9	14,4	1450	190	470	58	5,3	0,17
G 20	88	< 1	12	14,2	1300	210	450	57	5,5	0,16
G 30	85	< 1	15	13,7	1200	240	410	54	6,0	0,14
G 40	80	< 1	20	13,5	1100	260	380	50	6,5	0,13
G 50	75	< 1	25	13,1	1000	270	330	47	7,0	n. b.
G 60	70	< 1	30	12,8	950	280	300	45	7,5	n. b.

[4] Einschließlich VC

[5] Noch nicht genormte Bezeichnung für Sorten der spanlosen Formgebung und für Verschleißteile.

TaC-Anteilen wird meist niobfreies TaC, bei hohen TaC-Anteilen ein solches mit 5 bis 40%, vorzugsweise mit 10 bis 25% NbC eingesetzt. Eine Reihe europäischer Hartmetallfirmen erzeugt durch Variation der WC-Korngröße, des Kobalt- und TiC + TaC-Gehaltes Zwischennuancen oder lehnt sich mit höheren TaC- und Kobaltgehalten an amerikanische Hartmetallanalysen an. In der Tabelle sind auch die noch nicht nach ISO genormten G-Sorten aufgeführt, die neben WC mit 6 bis 30% Co auch 1 bis 2% TiC + TaC enthalten können. Diese Hartmetalle finden vorzugsweise bei der Bestückung von Werkzeugen für die spanlose Formgebung und für Verschleißteile Anwendung (vgl. a. Zahlentafel 326).

Um die Eigenschaften der WC-TiC-TaC-Co-Hartmetalle in Abhängigkeit von der Zusammensetzung systematisch zu erfassen, hat C. Ballhausen[1] eine räumliche Darstellung vorgeschlagen, aus der man unter Zugrundelegung der Verhältnisse bei den WC-Co-, TiC-Co- bzw. TaC-Co-Legierungen (vgl. S. 190) auf die Eigenschaften der WC-TiC-TaC-Co-Hartmetalle bestimmter Zusammensetzung schließen kann.

Zu den einzelnen Eigenschaften ist noch unter Berücksichtigung von Einzelarbeiten folgendes zu ergänzen:

a) Dichte

Die Dichte von WC-TiC-TaC(NbC)-Co-Hartmetallen ist infolge der höheren Reindichte von TaC höher als die der WC-TiC-Co-Sorten, falls TaC an Stelle von TiC tritt (s. Zahlentafel 44, und 45).

b) Härte

Angaben über die R_A- bzw. Vickershärten der marktgängigen Sorten sind der Zahlentafel 43, 44 und 45 sowie der Abb. 100 zu entnehmen. Mit steigendem Gehalt an TiC + TaC(NbC) und fallendem Bindergehalt nimmt sie zu.

E. Ammann und J. Hinnüber[2] verweisen besonders darauf, daß WC-TiC-TaC-Co-Hartmetalle im Vergleich zu reinen WC-TiC-Co-Sorten eine um etwa 50 bis 100 Vickers-Einheiten höhere *Warmhärte* haben. Diese Verbesserung kann erreicht werden, selbst wenn der Kobaltgehalt etwas höher liegt[3].

---

[1] Ballhausen, C.: Persönliche Mitteilung 1951.

[2] Ammann, E. u. J. Hinnüber: Stahl u. Eisen **71** (1951), S. 1081/90.

[3] Rybaltschenko, R. V., V. I. Tretjakov u. I. I. Tschaporova: Izv. Akad. Nauk SSSR, Met. Topl. (1961), Nr. 4, S. 83/89.

c) *Biegebruchfestigkeit*

Wie schon eingangs erwähnt, sind die TaC(NbC)-haltigen WC-TiC-Co-Hartmetalle den TaC-freien Legierungen festigkeitsmäßig um 5 bis 15% überlegen, wodurch sich ihre Hauptvorteile bei der Anwendung ergeben.

Einzelwerte der Biegebruchfestigkeit sind den Zahlentafeln, 44 und 45, und die Abhängigkeit von der Zusammensetzung der Abb. 100 zu entnehmen.

Hartmetallsorten für Stahlbearbeitung werden heute auf den modernen Hochleistungsmaschinen bis zur Grenze ihrer Temperaturbeständigkeit belastet. Die Kenntnis der Warmfestigkeitseigenschaften und der Temperaturwechselbeständigkeit sind daher von größter Wichtigkeit. J. Hinnüber[1, 2] hat an WC-TiC-TaC-Co-Hartmetallen Warmfestigkeitsuntersuchungen durchgeführt. Die *Warmbiegebruchfestigkeit* (Abb. 101) nimmt bei den Sorten mit höheren TiC-TaC-Gehalten mit steigender Temperatur wesentlich weniger ab als bei den Sorten mit wenig TiC-TaC und viel Kobalt.

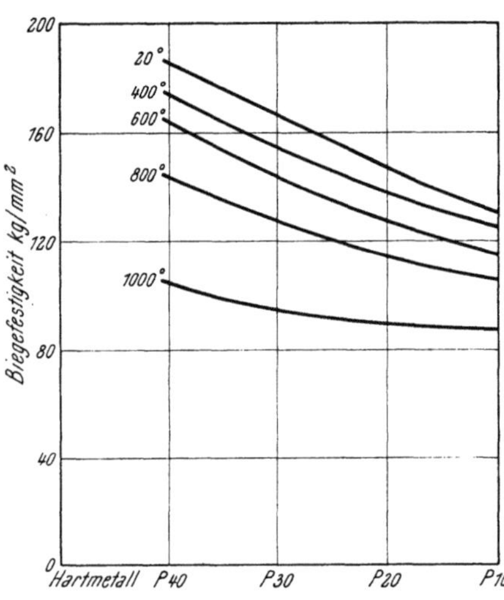

Abb. 101. Warmbiegefestigkeit von WC-TiC-TaC(NbC)-Co-Hartmetallen (J. Hinnüber)

d) *Druckfestigkeit*

Angaben über die Druckfestigkeit bei Normaltemperatur sind der Zahlentafel 45 und Abb. 100 und 102 zu entnehmen.

Die *Warmstauchbarkeit* wird nach J. Hinnüber[1–3] in ähnlichem Sinne beeinflußt wie die Warmbiegebruchfestigkeit (Abb. 103). Hervorzuheben ist die große Überlegenheit gegenüber Schnellstahl.

---

[1] Hinnüber, J.: Techn. Mitt. Krupp **13** (1955), S. 66/68; In: Fortschrittliche Fertigung und moderne Werkzeugmaschinen, Girardet, Essen 1954, S. 56/60.

[2] Hinnüber, J. u. W. Kinna: Techn. Mitt. Krupp **19** (1961), S. 130/53; Stahl u. Eisen **82** (1962), S. 31/46.

[3] Dawihl, W. u. G. Altmeyer: Ann. Univ. Saraviensis Naturwiss. Sci. **9** (1960/61), Nr. 1/2, S. 121/61.

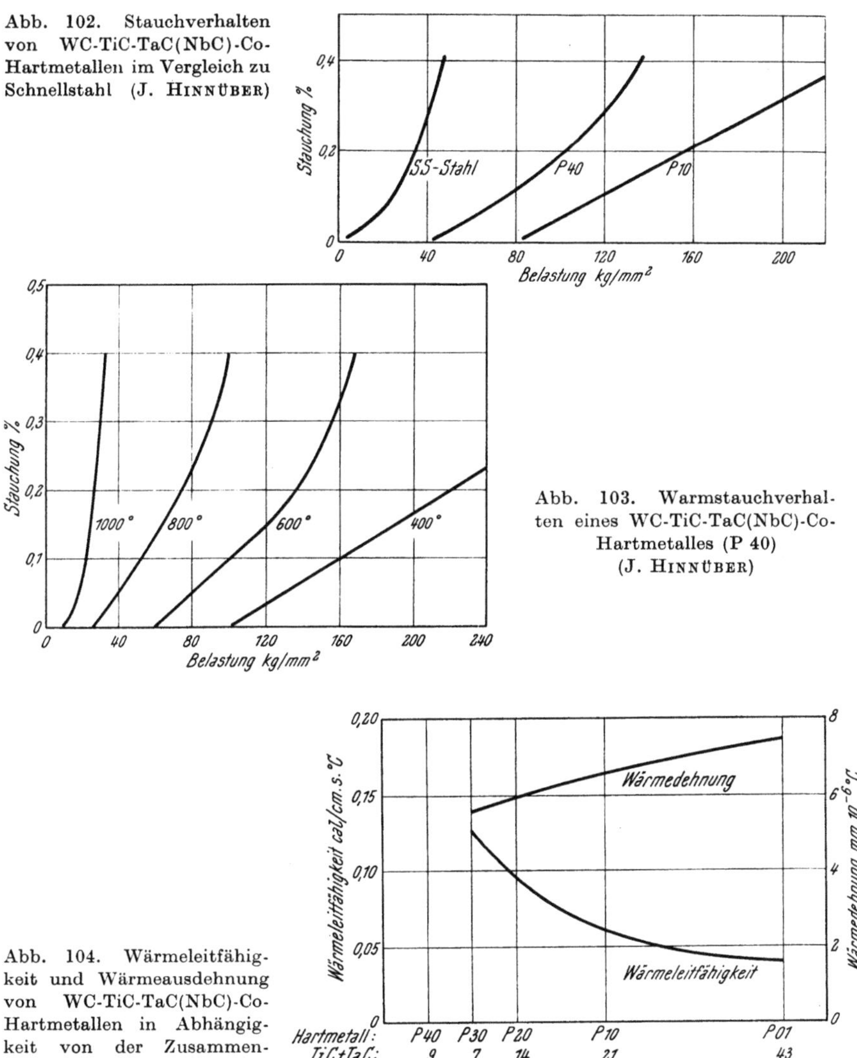

Abb. 102. Stauchverhalten von WC-TiC-TaC(NbC)-Co-Hartmetallen im Vergleich zu Schnellstahl (J. HINNÜBER)

Abb. 103. Warmstauchverhalten eines WC-TiC-TaC(NbC)-Co-Hartmetalles (P 40) (J. HINNÜBER)

Abb. 104. Wärmeleitfähigkeit und Wärmeausdehnung von WC-TiC-TaC(NbC)-Co-Hartmetallen in Abhängigkeit von der Zusammensetzung (J. HINNÜBER)

e) *Wärmeleitfähigkeit und Temperaturwechselbeständigkeit*

Die Wärmeleitfähigkeit einer Legierung mit 9% TiC + TaC und 15% Co ist rund doppelt so hoch wie die der Sorte mit 21% TiC + TaC und 9% Co. Da zudem die Biegebruchfestigkeit der ersten Legierung um rund 50% höher ist als die der zweiten, ist es verständlich, daß auch das Verhältnis der *Temperaturwechselbeständigkeit*, bestimmt durch mehrmaliges Abschrecken im Wasser, etwa 1 : 3,5 zugunsten der zäheren Legierung liegt[1, 2].

Der Verlauf der Wärmeleitfähigkeit in Abhängigkeit von der Zusammensetzung ist der Zahlentafel 45 und Abb. 104 zu entnehmen.

f) Wärmeausdehnung

Angaben über die Wärmeausdehnung in Abhängigkeit von der Zusammensetzung sind der Zahlentafel 44 und 45 und der Abb. 104 zu entnehmen.

g) Spezifische Wärme

Die spezifische Wärme eines WC-TiC-TaC-Co-Hartmetalles 73/5/7/15 beträgt 0,047 cal/g. Grad[3].

h) Elektrischer Widerstand

Geringe Zusätze von TaC erhöhen bei WC-Co-Hartmetallen den elektrischen Widerstand deutlich, anscheinend durch geringe Löslichkeit von TaC in WC und Kobalt. Bei den WC-TiC-Co-Sorten ist der Einfluß aber gering[4].

i) Magnetische Eigenschaften

J. Hinnüber und Mitarbeiter[5] geben für Hartmetalle mit 6% Co, 2% TiC + TaC bzw. 9% Co, 26% TiC + TaC, Rest WC, Koerzitivkräfte von 220 bis 223 Oe bzw. 128 bis 136 Oe an, wobei diese Werte von der Feinheit des Kobaltpulvers beeinflußt werden[6].

k) Gefüge

Aus metallographischen Untersuchungen der WC-TiC-TaC-Legierungen mit 2 bis 18% TiC, 2 bis 15% TaC und 5 bis 18% Co (innerhalb dieser Grenzen liegt die überwiegende Mehrzahl der marktgängigen Legierungen) ergibt sich, daß neben der Hilfsmetallphase (γ)

---

[1] Hinnüber, J.: Techn. Mitt. Krupp **12** (1954), S. 81/88; Techn. Mitt. Essen **47** (1954), S. 183/90; Techn. Mitt. Krupp **13** (1955), S. 66/68; In: Fortschrittliche Fertigung und moderne Werkzeugmaschinen, Girardet, Essen 1954, S. 56/60.

[2] Hinnüber, J. u. W. Kinna: Techn. Mitt. Krupp **19** (1961), S. 130/53; Stahl u. Eisen **82** (1962), S. 31/46.

[3] Booss, H. J.: Metall **11** (1957), S. 22/23.

[4] Petrdlik, M. u. V. Dufek: Neue Hütte **3** (1958), S. 483/89.

[5] Hinnüber, J., O. Rüdiger u. W. Kinna: Powder Met. (1961), Nr. 8, S. 1/24.

[6] Palmquist, S.: Arch. Eisenhüttenwes. **33** (1962), S. 629/33.

stets zwei sich durchdringende Karbidskelette, das WC-Skelett (α-Phase als α_1 oder α_2) und das TiC-TaC-WC-Mischkristallskelett (β-Phase) auftreten[1–7]. Das WC-Skelett ist an den charakteristischen, weißglänzenden, kantigen Kristallen, das Mischkristallskelett an der durch Feuerätzung gelblich-braun gefärbten, rundlichen, verfließenden Form zu erkennen. Wächst die Mischkristallphase mit steigendem TiC + TaC-Gehalt, so wird das WC-Skelett aufgelöst und die α-Phase erscheint nur noch als makro- oder mikrodisperse Einlagerungen in der β-γ-Grundmasse.

Bei den Feinbohrqualitäten mit 40% übersteigendem TiC + TaC-Gehalt und hochwarmfesten Legierungen mit mehr als 60% TiC + TaC verschwindet die α-Phase vollkommen und macht dem Gefügebau einer Zweistoffverbundlegierung (β/γ) Platz.

l) Zunderverhalten

Von J. Hinnüber und Mitarbeitern[8, 9] wurde darauf hingewiesen, daß ein Zusatz von TaC zu WC-TiC-Co-Hartmetallen die Oxidationsbeständigkeit erhöht. M. Petrdlik und V. Dufek[5] konnten dies bestätigen, wobei bereits Zusätze unter 5% TaC sehr wirksam sind.

m) Zerspanungsleistung

Eingehende, vergleichende Zerspanungsuntersuchungen mit den TaC(NbC)-haltigen WC-TiC-Co-Sorten wurden mehrfach durchgeführt[5, 6, 10–14]. Übereinstimmend wird ein erheblicher Leistungsgewinn,

---

[1] Nowotny, H., R. Kieffer u. O. Knotek: Berg- u. Hüttenmänn. Mh. **96** (1951), S. 6/8.

[2] Hinnüber, J.: Techn. Mitt. Krupp **13** (1955), S. 66/68.

[3] Pfisterer, H. u. H. Kasperek: Z. Metallkunde **46** (1955), S. 574/78.

[4] Agte, C.: Neue Hütte **1** (1955/56), S. 333/38.

[5] Petrdlik, M. u. V. Dufek: Neue Hütte **3** (1958), S. 483/89.

[6] Hinnüber, J., O. Rüdiger u. W. Kinna: Powder Met. (1961), Nr. 8, S. 1/24.

[7] Carhoni, E.: Met. Italiana **54** (1962), S. 505/15.

[8] Hinnüber, J. u. O. Rüdiger: Arch. Eisenhüttenwes. **24** (1953), S. 267/74.

[9] Hinnüber, J., O. Rüdiger u. W. Kinna: Arch. Eisenhüttenwes. **27** (1956), S. 259/67.

[10] Ludwig, Ch. u. E. Hoffmann: Fertigungstechnik **2** (1952), S. 155, 322.

[11] Agte, C.: Neue Hütte **1** (1955), S. 333/38; **2** (1957), S. 537/44.

[12] Witthoff, J.: Werkstattstechn. u. Maschinenbau **47** (1957), S. 603/10.

[13] Agte, C. u. R. Kohlermann: Fertigungstechnik **8** (1958), S. 349/52.

[14] Beutel, H.: Techn. Mitt. Essen **52** (1959), S. 218/28; Maschinenmarkt **66** (1960), Nr. 11, S. 35/36, Nr. 19, S. 35/41; 4. Fokoma, München 1959, Bd. 1, D127/D136.

verlängerte Standzeit, geringere Kolkung und verringerte Bruchgefahr ermittelt (vgl. Abb. 169 bis 171, S. 384ff).

n) Anwendungsgebiete

Die WC-TiC-TaC-Co-Hartmetalle haben sich auch in Europa für die Stahlbearbeitung schnell eingeführt und die bisherigen WC-TiC-Co-Sorten weitgehend verdrängt. Gegenüber diesen zeichnen sie sich vor allem durch ihre höhere Betriebssicherheit (geringere Empfindlichkeit gegen Ausbrechen) aus. Die Zulegierung von TaC und TaC-NbC-Mischkristallen war durch die Rohstofflage vor und nach dem zweiten Weltkriege etwas verzögert worden. Wegen der spezifisch gleich gelagerten Anwendungsgebiete der neuen TaC-haltigen Sorten sei auf die Zahlentafel 41, S. 202, wo Angaben für die WC-TiC-Co-Legierungen gemacht werden, verwiesen.

Geeignete Legierungen entsprechender Gefügeausbildung können als sogenannte *Allzwecksorten* (Universalhartmetalle) sowohl zur Bearbeitung langspanender als auch kurzspanender Werkstoffe eingesetzt werden. In gewissen Fällen sind diese Legierungen bei der Bearbeitung von Guß sogar den bisher dafür vorgesehenen WC-Co-Sorten geringfügig überlegen. Es handelt sich also um Hartmetallsorten, die einen hohen Widerstand gegen Reibungsverschleiß und gleichzeitig eine sehr gute Kolkfestigkeit aufweisen[1–9] (s. a. Zahlentafel 98, S. 411).

5. Sonderhartmetalle

In diesem Abschnitt sind neuartige, in den letzten Jahren entwickelte Hartlegierungen zusammengefaßt, die das Stadium von nichtmarktgängigen Versuchswerkstoffen bereits erfolgreich durchschritten haben. Die nachfolgend besprochenen Sonderhartmetalle kommen kaum mehr für Zerspanungszwecke, sondern vorzugsweise für besondere Anwendungen in Frage, wo es auf gute Verschleißfestigkeit und hohe Korrosionsbeständigkeit ankommt.

---

[1] KIEFFER, R. u. W. HOTOP: Pulvermertallurgie und Sinterwerkstoffe, 2. Aufl., Springer-Verlag, Berlin/Göttingen/Heidelberg 1948, S. 304.

[2] AMMANN, E. u. J. HINNÜBER: Stahl u. Eisen **71** (1951), S. 1081/90.

[3] LUDWIG, Ch. u. E. HOFFMANN: Fertigungstechnik **2** (1952), S. 155, 322.

[4] AGTE, C.: Neue Hütte **1** (1955), S. 333/38; **2** (1957), S. 537/44.

[5] AGTE, C. u. R. KOHLERMANN: Fertigungstechnik **8** (1958), S. 349/52.

[6] RAUHUT, H. U.: DIN Mitt. **35** (1956), S. 463/66.

[7] HILBES, W.: Techn. Mitt. Essen **52** (1959), S. 211/17.

[8] BEUTEL, H.: Techn. Mitt. Essen **52** (1959), S. 218/28; Maschinenmarkt **66** (1960), Nr. 11, S. 35/36, Nr. 19, S. 35/41.

[9] HINNÜBER, J. u. W. KINNA: Techn. Mitt. Krupp **19** (1961), S. 130/53; Stahl u. Eisen **82** (1962), S. 31/46.

Man kann diese Werkstoffe in drei Gruppen zusammenfassen:

a) Korrosionsfeste Hartmetalle,
b) Zunderfeste Hartmetalle und
c) Vergütbare Hartmetalle.

a) Korrosionsfeste Hartmetalle

Basiskarbid der heutigen korrosionsfesten Hartmetalle ist das billige und leicht herstellbare *Chromkarbid*[1]. Die Herstellung und Eigenschaften des Chromkarbides Cr_3C_2 werden im Band „Hartstoffe"[2] eingehend beschrieben.

Für korrosionsfeste Hartmetalle brauchbares Cr_3C_2 (theor. Kohlenstoffgehalt 13,33%) kann z. B. durch Karburieren von Cr_2O_3 mit Ruß in Kohlerohrkurzschlußöfen bei 1600° oder durch Karburieren von feingepulvertem Elektrolytchrom bei 1400 bis 1500° hergestellt werden. Man erhält so Karbide mit einem Summenkohlenstoff von 13 bis 13,4% und einem Gehalt an freiem Kohlenstoff von 0,1 bis 0,4%.

Über die Eignung von Chromkarbid Cr_7C_3, Chromkarbidmischkristallen und Chromdoppelkarbiden läßt sich noch nichts abschließendes sagen.

Chromkarbid-Hartmetalle können durch Normalsinterung[3–6] ziemlich dicht —, durch Drucksinterung praktisch porenfrei — hergestellt werden[6–10]. Chromkarbid-Hartmetalle mit Nickelbinder zeichnen sich durch hohe Verschleißfestigkeit neben sehr guter chemischer Beständigkeit und Zunderbeständigkeit aus. Sie werden daher für solche Verschleißteile empfohlen, welche gleichzeitig einem Korrosions-

---

[1] Prospekt Carboloy Co., Detroit 1951.

[2] Kieffer, R. u. F. Benesovsky: Hartstoffe. Springer-Verlag, Wien 1963.

[3] Ogawa, K. u. T. Fukatsu: Nippon Kinzoku Gakkai-Si **21** (1957), S. 286/90, Bull. Chem. Soc. Japan **29** (1956), S. 388/95.

[4] Okubo, D., T. Fukatsu, T. Sasahara u. S. Takatsu: J. Chem. Soc. Japan **63** (1960), S. 1149/53.

[5] Fukatsu, T.: J. Japan Soc. Powder Met. **8** (1961), S. 247/52.

[6] Grigorjeva, V. V. u. V. N. Klimenko: Cvetnyje Metally (1960), Nr. 1, S. 61/70.

[7] Lidman, W. G. u. H. J. Hamjian: NACA, Techn. Note Nr. 249 (1951), 2731 (1952); J. Metals **5** (1953), S. 696/99, Disk. **6** (1954), S. 700.

[8] Čech, B.: Hutnické Listy **9** (1956), S. 419/24; **13** (1958), S. 113/22, S. 955/60.

[9] Grigorjeva, V. V., V. N. Klimenko u. T. J. Kosolapova: In: Fragen der Pulvermetallurgie, Kiew 1958, Bd. 5, S. 80/89.

[10] Merz, A. u. J. Uhlmann: In: Ber. II. Internat. Pulvermet. Tagung Eisenach 1961. Akademie-Verlag Berlin 1962, S. 431/35, Disk. S. 450.

angriff unterworfen werden[1–4]. Chromkarbidhartmetalle sind aber verhältnismäßig spröde[5–8], was bei Schlagbeanspruchungen zu berücksichtigen ist.

J. HINNÜBER[9] gibt für ein Chromkarbid-Hartmetall aus gesättigtem Karbid Cr_3C_2 mit 12% Nickel Eigenschaften gemäß Zahlentafel 46 an. In Zahlentafel 47 sind die physikalischen Eigenschaften

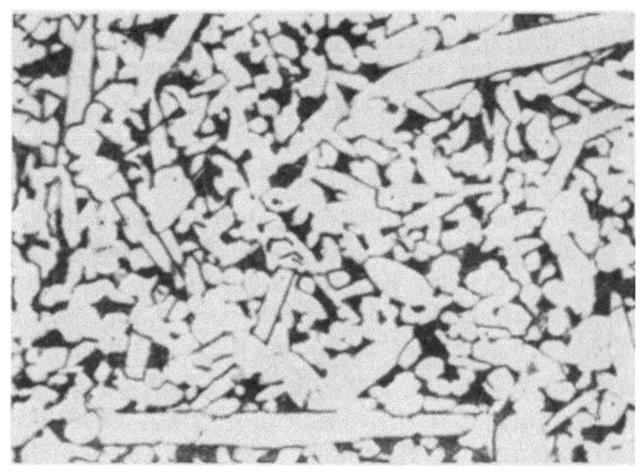

Abb. 105. Gefüge eines Hartmetalles aus 85% Cr_3C_2 und 15% Ni (× 300)

amerikanischer Chromkarbidhartmetalle zusammengestellt. Zum Vergleich sind auch die Eigenschaften von WC-Co- und WC-Ni-Cr-Hartmetallen sowie eines korrosionsfesten 18/8 Cr-Ni-Stahls mitaufgeführt (Zahlentafel 48). Im Gegensatz zu WC-Co-Hartmetallen sind Chromkarbid Nickel-Hartmetalle unmagnetisch.

[1] PATTON, W. G.: Iron Age **168** (1951), Nr. 17, S. 57.

[2] Anonym: Machinery, New York **58** (1951), Nr. 3, S. 185/86; Materials and Methods **34** (1951), Nr. 6, S. 69; Tool Engng. **27** (1951), Nov., S. 49; Iron Age **169** (1952), Nr. 1, S. 205.

[3] GILLESPIE, J. S. u. I. L. WALLACE: Steel **130** (1952), Nr. 16, S. 84.

[4] KENNEDY, J. D.: Steel **131** (1952), Nr. 5, S. 92/94; Materials and Methods **36** (1952), Nr. 2, S. 166/74; Precision Metal Molding **10** (1952), Nr. 10, S. 105/08; Production Engng. **24** (1953), Nr. 8, S. 154/57.

[5] KIEFFER, R. u. F. KÖLBL: Vortrag IPT Graz 1948, Ref. Nr. 28; Powder Met. Bull. **4** (1949), S. 4/17.

[6] MELNITSCHUK, P. I., V. N. KLIMENKO u. A. B. LJASCHTSCHENKO: Fiz. Metallov Metalloved. **9** (1960), S. 918/21.

[7] GRIGORJEVA, V. V. u. V. N. KLIMENKO: In: Legierungen auf Chromkarbidbasis. Akad. Nauk Ukr. RSR, Kiew 1961.

[8] GRIGORJEVA, V. V., V. P. DUBININ, V. M. SERGEJENKOVA u. V. V. OSASJUK: Poroschkovaja Met. (1964), Nr. 1, S. 77/80.

[9] HINNÜBER, J.: Techn. Mitt. Krupp **12** (1954), S. 5/12, 81/88; Techn. Mitt. Essen **47** (1954), S. 183/90; Symposium on Powder Metallurgy 1954, Iron Steel Inst., London 1956, S. 305/10.

Abb. 105 zeigt das Gefüge eines Chromkarbid-Hartmetalles mit 15% Nickel. Die verhältnismäßig großen Karbidkristallite sind vom Nickelbinder, der etwa 6% Chromkarbid in fester Lösung enthält,

Zahlentafel 46. *Eigenschaften eines Chromkarbidhartmetalles (Cr_3C_2 + 12% Ni)* (J. Hinnüber)

Wichte	6,9 g/cm³
Wärmeausdehnungsbeiwert	$11{,}1 \cdot 10^{-6}$/°C
Wärmeleitfähigkeit	0,03 cal/cm · s · °C
Biegefestigkeit	75 kg/mm²
Druckfestigkeit	380 kg/mm²
Elastizitätsmodul	34000 kg/mm²
Härte bei 20° (H_V)	1300 kg/mm²
Härte bei 800° (H_V)	900 kg/mm²
Spez. elektrischer Widerstand	0,7 Ω mm²/m
Spez. magnetische Sättigung	unmagnetisch

umgeben[1–5] Da beim Säureangriff im allgemeinen nur die Hilfsmetallphase gelöst wird, während die Chromkarbid-Kristallite unangegriffen bleiben, nimmt auch die Beständigkeit von Chromkarbid-Hartmetallen mit steigendem Nickelgehalt ab[3, 6].

Die Zunderbeständigkeit von Chromkarbid-Nickel-Hartmetallen ist weit besser als diejenige von WC-Co-Sorten, aber nicht so gut wie die von TiC-haltigen, zunderbeständigen Legierungen[7, 8].

Die verhältnismäßig geringe Zähigkeit und schlechte Temperaturwechselbeständigkeit schließt die Verwendung von Chromkarbidhartmetallen als Hochtemperaturwerkstoffe aus. Versuche, Cr_3C_2 teilweise durch Mo_2C, WC, TiC und TaC sowie Nickel durch Kobalt, Kupfer, Eisen oder Molybdän zu ersetzen, haben keine wesentlichen

[1] Hinnüber, J. u. O. Rüdiger: Arch. Eisenhüttenwes. **24** (1953), S. 267/74.

[2] Zarubin, N. M. u. R. A. Trubnikov: Redkije Metally **4** (1935), Nr. 2, S. 38/40.

[3] Uhlmann, J.: Wiss. Z. Techn. Hochsch. Dresden **9** (1960), S. 119/202.

[4] Melnitschuk, P. I., V. N. Klimenko u. A. B. Ljatschenko: Fiz. Metallov Metalloved. **9** (1960), S. 981/21.

[5] Pozzo, R. F. u. J. V. West: In: Cermets. Reinhold Publ., New York 1960, S. 150/53.

[6] Grigorjeva, V. V. u. V. N. Klimenko: Cvetnyje Metally (1960), Nr. 1, S. 67/70; Poroschkovaja Met. (1962), Nr. 3, S. 86/88.

[7] Hinnüber, J., O. Rüdiger u. W. Kinna: 2. Plansee Seminar, Reutte/Tirol 1955, S. 130/53; Arch. Eisenhüttenwes. **27** (1956), S. 259/67.

[8] Hinnüber, J. u. W. Kinna: Techn. Mitt. Krupp **19** (1961), S. 130/53; Stahl u. Eisen **82** (1962), S. 31/46.

Zahlentafel 47. *Physikalische Eigenschaften amerikanischer Chromkarbidhartmetalle (Firth Sterling Corp.)*

Zusammensetzung %			Dichte g/cm³	Härte R_A	Biegebruchfestigkeit kg/mm²	Zugfestigkeit kg/mm² bei		Dehnung % bei		Druckfestigkeit kg/mm² bei	
Cr_3C_2	TiC	Ni				20°	600°	20°	600°	20°	600°
89	—	11	6,97	89,0	70	25,5	22,4	—	0,1	340	290
84	—	16	7,00	86,5	84	26,0	31,4	—	0,2	300	210
70	15	15	6,50	87,5	70	—	—	—	—	—	—

Zahlentafel 48. *Vergleich der chemischen Beständigkeit von korrosionsfesten Hartmetallen mit einem 18/8 Cr-Ni-Stahl*

Werkstoff	Gewichtsverlust g/m²/Tag in					
	konz. HCl	10% HCl	konz. H_2SO_4	10% H_2SO_4	konz. HNO_3	10% HNO_3
Chromkarbidhartmetall mit Nickelbinder . . .	70	5	1	0,6	8	20
Wolframkarbidhartmetall mit Nickel-Chrom-Binder	2	3	0,3	1,5	0,1	0,1
WC-Co-Hartmetall 96/6	70	10	3	6	20	170
18/8 Chrom-Nickel-Stahl . . .	unbest.	unbest.	70	unbest.	4	3

Eigenschaftsverbesserungen gebracht. Tschechische Forscher[1,2] konnten aber wichtige Erkenntnisse über die Beeinflussung des Kornwachstums bei derartigen Legierungen gewinnen.

Die in diesem Zusammenhang interessierenden Systeme Cr_3C_2-Co und Cr_3C_2-Ni haben N. M. ZARUBIN und R. A. TRUBNIKOV[3] eingehend metallographisch untersucht.

Über die Wirkung kleiner Cr_3C_2-Zusätze zu WC-TiC(TaC)-Co-Hartmetallen vgl. S. 232.

Eine andere Möglichkeit zu korrosionsfesten Hartmetallen zu gelangen besteht darin, in WC-Co- oder WC-TiC-Co-Legierungen das Kobalt durch *korrosionsbeständige Binderlegierungen* zu ersetzen. Wendet man beispielsweise Nickel-Chromlegierungen 80/20 oder 70/30 an, so erhält man Hartmetalle hervorragender Beständigkeit und erheblich besserer Biegebruchfestigkeit als die von Chromkarbid-Nickel-Legierungen. In der Praxis kommen 6 bis 20%, vorzugsweise 8 bis 10% Binderlegierung in Frage. Bei einer Dichte von 14,2 g/cm³ haben derartige Hartmetalle eine Härte von 1360 kg/mm², eine Biegebruchfestigkeit von 130 kg/mm² und eine Ausdehnung von $5 \cdot 10^{-6}/°$ C. Die Korrosionseigenschaften von WC-Ni-Cr-Hartmetallen im Vergleich zu Chromkarbid-Nickel-Legierungen und rostfreiem Stahl gehen aus Zahlentafel 48, hervor.

Die Firma KENNAMETAL INC. hat ein platingebundenes WC-Hartmetall entwickelt, welches eine Dichte von 15,1 g/cm³, eine Härte R_A von 91 und eine Biegebruchfestigkeit von etwa 88 kg/mm² hat. Es ist hervorragend korrosionsbeständig und selbst bei 7 tägiger Behandlung in kochender Salpetersäure oder Schwefelsäure ist kein meßbarer Angriff zu beobachten[4].

Platingebundene WC-Hartmetalle können wie WC-Co-Hartmetalle nur durch Schleifen mit Siliziumkarbid- oder Diamantscheiben bearbeitet werden. Es lassen sich sehr gute Polituren erzielen.

WC-Pt-Hartmetalle werden im Reaktorbau, wo starke Neutronenstrahlung auftritt, empfohlen[5]. Im Gegensatz zu langlebigen Kobaltisotopen, haben Platinisotopen nur Halbwertszeiten von höchstens 3 bis 4 Tagen. Wahrscheinlich kommen für derartige Anwendungen auch Nickel- und Eisen-gebundene Hartmetalle in Frage.

---

[1] ČECH, B.: Hutnické Listy **13** (1958), S. 113/23, Neue Hütte **3** (1958), S. 300/02, In: Probleme der Pulvermetallurgie. Slov. Akad. Wiss., Bratislava 1964, S. 39/51.

[2] CRHA, Z.: In: Probleme der Pulvermetallurgie. Slov. Akad. Wiss., Bratislava 1964, S. 179/88.

[3] ZARUBIN, N. M. u. R. A. TRUBNIKOV: Redkijè Metally **4** (1935), Nr. 2, S. 38/40.

[4] Anonym: INCO **27** (1957), Nr. 1, S. 33.

[5] Anonym: Metal Progr. **76** (1959), Nr. 1, S. 114.

Wo ein Angriff des Binders durch Korrosion oder Verschleiß zu befürchten ist, kommen auch bindemetallfreie oder -arme WC-TaC-Formkörper, so z. B. für Dichtungsringe in Ventilen, Ventilkugeln, Preßmatrizen usw. in Frage. Die höhere Korrosions- und Verschleißfestigkeit wird jedoch hierbei stets durch eine Herabsetzung der Zähigkeit erkauft (s. S. 232).

b) Zunderfeste Hartmetalle

Über warm- und zunderfeste Hartmetalle auf Titankarbidbasis wird eingehend in Kap. VIII berichtet. Hier soll nur zusammenfassend über zunderfeste Titankarbid-Hartmetalle gesprochen werden, soweit sie bereits einen, wenn auch beschränkten Markt besitzen[1–19] (vgl. a. Kap. VIII).

---

[1] COOPER, A. L. u. L. E. COLTERYAHN: NACA RM E 51 I 10 (1951.)

[2] REDMOND, J. C. u. J. W. GRAHAM: Metal Progr. **61** (1952), Nr. 4, S. 67/70.

[3] BLUMENTHAL, H. u. R. SILVERMAN: J. Metals **7** (1955), S. 317/22.

[4] KNUDSEN, F. P., R. E. MORELAND u. R. F. GELLER: J. Am. Ceram. Soc. **38** (1955), S. 312/23.

[5] PFAFFINGER, K.: Planseeber. Pulvermetallurgie **3** (1955), S. 17/33.

[6] REDMOND, J. C., R. J. REINTGEN, J. R. FENTON u. M. E. SIMON: WADC 57–25 (1956),

[7] TRENT, E. M. u. A. CARTER: Symposium on Powder Metallurgy 1954, Iron Steel Inst., London 1956, S. 272/76.

[8] HARRIS, G. T., H. C. CHILD u. J. F. HOWARD: Symposium on Powder Metallurgy 1954, Iron Steel Inst., London 1956, S. 282/92.

[9] HAVEKOTTE, W. L.: 2. Plansee Seminar, Reutte/Tirol 1955, S. 111/29. Metal Progr. **64** (1953), Nr. 6, S. 67/70, **69** (1956), Nr. 4, S. 56/61.

[10] HINNÜBER, J., O. RÜDIGER u. W. KINNA: 2. Plansee Seminar, Reutte/Tirol 1955, S. 130/53; Arch. Eisenhüttenwes. **27** (1956), S. 259/67; Techn. Mitt. Krupp **16** (1956), S. 140/42.

[11] PFAFFINGER, K., H. BLUMENTHAL u. F. W. GLASER: Am. Soc. Test. Mater., Spec. Techn. Publ. No. 174 (1956), S. 90/99.

[12] SKOLNICK, L. P. u. C. G. GOETZEL: Am. Soc. Test. Mater., Spec. Techn. Publ. No. 174 (1956), S. 103/09.

[13] GOETZEL, C. G. u. J. B. ADAMEC: Metal Progr. **70** (1956), Nr. 6, S. 101/06.

[14] LAVENDEL, H. u. C. G. GOETZEL: WADC Techn. Rep. 57–135 (1957).

[15] JUDKINS, M. F.: In: Metals or Supersonic Aircraft and Missiles. Am. Soc. Met., Cleveland 1958, S. 340/52.

[16] WAMBOLD, J. u. J. C. REDMOND: In: High Temperature Matorials, J. Wiley, New York 1959, S. 125/39, In: Cermets. Reinhold Publ. New York 1960, S. 122/29.

[16] KIEFFER, R. u. F. KÖLBL: Z. anorg. Chem. **262** (1950), S. 229/47.

[17] BROCHIN, I. S., I. I. OLCHOV, G. M. ASCHMARIN, A. I. BARANOV, A. B. PLATOV u. V. P. REPKIN: Tverdyje Splavy (1960), Nr. 2, S. 135/47.

[18] HINNÜBER, J. u. W. KINNA: Techn. Mitt. Krupp **19** (1961), S. 130/53; Stahl u. Eisen **82** (1962), S. 31/46.

[19] SPINNER, S.: J. Res. Nat. Bur. Stand. **65** (1961), S. 89/96.

Titankarbid ist das einzige Karbid, welches unter Verwendung von Hilfsmetallegierungen (Nickel, Kobalt, Chrom) sowohl gute Oxydationsbeständigkeit und Warmfestigkeit als auch eine zufriedenstellende Temperaturwechselbeständigkeit in sich vereint. Hartmetalle auf TiC-Basis haben aber trotz erfolgversprechender Aussichten noch nicht erfolgreich in die Domäne der Superlegierungen auf Ni-Co-Cr-Basis eindringen können (s. S. 472). Typische Zusammen-

Zahlentafel 49. *Zusammensetzungen von handelsüblichen warmfesten TiC-Hartmetallen*

Marke	Zusammensetzung %						
	TiC	NbC*	Ni	Co	Cr	Mo	Al
K 152B[1]	64	6	30	—	—	—	—
K 162B	64	6	25	—	—	5	—
K 175B	34	6	40,5	—	—	15,25	4,25
FS 8[2]	61,6	—	22,2	7,4	7,4	1,4	—
FS 12	33,6	—	39,0	13,0	13,0	1,4	—
FS 26	55,1	—	40,0	—	4,9	—	—
WZ 12a[3]	75	—	15	5	5	—	—
WZ 12b	60	—	24	8	8	—	—
WZ 12c	50	—	30	10	10	—	—
WZ 12d	35	—	39	13	13	—	—

[1] Kennametal Inc.
[2] Firth Sterling Inc.
[3] Metallwerk Plansee AG.
* als TiC-NbC-TaC-Mischkristall mit etwa 90% NbC.

Zahlentafel 50. *Eigenschaften von WZ-Hartmetallen (Zusammensetzung vgl. Zahlentafel 111)*

Marke	Dichte g/cm³	Härte HV kg/mm²	Biegebruchfestigkeit kg/mm² bei		Schlagfestigkeit cmkg bei		Zeitstandfestigkeit 100 Std. kg/mm²	
			20°	900°	20°	900°	800°	1000°
WZ 12a	6,0	1070	120 bis 130	—	39	40	—	—
WZ 12b	6,25	960	135 bis 150	—	42	—	—	10,8
WZ 12c	6,55	820	160 bis 180	70	64	80	32	8,7
WZ 12d	6,95	600	175 bis 190	67	97	120	26	6,7

setzungen marktgängiger, zunderfester TiC-Hartmetalle sind in Zahlentafel 49, deren physikalische Eigenschaften in Zahlentafeln 50 und 51 wiedergegeben (s. S. 456).

Das Zunderverhalten verschiedener Karbide, insbesondere von TiC, haben R. KIEFFER und F. KÖLBL[1] eingehend untersucht und auch auf die günstige Wirkung von Ni-Cr-, Co-Cr- und Ni-Co-Cr-Bindern hingewiesen. Den Oxydationsmechanismus bei TiC-Hartmetallen und den Effekt von Cr_3C_2-, TaC- und WC-Zusätzen haben J. HINNÜBER und W. KINNA[2] systematisch studiert (s. S. 455). Der Schutzeffekt wird auf Grund röntgenographischer und mikroskopischer Befunde auf die Bildung von Cr_2O_3 bzw. von komplexen Ti-Ta-Co-Oxiden mit Rutilstruktur zurückgeführt.

Zahlentafel 51. *Eigenschaften von amerikanischen warmfesten TiC-Hartmetallen*

Eigenschaft	Marke					
	K 125 B	K 162 B	K 175 B	FS 5	FS 12	FS 26
Dichte g/cm³ ...	6,0	6,0	6,7	6,1	6,98	6,25
Härte R_A bei 20°	85	89	84	87,5	79	82,6
bei 815°	—	71	—	68,5	—	63
Elastizitätsmodul kg/mm²	38000	40000	31500	39300	32300	37100
Druckfestigkeit kg/mm²	280	315	245	255	—	230
Zeitstandfestigkeit 100 Std., 980° kg/mm²	4,6	9,1	11,2	8,8	8,2	6,6
Schlagfestigkeit cm. kg	66	116	144	18	70	62
Ausdehnungskoeffizient 10^{-6}/°C	9,5	9,5	9,5	10,8	11,7	10,8
Wärmeleitfähigkeit cal/cm · s · °C	0,077	0,072	—	—	—	—
Elektrische Leitfähigkeit $\mu\,\Omega \cdot$ cm	—	—	—	92	—	—

Die Schlagfestigkeit von TiC-Hartmetallen ist höher als diejenige von „Cermets", aber noch beträchtlich niedriger als die der Superlegierungen; dagegen ist die Zeitstandfestigkeit beträchtlich höher, so daß höhere Betriebstemperaturen zulässig wären. Durch Erhöhung

[1] KIEFFER, R. u. F. KÖLBL: Z. anorg. Chem. **262** (1950), S. 229/47.
[2] HINNÜBER J. u. W. KINNA: Techn. Mitt. Krupp **19** (1961), S. 130/53; Stahl u. Eisen **82** (1962), S. 31/46.

des Bindemetallgehaltes, z. B. bis auf 60 bis 70% und durch entsprechende Ausgangsmaterialien und Herstellungsverfahren[1–3] kann die Schlagfestigkeit in gewissen Grenzen erhöht werden, wobei auch die Raumtemperatur-Biegebruchfestigkeit ansteigt. Die Zeitstandfestigkeit und Dauerstandfestigkeit nimmt dabei erklärlicherweise ab[4]. Über Einzelheiten der Herstellung von warmfesten TiC-Hartmetallen vgl. Kap. VIII, S. 463.

Während sich warm- und zunderfeste Hartmetalle auf TiC-Basis für Turbinenschaufeln wegen ihrer Sprödigkeit nicht durchsetzen konnten, haben sie sich mit gutem Erfolg dort eingeführt, wo Werkstoffe höchster Warmfestigkeit benötigt werden, wie bei Halterungen und Auflagen in Warmfestigkeitsprüfmaschinen, Druckgefäßen, Drucksintermatrizen, Hochtemperaturventilen, Hochtemperaturlagern usw.

c) *Vergütbare Hartmetalle und karbidhaltige Sinterstähle*

Schon bald nach dem Auftreten der ersten WC-Co-Hartmetalle (1922 bis 1930) wurden Versuche gemacht, die bei Stählen üblichen Vergütungs- und Härtungsverfahren auf Sinterhartmetalle zu übertragen. Diese mußten bei Hartmetallen mit niedrigem Bindergehalt erfolglos bleiben. Hierher gehören auch Einsatzhärteversuche von hochwolframhaltigen Legierungen[5] und Versuche, Kobaltbinder durch Stellite oder Stähle zu ersetzen[6].

Der erste brauchbare Vorschlag hochhilfsmetallhaltige Eisen-Chrom enthaltende Hartlegierungen auf TiC-WC-Basis zu härten, stammt von W. Dawihl und K. Schröter[7]. Als Härtebehandlung wird für Legierungen mit 30 bis 50% Eisenmetallen, 2 bis 10% Cr und 68 bis 40% TiC/WC (Verhältnis 1 : 2 bis 1 : 0,5) ein Abschrecken von 1000 bis 1200° in Öl empfohlen.

Das Problem vergütbarer Sinterlegierungen mit Karbidzusätzen wurde auch von S. Heiss und R. Kieffer[8] erfolgreich von der Sinterstahlseite angegangen. Es wurden legierte Sinterstähle mit Zusätzen von 20 bis 30% Karbidmischkristallen (vorzugsweise TiC-WC, TiC-Mo_2C, TiC-VC, VC-WC) und Härtetemperaturen von 1100 bis

---

[1] Skolnick, L. P. u. C. G. Goetzel: Am. Soc. Test. Mater., Spec. Techn. Publ. No. 147 (1956), S. 103/09.

[2] Goetzel, C. G. u. J. B. Adamec: Metal Progr. **70** (1956), Nr. 6, S. 101/06.

[3] Lavendel, H. u. C. G. Goetzel: WADC Tech. Rep. 57—135 (1957).

[4] Pfaffinger, K., H. Blumenthal u. F. W. Glaser: Am. Soc. Test. Mater., Spec. Techn. Publ. No. 174 (1956), S. 90/99.

[5] A.P. 1343976 (1917), 1343977 (1917).

[6] D.R.P. 521785 (1928), F.P. 685640 (1929), E.P. 380941 (1931).

[7] D.R.P. 739427 (1937).

[8] Ö.P. 163611 (1946).

1350° vorgeschlagen. Bewährt haben sich gesinterte Legierungen mit 80% Eisen, 0,5% Graphit und 19,5% eines TiC-Mo_2C-Mischkristalles bzw. 74% Eisen, 1% Graphit und 25% eines TiC-VC-Mischkristalles für Feuerzeugrädchen und Einsatzbüchsen. Gute Ergebnisse wurden auch bei Schlagbolzen aus höherlegierten Sinterstählen, z. B. aus 28% Mo_2C, 2% TiC, 10% Cr, 3% V, 2% Mo, 54,5% Fe und 0,5% Graphit erzielt.

Es ist das Verdienst von C. G. GOETZEL und Mitarbeitern[1–6] vergüt- und härtbare TiC-Hartmetalle und Stahlbinder mit Erfolg in die Praxis eingeführt zu haben. Im Zuge der Untersuchungen von Tränkhartmetallen auf TiC-Basis[7, 8] mit verschiedenen Bindern (vgl. Kap. VIII und 464) wurde festgestellt, daß sich derartige Legierungen auf etwa 38 bis 42 R_C weichglühen und durch Wasser- oder Ölabschreckung auf 68 bis 71 R_C härten lassen. Die Bearbeitungsgrenze mit Stellit- oder Hartmetallwerkzeugen liegt nach J. L. ELLIS[2, 3, 9] bei etwa 50 Vol.-% TiC. Die gehärteten TiC-Hartmetalle, d. h. die Stahlgrundmasse, können durch eine Anlaßbehandlung auf ein optimales Härte-Biegebruchfestigkeitsverhältnis gebracht werden.

Eine typische Härtebehandlung für ein Hartmetall mit 26% Ti, 7% C, 2% Cr, 2% Mo Rest Fe (etwa 33% TiC) ist folgende: Nach einstündigem Weichglühen bei 950 bis 970° in neutraler Atmosphäre erfolgt Ölabschreckung von dieser Temperatur und Anlassen bei 190 bis 220° für die Dauer von 15 Minuten. Die Härteergebnisse können wegen der nicht einfachen Reproduzierbarkeit dieser Hartmetallgruppe infolge der Verfahrenstechnik der Herstellung, z. B. durch Tränken oder durch Normalsintern der Komponenten mit flüssiger Phase, stark beeinflußt werden. Es muß angestrebt werden, die Kohlenstoffbilanz in der Karbidphase ebenso wie in der stahlartigen Hilfsmetallphase konstant zu halten. Ferner soll eine hohe Dichte ohne unerwünschtes Kornwachstum erreicht werden.

---

[1] A.P. 2753261 (1952), 2828202 (1954).

[2] ELLIS, J. L.: Tool. Engng. **38** (1957), Nr. 4, S. 103/05; Iron Age (1961), 2. März, S. 92/94.

[3] ELLIS, J. L., E. GREGORY u. M. EPNER: Proc. 16th Meeting Met. Powder Assoc., New York 1960, S. 75/88.

[4] EPNER, M. u. E. GREGORY: Trans. Met. Soc. Am. Inst. Met. Engng. **281** (1960), S. 117/21.

[5] Prospekt: Ferro-TiC, Sintercast Corp., West Nyak, N. Y. 1961.

[6] EPNER, M. u. D. PECKNER: Materials in Design Engng. **56** (1962), Nr. 4, S. 114/15.

[7] GOETZEL, C. G. u. L. P. SKOLNICK: 2. Plansee Seminar, Reutte/Tirol, 1955, S. 92/98.

[8] SKOLNICK, L. P. u. C. G. GOETZEL: Am. Soc. Test. Met. Spec. Techn. Publ. Nr. 174 (1956), S. 103/10.

[9] ALTENWERTH, F.: Werkstattstechnik **53** (1963), S. 375/79.

Versuche, die Zusammensetzung des Stahlbinders zu verbessern bzw. das TiC durch andere Karbide, wie VC, TaC oder NbC ganz oder teilweise zu ersetzen, haben noch keinen eindeutigen Erfolg gehabt[1].

Die härtbaren TiC-Hartmetalle mit Stahlbinder scheinen das noch fehlende Glied zwischen Karbidsinterhartmetallen und Sinterstählen zu bilden, so daß dieser jungen Werkstoffgruppe interessante Zukunftsaussichten, insbesondere bei der spanlosen Verformung (Matrizen, Gesenke, Stanzwerkzeuge u. a.) vorausgesagt werden können[2].

B. Nichtmarktgängige Hartmetalle und wolframkarbidfreie Hartlegierungen

Die sehr große Zahl von Hartlegierungen, welche man im Rahmen wissenschaftlicher Untersuchungen hergestellt und zum Teil auch praktisch erprobt hat, die aber bis jetzt in technischem Umfange nicht hergestellt werden, kann man nach der Zusammensetzung und Bedeutung in folgende Gruppen zusammenfassen:

1. WC mit verschiedenen Bindemitteln (Hartmetalle aus anderen Karbiden und Hartstoffen werden im Abschnitt über wolframkarbidfreie Hartmetalle besprochen),
2. WC-TiC-Co-Hartmetalle,
3. WC-TaC(NbC)-Co-Hartmetalle,
4. WC-TiC-TaC(NbC)-Co-Hartmetalle,
5. WC-HfC-TiC-TaC-Co-Hartmetalle,
6. WC-Mo_2C-TiC(Co)-Hartmetalle,
7. WC-ZrC-Co(Ni)-Hartmetalle,
8. WC-VC-, WC-Cr_3C_2- und WC-NbC-Co(Ni)-Hartmetalle,
9. Wolframkarbidfreie Hartmetalle.

1. WC mit verschiedenen Bindemitteln

Versuche, an Stelle des Kobaltbinders Eisen, Nickel oder Legierungen aus Ni-Cu, Ni-Fe, Ni-Cr, Ni-Mo, Ni-Fe-Mo, Co-W, Co-Cu, Co-Mo[3, 4], Co-Cr[3, 4], Co-Al[3, 4], Co-Mo-Cu, Fe-Ni-Cr usw.[5–23] als

[1] Epner, M. u. E. Gregory: Planseeber. Pulvermetallurgie 7 (1959), S. 120/28, In: Cermets. Reinhold Publ., New York 1960, S. 146/49.

[2] Ferro-TiC News, Prospekte Chromalloy Corp. 1963/64.

[3] Baranov, A. I., K. A. Bystrova, T. A. Novikova u. V. F. Funke: Izv. Akad. Nauk. SSSR, Met. Topl. (1959), Nr. 2, S. 43/47.

[4] Bystrova, K. A., T. A. Novikova u. V. F. Funke: Izv. Akad. Nauk SSSR, Met. Topl. (1960), Nr. 4, S. 124/28.

[5] Kieffer, R. u. W. Hotop: Pulvermetallurgie und Sinterwerkstoffe, Springer-Verlag, Berlin/Göttingen/Heidelberg 1948, S. 298.

Hilfsmetalle zu verwenden, haben keine besonderen technischen Vorteile gebracht (Zahlentafel 52). Eisen und Nickel ergeben als

Zahlentafel 52. *Eigenschaften von WC-Hartmetallen mit verschiedenen Bindemitteln*

Zusammensetzung %	Rockwell-Härte R_A	Biegebruchfestigkeit kg/mm²
94 WC, 6 Co	90 bis 91	140 bis 170
94 WC, 6 Ni	89	90 bis 110
94 WC, 6 Fe	90	80 bis 100
92 WC, 8 Co/W (50 : 50)	92	100 bis 130
92 WC, 8 Co/Mo (50 : 50)	92	80 bis 100
92 WC, 8 Co/Cr (50 : 50)	92	120 bis 140
92,5 WC, 5,5 Co, 2 Fe	91	120 bis 150
93 WC, 5 Co, 2 Ni	90,5	130 bis 160
84 WC, 6 Ni, 10 Mo	89	80
93 WC, 6 Ni, 1 Cu	88,5	90 bis 105
90 WC, 8 Ni, 2 Cu	88	95 bis 115
93 WC, 3,5 Ni, 1 Co, 2,5 Fe	91	120 bis 150
90 WC, 6 Ni, 2 Mo, 2 Fe	90,5	110 bis 120
90 WC, 8 Ni, 2 Cr	90,5	110 bis 120
90 WC, 7 Fe, 1 Ni, 2 Cr	90,5	90 bis 110

Bindemittel bei Wolframkarbid-Hartlegierungen nur 40 bis 60%, Fe-Ni- bzw. Fe-Ni-Mo-Binder 60 bis 90% der Bruchfestigkeit der

[6] Meyer, O. u. W. Eilender: Arch. Eisenhüttenwes. **11** (1938), S. 545/62.

[7] Fink, C. G. u. G. A. Meyerson: Iron Age **130** (1932), 7. Juli, S. 8/9 u. 47.

[8] Fink, C. G.: Foot Prints. **6** (1933), Nr. 2, S. 1/15.

[9] Zarubin, N. M. u. M. V. Sitin: Redkije Metally **4** (1935), Nr. 4, S. 21/25, Zavod. Labor **4** (1935), S. 431/37.

[10] Zarubin, N. M.: Redkije Metally **4** (1935), Nr. 6, S. 18/23.

[11] Meerson, G. A., A. M. Korolkov, M. M. Babich u. L. P. Nevskaja: Redkije Metally **5** (1936), Nr. 3, S. 38/46.

[12] Tretiakov, V. I. u. N. D. Titov: Redkije Metally **3** (1934), Nr. 1, S. 24/26.

[13] Sykes, W. P.: Am. Inst. Min. Met. Engng., Techn. Publ. Nr. 924 (1938).

[14] Dawihl, W.: Z. Metallkunde **43** (1952), S. 20/22.

[15] Takeda, S.: Sci. Rep. Tôhoku, Univ. Honda-Festband (1936), S. 864/81.

[16] Livschiz, B. u. A. Korotkorutschko: Zavod. Lavor **7** (1941), S. 202/04.

[17] Agte, C.: Neue Hütte **1** (1955), S. 333/38, **2** (1957), S. 537/44.

[18] Agte, C. u. R. Wehner: Fertigungstechnik **6** (1956), S. 385/88.

[19] Kohlermann, R. u. R. Wehner: Die Technik **12** (1957), S. 736/46.

[20] Tschaporova, I. N. u. E. A. Schtschetelina: Tverdyje Splavy **1** (1959), S. 209/25.

[21] Blatov, V. D., K. A. Bystrova, F. F. Smirnov u. V. F. Funke: Tverdyje Splavy (1960), Nr. 2, S. 37/45.

[22] Tschaporova, I. N., E. A. Schtschetelina u. S. E. Serebrova: Tverdyje Splavy (1960), Nr. 2, S. 90/104.

[23] Tien, Ke-Seng: Chosun Kwahak-won Tongbo (1962), Nr. 1, S. 8/9.

Kobaltbindung. Der Grund für die schlechteren Eigenschaften von Eisen und Nickel besteht in der höheren Löslichkeit dieser Bindemittel für Wolframkarbid im festen Zustand[1, 2] sowie in der Neigung zur Bildung spröder Doppelkarbide von Art der $Ni_xW_xC_y$ oder $Fe_xW_xC_y$. W. DAWIHL[3], welcher die Wirkung von Kobalt, Nickel und Eisen als Hilfsmetalle bei der Sinterung von Wolframkarbid untersuchte, führt die vorteilhafte Wirkung des Kobalts gegenüber dem Nickel auf seine Feinmahlbarkeit und auf die Bildung von oberflächlichen Diffusionsschichten am Wolframkarbidkorn zurück, welche das Kornwachstum der WC-Kristalle hemmen.

Ein *teilweiser* Ersatz des Kobalts (bis zu 30%) durch Eisen oder Nickel ergibt im Falle des Eisens härtere und sprödere Legierungen, im Falle des Nickels etwas weichere Legierungen. In beiden Fällen jedoch sinkt die Bruchfestigkeit leicht ab. Teilweiser Ersatz des Kobalts oder Nickels durch Chrom, Molybdän oder Wolfram bedeutet eine Herabsetzung des Gehaltes an zähem Hilfsmetall und führt zu einer restlosen Bindung des freien Kohlenstoffes sowie zur Bildung einer weniger zähen Chrom-Molybdän-, bzw. Wolfram-haltigen Bindelegierung.

Technische Bedeutung haben korrosionsfeste Binder auf Nickel-Chrom- bzw. Platinbasis gefunden (vgl. Abschnitt 5a) sowie aus Rohstoffgründen Nickel-Eisen-Binder[5–7]. Während in WC-TiC-Co-Hartmetallen Ni-Fe-Binder (1 : 3) ungefähr an die Wirkung von Kobalt herankommen, ist dies bei WC-Co-Hartmetallen nicht der Fall[7].

An WC-Hartmetallen mit Nickelbildung haben B. LIVSCHITZ und A. KOROTKORUTSCHKO[4] die magnetischen und physikalischen Eigenschaften untersucht. Die Bestwerte für Härte (R_A 85) und Biegebruchfestigkeit (90 kg/mm²) konnten bei Nickelgehalten von 10 Gew.-% und einer Sintertemperatur von 1450° erzielt werden.

Kupferzusätze zur Hilfsmetallphase sind ohne spezifisch günstige Wirkung auf Härte und Biegebruchfestigkeit; die Sinterfreudigkeit der Legierungen wird jedoch erheblich vermindert. Reine Kupfer-,

---

[1] TAKEDA, S.: Sci. Rep. Tôhoku, Univ. Honda-Festband (1936), S. 864/81.

[2] EDWARDS, R. u. T. RAINE: 1. Plansee Seminar, Reutte/Tirol 1952, S. 232/43.

[3] DAWIHL, W.: Z. Metallkunde **43** (1952), S. 20/22.

[4] LIVSCHITZ, B. u. A. KOROTKORUTSCHKO: Zavod. Labor **7** (1941), S. 202/04. S. 202/04.

[5] AGTE, C.: Neue Hütte **1** (1955), S. 333/38; **2** (1957), S. 537/44.

[6] AGTE, C. u. R. WEHNER: Fertigungstechnik **6** (1956), S. 385/88.

[7] KOHLERMANN, R. u. R. WEHNER: Die Technik **12** (1957), S. 736/46.

Silber- bzw. Edelmetallbindungen lassen sich nach dem Tränkverfahren herstellen[1–3].

Zahlentafel 53. *Eigenschaften von WC-TiC-Co-Hartmetallen*

Zusammensetzung %			Rockwell-Härte** R_A	Biegebruch-festigkeit** kg/mm²	Dichte g/cm³
WC*	TiC	Co			
94	1	5	90,5	150	14,6
92,5	2,5	5	90,5	140	14,2
91,5	2,5	6	90,5	150	—
87,5	2,5	10	89,5	180	14,0
84,5	2,5	13	88	200	13,9
82,5	2,5	15	87	210	—
90,5	4,5	5	91	130	13,5
85,5	4,5	10	89,5	160	13,4
82,5	4,5	13	89	170	—
80,5	4,5	15	87,4	180	—
85	8	7	90	140	12,9
79	8	13	89	160	—
82	12	6	90,5	115	12,2
80	12	8	90	130	—
78	12	10	89,5	140	12,0
73	12	15	88,5	150	—
79	16	5	91	100	11,2
78	16	6	91	108	11,2
77	16	7	90,5	110	11,1
76	16	8	90,5	120	—
75	16	9	90	120	10,9
74	16	10	89,5	125	—
71	16	13	89,5	135	—
69	25	6	92,5	80	9,9
62	25	13	91	85	—
45	45	10	92	85	7,9
30	60	10	92	80	—
11	75	14	92,5	80	6,9

* Ausgangskorngröße 1 bis 8 μ.

** Bei geeigneten Fertigungsverfahren kann die Härte um 0,5 bis 1 R_A und die Biegebruchfestigkeit um 10 bis 20% erhöht werden.

[1] KIEFFER, R. u. F. BENESOVSKY: Berg- u. Hüttenmänn. Mh. **94** (1949), S. 284/94.

[2] KIEFFER, R. u. F. KÖLBL: Berg- u. Hüttenmänn. Mh. **95** (1950), S. 49/58.

[3] GURLAND, J. u. J. T. NORTON: J. Metals **4** (1952), S. 1051/56.

In der Patentliteratur[1, 2] finden sich zahlreiche Hinweise auf verschiedene Bindelegierungen, von denen jedoch keine das Kobalt mit seinen souveränen Bindeeigenschaften vollständig ersetzen kann.

Als Dichtungswerkstoffe sind in letzter Zeit WC(TiC)-Hartmetalle mit Zinn-, Blei-, Wismut-, Zink-, Magnesium-, Aluminium- oder Cadmium-Bindern, die durch Normalsintern oder nach dem Tränkverfahren hergestellt werden können, vorgeschlagen worden[3].

2. WC-TiC-Co-Hartmetalle

Die Eigenschaften weiterer, von R. Kieffer[4] versuchsweise hergestellter WC-TiC-Co-Legierungen (vgl. Abschn. A2, S. 188) mit unterschiedlichem Titankarbid- und Kobaltgehalt (TiC von 1 bis 75%, Co von 5 bis 15%) gehen aus Zahlentafel 53 hervor. Beim Vergleich der Werte sieht man, daß die Bruchfestigkeit bei niedrigen Titankarbidgehalten mit steigendem Kobaltgehalt stärker anwächst als

Zahlentafel 54. *Eigenschaften von hilfsmetallfreien und hilfsmetallarmen WC-TiC-Hartmetallen und solchen mit Eisen-Nickel-Bindern* (C. Agte u. R. Kohlermann)

Zusammensetzung %				Dichte g/cm³	Härte R_A	Biegebruchfestigkeit kg/mm²
WC	TiC	Co	Fe-Ni			
100	—	—	—	15,07	92,5	63
99	—	1	—	15,0	92	60
85	15	—	—	11,74	93	48
84	15	1	—	11,61	92,5	91
73,5	24	2,5	—	10,23	92	81
97,5	—	2,5	—	15,0	92,5	80
78	16	—	6	n. b.	91,5	113
78	14	—	8	n. b.	90,5	124
88	5	—	7	n. b.	90	134

bei hohen Titankarbidgehalten. Erst bei WC-freien TiC-Hartmetallen mit 20% übersteigenden Hilfsmetallgehalten lassen sich wiederum Biegebruchfestigkeiten von 150 kg/mm² und mehr erzielen.

Über die Einsatzmöglichkeit der in Zahlentafel 53 angeführten Legierungen für die Zerspanung von Guß und Stahl vgl. die Ausführungen bei den marktgängigen Hartmetallen und auf S. 202.

[1] A.P. 1815613 (1928), A.P. 1826455 (1928).

[2] Goetzel, C. G.: Treatise on Powder Metallurgy. Interscience Publ., New York 1952, Vol. III.

[3] Gücer, D. E.: Planseeber. Pulvermetallurgie 8 (1960), S. 119/21.

[4] Kieffer, R.: In R. Kieffer u. W. Hotop: Pulvermetallurgie und Sinterwerkstoffe, Springer-Verlag, Berlin/Göttingen/Heidelberg 1948, S. 300ff.

Über hilfsmetallarme WC-TiC-Hochleistungshartmetalle mit 1 bis 3% Co und solche mit einem Ni-Fe-Binder berichten C. AGTE und Mitarbeiter[1–3]. Unter Verwendung von etwas unterkohltem WC und einem Eisen-Nickel-Verhältnis 3 : 1 im Binder, können vakuumgesinterte Hartmetalle hergestellt werden, die ohne Auftreten von η-Phase, den kobaltgebundenen WC-TiC-Legierungen sehr nahe kommen. Härte und Biegebruchfestigkeit sind fast gleich, die Fasenstumpfung ist bei den kobaltgebundenen Legierungen etwas geringer (Zahlentafel 54)[3].

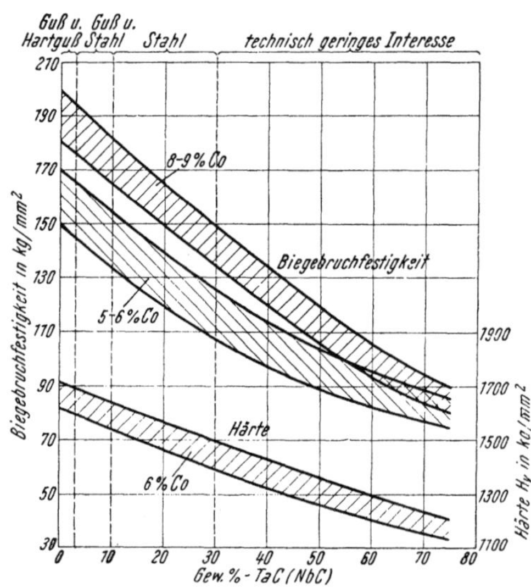

Abb. 106. Biegebruchfestigkeit und Härte von WC-TaC(NbC)-Co-Hartmetallen in Abhängigkeit vom TaC(NbC)-Gehalt

Kleine Zusätze von Cr_3C_2 $< 1\%$ zu WC-TiC(TaC)-Co-Hartmetallen haben einen günstigen Einfluß auf die Gefügeausbildung, Härte und Oxidationsbeständigkeit[4–6]. Bei WC-Co-Hartmetallen wurden ähnliche Effekte bei Zusätzen bis 5% Cr_3C_2 beobachtet[7, 8].

3. WC-TaC(NbC)-Co-Hartmetalle

R. KIEFFER[9] untersuchte den Einfluß eines steigenden TaC- bzw. TaC-NbC-Gehaltes auf die Härte und Biegebruchfestigkeit von WC-Co-Legierungen sowie auf deren Schneidleistung bei der Zerspanung lang- und kurzspanender Werkstoffe. Die Ergebnisse sind in Zahlentafel 55 zusammengestellt; in Abb. 106 sind sie kurvenmäßig wiedergegeben und um einen Kurvenzug für Legierungen mit etwa 8 bis 9% Co ergänzt. Die Schraffierung soll

[1] AGTE, C. u. J. VACEK: Hutnické Listy 8 (1953), S. 249/52.
[2] AGTE, C.: Neue Hütte 2 (1957), S. 537/44.
[3] AGTE, C. u. R. KOHLERMANN: Die Technik 12 (1957), S. 686/89; Fertigungstechnik 8 (1958), S. 349/52.
[4] DUFEK, V.: Neue Hütte 4 (1959), S. 425/28.
[5] DUFEK, V. u. J. LIKEŠ: Hutnické Listy 14 (1959), S. 791/96.
[6] CRHA, Z.: In: Probleme der Pulvermetallurgie. Slov. Akad. Wiss., Bratislava 1964, S. 179/88.
[7] PETRDLIK, M. u. V. DUFEK: Hutnicke Listy 14 (1959), S. 786/90.
[8] CRHA, Z.: Hutnické Listy 16 (1961), S. 421/24.
[9] KIEFFER, R.: In R. KIEFFER u. W. HOTOP: Pulvermetallurgie und Sinterwerkstoffe, 2. Aufl., Springer-Verlag, Berlin/Göttingen/Heidelberg 1948, S. 302.

ausdrücken, innerhalb welcher Bandbreite es möglich ist, solche Legierungen betriebsmäßig zu erzeugen. Die Legierungen mit 1 bis 3% TaC-NbC sind für die Bearbeitung von Guß und Hartguß gut geeignet. Es ist in den letzten Jahren eine starke Tendenz zu

Zahlentafel 55. *Eigenschaften von WC-TaC-Co- und WC-TaC-NbC-Co-Hartmetallen*

Zusammensetzung %			Rockwell-Härte R_A	Biegebruch-festigkeit kg/mm²	Dichte g/cm³	Verwendbar zur Bearbeitung von
WC*	TaC bzw. TaC/NbC**	Co				
94	1 TaC/NbC	5	— 90,5	160	14,6	
91,5	2 TaC/NbC	6,5	90,5	180	14,4	Hartguß
92	3 TaC/NbC	5	90,5	160	14,2	Guß
84	10 TaC	6	89,5	160	14,5	Guß u. Stahl
81	11 TaC/NbC	8	— 90	145	13,7	
79	15 TaC	6	— 90	150	14,4	Stähle
74	20 TaC/NbC	6	— 90	100	13,2	aller Art
67	25 TaC	8	89	120	14,3	
62	25 TaC/NbC	13	88	130	13,0	
64	30 TaC	6	89,5	120	14,3	weiche
54	40 TaC/NbC	6	89	100	11,9	Stähle
19	75 TaC/NbC	6	88	80	10,3	
0	94 TaC	6	82,5	90	13,8	
94	0	6	91	180	14,9	Guß

* Ausgangskorngröße 1 bis 8 μ.
** TaC : NbC etwa wie 3 : 2.

spüren, die reinen WC-Co-Legierungen mit niedrigen Kobaltgehalten durch Zusätze von 1 bis 3% TaC(NbC) gegebenenfalls in Verbindung mit 0,5 bis 2% TiC zu verbessern.

Zwischen 3 bis 10% TaC-NbC liegen Legierungen, die insbesondere bei kleinen Kobaltgehalten als Universal-Hartmetalle für die Bearbeitung von weichem Guß und weichem Stahl verwendbar sind. Zwischen 10 und 30% TaC-NbC liegen endlich einige marktgängige Legierungen für die Stahlbearbeitung. Bei höheren Gehalten an TaC oder TaC-NbC reicht die Härte nicht mehr für eine wirtschaftliche Zerspanung selbst von weichen Stählen aus. Für die Zerspanung von Guß ist ferner die Leitfähigkeit dieser Legierungen zu schlecht.

Zusammenfassend läßt sich sagen, daß die technische Bedeutung der WC-TaC(NbC)-Co-Legierungen, insbesondere bei der Zerspanung langspanender Werkstoffe hinter die Bedeutung von WC-TiC-Co-

bzw. WC-TiC-TaC(NbC)-Co-Legierungen zurücktritt. Zusätze von 0,5 bis 20, vorzugsweise 2 bis 10% TaC(NbC) dürften weiterhin für Mehrzweckhartmetalle und Hartmetalle für kurzspanende Werkstoffe von Interesse bleiben[1].

4. WC-TiC-TaC(NbC)-Co-Hartmetalle

Eine systematische Untersuchung des Einflusses von TaC- und insbesondere TaC-NbC-Mischkristallen auf WC-TiC-Co-Legierungen wurde von R. KIEFFER[2] vorgenommen (Zahlentafel 56). Bei einem

Zahlentafel 56. *Eigenschaften von WC-TiC-Co-Hartmetallen mit verschiedenen Gehalten an TaC(NbC)*

WC %	TaC/NbC %	TiC %	Co %	Rockwell-Härte R_A	Biegebruchfestigkeit kg/mm²	Dichte g/cm³
94	0	—	6	91	180	14,9
85	5	5	6	89,5	130	13,0
79	10	5	6	90	120	12,63
69	20	5	6	90 +	110	12,25
49	40	5	6	89,5	90	11,26
24	65	5	6	88,5	70	12,29
79,5	5	9,5	6	89,5	125	11,8
74,5	10	9,5	6	90	115	11,5
64,5	20	9,5	6	90	100	11,0
44,5	40	9,5	6	90	90	10,6
24,5	60	9,5	6	89,5	65	9,7
74	5	15	6	90,5	120	10,98
69	10	15	6	90,5	110	10,75
64	15	15	6	90,5	100	10,59
59	20	15	6	90,5	95	10,03
54	25	15	6	90	95	9,80
24	55	15	6	89,5	70	8,96

konstanten Gehalt von jeweils 5% TiC, 9,5% TiC bzw. 15% TiC und 6% Co wurde der Gehalt an TaC-NbC von 5 bis 65 Gew.-%

[1] FUNKE, V. F., V. J. LIDER u. V. S. PANOV: Vestn. Maschinostroj. 42 (1962), Nr. 3, S. 79/82.

[2] KIEFFER, R.: In R. KIEFFER u. W. HOTOP: Pulvermetallurgie und Sinterwerkstoffe, 2. Aufl., Springer-Verlag Berlin/Göttingen/Heidelberg 1948, S. 304.

variiert. Mit steigendem Gehalt an TaC-NbC fällt besonders oberhalb von 20% Mischkristallzusatz die Biegebruchfestigkeit stark ab, während die Härte nur mäßig abnimmt. Unter optimalen Herstellungsbedingungen läßt sich für eine bestimmte Legierung der Versuchsreihe die Härte um 0,5 bis 1 R_A und die Biegebruchfestigkeit um 5 bis 10% erhöhen. Letztere läßt sich durch Kobaltvariation von 6 auf 18% zusätzlich um 5 bis 25% erhöhen, wobei jedoch die Härtewerte entsprechend stark abfallen.

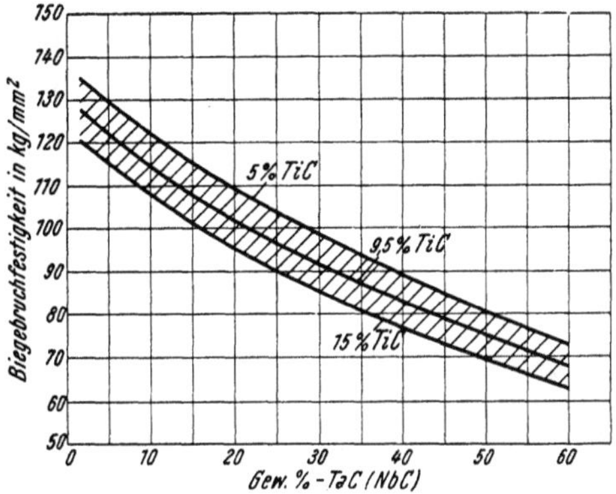

Abb. 107. Abhängigkeit der Biegebruchfestigkeit von WC-TiC-TaC(NbC)-Co-Hartmetallen vom TiC- bzw. TaC(NbC)-Gehalt, halbschematisch

Abb. 107 gibt den Einfluß des steigenden TaC-NbC-Gehaltes für Legierungen mit 5, 9,5 und 15% TiC bei einem konstanten Kobaltgehalt von 6% wieder. Abb. 108 zeigt schematisch den Einfluß der Kobaltvariation zwischen 5 und 18%, wobei die Ergebnisse von S. 205 zu Hilfe genommen wurden[1, 2].

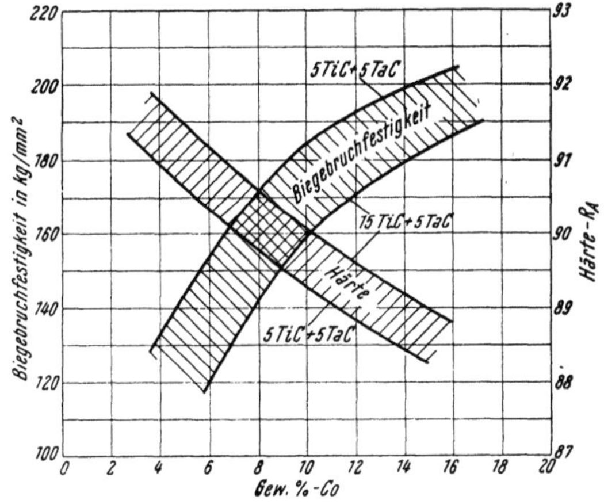

Abb. 108. Abhängigkeit der Biegebruchfestigkeit und Rockwell-Härte von WC-TiC-TaC(NbC)-Co-Hartmetallen vom TiC-TaC(NbC)- und Kobaltgehalt

5. WC-HfC(TiC)-Co-Hartmetalle

Nachdem die Wirkung von TiC, ZrC, VC, NbC, TaC, Cr_3C_2 und Mo_2C-Zusätzen zu WC-Co(Ni)-Hartmetallen eingehend untersucht worden waren, fehlte nur noch eine Prüfung des Verhaltens von HfC. Dieses Karbid wurde erst in den letzten Jahren im Rahmen der Herstellung von hafniumfreiem Zirkonium in größeren Mengen zugänglich.

[1] TRETJAKOV, V. I., I. N. KARABASOVA u. A. B. PLATOV: Tverdyje Splavy (1960), Nr. 2, S. 79/81.

[2] vgl. auch FUNKE, V.F., V.J. LIDER u. V.S. PANOV: Vestn. Maschinostroj. 42 (1962), Nr. 3, S. 79/82.

R. KIEFFER, F. BENESOVSKY und K. MESSMER[1] führten eingehende Untersuchungen durch, TiC in klassischen WC-TiC-Co-Legierungen und ferner auch TaC in einigen handelsüblichen WC-TiC-TaC-Co-Legierungen durch HfC zu ersetzen. Zahlentafel 57 zeigt

Zahlentafel 57. *Zusammensetzung und Eigenschaften von HfC-Hartmetallen*

Zusammensetzung %				Dichte g/cm³	Härte kg/mm²	Biegebruchfestigkeit* kg/mm²	Magnetische Sättigung $4\pi\sigma$
WC	HfC	TiC	Co				
87	5	—	8	14,50	1450	150	150
83	10	—	7	14,40	1520	150	135
79,5	12,5	—	8	14,14	1450	150	149
89	15	—	6	14,35	1560	130	110
68	25	—	7	13,83	1500	140	128
84,5	5	4,5	6	13,60	1750	180	115
69	8	16	7	13,52	1670	140	115

* ± 10 kg/mm².

die Zusammensetzung der untersuchten Legierungen und deren Eigenschaften. Obwohl die HfC-Hartmetalle nicht unter günstigsten Betriebsbedingungen hergestellt worden waren, konnten beim Drehen auf Stahl und Gußeisen im Vergleich zu Standardlegierungen mit hochgezüchteten Eigenschaften bemerkenswert gute Leistungen erzielt werden. Es scheint, daß HfC zwar noch kein wirtschaftlicher Substituent für TiC ist, aber TaC vollwertig zu ersetzen vermag, da es an Härte und Zähigkeit — gemessen an der Biegebruchfestigkeit der 10%igen Kobaltlegierung — letzteres übertrifft (vgl. Zahlentafel 55). Ob ein HfC-Zusatz zu WC-TiC-TaC-Co-Legierungen von technischem Interesse ist, wurde von den genannten Autoren nicht eingehender untersucht.

Gefügemäßig unterscheiden sich HfC-Hartmetalle nicht von üblichen WC-TiC-Mehrkarbidhartmetallen. Man sieht rundliche Kristalle der HfC-WC- oder HfC-TiC-WC-Mischkristallphase neben den kantigen Kristallen des WC und der Kobaltbindephase.

---

[1] KIEFFER, R., F. BENESOVSKY u. K. MESSMER: Metall **13** (1959), S. 919/22.

6. $WC-Mo_2C-TiC-Ni(Co)$-Hartmetalle

Technisch bedeutender als $WC-Mo_2C-Ni(Co)$-[1–5] und die Mo_2C-TiC-$Ni(Co)$-Hartlegierungen (vgl. a. wolframkarbidfreie Hartmetalle, S. 250/53) sind die aus allen drei Karbiden bestehenden Hartmetalle[1, 6] In Zahlentafel 58 sind die Eigenschaftswerte einiger solcher

Zahlentafel 58. *Eigenschaften von WC-Mo_2C-TiC-Hartmetallen mit verschiedenen Bindemetallen*

Zusammensetzung %					Rockwell-Härte R_A	Biegebruch-festigkeit kg/mm²
WC*	Mo_2C	TiC	Ni	Co		
76	1	16	1	6	91	120
76	2	16	—	6	91	115
73	5	16	3	3	91	100
60	16	16	8	—	91	100
60	16	16	—	8	91,5	85
30	30	25	15	—	91	85
15	30	45	5	5	91	90
15	30	40	10	5	91	100
15	15	55	5	5	91	100
18	10	65	2	5	92	95

* Ausgangskorngröße 1 bis 8 μ.

Legierungen zusammengestellt. Mo_2C-Zusätze zu WC-TiC-Legierungen erhöhen die Härte auf Kosten der Bruchfestigkeit. Bei höheren Mo_2C-Gehalten ergeben sich zähere Legierungen, wenn man an Stelle von Kobalt das Nickel als Bindemittel wählt. Mo_2C-WC-TiC-Legierungen sind zur Bearbeitung von Stahl gut brauchbar, jedoch weniger bruchfest und zäh als die entsprechenden Mo_2C-freien Legierungen.

Die in Zahlentafel 58 angeführten Legierungen 1, 2 und 4 spielten in den Jahren 1931 bis 1933 eine gewisse Rolle, wurden jedoch später von Mo_2C-freien Legierungen ähnlicher Zusammensetzung verdrängt. Die letzten drei Legierungen wurden während des letzten Weltkrieges als wolframkarbidarme Sparlegierungen in Betracht gezo-

[1] Molkov, L. P. u. I. V. Vikker: Vestn. Metalloprom. **16** (1936), S. 75/82.

[2] Kieffer, R. u. W. Hotop: Pulvermetallurgie und Sinterwerkstoffe, Springer-Verlag, Berlin/Göttingen/Heidelberg 1948.

[3] Zarubin, N. M. u. M. V. Sitin: Redkije Metally **4** (1935), Nr. 4, S. 21/25, Zavod. Labor **4** (1935), S. 431/37.

[4] A.P. 1959879 (1929).

[5] Funke, V. F., T. A. Novikova u. V. I. Tumanov: Izv. Akad. Nauk SSSR, Met. Topl. (1962), Nr. 2, S. 113/18.

[6] Kieffer, R.: In R. Kieffer u. W. Hotop: Pulvermetallurgie und Sinterwerkstoffe, Springer-Verlag, Berlin/Göttingen/Heidelberg 1948, S. 305.

gen. Sie gewinnen neuerlich bei der Stahlzerspanung mit hohen Schnittgeschwindigkeiten wieder Interesse.

7. WC-ZrC-Hartmetalle

WC-ZrC-Co-Hartmetalle wurden von R. KIEFFER[1] sehr eingehend auf ihre Eignung für die Bearbeitung langspanender Werkstoffe untersucht. Die Eigenschaften und Drehleistungen der geprüften Legierungen sind im Vergleich zu den üblichen WC-TiC-Co-Hartmetallen für die Stahlbearbeitung in Zahlentafel 59 zusammengestellt.

Zahlentafel 59. *Eigenschaften und Drehleistung von WC-ZrC-Co-Hartmetallen im Vergleich zu gebräuchlichen WC-TiC-Co-Legierungen*

Zusammensetzung %	Rockwell-Härte R_A	Biegebruchfestigkeit kg/mm²	Dichte g/cm³	Drehleistung auf SM-Stahl (85 kg/mm²) a = 5 mm; s = 0,8 mm; t = 10 Min.	
				Fasenbreite mm	Drehgeschwindigkeit m/Min.
78 WC, 16 ZrC, 6 Co	− 90	95	11,3	0,300	140
78 WC, 16 TiC, 6 Co	+ 91	110	11,2	0,205	140
75,5 WC, 16 ZrC, 8,5 Co	89	100	11,3	0,395	120
75,5 WC, 16 TiC, 8,5 Co	90,5	120	10,9	0,255	120
87,5 WC, 4 ZrC, 8,5 Co	89	125	13,0	0,250	85
87,5 WC, 4 TiC, 8,5 Co	89,5	155	13,4	0,185	85

Zahlentafel 60. *Eigenschaften und Drehleistung von WC-ZrC-Co-Hartmetallen im Vergleich zu gleichwertigen WC-TiC-Co-Legierungen*

Zusammensetzung %	Rockwell-Härte R_A	Biegebruchfestigkeit kg/mm²	Dichte g/cm³	Drehleistung auf SM-Stahl (85 kg/mm²) a = 5 mm; s = 0,8 mm; t = 10 Min.	
				Fasenbreite mm	Drehgeschwindigkeit m/Min.
69 WC, 25 ZrC, 6 Co	+ 91	90	10,9	0,205	140
78 WC, 16 TiC, 6 Co	+ 91	110	11,2	0,200	140
83,5 WC, 8 ZrC, 8,5 Co	89,5	125	12,9	0,180	83
86,5 WC, 5 TiC, 8,5 Co	89,5	155	13,4	0,180	85

Die Substitution des TiC durch ZrC in gleicher Menge führt zu wohl brauchbaren, aber gegenüber den marktgängigen WC-TiC-Co-Legie-

[1] KIEFFER, R.: Metall 4 (1950), S. 132/36.

rungen unterwertigen Hartmetallen. Setzt man dagegen den WC-Co-Legierungen etwa die 1,7- bis 2fache Menge des üblichen TiC-Gehaltes an ZrC in Form von vorgebildeten ZrC-WC-Mischkristallen zu, so kommt man zu weitgehend gleichwertigen Hartlegierungen mit fast übereinstimmender Zerspanungsleistung (Zahlentafel 60). Der Einfluß von ZrC in WC-TiC-Co- und WC-TiC-TaC(NbC)-Co-Hartmetallen verdient näher untersucht zu werden.

8. WC-VC-, WC-Cr_3C_2- und WC-NbC-Hartmetalle

Die Karbide VC und Cr_3C_2 wurden bis jetzt nur gelegentlich als Zusatzkarbide zu WC in der Praxis verwendet. Sie wirken in geringen Mengen härtesteigernd, in größeren Mengen versprödend. Cr bzw. Cr_3C_2 findet sich oft in Mengen von 0,1 bis 0,5% als Begleiter in WC-Co-Hartmetallen, da es gern aus den 18/8-Cr-Ni-Stahlmühlen oder aus den stellitartigen Mühlenauskleidungen beim Mahlvorgang aufgenommen wird. VC wird in Mengen bis 1% in Verbindung mit

Zahlentafel 61. *Eigenschaften von WC-VC-, WC-NbC- und WC-Chromkarbid-Co-Hartmetallen*

Zusammensetzung %					Rockwell-Härte R_A	Biegebruchfestigkeit kg/cm²	Bemerkung
WC	VC	NbC	Chromkarbid	Co			
94	1	—	—	5	91,5	140 bis 160	für Guß und Hartgußbearbeitung
89	5	—	—	5	92	120 bis 140	für Guß, Versprödung
79	10	—	—	5	92	100 bis 120	für Guß, zunehmende Versprödung
94	—	1	—	5	91,5	160 bis 180	Guß und Hartgußbearbeitung
93	—	2	—	5	91,5	155 bis 175	Guß und Hartgußbearbeitung
90	—	5	—	5	91	145 bis 170	Guß und harte Stähle
85	—	10	—	5	90,5	140 bis 160	Guß und Stahl
75	—	20	—	5	—90	120 bis 140	für weiche Stähle
94,5	—	—	0,5	5	91,5	150 bis 170	Gußbearbeitung Ziehsteine, Sandstrahldüsen
94	—	—	1	5	92	130 bis 140	Versprödung
90	—	—	5	5	93	80 bis 100	starke Versprödung

TaC in WC-Co-Legierungen für besondere Zwecke, z. B. zur Spezialhartgußbearbeitung, verwendet (s. S. 203).

NbC ist ein interessanter Legierungspartner für WC-Co-Legierungen. Es ähnelt sehr stark TaC-NbC-Mischkristallen, übt also ähnliche Wirkungen aus (s. S. 205). In Zahlentafel 61 sind die Eigenschaften und Anwendungsgebiete einiger versuchsweise hergestellter WC-VC-, WC--NbC und WC-Cr_3C_2-Hartmetalle zusammengestellt.

9. Wolframkarbidfreie Hartmetalle

Patentrechtliche Gründe, wirtschaftliche Erwägungen, zeitweiser Rohstoffmangel und der Forschungstrieb vieler Sinterfachleute gaben den Ansporn, in hilfsmetallhaltigen Hartmetallen das besonders geeignete Wolframkarbid teilweise oder ganz durch andere Hartstoffe und Karbide zu ersetzen[1].

Bei dem *vollständigen* Ersatz des Wolframkarbides — nur von diesem soll in der Folge die Rede sein — ging man zwei Wege:

1. Man versuchte andere Hartstoffe als Metallkarbide, z. B. Nitride, Boride, Silizide, Oxide (Korund) und Metalloidkarbide (Borkarbid und Siliziumkarbid), zu verwenden.

2. Man ersetzte das Wolframkarbid durch andere hochschmelzende Metallkarbide, z. B. Zirkonium-, Hafnium-, Vanadin-, Niob-, Tantal-Chrom- und Molybdänkarbid oder deren binäre und ternäre Mischkristalle.

Der erste Weg hat bis heute noch zu keiner für Schneidzwecke allgemein brauchbaren Hartlegierung geführt, wenn man von gewissen Teilerfolgen mit Sintertonerde und Tonerde-Karbid-Schneidstoffen absieht (s. Kap. IX).

Als stabile und verhältnismäßig sinterfreudige *Nitride* sind Titan- und Vanadinnitrid zu bezeichnen. Sie geben mit Metallen der Eisengruppe, insbesondere mit Nickel, bei Drucksinterung harte Legierungen metallischen Charakters, die Hochglanzpolitur annehmen. Sie haben eine messing- bis goldgelbe Farbe. Ihre Härte und Verschleißfestigkeit scheint erheblich unter der der Karbide zu liegen. Titannitrid, das mit Titankarbid und Titanmonoxid isomorph ist, ist in vielen hochtitankarbidhaltigen Hartmetallen in Mengen von 1 bis 3% mehr oder minder zwangsläufig vorhanden (s. Zahlentafel 24)[2].

O. Meyer und W. Eilender[3] haben Hartmetalle aus Titannitrid und Vanadinnitrid sowie aus den entsprechenden Karbid-Nitrid-

---

[1] Kieffer, R. u. F. Kölbl: Vortrag IPT., Graz 1948, Ref. Nr. 28, Powder Met. Bull. **4** (1949), S. 4/17.

[2] F.I.A.T. Final Rep. Nr. 772, S. 23.

[3] Meyer, O. u. W. Eilender: Arch. Eisenhüttenwes. **11** (1937/38), S. 545/62.

Gemischen mit Kobalt als Bindemetall beschrieben. Ihre Härte war aber durchwegs für Zerspanungszwecke nicht ausreichend.

Über Nitride der übrigen nitridbildenden Metalle der 4a und 5a Gruppe des periodischen Systems sind zu wenig Einzelheiten veröffentlicht worden und es wurden mit diesen auch zu wenig praktische Versuche durchgeführt, als daß Aussagen über die hartmetalltechnischen Eigenschaften von Sinterkörpern auf ihrer Basis gemacht werden könnten. Die Nitride der karbidbildenden Metalle der 6a Gruppe scheinen um so instabiler zu sein, je stärkere Karbidbildner die Metalle sind. Während dem Chromnitrid und Molybdännitrid noch eine gewisse technische Bedeutung zukommen dürfte[1], ist Wolframnitrid bereits ausgesprochen instabil.

Zusammenfassend dürften die Nitride wegen ihrer geringeren Härte, teilweise wegen ihres hohen Stickstoffdampfdruckes bei den in Betracht kommenden Sintertemperaturen und wegen ihrer Tendenz, bei den üblicherweise vorhandenen Sinterbedingungen Karbide zu bilden, als Grundstoffe für die Hartmetallherstellung wenig befähigt zu sein.

Größere Bedeutung scheint jedoch den *Boriden* zuzukommen[2, 3]. Die Schwierigkeiten bei der Herstellung reiner karbid-, nitrid- und oxidfreier Boride haben die technische Einführung der Metallboride gehemmt; sie sind jedoch in den letzten Jahren überwunden worden (S. 475). Die Boride haben im Gegensatz zu den meisten Nitriden und zu den Siliziden einen stärker ausgeprägten metallischen Charakter (S. 419 und 477). Technische Bedeutung hat bis heute nur das Chromborid erlangt, und zwar für Aufschweißhartlegierungen[4, 5]. Auf dem Wege der Drucksinterung lassen sich aus Chromborid interessante hochhitzebeständige Hartlegierungen gewinnen[6].

Die Boride der Metalle der 4a und 5a Gruppe des periodischen Systems wie z. B. TiB_2, ZrB_2, HfB_2, VB_2, NbB_2 und TaB_2 sind ebensowenig wie die Mischkristalle aus diesen systematisch auf ihre Eignung als Basishartstoffe für Schneidlegierungen untersucht worden. Es finden sich viele, aber dürftige Hinweise in der Patentliteratur. Die physikalischen, chemischen und mechanischen Eigenschaften lassen nach orientierenden Versuchen von R. Kieffer und F. Bene-

[1] Meyer, O. u. W. Eilender: Arch. Eisenhüttenwes. **11** (1937/38), S. 545/62.

[2] A.P. 1913373 (1928), D.R.P. 667071 (1931).

[3] B.I.O.S. Final Report Nr. 925, S. 23.

[4] Colmonoy der Fa. Wall-Colmonoy Co.

[5] Eutalloy der Fa. Castolin

[6] Sindeband, S. J.: Trans. Am. Inst. Met. Engng. **185** (1949), S. 198/202.

SOVSKY[1] einen technischen Einsatz aussichtsreich erscheinen, wenn es gelingt, entsprechende Zusätze und metallische Bindelegierungen zu finden, mit denen man die für Zerspanungszwecke erforderliche Mindestbiegebruchfestigkeit von 80 kg/mm² und Mindesthärte von 89 bis 90 R_A erreicht. In dieser Richtung wird aber intensiv gearbeitet, und scheint man besonders mit dem sehr harten TiB_2 und einem entsprechenden Binder schon gewisse Erfolge erzielt zu haben[2–5].

Von W. SCHEDLER[6] stammt der Vorschlag, hilfsmetallfreie TiB_2- und TiC-Formkörper im bevorzugten Verhältnis 1 : 2 als Schneidwerkstoffe zu verwenden. Es wurden ähnlich gute Schneidergebnisse erzielt wie mit Tonerdewerkzeugen.

Für Zerspanungszwecke sind auch Werkstoffe auf Basis der ternären Verbindung Mo_2NiB_2 vorgeschlagen worden[3, 7–10]. Die Drehversuche auf Stahl, Gußeisen und Buntmetallen ergaben verhältnismäßig gute Resultate; die Biegebruchfestigkeit der Legierung ist jedoch noch unbefriedigend.

Versuche, reine *Silizide* an die Stelle von Karbiden in Schneidlegierungen zu setzen, scheinen nach Versuchen der Verfasser und auch nach Versuchen an anderer Stelle nicht sehr aussichtsreich zu sein.

Der zweite Weg, der Ersatz des Wolframkarbides durch andere hochschmelzende Karbide und Karbidmischkristalle, ist durch gewisse markante Punkte gekennzeichnet:

1. Die Erzeugung des alten Titanit S auf der Basis Titankarbid-Molybdänkarbid-Nickel durch P. SCHWARZKOPF, I. HIRSCHL und R. KIEFFER in den Jahren 1930 bis 1931[11].

2. Die Herstellung des amerikanischen Ramet auf der Basis von reinem Tantalkarbid[12, 13] (1930/31).

---

[1] KIEFFER, R. u. F. BENESOVSKY: Unveröffentlichte Versuche 1951/52; Ö.P. 187692 (1954), 189801 (1954).

[2] Anonym: Tool Engng. **34** (1955), Juni, S. 124/25.

[3] TANGERMANN, E. J.: Metalworking Production **100** (1956), S. 516/22.

[4] Anonym: Aviation Week **64** (1956), Nr. 1, S. 41/42.

[5] HOOK, R. T.: Iron Age **179** (1957), Nr. 11, S. 134/36.

[6] Ö.P. 199886 (1957).

[7] BINDER, I. u. A. ROTH: Powder Met. Bull. **6** (1953), S. 154/62.

[8] STEINITZ, R. u. I. BINDER: Powder Met. Bull. **6** (1953), S. 123/25.

[9] DICESARE, E.: In: Symposium on Ceramic Cutting Tools. US. Dep. Comm. PB 111757 (1955), S. 43/48.

[10] BREWER, R. C.: Engng. Digest **20** (1959), Nr. 5, S. 205/08.

[11] Ö.P. 160172 (1931) u. a.

[12] E.P. 373708 (1931), F.P. 713086, 713087 (1931) u. a.

[13] KELLEY, F. C.: J. Am. Soc. Steel Treat. **19** (1932), S. 233/43.

3. Der Patentvorschlag von R. KIEFFER aus dem Jahre 1938 zur Erzeugung von Schneidlegierungen auf der Basis TiC-VC mit Titankarbidüberschuß[1].

4. Die betriebsmäßige Entwicklung von wolframkarbidfreien Hartmetallen bei einigen deutschen Hartmetallherstellern in den ersten Jahren des zweiten Weltkrieges[2].

5. Die Zerspanungsgroßversuche mit wolframkarbidfreien Hartmetallen als Ersatzlegierung für die genormten WC-TiC-Co-Hartmetallqualitäten S 1 und S 2 (78/16/6 und 76/15/9) in den letzten Jahren des zweiten Weltkrieges[3] und die Vorbereitung einer Großerzeugung von Platten und Werkzeugen aus den bewährten Ersatzlegierungen[4–6].

Bevor auf die einzelnen wolframkarbidfreien Hartlegierungen auf Basis anderer Karbide und Karbidmischkristalle eingegangen wird, sollen zunächst die Anforderungen umrissen werden, welche man an ein Hartmetall für Zerspanungszwecke stellen muß. Bei der spanabhebenden Bearbeitung, insbesondere beim Schruppen von mittelharten Stählen, ist eine Mindesthärte von 89 R_A und eine Mindestbiegebruchfestigkeit von 80 bis 85 kg/mm² notwendig. Eine Härte von 90 bis 91 R_A bei einer Biegebruchfestigkeit von 100 bis 110 kg/mm² ist anzustreben. Bei Zerspanungsarbeiten, bei denen gleichmäßig niedrige Schnittdrucke auftreten, z. B. beim Schlichten von Stahl, kann man bei versuchsmäßig einwandfreien Bedingungen als Grenzwert der Bruchfestigkeit noch eine solche von 65 bis 75 kg/mm² bei Mindesthärten von 91 bis 93 R_A zulassen. Für die Bearbeitung von kurzspanenden Werkstoffen, wie Grauguß, Hartguß, harten nichtmetallischen Stoffen und für Bohrarbeiten, sind jedoch wesentlich höhere Festigkeitswerte erforderlich. Das gleiche gilt für schwere Schrupparbeiten auf kurzspanenden als auch auf langspanenden Werkstoffen, wobei eine Biegebruchfestigkeit von etwa 110 kg/mm² als untere Zähigkeitsgrenze anzusehen ist.

Ferner sollten Platten und Formstücke aus den betreffenden Legierungen lötbar sein. Alle Metallkarbide, deren Oxide nicht wasserstoffreduzierbar sind, haben schlechte Löt- und Schleifeigenschaften; dies gilt auch für die wichtigen, hoch TiC-haltigen Hartlegierungen. Der Einsatz von Klemmwerkzeugen und Vollhart-

[1] D.R.P. 748933 (1938).

[2] B.I.O.S. Final Rep. Nr. 1385, S. 103f.

[3] COMSTOCK, G. J.: Iron Age **156** (1945), Nr. 9, S. 36A/36L.

[4] B.I.O.S. Final Rep. Nr. 1076, S. 35ff.

[5] TRAPP, G. J., B. E. BERRY, H. BURDEN u. T. RAINE: Symposium on Powder Metallurgy, Iron Steel Inst., Spec. Rep. No. 38, London 1947, S. 96.

[6] B.I.O.S. Final Rep. Nr. 1385, S. 103ff.

metalleinsätzen bietet jedoch befriedigende Ausweichmöglichkeiten.

Um zunächst das Verhalten der Ersatzkarbide der 4a, 5a und 6a Metalle des periodischen Systems in Hartmetallegierungen vergleichen zu können, sind in Zahlentafel 62 die Eigenschaften der

Zahlentafel 62. *Eigenschaften druckgesinterter Metallkarbide mit 10% Kobalthilfsmetall*

Gruppe	Zusammensetzung Gew.-%		Rockwell-Härte R_A	Biegebruchfestigkeit kg/mm²*	Dichte g/cm³	Färbung des Bruches
4a	90 TiC	10 Co	91 bis 92	80 bis 90	4,96	mausgrau
	90 ZrC	10 Co	90 bis 91	70 bis 80	6,83	hellgrau
	90 HfC	10 Co	89 bis 90	90 bis 100	11,58	hellgrau glänzend
5a	90 VC	10 Co	87 bis 89	60 bis 80	5,45	silbrig glänzend
	90 NbC	10 Co	88 bis 89	90 bis 110	7,74	braunviolett
	90 TaC	10 Co	85 bis 87	70 bis 90	13,00	goldgelb glänzend
6a	90 Cr_3C_2	10 Co	84 bis 86	50 bis 70	6,73	hellgrau glänzend
	90 Mo_2C	10 Co	86 bis 87	50 bis 70	9,06	hellgrau
	90 WC	10 Co	89 bis 91	160 bis 180	14,41	blaugrau

* Ermittelt an vakuumgesinterten Proben.

druckgesinterten Karbide mit 10% Kobalt als Hilfsmetall zusammengestellt[1–3]. Durch Wahl von Eisen-, Nickel- oder Nickel-Eisen-Bindern und Anwendung volumsgleicher Bindergehalte ergeben sich gewisse Verschiebungen zugunsten eines Karbides, aber keine grundsätzliche Änderung in der Reihung.

Zum Vergleich ist auch eine entsprechende WC-Co-Legierung mit aufgeführt. Man sieht, daß sich bei kobaltgebundenem Titankarbid, Zirkoniumkarbid und Hafniumkarbid ausgezeichnete Härten, aber nur mittlere, bei HfC sogar befriedigende Werte der Biegebruchfestigkeit erzielen lassen. Vanadinkarbid und Niobkarbid ergeben Hartmetalle mit P 3-ähnlicher Härte und im Falle des Niobs guter Bruchfestigkeit. Molybdänkarbid, Chromkarbid und Tantalkarbid sind relativ weich (etwa wie eine WC-Co-Legierung 85/15) und sind gleichzeitig wenig bruchfest.

[1] Kieffer, R.: Metall **4** (1950), S. 132/36.

[2] Kieffer, R. u. F. Kölbl: Vortrag IPT., Graz 1948, Ref. Nr. 28; Powder Met. Bull. **4** (1949), S. 4/17.

[3] Kieffer, R., F. Benesovsky u. K. Messmer: Metall **13** (1959), S. 919/22.

J. HOLZBERGER und H. KRAINER[1] stellten gleichfalls Karbide der Metalle der 4a, 5a und 6a Gruppe des periodischen Systems auf dem Wege der Normalsinterung unter Wasserstoff, unter Zugabe von 12% Co her (Zahlentafel 63). Wenn man von den verständlicherweise

Zahlentafel 63. *Eigenschaften von normalgesinterten Metallkarbiden mit 12% Hilfsmetall* (J. HOLZBERGER)

Karbid und Hilfsmetall	Rockwell-Härte R_A	Biegebruchfestigkeit kg/mm²
TiC + 12% Co	89	65
ZrC + 12% Co	88,5	75
V_4C_3 + 12% Co	87	50
V_2C + 12% Co	82	70
TaC + 12% Co	82	95
Cr_3C_2 + 12% Co	80	50
Mo_2C + 12% Co	86	60
WC + 12% Co	88,5	180

etwas geringeren Härte- und Biegebruchfestigkeitswerten absieht, gilt für die Versuchslegierungen dasselbe, was R. KIEFFER und F. KÖLBL[2] ausgeführt haben.

J. GURLAND[3] hat nochmals sehr eingehend die Biegebruchfestigkeit von TiC-, ZrC-, VC-, NbC-, TaC- und WC-Co-Hartmetallen mit 10 bzw. 37 Vol.-% Co untersucht und Zusammenhänge zwischen dem Elastizitätsmodul des Grundkarbides und der Biegebruchfestigkeit gefunden. Je höher der Elastizitätsmodul des Grundkarbides ist, umso höher ist auch die Biegebruchfestigkeit. Die Legierungen mit WC stehen an der Spitze, während ZrC und VC die sprödesten Hartmetalle ergeben.

In Zahlentafel 64 sind weitere Hartlegierungen auf TiC und TaC-Basis mit verschiedenen Bindemetallen zusammengestellt. Die TiC-haltigen Legierungen sind sehr hart, aber auch sehr spröde. Unter Verwendung von sehr reinen, sauerstoff- und stickstoffarmen TiC bzw. TiC-Mischkristallen mit 1 bis 3% Molybdänkarbid oder Chromkarbid, können die Biegebruchfestigkeitswerte der Legierungen 1 bis 4 jedoch um etwa 10 bis 20 kg/mm² und die Härtewerte um 0,5 bis 1,5 R_A erhöht werden.

[1] HOLZBERGER, J. u. H. KRAINER: Diskussionsvortrag IPT., Graz 1948.

[2] KIEFFER, R. u. F. KÖLBL: Vortrag IPT., Graz 1948, Ref. Nr. 28, Powder Met. Bull. **4** (1949), S. 4/17.

[3] GURLAND, J.: J. Metals **9** (1957), S. 512/13.

R. WEHNER und R. KOHLERMANN[1–3] schreiben Speziallegierungen aus 94% TiC und 6% eines Eisen-Nickel-Chrombinders, die bei einer Dichte von 6,0 g/cm³ und einer Härte von 93 R_A eine

Zahlentafel 64. *Eigenschaften von Hartmetallen auf TiC- und TaC-Basis mit verschiedenen Bindemetallen*

Zusammensetzung	Rockwell-Härte R_A	Biegebruchfestigkeit kg/mm²
90% TiC, 10% Ni	89 bis 91	65
90% TiC, 10% Fe	89 bis 91	50
85% TiC, 15% Fe	89	55
80% TiC, 10% Co, 10% Cr ..	92	70 bis 80
87% TaC, 13% Co	83	70
87% TaC, 13% Fe	84	85
87% TaC, 13% Ni	82	120
87% TaC, 13% Co/W (75 : 25)	84	135
87% TaC, 13% Fe/Mo (63 : 37)	89	85

Biegebruchfestigkeit von 75 kg/mm² haben. Derartige Legierungen zeigten sehr gute Ergebnisse beim Schlichten von Stahl bei hohen Schnittgeschwindigkeiten. Sie sind auch gut zunderbeständig.

C. G. GOETZEL und L. P. SKOLNICK[4, 5] berichten über gute Drehergebnisse von TiC-Sonderhartmetallen mit infiltriertem Schnellstahlbinder auf Stählen.

Die Hartmetalle auf TaC-Basis — es handelt sich dabei um Versuchslegierungen der *Fansteel Co.* und *Carboloy Co.*[6,7] — haben zum Teil sehr gute Biegebruchfestigkeit; sie sind aber zu weich. Deshalb konnten sich auch derartige Hartmetalle ursprünglich auf dem Markt nicht durchsetzen. Beim Heißpressen von TaC-Hartmetallen mit Nickelbildung gelinge es, nach L. P. MOLKOV und A. V. CHOCHLOVA[8] allerdings Härten bis zu 91 R_A zu erzielen. Angaben über Festigkeit und Zerspanungsleistung werden von den Autoren nicht gemacht. Nach neueren Erkenntnissen dürften die höheren Härte-

---

[1] WEHNER, R. u. R. KOHLERMANN: Fertigungstechnik **7** (1957), S. 498/500.

[2] AGTE, C. u. R. WEHNER: Neue Hütte **1** (1955), S. 421/24.

[3] AGTE, C.: Neue Hütte **2** (1957), S. 537/44.

[4] GOETZEL, C. G. u. L. P. SKOLNICK: 2. Plansee Seminar, Reutte/Tirol 1955, S. 92/98.

[5] SKOLNICK, L. P. u. C. G. GOETZEL: Am Soc. Test. Mater. Spec. Techn Publ. Nr. 174 (1956), S. 103/09.

[6] E.P. 373708 (1931), F.P. 713086, 713087 (1931) u. a.

[7] KELLEY, F. C.: J. Am. Soc. Steel Treat. **19** (1932), S. 233/43.

[8] MOLKOV, L. P. u. A. V. CHOHCHLOVA: Redkije Metally **4** (1935), Nr. 1, S. 10/23.

werte mit dem Einsatz von unterstöchiometrischem, härterem TaC_{1-x} zusammenhängen.

Abb. 109 zeigt nach R. KIEFFER und F. KÖLBL[1] das Gefüge eines Hartmetalles aus 85% Vanadinkarbid und 15% Nickel. Man sieht

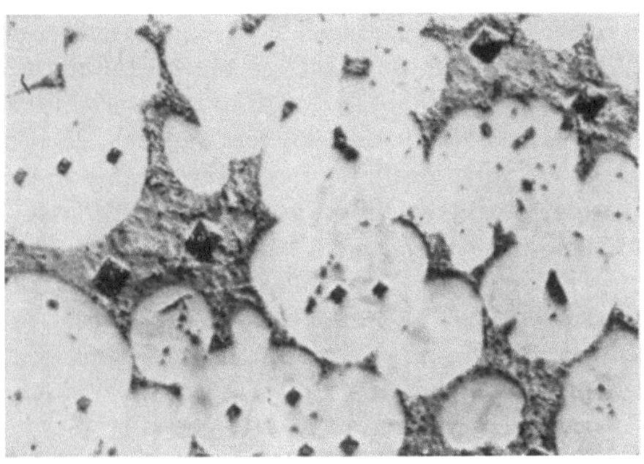

Abb. 109. Gefüge von Hartmetall aus 85% VC und 15% Ni. Mikrohärteeindrücke in der Karbid- und Bindemetallphase (× 500)

die für hilfsmetallhaltige Vanadinkarbidlegierungen typische Rundkristallform des Vanadinkarbides. Sowohl an den Vanadinkarbid-

Abb. 110. Gefüge eines Hartmetalles aus 87% TaC und 13% Co (× 1500)

kristalliten als auch an den Hilfsmetallzwischenlagerungen wurden Mikrohärteprüfungen vorgenommen. Die Härteeindrücke sind gut zu

---

[1] KIEFFER, R. u. F. KÖLBL: Powder Met. Bull. 4 (1949), S. 4/17.

erkennen. Ihre Auswertung ergab im Mittel eine Mikrohärte von 3000 kg/mm² für das Vanadinkarbid und eine solche von 1100 kg/mm² für die Hilfsmetallphase. Die Höhe des letzteren Wertes läßt schließen, daß es sich nicht um reines Nickel handelt, sondern daß durch eine gewisse Legierungsbildung des Nickels mit Vanadin und Kohlenstoff oder durch Ausscheidungserscheinungen eine Härtesteigerung eingetreten ist. Abb. 110 zeigt das Gefüge eines Hartmetalles aus 87% Tantalkarbid und 13% Kobalt. Die kubische Kristallform des Tantalkarbides ist an einzelnen Schnittflächen deutlich zu erkennen.

Vanadinkarbid-Hilfsmetall Legierungen[1], insbesondere solche mit Eisen als Hilfsmetall, eventuell mit geringen Zusätzen an Tantalkarbid oder Chromkarbid, lassen sich auch bei druckloser Sinterung in hohem Maße porenfrei herstellen und zeigen gute Beständigkeit gegen reibenden Verschleiß. Sie kommen daher für gewisse Verschleißteile, wie Fadenführer u. dgl., in Betracht. Druckgesinterte Titankarbid-Hilfsmetall-Legierungen können für Sandstrahl- und ähnliche Düsen mit Erfolg verwendet werden.

Für Zerspanungszwecke scheinen nur Titankarbid[2–4], Zirkoniumkarbid[5, 6] und Hafniumkarbid[7], bedingt Vanadinkarbid und Niobkarbid bei vereinzelten Anwendungsgebieten in Frage zu kommen; die beiden letzteren nur, wenn an die Verschleißfestigkeit keine hohen Anforderungen gestellt werden. Ein von C. G. Goetzel und L. P. Skolnick[8, 9] vorgeschlagenes Tränkhartmetall aus TiC und einem Schnellstahlbinder ergab auf legierten Stählen gute Zerspanungsleistungen.

Chromkarbid ist ein billiges und leicht zugängliches Karbid. Chromkarbid-Hilfsmetallegierungen sind aber verhältnismäßig spröde und kommen kaum für Zerspanungszwecke, sondern nur für Verschleißteile und als korrosionsbeständige Legierungen in Frage[10] (vgl. Abschnitt 5a, S. 218). Chromkarbid hat jedoch ebenso wie

---

[1] Schweiz. P. 167854 (1933).

[2] Anonym: Machinery **85** (1954), S. 241/42.

[3] Agte, C. u. R. Wehner: Neue Hütte **1** (1955/56), S. 333/38, S. 421/24; Fertigungstechnik **6** (1956), S. 385/88.

[4] Hook, R. T.: Iron Age **179** (1957), Nr. 11, S. 134/36.

[5] Schweiz. P. 168785 (1933).

[6] Kieffer, R.: Metall **4** (1950), S. 132/36.

[7] Kieffer, R., F. Benesovsky u. K. Messmer: Metall **13** (1959), S. 919/22.

[8] Goetzel, C. G. u. L. P. Skolnik: 2. Plansee Seminar, Reutte/Tirol 1955, S. 92/98.

[9] Skolnik, L. P. u. C. G. Goetzel: Amer. Soc. Testing Mater., Spec. Techn. Publ. No. 174 (1956), S. 103/10.

[10] Kieffer, R. u. F. Kölbl: Vortrag IPT Graz 1948, Ref. Nr. 28, Powder Met. Bull **4** (1949), S. 4/17.

Molybdänkarbid als Mischkristallkomponente zerspanungstechnisches Interesse (s. S. 237 u. 239).

Technisch bedeutender als die reinen Karbid-Hilfsmetallegierungen sind *Zwei- und Mehrkarbidhartmetalle* bzw. Hartmetalle auf Karbidmischkristallbasis. Durch zweckmäßige Mischkristallbildung erzielt man erstens eine Härtesteigerung in den betreffenden binären oder ternären Systemen, zweitens bewirkt sie auch eine sehr wichtige Selbstreinigung der Karbide von freiem Kohlenstoff sowie von Oxiden bzw. Nitriden. Zufolge dieser Selbstreinigung werden gleichmäßige, gut sinterfähige Karbidkomponenten erhalten, die unbedingte Voraussetzung für porenfreie Hartmetalle guter Festigkeit sind.

Die Mischbarkeit der Karbide der 4a und 5a Metalle des periodischen Systems ist schon im Buch „Hartstoffe“[1] eingehend besprochen worden. Alle Karbidpaare mit Ausnahme der Paare Zirkoniumkarbid-Vanadinkarbid[2] und Hafniumkarbid-Vanadinkarbid[3] sind lückenlos mischbar.

Bezüglich der Mischbarkeit der Karbide der 4a und 5a Metalle mit den Karbiden der 6a Metalle stellen H. Nowotny und R. Kieffer fest, daß die kubischen Gitter z. B. erhebliche Mengen Molybdänkarbid lösen, während dieses umgekehrt fast keine Löslichkeit für die Karbide der 4a und 5a Metalle hat. Systematische röntgenographische Untersuchungen über die Löslichkeit des Chromkarbides in den kubischen Karbiden wurden erst in den letzten Jahren durch J. Hinnüber und O. Rüdiger[4, 5] durchgeführt. Die Löslichkeit von Cr_3C_2 in den kubischen Karbiden scheint kleiner zu sein als diejenige von Mo_2C.

Was für die Mischkristallbildung in den Zweistoffsystemen gesagt wurde, wird im wesentlichen auch auf die Dreistoffsysteme zutreffen, wie an TaC-NbC-Mischkristallen mit Molybdänkarbid bewiesen wurde[6]. Kombiniert man alle interessierenden Karbide der 4a, 5a und 6a Metalle, so kommt man zu folgenden Karbidpaarungen, die sich in 6 Gruppen zusammenstellen lassen. In Zahlentafel 65 sind die 6 Gruppen gleichzeitig mit Wertbezeichnungen versehen, die nach

---

[1] Kieffer, R. u. F. Benesovsky: Hartstoffe. Springer-Verlag, Wien 1963. S. 211.

[2] Nowotny, H. u. R. Kieffer: Metallforschung **2** (1947), S. 257/65.

[3] Nowotny, H., R. Kieffer, F. Benesovsky, C. Brukl u. E. Rudy: Mh. Chem. **90** (1959), S. 669/79.

[4] Hinnüber, J. u. O. Rüdiger: Arch. Eisenhüttenwes. **24** (1953), S. 267/74; Iron Steel Inst., Spec. Rep. No. 58, London 1956, S. 53/58.

[5] Rüdiger, O.: Metall **7** (1953), S. 967/69; Techn. Mitt. Krupp **12** (1954), S. 22/24, **14** (1956), S. 136/39.

[6] Nowotny, H. u. R. Kieffer: Metallforschung **2** (1947), S. 257/65.

Ansicht von R. KIEFFER und F. KÖLBL[1] die technische Bedeutung der aus diesen Karbidpaaren hergestellten Hartmetalle kennzeichnen sollen, wie sie sich beim augenblicklichen Stand der Technik der

Zahlentafel 65. *Binäre Legierungen der Karbide*

4a Gruppe TiC, ZrC, HfC			5a Gruppe VC, NbC, TaC			6a Gruppe Cr_3C_2, Mo_2C
TiC-ZrC (2)*	ZrC-HfC (2)	HfC-VC (1)	VC-NbC (3)	NbC-TaC (3)	TaC-Cr_3C_2 (4)	Cr_3C_2-Mo_2C (5)
TiC-HfC (1)	ZrC-VC (3)	HfC-NbC (2)	VC-TaC (3)	NbC-Cr_3C_2 (4)	TaC-Mo_2C (3)	
TiC-VC (1)	ZrC-NbC (3)	HfC-TaC (2)	VC-Cr_3C_2 (4)	NbC-Mo_2C (3)		
TiC-NbC (2)	ZrC-TaC (3)	HfC-Cr_3C_2 (2)	VC-Mo_2C (3)			
TiC-TaC (2)**	ZrC-Cr_3C_2 (5)	HfC-Mo_2C (2)				
TiC-Cr_3C_2 (2)	ZrC-Mo_2C (5)					
TiC-Mo_2C (1)						

* Die technische Bedeutung fällt mit steigender, in Klammer gesetzter Kennzahl.
** Cr_3C_2-Mengen bis zu 10%.

wolframkarbidfreien Hartmetalle ergibt. Die praktische Einsatzmöglichkeit fällt mit steigender Kennzahl.

Von den einzelnen binären Legierungen, die besondere technische Bedeutung erlangt haben, sind die titankarbidhaltigen Karbidpaare und hierunter wieder die Paare TiC-Mo_2C, TiC-VC, TiC-NbC und TiC-Chromkarbid zu nennen. Gewisse Zirkonium- und Hafniumkarbid enthaltende Systeme sind noch zu wenig durchforscht worden.

a) TiC-Mo_2C-Hartmetalle

Die ersten Hartmetalle, die sich für die Zerspanung von Stahl und anderen langspanenden Werkstoffen bei hohen Schnittgeschwindigkeiten eigneten (reines WC-Co-Hartmetall ist bekanntlich nur für die Bearbeitung von Guß und anderen kurzpanenden Werkstoffen wirtschaftlich einzusetzen, läßt jedoch bei der Bearbeitung von weichen und mittelharten Stählen nur Schnittgeschwindigkeiten in der 2- bis 3fachen Höhe der bei Schnellarbeitsstahl möglichen zu), enthielten wesentliche Mengen von Titankarbid neben Karbiden der Metalle der 6a Gruppe. Von diesen Legierungen kam als erste im

[1] KIEFFER, R. u. F. KÖLBL: Vortrag IPT., Graz 1948, Ref. Nr. 28, Powder Met. Bull. 4 (1949), S. 4/17.

Jahre 1930 das „Titanit S“ auf der Basis TiC-Mo_2C-Ni als brauchbares Hartmetall für die Stahlbearbeitung auf den Markt[1]. Die Härtewerte von TiC-Mo_2C-Ni-Legierungen mit einem Bindemittelgehalt von beispielsweise 15% weisen zwischen etwa 55 und 80% TiC ein Maximum auf. Erwähnenswert ist, daß die härtesten Legierungen dieses Systems diejenigen aus dem technisch wichtigen System Wolframkarbid-Kobalt um etwa 1 bis 1,5 Rockwell-A-Einheiten übertreffen. Da die Bruchfestigkeit dieser schlecht wärmeleitenden Legierungen jedoch nur 50 bis 60% derjenigen der WC-Co-Hartmetalle beträgt, können sie diese bei der Bearbeitung von Guß nicht ersetzen. In der Zahlentafel 66 sind Bruchfestigkeit, Härte und Dichte einiger TiC-Mo_2C-Legierungen mit verschiedenen Bindemitteln,

Zahlentafel 66. *Härte, Bruchfestigkeit und Dichte einer Reihe von Mo_2C-TiC-Hartlegierungen mit Ni- und Ni-Cr-Bindung* (R. Kieffer)

Mo_2C %	TiC %	Ni, Cr %	Dichte g/cm³	Rockwell-Härte R_A	Biegebruchfestigkeit kg/mm²
85	—	15 Ni	8,8	82,5	60
—	85	15 Ni	5,5	91,5	70
42,5	42,5	15 Ni	6,9	91	90
30	55	15 Ni	6,4	91,5	85
20	65	15 Ni	6,2	92	80
12	73	15 Ni	6,1	92	70
8	77	15 Ni	6,0	92,5	70
3	82	15 Ni	5,2	92	70
35	35	28 Ni, 2 Cr	7,1	86	110
15	58	25 Ni, 2 Cr	6,1	87	100
15	63	20 Ni, 2 Cr	5,9	87,5	100

hauptsächlich Nickel bzw. Nickel-Chrom, zusammengestellt. Unter anderem sind auch die Eigenschaften einiger Legierungen mit höheren Nickelgehalten aufgeführt. Diese zeigen zwar eine höhere Bruchfestigkeit, sind aber wegen ihrer niedrigen Härte beim Zerspanungsvorgang auf Stahl zu wenig verschleißfest[2]. Durch herstellungstechnische Maßnahmen ist es allerdings in letzter Zeit gelungen, auch bei niedrigen Nickelgehalten die Biegebruchfestigkeit beträchtlich zu erhöhen (Zahlentafel 67). Die TiC-Mo_2C-Legierungen sind heute die aussichtsreichsten und leistungsfähigsten wolframkarbidfreien Hartmetalle. Legierungen auf der Basis TiC-Mo_2C-Ni lassen sich zur Feinstbearbeitung von Stahl erfolgreich einsetzen. Abb. 111 zeigt das Gefüge eines Hartmetalles mit 72% TiC, 18% Mo_2C und 10 %Ni.

---

[1] Ö.P. 160172 (1931) u. a.

[2] Kieffer, R.: In R. Kieffer u. W. Hotop: Pulvermetallurgie und Sinterwerkstoffe, Springer-Verlag, Berlin/Göttingen/Heidelberg 1948, S. 299/300.

Im Rahmen einer Arbeit über Tränkhartmetalle haben R. KIEFFER und F. KÖLBL[1] eingehend TiC-Mo_2C-Hartmetalle mit Ni-Cr-, Co-Cr-

Zahlentafel 67. *Eigenschaften neuer TiC-Mo_2C-Hartmetalle*

TiC %	Mo_2C %	Ni %	Dichte g/cm^3	Rockwell-Härte R_A	Biegebruchfestigkeit kg/mm^2
70,4	17,6	12	5,8	90,5	98 bis 108
68,8	17,2	14	5,91	90,0	102 bis 112
44	44	12	6,94	89,5	98 bis 106
43	43	14	6,98	89,5	102 bis 110

Zahlentafel 68. *Eigenschaften von TiC-Mo_2C-Tränkhartmetallen (Ni-Cr-Tränkung)*

Proben Nr.	Zusammensetzung des Skelettkörpers %	Tränkart und Tränklegierung	Tränkkörper		
			Analyse %	Härte R_A	Beschaffenheit
1	97 TiC 3 Mo_2C	Kapillartränkung Ni-Cr 80/20 1550°, 3 Min. Vak.	22,5 Ni 5,7 Cr 2,1 Mo_2C Rest TiC	84,5 b. 85	dicht, zähe
2	95 TiC 5 Mo_2C	Kapillartränkung 72,7 Ni, 17,3 Cr, 10 TiC 1550°, 3 Min. Vak.	n. b.	85	dicht, zähe
3	90 TiC 10 Mo_2C	Auflagetränkung NiCr 80/20 1400°, 15 Min. Vak.	22,9 Ni 5,5 Cr 7,1 Mo_2C Rest TiC	85 b. 86	weniger zähe als 1 und 2
4	70 TiC 30 Mo_2C	Auflagetränkung NiCr 80/20 1400°, 15 Min. Vak.	22,6 Ni 5,6 Cr 21,4 Mo_2C Rest TiC	86 b. 87	weniger zähe als 3
5	50 TiC 50 Mo_2C	Auflagetränkung NiCr 80/20 1400°, 15 Min. Vak.	22,3 Ni 5,7 Cr 35,8 Mo_2C Rest TiC	86 b. 87	weniger zähe als 4

und anderen Bindelegierungen untersucht. Die mit einem Preßdruck von 4 bzw. 6 t/cm^2 hergestellten Proben mit 3 bis 50% Mo_2C, Rest TiC

[1] KIEFFER, R. u. F. KÖLBL: Berg- u. Hüttenmänn. Mh. **95** (1950), S. 49/58.

wurden bei 1500° zwei Stunden im Kohlerohrofen unter Wasserstoff gesintert. Die Skelettkörper wurden hierauf durch Kapillartränkung, bzw. Auflagetränkung im Vakuum mit der betreffenden Legierung getränkt. Um Anfressungen zu vermeiden, wurde den Tränklegierungen zum Teil TiC zugesetzt, wodurch das Lösevermögen der Tränklegierung für den Skelettkörper zurückgedrängt wird. In Zahlentafel 68 sind die Eigenschaften von mit Ni-Cr getränkten TiC-Mo_2C-Legierungen zusammengestellt. Der Mo_2C-Zusatz steigert die Härte der betreffenden Tränkhartmetalle, setzt jedoch die Zähigkeit herab. In Zahlentafel 69 sind die Eigenschaften einiger TiC-Mo_2C-Hartmetalle, welche mit

Zahlentafel 69. *Eigenschaften von TiC-Mo_2C-Tränkhartmetallen (Tränklegierungen auf Co-Cr-Basis)*

Proben Nr.	Zusammensetzung des Skelettkörpers %	Tränklegierung %	Härte R_A	Beschaffenheit
1	97 TiC, 3 Mo_2C	80 Co, 20 Cr	+ 88	sehr zähe*
2	95 TiC, 5 Mo_2C		+ 88	zähe
3	97 TiC, 3 Mo_2C	72,7 Co, 17,3 Cr, 10 TiC	+ 88	zähe
4	95 TiC, 5 Mo_2C		88,5	zähe
5	97 TiC, 3 Mo_2C	66 Co, 28 Cr, 6 Mo	90 bis 90,5	porös, weniger zähe als 1 und 3
6	95 TiC, 5 Mo_2C		90,5	porös, weniger zähe als 2 und 4
7	97 TiC, 3 Mo_2C	65 Co, 28 Cr, 6 Mo, 1 C	91	porös, weniger zähe als 1 und 3
8	95 TiC, 5 Mo_2C		+ 91	porös, weniger zähe als 2 und 4

* Empirisch festgestellte Zähigkeit beim Zertrümmern durch Hammerschläge.

Co-Cr- und Co-Cr-Mo-Legierungen getränkt wurden, wiedergegeben. Durch höheren Preßdruck (8 bis 10 t/cm²) oder eine entsprechende Vorsinterung (1600 bis 2000°) läßt sich die Porosität der Skelettkörper und damit der Gehalt an Tränkmetall senken. Mit Bindegehalten von etwa 10 bis 16% Ni-Cr oder 12 bis 20% Co-Cr sind Tränklegierungen mit gutem Erfolg zur Stahlzerspanung einsetzbar. Sie sind immer etwas zäher als die normalgesinterten Legierungen.

b) TiC-VC-Hartmetalle

In Zahlentafel 70 sind einige TiC-VC-Legierungen zusammengestellt und vergleichsweise reines Titankarbid und reines Vanadinkarbid mit 10% Nickel als Bindemetall mit aufgeführt[1, 2]. Mit den Legierungen des Typus 3 und 4 lassen sich ähnliche Leistungen beim Schruppen und Schlichten von Stahl wie mit WC-TiC-Co-Hartmetallen 78/16/6 bzw. 76/15/9 erzielen[3–8]. Legierungen ähnlich der Legierung Nr. 3 in Zahlentafel 70 wurden während des Krieges

Zahlentafel 70. *Eigenschaften von TiC-VC-Legierungen* (R. KIEFFER u. F. KÖLBL

Lfd. Nr.	TiC %	VC %	Ni %	Rockwell-Härte R_A	Biegebruch-festigkeit kg/mm²	Dichte g/cm³
1	90	—	10	92,5	70 bis 80	4,8
2	—	90	10	89	60 bis 70	5,45
3	65	25	10	93,5	90 bis 100	5,05
4	45	45	10	92,5	90 bis 100	5,15
5	25	65	10	92	70 bis 80	5,25

für Sandstrahldüsen, in geringerem Ausmaße für Ummantelungs- und andere Düsen, Verschleißteile u. dgl. eingesetzt.

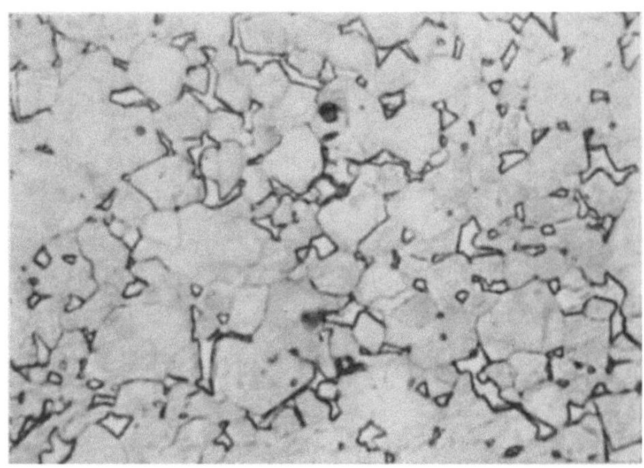

Abb. 111. Gefüge eines Hartmetalles aus 72% TiC, 18% Mo_2C und 10% Ni (× 2000)

Die Legierung 5 mit 65% Vanadinkarbid kommt für grobe Schrupparbeiten auf Grund ihrer niedrigen Biegebruchfestigkeit kaum mehr

[1] D.R.P. 748 933 (1938).
[2] KIEFFER, R. u. F. KÖLBL: Powder Met. Bull. **4** (1949), S. 4/17.
[3] B.I.O.S. Final Rep. Nr. 1385, S. 103ff.
[4] COMSTOCK, G. J.: Iron Age **156** (1945), Nr. 9, S. 36A/36L.
[5] B.I.O.S. Final Rep. Nr. 1076, S. 35ff.
[6] AMMANN, E.: Stahl u. Eisen **66/67** (1947), S. 124/26.
[7] HOLZBERGER, J. u. H. KRAINER: Diskussionsvortrag IPT., Graz 1948.
[8] F.I.A.T. Final Rep. Nr. 772, S. 34.

in Frage. Abb. 112 zeigt das Gefüge einer Drucksinterlegierung gemäß Nr. 4 der Zahlentafel 70, die beim Schlichten von Stahl zumindest die Leistung eines WC-TiC-Co-Hartmetalles 78/16/6 und beim

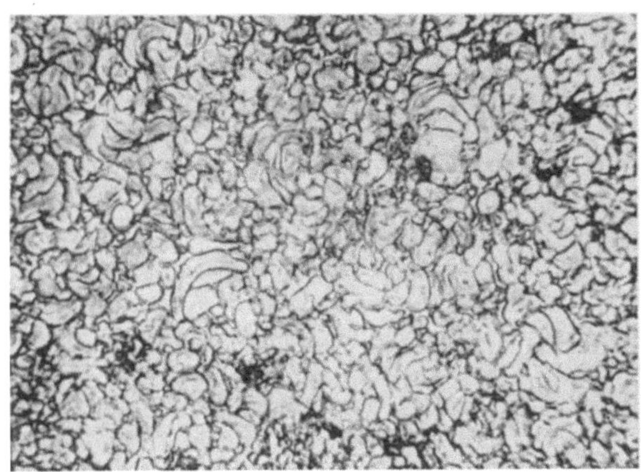

Abb. 112. Gefüge eines druckgesinterten Hartmetalles aus 45% TiC, 45% VC und 10% Ni (× 500)

Zahlentafel 71. *Härte und Biegebruchfestigkeit von TiC-Vanadinkarbid-Hartmetallen mit verschiedenen Hilfsmetallen* (J. HOLZBERGER)

Karbid-zusammensetzung %	Hilfsmetall %	Rockwell-Härte R_A	Biegebruchfestigkeit kg/mm²
22 V_4C_3* + 66 TiC (25 : 75)	12 Fe	91	58
	9 Fe + 3 Ni	90,5	61
	12 Co	89	58
	12 Ni	87	56
16 V_4C_3 + 72 TiC (18 : 82)	12 Fe	90,5	61
	9 Fe + 3 Ni	90	62
	12 Co	89	61
	12 Ni	86,8	57
22 V_2C** + 66 TiC (25 : 75)	9 Fe + 3 Ni	91,8	75
	12 Co	91	70
	12 Ni	90	64
16 V_2C + 72 TiC (18 : 82)	9 Fe + 3 Ni	91,5	77
	12 Co	90,7	73
	12 Ni	90	66

* Kohlenstoffgehalt etwa 15%.
** Kohlenstoffgehalt etwa 11%.

Schruppen etwa 75% der Leistung der Hartlegierung 76/15/9 erreicht[1–3].

Sehr eingehend wurden TiC-VC-Hartmetalle mit Fe-, Ni- und Co-Bindung auch von J. HOLZBERGER[3] untersucht. Zahlentafel 71 gibt die Härte und Biegebruchfestigkeit einiger der untersuchten Legierungen wieder. Verwendet wurden unterkohlte Vanadinkarbide mit 15% C („V_4C_3") und etwa 11% C (V_2C). Die höchsten Härten werden bei einem Verhältnis von TiC zu "V_4C_3" wie 3 : 1 erreicht. Die besten Biegebruchfestigkeitswerte wurden mit einem Bindemetall, bestehend aus 75% Fe und 25% Ni erzielt, wobei die Härtewerte allerdings etwas niedriger als bei Verwendung von reinem Eisen, jedoch höher als bei Verwendung von Kobalt oder Nickel als Bindemetall sind. Bei Verwendung eines Vanadinkarbides mit etwa 11% C (V_2C) erreicht man wieder beim Verhältnis TiC zu V_2C wie 3 : 1 die höchsten Härten. Beachtenswert ist hier, daß der niedrigere Gehalt an gebundenem Kohlenstoff, also erhöhte Zahl an Gitterfehlstellen, zu höheren Härten und zu besseren Biegebruchfestigkeiten führt.

Zahlentafel 72 gibt die Ergebnisse der praktischen Erprobung einiger Legierungen wieder. Der Leistungsvergleich wurde mit einem

Zahlentafel 72. *Leistungsvergleiche verschiedener wolframkarbidfreier Hartmetalle* (J. HOLZBERGER)

Zusammensetzung %	Gesamtkohlenstoff %	Leistung im Vergleich zu 78/16/6*	Verschleiß	Lötbarkeit
66 TiC + 22 VC + + 9 Fe + 3 Ni ..	14,5	20%	ausgebrochen	schlecht
desgleichen	13,5	40%	starker Abrieb zum Teil Ausbröckelung	gut
desgleichen	12,8	60%	geringe Auskolkung normale Stumpfung	gut
desgleichen + 1,5 Cr	12,7	80%		
72 TiC + 16 V_2C + + 9 Fe + 3 Ni ..	12,8	40%	normale Stumpfung zum Teil Ausbröckelung	gut

* WC-TiC-Co-Hartmetall.

WC-TiC-Co-Hartmetall 78/16/6 beim Schruppen durchgeführt. Besonders auffallend ist der Einfluß des verminderten Kohlenstoffgehaltes und eines Zusatzes von 1,5% Cr.

[1] COMSTOCK, G. J.: Iron Age **156** (1945), Nr. 9, S. 36A/36L.
[2] B.I.O.S. Final Rep. Nr. 1076, S. 35ff.
[3] HOLZBERGER, J. u. H. KRAINER: Diskussionsvortrag IPT., Graz 1948.

Über das Verschleißverhalten von TiC-VC-Hartmetallen beim Bestrahlen mit Sand (wobei eine Methode ähnlich den Abnutzungsversuchen mit Sandstrahlgebläse von E. AMMANN[1], benützt wurde) gibt Zahlentafel 80, S. 272, nach Versuchen von F. KÖLBL Aufschluß. Durch Drucksinterung läßt sich der Verschleiß auf die Größe des Verschleißes einer WC-Co-Legierung mit 5% Co bringen, die ihrerseits bei Herstellung nach dem Drucksinterverfahren nur etwa 40% des Verschleißes der drucklos gesinterten Legierung aufweist. In dieser Zahlentafel ist auch eine TiC-Chromkarbid-Legierung mit 5% Cr mit aufgenommen. Größere Mengen als 10% Chrom oder Chromkarbid führen nach R. KIEFFER[2] zu außerordentlich harten und spröden Legierungen. Dem Einsatz von Chromkarbid in binären und ternären Legierungen ist daher eine enge Grenze gesetzt.

Von den weiteren, gemäß Zahlentafel 65 möglichen binären Legierungen kommt eine gewisse technische Bedeutung den Legierungen aus TiC-ZrC, TiC-NbC[3], TiC-TaC und TaC-Mo_2C für Fein-

Zahlentafel 73. *Eigenschaften binärer wolframkarbidfreier Hartmetalle*

TiC %	ZrC %	NbC %	TaC %	Mo_2C %	Hilfsmetall %	Dichte g/cm³	Rockwell-Härte R_A	Biegebruchfestigkeit kg/mm²
68,8	17,2	—	—	—	14 Co	5,51	92,5	75 bis 82
51,6	34,4	—	—	—	14 Co	6,65	88,5	65 bis 69
69,6	—	17,4	—	—	12 Ni + 1 Cr	5,6	89	84 bis 90
72	—	18	—	—	10 Co	5,6	91	70 bis 80
36	—	54	—	—	10 Co	6,1	90	70 bis 80
18	—	72	—	—	10 Co	7,2	89	75 bis 85
42,5	—	—	42,5	—	15 Ni	8,7	89	80 bis 90
—	—	—	42,5	42,5	15 Ni	10,6	87	60 bis 70

bearbeitungszwecke zu. In Zahlentafel 73 sind die Eigenschaften einiger Legierungen dieser Gruppe angeführt[4, 5].

c) Ternäre- und Mehrfachlegierungen

Da die Legierungsmöglichkeiten hier bereits außerordentlich groß sind und die Legierungen noch zu wenig systematisch erforscht wurden,

[1] AMMANN, E.: Z. techn. Physik **21** (1940), S. 332/35.
[2] D.R.G.M. 1505455 (1941).
[3] Ö.P. 162238 (1944).
[4] KIEFFER, R. u. F. KÖLBL: Powder Met. Bull. **4** (1949), S. 4/17.
[5] KIEFFER, R. u. W. HOTOP: Pulvermetallurgie und Sinterwerkstoffe, Springer-Verlag, Berlin/Göttingen/Heidelberg 1948, S. 305.

können eingehender nur jene behandelt werden, deren technischer und wirtschaftlicher Wert bereits durch Versuche nachgewiesen ist. Von einer Anzahl anderer Legierungen werden die Eigenschaftsdaten gebracht.

In Zahlentafel 74 ist nach R. KIEFFER und F. KÖLBL[1] ein ergänztes Schema angegeben, in dem einmal die Karbide der 4a und einmal die Karbide der 5a Metalle als Basiskarbide aufscheinen.

Zahlentafel 74. *Schema für wolframkarbidfreie ternäre, quaternäre oder Mehrstofflegierungen der Karbide der 4a., 5a. und 6a. Gruppe des periodischen Systems*

Basis	Zusätze	
4 a Gr. (TiC-ZrC-HfC) 50% und mehr	5 a Gr. (VC-NbC-TaC) 0 bis 50%	6 a Gr. (Mo_2C) 0 bis 30%
5 a Gr. (VC-NbC-TaC) 50% und mehr	4 a Gr. (TiC-ZrC-HfC) 0 bis 50%	6 a Gr. (Cr_3C_2) 0 bis 10%

Selbstverständlich können bereits ternäre Legierungen aus je zwei Gruppen des periodischen Systems oder aus je drei Karbiden der 4a oder 5a Metalle des periodischen Systems gebildet werden. Chrom- und Molybdänkarbid kommen als Basiskarbide für Schneidlegierungen wegen ihrer geringen Härte und großer Sprödigkeit wahrscheinlich nicht in Frage.

Auch im Rahmen der Untersuchung von ternären und quaternären wolframkarbidfreien Legierungen hat sich gezeigt, daß die von R. KIEFFER[2] entwickelten Legierungen, deren Basis Titankarbid und Vanadinkarbid bilden, technisch besonders wertvoll sind. Daß solche Legierungen als Ersatzlegierungen auch wirtschaftlich am interessantesten sind, braucht nicht besonders betont zu werden. Praktische Untersuchungen liegen über TiC-VC-NbC, TiC-VC-TaC und TiC-VC-Mo_2C vor. Es hat sich dabei gezeigt, daß bei richtiger Dosierung des Drittkarbides beträchtliche herstellungs- und anwendungstechnische Vorteile gegenüber den binären Legierungen aus Titankarbid und Vanadinkarbid zu erzielen sind. Zu niedrige oder zu hohe Zusätze sind wirkungslos oder sogar nachteilig.

Untersucht wurden ferner die ternären Systeme TiC-NbC-TaC, TiC-VC-TaC, TiC-VC-NbC und TiC-TaC-Mo_2C. Technisch wertvolle molybdänkarbidhaltige Legierungen werden wahrscheinlich nur im

[1] KIEFFER, R. u. F. KÖLBL: Powder Met. Bull. 4 (1949), S. 4/17.
[2] D.R.P. 748933 (1938).

Mischkristallbereich liegen. Zahlentafel 75 bringt die Eigenschaftsdaten einiger geprüfter Legierungen dieser Gruppen.

Von den quaternären Legierungen kommt nach R. KIEFFER und F. KÖLBL[1] technische und wirtschaftliche Bedeutung Legierungen

Zahlentafel 75. *Eigenschaften ternärer wolframkarbidfreier Hartmetalle mit verschiedenen Hilfsmetallen*

TiC %	VC %	NbC %	TaC %	Hilfsmetall %	Dichte g/cm³	Rockwell-Härte R_A	Biegebruchfestigkeit kg/mm²
72	—	6	12	10 Co	5,7	91,5	85 b. 100
45	—	15	30	10 Co	6,6	90,5	80 b. 90
18	—	24	48	10 Co	7,7	90	75 b. 85
61,6	17,6	8,8	—	9 Fe + 3 Ni	6,28	92,5	80 b. 90
59,5	17	8,5	—	11 Fe + 4 Ni	6,29	92	80 b. 90
61,6	17,6	8,8	—	12 Co	6,28	93	70 b. 80
60,9	8,7	17,4	—	9 Fe + 3 Ni + 1 Cr	5,6	90,5	60 b. 70
53	20	10	Mo_2C 5	6 Fe + 3 Ni + 3 Co	6,3	92	100 b. 105

aus etwa 45 bis 65% TiC, 5 bis 40% VC, 3 bis 25% NbC und 1 bis 20% Mo_2C mit etwa 10 bis 15% Metallen der Eisengruppe zu. Sie sind sinterfreudiger als die entsprechenden TiC-VC-Legierungen ohne NbC und Mo_2C und darum mit größerer Zielsicherheit auch ohne Drucksinterung herstellbar. Auch die Biegebruchfestigkeitswerte sind höher als die der entsprechenden binären Legierungen. Der letzten Legierung kommt hinsichtlich Verschleißfestigkeit und Sicherheit bei der Herstellung und Anwendung dem WC-TiC-Co-Hartmetall 78/16/6 schon recht nahe. Sie weist nach R. KIEFFER und F. KÖLBL[1, 2] bei druckloser Sinterung eine Härte von 91 bis 92 R_A und eine Biegebruchfestigkeit von 90 bis 105 kg/mm² auf.

VI. Hartmetall als verschleißfester Werkstoff

Die Hartmetalle fanden — wie auf S. 4 ausgeführt — erstmalig Anwendung als Werkstoff für Ziehsteine, also in einem Falle, wo es auf hohen Verschleißwiderstand ankommt. Aus diesem Grunde soll auch in den folgenden Kap. VI bis VIII über die Anwendung der Hartmetalle zuerst vom Einsatz derselben als verschleißfeste Werk-

[1] KIEFFER, R. u. F. KÖLBL: Powder Met. Bull. 4 (1949), S. 4/17.
[2] Ö.P. 166036 (1948).

stoffe die Rede sein. Wenn auch mengenmäßig dieser Anwendungsfall hinter der Verwendung von Hartmetall für Zerspanungszwecke zurücksteht, so dürfte sich in Zukunft — wie es bereits einmal in den Jahren 1940 bis 1945 bei der Großfertigung von Geschoßkernen der Fall war — das Verhältnis mit steigendem Einsatz von Hartmetall bei der Verschleißbekämpfung wieder umkehren.

Wir wollen das große Gebiet der verschleißfesten Teile aus Zweckmäßigkeitsgründen entsprechend ihrer heutigen technischen Bedeutung in folgende 4 Gruppen unterteilen:

1. Ziehsteine,
2. Hartmetall im Bergbau,
3. Geschoßkerne,
4. Hartmetallbestückte Verschleißstelle im Maschinen- und Gerätebau u. a.

A. Allgemeine Verschleißfragen

Im allgemeinen versteht man unter Verschleiß die allmähliche, unerwünschte Oberflächenveränderung fester Körper, vorwiegend durch mechanische Loslösung kleiner Stoffteilchen[1, 2].

Die wissenschaftlichen Untersuchungen über das Verschleißverhalten von Metallen und Metallegierungen gehen schon auf einen Zeitraum von etwa 40 Jahren und mehr, diejenigen an Sinterhartmetallen auf eine Spanne von knapp 20 Jahren zurück.

Um eine Vergleichsmöglichkeit zu haben, wurden zahlreiche Verfahren und Prüfgeräte entwickelt, um laboratoriumsmäßig die Verschleißverhältnisse nachzuahmen und zu erforschen. Anfänglich ging man dabei von der Vorstellung aus, jeder Werkstoff müsse einen ihm gemäßen spezifischen Verschleißwiderstand haben. Man hoffte also gewissermaßen, für jedes Material eine Verschleißkonstante auffinden zu können. Es zeigte sich jedoch bald, daß das Verschleißproblem verwickelter ist, als ursprünglich angenommen wurde und von einer ganzen Reihe von Faktoren abhängt[2–5, 6, 7]. Erschwerend kommt hinzu, daß die meisten verschleißfesten Werkstoffe keinen homogenen, sondern einen stark heterogenen Gefügeaufbau aufweisen.

---

[1] Wahl, H.: Die Technik **3** (1948), S. 193/204.

[2] Wahl, H.: Metalloberfläche **1** (1947), S. 145/51.

[3] Symposium on Wear of Metals. Am. Soc. Test. Mat., Philadelphia 1937.

[4] Reibung und Verschleiß. Vortragssammlung der VDI.-Verschleißtagung Stuttgart 1938, VDI.-Verlag, Berlin 1939.,

[5] Kieffer, R. u. F. Benesovsky: Industrie u. Technik **3** (1948), S. 251/57.

[6] Walzel, R.: 1. Plansee Seminar, Reutte/Tirol 1952, S. 100/105.

[7] Späth, W.: Z. Ver. dtsch. Ing. **94** (1952), S. 829/32.

1. Verschleißfaktoren

Will man den Verschleiß metallischer Werkstoffe verringern und durch legierungstechnische Maßnahmen in eine bestimmte Richtung lenken, dann gilt es, den einzelnen Faktoren nachzuspüren, die den Verschleißablauf beeinflussen. Es ist jedoch zu berücksichtigen, daß der Verschleißvorgang bei den überwiegend aus Metallkarbiden bestehenden Hartmetallegierungen auf Grund der Herstellung nach dem Sinterverfahren und des dadurch bedingten charakteristischen Gefügeaufbaues oft anders geartet ist als bei den übrigen metallischen Werkstoffen. Als Faktoren, welche die Lebensdauer von Hartstoffen und Hartmetallegierungen maßgeblich beeinflussen, wurden unter anderem die *Härte*, die *Biegebruch-* und *Druckfestigkeit*, die *Warmfestigkeit* und der *Gefügeaufbau* sowie bei besonderen Anwendungsfällen auch die *Korrosions-* und *Zunderbeständigkeit* erkannt[1]. Die Weiterentwicklung der Schneidwerkstoffe von den Kohlenstoffstählen über die Schnelldrehstähle und Stellite zu den heutigen *Sinterhartmetallen,* die ihre im Vergleich zu stahlartigen Werkstoffen überragende Verschleißfestigkeit den hohen Gehalten an Karbiden des Wolframs, Titans, Tantals und Vanadiums usw. verdanken, stand unter dem Einfluß dieser Erkenntnis.

Da die Härte maßgeblich den Verschleiß eines Werkstoffes bedingt[2, 3], soll zunächst auf diesen Verschleißfaktor näher eingegangen werden. Der Begriff *Härte* ist außerordentlich schwierig zu umschreiben. Allgemein wird die Härte als eine Werkstoffeigenschaft definiert, die mit dem Widerstand gegen Eindringen eines anderen Körpers oder gegen Verformung, Zerspanung, Ritzen oder Abrieb zusammenhängt. Auf weitere Einzelheiten des Problems der Härte soll hier nicht näher eingegangen werden, es sei auf das sehr umfangreiche Schrifttum verwiesen[4–6].

Zu den gebräuchlichsten Härteprüfverfahren für Hartmetalle gehört die Eindrucktiefenmessung mittels Diamantkegel nach ROCKWELL und das VICKERSsche Prüfverfahren mit der Diamantpyramide (s. S. 125ff). Bei diesen Verfahren ist zu berücksichtigen, daß alle

---

[1] AVERY, H. S.: In: Surface Protection against Wear and Corrosions. Am. Soc. Met., Cleveland 1953, S. 4/9.

[2] LITTMANN, M.: Engineering **159** (1946), S. 502.

[3] CHRUSCHTSCHOV, M. M. u. M. A. BABITSCHEV: Dokl. Akad. Nauk SSSR. **107** (1956), S. 75/76.

[4] SPÄTH, W.: Physik und Technik der Härte und Weiche. Springer-Verlag, Berlin 1940.

[5] WILLIAMS, S. R.: Hardness and Hardness Measurement, Am. Soc. Met., Cleveland 1942.

[6] TABOR, D.: Hardness of Metals, Clarendon Press, Oxford 1951.

geschmolzenen und gesinterten metallischen Werkstoffe, also auch die Sinterhartmetalle, aus einem Haufwerk gleich- oder verschieden-

Zahlentafel 76. *Vergleich der nach verschiedenen Prüfverfahren*

Mohs-Zahl	Erweiterte[1] Mohs-Skala	Mineral- bzw. Hartstoff	Mikrohärte	
			KNOOP[2] K_{100}	Vickers kg/mm[3]
1	1	Talk	—	—
2	2	Gips	32	30
3	3	Kalkspat	135	180
4	4	Flußspat	163	200
5	5	Apatit	360 bis 430	600
6	6	Feldspat	490 bis 560	900
			680	1100
7	7	Quarz	710 bis 790	1250
	8		1130	1350
8	9	Topas	1250	1400
	10	Granat		
	11	Geschm. ZrO_2	1800	1900
9	12	Korund	2000	2800
				2500 bis 3000
	13	Siliziumkarbid	2150	3500
	14	Borkarbid	2300	3700
10	15	Diamant	5500 bis 7000	~8000

[1] RIDGWAY, R. R., A. H. BALLARD u. B. L. BAILEY: Trans. Electrochem. Soc. **63** (1933), S. 369/92.
[2] KNOOP, F., C. G. PETERS u. B. EMERSON: J. Res. Nat. Bur. Stand. **23** (1939), S. 39/61.
[3] CHRUSCHTSCHOV, M. M.: Zavod. Lab. **15** (1949), S. 213/17.

artiger Kristallite bestehen. Ermittelt man die Makrohärte nach den üblichen Härteprüfverfahren, dann erfaßt man immer eine Vielzahl von Kristalliten, im Falle eines feindispersen Hartmetalles tausend und mehr. Man bestimmt somit bei der Makrohärteprüfung nur einen Durchschnittshärtewert des Werkstoffes. Bei Legierungen mit heterogenem Gefügeaufbau, z. B. Lagermetallen, hochkarbidhaltigen Schnelldrehstählen und Sinterhartmetallen, kann man daher aus der Makrohärte keinen eindeutigen Rückschluß auf die Härte der einzelnen

Gefügebestandteile ziehen. Erst mit den in den letzten Jahren entwickelten *Mikrohärteprüfgeräten*[1–6] gelingt es, die Härte der

bestimmten Härte von Mineralien, Stahl- und Hartmetallgefügebestandteilen

Mikrohärte Chruschtschov[3] kg/mm²	Brinell-Härte kg/mm²	Rockwell-Härte R_C	Ritzhärte	Stahl- bzw. Hartmetallgefügebestandteil
2,4	—	—	1 bis 21	
36	30	—	10 bis 57	
110	135	—	126 bis 135	Ferrit
190	160	3	138 bis 145	Perlit, Austenit
540	410	43	870 b. 1740	
790	510	52	2100 b. 2500	
—	600	60	~ 2500	Martensit
1120	640	61	2070 b. 3900	
—	800	71	~ 2700	Zementit, Stellite
1430	—	—	2770 b. 4440	
—	H_V 1300 b. 1500	R_A 87 bis 90	—	Sinterhartmetalle, Doppelkarbide, Karbide[4]
2060	—	—	3900 b. 8300	
2150 b. 2900	H_V 1500 b. 1700	R_A 90 bis 92	—	Sinterhartmetalle, Karbide und Karbidmischkristalle[5]
3000	—	—	—	
—	—	—	—	
10060	—	—	—	

[4] Sinterhartmetalle mit 5 bis 15% Hilfsmetall; — Doppelkarbide, z. B. 2 $Fe_3C \cdot 3\,Cr_4C$; — Karbide, z. B. TaC, Mo_2C.

[5] Sinterhartmetalle mit 1 bis 5% Hilfsmetall; — Karbide, z. B. WC, TiC, ZrC; — Karbidmischkristalle, z. B. TiC-WC, TaC-WC, TiC-TaC-WC.

[1] Hanemann, H. u. E. O. Bernhardt: Z. Metallkunde **32** (1940), S. 35/38.

[2] Knoop, F., C. G. Peters u. W. B. Emerson: J. Res. Nat. Bur. Stand. **23** (1939), S. 39/61.

[3] Ramsthaler, P.: Mikroskopie, Wien **2** (1947), S. 131/51.

[4] Grodzinski, P.: Machinist **94** (1950), S. 397/401, Feinwerktechnik **54** (1950), S. 317/21.

[5] Meincke, H.: Metalloberfläche **5** (1951), S. A 17/A 21.

[6] Bückle, H.: L'essai de microdurété et ses applications. Ministere de l'air, Paris 1960.

einzelnen Gefügebestandteile zu bestimmen[1–9]. Auch die *Mikroritzhärte* (Bierbaum-Mikrocharakter)[10] kann zur Ermittlung der Härte einzelner Gefügebestandteile herangezogen werden. Der Zusammenhang zwischen Makrohärte, Mikrohärte, Mikroritzhärte und den klassischen Mohs-Härtezahlen von Mineralien wird in Zahlentafel 76 wiedergegeben. Zum Vergleich sind auch die Werte für verschiedene Stahl- und Hartmetallgefügekomponenten mitaufgeführt[11–18].

Für den Verschleiß von Hartmetallschneidlegierungen beim Zerspanungsvorgang und von Ziehsteinen aus Hartmetall beim Warmzug von Draht ist auch die *Warmhärte* (s. S. 283) von beträchtlichem Einfluß[19]. Über die Warmhärte von WC-Co- und WC-TiC-Co-Hartmetallen sind schon auf S. 165 und 193 Angaben gemacht worden. Steigende Kobaltgehalte setzen die Warmhärte herab, ein TiC-Zusatz erhöht sie etwas. Über den entscheidenden Einfluß, den die Warmhärte auf den Verschleiß von Hartmetallschneiden bei der Zerspanung hat, wird eingehend auf S. 375 berichtet. (Vergleiche hierzu auch die Ausführungen über Schneidkeramiken auf Aluminiumoxidbasis S. 503.)

Wäre die Härte, z. B. des Diamanten, des Korunds, des Siliziumkarbides, des Borkarbides und der hochschmelzenden Metallkarbide

---

[1] Kieffer, R. u. F. Kölbl: Powder Met. Bull. **4** (1949), S. 4/17.

[2] Hinnüber, J.: Z. Ver. dtsch. Ing. **92** (1950), S. 111/17.

[3] Foster, L. S., L. W. Forbes jr., L. B. Friar, L. S. Moody u. W. H. Smith: J. Am. Ceram. Soc. **33** (1950), S. 27/33.

[4] Frazer, W. R.: Tool Engng. **24** (1950), Nr. 3, S. 33/38.

[5] Tarasov, L. P.: Metal Progr. **54** (1948), S. 846/47.

[6] Leckie-Ewing, P.: Trans. Am. Soc. Met. **44** (1952), S. 348/62.

[7] Kovalski, A. E. u. L. A. Kanova: Zavod. Labor. **16** (1950), S. 1362/65.

[8] Westbrook, J. H.: Am. Soc. Test. Mat. (1957), Prpr. Nr. 73.

[9] Bückle, H.: Metall **9** (1955), S. 549/54, 1067/74; Ver. dtsch. Ing. Ber. **11** (1957), S. 9/27, 29/43, 147/51; Met. Rev. **4** (1959), S. 49/100.

[10] Bierbaum, C. H.: Trans. Am. Soc. Steel Treat. **18** (1930), S. 1009/26.

[11] Knoop, F., C. G. Peters u. W. B. Emerson: J. Res. Nat. Bur. Stand. **23** (1939), S. 39/61.

[12] Kieffer, R. u. F. Benesovsky: Industrie u. Technik **3** (1948), S. 251/57.

[13] Ridgway, R. R., A. H. Ballard u. B. L. Bailey: Trans. Electrochem. Soc. **63** (1933), S. 369/92.

[14] Chruschtschov, M. M.: Zavod. Labor. **15** (1949), S. 213/17.

[15] Hinnüber, J.: Z. Ver. dtsch. Ing. **92** (1950), S. 111/17.

[16] Thibault, N. W. u. H. L. Nyquist: Trans. Am. Soc. Met. **38** (1947), S. 271/325.

[17] Scott, H. u. T. H. Gray: Trans. Am. Soc. Met. **28** (1940), S. 399/416.

[18] Ludwig, N.: Metalloberfläche **5** (1951), S. A 38/A 42.

[19] Avery, H. S.: Welding J. **29** (1950), S. 552/78.

von Art des Wolfram- und Titankarbides, die den Verschleiß ausschließlich beeinflussende Größe, dann müßten diese Hartstoffe für sich allein hervorragend als Dreh- und Ziehsteinwerkstoffe sowie zu bohrender und schlagender Bearbeitung geeignet sein. Dies ist jedoch nur in beschränktem Umfang der Fall, nämlich nur insoweit, als es sich um Arbeitsvorgänge handelt, die vom Werkstoff keine hohe mechanische Festigkeit verlangen. Diamant ist beim Feinbohren und Schlichten, also bei niedrigen Schnittdrücken und kleinen Spanquerschnitten, dem Hartmetall vielfach überlegen. Beim Schruppen, also bei hohen Schnittdrücken, großen Spanquerschnitten und unterbrochenem Schnitt, versagt der Diamant vollständig. Als Feinziehstein steht der Diamant wiederum an der Spitze aller Werkstoffe. Bei größeren Ziehdurchmessern widersteht er aber nicht den hohen Flächendrücken und platzt leicht aus. Der Diamant ist wohl zum drehenden Gesteinsbohren geeignet, aber nicht, wie Sinterhartmetall, zum Schlagbohren. Borkarbid ist bei der Grobzerspanung und beim Ziehvorgang wegen seiner geringen Festigkeit ungeeignet. Sandstrahldüsen aus Borkarbid wiederum übertreffen, wenn sie keiner hohen Druckbeanspruchung ausgesetzt sind, gelegentlich sogar das fünffach bruchfestere Hartmetall.

Zahlentafel 77. *Härte, Biegebruchfestigkeit und Druckfestigkeit von Hartstoffen und Hartmetallen*

Hartstoff, Hartmetall	Vickers-Härte kg/mm²	Biegebruch-festigkeit kg/mm²	Druck-festigkeit kg/mm²
Diamant	~ 8000*	30	200
Borkarbid**	3700*	15 bis 30	180
Siliziumkarbid	3500*	10	100
Sinterkorund***	2800*	25 bis 40	300
Geschmolzenes Wolframkarbid	3000*	30 bis 40	200
Gesintertes Wolframmonokarbid	2200*	40 bis 50	300
WC-Co 94/6, grobkörnig	1500 bis 1600	160 bis 180	500
WC-Co 94/6, feinkörnig	1600 bis 1700	140 bis 160	550
WC-Co 89/11	1300 bis 1400	160 bis 200	460
WC-Co 87/13	1250 bis 1350	170 bis 210	450
WC-Co 80/20	1050 bis 1150	200 bis 240	340
WC-Co 75/25	900 bis 1000	180 bis 230	320
WC-TiC-Co 78/16/6	1600 bis 1700	110 bis 120	430
WC-TiC-Co 78/14/8	1550 bis 1650	130 bis 140	420
WC-TiC-Co 86/5/9	1450 bis 1550	150 bis 160	460

* Mikrohärten.

** geschmolzen oder druckgesintert.

*** gesintert bzw. druckgesintert.

Es müssen also bei den meisten Verschleißfällen auch die *Druckfestigkeit*, die *Biegebruchfestigkeit* und die *Warmfestigkeit* des Werkstoffes als ganz entscheidende Faktoren mitberücksichtigt werden. In Zahlentafel 77 ist die Härte, die Biegebruchfestigkeit und die Druckfestigkeit von verschiedenen Hartstoffen und WC-Co- und WC-TiC-Co-Sinterhartmetallen zusammengestellt. Den hohen Härten des Diamants und des Borkarbids sind verhältnismäßig geringe Festigkeitswerte zugeordnet. Der Sinterkorund und geschmolzenes Wolframkarbid kommen sich in ihren mechanischen Eigenschaften sehr nahe. Die Biegebruch- und Druckfestigkeit der Sinterhartmetalle übertrifft zum Teil jene der besten Stähle. Durch Zusatz von Kobalt wächst die Biegebruchfestigkeit bei gleichzeitiger Härteabnahme, wie sich aus dem Vergleich mit geschmolzenem und gesintertem reinem Wolframkarbid ergibt.

Die *Warmfestigkeit* von Sinterhartmetallen weist auch bei Temperaturen, bei denen Schnellstahl schon versagt, erstaunliche Werte auf (vgl. S. 170). Die Warmfestigkeit läßt sich einerseits aus der Gerüstfestigkeit des steifen Karbidskeletts und andererseits aus dem guten Warmverhalten der Hilfsmetallphase erklären. Aus diesem Grunde zeigt auch das *Warmstauchverhalten* die Überlegenheit von Sinterhartlegierungen gegenüber Stählen, wie aus Untersuchungen von W. Dawihl[1], W. Rix u. a.[2–5] (vgl. Zahlentafel 30, S. 171) hervorgeht.

Außer durch mechanischen Verschleiß werden Hartmetalle in bestimmten Anwendungsfällen (Säurepumpen und Ventile in der chemischen Industrie, Drahtzug u. a.) auch durch Einwirkung von Chemikalien zusätzlich beansprucht. Die Kenntnis des Korrosionsverhaltens ist hier von Wichtigkeit (s. S. 183).

Die Widerstandsfähigkeit von Hartmetallegierungen gegenüber chemischen Angriffen setzt sich nach W. Dawihl[6] einerseits aus der Widerstandsfähigkeit der in ihnen enthaltenen, hochschmelzenden Karbide und andererseits aus dem Korrosionsverhalten der verwendeten Hilfsmetalle zusammen. Die in Betracht kommenden hochschmelzenden Karbide sind im allgemeinen beständig gegen den Angriff von Salzsäure, Schwefelsäure und Flußsäure, dagegen empfindlich

---

[1] Dawihl, W.: Z. Metallkunde **32** (1940), S. 320/25.

[2] Hinnüber, J.: In: Fortschrittliche Fertigung und moderne Werkzeugmaschinen, W. Girardet, Essen 1954, S. 56/60; Techn. Mitt. Krupp **13** (1955), S. 66/68.

[3] Dawihl, W., G. Altmeyer u. M. K. Mal: Ann. Univ. Saraviensis. Naturwiss. Sci. **9** (1960/61), S. 121/61; Z. Metallkunde **54** (1963), S. 66/71.

[4] Altmeyer, G. u. O. Jung: Z. Metallkunde **52** (1961), S. 576/83.

[5] Dawihl, W. u. B. Frisch: Arch. Eisenhüttenwes. **33** (1962), S. 61/66.

[6] Dawihl, W.: Chem. Fabrik **13** (1940), S. 133/35.

gegen oxidierende Säuren wie Salpetersäure. Da die zur Bindung der karbidischen Bestandteile verwendeten Hilfsmetalle jedoch meist säurelöslich sind, wird das Korrosionsverhalten derartiger Legierungen gegenüber Säureangriff überwiegend durch das Verhalten der Hilfsmetallphase gegenüber diesen Säuren bestimmt. Der Korrosionsangriff durch nicht oxydierende Säuren verläuft daher nicht unter gleichmäßiger Abtragung der Oberfläche, sondern durch Herauslösen des Bindemetalles, wobei je nach Gehalt ein Karbidskelett zurückbleibt oder Zerfall in einzelne Karbidkörner eintritt[1]. (Vgl. hierzu auch die Ausführungen über korrosionsfeste Sonderhartmetalle auf Chromkarbid- und Wolframkarbid-Basis mit Platin- und Nickel-Chrom-Bindern S. 221.)

2. Beeinflussung der Verschleißfaktoren

Nachdem die Härte, die Biegebruchfestigkeit, die Warmfestigkeit und der Gefügeaufbau als für das Verschleißverhalten entscheidende Größen erkannt wurden, ergibt sich die Frage, wie diese Faktoren im günstigen Sinne beeinflußt werden können.

Die *Härte* kann außer durch Variation des Hilfsmetallgehaltes auch durch den Grad der Dispersion der Karbid- und Hilfsmetallphase verändert werden. Wie aus Untersuchungen von O. Meyer und W. Eilender[2] hervorgeht, tritt in WC-Co-Hartmetallen bei einer Kornverkleinerung der WC-Phase von 2 bis 5 μ auf 0,5 bis 1 μ eine Härtesteigerung von 89 bis 90 auf etwa 92 bis 93 Rockwell-A-Einheiten auf (s. S. 163). Umgekehrt bilden sich durch Sinterung bei zu hoher Temperatur oder bei absichtlich sehr langer Sinterung (Langzeitsinterung nach R. Kieffer[3]) sehr große Karbidkristalle, wobei unter Härteabfall grobkörnige, weniger verschleißfeste Hartmetalle entstehen.

Ein weiterer Weg zur Härtesteigerung von Sinterhartmetallen beruht darauf, daß man an Stelle von reinen Metallkarbiden Karbidmischkristalle einsetzt. Nach Untersuchungen von H. Nowotny und R. Kieffer[4] sowie J. T. Norton und A. L. Mowry[5] zeigen die isotypen Karbide der 4a und 5a Metalle des periodischen Systems (TiC, ZrC, VC, NbC und TaC) mit einer Ausnahme (ZrC-VC) untereinander vollkommene Mischbarkeit. Nach neueren Untersuchungen

[1] Dawihl, W. u. J. Hinnüber: Kolloid. Z **104** (1943), S. 233/36.

[2] Meyer, O. u. W. Eilender: Arch. Eisenhüttenwes. **11** (1938), S. 545/62.

[3] Kieffer, R.: Z. Metallkunde **46** (1944), Nr. 9, Metallforschung **2** (1947), S. 236/38, Powder Met. Bull. **2** (1947), S. 104/11.

[4] Nowotny, H. u. R. Kieffer: Metallforschung **2** (1947), S. 257/65.

[5] Norton, J. T. u. A. L. Mowry: Trans. Am. Inst. Met. Engng. **185** (1949), S. 133/36.

von H. NOWOTNY, und Mitarbeitern[1] verhält sich Hafniumkarbid ähnlich wie Zirkoniumkarbid; im System HfC-VC tritt demnach ebenfalls eine Mischungslücke auf. Die Karbide der 4a und 5a Metalle haben für die Karbide der 6a Metalle (z. B. WC und Mo_2C) eine große Löslichkeit; umgekehrt lösen die Karbide der 6a Metalle nur wenig oder keine Karbide der 4a und 5a Metalle. Im Gefüge von z. B. WC-TiC-Co- oder WC-TiC-TaC(NbC)-Co-Hartmetallen treten daher neben der Hilfsmetallphase (γ) die WC-Phase (α) (reines WC bzw. feste Lösung von Spuren TiC-TaC-NbC in WC) und der TiC-WC- bzw. TiC-TaC(NbC)-WC-Mischkristall (β-Phase) auf. Der β-Mischkristall ist dabei im allgemeinen etwas härter als die α-Phase, wobei man die härtesten Mischkristalle erhält, wenn man ein bestimmtes Verhältnis WC zu TiC einhält[2]. Diese Erscheinung wurde auch bei Mo_2C-TiC-Mischkristallen und anderen beobachtet[3, 4].

Die *Biegebruchfestigkeit* wird ebenso wie die Härte stark vom Hilfsmetallgehalt beeinflußt. Bei gleichem Hilfsmetallgehalt kann die Biegebruchfestigkeit ebenfalls durch den Verteilungsgrad der Karbid- und Hilfsmetallphase bzw. durch den Sinterungsgrad verändert werden (s. S. 163). In WC-TiC-Co-Hartmetallen erhöht das Auftreten von TaC(NbC) in der Mischkristallphase merklich die Biegebruchfestigkeit (s. S. 205).

Die *Warmfestigkeit* kann durch Senkung des Hilfsmetallgehaltes und durch Mischkristallbildung in der Karbid- und Hilfsmetallphase verbessert werden. Dem WC werden meist TiC, TaC, TaC-NbC, VC, Cr_3C_2 oder Mo_2C, dem Kobalthilfsmetall geringere Mengen Fe, Ni, Cr oder Mo zugesetzt. In Sonderfällen wird das WC, das meist als Basiskarbid in verschleißfesten Hartmetallen dominiert, vornehmlich durch Mischkristalle der vorgenannten Zusatzkarbide substituiert.

Der *Gefügeaufbau* von Karbid-Hilfsmetallegierungen kann in weiten Grenzen, d. h. von einer Feinstdispersion der Komponenten (Karbidphase 0,5 bis 1 μ) bis zu einer groben Verteilung (Karbidkomponente 5 bis 50 μ) variiert werden. Die Härte nimmt mit der Kornverfeinerung und der Dispersion zu; die Zähigkeit umgekehrt scheint bei WC-Co-Legierungen mit 8 bis 10% Co und wohlausgebildeten einheitlichen Karbidkristallen von 5 bis 6 μ ein Maximum zu haben (s. Kap. V, S. 169, 194). Eine starke Porosität, insbesondere Makroporen im Gefüge, bilden wiederum Angriffspunkte für einen verstärkten Verschleiß.

---

[1] NOWOTNY, H., R. KIEFFER, F. BENESOVSKY, C. BRUKL u. E. RUDY: Mh. Chem. **90** (1959), S. 669/79.

[2] D.R.P. 720502 (1929).

[3] Ö.P. 160172 (1931).

[4] KIEFFER, R.: 1. Plansee Seminar, Reutte/Tirol 1952, S. 268/96.

WC-Co-Hartmetalle mit unterkohltem WC, die also η-Phase enthalten, sind ebenfalls härter und verschleißfester, allerdings auch spröder als die entsprechenden gesättigten Legierungen[1, 2] (vgl. S. 169).

3. Verschleißprüfmethoden für Hartmetall

Je nach dem Verwendungszweck des Hartmetalles wird das Verschleißverhalten nach verschiedenen Prüfmethoden bestimmt, wobei man meist nur relative Zahlenwerte über die Höhe des Verschleißes ermittelt.

Die *Hochleistungsschneidmetalle* für die spanabhebende Bearbeitung der verschiedensten Werkstoffe prüft man in einem Drehversuch. Dabei wird bei konstanter Spantiefe und Vorschub die Standzeit, das ist die Zeit bis zur Stumpfung der Drehmeißelschneide, in Abhängigkeit von der Schnittgeschwindigkeit bestimmt, und in sogenannten Standzeitkurven festgelegt (s. Abb. 160 und 166). An der Meißelschneide treten dabei charakteristische Verschleißerscheinungen auf, und zwar an der Freifläche die Fasenstumpfung und an der Spanfläche die sogenannte Auskolkung (s. S. 372).

Zur Ermittlung des Verschleißes bei Anwendungsfällen, bei denen Hartmetall als Belag oder Armierung für Werkzeuge, die der spanlosen Verformung dienen oder bei reibender, kratzender, schürfender, schmirgelnder und schlagender Beanspruchung wendet man andere, ebenfalls dem Verwendungszweck angepaßte Prüfmethoden an[3].

Bei der NIEBERDINGschen *Abnützungsprüfmaschine*[4–6] werden kugelig zugeschliffene Prüfstäbe unter bestimmter Belastung auf einer sich drehenden Stahl- oder Gußscheibe — man kann auch Schmirgelpapier verwenden[7, 8] — von der Mitte zum Rand hinbewegt, so daß ein Spiralweg von bestimmter Länge zurückgelegt wird. Es ergibt sich als Verschleißmarke eine Anflachung am Prüfstab, aus dem sich das Abnützungsvolumen leicht errechnen läßt. Die Abnützung von Hartmetall ist unter den Prüfbedingungen kaum meßbar und wird auf $^1/_{40}$ von Schnelldrehstahl geschätzt.

---

[1] HINNÜBER, J.: Techn. Mitt. Krupp **12** (1954), S. 5/12, Techn. Mitt. Essen **47** (1954), S. 183/90, Ind.-Rdsch. **8** (1953), Nr. 6, S. 20/21.

[2] MEERSON, G. A. u. G. V. SAMSONOV: Izv. Akad. Nauk SSSR. Met. Topl. (1956), Nr. 4, S. 121/25.

[3] WAHL, H.: Arch. Metallkunde **3** (1949), S. 121/28.

[4] NIEBERDING, O.: Abnutzung von Metallen unter besonderer Berücksichtigung der Meßflächen von Lehren. VDI.-Verlag, Berlin 1930.

[5] NIEBERDING, O. u. K. SPORKERT: Werkstattstechnik **30** (1936), S. 221.

[6] SOMMER, A.: Werkstattstechnik **36** (1942), S. 185/92.

[7] WINKLER, O.: Z. Elektrochem. **49** (1943), S. 221/28.

[8] RAUNECKER, G.: Heraeus Festschrift 1951, S. 147/57.

Eindeutigere Ergebnisse werden auf der SKODA-SAWIN-*Abnützungsmaschine*[1] erzielt, wobei eine umlaufende Hartmetallscheibe den festgespannten Prüfkörper aus Stahl bzw. Hartmetall abschleift. Die Ergebnisse einer derartigen Prüfung an unterschiedlich porösen Hartmetallen sind in Zahlentafel 78 wiedergegeben. Das Volumen

Zahlentafel 78. *Verschleißwerte für Hartmetalle, bestimmt auf der Skoda-Sawin-Maschine* (N. SAWIN)

Bezeichnung	Vickers-Härte kg/mm²	Rauminhalt der Kerbe V_1 in $^1/_{1000}$ mm³ nach 10.000 Umdrehungen	Abnutzungsnummer $\frac{V_1 \cdot 3000}{10.000}$	Ansicht der Kerbenoberfläche (× 32)
1	1545	43,4	13,02	
2	1508	51,8	15,54	
3	1483	76,0	22,80	

der Kerbe wächst mit steigender Porosität des Hartmetalles, wobei entsprechend die sogenannte SAWIN-Abnützungsnummer zunimmt. Schnelldrehstähle zeigen beim gleichen Versuch einen etwa fünf- bis sechsfach höheren Abrieb.

Das Prinzip der SAWINschen Verschleißprüfung wurde von P. GRODZINSKI[2] zur Mikroverschleißprüfung von Hartmetallen herangezogen. Mittels einer kleinen Diamantmetallscheibe, welche mit einer bestimmten Umdrehungszahl rotiert, werden unter Belastung Kerben in die Hartmetallprobe eingeschliffen und durch Ausmessen der Länge und Breite derselben unter dem Mikroskop wird auf den Verschleißwiderstand geschlossen.

Das von H. N. BLAKE[3] besonders für verschleißfeste Legierungen und Hartmetalle entwickelte Prüfgerät, bei dem das Prüfstück, welches in einen umlaufenden Arm eingespannt ist, durch nassen Quarzsand oder Karborundummehl geführt wird, ergibt sehr gut

[1] SAWIN, N.: Werkstattstechnik **33** (1939), S. 165/70.

[2] GRODZINSKI, P.: Machinist **94** (1950), S. 397/401, Feinwerktechn. **54** (1950), S. 317/21, Metalloberfl. **A6** (1952), S. 190/92; Research **6** (1953), S. 98/105; Werkstattstechn. Masch.-Bau **48** (1958), S. 364/72; Ind. Diamond Rev. **17** (1957), S. 70/74, 106/14.

[3] BLAKE, H. N.: Proc. Am. Soc. Test. Mat. **28** II (1928), S. 341/55.

vergleichbare, allerdings relative Abnützungsfaktoren. Zahlentafel 79 zeigt das Verschleißverhalten verschieden harter Werkstoffe, wobei als Vergleichsprüfmaterial ein normaler Kohlenstoffstahl mit dem Abnützungsfaktor 1 dient[1].

Zahlentafel 79. *Abnutzungsfaktoren verschiedener Werkstoffe, bestimmt nach der* BLAKEschen *Sandabriebmethode* (H. S. AVERY)

Werkstoff, Gefügebestandteil	Brinellhärte kg/mm²	Abnutzungsfaktor
Armco-Eisen (Ferrit)	90	1,40
Grauguß	200	1,00 bis 1,50
Stahl SAE 1020 (Standard) ..	107	1,00
Weißes Gußeisen	400	0,90 bis 1,00
Legierter Hartguß	400 bis 600	0,70 bis 1,00
Stahl, 0,85% C, perlitisch	220 bis 350	0,75 bis 0,85
Austenit (12%iger Mn-Stahl) .	200	0,75 bis 0,85
Troostit	500	0,75
Martensit	700	0,60
Nickel-Hartguß	550 bis 750	0,25 bis 0,60
Sinterhartmetall	1700 H_V	0,17

Die Verschleißprüfung und das Reibungsverhalten nicht nur von Hartmetallen, sondern auch von Proben aus reinen Karbiden, Boriden u. a. Hartstoffen sowie von Hartaufschweißlegierungen war in letzter Zeit das Ziel eingehender Untersuchungen[2–12]. Dabei wurden die verschiedensten Kombinationen im Hinblick auf die Verwendung

[1] AVERY, H. S.: Hard Surfacing by Fusion Welding, Am. Brake Shoe Comp., New York 1947, S. 18ff; In: Surface Protection Against Wear and Corrosion. Am. Soc. Met., Cleveland 1953, S. 10/39.

[2] HAWORTH, R. D.: Metal Progr. **55** (1949), S. 842/48, Trans. Am. Soc. Met. **41** (1949), S. 819/54, Disk. S. 854/69.

[3] MEERSON, G. A. u. G. V. SAMSONOV: Izv. Akad. Nauk SSSR, Met. Topl (1956), Nr. **4**, S. 121/25.

[4] BASKEY, R. H.: Trans. Am. Soc. Lubr. Eng. **2** (1959), S. 116/23.

[5] MORDIKE, B. L.: Wear **3** (1960), S. 374/87.

[6] HYDE, G. F. u. H. J. FUCHSLUGER: Lubrication Engng. **17** (1961), S. 476/83.

[7] BUCKLEY, D. H. u. R. L. JOHNSON: NASA TN D 1103 (1961).

[8] DIEHL, C. H.: Iron Age **188** (1961), 21. Dez., S. 57/59.

[9] BROWN, R. D., R. A. BURTON u. P. M. KU: Trans. Am. Soc. Lubr. Engng. **5** (1962), S. 24/31.

[10] GRIGORJEVA, V. V. u. A. J. ARTOMOV: Poroschkovaja Met. (1962), Nr. **3**, S. 86/88.

[11] PONS, L., J. CHEVILLON u. P. STEFF: Compt. Rend. **255** (1962), S. 2100/02, Rev. Mét. **60** (1963), S. 325/34.

[12] KNOTEK, O.: Metall **16** (1962), S. 19/22, Jernkontorets Ann. **147** (1963), S. 116/32.

für Hochtemperaturverschleißteile (Lager) auch bei erhöhten Temperaturen geprüft (s. S. 335).

Bei der Verschleißprüfung, insbesondere von Hartmetallmahlkugeln kann auch das Verfahren von T. E. NORMAN und C. M. LOEB[1] herangezogen werden. In einem Langzeitversuch wird unter praktischen Mahlbedingungen der Verschleiß der Kugeln, bestimmt aus dem Gewichtsverlust bzw. der Durchmesserabnahme, ermittelt. Im Vergleich zu einem üblicherweise verwendeten Molybdänstahl haben Kugeln aus WC-Co-Hartmetallen unter gleichen Versuchsbedingungen einen Abrieb, der nur ein Fünftel bis ein Zehntel beträgt[2].

Zahlentafel 80. *Verschleißwerte von Hartmetallen und Hartstoffen, bestimmt nach der Sandstrahlmethode* (F. KÖLBL)

Zusammensetzung	Dichte g/cm³	Rockwell-Härte R_A	Gewichtsverlust g	Verschleiß mm³
65% TiC, 25% VC, Rest Fe und Ni (normal gesintert)	5,7	92	1,4	190
65% TiC, 25% VC, Rest Fe und Ni (druckgesintert)	5,9	94,5	0,38	70
90% TiC, Rest Fe und Cr (druckgesintert)	5,2	93	0,42	102
95% WC, 5% Co	14,7	90	0,9	63
95% WC, 5% Co (druckgesintert)	15,0	92,5	0,35	22
WC geschmolzen	16,3	93	0,46	26
Borkarbid (16,5% C)	2,45	~95	0,010	4,5
95% Borkarbid (20% C), 5% Fe	2,60	~95	0,007	3,2

Ein von L. H. MILLIGAN[3] und R. R. RIDGWAY sowie E. AMMANN[4] angewendetes Verfahren der Verschleißprüfung durch Bestrahlen des Prüfkörpers mit einem Stahlkiesgebläse, das sich bei der Prüfung von Schleifscheiben seit langem bewährt hat[6], ergibt gleichfalls für Hartmetalle ausgezeichnete Vergleichswerte. Die Ergebnisse werden durch praktische Leistungsvergleiche zwischen Hartmetallsandstrahldüsen und Düsen aus Werkzeugstahl zufriedenstellend bestätigt. Das Verfahren wurde neuerdings weiter ausgebaut und entsprechende Prüfeinrichtungen geschaffen[5–7].

[1] NORMAN, T. E. u. C. M. LOEB: Trans. Am. Inst. Met. Engng. **176** (1948), S. 490/520.

[2] ARCHER, R. S. u. T. E. NORMAN: Persönliche Mitteilung 1950.

[3] MILLIGAN, L. H. u. R. R. RIDGWAY: Trans. Electrochem. Soc. **68** (1935), S. 131/37.

[4] AMMANN, E.: Z. techn. Physik **21** (1940), S. 332/35.

[5] WELLINGER, K.: Z. Metallkunde **40** (1949), S. 361/64.

[6] STAUFFER, W.: Festschrift M. Roš, Vogt-Schild-Verlag, Solothurn 1950.

[7] GRIGORJEVA, V. V.: Poroschkovaja Met. (1963), Nr. 3, S. 63/70.

Zahlentafel 80 zeigt nach Versuchen von F. KÖLBL[1] das unterschiedliche Verschleißverhalten verschieden zusammengesetzter Hartmetalle und Hartstoffe bei der Sandstrahlprüfung. Wolframkarbidfreie Sinterhartmetalle, insbesondere solche auf TiC-VC- und TiC-Mo_2C-Basis sind, wenn sie druckgesintert wurden, den WC-Co-Legierungen etwa gleichwertig. Deutlich ist die Verbesserung der Verschleißfestigkeit durch die Erhöhung der Dichte und Härte bei heißgepreßten WC-Co-Hartmetallen zu erkennen. Borkarbid ist gegen Sandstrahlen besonders widerstandsfähig. Dadurch eröffnen sich für borkarbidhaltige Sinterkörper gewisse Anwendungsmöglichkeiten, wobei allerdings die geringe Bruchfestigkeit derselben zu berücksichtigen ist.

Bei einem neuartigen Verfahren der Verschleißprüfung z. B. an Hartmetall-Drehmeißeln (s. S. 153) oder Hartmetall-Ziehsteinen[2–5] werden aktivierte Werkzeuge verwendet. Die Radioaktivität der Drehspäne oder des Ziehgutes ist ein Maß für die abgeriebene Hartmetallmenge und damit für den Verschleiß[6, 7]. Die Aktivität wird mittels Zählrohr oder autoradiographisch bestimmt.

B. Hartmetall-Ziehsteine

1. Geschichtliche Entwicklung und Allgemeines

Wie schon auf S. 4 über die geschichtliche Entwicklung der Hartmetalle ausgeführt wurde, fanden geschmolzene und gesinterte Hartstoffe und Hartlegierungen anfänglich nicht als Schneidwerkstoffe für die spangebende Bearbeitung, sondern in Form von Ziehsteinen an Stelle von Diamanten und Zieheisen für den Drahtzug Anwendung[8–22].

---

[1] KIEFFER, R. u. F. KÖLBL: Vortrag IPT., Graz 1948, Ref. Nr. 28, Powder Met. Bull. **4** (1949), S. 4/17.

[2] DAHL, W. u. W. LUEG: Stahl u. Eisen **76** (1956), S. 2/6571.

[3] GROSCHEV, P. F.: Cvetnyje Metally (1960), Nr. 10, S. 71/76.

[4] GOLDEN, J. u. G. W. ROWE: Wear **1** (1958), S. 491/98, Brit. J. Appl. Physics **9** (1958), S. 120/22, **10** (1959), S. 367/71, **11** (1960), S. 517/20.

[5] KIESZNIEWSKI, J., L. KUS, J. SIEWIERSKI u. R. WUSATOWSKI: Wire Ind. **28** (1961), S. 991/93, Isotopentechnik **2** (1962), S. 11/14.

[6] RABINOWICZ, E.: J. Appl. Physics **24** (1953), S. 367.

[7] RABINOWICZ, E. u. D. TABOR: Proc. Roy. Soc. London A **208** (1951), S. 455/75.

[8] PIRANI, M. u. K. SCHRÖTER: Z. Metallkunde **16** (1924), S. 132/33.

[9] FEHSE, A. u. K. SCHRÖTER: Werkstattstechnik **25** (1930), S. 237. Wiss. Veröff. Osram-Konzern **2** (1931), S. 207/17.

[10] ZAPP, A. R.: Wire and Wire Products **19** (1944), S. 543/46, 569/71.

[11] HIRSCHFELD, M.: Werkstatt u. Betrieb **85** (1952), S. 17/21.

Der Drahtzieher verlangt vom Ziehstein vor allem eine hohe Härte, gute Polierfähigkeit und Verschleißfestigkeit, Eigenschaften, die sich vor allem in einer hohen Maßhaltigkeit der Bohrung auswirken[1–3]. Bei großen Ziehsteinkalibern tritt noch verstärkt die Forderung nach guter Festigkeit und Zähigkeit neben der Preisfrage hinzu. Was die erstgenannten Eigenschaften anbetrifft, so ist der Diamant als idealer Ziehsteinwerkstoff zu bezeichnen; was jedoch die Festigkeitseigenschaften und die Preisstellung anlangt, so kann der Diamant besonders bei Durchmessern über 1 mm nur mehr in Sonderfällen mit Hartmetallziehsteinen konkurrieren.

Beim Stangenzug von Rund- und Sonderprofilen und beim Rohrzug bei Durchmessern über etwa 10 mm konkurrierren die Ziehmatritzen aus Stahl noch stark mit den Hartmetallziehsteinen und Ziehringen[4–9]. Durch den verstärkten Einsatz von einteiligen, zusammengeschrumpften mehrteiligen Matrizen oder von verstellbaren Mehrkantmatrizen mit Hartmetallbacken dringt allerdings das Hartmetall auch mehr und mehr in diese Domäne des Stahles ein.

Die wesentlichen Vorteile der gesinterten Hartmetall-Ziehsteine gegenüber allen Zieheisen ergeben sich aus ihrer größeren Maßhaltigkeit, bedingt durch den hohen Verschleißwiderstand. Die daraus

---

[12] Schubert, P. B.: Machinery, London **82** (1953), S. 671/74, Machinery, New York **58** (1951), Nov., S. 174/78.

[13] Wedl, H.: Draht **4** (1953), S. 1/8.

[14] Sanderson, L. E.: Wire Production **2** (1953), Nr. 6, S. 19/21.

[15] Anders, H.: Draht **5** (1954), S. 425/26.

[16] Trippe, P.: Machinist **98** (1954), Nr. 2, S. 49/51.

[17] Bryjak, E. u. A. Bujok: Gesinterte Hartmetall-Ziehsteine, Stalingrad 1955.

[18] Stäblein, F.: In: W. Dawihl u. E. Dinglinger, Handbuch der Hartmetallwerkzeuge, Springer-Verlag, Berlin 1956, Bd. II, S. 252/62.

[19] Brühl, R.: Maschinenmarkt **68** (1962), Nr. 14, S. 25/30.

[20] Miller, E. T.: Wire and Wire Prod. **35** (1960), Nr. 12, S. 1668/70, 1719.

[21] Tubben, F.: Blech **49** (1963), Nr. 2, S. 49/53.

[22] Walker, T.: Draht **14** (1963), S. 684/88.

[1] Engle, E. W.: Wire and Wire Products **14** (1939), S. 319/24, 350/51.

[2] Hinnüber, J.: Stahl u. Eisen **62** (1942), S. 1083/91.

[3] Reitzig, G.: Werkstatt u. Betrieb **83** (1950), S. 361/64.

[4] Longwell, J. R.: Wire and Wire Products **16** (1941), S. 37/39, Canad. Metals **5** (1942), Nr. 6, S. 147/48.

[5] Glen, E.: Iron Age **150** (1942), 27. August, S. 64/65.

[6] Mackert, A.: Ver. dtsch. Eisenhüttenl.-Bericht Nr. 45 (1943); In: Facharbeiten auf dem Gebiete des Eisenhüttenwesens, 1939 bis 1945, Verlag Stahleisen, Düsseldorf 1953.

[7] Anonym: Steel **119** (1946), 28. Okt. S. 86, 88.

[8] Glen, E.: Modern Ind. Press. **8** (1946), Nr. 3, S. 32, 42.

[9] Mack, R. D.: Western Mach. Steel World **37** (1946), S. 226/29.

entstehenden praktischen Vorteile lassen sich nach E. T. RICHARDS[1], wie folgt, zusammenfassen:

1. Mehrfacher Gesamtdurchsatz an Draht ohne merkliche Vergrößerung des Ziehlochdurchmessers.
2. Ermöglichung größerer Ziehgeschwindigkeiten.
3. Ermöglichung größerer Querschnittabnahmen.
4. Genauere Maßhaltigkeit der gezogenen Drähte.
5. Langanhaltende Benutzung der Hartmetall-Ziehsteine ohne Nachprüfung.
6. Seltenere Auswechslung der Ziehwerkzeuge.
7. Entsprechende Einsparung der zum Auswechseln der Werkzeuge, Einziehen der Drähte usw. notwendigen Zeit und Vergrößerung der Arbeitsleistung der betreffenden Maschinen.
8. Glänzendere und glattere Drahtoberfläche auch nach verhältnismäßig langer Benutzung der Steine.
9. Vergrößerung der Ringgewichte.

Aus dieser Aufstellung folgt, daß Hartmetall-Ziehsteine Vorzüge aufweisen, die ihre höheren Anschaffungskosten rechtfertigen, besonders wenn — wie bei den Mehrfachziehmaschinen — die durch seltenere Auswechslung der Ziehwerkzeuge gewährten Vorteile entscheidend ins Gewicht fallen.

2. Herstellung von Hartmetallziehsteinen

Ziehsteine aus geschmolzenem Wolframkarbid sind eigentlich nur noch historisch interessant, da gesinterte bzw. druckgesinterte WC-Co-Legierungen heute fast ausschließlich für den Drahtzug verwendet werden. Wegen der mangelnden Gleichmäßigkeit in der Zusammensetzung und der inhomogenen Gefügeausbildung, d. h. wegen der Schwierigkeit, den Kohlenstoff zwischen 3,5 und 4,1% ohne lästige Graphitausscheidungen und Lunker zu halten, mußten Gußkarbide den gesinterten Ziehsteinen weichen. Mitbestimmend bei dieser Entwicklung war auch die starke Neigung der relativ spröden Gußziehsteine zum Reißen und Platzen, so daß heute nur noch im Schleuderguß hergestellte dichte Gußkarbidsteine z. B. im Warmzug von Molybdän und Wolfram gelegentlich eingesetzt werden. Das Sinterverfahren erlaubt Ziehsteine und Matrizen auch großer Abmessungen, lunkerfrei und in gleichmäßiger Güte herzustellen. Durch Abstufung des Kobaltzusatzes sowie des Gehaltes an gebundenem Kohlenstoff können nach J. HINNÜBER[2], Härte und Festigkeit der Legierung in weiten Grenzen geändert werden.

[1] RICHARDS, E. T.: Werkstatt u. Betrieb **79** (1946), S. 92/96.

[2] HINNÜBER, J.: Stahl u. Eisen **62** (1942), S. 1083/91.

Zahlentafel 81. *Eigenschaften von Hartmetallen für Ziehsteine*

Hartmetall	Dichte g/cm³	Vickers-Härte kg/mm²	Biegebruchfestigkeit kg/mm²	Druckfestigkeit kg/mm²	Elastizitätsmodul kg/mm²	Wärmeleitfähigkeit cal/cm · sec · °C	Wärmeausdehnungskoeffizient $\beta \cdot 10^6$
Geschmolzenes Wolframkarbid	~ 16	1800 bis 2000	30 bis 40	~ 200	—	0,07	4
WC-Co 97/3, heißgepreßt	15,5	1900	120	600	67000	0,21	5
WC-Co 94/6, normal gesintert	14,8	1600	170	500	60000	0,19	5
WC-Co 94/6, heißgepreßt	15,1	1650	150	550	62000	0,19	5
WC-Co 91/9	14,7	1500	190	480	59000	0,18	—
WC-Co 89/11	14,2	1400	200	460	58000	0,16	5,5
WC-Co 87/13	14,1	1350	210	450	56000	0,14	—
WC-TiC-Co 86/5/9	13,3	1600	160	460	59000	0,15	5,5

Die Herstellung von Ziehsteinen geschieht entweder nach dem Normal- oder nach dem Drucksinterverfahren[1–10]. Bei dem Normalsinterverfahren werden runde Zylinder oder Ringe gepreßt, aus denen nach dem Vorsintern die Ziehsteine auf kleinen Mechanikerdrehbänken herausgearbeitet werden. Die geformten Ziehsteine werden dann wie die üblichen WC-Co-Hartmetallsorten im Kohlerohrkurzschlußofen unter Wasserstoff fertiggesintert. Eine Vakuumsinterung verringert meist die Porosität. Das Drucksinterverfahren wird besonders bei niedrig kobalthaltigen Ziehsteinsorten und zur Herstellung besonders großer Ziehringe angewendet[2, 9, 11–13]. Bei kleinen Kalibern werden die kegeligen Körnungen miteingepreßt. Die

[1] Hinnüber, J.: Stahl u. Eisen **62** (1942), S. 1083/91.

[2] B.I.O.S. Final Rep. Nr. 1385 (1945), S. 41ff.

[3] Berry, H.: Wire Ind. **10** (1943), S. 33/35, 75/77,u. 125/27.

[4] Sandford, E. J.: Sheet Metal Ind. **19** (1944), S. 129/34.

[5] Miller, E. T.: Wire and Wire Products **23** (1948), S. 910/13.

[6] Berry, B. E.: Wire Ind. **19** (1952), S. 45/55.

[7] Wedl, H.: Draht **4** (1953), S. 1/8.

[8] Trippe, P.: Machinist **98** (1954), Nr. 2, S. 49/51.

[9] Bryjak, E. u. W. Missol: Fertigungstechnik **7** (1957), S. 557/61.

[10] Walker, T.: Wire Ind. **29** (1962), S. 462/66, 559/61, 590.

[11] Anonym: Metal Progr. **45** (1944), S. 681, Metals and Alloys **20** (1944), S. 694.

[12] B.I.O.S. Final Rep. Nr. 1711 (1947).

[13] Ellis, J. L.: Tool and Die J. **16** (1951), Nr. 11, S. 72/73, 100, 106, Nr. 12, S. 64, 68, 122/24.

Ziehhohle müssen aber später durch Bohren, wie bei angekörnten Diamanten, herausgearbeitet werden.

Bei größeren Ziehsteinen und Ziehringen werden passend geformte Graphitkerne beim Drucksintern miteingesetzt, so daß der Hartmetallziehsteinrohling nicht mehr aufgebohrt, sondern nur noch nach Entfernen der Sinterhaut mit Diamantmetallwerkzeugen und Diamantboart auf Maß geschliffen und poliert werden muß.

Für die Herstellung von Ziehsteinen werden im allgemeinen WC-Co-Hartmetalle mit 3 bis 13% Co benützt[1–4]. Die niedrig kobalthaltigen Legierungen mit etwa 3% Co werden stets durch Heißpressen verarbeitet. Die Legierung 94/6 wird meist normalgesintert, nur große Matrizen daraus werden druckgesintert. Aus dieser Legierung werden Ziehsteine und Strangpreßdüsen für Buntmetalle bis zu Bohrungen von 5 mm erzeugt. Für Ziehsteine mit einem äußeren Durchmesser bis 120 mm wird die Legierung 89/11, für Durchmesser bis 220 mm und darüber die Legierung 85/15 benützt.

Beim Ziehen einiger Werkstoffe, z. B. Stahldraht, oder beim Warmzug von Molybdän und Wolfram, tritt im Ziehkanal ein Verschleiß auf, welcher sehr ähnlich dem Kolkverschleiß an Werkzeugschneiden bei der Bearbeitung langspanender Werkstoffe ist. Durch geringe Zusätze von TiC oder TaC-NbC wird die Schweißneigung des Ziehgutes zum Ziehstein herabgesetzt. WC-TiC-Co-Hartmetalle der Zusammensetzung 88/7/5 oder 88/9/3 auch 78/16/6 werden heute bevorzugt für das Ziehen der genannten Werkstoffe benützt[2].

In Zahlentafel 81 sind unter Zugrundelegung der Angaben auf S. 156 nochmals die Eigenschaftswerte der wichtigsten Hartmetalllegierungen, die für Ziehsteine Verwendung finden, zusammengestellt (vgl. a. Zahlentafel 45, S. 210).

Ziehsteine aus Hartmetall werden entweder als rohe Kerne ein- oder beidseitig angekörnt oder mit roher Bohrung bzw. fertiggefaßt mit polierter Bohrung geliefert (Abb. 113 und 114). Bei den Abmessungen der Kerne beschränkt man sich heute auf bestimmte Größen[5–9]. Auch die Abmessungen der Fassungen sind den Kerngrößen angepaßt worden. Für die Form der Fassung wird aus technischen Gründen

---

[1] B.I.O.S. Final Rep. Nr. 1385 (1945), S. 41ff.

[2] Hinnüber, J.: Stahl u. Eisen **62** (1942), S. 1083/91.

[3] Richards, E. T.: Werkstatt u. Betrieb **79** (1946), S. 92/96.

[4] van Beek, J.: Techn. Mitt. Essen **52** (1959), S. 229/36.

[5] B.I.O.S. Final Rep. Nr. 1711 (1947), S. 12.

[6] Schaumann, H. u. J. van Beek: Werkstattstechn. Maschinenbau **41** (1951), S. 432/35.

[7] Wedl, H.: Draht **4** (1953), S. 1/8.

[8] DIN 1547 (1954).

[9] Brühl, R.: Maschinenmarkt **68** (1962), Nr. 14, S. 25/30.

die zylindrische und keilförmige Ausführung vorgesehen. Bei letzterer soll der Konus nur mit einer Steigerung von 1 : 10 verwendet werden.

Die Hartmetallkerne werden durch Löten, Einpressen oder Einschrumpfen mit der Fassung verbunden. Als Werkstoff für die

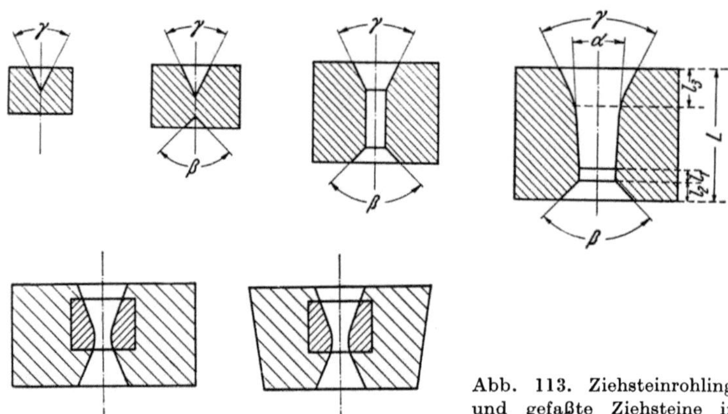

Abb. 113. Ziehsteinrohlinge und gefaßte Ziehsteine im Schnitt

Fassung wird bei kleinen Steinen Messing, Bronze oder Weicheisen, bei größeren Kernen im allgemeinen ein Stahl mit 60 bis 70 kg/mm² Festigkeit benützt. Für besondere Anwendungsfälle, z. B. bei Hart-

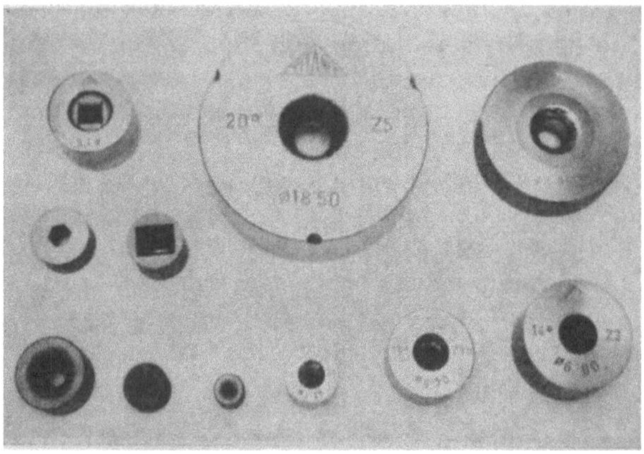

Abb. 114. Ziehsteinrohlinge, gefaßte Ziehsteine und Ziehringe

metallringen für den Stangen- und Rohrzug, werden auch höherwertige Stähle mit etwa 100 kg/mm² Festigkeit verwendet.

Für die Herstellung der Bohrungen in Hartmetallziehsteinen sind drei Arbeitsgänge erforderlich:

a) Bohren der Kerne,
b) Formschleifen der Bohrung,
c) Polieren der Bohrung auf Fertigmaß.

Für das Bohren werden Bohrnadeln verwendet, die anfänglich stumpf und mit Zunahme der Vertiefung immer spitzer angeschliffen werden, um der Bohrung von vornherein eine kegelige Form zu geben. Für den Zug von Molybdän oder Wolfram sind die kleinsten noch wirtschaftlichen Bohrungen etwa 0,3 mm, beim Eisen- und Stahlzug 0,3 bis 0,5 mm und bei anderen weicheren Drahtmaterialien 0,5 bzw. 0,8 mm.

Beim Formschleifen erhält die Ziehsteinbohrung den erforderlichen Ziehkegel und die zylindrische Führung. Da der Eingangs- und Ausgangskegel (s. Abb. 113) bereits in der richtigen Weite und Tiefe und mit entsprechendem Winkel vorhanden ist, erübrigt sich die Bearbeitung derselben.

Das Polieren des Ziehkanals ist von größter Bedeutung, weil von der Oberflächenbeschaffenheit der Bohrung der Verschleiß und damit die Maßhaltigkeit abhängen. Das Polieren erfolgt mit Hilfe von angespitzten Holzstäbchen unter Verwendung von feinstem Diamantboart.

Für das Ziehen von Rund- oder Profilstangenmaterial bzw. Rohren über 10 mm Durchmesser werden Hartmetallziehringe verwendet[1, 2]. Die Fassungen für diese müssen sehr genau und kräftig gebaut sein, weil die Beanspruchung, insbesondere beim Ziehen von Stählen höherer Festigkeit, sehr groß ist[3]. Die Fassungen werden beim Stangenziehen stets wassergekühlt. Für den Stangenzug sind auch verstellbare Vierkant-, Flachkant- und Sechskant-Ziehwerkzeuge in Gebrauch[4, 5, 6]. Die Gefahr des Platzens der Zieheinsätze aus einem Stück wird dabei durch Unterteilung in Segmente gemildert. Diese sind auch einzeln leichter zu polieren.

3. Einsatz und Pflege von Hartmetallziehsteinen

Neben den technologischen Eigenschaften, welche durch die Zusammensetzung der Legierung und das Herstellungsverfahren bedingt sind, üben eine Reihe charakteristischer Faktoren einen mitbe-

[1] Mackert, A.: Ver. dtsch. Eisenhüttenl.-Bericht, Nr. 45 (1943).
[2] B.I.O.S. Final Rep. Nr. 1711 (1947).
[3] Stäblein, F.: Techn. Mitt. Essen **47** (1954), S. 210/14.
[4] Glen, E.: Machinist **91** (1947), S. 1135/37.
[5] Stäblein, F.: In: W. Dawihl u. E. Dinglinger, Handbuch der Hartmetallwerkzeuge, Springer-Verlag, Berlin 1956, Bd. II, S. 258/61.
[6] van Beek, J.: Techn. Mitt. Essen **52** (1959), S. 229/36.

stimmenden Einfluß auf die Eignung, Leistungsfähigkeit und Lebensdauer von Hartmetallziehsteinen aus[1]. Es sind dies vor allem:

a) Form- und Oberflächenbeschaffenheit des Ziehkanals,

b) Pflege des Steines im Betrieb, insbesondere Art, Umfang und Durchführung des Aufbohrens und Aufpolierens auf größere Durchmesser,

c) Art des Zuges, Ziehgeschwindigkeit, Ziehtemperatur u. a.,

d) Art und Umfang des Schmierens.

Eingehende Untersuchungen haben gezeigt, daß auch bei Hartmetallziehsteinen neben der Güte des Ziehsteinwerkstoffes die Form und Oberflächenbeschaffenheit des Ziehkanals von großem Einfluß auf die Leistung sind. Gemäß Abb. 113 unterscheidet man am Ziehstein den *Eingangskegel*, den *Ziehkegel*, die zylindrische *Führung* und den *Ausgangskegel*[2–6, 8–11], über deren Abmessungen Zahlentafel 82 Auskunft gibt[7]

Zahlentafel 82. *Gebräuchliche Werte für die Ausführung des Hohls von Ziehsteinen* (SCHAUMANN, H. u. J. VAN BEEK)

l_1* für d (mm) bis				l_2	l_3	Ausgangswinkel β (Grad)				
						Stangenzug für d (mm) bis			Rohrzug d (mm) über	
1	10	20	50			5	20	50	10	20
0,5d	0,3d	0,2d	0,15d	0,2L	0,2L	60	40	30	30	20

* Bezeichnungen vgl. Abb. 113.

Der *Eingangskegel* der Ziehsteinbohrung hat den Zweck, den verwendeten Schmiermitteln ungehinderten Eintritt in den anschließenden Ziehkegel zu gewähren. Er hat im allgemeinen einen Öffnungswinkel von 60°.

---

1 RICHARDS, E. T.: Werkstatt u. Betrieb **79** (1946), S. 92/96.

2 REITZIG, G.: Werkstatt u. Betrieb **83** (1950), S. 361/64.

3 BERNHOEFT, C. P.: Metal Ind. London **60** (1942), S. 204/08.

4 CARBOLOY: Die Service Manual D-119 (1945).

5 LE GRAND, R.: Machinist **91** (1948), S. 1353/64.

6 Anonym: Symposium on Tungsten Carbide Dies: Wire and Wire Products **25** (1950), S. 133/35, 138/43, 166/71.

7 SCHAUMANN, H. u. J. VAN BEEK: Werkstattstechn. Maschinenbau **41** (1951), S. 432/35.

8 HIRSCHFELD, M.: Werkstatt u. Betrieb **85** (1952), S. 17/21.

9 WERTH, S.: Stahl u. Eisen **72** (1952), S. 66/69.

10 WEDL, H.: Draht **4** (1953), S. 1/8.

11 BRÜHL, R.: Maschinenmarkt **68** (1962), Nr. 14, S. 25/30.

Der *Ziehkegel* ist der wichtigste Teil jeder Ziehsteinbohrung, da hier die eigentliche Verformung des Drahtwerkstoffes von seinem ursprünglichen auf den kleineren Durchmesser vor sich geht. Von der Wahl des jeweils günstigsten Ziehkegelwinkels hängt die Leistungsfähigkeit des Ziehsteines ab. Mit der Veränderung der Kegelform tritt gegebenenfalls ein stärkerer Verformungswiderstand auf, welcher wiederum eine größere Reibung und einen erhöhten Ziehdruck auf die Bohrungswandung bewirkt. Dadurch wird die Abnutzung gesteigert und die Bohrung verschleißt schneller. Zahlentafel 83 zeigt auf Grund von Erfahrungswerten die für verschiedene Werkstoffe günstigsten Ziehwinkel in Abhängigkeit vom Verformungsgrad[1].

Zahlentafel 83. *Ziehwinkel von Hartmetall-Ziehsteinen für verschiedene Werkstoffe in Abhängigkeit von der Verformung*

Querschnitts-verminderung %	Ziehwinkel in Grad beim Zug von					
	Eisen	weicher* Stahl	harter** Stahl	Aluminium	Kupfer	Messing
40	23	18	15	—	—	—
35	19	15	12	32	22	18
30	15	12	10	26	18	15
25	12	9	8	21	15	12
20	9	7	6	16	11	9
15	7	5	4	11	8	6
10	5	3	2	7	5	4

* Zugfestigkeit < 100 kg/mm².
** Zugfestigkeit > 100 kg/mm².

Die *zylindrische Führung* hat den Zweck, die Dauer der Maßhaltigkeit des Bohrungsdurchmessers zu verlängern[2]. Die Länge der Führung soll in einem bestimmten Verhältnis zum Bohrungsdurchmesser stehen.

Der *Ausgangskegel* soll so tief sein, daß die beim Ziehvorgang unmittelbar beanspruchten Bohrungsteile in das Innere des Ziehsteinkernes verlegt werden. Er spielt ferner bei der Ableitung der beim Ziehen auftretenden Wärme eine Rolle. Er hat im allgemeinen einen Öffnungswinkel von 90°.

Der Ziehkegel und die zylindrische Führung werden beim Ziehen unmittelbar beansprucht und unterliegen der Abnützung durch Reibung und Ziehdruck. Der Eingangs- und Ausgangskegel werden vom Ziehdruck nicht beeinträchtigt, unterliegen also im allgemeinen keiner Abnutzung und Veränderung. Eingangs- und Ausgangskegel

[1] B.I.O.S. Final Rep. Nr. 1711 (1947), S. 38.
[2] Tompkins, J. O.: Wire and Wire Products **25** (1950), S. 576/78.

werden zweckmäßig von vornherein so bemessen, daß deren Nacharbeit bei einer späteren Instandsetzung des Ziehkegels und der zylindrischen Führung nicht erforderlich ist.

Bei der Formung des Ziehkanals muß man unterscheiden zwischen der ursprünglichen Form, die vom Hersteller für die jeweils in Frage kommenden Ziehbedingungen bestimmt ist, und der Form, die während des Einsatzes durch Nachbearbeitung entsteht. Während des Betriebes tritt im Ziehkanal neben gleichmäßigem Abrieb bei verschiedenen Werkstoffen auch ein starker Verschleiß durch Aufschweißen des Ziehgutes auf den Düsenwerkstoff ein[1]. Durch periodisches Abreißen der Aufschweißung während des Arbeitsvorganges, wird das Sintergefüge durch Aus- und Mitreißen von Karbidkörnern angegriffen. Es ergibt sich dabei — wie schon erwähnt — ein Verschleißbild, ähnlich der Auskolkung auf Hartmetallschneiden bei der Bearbeitung langspanender Werkstoffe[2]. Drücken sich solche herausgerissene Hartmetallteilchen in das Ziehgut ein, so beschädigen sie beim Mehrfachzug nicht nur den ersten Stein, sondern auch die Folgesteine durch Riefenbildung. Die Aufschweißneigung kann durch entsprechende Zusatzkarbide, z. B. TiC oder TaC-NbC zu WC-Co-Hartmetallen, durch den Herstellungsgang (Heißpressen), insbesondere aber durch sorgfältige Pflege der Ziehsteinbohrung stark herabgesetzt werden. Es ist daher sehr empfehlenswert, den Ziehkanal durch Aufpolieren mittels eines, den Ziehstein nicht angreifenden Schleifmittels vom aufgeschweißten Ziehgut häufig zu reinigen[3]. Hat die Düsenöffnung durch zu stark fortgeschrittenen Verschleiß nicht mehr das erforderliche Maß, dann wird der Stein durch Schleifen und Polieren aufgeweitet[4]. Keineswegs darf dabei nur die zylindrische Bohrung aufgeschliffen werden. Sie wird dadurch verlängert, was zu starke Erhöhung der Ziehkraft infolge vermehrter Reibung und daher erhöhten Verschleiß zur Folge hat. Auch darf nicht nur der Ziehkegel allein aufgearbeitet werden, weil dadurch die zylindrische Führung verkürzt oder sogar beseitigt wird. Es ist daher von größter Wichtigkeit, daß bei der Nachbearbeitung sowohl der Ziehkanal als auch die zylindrische Führung aufgeweitet wird, wobei der für das betreffende Ziehgut günstigste Ziehwinkel erhalten bleiben muß[5–9].

---

[1] LUEG, W.: Stahl u. Eisen **71** (1951), S. 1140/45.
[2] WISTREICH, J. G.: J. Iron Steel Inst. **167** (1951), S. 162/64.
[3] HINNÜBER, J.: Stahl u. Eisen **62** (1942), S. 1083/91.
[4] BRÜHL, R.: Stahl u. Eisen **77** (1957), S. 1384/85.
[5] TRURNIT, W.: Stahl u. Eisen **64** (1944), S. 503/06.
[6] TOMPKINS, J. O.: Wire and Wire Products **25** (1950), S. 576/78.
[7] REITZIG, G.: Draht-Welt **37** (1951), S. 18/21.
[8] BRÜHL, R.: Draht **7** (1956), S. 177/78.
[9] BRÜHL, R.: Maschinenmarkt **68** (1962), Nr. 14, S. 25/30.

Zur Überprüfung der Ausbildung des Ziehkanales, welche insbesonders bei kleinen Ziehdurchmessern nicht einfach ist, sind zahlreiche Methoden und Prüfgeräte entwickelt worden[1–11].

Auf die anderen Faktoren, welche beim Drahtzug mit Hartmetallziehsteinen eine maßgebende Rolle spielen, das sind Art des Zuges, Ziehgeschwindigkeit, Ziehtemperatur und insbesondere das sehr wichtige Problem der Schmierung[12, 13] soll hier nicht näher eingegangen werden. Es sei auf das Fachschrifttum verwiesen[9, 14, 15].

Über den Einsatz von Hartmetallziehsteinen, insbesonders die Wahl der entsprechenden Hartmetallsorten, der Leistung und der Ziehwinkel u. a., existiert seit deren Auftreten ein sehr umfangreiches Schrifttum mit zum Teil schwankenden Angaben über die Ziehleistung[16–27]. Je nach Ziehgut, Ziehverfahren und Ziehbedingungen läßt sich mit Hartmetallziehsteinen gegenüber gewöhnlichen Zieheisen eine 30- bis 200fache Mehrleistung erzielen. Das Leistungsverhältnis

---

[1] Eisenhuth, C.: Stahl u. Eisen **70** (1059), S. 1153/54.

[2] Withers, R. M. J.: J. Iron Steel Inst. **164** (1950), S. 63/66.

[3] Lueg, W.: Stahl u. Eisen **71** (1951), S. 157/70, 517/21.

[4] Domes, V.: Stahl u. Eisen **71** (1951), S. 1147/48.

[5] Werth, S.: Stahl u. Eisen **72** (1952), S. 66/69.

[6] Hirschfeld, M.: Werkstatt und Betrieb **85** (1952), S. 17/21.

[7] Lueg, W.: Werkstattstechn. Maschinenbau **42** (1952), S. 56/58.

[8] Lueg, W.: Stahl u. Eisen **73** (1953), S. 621/29, **74** (1954), S. 874/76.

[9] Kuntze, H. u. A. Pomp: Stahl u. Eisen **74** (1954), S. 1325/34.

[10] Schimz, K.: Draht **5** (1954), S. 17/18.

[11] Stäblein, F.: In: W. Dawihl u. E. Dinglinger, Handbuch der Hartmetallwerkzeuge, Springer-Verlag, Berlin 1956, Bd. II, S. 281/87.

[12] Richards, E. T.: Werkstatt u. Betrieb **79** (1946), S. 92/96.

[13] Heidenhain, W.: Ver. dtsch. Eisenhüttenl.-Bericht Nr. 80 (1944).

[14] Anonym: Bibliography on Wire. Iron Steel Inst., Bibliograph. Ser. Nr. 13, London 1947, S. 71ff.

[15] Lueg, W. u. K. H. Treptow: Stahl u. Eisen **74** (1954), S. 1334/42.

[16] Becker, K.: Hochschmelzende Hartstoffe und ihre technische Anwendung, Verlag Chemie, Berlin 1933, S. 202.

[17] Becker, K.: Hartmetallwerkzeuge, Verlag Chemie, Berlin 1935, S. 174.

[18] Becker, K.: Techn. Zbl. prakt. Metallbearb. **45** (1935), S. 275/76.

[19] Beardslee, K. R.: Wire and Wire Products **11** (1936), S. 553/59, **13** (1938), S. 63/66.

[20] Engle, E. W.: Wire and Wire Products **14** (1939), S. 319/24, 350/51.

[21] Swinn, E. J.: Sheet Metal Ind. **19** (1944), S. 297/300.

[22] Saxton, R.: Metallurgia **36** (1946), S. 68/69, **38** (1948), S. 314/16.

[23] Jukvec, I. A.: Stahl **7** (1947), Nr. 8, S. 737/41.

[24] Tompkins, J. O.: Wire and Wire Products **25** (1950), S. 576/78.

[25] Anonym: Symposium on Tungsten Carbide Dies: Wire and Wire Products **25** (1950), S. 133/35, 138/43, 166/71.

[26] Wistreich, J. G.: Wire Ind. **17** (1950), S. 889/92 u. 895/99.

[27] Miller, E. T.: Wire and Wire Products **30** (1955), S. 886/87.

liegt im allgemeinen um so günstiger für das Hartmetall, je stärker das Ziehgut verschleißend wirkt, wie z. B. bei hochlegierten Cr-Ni-Stählen oder insbesondere Fe-Al- und Fe-Cr-Al-Heizleiterdrähten mit ihren harten Korunddeckschichten. Nach J. HOLZBERGER[1] ist die Leistung beim Ziehen von Stahldraht mit Hartmetallsteinen bis vierhundertmal höher als bei Zieheisen (Abb. 115).

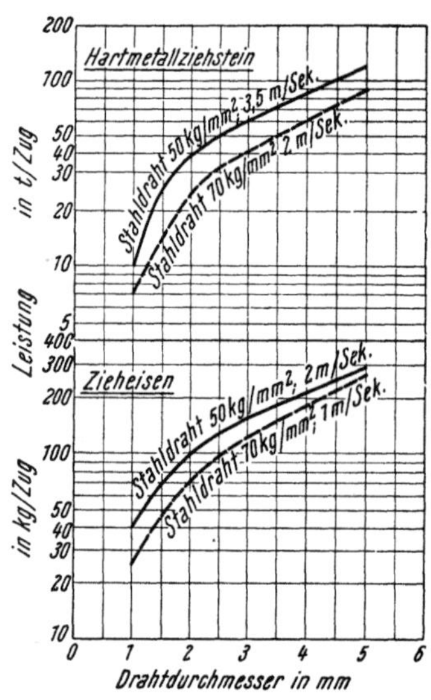

Abb. 115. Vergleich der Ziehleistung von Hartmetallziehsteinen und Zieheisen aus Chromstahl mit 2,5 bis 3% Cr (J. HOLZBERGER)

Beim Stabzug von Stählen mit niedriger Festigkeit bis 70 kg/mm² kann man bei Verwendung von Hartmetallziehringen durch Erhöhung der Ziehgeschwindigkeit von 6 m/Minute auf 12 und sogar bis 22 m/Minute bedeutende Leistungssteigerungen erzielen.

Der Verschleiß von Hartmetallwerkzeugen beim Ziehen von Stabstahl ist stark vom Schmiermittel abhängig, was aus Versuchen von W. LUEG und P. FUNKE[2] mit aktivierten Werkzeugen klar hervorgeht (vgl. S .273) .

Die hohe Verschleißfestigkeit der Hartmetallziehringe gewährleistet höchste Gleichmäßigkeit des Ziehgutes und Leistungen, die bei mittleren Rundabmessungen schon mehrfach die 1000-t-Grenze überschritten[3]. Beim Ziehen legierter Baustähle höherer Festigkeit von 90 bis 110 kg/mm² treten manchmal Schwierigkeiten auf, da die Ziehringe infolge der sehr hohen Beanspruchung gern reißen. Für diesen Anwendungsfall bedarf es noch weiterer Entwicklungsarbeit. Die Fassungen müssen besonders kräftig und genau gebaut sein, damit, bedingt durch die hohen Ziehdrücke, auch nicht die geringste Aufweitung erfolgen kann. Die Ziehgeschwindigkeit soll vorerst nicht 12 m/Minute übersteigen, da die Wärmestauungen, verbunden mit den hohen Druckspannungen sonst das vorzeitige Reißen der Ringe verursachen können. Es hat sich gezeigt, daß selbst beim Zug hochvergüteter Stabstähle ein außerordentlich geringer Ziehringverschleiß auftritt. Wenn es also gelingt, entsprechende Ziehwerkzeuge zu konstruieren, so ergäbe dies — im Hinblick auf die geringe Standzeit vom Zieheisen beim Zug hochfester Stähle — weite Anwendungsgebiete für Hartmetallziehringe.

[1] HOLZBERGER, J.: Stahl u. Eisen **71** (1951), S. 1098/1102.
[2] LUEG, W. u. P. FUNKE: Stahl u. Eisen **79** (1959), S. 996/1002.
[3] MACKERT, A.: Ver. dtsch. Eisenhüttenl.-Bericht Nr. 45 (1943).

C. Hartmetall im Bergbau

1. Allgemeines

Die Wirtschaftlichkeit des Bohrens im Berg- und Tiefbau hängt in erster Linie von der Widerstandsfähigkeit der Bohrschneide ab, welche im Dauerbetrieb außerordentlich auf Verschleiß beansprucht wird. Es ist daher schon bald nach Einführung der Hartmetalle in die Zerspanungstechnik versucht worden, diese hochverschleißfesten Werkstoffe im Bergbau zum Bohren von Salzen, Kohle, Mineralien und verschiedenen Gesteinsformationen einzusetzen. Zuerst waren die Ergebnisse nicht sehr befriedigend, weil die ersten Hartmetalle, insbesondere die auf dem Schmelzwege hergestellten, sehr spröde waren. Erst mit der Einführung der gesinterten, zähen Hartmetalle auf WC-Co-Basis mit 6 bis 15% Co, eröffneten sich den Hartmetallen weite Anwendungsgebiete im Bergbau[1–21].

Die im Berg- und Tiefbau erforderlichen Bohrlöcher können durch *drehendes* oder *schlagendes* Bohren niedergebracht werden. Im Kohlen-

---

[1] MÜLLER, O. u. H. WOHLBIER: Kruppsche Mh. **13** (1932), S. 89.

[2] BECKER, K.: Elektrizität im Bergbau **10** (1935), S. 93/96.

[3] BECKER, K.: Hochschmelzende Hartstoffe und ihre technische Anwendung, Verlag Chemie, Berlin 1933, S. 207.

[4] BECKER, K.: Hartmetallwerkzeuge, Verlag Chemie, Berlin 1935, S. 157ff.

[5] BORSCHEL, W. u. O. MÜLLER: Glückauf **87** (1951), S. 1003/10.

[6] DOBRODT, A. F.: Mines Mag. **43** (1953), Nr. 7, S. 13/14, 30.

[7] MÜLLER, O.: Glückauf **90** (1954), S. 1074/85, Schlägel u. Eisen (1956), S. 439/444.

[8] HINRICHS, K.: Techn. Mitt. Essen **47** (1954), S. 225/30.

[9] WILDE, H.: Berg- u. Hüttenmänn. Mh. **99** (1954), S. 188/93.

[10] SANDFORD, E. J. u. J. R. WILES: Alloy Metals Rev. **8** (1954), Nr. 71, S. 2/7, Nr. 72, S. 2/8, Nr. 73, S. 2/8.

[11] MÜLLER, O.: Techn. Mitt. Essen **47** (1954), S. 218/25, Techn. Mitt. Krupp **12** (1954), S. 89/96.

[12] MADER, W.: Montan-Rdsch. **3** (1955), S. 39/45.

[13] JESCHKE, H.: DEMAG-Nachr. (1955), Nr. 139, S. 31/32.

[14] BERNDT, F. u. W. DAWIHL: In: W. DAWIHL u. E. DINGLINGER, Handbuch der Hartmetallwerkzeuge, Springer-Verlag, Berlin 1956, Bd. II, S. 306/22.

[15] JESCHKE, H.: In: W. DAWIHL u. E. DINGLINGER, Handbuch der Hartmetallwerkzeuge, Springer-Verlag, Berlin 1956, Bd. II, S. 323/26.

[16] KÖLBL, F.: Montan-Rdsch. (1956), S. 230/64, Planseeber. Pulvermetallurgie **4** (1956), S. 72/79.

[17] HINRICHS, K.: Hartmetall im Bergbau, Springer-Verlag, Berlin 1956.

[18] KÖLBL, F.: Berg- u. Hüttenmänn. Mh. **103** (1958), S. 12/15, Planseeber. Pulvermeallurgie **6** (1958), S. 22/26.

[19] JÄGER, K.: Bergbautechnik **8** (1958), S. 24/27.

[20] MÜLLER, O.: Techn. Mitt. Krupp **20** (1962), S. 93/102; **21** (1963), S. 89/95.

[21] CRHA, Z. u. J. NOVAK: Hutnické Listy **19** (1963), S. 34/37.

bergbau erfolgt der Abbau in gewissen Fällen durch *Schrämen*, einen schürfend-kratzenden Vorgang.

Beim drehenden Bohren und beim Schrämen muß die Schneide hochverschleißfest und nur so zähe sein, daß sie bei der mehr kratzenden und schabenden Beanspruchung nicht ausbricht. Beim schlagenden Bohren ist neben guter Verschleißfestigkeit auch höchste Zähigkeit erforderlich, da die Schlagbohrschneide stärkster Beanspruchung durch Schlag und Druck ausgesetzt ist. Während man bei den ersten Drehbohrungen mit Hartmetallen arbeitete, die 5 bis 6% Co enthielten, waren beim schlagenden Bohren Sorten mit 8 bis 15% Co, vorzugsweise 9 bis 11% Co am Platze.

Beim drehenden Bohren und beim Schrämen konnten durch geeignete Ausbildung der Hartmetallbohrer und Schrämmeißel sehr bald große Mehrleistungen gegenüber Stahlwerkzeugen erzielt werden. Beim schlagenden Bohren ging die Entwicklung langsamer vor sich und erst in den letzten Jahren hat es sich eindeutig gezeigt, daß bei Verwendung neuentwickelter, besonders zäher Legierungen und von verbesserten Lötmethoden, Hartmetallschlagbohrer wirtschaftlicher arbeiten als Stahlbohrer.

Die im Berg- und Tiefbau gebräuchlichen Hartmetallwerkzeuge kann man nach dem Herstellungsverfahren in zwei Gruppen einteilen und zwar:

1. Werkzeuge, bei denen Hartmetallplatten oder Formstücke aufgelötet werden, z. B. Kohle- und Kalibohrer, Schrämmeißel, Schrämkronen, Schlagbohrer und mit Bohrspitzen armierte Hohlbohrkronen.
2. Werkzeuge, bei denen geformte oder unregelmäßige Bohrstücke, welche aus gesintertem Hartmetall oder geschmolzenem Wolframkarbid bestehen, unter Zuhilfenahme leicht schmelzender Legierungen durch Autogene- oder Lichtbogenschweißung aufgeschweißt werden. Als Beispiele sind hier insbesondere große Bohrwerkzeuge für die Tiefbohrtechnik, wie Fischschwanzmeißel, Rotary-Bohrer, Hohlbohrkronen u. a. zu nennen.

Bei der nun folgenden Besprechung der einzelnen Werkzeugtypen soll nicht die Herstellungsweise, sondern das Anwendungsgebiet, also einerseits das drehende Bohren und Schrämen, andererseits das schlagende Bohren, als einteilendes Prinzip angewandt werden.

2. Werkzeuge für das drehende Bohren und zum Schrämen

a) Kali- und Kohlebohrer

Zum Niederbringen von Sprenglöchern in Salzen verschiedenster Zusammensetzung, Mineralien und Kohle, haben hartmetallbestückte Drehbohrköpfe weitgehend Eingang gefunden[1–15]. Entscheidend beim drehenden Bohren von Mineralien und Kohle ist der Umstand, daß die Bohrleistung unter sonst gleichen Arbeitsbedingungen sehr weitgehend von der Schneidenform abhängt. So hat E. WINTER[3] 24 verschiedene Hartmetallschneideformen beim Bohren in kieseritreichen bzw. langbeinitischen Salzen untersucht. Die Anzahl der Bohrmeter zwischen zwei Anschliffen schwankte (Drehzahl 450/Minute, Vorschub 1,34 m/Minute) beim kieserithaltigen Salz in Abhängigkeit von der Schneidenform zwischen 142 und 170 m, beim langbeinitischen Salz zwischen 41 und 142 m. Der Bohrer mit der höchsten Leistung hatte eine Einplattenschneide mit zwei Schneidenspitzen, eine am Umfang und die zweite etwas von der Mitte versetzt. Die beiden vorderen Schneidenrücken haben dadurch eine ungleiche Länge. Auch Bohrer mit Mittelspitzenvoll- und Mittelspitzenkerbschneiden haben gute durchschnittliche Leistungen ergeben. Zweiplattenbohrer haben sich im Gegensatz zu den Verhältnissen beim Kohlebohren nicht gut bewährt. Die Ursache lag wahrscheinlich darin, daß die Kerbe in der Schneidenmitte der Plättchen so groß ist, daß der stehenbleibende Kern im Gestein nicht mehr vollständig herausgebrochen werden kann. Die Innenseiten der Hartmetallplättchen werden dadurch stark abgeschabt und brechen bald aus.

---

[1] BECKER, K.: Hartmetallwerkzeuge, Verlag Chemie, Berlin 1935, S. 157/68.

[2] BECKER, K.: Hochschmelzende Hartstoffe und ihre technische Anwendung, Verlag Chemie, Berlin 1933, S. 207/08.

[3] WINTER, E.: Diss. Techn. Hochsch. Breslau, 1933, Elektrizität im Bergbau **9** (1934), S. 87.

[4] SCHULZ, P.: Glückauf **86** (1950), S. 784/92.

[5] BORSCHEL, W. u. O. MÜLLER: Glückauf **87** (1951), S. 1003/10.

[6] MÜLLER, O.: Techn. Mitt. Essen **47** (1954), S. 218/25, Techn. Mitt. Krupp **12** (1954), S. 89/96.

[7] MÜLLER, O.: Glückauf **90** (1954), S. 1074/85, Schlägel u. Eisen (1956), S. 439/44.

[8] HINRICHS, K.: Techn. Mitt. Essen **47** (1954), S. 225/30.

[9] BERNDT, F. u. W. DAWIHL: In: W. DAWIHL u. E. DINGLINGER, Handbuch der Hartmetallwerkzeuge, Springer-Verlag, Berlin 1956, Bd. II, S. 306/22.

[10] JESCHKE, H.: In: W. DAWIHL u. E. DINGLINGER, Handbuch der Hartmetallwerkzeuge, Springer-Verlag, Berlin 1956, Bd. II, S. 323/36.

[11] FAIRHURST, C.: Trans. Inst. Min. Engng. **115** (1955), S. 85/103.

[12] HINRICHS, K.: Hartmetalle im Bergbau, Springer-Verlag, Berlin 1956, S. 58/83.

[13] FISH, B. G. u. J. S. BARKER: Colliery Engng. **33** (1956), S. 91/95, 143/47; **34** (1957), S. 463/67, 513/18.

[14] FISH, B. G.: Mine and Quarry Engng. **24** (1958), S. 264/67; **27** (1961), S. 29/37, 78/81; Trans. Am. Soc. Min. Met. Engng. **68** (1958/59), S. 357/83.

[15] JACKSON, I. F. u. H. L. HARTMAN: Trans. Am. Soc. Min. Engng. **223** (1962), S. 255/66.

Nach B. PASSMANN[1] ist das Leistungsverhältnis von Hartmetallbohrern zu Schnellstahlschneiden beim Bohren von Salzen verschiedener Härte 50 : 1 bis 10 : 1.

Ähnlich wie beim Bohren von Salzen liegen auch die Verhältnisse beim Drehbohren von Kohle. Auch hier ist die Ausbildung der Schneide von entscheidendem Einfluß und es wurden im Laufe der Entwicklung sehr zahlreiche Schneidenformen erprobt[2,3]. Nach G. DRESNER[4] ist eine Zweiflügelschneide mit mehr oder weniger gebogenen Bohrfingern am zweckmäßigsten. Zwei Hartmetallplatten werden dabei in entsprechende Schlitze des Trägers eingelötet. Die beiden Schneidenspitzen arbeiten etwas versetzt. Bisweilen werden auch für sehr harte Kohlen Schneiden mit drei Bohrspitzen verwendet, deren mittlere höher oder exzentrisch angeordnet ist. Das Werkzeug arbeitet dabei eher brechend als schabend, was beim Bohren von Kohlen unbedenklich ist.

Nach K. BECKER[5] ist es sowohl im Kali- als auch im Kohlenbergbau sehr wichtig, daß die Werkzeuge sauber geschliffen und die richtigen Winkel auch beim Nachschliff eingehalten werden. Die einzelnen Winkelabmessungen schwanken naturgemäß und ändern sich mit der Schneidenform. Es beträgt der Rückenwinkel etwa 5 bis 32°, der Brustwinkel 75 bis 130°, der Keilwinkel 45 bis 80°. Bei Stahlschneiden sind die entsprechenden Winkel etwas spitzer. Allgemeine Angaben über die Winkelabmessungen sind schwer zu machen, da diese mit der Schneidenform sehr schwanken.

Das Schleifen von Bohrkronen mit Hartmetallplättchen muß wesentlich sorgfältiger geschehen als bei Schnellstahlschneiden. Es ist daher ebenso wie beim Schleifen von Spezialwerkzeugen besonders auf die Auswahl der Schleifscheiben und Umlaufgeschwindigkeiten zu achten. Man mißt am besten mit Schablonen nach, ob der richtige Schnittwinkel angeschliffen ist. Die Kosten eines Anschliffes bei einem Bergbau-Hartmetallwerkzeug sind gewöhnlich zwei- bis dreimal höher als bei einem Schnellstahlbohrer. Dies gleicht sich jedoch durch die wesentlich größere Zahl der geleisteten Bohrmeter zwischen zwei Anschliffen bei Hartmetall wieder aus.

Den geringsten natürlichen Verschleiß zeigen die schabend wirkenden Schneiden, weil bei diesen Formen die ganze Schneid-

---

[1] PASSMANN, B.: Kali **24** (1930), S. 121/26.

[2] SCHULZ, P. u. K. TRÖSKEN: In: Das Auffahren von Gesteinsstrecken, Verlag Glückauf, Essen 1949, S. 30/40.

[3] BERTHON, M.: Rev. Ind. Minerale (1949), S. 3/22, 51/66.

[4] DRESNER, G.: Glückauf **70** (1934), S. 821/30.

[5] BECKER, K.: Hartmetallwerkzeuge, Verlag Chemie, Berlin 1935, S. 157/68.

fläche arbeitet. Bei Bohrkronen mit einzelnen Schneiden werden dagegen nur Teile der Schneiden zur Arbeitsleistung herangezogen, so daß sich der gesamte Bohrdruck auf wesentlich kleinere Flächen vereinigt. Demzufolge muß die natürliche Abnutzung eine größere sein. Im allgemeinen ist beim Bohren mit Hartmetallschneiden der natürliche Verschleiß gering; dagegen tritt ein erheblicher Materialverlust beim Schleifen der Schneiden ein. Auch dieses Verhältnis hängt natürlich von der Schneidenform ab. Im Mittel ist der Materialverlust beim Schleifen etwa zehnmal so groß als die natürliche Abnutzung beim Bohren. Bei Schnellstahlschneiden ist das Verhältnis gerade umgekehrt.

Was für eine Schneidenform beim drehenden Bohren jeweils die zweckmäßigste ist, wird wohl immer erst ein Versuch ergeben. So scheint man im Kalibergbau den Einplättchenschneiden, im Kohlebergbau und beim Gesteinsbohren den Zwei- und Mehrplättchenschneiden den Vorzug zu geben[1–13]. In Abb. 116 sind die gebräuchlichsten Bohrerformen für Kali- und Kohlebergbau gezeigt. Sowohl im Kali- als auch im Kohlebergbau scheinen exzentrisch angeordnete Schneiden die beste Wirkung auszuüben, da sie die Bohrarbeit unterteilen und teils schabend, teils brechend wirken. Derartige Schneiden mit zweiseitiger Wirkungsweise können besonders stark beansprucht werden, während beispielsweise lediglich schabende Schneiden nur für einen relativ kleinen Vorschub zu gebrauchen sind. Bei der Wahl der Schnittgeschwindigkeit, für welche Richtwerte der Zahlentafel 84 zu entnehmen sind, muß auf die benutzte Maschine die Gesteinshärte, Spantiefe und Vorschub und auf die Wirtschaftlichkeit Rücksicht

---

[1] HINNÜBER, J.: Berg- u. Hüttenmänn. Mh. **89** (1941), S. 117/24, Öl und Kohle **38** (1942), S. 391/98.

[2] SCHULZ, P. u. K. TRÖSKEN: In: Das Auffahren von Gesteinsstrecken, Verlag Glückauf, Essen 1949, S. 30/40.

[3] BERTHON, M.: Rev. Ind. Minérale (1949), S. 3/22, 51/66.

[4] MIDDENDORF, H.: In: Das Auffahren von Gesteinsstrecken, Verlag Glückauf, Essen 1949, S. 40/43.

[5] SCHULZ, P.: Glückauf **86** (1950), S. 784/92.

[6] BORSCHEL, W. u. O. MÜLLER: Glückauf **87** (1951), S. 1003/10.

[7] HINRICHS, K.: Techn. Mitt., Essen **47** (1954), S. 225/30.

[8] MÜLLER, O.: Techn. Mitt., Essen **47** (1954), S. 218/25; Techn. Mitt. Krupp **12** (1954), S. 89/96; Schlägel u. Eisen (1956), S. 439/44.

[9] FAIRHURST, C.: Trans. Inst. Min. Engng. **115** (1955), S. 85/103.

[10] BERNDT, F. u. W. DAWIHL: In: W. DAWIHL u. E. DINGLINGER, Handbuch der Hartmetallwerkzeuge, Springer-Verlag, Berlin 1956, Bd. II, S. 306/22.

[11] RIEDL, J. nach N. GLANTSCHNIG: Montan-Rdsch. (1956), Nr. 4, S. 81/88.

[12] HINRICHS, K.: Hartmetall im Bergbau, Springer-Verlag, Berlin 1956, S. 68.

[13] MÜLLER, O.: Techn. Mitt. Krupp **20** (1962), S. 93/102; **21** (1963), S. 89/95.

genommen werden[1]. Bei der drehenden Bearbeitung von Gesteinen gelten die gleichen Gesetzmäßigkeiten wie bei der Zerspanung metallischer Werkstoffe[2–6].

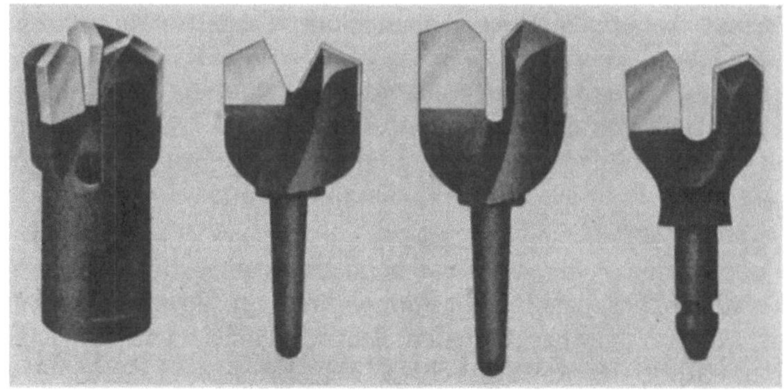

Abb. 116. Mit Hartmetall bestückte Drehbohrer (WALLRAM, Hartmetall G. m. b. H., Essen)

Zahlentafel 84. *Richtwerte der werkstoffgerechten Schnittgeschwindigkeit für die spanabhebende Gesteinsbearbeitung* (W. BORSCHEL)

Werkstoffgruppe Gestein		Schnittgeschwindigkeit m/min
Steinkohle	weich, rein	150 bis 300
	hart, unrein	100 bis 150
Hartsalze		50 bis 100
Sedimentgesteine	mittelhart	50 bis 100
	hart	25 bis 50
	sehr hart	5 bis 25
Eruptivgesteine	basisch	5 bis 20
	sauer	3 bis 5

Zusammenfassend kann man feststellen, daß hartmetallbestückte Bohrer beim Kali- und Kohlebohren folgende Vorteile haben:

---

[1] BORSCHEL, W.: Techn. Mitt. Krupp **13** (1955), S. 3/9.

[2] SCHMIDT, W.: Z. Erzbergbau Metallhüttenwes. **13** (1960), S. 174/79.

[3] LATIN, A.: Metallurgia, Manchester **64** (1961), S. 211/16.

[4] FISH, B. G. u. J. S. BARKER: Colliery Engng. **33** (1956), S. 91/95, 143/47; **34** (1957), S. 463/67, 513/18.

[5] FISH, B. G.: Mine and Quarry Engng. **24** (1958), S. 264/67; **27** (1961), S. 29/37, 78/81; Trans. Am. Soc. Min. Met. Eng. **68** (1958/59), S. 357/83.

[6] JACKSON, I. F. u. H. L. HARTMAN: Trans. Am. Soc. Min. Eng. **223** (1962), S. 255/66.

1. Im Vergleich zu Schnellstahlbohrern ist die Leistung von Hartmetallbohrern, bezogen auf die gesamte Bohrmeterzahl, beim Kohlebohren rund zehnmal größer, beim Bohren kieseritreicher Hartsalze etwa fünfmal so groß. Besonders groß ist der Leistungsunterschied beim Bohren langbeinitischer Hartsalze, wobei Schnellstahlbohrer nur wenige Zentimeter scharf bleiben, Hartmetallbohrer 50 m und in günstigen Fällen 142 m ohne Nachschliff bohren.

2. Während man sich beim Bohren mit Schnellstahl mit Vorschüben von 400 bis 800 mm/Minute begnügen muß, kann beim Hartmetallschneiden der Vorschub ohne weiteres auf 1400 mm/Minute und mehr gesteigert werden.

3. Das Nachschleifen der Schneiden ist wegen der höheren Standzeit nicht so häufig erforderlich wie bei Schnellstahl.

4. Infolge der langen Schneidhaltigkeit bleibt der Bohrdruck gleichmäßig niedrig, so daß bedeutende Energiemengen erspart werden.

5. Durch bessere Schneidwirkung ist das Bohrmehl gröber; es entsteht weniger Kohle- und Mineralstaub.

b) Hohlbohrkronen

Zur Niederbringung von Bohrungen größerer Durchmesser in Kohle oder Gesteinen sowie bei Schürf- und Tiefbohrungen werden heute mit Vorteil hartmetallbestückte Hohlbohrkronen eingesetzt. Vor der Einführung von Hartmetallen waren allgemein Diamantkronen für das Bohren harter Gesteinsformationen in Gebrauch. Die verhältnismäßig große Anzahl von Diamanten bedingt hohe Anschaffungskosten. Beim Bohren in klüftigem Gestein kann es zudem noch zu starkem Absplittern oder sogar zum Verlust der Diamanten kommen. Man hat daher schon frühzeitig nach Einführung der Hartmetalle begonnen, an Stelle der Diamanten in Hohlbohrkronen Stifte (Spitzen) und Zähne aus Hartmetall einzusetzen[1–6]. Das Hartmetall hat den Diamanten und Diamantmetalllegierungen aus ihrer Domäne, dem Tiefbohren, nicht verdrängen, aber in vielen Fällen ersetzen können.

---

[1] Karlowitz, Ch. u. A. Urban: Bohrtechniker-Ztg. (1937), Nr. 9, S. 265/73.

[2] Hinnüber, J.: Berg- u. Hüttenmänn. Mh. **89** (1941), S. 117/24.

[3] Müller, O.: Techn. Mitt., Essen **47** (1954), S. 218/25; Techn. Mitt. Krupp **12** (1954), S. 89/96.

[4] Hinrichs, K.: Hartmetall im Bergbau, Springer-Verlag, Berlin 1956, S. 91.

[5] Esch, A. u. H. Töpperwien: Z. Erzbergbau Metallhüttenwes. **11** (1958), S. 15/28.

[6] Müller, O.: Techn. Mitt. Krupp **20** (1962), S. 93/102; **21** (1963), S. 89/95.

In den Kronen, welche mit Außendurchmessern von 40 bis 230 mm und darüber hergestellt werden, sind runde, sechskantige oder achtkantige Bohrspitzen oder besonders geformte Bohrzähne eingelötet.

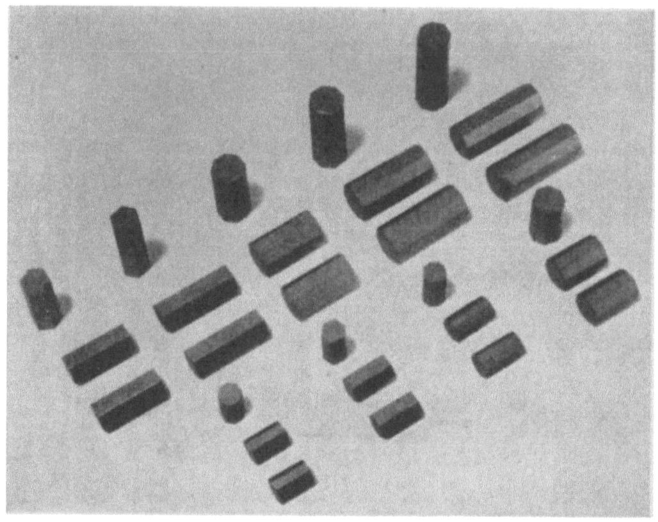

Abb. 117. Hartmetall-Bohrspitzen

Abb. 118. Mit Hartmetall-Bohrspitzen bestückte Hohlbohrkronen

Abb. 119. Hartmetallbestückte Spiralbohrkrone (WALLRAM Hartmetall GmbH., Essen)

Die Bohrspitzen, deren Größe sich nach dem Durchmesser der Krone richtet, werden abwechselnd am Innen- und Außendurchmesser eingesetzt, so daß sie sich überschneiden. Für besonders stark schleifende Gesteinsformationen wird die Bohrkrone auch noch seitlich mit Bohrspitzen besetzt, um das Kaliber freizuhalten. Es ist hier die Feststellung von Interesse, daß es ohne Schwierigkeiten gelingt, mit Hartmetall-

Bohrkronen eisenarmierten Beton zu bohren. Die Bohrspitzenzahl hängt sowohl vom Durchmesser der Bohrkrone als auch von der Beschaffenheit der zu bohrenden Gesteinsformation ab. Abb. 117 zeigt eine Auswahl von Bohrspitzen und Bohrzähnen aus Hartmetall und Abb. 118 fertigbestückte Hohlbohrkronen.

Außer durch Einlöten von Bohrspitzen und Bohrzähnen können Hohlbohrkronen auch durch Aufschweißen von gesinterten oder geschmolzenen Hartmetallbohrstücken armiert werden. Man verfährt dabei ähnlich wie bei der Bestückung von großen Tiefbohrwerkzeugen (Fischschwanzmeißel u. a., s. S. 315).

c) *Großlochbohrer*

Unter Großlochbohren versteht man ein in den letzten Jahren entwickeltes Drehbohrverfahren zur Herstellung großer und tiefer Bohrlöcher von 80 mm bis hinauf zu 400 mm ohne Kern in Kohle, Erzen und Gesteinen aller Art, ferner für Wetterlöcher, Entgasungs- und Entwässerungslöcher und auch für Einbruchlöcher im Streckenvortrieb[1–13]. Verwendet werden Großlochbohrmaschinen mit 9 bis 30 PS Leistung und große hartmetallbestückte Drehbohrkronen, Stufenbohrer und Stufenspiralbohrkronen (Abb. 119), die häufig so konstruiert sind, daß man die Schneiden zum Nachschleifen einzeln aus dem Bohrkopf ausbauen kann. Die Wirtschaftlichkeit des Großlochbohrens gegenüber dem Auffahren der genannten Grubenräume nach der alten Methode des Bohrens und Schießens kann als erwiesen angesehen werden.

d) *Drehschlagbohrer*

Das Drehschlagbohren, auch „Vibro-Bohren" genannt, stellt eine Kombination des drehenden und schlagenden Bohrens vor und ist

---

[1] TRÖSKEN, K.: Glückauf **87** (1951), S. 145/61, **90** (1954), S. 1094/1105.

[2] MÜLLER, O.: Techn. Mitt., Essen **47** (1954), S. 218/25; Techn. Mitt. Krupp **12** (1954), S. 89/96.

[3] HINRICHS, K.: Techn. Mitt., Essen **47** (1954), S. 225/30.

[4] DINGLINGER, E.: Werkstattstechnik u. Maschinenbau **45** (1955), S. 361/67.

[5] BERNDT, F. u. W. DAWIHL: In: W. DAWIHL u. E. DINGLINGER, Handbuch der Hartmetallwerkzeuge, Springer-Verlag, Berlin 1956, Bd. II, S. 306/22.

[6] FISH, B. G.: Mining Mag. **94** (1956), Nr. 3, S. 133/42.

[7] CERMAK, K.: Montan-Rdsch. (1956), S. 268/71.

[8] HINRICHS, K.: Hartmetalle im Bergbau, Springer-Verlag, Wien 1956, S. 90/98.

[9] PREUSSER, W.: Z. Erzbergbau Metallhüttenwes. **11** (1958), S. 470/77.

[10] KLOBASSA, O.: Montan-Rdsch. **6** (1958), S. 43/47.

[11] WUNSCH, H.: Glückauf **95** (1959), S. 265/73.

[12] GOODRICH, R. H.: Quart. Colorado School Mines **56** (1961), Nr. 1, S. 3/21.

[13] MÜLLER, O.: Techn. Mitt. Krupp **20** (1962), S. 93/102; **21** (1963), S. 89/95.

in den letzten Jahren zum Niederbringen verhältnismäßig weiter und tiefer Sprenglöcher in Gesteinen aller Art mit Vorteil angewandt[1–9] worden. Erforderlich sind Bohrwagen mit entsprechenden Dreh-Schlagbohrmaschinen. Der hartmetallbestückte Bohrer ist in seiner Form der kombinierten Dreh- und Schlagarbeit angepaßt (Abb. 120). Die bisherigen technischen und wirtschaftlichen Erfolge des Drehschlagbohrens sind vielversprechend.

Abb. 120. Drehschlagbohrer (WALLRAM Hartmetall GmbH., Essen)

e) *Schrämwerkzeuge*

Der Abbau von Kohlesorten hoher Härte mit z. B. Toneisenstein- oder Schwefelkieseinlagerungen mit Hilfe von Schrämmaschinen stellt an die Schrämmeißel höchste Anforderungen. Früher benutzte man als Werkstoff für die Meißel Cr-W-Stähle, die vergütet wurden. Nach dem Stumpfwerden mußten die Schneiden aufgeschmiedet, nachgeschliffen und erneut vergütet werden, wobei der Stahl mit der Zeit versprödete und schlag- und stoßempfindlich wurde.

Bei hartmetallbestückten Schrämwerkzeugen verschiedenster Form (Kettenmeißel, Stangenpicken, Schälschrappermesser, Schrämkronen u. a.) entfallen diese Nachteile, da die Schneiden nach Stumpfwerden nur nachgeschliffen werden müssen und das Werkzeug sofort wieder einsatzfähig ist[10–12].

Der normale Hartmetallschrämmeißeltyp besteht zweckmäßig aus einem Schaft von sehr zähem und hochfestem Cr-Ni-W-Stahl mit etwa 150 kg/mm^2 Festigkeit. Als Hartmetalleinsätze haben sich

---

[1] CRONJAEGER, H.: Erzmetall **6** (1953), S. 494/96.

[2] HINRICHS, K.: Techn. Mitt., Essen **47** (1954), S. 225/30.

[3] BERNDT, F. u. W. DAWIHL: In: W. DAWIHL u. E. DINGLINGER, Handbuch der Hartmetallwerkzeuge, Springer-Verlag, Berlin 1956, Bd. II, S. 306/22.

[4] JESCHKE, H.: In: W. DAWIHL u. E. DINGLINGER, Handbuch der Hartmetallwerkzeuge, Springer-Verlag, Berlin 1956, Bd. II, S. 323/36.

[5] INETT, E. W.: Engng. Mining J. **157** (1956), Nr. 8, S. 75/79.

[6] Untersuchungen über das Drehschlagbohren. Forschungsber. Min. Nordrhein.-Westfalen, Nr. 712 (1959).

[7] WAHL, H., G. KANTENWEIN u. W. SCHÄFER: Bergbau-Archiv **20** (1959), S. 58/90, Wear **4** (1961), S. 234/45.

[8] LILJESTRAND, W. E.: Quart. Colorado School Mines **56** (1961), Nr. 1, S. 84/96.

[9] MÜLLER, O.: Techn. Mitt. Krupp **20** (1962), S. 93/102; **21** (1963), S. 89/95.

[10] BORSCHEL, W. u. O. MÜLLER: Glückauf **87** (1951), S. 1003/10.

[11] MÜLLER, O.: Techn. Mitt., Essen **47** (1954), S. 218/25; Techn. Mitt. Krupp **12** (1954), S. 89/96.

[12] HINRICHS, K.: Hartmetalle im Bergbau, Springer-Verlag, Berlin 1956, S. 98/119.

einfache Rundstifte am besten bewährt. Man benutzt zum Einlöten Bronze-, Messing- oder Silberlote mit Schmelzpunkten unterhalb 850°, um die Härtetemperatur für den Schaft und die Löttemperatur miteinander in Übereinstimmung zu bringen. Die Hartmetallstifte von meist 10 mm Durchmesser werden in eine Vertiefung des Schaftes, gegebenenfalls mittels Hochfrequenzerhitzung, eingelötet. Auf diese Weise erreicht man einen sehr festen Sitz des Stiftes, der durch die Schrumpfspannung des Schaftes noch verbessert wird und vermeidet so ein Herausdrücken durch seitliche Beanspruchung beim Einsatz. Die Meißelköpfe sind gegebenenfalls leicht gekröpft. Abb. 121 zeigt fertige Hartmetallschrämmeißel.

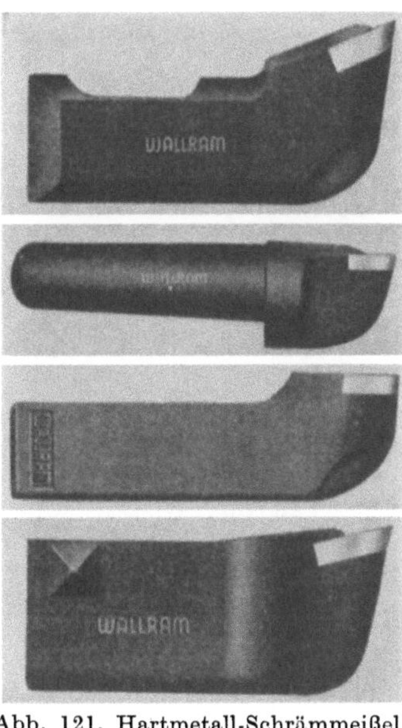

Abb. 121. Hartmetall-Schrämmeißel (WALLRAM, Hartmetall GmbH., Essen)

Selbstverständlich hat auch bei Schrämwerkzeugen die Schneidenausbildung einen großen Einfluß auf die Leistung. J. MENKE[1] hat zahlreiche Schneidenformen untersucht und die Leistung der Hartmetallschrämmeißel mit jener üblicher Stahlmeißel und mit Stellitwerkzeugen verglichen. Der Stahlmeißel war nach 22,3 m, der Stellitmeißel nach 68 m und der Hartmetallmeißel erst nach 270 m Schrämarbeit stumpf. Die Gesamtleistung eines Hartmetallmeißels betrug im Durchschnitt etwa 6000 Schrämmeter. Bis zum völligen Verschleiß eines Satzes von 24 Meißeln konnten mit Stahlmeißeln 756 m^2, mit Stellitmeißeln 1423 m^2 und mit Hartmetallmeißeln 7916 m^2 unterschrämt werden. Ein Unterschied in der Körnung des Schrämkleines konnte nicht beobachtet werden. Durch Benutzung größerer Vorschübe konnte bei den Hartmetallmeißeln eine größere Verhiebgeschwindigkeit, besonders bei Benutzung moderner Abbaumaschinen, erzielt werden.

Zusammenfassend ergeben sich beim Einsatz von Hartmetallschrämmeißeln gegenüber bisherigen Stahlpicken folgende entscheidende Vorteile:

1. Überlegene Gesamtschrämleistung.
2. Höhere Standzeit, daher nicht so häufiges Nachschleifen der Meißel.

[1] MENKE, J.: Glückauf **68** (1932), S. 337/40.

3. Geringste Abnutzung, so daß die Meißel bis 20mal nachgeschliffen werden können, dadurch geringster Meißelverbrauch pro Tonne geschrämter Kohle.

4. Kürzere Schrämzeiten infolge höherer Vorschubgeschwindigkeit auch beim Schrämen härtester Kohle.

5. Verringerte Schrämbetriebskosten, infolge Einsparung von Material, Druckluft und Energie; Schonung der Schrämmaschinen durch stoßfreien und ruhigen Gang.

3. Werkzeuge zum schlagenden Bohren

a) Schlagbohrmeißel mit Hartmetallplatten

Während man Kohle, Salze und weiche Gesteine mittels Drehbohrern oder Hohlbohrkronen bohrt, geschieht das Niederbringen von Sprenglöchern und Bohrungen aller Art in mittelharten und harten Gesteinen durch Schlagbohren. Diese Bohrtechnik hat daher bei Felsarbeiten aller Art, im Tunnelvortrieb, im Erzbergbau und ganz allgemein bei Tiefbauvorhaben größte Bedeutung[1–24].

---

[1] HENSOLDT, E. E.: Hartmetallbohrkunde des Steinbruchs. DAF.-Verlag, Berlin 1941.

[2] JESCHKE, H.: Glückauf **77** (1941), S. 570/74.

[3] MÜLLER, O.: Techn. Mitt. Krupp **10** (1942), Nr. 1, S. 1/11.

[4] RICHTER, E.: Metall u. Erz **39** (1942), S. 178/84.

[5] VARVILL, W. W.: Mine Quarry Engng. **13** (1947), Februar, S. 37/44.

[6] GRIFFITHS, H. M.: Colliery Engng. **24** (1947), S. 120/24.

[7] WIMPFEN, S. P.: Mining and Metallurgy **28** (1947), S. 148/49.

[8] BLOEMSMA, J. H., R. RAMSAY u. O. DEANE: J. Chem. Met. Min. Soc. South Africa (1947), Jänner, S. 243/83, Juli 35/38, (1948) Jänner, S. 210/11.

[9] BORSCHEL, W. u. O. MÜLLER: Glückauf **87** (1951), S. 1003/10.

[10] HINRICHS, K.: Techn. Mitt., Essen **47** (1954), S. 225/30.

[11] WILDE, H.: Berg- u. Hüttenmänn. Mh. **99** (1954), S. 188/93.

[12] MÜLLER, O.: Glückauf **90** (1954), S. 1074/85, Schlägel u. Eisen (1956), S. 439/44

[13] SANDFORD, E. J. u. J. R. WILES: Alloy Metals Rev. **8** (1954), Nr. 71, S. 2/7, Nr. 72, S. 2/8, Nr. 73, S. 2/8.

[14] MADER, W.: Montan-Rdsch. **3** (1955), S. 39/45.

[15] BERNDT, F. u. W. DAWIHL: In: W. DAWIHL u. E. DINGLINGER, Handbuch der Hartmetallwerkzeuge, Springer-Verlag, Berlin 1956, Bd. II, S. 306/22.

[16] JESCHKE, H.: In: W. DAWIHL u. E. DINGLINGER, Handbuch der Hartmetallwerkzeuge, Springer-Verlag, Berlin 1956, Bd. II, S. 323/36.

[17] HINRICHS, K.: Hartmetalle im Bergbau, Springer-Verl., Berlin 1956, S. 9/58.

[18] DORSTEWITZ, G.: Z. Erzbergbau Metallhüttenwes. **10** (1957), S. 592/604.

[19] HARTMAN, H. L.: Min. Engng. **11** (1959), Nr. 1, S. 68/75.

[20] WAHL, H., G. KANTENWEIN u. W. SCHÄFER: Bergbau-Archiv **20** (1959), S. 58/90.

[21] POHL, W.: Erzmetall **14** (1961), S. 338/44.

[22] MÜLLER, O.: Techn. Mitt. Krupp **20** (1962), S. 93/102; **21** (1963), S. 89/95.

[23] CRHA, Z. u. J. NOVAK: Hutnické Listy **19** (1963), S. 34/37.

[24] TAMACKI, M.: Sumitomo Electric Techn. Rev. (1963), Nr. 2, S. 75/85.

Beim schlagenden Bohren dringt bei jedem Einzelschlag des Hammers die Schneidenkante, je nach dem Widerstand des Gesteins, mehr oder weniger tief in das Gesteinsgefüge ein und wirkt teils zertrümmernd, teils spaltend. Beim nächsten Schlag befindet sich die Schneide zufolge der Umsatzbewegung des Bohrers an einer um Bruchteile eines Millimeters vom ersten Schlag entfernten Stelle. Die zwischen diesen beiden Schlagkerben stehenden Gesteinsteilchen werden nun herausgesprengt. Teilweise findet auch eine Zertrümmerung durch Überschreiten der Bruchfestigkeit des Gesteins statt[1–3, 6, 7]. Die herausgesprengten Gesteinsteilchen müssen durch das Spülwasser so schnell wie möglich hinter die Schneide gebracht werden, um nicht die Schneide unnütz zu verschleißen. Dies geschieht in der Regel durch Nuten am Umfang des Bohrers. Dadurch wird naturgemäß die Umfangfläche beträchtlich verkleinert, was sich in einer Erhöhung des Kaliberverschleißes auswirkt. Man hat daher auch Bohrköpfe konstruiert, die keine Umfangsnuten besitzen, sondern bei denen der Bohrschlamm durch innenliegende Abflußkanäle abgeführt wird.

Der Bohrfortschritt beim schlagenden Bohren ist also in erster Linie abhängig von der Härte bzw. Druckfestigkeit des Gesteines oder der Gesteinsformation. Die Härte von Gesteinen wird meist nach dem Rückprallverfahren geprüft und in Shore ausgedrückt. Es ist verständlich, daß die Härtewerte in sehr weiten Grenzen schwanken. Zahlentafel 85 gibt auf Grund von Literaturangaben Werte für die Härte verschiedener Gesteine wieder[1, 4, 5].

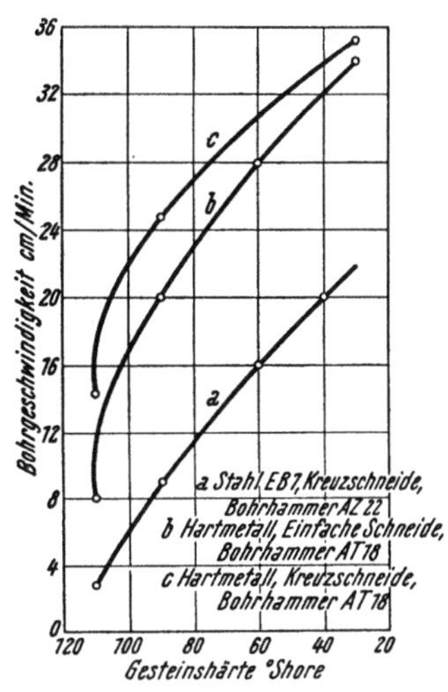

Abb. 122. Bohrgeschwindigkeit beim Schlagbohren mit Hartmetall- und Stahlmeißeln in Gesteinen verschiedener Härte (G. ZEPPERNICK)

Ermittelt man die Bohrgeschwindigkeit in Abhängigkeit von der Gesteinshärte, dann sieht man gemäß Abb. 122, daß die Hartmetallschneiden den üblichen Stahlschneiden, insbesondere beim Bohren von harten und mittelharten Gesteinen stark

---

[1] MÜLLER, O. u. H. WOHLBIER: Glückauf **69** (1933), S. 706/08.

[2] BAMMER, G.: Berg- u. Hüttenmänn. Mh. **89** (1941), S. 106/10.

[3] DORSTEWITZ, G.: Z. Erzbergbau Metallhüttenwes. **3** (1950), S. 361/70.

[4] RICHTER, E.: Metall u. Erz **39** (1942), S. 178/84.

[5] KREKELER, K.: Die Zerspanbarkeit metallischer und nichtmetallischer Werkstoffe, Springer-Verlag, Berlin 1951, S. 296/300.

[6] LÜCK, H.: Z. Erzbergbau Metallhüttenwes. **10** (1957), S. 391/96.

[7] CLEMENT, M. P.: Z. Erzbergbau Metallhüttenwes. **10** (1957), S. 255/64.

überlegen sind[1]. Die Hartmetallkreuzschneide zeigt dabei höhere Leistung als die Einfachmeißelschneide. Beim Bohren weicher Gesteine mit Hartmetallmeißeln ist die Wirtschaftlichkeit nicht immer gegeben, da auch der Stahlmeißel nur wenig verschleißt und man dessen

Zahlentafel 85. *Shore-Härte einiger Gesteine*

Gestein	Shore-Härte
Gipsgestein	18
Mergel	22 bis 28
Tonschiefer	bis 35
Sandschiefer	bis 70
Sandstein	70 bis 90
Granit	70 bis 90
Gneis	80 bis 100
Quarz	90 bis 100
Konglomerat	80 bis 100
Grauwacke mit Quarz	80 bis 105

Schneidwinkel kleiner wählen kann als bei der Hartmetallschneide, was sich auf den Bohrfortschritt günstig auswirkt. Zudem geht beim schlagenden Bohren von weichen Gesteinen mit Hartmetallmeißeln die Bohrstange durch Ermüdung zu Bruch, bevor noch die Hartmetallplatte, welche in diesem Fall nur sehr wenig verschleißt, ausgenützt ist. Schematisch kann man die Abhängigkeit der Bohrleistung von der Gesteinshärte bei Verwendung von Stahl- bzw. von Hartmetallbohrern daher gemäß Abb. 123 darstellen[2]. Unterhalb einer gewissen Höchstgesteinshärte sind Stahlbohrer beim schlagenden Bohren auch heute noch Hartmetallbohrern vorzuziehen.

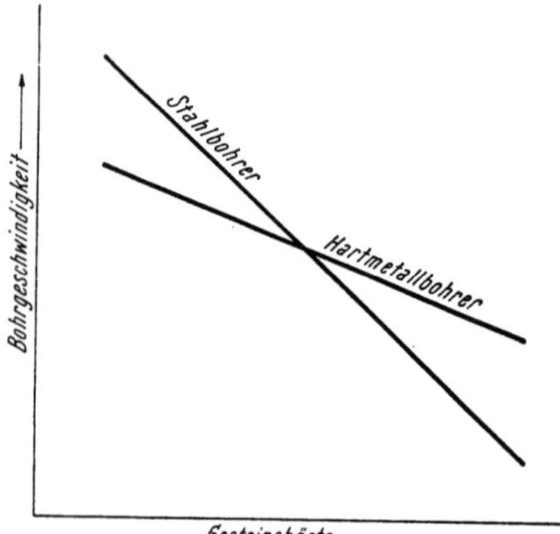

Abb. 123. Abhängigkeit der Bohrgeschwindigkeit von der Gesteinshärte, schematisch (H. JESCHKE)

Die Bohrgeschwindigkeit ist natürlich, wie Abb. 124 zeigt, sehr stark vom Bohrdurchmesser abhängig[1]. Man wird also trachten, den Enddurchmesser des Bohr-

[1] ZEPPERNICK, G.: In: Das Auffahren von Gesteinsstrecken, Verlag Glückauf, Essen 1949, S. 43/47.

[2] JESCHKE, H.: Z. Erzbergbau Metallhüttenwes. 1 (1948), S. 168/76.

loches, welcher durch die Größe der Sprengpatrone bedingt ist, möglichst klein zu halten. Bei Stahlbohrern ist man wegen des hohen Verschleißes gezwungen, mit viel größeren Bohrdurchmessern zu beginnen. Beim Bohren z. B. eines Sprengloches von 2,40 m Tiefe mit einem Enddurchmesser von etwa 30 mm sind sechs abgestufte Stahlbohrer erforderlich, wobei der erste 44 mm Durchmesser hat. Bei Anwendung von Hartmetallmeißeln kommt man mit drei, in günstigen Fällen auch nur mit einem Bohrer aus, dessen Anfangsdurchmesser von 32 mm sich während des Bohrfortschrittes nur unwesentlich ändert[1]. Es ist leicht verständlich, daß insbesondere beim Niederbringen tiefer Bohrlöcher in harten Gesteinen Hartmetallmeißel sehr große Vorteile bieten, weil nicht nur die Bohrleistung bedeutend größer ist, sondern auch wesentlich weniger Bohrgestänge und eine geringere Anzahl von Bohrmeißeln erforderlich sind und der Transport dieser an den Arbeitsplatz erspart wird.

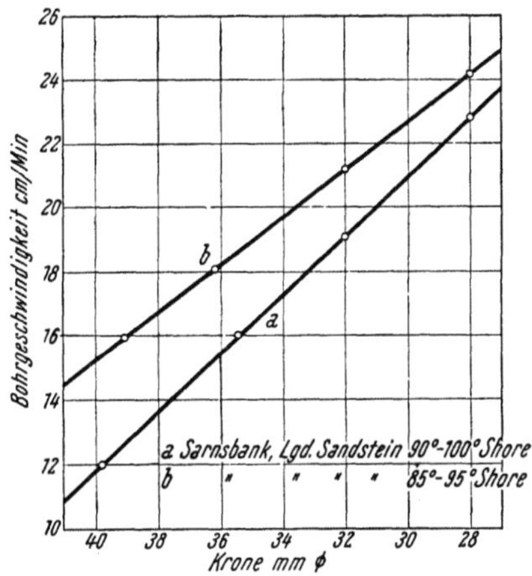

Abb. 124. Bohrgeschwindigkeit beim schlagenden Bohren mit Hartmetallmeißeln in Abhängigkeit vom Bohrdurchmesser (Bohrhammer AT 18, Flottmann) (G. ZEPPERNICK)

Ein gewisser Nachteil von Hartmetallmeißeln gegenüber Stahlmeißeln ist eine größere Sprödigkeit der Hartmetallschneide und die Gefahr des Ausbrechens bei Wahl einer falschen Hartmetallsorte, bei unrichtiger Schneidenausbildung und Anwendung zu schwerer Bohrhämmer u. a.

Die lange dauernden Mißerfolge mit Hartmetall-Schlagbohrmeißeln in der Zeit vor 1938 waren zum Teil darauf zurückzuführen, daß erstens nicht genügend schlagfeste Hartmetallqualitäten und zweitens nicht auf das Hartmetall abgestimmte Bohrhämmer verwendet wurden. Für hartmetallbestückte Schlagbohrer müssen leichtere Bohrhämmer als für Stahlbohrer eingesetzt werden. Um dabei doch die gleiche Hammerleistung (Produkt aus Schlagkraft $\times$ Schlagzahl) zu erzielen, muß die Schlagzahl erhöht und die Schlagkraft herabgesetzt werden, d. h. es müssen kurzhubige Hämmer mit mäßiger Schlagkraft verwendet werden. Erst die Abstimmung aller verwendeten Elemente, wie Bohrmaschine, Hartmetallzusammen-

[1] STEINER, H.: Berg- u. Hüttenmänn. Mh. **95** (1950), S. 205/17.

setzung und Bohrgestänge aufeinander sowie sorgfältige Herstellung und Lötung der Werkzeuge in Sonderverfahren führten schließlich zum Erfolg, so daß heute Hartmetall-Schlagbohrer beim Gesteinsbohren unentbehrlich sind[1–4].

Im Laufe der Entwicklung des schlagenden Bohrens mit Hartmetall sind die verschiedensten Formen von Bohrmeißeln erprobt worden. Zu nennen sind die Einfachmeißel- und Kreuzschneide, die Doppelmeißelschneide, die „Y"-Schneide, die „X"-Schneide und Spezialformen[5–14]. Bei den komplizierten Schneidenformen war man bestrebt, ein möglichst günstiges Schlagbild zu erzielen. Als Schlagbild bezeichnet man die Abzeichnung der Schläge einer Schneide am Bohrlochgrund während einer Bohrerumdrehung. Theoretisch müßte diejenige Schneide am günstigsten arbeiten, welche den Bohrlochgrund am gleichmäßigsten bearbeitet, deren Schlagbild also aus möglichst vielen, gegen den Umfang zu dichter werdenden flächengleichen Zonen besteht. Die praktische Auswirkung eines günstigen Schlagbildes durch außerradiale Anordnung der Schneiden bei Spezialmeißeln sollte auch die Erzielung eines gleichmäßig groben Bohrmehles sein, womit auch eine Kraftersparnis durch Vermeidung unnützer Zertrümmerungsarbeit verbunden wäre[15–17].

Trotz der sehr zahlreichen Vorschläge bezüglich der Schneidenausbildung haben sich in der Praxis nur einfache Schneidenformen durchsetzen können, weil nur diese, auch in weniger gut eingerichteten

---

[1] Sullivan, R. G.: Engng. Mining. J. **148** (1947), Nr. 3, S. 57/60.

[2] Adamson, R. W.: Mining Mag. **38** (1948), Nr. 1, S. 24/28, Nr. 2, S. 19/20.

[3] Steiner, H.: Berg- u. Hüttenmänn. Mh. **95** (1950), S. 205/17.

[4] Hinnüber, J.: Glückauf **87** (1951), S. 14/18.

[5] Müller, O.: Techn. Mitt. Krupp **10** (1942), Nr. 1, S. 1/11, Techn. Bl. **31** (1941), S. 519/20, Bergbau **55** (1942), S. 255/62.

[6] Müller, E.: Glückauf **77** (1941), S. 565/70.

[7] Jeschke, H.: Glückauf **77** (1941), S. 570/74.

[8] Kirnbauer, F. u. E. Bertl: Glückauf **78** (1942), S. 141/44, Metall u. Erz **39** (1942), S. 145.

[9] Richter, E.: Metall u. Erz **39** (1942), S. 178/84.

[10] Fry, R. F.: Canad. Min. J. **72** (1951), Nr. 3, S. 55/57.

[11] Heaslip, J. C.: Canad. Min. Met. Bull. **44** (1951), S. 419/23.

[12] Reynolds, J. W.: Canad. Mining Met. Bull. **44** (1951), S. 630/35.

[13] Zinkl, A. J.: Mining Engng. **3** (1951), S. 312/14.

[14] Müller, O.: Techn. Mitt. Krupp **20** (1962), S. 93/102; **21** (1963), S. 89/95.

[15] Hensoldt, E. E.: Hartmetallbohrkunde des Steinbruchs, DAF.-Verlag, Berlin 1941.

[16] Bammer, G.: Berg- u. Hüttenmänn. Mh. **89** (1941), S. 106/10.

[17] Müller, O. u. H. Wohlbier: Glückauf **69** (1933), S. 706/08.

Betrieben, einfach herzustellen und vor allem einfach nachzuschleifen sind[1–16] (Abb. 125).

Die Verbindung des Bohrmeißels mit dem Bohrgestänge kann auf zweierlei Weise erfolgen: entweder wird der Bohrmeißel lösbar mit der Bohrstange verbunden, oder das Hartmetallplättchen wird direkt in die entsprechend ausgebildete Bohrstange eingelötet. Bei der lösbaren Verbindung wird der Schneidenkörper mittels Konus, zylindrischem Gewinde oder Spezialgewinden mit dem Bohrgestänge verbunden. Diese Ausführung hat den Nachteil, daß die Schlagarbeit des Hammers nicht vollständig auf die arbeitende Schneide übertragen wird. Das Problem des raschen Lösens der Bohrköpfe von der Bohrstange ist inzwischen durch praktische Lösevorrichtungen überwunden worden. Die lösbare Verbindung hat noch den Nachteil, daß sie einen gewissen Raum beansprucht und daß der kleinste Bohrlochdurchmesser durch die Gewinde- oder Konusbefestigung unter Berücksichtigung des beim Bohren auftretenden Kaliberverschleißes bestimmt wird. Bei zu geringen Durchmessern ist daher eine restlose

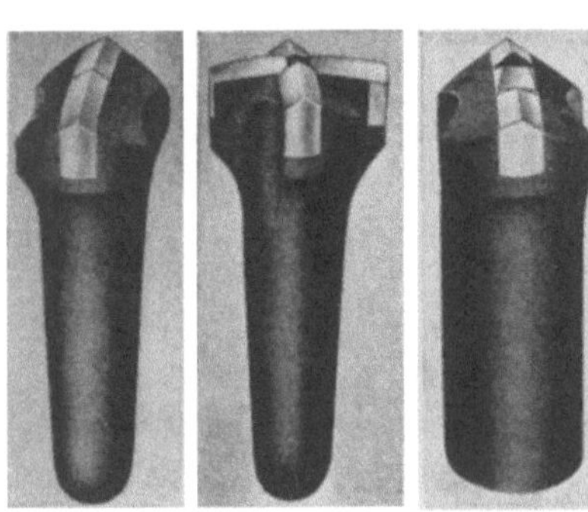

Abb. 125. Hartmetall-Schlagbohrer (WALLRAM, Hartmetall G. m. b. H., Essen)

[1] STEINER, H.: Berg- u. Hüttenmänn. Mh. **95** (1950), S. 205/17.

[2] HINNÜBER, J.: Glückauf **87** (1951), S. 14/18.

[3] GRECH, L.: Bergbau-Bohrtechniker Z. **65** (1949), Nr. 5, S. 26/28, Nr. 7, S. 7/10 u. 16.

[4] RYD, E.: Jernkontorets Ann. **131** (1947), S. 373/410, Disk. S. 411/24.

[5] EKSTAM, T., K. H. FRAENKEL u. E. RYD: Jernkontorets Ann. **133** (1949), S. 253/86, Disk. S. 286/99.

[6] EISENBURGER, P.: Demag-Nachrichten (1950), September, S. 23/25.

[7] FULTON, J. H., A. G. DOUGLAS u. J. BEATTIE: Canad. Mining Met. Bull. **43** (1950), S. 254/58.

[8] Anonym: Montan-Ztg. **67** (1951), S. 100/02.

[9] HINRICHS, K.: Techn. Mitt., Essen **47** (1954), S. 225/30.

[10] SANDFORD, E. J. u. J. R. WILES: Alloy Metals Rev. **8** (1954), Nr. 74, S. 2/8.

[11] O'HARA, T. A.: Mining Engng. **6** (1954), S. 294/98.

[12] WILDE, H.: Berg- u. Hüttenmänn. Mh. **99** (1954), S. 188/93.

[13] MADER, W.: Montan-Rdsch. **3** (1955), S. 39/45.

[14] MÜLLER, O.: Glückauf **90** (1954), S. 1074/85; Schlägel u. Eisen (1956), S. 439/44.

[15] SHIERLAW, N. C.: Chem. Engng. Min. Rev. **47** (1955), S. 473/82.

[16] RIEDL, J. nach GLANTSCHNIG, N.: Montan-Rdsch. (1956), Nr. 4, S. 81/88.

Ausnützung der Schneide bei auswechselbarem Meißel nicht gegeben. Bei Bohrmeißeln mit Gewindebefestigung dürfte der kleinste noch wirtschaftliche Schneidendurchmesser bei etwa 38 bis 40 mm liegen. Bei der Konusbefestigung beträgt dieser Wert etwa 36 bis 38 mm[1].

Kleine Schneidendurchmesser sind daher nur dann wirtschaftlich verwendbar, wenn die Schneiden direkt in die Bohrstange eingelötet werden. Diese Technik der Bohrerherstellung wurde insbesondere in Schweden sehr weit entwickelt[2, 3]. Bei Verwendung von 22 mm Sechskantbohrstahl kann man bis auf Schneidendurchmesser von 29 mm herunterkommen und diese noch bis auf 26 mm Durchmesser abnützen. Da die Bohrgeschwindigkeit umgekehrt proportional dem Quadrat des Durchmessers der Schneide ist (s. Abb. 124), kann man ersehen, welche Leistungssteigerung dadurch ermöglicht wird. Die Herstellung derartiger Bohrer erfordert allerdings sehr große Erfahrungen, insbesondere was die Lötverbindung mit dem legierten Stahl der Bohrstange betrifft. Die Handhabung derartiger Schlagbohrer ist besonders einfach. Jede Verbindung, die zu Leistungsverlusten führt und häufig zu Störungen Anlaß geben kann (Gewinde), entfällt. Durch die schlanke Kronenform ist genügend Platz für den Zutritt des Spülwassers vorhanden, so daß die Abführung des Bohrmehles nicht behindert wird. Das Herausziehen des Bohrers ist ebenfalls leichter. Nachteilig ist, daß im Falle eines Gestängebruches der ganze Bohrer unbrauchbar wird. Bei lösbaren Bohrmeißeln ist aber bei Gewindebruch der Bohrkopf ebenfalls sehr häufig verloren. Ein weiterer Nachteil der festen Verbindung ist auch darin zu erblicken, daß mit dem Aufbrauchen der Hartmetallplatte meist auch die Gestänge durch Ermüdung unbrauchbar geworden sind[4–10].

Trotz vieler Für und Wider ist die Frage „aufsteckbarer Kopf“ oder „Monoblockbohrer“ noch nicht eindeutig entschieden, obwohl

---

[1] Steiner, H.: Berg- u. Hüttenmänn. Mh. **95** (1950), S. 205/17.

[2] Ryd, E.: Jernkontorets Ann. **131** (1947), S. 373/410, Disk. S. 411/24.

[3] Ekstam, T., K. H. Fraenkel u. E. Ryd: Jernkontorets Ann. **133** (1949), S. 253/86, Disk. S. 286/99.

[4] Steiner, H.: Berg- u. Hüttenmänn. Mh. **95** (1950), S. 205/17.

[5] Gloeckner, M. H.: Z. Erzbergbau Metallhüttenwes. **6** (1953), S. 81/87.

[6] Rüdiger, O. u. W. Kinna: Glückauf **89** (1953), S. 1221/27; Techn. Mitt. Krupp **12** (1954), S. 157/58.

[7] Riedl, J. nach N. Glantschnig: Montan-Rdsch. (1956), Nr. 4, S. 81/88.

[8] Legat, A.: Montan-Rdsch. (1956), S. 258/60.

[9] Dahlin, C.: Mining J. **252** (1959), S. 194/96; Missouri School of Mines, Res. Techn. Ser. No. 94 (1957), S. 67/92.

[10] Roberts, A., I. Hawkes u. J. Furby: Mine and Quarry **28** (1962), S. 447/58.

in letzter Zeit eine deutliche Tendenz zu letzterer Bohrerausführung vorherrscht[1].

Das Abführen des Bohrkleins erfolgt beim Schlagbohren meist mittels Spülwasser. Dieses wird der Bohrstelle durch Bohrungen und Nuten im Bohrkopf zugeführt. Der Druck des Spülwassers hat dabei auch einen gewissen Einfluß auf die Leistung[2, 3]. Die Entfernung des Bohrschlammes geschieht durch entsprechende Abflußnuten. Wenn keine Silikosegefahr besteht, kann auch trocken gebohrt werden, wobei man die Bohrstange, welche mit der Hartmetallplatte bestückt ist, spiralförmig ausbildet[4].

Entscheidend für die Leistung beim Hartmetallschlagbohren ist die Hartmetallqualität. Die Platten sollen durch Verschleiß und keinesfalls vorzeitig durch Rissigwerden oder Ausbrechen unbrauchbar werden. Es sind also entsprechend zähe und schlagfeste Hartmetallsorten erforderlich[5–10]. Für das Schlagbohren werden heute fast ausschließlich WC-Co-Hartmetalle mit 6 bis 15% Co eingesetzt, wobei die höher kobalthaltigen, zäheren Legierungen für die schwierigen Anwendungsfälle, also beim Bohren härterer klüftiger Gesteine mit schweren Bohrhämmern vorgesehen sind (vgl. a. Zahlentafel 45). Durch besondere Gefügebeschaffenheit können auch diese Sorten entsprechend verschleißfest gemacht werden. J. Hinnüber[11] gibt vier Sorten von WC-Co-Hartmetallen an, die heute beim Schlagbohren benützt werden:

1. Legierungen mit etwa 6% Co. Diese finden Anwendung bei leicht schlagenden Hämmern mit einer Schlagarbeit von etwa 1,5 mkg.

2. Legierungen mit 7,5 bis 9% Co. Diese sind insbesondere in Deutschland weitgehend eingeführt und werden für die hier üblichen Bohrhämmer mit einer Schlagarbeit mit etwa 4 mkg eingesetzt. Mit

---

[1] Wilde, H.: Berg- u. Hüttenmänn. Mh. **99** (1954), S. 188/93.

[2] Coeuillet, M.: Rev. Ind. Minérale (1950), März, S. 270/93.

[3] Mondanel, M.: Rev. Ind. Minérale (1950), März, S. 294/324.

[4] Wild, K.: Z. Erzbergbau Metallhüttenwes. **2** (1949), S. 134/38.

[5] Hinnüber, J.: Metall u. Erz **41** (1944), S. 242/43.

[6] Hinnüber, J.: Techn. Mitt., Essen **47** (1954), S. 183/90; Techn. Mitt. Krupp **12** (1954), S. 81/88.

[7] Sandford, E. J. u. J. R. Wiles: Alloy Metals Rev. **8** (1954), Nr. 72, S. 2/8.

[8] Müller, O.: Glückauf **90** (1954), S. 1074/85.

[9] Kreimer, G. S., S. A. Chudosovcev, O. S. Safonova u. E. M. Bogino: Tverdyje Splavy (1960), Nr. 2, S. 3/14.

[10] Hinnüber, J. u. W. Kinna: Techn. Mitt. Krupp **19** (1961), S. 130/53; Stahl u. Eisen **82** (1962), S. 31/46.

[11] Hinnüber, J.: Glückauf **87** (1951), S. 14/18.

Rücksicht auf die höhere Leistung im Vergleich zu höher kobalthaltigen Legierungen sind diese Sorten besonders bei homogenen Gesteinen und guter Überwachung des Bohrbetriebes zweckmäßig.

3. Legierungen mit 11 bis 12% Co. Diese Sorten werden bisher am häufigsten angewendet. Sie sind auch für härteres Gestein und bei mangelnder Überwachungsmöglichkeit vor allem in Kleinstbetrieben zu empfehlen.

4. Legierungen mit etwa 15% Co. Diese Sorten kommen nach neueren Erfahrungen bei Anwendung von schweren Bohrhämmern in Frage. Die frühere Annahme, daß für das Hartmetallschlagbohren nur leichte und schnell schlagende Hämmer brauchbar sind, ist seit dem Aufkommen der sehr zähen und schlagfesten Legierungen nur noch als bedingt richtig anzusehen. Mit Hämmern von z. B. 50 kg Eigengewicht und den genannten Hartmetallsorten kann man nämlich Leistungen erzielen, die doppelt so groß sind wie bei den üblichen leichten Hämmern mit etwa 18 kg Gewicht. Durch entsprechende Maßnahmen bei der Herstellung hat man es in der Hand, auch diese Legierungen so verschleißfest zu machen, daß die Abnutzung, insbesondere der Kaliberverschleiß, beim Einsatz überraschend gering ist.

F. Kölbl[1] hat die Anwendungsbereiche der WC-Co-Hartmetalle im Bergbau unter Berücksichtigung des Schlagbohrens abgegrenzt und insbesondere auf den großen Einfluß der WC-Kristallitengröße[2–5]

Zahlentafel 86. *Einfluß des Kobaltgehaltes auf die Stumpfung von Hartmetallschlagbohrern (Gesteinsart Pyrit)* (J. Hinnüber)

Legierung	Bohrtiefe (mm) bei gleicher Schneidenstumpfung
WC + 7,5% Co	1200
WC + 11% Co	450
WC + 15% Co	200
Stahl (starke Abplattung)	40

(vgl. S. 169, 174) auf die Zähigkeit und den Verschleiß von Schlagbohrsorten mit verschiedenem Kobaltgehalt hingewiesen. Optimale Leistungen werden allerdings nur bei sehr sorgfältiger Lötung erzielt.

[1] Kölbl, F.: Berg- u. Hüttenmänn. Mh. **103** (1958), S. 12/15; Planseeber. Pulvermetallurgie **6** (1958), S. 22/26.

[2] Gurland, J. u. P. Bardzil: J. Metals **7** (1955), S. 311/15.

[3] Hinnüber, J. u. W. Kinna: Techn. Mitt. Krupp **19** (1961), S. 130/53, Stahl u. Eisen **82** (1962), S. 31/46.

[4] Tamacki, M.: Sumitomo Electric Techn. Rev. (1963), Nr. 2, S. 75/85.

[5] Crha, Z. u. J. Novak: Hutnické Listy **19** (1963), S. 34/37.

Im allgemeinen nimmt die Bohrlochtiefe, wie Zahlentafel 86 zeigt[1], bei gleicher Schneidenstumpfung mit zunehmendem Kobaltgehalt des Hartmetalles beträchtlich ab.

Die Stärke der heute verwendeten Hartmetallschlagbohrplatten beträgt meist 8 bis 9 mm, die Höhe am Radius 25 mm. Von der Höhe der Platte hängt die Anzahl der möglichen Nachschliffe ab. Dabei ist zu berücksichtigen, daß der Stahl für den Meißel bzw. das Gestänge infolge Ermüdungserscheinungen nicht unbegrenzt lang haltbar ist, so daß eine größere Plattenhöhe wohl eine häufigere Nachschliffmöglichkeit ergibt, die aber wegen Verbrauch des Stahles nicht ausgenützt werden kann.

Während bei Stahl Schneiden mit einem Schneidenwinkel von 75 bis 100° benützt werden, betragen diese Werte bei Hartmetallschneiden je nach Gesteinshärte 95 bis 110°. Manche Hersteller empfehlen sogar 120°, jedoch sollen die Winkel auch nicht zu stumpf gewählt werden, weil dadurch eine zu hohe Belastung der Platte entstehen kann. Kleinere Winkel als 95° sind derzeit noch nicht zu empfehlen, obzwar solche sehr wünschenswert wären, denn die Bohrleistung steigt bei spitzeren Schneidenwinkel, wie Abb. 126 zeigt, insbesondere beim Bohren weicher Gesteine sehr stark an[2, 3]. Hier ist bis heute der Stahlbohrer, welcher kleinere Schneidenwinkel erlaubt, dem Hartmetallbohrer noch überlegen.

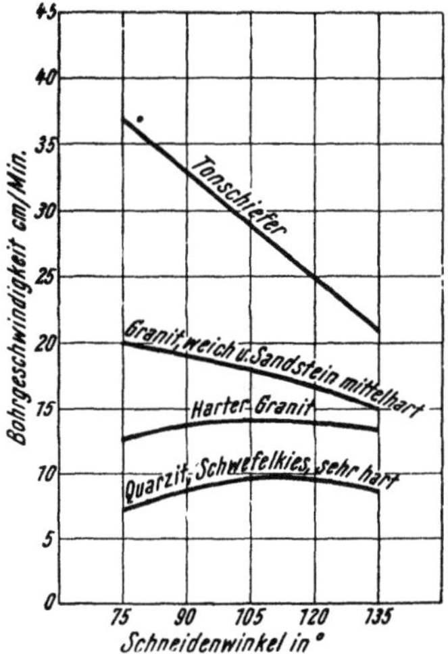

Abb. 126. Abhängigkeit der Bohrgeschwindigkeit vom Schneidenwinkel beim Schlagbohren verschieden harter Gesteine (H. JESCHKE)

Von großer Bedeutung für die Leistung und die Lebensdauer eines Hartmetallschlagbohrers ist die Größe des Dachradius. Es werden heute Dachradien von 55 bis 120 mm angewendet. Dort, wo die Gefahr des Ausbrechens besteht, empfiehlt es sich, den Dachradius zu verringern. Der Dachradius soll in Abhängigkeit vom Bohrerdurchmesser verändert werden, und zwar so, daß eine kleinere Schneide auch einen kleineren Radius erhält. Dies ist insbesondere beim Nachschliff abgearbeiteter Bohrer zu beachten. Der Dachradius soll etwa gleich dem doppelten Bohrerdurchmesser gewählt werden[1].

[1] HINNÜBER, J.: Glückauf **87** (1951), S. 14/18.
[2] JESCHKE, H.: Z. Erzbergbau Metallhüttenwes. **1** (1948), S. 168/76.
[3] STEINER, H.: Berg- u. Hüttenmänn. Mh. **95** (1950), S. 205/17.

Abb. 127 zeigt nach G. DORSTEWITZ[1] sehr anschaulich, wie sich der Schneidenwinkel und -radius auf die physikalischen Vorgänge beim Schlagbohren auswirkt. Mit zunehmender Gesteinshärte wird der kerbend-absplitternde Bohrvorgang immer mehr zu einem zertrümmernden Bohren. Aus diesem Grunde muß der Schneidenwinkel und der Dachradius der Hartmetallschneide entsprechend angepaßt werden.

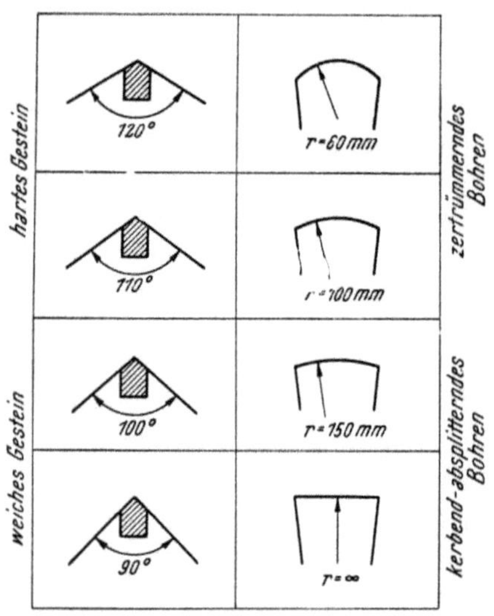

Abb. 127. Einfluß der Schneidenausbildung von Hartmetallmeißeln auf die physikalischen Vorgänge beim Schlagbohren verschieden harter Gesteine (G. DORSTEWITZ)

Die Schneide selbst darf niemals scharf zugeschliffen sein; man bringt vielmehr eine Fase von 0,2 bis 0,5 mm, in besonders schwierigen Fällen sogar von 1 mm an. Zweckmäßig wählt man die Anfasung am Umfang kleiner als in der Bohrermitte.

Die Herstellung der Hartmetall-Schlagbohrmeißel erfolgt durch Einlöten der Hartmetallplatte mittels Kupfer, besser noch mit niedrigschmelzenden Silberloten, in den Stahlträger[2–4]. Diese Arbeit erfordert gewisse Erfahrungen, da die Lötverbindung von Hartmetallplatten mit legierten Stählen höherer Festigkeit, welche in diesem Falle erforderlich sind, nicht einfach ist. Stahlsitz, allfällig verwendete Lötfolien und Hartmetallplatte müssen lückenlos vom Lot benetzt sein. Ungelötete Stellen führen unweigerlich zum Bruch selbst zähester Schlagbohrplatten.

Beim Schleifen der Hartmetallbohrmeißel sind die üblichen Vorsichtsmaßregeln einzuhalten, obwohl die angewandten Hartmetallsorten nicht sehr schleifempfindlich sind. Meist verwendet man Spezialschleifmaschinen mit entsprechenden Einspannvorrichtungen, welche insbesondere beim Schleifen komplizierter

---

[1] DORSTEWITZ, G.: Z. Erzbergbau Metallhüttenwes. **3** (1950), S. 361/70, **10** (1957), S. 592/604.

[2] SANDFORD, E. J. u. J. R. WILES: Alloy Metals Rev. **8** (1954), Nr. 72, S. 2/8, Nr. 73, S. 2/8.

[3] JOHNSON, J. F.: Engng. Mining J. **156** (1955), S. 84.

[4] DAHLIN, C.: Mining, J. **252** (1959), S. 194/96; Missouri School of Mines, Res. Techn. Ser. No. 94 (1957), S. 67/92.

Schneidenformen erforderlich sind[1]. Nicht nur bei neuen, sondern auch bei im Betrieb abgestumpften Meißeln ist beim Schleifen darauf zu achten, daß der Schneidenwinkel und der Dachradius (s. S. 305) beibehalten bzw. letzterer entsprechend dem Kaliberverschleiß etwas verkleinert wird[2]. Der Schneidenwinkel ist mittels eines Winkelmaßes zu überprüfen und die Schneide vor dem Einsatz wieder entsprechend anzufasen. Im allgemeinen ist eine Einfachmeißelschneide im Betrieb dann abgestumpft, wenn die an der äußeren Schneidkante entstandene Rundung etwa 4 bis 4,5 mm breit geworden ist. Das Stumpfungsmaß V_B — das ist die Breite der abgenützten Schneide in der Höhe des halben Radius — soll 0,5 bis höchstens 1 mm betragen. Zur Messung der Verschleißmarkenbreite sind einfache Geräte entwickelt worden[3]. Da der Hartmetallbohrmeißel nur so lange benützt werden kann, wie der Bohrdurchmesser noch groß genug ist, muß die Schneide vor allem von oben her und möglichst wenig am Umfang abgeschliffen werden. Allerdings darf man dabei nicht so weit gehen, daß der ursprünglich am Meißel vorhandene Konus verschwindet. Das Werkzeug klemmt dann am Umfang im Bohrloch und die Hartmetallplatte kann sehr leicht rissig werden.

Wie schon eingangs erwähnt, waren für das Schlagbohren mit Hartmetall zunächst etwas leichtere Bohrhämmer als beim Stahlbohren erforderlich[4–19]. Um aber doch entsprechende Leistungen zu erzielen, mußte die Schlagzahl erhöht und die Schlagkraft etwas

---

[1] MÜLLER, O.: Glückauf **90** (1954), S. 1074/85.

[2] EISENBURGER, P.: DEMAG-Nachr. (1956), Nr. 145, S. 23/27.

[3] Anonym: Z. Erzbergbau Metallhüttenwes. **3** (1950), S. 366/70.

[4] HENSOLDT, E. E.: Hartmetallbohrkunde des Steinbruchs, DAF.-Verlag, Berlin 1941.

[5] RYD, E.: Jernkontorets Ann. **131** (1947), S. 373/410, Disk. S. 411/24.

[6] POHL, W.: Z. Erzbergbau Metallhüttenwes. **2** (1949), S. 88/94.

[7] WELLS, E. J.: Chem. Engng. Mining Rev. **41** (1949), S. 135/41.

[8] EKSTAM, T., K. H. FRAENKEL u. E. RYD: Jernkontorets Ann. **133** (1949), S. 253/86, Disk. S. 286/99.

[9] ZEPPERNICK, G.: In: Das Auffahren von Gesteinsstrecken, Verlag Glückauf, Essen 1949, S. 43/47.

[10] DORSTEWITZ, G.: Z. Erzbergbau, Metallhüttenwes. **3** (1950), S. 361/70.

[11] STEINER, H.: Berg- u. Hüttenmänn. Mh. **95** (1950), S. 205/17.

[12] MONDANEL, M.: Rev. Ind. Minérale (1950), März, S. 294/324.

[13] COEUILLET, M.: Rev. Ind. Minérale (1950), März, S. 270/93.

[14] OPPENAU, M.: Rev. Ind. Minérale (1950), April, S. 337/44.

[15] TÖLKE: DEMAG-Nachrichten (1950), September, S. 26/28.

[16] HINNÜBER, J.: Glückauf **87** (1951), S. 14/18.

[17] SANDFORD, E. J. u. J. R. WILES: Alloys Metals Rev. **8** (1954), Nr. 73, S. 2/8.

[18] WILDE, H.: Berg- u. Hüttenmänn. Mh. **99** (1954), S. 188/93.

[19] MÜLLER, O.: Techn. Mitt. Krupp **20** (1962), S. 93/102; **21** (1963), S. 89/95.

herabgesetzt werden. Beispielsweise hat ein Bohrhammer, der für das Hartmetallschlagbohren ziemlich allgemein gebräuchlich ist, folgende charakteristische Daten:

Mittleres Hammergewicht	18,5 kg,
Anzahl der Schläge	1850/Min.,
Anzahl der Umdrehungen	200/Min.,
Schlagstärke etwa	3,5 mkg,
Preßluftdruck etwa	4 bis 5 Atm.,
Luftverbrauch etwa	1,7 m³/Min.

Die neuen, hochzähen Hartmetallsorten erlauben es, Bohrhämmer mit weit höherem Gewicht, z. B. 28 kg und mehr, und schwere Hammerbohrmaschinen beim Hartmetallschlagbohren einzusetzen. Diese Maschinen leisten bei höherer Schlagzahl und höher angewandtem Luftdruck entsprechend mehr, vorausgesetzt, daß die Hartmetallschneide der höheren Schlagbeanspruchung widersteht[1–3]. In Zukunft wird wohl allgemein mit 16 bis 28 kg Hämmern gearbeitet werden[4].

Über die Leistung von Hartmetallschlagbohrern im Vergleich zu Stahlbohrern sind im Schrifttum sehr zahlreiche Angaben zu finden[3–16]. Es ist sehr schwierig, diese miteinander zu vergleichen, da die Ergebnisse äußerst stark von der Beschaffenheit der jeweiligen Gesteinsformation abhängen. Zudem ist man sich vom theoretischen Standpunkt aus noch nicht vollständig über die Wechselbeziehung der zahlreichen Einflußgrößen beim schlagenden Bohren im klaren.

In letzter Zeit konnten allerdings durch sehr umfangreiche Modelluntersuchungen einige Gesetzmäßigkeiten beim Schlagbohren aufge-

---

[1] Ryd, E.: Jernkontorets Ann. **131** (1947), S. 373/410, Disk. S. 411/24.

[2] Ekstam, T., K. H. Fraenkel u. E. Ryd: Jernkontorets Ann. **133** (1949), S. 253/86, Disk. S. 286/99.

[3] Hinnüber, J.: Glückauf **87** (1951), S. 14/18.

[4] Steiner, H.: Berg- u. Hüttenmänn. Mh. **95** (1950), S. 205/17.

[5] Hensoldt, E. E.: Hartmetallbohrkunde des Steinbruchs, DAF-Verlag, Berlin 1941.

[6] Müller, E.: Glückauf **77** (1941), S. 565/70.

[7] Müller, O.: Techn. Mitt. Krupp **10** (1942), Nr. 1, S. 1/11.

[8] Herbst, F.: Metall u. Erz **39** (1942), S. 287/92.

[9] Carlström, C. G.: Tekn. Tidskr. **78** (1948), S. 821/26.

[10] Wild, K.: Z. Erzbergbau Metallhüttenwes. **2** (1949), S. 134/38.

[11] Pohl, W.: Z. Erzbergbau Metallhüttenwes. **2** (1949), S. 88/94.

[12] Wells, E. J.: Chem. Engng. Mining Rev. **41** (1949), S. 135/41.

[13] Zeppernick, G.: In: Das Auffahren von Gesteinsstrecken, Verlag Glückauf, Essen 1949, S. 43/47.

[14] Mondanel, M.: Rev. Ind. Minérale (1950), März, S. 294/324.

[15] Henry, M.: Rev. Ind. Minérale (1950), Februar, S. 129/38.

[16] Dorstewitz, G.: Z. Erzbergbau Metallhüttenwes. **3** (1950), S. 361/70; **10** (1957), S. 592/604.

deckt werden[1–3]. Die Übertragung so erhaltener Ergebnisse in dem praktischen Bohrbetrieb stößt allerdings nach wie vor auf Schwierigkeiten.

Nach einer, von der DEMAG herausgegebenen Druckschrift[4] beträgt die Zahl der Stahlschneiden, welche durch eine Hartmetallschneide ersetzt werden können, bei

sehr hartem Gestein 8,
hartem Gestein 20,
mittelhartem Gestein ... 50.

Nach H. STEINER[5] sind diese Werte bei den heute zur Verfügung stehenden Legierungen zu niedrig; vielmehr betragen diese Werte heute:

härtestes Gestein .... 15 bis 20,
hartes Gestein .... 20 bis 50,
mittelhartes Gestein .... 50 bis 150,
weicheres Gestein ...... über 150.

Beispielsweise betrug bei Versuchsbohrungen das Verhältnis bei Granit 1 : 32, bei hartem Dolomit wurden Werte von etwa 1 : 200 erreicht, wobei allerdings unter den gegebenen Arbeitsbedingungen Ermüdungsbrüche der Bohrstangen eintraten. Der hier theoretisch mögliche Wert dürfte sogar 1 : 300 bis 1 : 400 betragen[5].

Zahlentafel 87. *Kaliberverschleiße, Standzeiten und Leistungen von Stahl- und Hartmetall-Schlagbohrschneiden* (O. MÜLLER)

Gesteinsart	Kaliberverschleiß in mm/m Bohrloch		Bohrleistung in m bis zum Nachschleifen		Standzeitverlängerung
	Stahl	Hartmetall	Stahl	Hartmetall	
Verquarzte Gangmasse	7,0	0,07	0,09 bis 0,13	3	23- bis 33fach
Sandstein	7,0	0,06	0,2 bis 0,25	6 bis 8	30- bis 32fach
Sandschiefer	3,0	0,02	0,6 bis 0,9	25	28- bis 40fach
Tonschiefer	1,8	< 0,01	1,0 bis 2,0	75	37- bis 75fach

[1] KOTO, H., F. WATANABE u. T. NAKAMURA: Nippon Kinzoku Gakkai-Si **21** (1957), S. 429/33.

[2] HARTMAN, H. L.: Min. Engng. **11** (1959), Nr. 1, S. 68/75.

[3] WAHL, H., G. KANTENWEIN u. W. SCHÄFER: Bergbau-Archiv **20** (1959), S. 58/90; Wear **4** (1961), S. 234/45.

[4] Schlagendes Gesteinsbohren mit Hartmetall-Schneiden, DEMAG AG., Duisburg.

[5] STEINER, H.: Berg- u. Hüttenmänn. Mh. **95** (1950), S. 205/17.

Eine zusammenfassende Übersicht über die Zusammenhänge zwischen Gesteinshärte, Kaliberverschleiß, Bohrleistung und Lebensdauer beim Bohren verschiedener Gesteine mit Hartmetallschlagbohrern im Vergleich zu Stahlbohrern gibt nach O. MÜLLER[1] Zahlentafel 87. Neuere Angaben werden auf Grund von Probebohrungen unter Benutzung verschiedener Bohrhämmer von G. DORSTEWITZ[2] und E. W. INETT[3] gemacht.

Wegen des häufigen Schneidenbruches der verhältnismäßig teuren Hartmetallschlagbohrmeißel zu Beginn des Einsatzes von Hartmetall beim schlagenden Bohren, mußte man der Frage der Bohrkosten besonderes Augenmerk schenken. In zahlreichen, oft sehr sorgfältigen Untersuchungen und eingehenden Kostenanalysen wurde die Frage der Wirtschaftlichkeit geprüft[4–25]. Es kann hier auf diese Arbeiten im einzelnen nicht eingegangen werden, es hat sich aber ergeben, daß auch unter Berücksichtigung des höheren Preises für Hartmetallmeißel beim Schlagbohren mittelharter und harter Gesteine — bedingt durch die bedeutend höhere Verschleißfestigkeit

---

[1] MÜLLER, O.: Techn. Mitt. Krupp **10** (1942), Nr. 1, S. 1/11.

[2] DORSTEWITZ, G.: Z. Erzbergbau Metallhüttenwes. **3** (1950), S. 361/70.

[3] INETT, E. W.: Mine and Quarry Engng. **22** (1956), S. 274/80.

[4] MÜLLER, E.: Glückauf **77** (1941), S. 565/70.

[5] HERBST, F.: Metall u. Erz **39** (1942), S. 287/92.

[6] KRIPPNER, E. u. G. SCHRÖDER: Metall u. Erz **39** (1942), S. 202/05.

[7] FRITZSCHE, H.: Metall u. Erz **39** (1942), S. 417/23.

[8] LEIBOLD, Th.: Glückauf **79** (1943), S. 582/85.

[9] JESCHKE, H.: Z. Erzbergbau Metallhüttenwes. **1** (1948), S. 168/75.

[10] CARLSTRÖM, C. G.: Tekn. Tidskr. **78** (1948), S. 821/26.

[11] RYHRE, G. u. A. KALLIN: Tekn. Tidskr. **79** (1949), S. 553/59.

[12] POHL, W.: Z. Erzbergbau Metallhüttenwes. **2** (1949), S. 88/94.

[13] DOHMEN, F.: In: Das Auffahren von Gesteinsstrecken, Verlag Glückauf, Essen 1949, S. 47/59.

[14] ANTILL, J. M.: Chem. Engng. Mining Rev. **41** (1949), S. 440/43.

[15] FULTON, J. H., A. G. DOUGLAS u. J. BEATTIE: Canad. Mining Met. Bull. **43** (1950), S. 254/58.

[16] JESCHKE, H.: Glückauf **86** (1950), S. 83/89.

[17] BORSCHEL, W. u. O. MÜLLER: Glückauf **87** (1951), S. 1003/10.

[18] VOSS, K. H.: Bergbau **3** (1952), S. 169/72.

[19] FRAENKEL, K. H.: Rev. Ind. Minérale **34** (1953), S. 387/94; Tekn. Tidskr. **83** (1953), S. 139/42.

[20] HINRICHS, K.: Techn. Mitt., Essen **47** (1954), S. 225/30.

[21] DILLON, R. B.: Bull. Instn. Mining Met. (1954), S. 321/31.

[22] SHIERLAW, N. C.: Chem. Engng. Mining Rev. **47** (1955), S. 473/82.

[23] COUSENS, W. L. u. E. VERES: J. Chem. Metallurg. Min. Soc. South Africa **55** (1955), S. 179/51.

[24] JESCHKE, H.: In: W. DAWIHL u. E. DINGLINGER, Handbuch der Hartmetallwerkzeuge, Springer-Verlag, Berlin 1956, Bd. II. S. 323/36.

[25] HINRICHS, K.: Hartmetall im Bergbau, Springer-Verlag, Berlin 1956, S. 42/58.

und aller daraus sich ergebender Vorteile — eine beträchtliche, echte Ersparnis zu erzielen ist.

Auf Grund der besonderen geologischen Verhältnisse hat man insbesondere in Schweden den Schlagbohrern mit Hartmetallschneiden größte Beachtung geschenkt und sehr eingehende Untersuchungen über die Wirtschaftlichkeit durchgeführt. Zahlreiche Originalarbeiten und ein zusammenfassender Bericht von H. JESCHKE[1] geben ein Bild vom derzeitigen Stand des schlagenden Bohrens in Schweden, insbesondere auch, was die Wirtschaftlichkeitsfragen betrifft. Die dort gemachten Erfahrungen mit auf die Bohrstange aufgelöteten Einfachmeißelschneiden (WC-Co-Hartmetalle mit 11 bis 12% Co auf häufig sehr schweren Hammerbohrmaschinen) können zwar nicht ohne weiteres verallgemeinert werden; sie geben aber doch ein gutes Bild, welche großen technischen und wirtschaftlichen Vorteile Hartmetall beim Schlagbohren, insbesondere harter Gesteine, bietet[2–10].

Die Vorteile, welche Hartmetall beim schlagenden Bohren, insbesondere harter und mittelharter Gesteine im Vergleich zu Stahlbohrern bietet, können abschließend wie folgt zusammengefaßt werden:

1. Größerer Bohrfortschritt auch beim Bohren härtester Gesteinsformationen.

2. Geringerer Kaliberverschleiß, daher keine Veränderung des Bohrlochdurchmessers. Verringerung des Bohrvolumens durch Verwendung von Meißeln kleinerer Durchmesser. Die gleichmäßig runden Bohrlöcher erlauben ein leichteres Einbringen der Sprengpatronen.

3. Anwendung leichterer Bohrhämmer, die einfacher zu handhaben und sparsamer im Betrieb sind. Die Preßluftkosten je Meter Bohrloch sinken durch den größeren Bohrfortschritt und durch den geringeren Luftverbrauch der leichteren Hämmer. Selbst für tiefe Bohrlöcher genügen noch Bohrhämmer.

---

[1] JESCHKE, H.: Glückauf **86** (1950), S. 83/89.

[2] CARLSTRÖM, C. G.: Tekn. Tidskr. **78** (1948), S. 821/26.

[3] RYHRE, G. u. A. KALLIN: Tekn. Tidskr. **79** (1949), S. 553/59.

[4] JACOBSEN, H. S.: Tidskr. Kjemi Bergves **5** (1945), S. 196/99.

[5] WIDÉN, C. A. u. W. HAGLUND: Tekn. Tidskr. **75** (1945), S. 533/35.

[6] RYD, E.: Jernkontorets Ann. **131** (1947), S. 373/410, Disk. 411/24.

[7] DIDRING, C. O. u. S. ABERG: Tekn. Tidskr. **77** (1947), S. 359/63.

[8] SULLIVAN, R. G.: Engng. Mining J. **148** (1947), Nr. 3, S. 57/60.

[9] EKSTAM, T., K. H. FRAENKEL u. E. RYD: Jernkontorets Ann. **133** (1949), Nr. 8, S. 253/86, Disk. S. 286/99, **136** (1952), S. 41/58.

[10] THOMSON, G.: Mining J. (London) **237** (1951), S. 310/11.

4. Minderverbrauch an Sprengmitteln infolge der Möglichkeit, tiefere und engere Löcher niederzubringen; daher Verbilligung der Schießarbeit[1].

5. Da die abgenutzten Hartmetallschneiden lediglich nachgeschliffen werden müssen, erübrigt sich das bei Stahlbohrern notwendige Nachschmieden und Vergüten. Arbeitskräfte in der Bohrerschmiede können daher eingespart werden. Das Schleifen der Hartmetallmeißel kann, wenn geeignete Schleifmaschinen verwendet werden, durch angelernte Kräfte erfolgen.

6. Beträchtliche Mengen an Bohrstahl werden eingespart, das Bohrgestänge wird wirtschaftlicher ausgenutzt.

7. Ersparnisse beim Bohrertransport zur Arbeitsstelle und zurück zur Schmiede. Verwendet man abnehmbare Hartmetallmeißel, dann fällt der Gezähetransport praktisch überhaupt weg.

8. Erreichung längerer Abschläge, wodurch sich unter Umständen im harten Gestein ein besserer Arbeitsrhythmus einhalten läßt.

9. Geringerer Anfall von feinem Bohrklein, keine Energieverschwendung durch Weiterzerkleinerung, Herabsetzung der Silikosegefahr.

10. Allgemeine Erleichterung der Hauerarbeit durch Wegfall des häufigen Bohrerwechsels, Klemmen des Bohrers und anderer Schwierigkeiten bei Anwendung von Stahlmeißeln.

b) Tiefbohrwerkzeuge mit Hartmetall-Aufschweißschichten

Beim Tiefbohren und im Bergbau wird die Bohrleistung maßgeblich von der Dauerhaftigkeit der Schneide des verwendeten Werkzeuges bestimmt. Jede Erhöhung der Standzeit bringt daher eine außerordentliche Steigerung im Bohrfortschritt. Der Einsatz der gegen Verschleiß äußerst widerstandsfähigen Hartmetalle ist hier also besonders lohnend.

Bei Großbohrgeräten für die Tiefbohrtechnik, wie z. B. Fischschwanzmeißeln, Schlagbohrmeißeln, Rotarymeißeln, großen Bohrkronen, Flügelkronen, Rollkronen u. a. ist es nicht möglich, Hartmetalle aufzulöten. Hier und auch bei anderen Werkzeugen und Geräten, wie z. B. Baggerschneiden, Baggerzähnen, Brechbacken, Flugzeugspornen, Kohlenstaubmühlen, Kratzerzähnen, Mahlwalzen, Mischschnecken für Betonmaschinen, Nockenwellen, Rührarmen, Schlaghämmer, Schlagmühlen, Schrappern, Transportschnecken für Zementmühlen, Stützstempel, Schlangenbohrer u. a., haben sich

[1] Hahn, L.: Z. Erzbergbau Metallhüttenwes. **10** (1957), S. 103/13.

Auftragsschweißungen aus Hartmetall vorzüglich bewährt[1–16]. Ähnlich wie beim Stellitieren von Ventilsitzen wird Wolframkarbid unter Zusatz von leichter schmelzenden Legierungen an den auf Verschleiß beanspruchten Stellen, z. B. den Enden eines Fischschwanzmeißels, beidseitig aufgeschweißt. Das Wolframkarbid, welches in Form von Splitt verschiedener Körnung und als geformte bzw. unregelmäßige Bohrstücke zur Verwendung gelangt, wird größtenteils auf dem Schmelzwege hergestellt (vgl. Bd. Hartstoffe). Dieses Karbid, im wesentlichen eine eutektische Legierung von W_2C-WC, ist zwar wesentlich spröder als das Wolframmonokarbid, aber dafür noch härter und verschleißfester.

Je nach Anwendungsgebiet und speziellem Verwendungszweck kann man bei der Hartmetall-Auftragsschweißung verschiedenartig verfahren[1, 2, 17–26].

---

[1] Ammann, E.: Werkzeugmaschine **39** (1935), S. 429/34.

[2] Hinnüber, J.: Berg- u. Hüttenmänn. Mh. **89** (1941), S. 117/24, Öl und Kohle **38** (1942), S. 391/98.

[3] Spence, J. R.: Welding J. **23** (1944), S. 318/22.

[4] Gallaher, J. A.: Welding J. **23** (1944), S. 16/24.

[5] Sharp, H. W.: Welding J. **25** (1946), S. 936/41.

[6] Borschel, W. u. O. Müller: Glückauf **87** (1951), S. 1003/10.

[7] Müller, O.: Techn. Mitt. Essen **47** (1954), S. 218/25; Techn. Mitt. Krupp **12** (1954), S. 89/96; Schlägel u. Eisen (1956), S. 439/44.

[8] Knotek, O.: Techn. Mitt. Essen **47** (1954), S. 214/18.

[9] v. Braunmühl, H.: Erzmetall **7** (1954), S. 289/90.

[10] Mader, W.: Montan-Rdsch. **3** (1955), S. 39/45.

[11] Culbertson, R. P.: Welding J. **34** (1955), S. 861/69.

[12] Birkhead, M.: Welding Metal Fabr. **24** (1956), Nr. 1, S. 25/32.

[13] Schmidt, A.: Montan-Rdsch. (1956), S. 265/68.

[14] Hinrichs, K.: Hartmetall im Bergbau, Springer-Verlag, Wien 1956, S. 119/22.

[15] Knotek, O. u. I. Birk: In: Große Schweißtechnische Tagung 1956, Vieweg, Braunschweig, Schweißen und Schneiden **13** (1961), S. 105/09; Schweißtechnik **16** (1962), April, S. 45/50.

[16] Müller, O.: Techn. Mitt. Krupp **20** (1962), S. 93/102; **21** (1963), S. 89/95.

[17] Karlowitz, Ch. u. A. Urban: Bohrtechniker-Ztg. (1937), Nr. 9, S. 265/73.

[18] Clauser, H. R.: Materials and Methods **25** (1947), Nr. 6, S. 103/18.

[19] Avery, H. S.: Hard Surfacing by Fusion Welding, American Brake Shoe Comp., New York 1947, S. 41/44; Tooling and Production **19** (1953), Nr. 2, S. 49/51, 94; Mining Congress J. **39** (1953), April, S. 106/11; In: Surface Protection Against Wear and Corrosion. Am. Soc. Met., Cleveland 1953.

[20] Fauland, H.: Bergbau, Bohrtechniker-Erdöl-Ztg. **64** (1948), S. 9/12.

[21] Avery, H. S.: Welding J. **30** (1951), S. 144/62.

[22] Elonka, S.: Amer. Machinist **97** (1953), 17. August, S. 113/28.

[23] Barry, J. J.: Welding J. **32** (1953), S. 119/26; Machine Design **23** (1951), Nr. 3, S. 114/19.

[24] Wellinger, K. u. H. Uetz: Schweißen und Schneiden **11** (1959), S. 458/74.

[25] Bryjak, E.: Ber. II. Internat. Pulvermet. Tagung, Eisenach 1961, Akademie-Verlag, Berlin 1962, S. 355/62.

[26] Ehlers, P.: Schweißen u. Schneiden **15** (1963), S. 419/24.

Man kann beispielsweise fein- oder grobkörniges Wolframkarbid einfach mittels Kohlelichtbogen auf dem Trägerkörper in mehreren Schichten auftragen. Diese Schichten, welche im wesentlichen aus reinem, geschmolzenem Wolframkarbid bestehen, sind zwar äußerst hart, aber wenig zähe; es können also nur Werkzeuge, die reibendem Verschleiß unterliegen, so gepanzert werden.

Für Werkzeuge, die auf Stoß und Schlag beansprucht werden, wendet man heute am häufigsten Schweißstäbe an, welche aus einem Eisenblechröhrchen bestehen, in welches ein granuliertes Wolfram-Kohlenstoffgemisch oder Wolframkarbidsplitt verschiedener Körnung mit Zusatzmetallen, meist in Ferrolegierungsform, eingefüllt ist[1]. Man hat auch versucht, feinkörnige WC-Pulver unter Zusatz von Ferrolegierungen durch Plastisch-Strangpressen Schweißstäbe herzustellen[2].

Mittels einer schwach reduzierenden Gasschweißflamme werden die Stäbe auf dem Trägerwerkstoff niedergeschmolzen, wobei eine hochverschleißfeste Oberflächenschicht entsteht, bei der die scharfkantigen, äußerst harten Wolframkarbidkörner in eine zähe Grundmasse einer Eisenlegierung eingebettet sind. Die Körnung der Wolframkarbidfüllung richtet sich nach dem Anwendungsfall. Angefangen von Stäben mit einer Füllung von gleichmäßig feinkörnigem Wolframkarbidpulver sind in Abstufungen auch Stäbe mit

Abb. 128. Röhrchenschweißstäbe mit Wolframkarbidfüllung verschiedener Körnung

einer Füllung von Guß- oder Sintersplitt mit einer Korngröße bis 10 mm in Gebrauch (Abb. 128).

Die Auftragungen feinerer Körnungen sind für Werkzeuge geeignet, die schlagend bohren, und für Maschinen- und Geräteteile, bei denen

---

[1] A.P. 1613942 (1926), 1757601 (1930); D.R.P. 616840 (1935).

[2] KOHLERMANN, R. u. W. EBERT: Schweißtechnik **11** (1961), S. 317/19.

es auf eine gewisse Glätte und Genauigkeit der Schicht bei guter Zähigkeit ankommt. Die mittleren Körnungen sind sowohl für das drehende als auch schlagende Bohren verwendbar. Bei den groben Körnungen, ab etwa 5 mm, liegt das Anwendungsgebiet nur beim drehenden Bohren und so werden z. B. Fischschwanzmeißel, Flügelkronen, Bohrkronen u. a., heute in großem Umfang auf diese Weise gepanzert. Abb. 129 zeigt einen mit Hartmetall-Röhrchen-

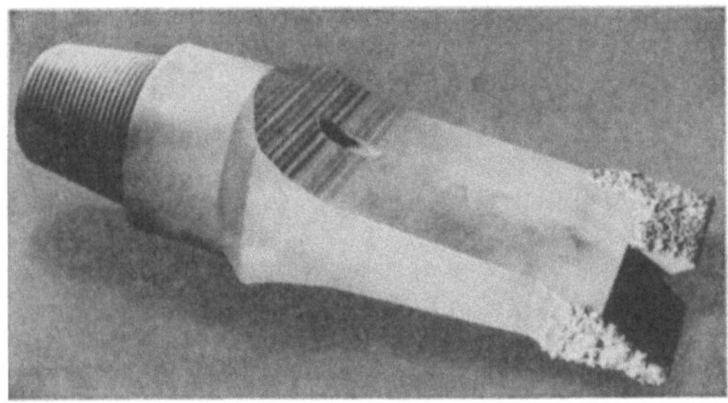

Abb. 129. Mit Röhrchenschweißstab gepanzerter Fischschwanzmeißel (Gebr. BÖHLER AG., Kapfenberg)

schweißstäben gepanzerten Fischschwanzmeißel, Abb. 130 eine ebensolche Bohrkrone.

Abb. 130. Aufgeschweißte Bohrkrone (Gebr. BÖHLER AG., Kapfenberg)

In einer sehr eingehenden Arbeit hat H. AVERY[1] die Eigenschaften von Aufschweißschichten aus Röhrchenschweißstäben untersucht. Es wurde die Gasschmelz- und Lichtbogenschweißung angewandt und das Gefüge, die Kalt- und Warmhärte und das Abriebverhalten bestimmt. Insbesondere feinkörniges Wolframkorn wird bei der Lichtbogenschweißung unter Eisen-Doppelkarbidbildung stark gelöst, was die Verschleißfestigkeit vermindert. Bei der Gasschmelzschweißung erfolgt eine Aufkohlung der Grundmasse und dadurch Versprödung. Trotzdem sind letztere Schichten, was das

[1] AVERY, H. S.: Welding J. **30** (1951), S. 144/62.

Verschleißverhalten betrifft, den Lichtbogenschichten überlegen. In der Diskussion[1] wird allerdings darauf hingewiesen, daß man auch bei der Lichtbogenschweißung einwandfreie Schichten erhält, nur

Zahlentafel 88. *Zusammensetzung, Eigenschaften, Lieferform und*

Zusammensetzung etwa %						Abschmelz-temperatur etwa °C
C	Mn	Cr	W	Co	Fe	
2 bis 4	—	20 bis 30	10 bis 25	35 bis 60	0 bis 10	1300
4	—	—	96	—	—	2600
50 bis 70% Wolframkarbid, Rest Fe, feinkörnig grobkörnig						1800 1450
4	—	—	96	—	—	2600
5 bis 6	—	—	83 bis 92	2 bis 12	—	2500
3 bis 4	5 bis 12	25 bis 35	—	—	Rest	1250
30 bis 50% Wolframkarbid, Rest Cr-Mn-Fe-Legierung oder Stahl						1300

muß ein entsprechendes Wolframkarbidkorn, welches durch eine Oberflächenschicht geschützt ist, verwendet werden.

Etwas anders verfährt man bei der Panzerung von Tiefbohrwerkzeugen mit *Hartmetallbohrstücken.* Es sind dies aus geschmolzenem Wolframkarbid oder gesintertem Hartmetall bestehende regelmäßig geformte, drei- oder vierkantige und abgerundete Prismen oder unregelmäßige, rundliche, aber scharfkantige Hartmetallstücke[2,3]. Diese Bohrstücke werden in bestimmten Abständen an der beanspruchten Stelle des Bohrers mittels eines normalen Stahlschweißdrahtes angeheftet. Man kann auch durch Einschlagen oder Einfräsen zuerst Vertiefungen schaffen und in denselben die Bohrstücke anheften. Die zwischen den Bohrstücken frei gebliebene Arbeitsfläche wird jetzt mit einer verschleißfesten Legierung, z. B. einem Stahl, einem Stellit oder noch besser mit einer niedrig- und leichtflüssig-

[1] ROGERS, C. E. u. G. WOODS: Welding J. **30** (1951), S. 160/62.

[2] HINNÜBER, J.: Berg- u. Hüttenmänn. Mh. **89** (1941), S. 117/24, Öl und Kohle **38** (1942), S. 391/98.

[3] B.I.O.S. Final Rep. Nr. 1076.

schmelzenden Cr-Mn-Fe-Legierung ausgefüllt. Will man noch größere Verschleißfestigkeit erzielen, dann kann man über das Ganze noch mittels Röhrchenschweißstäben eine feinkörnige Wolframkarbid-

Verwendungsweise von Aufschweißhartlegierungen (J. HINNÜBER)

Härte etwa kg/mm²	Dichte g/cm³	Biegebruch-festigkeit etwa kg/mm²	Lieferform	Auftrags-verfahren
bis 700	8 bis 9	150	Gußstäbe 4 bis 10 mm Durchmesser	autogen, elektrisch
1800 bis 2000	15	35	Wolframkarbidpulver	elektrisch
1100 bis 1300	11 bis 13	—	Eisenröhrchen mit Wolframkarbidfüllung verschiedener Körnung, 5 bis 12 mm Durchmesser	autogen, elektrisch
1100 bis 1300	11 bis 13	—		
1800 bis 2000	15 bis 16	35	Bruch- oder Formstücke gegossen	autogen
1400 bis 1800	14 bis 15	120 bis 200	Bruch- oder Formstücke gesintert	autogen
bis 650	7 bis 7,5	90	Gußstäbe, 4 bis 10 mm Durchmesser	autogen, elektrisch
800 bis 1000	10 bis 12	—	Sinter- oder Gußstäbe mit Wolframkarbidkörnern	autogen, elektrisch

schicht auflegen.[1] Wie dann eine derartig hergestellte Aufschweißschicht im Schnitt schematisch aussieht, zeigt Abb. 131.

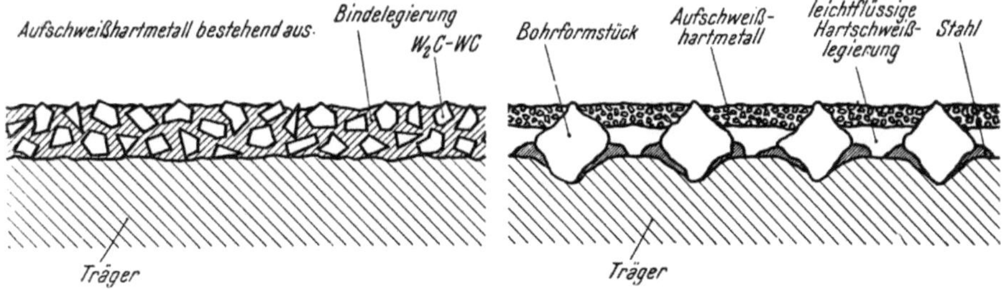

Abb. 131. Schnitt durch Hartmetall-Aufschweißschichten, schematisch

Schließlich gibt es auch Schweißstäbe, bei denen Wolframkarbidkorn bereits in die leicht schmelzende Cr-Mn-Fe-Legierung ohne

[1] BRYJAK, E.: Ber. II. Internat. Pulvermet. Tagung, Eisenach 1961, Akademie Verlag, Berlin 1962, S. 355/62.

Röhrchenumhüllung eingeschmolzen oder eingesintert ist[1]. Bei der autogenen Aufschweißung derartiger Stäbe entstehen, ähnlich wie bei den Röhrchenschweißstäben, zähe Aufschweißschichten, in welchen die eingebetteten scharfkantigen Wolframkarbidkörner die Hauptträger des Verschleißwiderstandes sind.

In Zahlentafel 88 sind nach J. Hinnüber[2] die wichtigsten Aufschweißhartlegierungen, deren Zusammensetzung, Eigenschaften und Lieferformen zusammengestellt. Ergänzend sind auch die üblichen Stellite mit aufgeführt, deren Verschleißwiderstand zwar auch auf dem hohen Karbidgehalt beruht, die aber nur insofern in den Kreis dieser Abhandlung miteinbezogen wurden, als sie als Einschweißmittel für Bohrstücke in Frage kommen.

Die Leistung beim Tiefbohren mit aufgeschweißten Werkzeugen hängt natürlich stark von der zu bohrenden Gesteinsformation ab. Je nach Herstellungs- und Bohrbedingungen leisten mit Hartmetall aufgeschweißte Bohrer 5 bis 20mal mehr als Stahlbohrer. Die Panzerung von Tiefbohrwerkzeugen mit Hartmetallaufschweißschichten ergibt also eine außerordentliche Steigerung des Bohrfortschrittes und ist z. B. aus der modernen Erdölbohrtechnik nicht mehr wegzudenken.

Über Aufschweißschichten aus WC-Co-Pulvern (Linde Flame Plating), aus Stelliten und aus Cr-B-Si-Ni-haltigen Legierungen (Colmonoy) usw., zum Verschleißschutz von Teilen aller Art vgl. die Ausführungen auf S. 343.

D. Hartmetall-Geschoßkerne

Der Gedanke, das hohe spezifische Gewicht von Wolfram (19,3 g/cm³) und ferner von Wolfram-Blei-Pseudolegierungen für ballistische Zwecke auszunutzen, geht schon auf alte Patentvorschläge aus dem Jahre 1902 zurück[3]. Es lag nahe, die hohe Härte und Festigkeit sowie das immer noch hohe spezifische Gewicht der Wolframkarbide (15,6 g/cm^3 für WC, 16,6 g/cm^3 für W_2C) für denselben Zweck zu verwerten[4]. Bereits 1929 sollen die ersten Geschoßkerne in Deutschland aus einem normalgesinterten 94/6-WC-Co-Hartmetall mit einer Dichte von 14,8 g/cm^3 mit gutem Erfolg versucht worden sein[5].

[1] E.P. 406147 (1933); F.P. 754941 (1933).

[2] Hinnüber, J.: Berg- u. Hüttenmänn. Mh. **89** (1941), S. 117/24, Öl u. Kohle **38** (1942), S. 391/98.

[3] D.R.P. 149440 (1902).

[4] D.R.P. 578815 (1930); H. Wolff.

[5] B.I.O.S. Final Rep. Nr. 1385 (1945), S. 66/81.

Die Forderungen, welche man an einen Geschoßkern stellt, sind hohe Dichte, eine gute Zähigkeit und Härtewerte von etwa 88 bis 90 R_A an der Geschoßspitze. Die Massenanfertigung soll ferner einfach und billig sein. Diese Forderungen sind alle gleichzeitig schwer zu erfüllen, da sie zum Teil gegenläufigen Charakter haben. Hohe Dichte erzielt man, wenn man den Bindemetallzusatz möglichst niedrig hält, unterkohltes Wolframkarbid benützt und die Teile heißpreßt. Niedrige Bindemetallgehalte und hohe Anteile an W_2C bzw. Doppelkarbiden ergeben aber sehr spröde Hartmetalle. Solche spröd-harten, besonders dichten Hartmetalle kommen daher nur für kleinere Kerne in Frage. Größere Kerne müssen aus normalem WC mit 6,1% C und Bindemetallgehalten von mindestens 3%, besser 9 bis 13%, hergestellt werden.

Da die Rohstoffe für die normale Hartmetallherstellung verhältnismäßig teuer sind, muß man bei der großtechnischen Geschoßkernfertigung zu billigeren Ausgangsstoffen greifen. Man nimmt eine geringe Reinheit in Kauf und verwendet z. B. kohlereduziertes Wolframpulver mit 99,5 bis 99,7% W. An Stelle von Kobalt werden Nickel, Nickel-Eisen oder Kobalt-Nickel-Gemische benützt, obzwar bekannt ist, daß diese Binder die Eigenschaften der in Betracht kommenden Hartmetalle beträchtlich mindern können. Die billige Trockenmahlung der Ansätze ersetzt nach Möglichkeit die teurere Naßmahlung.

In Deutschland wurden von der Fried. Krupp A.G.[1] anfänglich während des zweiten Weltkrieges Kerne von 6,13 mm Durchmesser aus einem Wolframkarbid mit 4,5% gebundenem C und 2% Ni hergestellt. Durch Senkung des Kohlenstoffgehaltes bis auf 1,8% und des Hilfsmetallgehaltes auf etwa 1%, ließ sich die Dichte auf 17,2 bis 17,4 g/cm³ steigern, wobei jedoch eine außerordentlich spröde Hartmetallegierung entstand. Für die Massenfertigung der Kerndurchmesser 15 bis 36 mm legte man sich später auf eine Dichte von 15,1 bis 15,4 g/cm³, eine Härte von 89,8 bis 90,2 R_A und eine Schlagfestigkeit von etwa 70 bis 90 cm kg/cm² unter Verwendung von gesättigtem Wolframmonokarbid mit 3% Ni als Binder fest.

Alle Legierungen wurden heißgepreßt, und zwar stellte man bei den kleineren Kalibern mehrere Kerne, meist 4 bis 6 auf einmal, durch einseitiges Pressen her (Abb. 132). Die größeren Kerne wurden in einer Preßanordnung gemäß Abb. 133 einzeln gepreßt, wobei der Druck beidseitig einwirkte[1, 2]. Der Graphitverbrauch war sehr beträchtlich, da die unmittelbar mit den Kernen in Berührung stehenden

[1] B.I.O.S. Final Rep. Nr. 1385 (1945), S. 66/81.
[2] F.I.A.T. Final Rep. Nr. 772, S. 3/19.

Graphitformen nur einmal benützt werden konnten. Durch die Einschaltung von Graphithülsen in den Heizkörper und von zwei Graphitplatten zwischen die Stempel konnten letztere ebenso wie der

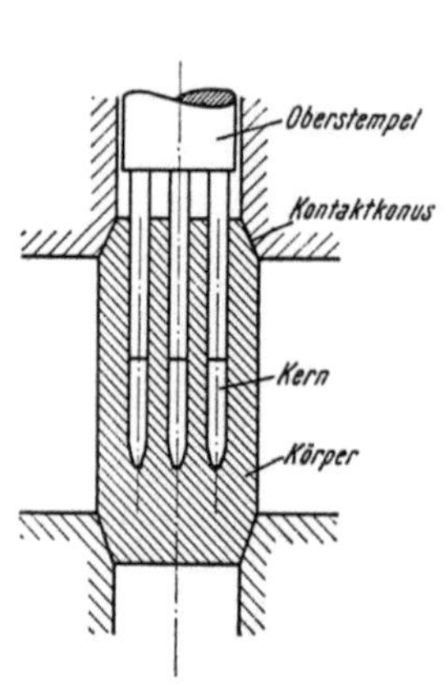

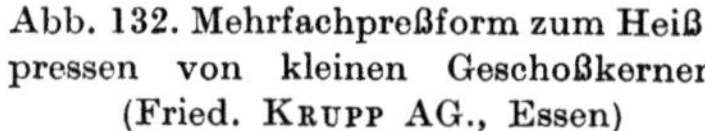
Abb. 132. Mehrfachpreßform zum Heißpressen von kleinen Geschoßkernen (Fried. Krupp AG., Essen)

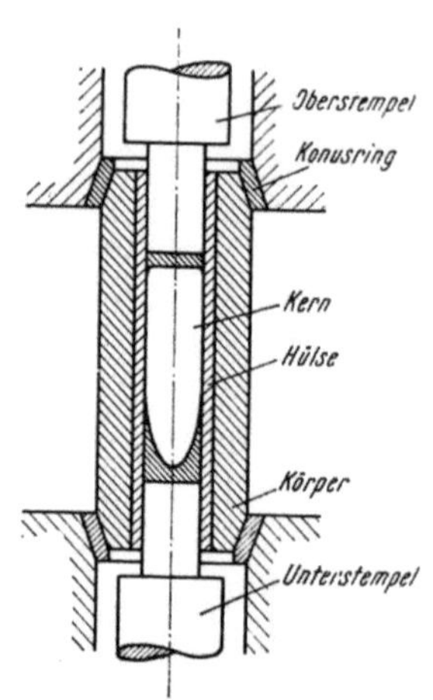

Abb. 133. Preßform zum Heißpressen von großen Geschoßkernen (Fried. Krupp AG., Essen)

Heizkörper mehrere Male verwendet werden. Der pulverisierte Abfallgraphit wurde bei der Karburierung des Wolframs eingesetzt[1].

Die rohen Hartmetallkerne mußten vor dem Einbau fast allseitig überschliffen werden, was wegen der hohen Härte und großen Stückzahlen einen sehr hohen Schleifscheibenverbrauch zur Folge hatte. Schleifen mit Diamantmetallscheiben oder Drehen mit Diamantwerkzeugen ist möglich, aber unter Umständen kostspielig.

Zahlentafel 89 gibt zusammenfassend die Größe der während des Krieges in Deutschland gefertigten Hartmetallkerne und deren physikalische Eigenschaften wieder[1–3]. Die Schlagfestigkeitsprüfung wurde nach Art der Izod-Schlagprüfung vorgenommen, d. h. der fertige Kern wurde einseitig eingespannt und mit einem üblichen Schlaghammer abgeschlagen. Die Härtewerte schwanken natürlich etwas, an ein und demselben Stück, was durch die verschiedene Dichteverteilung bedingt ist. Immerhin gelang es, mit Verfeinerung der Heißpreßtechnik und durch entsprechende Ausbildung der Preßformen, verhältnismäßig gleichmäßige Kerne zu erzeugen. Bei normal gepreßten (also nicht heißgepreßten) Kernen aus WC-Co-Hartmetallen

[1] B.I.O.S. Final Rep. Nr. 1385 (1945), S. 66/81.
[2] F.I.A.T. Final Rep. Nr. 772, S. 3/19.
[3] B.I.O.S. Final Rep. Nr. 1385 (1945), S. 343/60, 367/88.

mit 9 bis 14% Co wie sie in USA und England üblich sind, muß durch passende Ausbildung der Matrize das konische Schrumpfen in der weniger dichten neutralen Zone ausgeglichen werden.

Zahlentafel 89. *Eigenschaften von Hartmetall-Geschoßkernen* (F. KRUPP A.G.)

Abmessungen des Kernes		Zusammensetzung		Dichte g/cm³	Schlag-festigkeit cmkg/cm²	Rockwell-Härte R_A
Durch-messer mm	Länge mm	C %	Ni %			
6,13	22,7	4,5	2	15,7 bis 15,9	4 bis 6	90,8 bis 91,2
6,13	22,7	1,8	2	17,2 bis 17,4	0,8 bis 2	87,8 bis 88,3
9,5	40,0	6,1	3	15,3 bis 14	60 bis 90	89,8 bis 90,2
11,0	41,0	5,5	2,5	15,5 bis 15,6	30 bis 35	92,2 bis 92,8
12,0	42,0	5,5	2,5	15,5 bis 15,6	30 bis 35	92,2 bis 92,8
15,0	58,0	6,1	3,0	15,3 bis 15,4	60 bis 90	89,8 bis 90,2
16,0	58,0	5,5	2,5	15,5 bis 15,6	30 bis 35	92,2 bis 92,8
16,0	58,0	6,1	3,0	15,3 bis 15,4	70 bis 90	89,8 bis 90,2
18,0	65,5	6,1	3,0	15,3 bis 15,4	70 bis 90	89,8 bis 90,2
21,0	75,0	5,5	2,5	15,5 bis 15,6	30 bis 35	92,2 bis 92,8
28,0	110,0	6,1	3,0	15,3 bis 15,4	70 bis 90	89,8 bis 90,2
30,0	120,0	6,1	3,0	15,3 bis 15,4	70 bis 90	89,8 bis 90,2
36,0	130,0	6,1	3,0	15,3 bis 15,4	70 bis 90	89,8 bis 90,2

Bei der Herstellung von Geschoßkernen[1, 2] aus WC-Ni-Hartmetallen hat man sehr eingehend den Einfluß des Gehaltes an Kohlenstoff auf Dichte, Schlagfestigkeit, Härte und spez. elektrischen Widerstand untersucht. Ein Teil der Ergebnisse ist in Abb. 134 in Kurvenform dargestellt. Die Eigenschaften der WC-Co-Hartmetalle mit 6 bis 15% Co können aus Zahlentafel 25 S. 156 entnommen werden.

Hartmetallgeschoßkerne wurden wegen ihrer hohen Durchschlagskraft[3–5] insbesondere zur Panzerbekämpfung eingesetzt. Ihre verhältnismäßig hohe Sprödigkeit spielt dabei keine so große Rolle, vielmehr ist ihre hohe Wirksamkeit, nach P. W. BRIDGMAN, auf die extrem hohen Drücke und Temperaturen, welche beim Durchdringen der Panzerplatte auftreten, zurückzuführen[6]. Nichtsdesto-

[1] ALTHOLZ, E.: Machinery, New York **29** (1953), April, S. 159/64.

[2] ANONYM: Iron Age **171** (1953), Nr. 7, S. 75; Steel **135** (1953), 23. Februar, S. 92/94; Precision Metal Molding **11** (1953), Nr. 5, S. 42/44; Machinery **83** (1953), S. 206/10.

[3] CLARK, F. H.: Mining and Met. **52** (1944), S. 81.

[4] B.I.O.S. Final Rep. Nr. 1385 (1945), S. 66/81.

[5] F.I.A.T. Final Rep. Nr. 772, S. 3/19.

[6] BRIDGMAN, P. W.: J. Appl. Physics **15** (1941), S. 461.

trotz empfehlen sich bei steigender Plattenstärke Hartmetalle mit wachsendem Kobaltgehalt.

Die in den Jahren 1935 bis 1943 in Deutschland erzeugte Menge an Kernen betrug etwa 2600 t (die Angabe bezieht sich auf britische Tonnen). Der höchste Ausstoß betrug 680 t im Jahre 1940. Das starke Absinken der Produktion in den Jahren 1942/43 war auf eine allgemeine Wolframverknappung durch erfolgreiches Sperren der Wolframerzzufuhren durch die Alliierten zurückzuführen. 1943/44 wurde die Produktion eingestellt; die vorhandenen Wolframerz- und Wolframsäurereserven wurden ausschließlich in Hartmetallplättchen für Drehwerkzeuge verwendet. 1000 t spröder, 6,13 mm Kerne, die niemals zum Einsatz kamen, wurden auf Wolframtrioxid aufgearbeitet, während 250 t 11 und 12 mm Kerne in größere Kerne bei der Drucksinterung miteingepreßt wurden. Der Preis der druckgesinterten Kerne blieb für alle Durchmesser mit etwa 32 RM pro kg konstant, während bei den in England hergestellten normalgesinterten Kernen mit steigendem Gewicht die Gestehungspreise fielen.

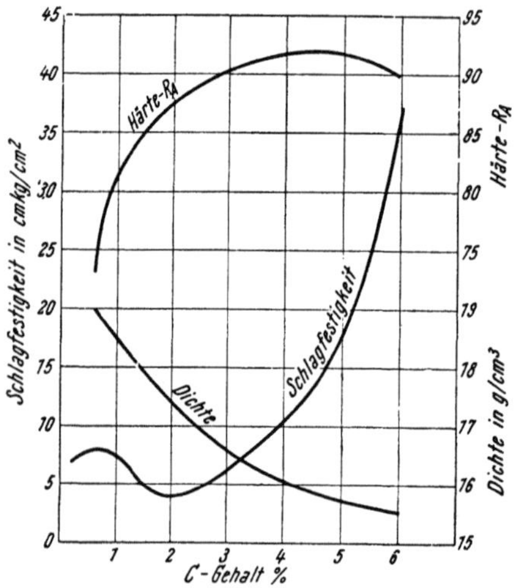

Abb. 134. Dichte, Härte und Schlagfestigkeit von Geschoßkernen aus WC-Ni-Hartmetallen in Abhängigkeit vom Kohlenstoffgehalt des Wolframkarbides (Fried. KRUPP AG., Essen)

Die Kerne für schwedische Panzergranaten werden nach dem Heißpreßverfahren aus WC-Co-Ansätzen hergestellt. Die englischen und amerikanischen Kerne, deren Fertigung zur Bekämpfung der stark gepanzerten Tiger-Panzer bereits 1942 begann und 1944 hochlief, wurden durch Normalsintern von WC-Co-Legierungen (G 2- bzw. G 3-Typ) hergestellt. Ein Zwang zur Verwendung von Nickel oder Eisen als Hilfsmetall neben Kobalt, lag aus Rohstoffgründen nicht vor. Über die englischen und amerikanischen Ausstoßziffern 1944/45 ist nichts Genaueres bekannt geworden, doch dürften die installierten Kapazitäten ein Vielfaches des englischen Ausstoßes von 1944 erreicht haben.

E. ALTHOLZ[1] gibt eine eingehende Beschreibung der Kernfertigung der Carboloy Corp. während des Koreakrieges, die kurz wiedergegeben

[1] ALTHOLZ, E.: Machinery, New York **59** (1953), April, S. 159/64.

sei, weil sie noch heute Gültigkeit zu haben scheint. Das feingemahlene WC-Co-Gemenge wird mit Paraffinwachs als Preßzusatz in zylindrischen, senkrechten Matrizen, mit einem Preßdruck von etwa 60 t verdichtet (Preßlingsmaße: Durchmesser etwa 60 mm, Länge etwa 230 mm, Preßlingsgewicht etwa 4 kg; bei einem 76-mm-Kern beträgt der Pulvereinsatz etwa 5 kg). Die Preßlinge werden in Graphitschiffchen in loses Asbestpulver eingebettet, vorgesintert und dabei das Paraffin ausgetrieben. An den vorgesinterten Zylindern wird der Konus mit Siliziumkarbidscheiben angeformt und die Formlinge wieder in Graphitschiffchen mit Aluminiumoxideinpackung unter Wasserstoff fertiggesintert. Der lineare Schwund beträgt dabei 18%, die Endhärte etwa 83 R_A. Hierauf erfolgt eine Gewichts-, Maß- und Druckfestigkeitskontrolle und nötigenfalls eine Schleifkorrektur des Konus mittels Diamantscheiben. In Abb. 135 ist schematisch der

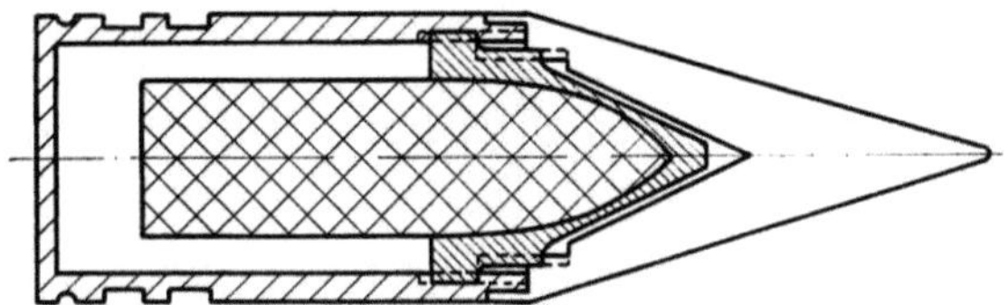

Abb. 135. Aufbau einer Panzergranate mit Hartmetallkern, schematisch

Aufbau einer Panzergranate mit Hartmetallkern und Aluminiumhaftnase wiedergegeben.

E. Verschleißteile aus Hartmetall im Maschinen- und Gerätebau

Die überragende Härte und Verschleißfestigkeit der Sinterhartmetalle haben ihnen schon bald nach ihrer technischen Einführung sehr zahlreiche Anwendungsgebiete eröffnet, und zwar auch solche, bei welchen sie *nicht* als Schneidwerkstoffe für die spanabhebende Bearbeitung eingesetzt werden[1–31]. Abgesehen von den bereits be-

---

[1] Becker, K.: Hochschmelzende Hartstoffe und ihre technische Anwendung. Verlag Chemie, Berlin 1933, S. 214ff.

[2] Becker, K.: Hartmetallwerkzeuge, Verlag Chemie, Berlin 1935, S. 171ff.

[3] Dinglinger, E.: Anz. Maschinenwesen Essen **63** (1941), Nr. 53, S. 16/20.

[4] Swinn, E. J.: Machinery, London **63** (1943), S. 229/30.

[5] Brams, S. H.: Iron Age **156** (1945), Nr. 18, S. 55/57.

[6] McKenna, P. M.: Machinist **90** (1946), S. 1453/56; Amer. Machinist **90** (1946), 15. August, S. 117/20.

[7] Longwell, J. R.: Steel **119** (1946), Nr. 23, S. 130, 132, 159/60, 162.

[8] Hennig, F.: Steel Processing **32** (1946), S. 379/82.

[9] Prospekt Carboloy GT-200 (1947).

[10] Beardslee, K. R.: Machinery, London **71** (1947), S. 507/12, Machinery New York **52** (1946), Nr. 12, S. 150/56.

sprochenen großen Anwendungsgebieten im Draht- und Stangenzug, beim drehenden und schlagenden Bohren im Bergbau und bei der Geschoßkernfertigung, ergeben sich für den hoch verschleißfesten

Abb. 136. Verschleißfeste Teile aus Hartmetall

[11] ECKERSLEY, H.: J. Instn. Product. Engr. **28** (1947), S. 358/77.

[12] FEHSE, A.: Werkstatt u. Betrieb **80** (1947), S. 49/56.

[13] KIEFFER, R. u. F. BENESOVSKY: Industrie u. Technik **3** (1948), S. 251/57.

[14] HINNÜBER, J.: Maschinenmarkt **55** (1949), Nr. 81/82, S. 38/40.

[15] GILLESPIE, J. S.: Metal Progr. **56** (1949), S. 523/26.

[16] WITTHOFF, J. u. F. ERLMANN: Ind.-Anz. Essen **72** (1950), Nr. 33/34, S. 57/63.

[17] HINNÜBER, J.: Z. Ver. dtsch. Ing. **92** (1950), S. 111/17.

[18] BURDEN, H.: Alloy Metals Rev. **5** (1948), Nr. 47, S. 2/11.

[19] GILLESPIE, J. S.: Machinery New York **56** (1950), Nr. 6, S. 184/85.

[20] HETTICH, F.: Werkstattstechn. Maschinenbau **41** (1951), S. 439/40.

[21] SCHAUMANN, H. u. J. VAN BEEK: Werkstattstechn. u. Maschinenbau **41** (1951), S. 432/35.

[22] HINNÜBER, J.: Industrie-Rdsch. **8** (1953), Nr. 6, S. 20/21.

[23] DAWIHL, W. u. E. DINGLINGER: Handbuch der Hartmetallwerkzeuge, Springer-Verlag, Berlin 1953, Bd. I, S. 147/51.

[24] WITTHOFF, J.: Werkstattstechn. Maschinenbau **44** (1954), S. 3/9; Draht **8** (1957), S. 465/70; Ind. Anz. Essen **79** (1957), S. 305/07.

[25] WITTHOFF, J.: Metal Treatment **21** (1954), S. 456/62.

[26] KNOTEK, O.: Techn. Mitt. Essen **47** (1954), S. 214/18.

[27] LENNON, F. J.: Iron Age **174** (1954), Nr. 16, S. 142/44.

[28] STÄBLEIN, F.: In: W. DAWIHL u. E. DINGLINGER, Handbuch der Hartmetallwerkzeuge, Springer-Verlag, Berlin 1956, Bd. II, S. 252/99.

[29] VAN BEEK, J.: Techn. Mitt. Essen **52** (1959), S. 229/36.

[30] DUFEK, V.: Stavivo **39** (1961), S. 99/100.

[31] EBERHARDT, O. u. G. BLUM: In: Neue Werkstoffe durch pulvermetallurgische Verfahren. Akademie-Verlag, Berlin 1964, S. 88/97.

Werkstoff Hartmetall sehr zahlreiche Anwendungsmöglichkeiten im Maschinen- und Gerätebau, in der Blech- und Drahtindustrie, in der chemischen- und Textilindustrie, im Bergbau, in der Steinindustrie, in der Keramik, in der Pulvermetallurgie und auf vielen anderen Gebieten (Abb. 136).

In Zahlentafel 90, welche keineswegs Anspruch auf Vollständigkeit erhebt, — die Anwendungsfälle von Hartmetall bei der Verschleißbekämpfung vermehren sich dauernd — sind zunächst zusammen-

Zahlentafel 90. *Anwendungsgebiete für Hartmetall als verschleißfesten Werkstoff*

Industriezweig	Anwendungsfälle
Ziehereibetrieb	Ziehsteine für Rund- und Profilmaterial, Rohrzugmatrizen und -dorne, Zugringe, Drahtziehbacken und -greifer, Drahtführungen, Drahtrichtrollen, Führungen zum Drahtspiralisieren und -weben, Drahtzangen, Drahtwalzen, Hämmerbacken, Kaltschlagmatrizen, Abschermesser, Abscherpatronen.
Blechverarbeitende Industrie	Schnittwerkzeuge, Stanzwerkzeuge, Tiefziehwerkzeuge, Prägewerkzeuge, Metallscheren, Bördelrollen, Falzrollen, Biegeleisten, Präzisionskaltwalzen, Kühlblöcke zum Abschrecken von Rasierklingen.
Maschinen- und Gerätebau	Drehbankkörnerspitzen, Spannbacken, Bohrfutterbacken, Führungsbüchsen, Gegendruckrollen an Revolverbänken, Präzisionslager für Revolverbänke und Schleifmaschinen, Kurvenführungen, Bohrschablonen, Gewindeführungen, Auflagestücke, Anlaufbolzen, Anschläge, Anschlagleisten, Sperrklinken, Lineale für spitzenlose Schleifmaschinen, Rollierscheiben, Rändelrollen, Bandsägeführungen, Sägezahnsetzvorrichtungen, Pfannen und Schneiden für Waagen, Schraubstockbacken, Lager für hochbelastete Motoren, Sandstrahldüsen, Sandschleuderschaufeln, Düsen und Ventilnadeln für Spritzpistolen, Einlaßdüsen und Steuernadeln für Turbinen, Ummantelungsdüsen, Diesel-Einspritzdüsen, Meßdüsen, Spritzgußformen, Kontakte für telegraphische Einrichtungen.
Meßgerätebau	Kugeln für Härteprüfer (Brinellkugeln), Vickers-Pyramiden, Endmaße, Rachenlehren, Gewindelehren, Tastdorne, Planimeter-Meßrädchen.
Textilindustrie	Garnführungen für Natur- und Kunstfasern, Führungen für Nylon- und Kunstseidenspinnmaschinen, Matratzennadeln.

Fortsetzung S. 326.

Fortsetzung der Zahlentafel 90.

Industriezweig	Anwendungsfälle
Chemische Industrie	Hochdruckventile, Ventilkörper, -ringe und -sitze für korrodierende Flüssigkeiten und Naßschlammförderung, Ausräumer und Schabemesser für Zentrifugen, Hochdruckdüsen, Düsen für Insektenvertilgungsmittel, Düsen zum Homogenisieren und Entwässern von Nahrungsmitteln.
Bergbau	Bohrkronen, Schlagbohrwerkzeuge, Fischschwanzbohrer, Schlagkugeln, Schlamghämmer, Steinmeißel, Steinhämmer, Steinschneidrollen.
Keramik	Matrizen zum Pressen keramischer Massen, Preßformen für Steine, Strangpreßmatrizen, Glasspinndüsen, Glaszangen, Stifte für Emaillierroste, Schablonen.
Pulvermetallurgie	Preßformen und -stempel für Metallpulver, Kalibrierbuchsen und -dorne, hartmetallausgekleidete Mühlen, Mahlkugeln.
Verschiedenes	Hufbeschläge, Schuhabsatzplättchen, Schuhnägel, Schnurführungen für Angelruten, Lager für Spultrommeln von Angelruten, Flugzeugschleppseilführungen, Graviernadeln, Spitzen und Kugeln für Füllfederhalter und Kugelschreiber, Grammophonnadeln, Spikes

fassend die wichtigsten Anwendungsgebiete und die entsprechenden Anwendungsbeispiele aufgezählt.

Als Hartmetallsorten für Verschleißteile und zur Bestückung von auf Verschleiß beanspruchten Werkzeugen und Maschinenteilen kommen in erster Linie WC-Co-Legierungen mit verschiedenen Co-Gehalten, gegebenenfalls mit geringfügigen Zusätzen von TaC, TiC, NbC, VC u. a. in Frage. Für Verschleißteile, die keiner Stoßbeanspruchung ausgesetzt sind, genügen 6 bis 9% Co als Bindemetall und allfällig sogar weniger zähe wolframkarbidfreie Hartmetalle (s. S. 240). Für spanlose Formgebung mit geringer Stoßbeanspruchung werden Sorten mit 9 bis 12% Co eingesetzt. Stoßwiderstandsfähige Hartmetalle enthalten 15 bzw. 20% Co. Ein Zusatz von 25% Co und mehr erlaubt ungewöhnlich hohe Schlagbeanspruchungen. Mit steigendem Kobaltgehalt nimmt allerdings die Härte und auch in gewissem Umfang die Verschleißfestigkeit ab. Man muß also bei Anwendungsfällen, bei denen Stoßbeanspruchungen auftreten, Hartmetallsorten wählen, welche bei optimaler Härte bzw. bei bestem

Verschleißwiderstand noch genügend zähe sind, um der Stoßbeanspruchung ohne Beschädigung oder Zerstörung zu widerstehen.

Nachfolgend sollen die in Zahlentafel 90 angeführten Beispiele näher besprochen und auf die betreffende, sehr zahlreiche Literatur hingewiesen werden.

Außer bei den schon beschriebenen Ziehsteinen und Ziehringen (s. Abschn. B, S. 273ff.) findet Hartmetall in *drahterzeugenden* und *drahtverarbeitenden Betrieben* immer größere Anwendung. Beim Hämmern von Sinterstäben und Grobdrähten aus Wolfram, Molybdän und anderen Metallen in Rundhämmermaschinen unter Verwendung von *Hartmetallhämmerbacken* kommt die hervorragende Warmhärte des Hartmetalles sehr vorteilhaft zur Geltung, da die Verschmiedetemperaturen hier 1000 bis 1600° betragen. Bei diesen Temperaturen verschleißen die üblichen, hochlegierten Stähle schon sehr stark. Für große Abmessungen werden nur die beanspruchten Teile der Hämmerbacken aus Hartmetall hergestellt, wobei gewöhnlich entsprechend vorgeformte Hartmetalleinsätze hart eingelötet werden. Kleinere Backen bestehen aus Vollhartmetall[1–5]. Die schlag-

Abb. 137. Hartmetallbestückte Werkzeuge zum Kaltschlagen (Deutsche Edelstahlwerke AG., TITANIT-Fabrik, Krefeld)

[1] HENNIG, F.: Steel Processing **32** (1946), S. 379/82.
[2] ANONYM: Iron Age **160** (1947), 3. Juli, S. 54.
[3] BURDEN, H.: Alloy Metals Rev. **5** (1948), Nr. 47, S. 2/11.
[4] WHITING, L. A.: Metalworking **14** (1958), Dezember, S. 10/13.
[5] PACHOMOV, A. V.: Am. Machinist **104** (1960), Nr. 5, S. 92/93.

artige Beanspruchung erfordert den Einsatz zäher Sorten mit 15, 20 bzw. 25% Co. Was für die Bearbeitung bei hoher Temperatur gilt, trifft in gesteigertem Maße für Kalthämmermatrizen zum Hämmern von Draht, Nadeln und Profilen zu. Im Vergleich zu Backen aus bestem Werkzeugstahl beträgt die Standzeit das 30- bis 60fache. Bei diesen Hämmerwerkzeugen fallen die eingesparten Nachschliffkosten besonders ins Gewicht.

Immer größere Bedeutung gewinnen heute Hartmetallwerkzeuge in der Nieten-, Schrauben- und Nagelindustrie[1–13] (Abb. 137). Zum Schlagen von Nietköpfen werden *Kaltschlagmatrizen* benützt, die in Stahlausführungen, z. B. bei 5 mm Durchmesser nach 30.000 bis 50.000 Nieten übermäßig aufgeweitet sind. Kaltschlagmatrizen mit Hartmetalleinsätzen leisten bei gleichem Durchmesser ohne nennenswerte Aufweitung drei Millionen Nieten[14–16]. Wegen der hohen Schlagbeanspruchung werden hier ebenfalls Sorten mit 15, 20 bzw. 25% Co benützt. Außer den Schlagmatrizen werden auch *Abscherpatronen* und *Abschermesser* mit Hartmetalleinsätzen versehen. Sie leisten bei gratfreierem Abschnitt etwa 30mal soviel Schnitte wie Stahlwerkzeuge[17].

---

[1] ZAPP, A. R.: Wire and Wire Prod. **20** (1945), S. 35/41, 83.

[2] MONTGOMERY, W. E., W. LEIGH u. W. H. PHILLIPS: Steel Processing **35** (1949), S. 407/12, 531/36 u. 563, **36** (1950), S. 138/41, 152/53.

[3] KINYON, E. C.: Wire and Wire Prod. **26** (1951), S. 215/17, 260/62.

[4] SCHAUMANN, H. u. J. VAN BEEK: Werkstattstechn. Maschinenbau **41** (1951), S. 432/35.

[5] DAWIHL, W. u. E. DINGLINGER: Handbuch der Hartmetallwerkzeuge, Springer-Verlag, Berlin 1953, Bd. I, S. 147, 150/51.

[6] GLEN, A. E.: Wire and Wire Products **28** (1953), S. 885/86, 928/30; Amer. Machinist **97** (1953), 27. April, S. 138/40; Steel Processing **39** (1953), Nr. 7, S. 321/23, 355.

[7] KNOTEK, O.: Techn. Mitt. Essen **47** (1954), S. 214/18.

[8] WITTHOFF, J.: Werkstattstechn. Maschinenbau **44** (1954), S. 3/9; Draht **8** (1957), S. 465/70; Ind.-Anz. Essen **79** (1957), S. 305/07.

[9] STÄBLEIN, F.: In: W. DAWIHL u. E. DINGLINGER, Handbuch der Hartmetallwerkzeuge, Springer-Verlag, Berlin 1956, Bd. II, S. 265/72.

[10] ESCHLER, H.: Werkstatt u. Betrieb **89** (1956), S. 258/60; Draht **7** (1956), S. 6/7.

[11] SIEBER, K.: Draht **9** (1958), S. 442/49.

[12] VAN BEEK, J.: Techn. Mitt. Essen **52** (1959), S. 229/36.

[13] EBERHARDT, O. u. G. BLUM: In: Neue Werkstoffe durch pulvermetallurgische Verfahren. Akademie-Verlag, Berlin 1964, S. 88/97.

[14] WITTHOFF, J. u. F. ERLMANN: Ind.-Anz. Essen **72** (1950), Nr. 33/34, S. 57/63.

[15] HOLZBERGER, J.: Stahl u. Eisen **71** (1951), S. 1098/1102.

[16] WITTHOFF, J.: Ind.-Anz. Essen **73** (1951), S. 341/46.

[17] HINNÜBER, J.: Maschinenmarkt **55** (1949), Nr. 81/82, S. 38/40.

Hartmetallbestückte *Kaltbiegedorne* erlauben die wirtschaftliche Herstellung von Rohrbögen aus austenitischen Stählen und auch bei der Kettenherstellung haben sich Hartmetall-Kaltbiegewerkzeuge hervorragend bewährt[1].

Ein interessantes Anwendungsgebiet für Hartmetall bietet sich in *Blech-* und *Drahtwalzwerken.* Hier haben sich in Deutschland und besonders in Amerika in den letzten Jahren Präzisionskaltwalzen beim Walzen von Aluminium, Edelmetallen und Doublébändern durchgesetzt. Die Einhaltung geringer Toleranzen bei kaltgewalzten Blechen wird durch den hohen Elastizitätsmodul (geringe Durchbiegung) und den geringen Verschleiß der Walzen ermöglicht und eine besonders lange Lebensdauer verbürgt[2–11]. Neben der hohen Verschleißfestigkeit und Maßhaltigkeit ist auch von Bedeutung, daß die hervorragende Oberflächenpolitur der Hartmetallwalzen sich auf das Walzgut überträgt. Die Neigung des Walzgutes zum „Kleben" ist bei Hartmetallwalzen geringer als bei Stahl. Die Standzeit von Hartmetallwalzen — man verwendet meist eine vollkommen porenfreie Sorte mit 11% Co — beträgt etwa das 50- bis 100fache einer Stahlwalze.

Kleinere Walzen werden stets aus Vollhartmetall hergestellt, während bei größeren Abmessungen gelegentlich ein Hartmetallmantel auf einen Stahlkern aufgezogen wird[12–15]. In Amerika werden solche, teils massive Walzen mit Durchmessern von etwa 250 mm und Längen von etwa 1000 mm bei einem Gesamtgewicht von maximal 500 kg hergestellt[7].

---

[1] Eberhardt, O. u. G. Blum: In: Neue Werkstoffe durch pulvermetallurgische Verfahren. Akademie-Verlag, Berlin 1964, S. 88/97.

[2] Campbell, T. C.: Iron Age **145** (1940), 1. Februar, S. 44/46.

[3] Hennig, F.: Steel Processing **32** (1946), S. 379/82.

[4] Slick, E. C. u. F. E. White: Iron Age **160** (1947), Nr. 15, S. 74/77.

[5] Crump, H.: Steel **123** (1948), Nr. 13, S. 103 u. 106.

[6] Prospekt Talide, CR-50 (1950), Metal Carbides Corp., Youngstown.

[7] Wills, H. J.: Steel **109** (1941), Nr. 4, S. 78, 80 u. 88.

[8] Beeghly, R. T.: Iron Steel Engr. **28** (1951), Nr. 4, S. 74/79.

[9] Billigmann, J.: Stahl u. Eisen **71** (1951), S. 1115/17, Draht **2** (1951), S. 95/107.

[10] Dinglinger, E.: Anz. Maschinenwesen Essen **63** (1941), Nr. 53, S. 16/20.

[11] Oviatt, S. A. u. P. H. Gribbin: Steel **134** (1954), Nr. 7, S. 128/30.

[12] Burden, H.: Alloy Metals Rev. **5** (1948), Nr. 47, S. 2/11.

[13] Hinnüber, J.: Maschinenmarkt **55** (1949), Nr. 81/82, S. 38/40.

[14] Hinnüber, J.: Z. Ver. dtsch. Ing. **92** (1950), S. 111/17.

[15] Glen, E.: Steel (1942), 2. Nov. S. 78, 122, 123/24, Metals and Alloys (1943), S. 536/38, Iron Age **157** (1946), 25. April, S. 51/54, Steel Processing **33** (1947), S. 618/21. Western Mach. Steel World **38** (1947), August, S. 69/73; Steel **121** (1947), 22. September, S. 75/76, 109; Machine Tool Blue Book **42** (1946), August, S. 187/90, 192.

Bei Führungen an Stab- und Drahtwalzwerken auf welchen Stähle bei Temperaturen von 760 bis 980° bei hoher Geschwindigkeit verwalzt werden, konnte bei Bestückung mit hochwarmfesten Hartmetallen auf TiC-Basis eine Steigerung der Lebensdauer auf das 45fache erreicht werden[1].

Ein weiteres, sehr großes Anwendungsgebiet für Hartmetall als verschleißfesten Werkstoff sind *Ziehwerkzeuge, Preßwerkzeuge, Prägewerkzeuge, Kalibrierwerkzeuge* aller Art zum Tiefziehen, Pressen und Prägen von Hülsen, Näpfen, Tuben, Formstücken u. a. Insbesondere während des Krieges sind für die Munitionsfertigung hartmetallbestückte Ziehwerkzeuge in großem Umfang eingesetzt worden[2–7]; bei der Friedensfertigung kommen sie überall dort in Frage, wo größte Stückzahlen erzeugt werden[8–14]. Wegen der langen Maßhaltigkeit des Hartmetalleinsatzes können z. B. Patronen und Geschoßhülsen in unvergleichlich höheren Stückzahlen als mit Stahlwerkzeugen gezogen werden, ohne daß ein Nachschleifen erforderlich ist. Die sehr hohe Oberflächengüte des Hartmetalleinsatzes und die geringe Schweißneigung zum Ziehgut erlaubt auch den Tiefzug von schwierig zu ziehenden Werkstoffen, gegebenenfalls unter Einsparung von Zwischenglühungen. Bezüglich der Größe derartiger Werkzeuge ist man heute nach oben hin kaum beschränkt, da Hartmetalleinsätze mit Durchmessern bis 350 mm hergestellt werden können[15, 16].

---

[1] Witthoff, J.: Metal Treatment **21** (1954), S. 256/62; Werkstattstechn. Maschinenbau **44** (1954), S. 3/9; Draht **8** (1957), S. 465/70; Ind. Anz. Essen **79** (1957), S. 305/07.

[2] Swinn, E. J.: Machinery, London **63** (1943), S. 229/30.

[3] Hinman, C. W.: Steel Processing **31** (1945), S. 501/02.

[4] Beardslee, K. R.: Machinery, London **71** (1947), S. 507/12, Machinery, New York **52** (1946), Nr. 12, S. 150/56.

[5] Denham, A. F.: Mod. Ind. Press **5** (1944), Jänner, S. 28/30.

[6] Anonym: Tool and Die J. **10** (1945), Februar, S. 97/100, 140.

[7] Bratton, W. J.: Western Mach. Steel World **36** (1945), S. 410/11.

[8] Hinnüber, J.: Z. Ver. dtsch. Ing. **92** (1950), S. 111/17.

[9] Papworth, P. J.: Machinist **92** (1948), S. 455/59.

[10] Hinnüber, J. u. H. D. Dietze: Techn. Mitt. Krupp **13** (1955), S. 118/20.

[11] Cope, St. R.: Metalworking Production **99** (1955), S. 1830/33.

[12] Elliot, B. u. J. Evans: Sheet Metal Ind. **32** (1955), S. 813/21; Machinery 88 (1956), S. 249/51; Steel Processing **42** (1956), Februar, S. 93/99, 110.

[13] Stäblein, F.: In: W. Dawihl u. E. Dinglinger, Handbuch der Hartmetallwerkzeuge, Springer-Verlag, Berlin 1956, Bd. II., S. 263/65.

[14] van Beek, J.: Techn. Mitt. Essen, **52** (1959), S. 229/36.

[15] Glen, E.: Steel, (1942), 2. November, S. 78, 122, 123/24, Metals and Alloys (1943), S. 536/38, Iron Age **157** (1946), 25. April, S. 51/54, Steel Processing **33** (1947), S. 618/21.

[16] Mapes, D.: Steel **119** (1946), Nr. 5, S. 84/86, Product Engng. **18** (1946), November, S. 62/64.

Den Tiefzieh- und Preßmatrizen ähnlich sind Prägematrizen, Kalibriermatrizen und Kalibrierstempel zum Außen- und Innen-

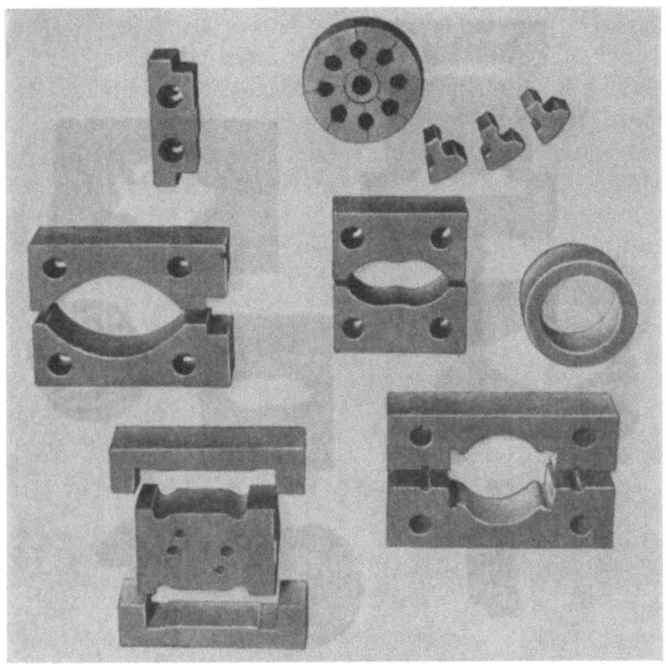

Abb. 138. Hartmetall-Formteile für die Bestückung eines Werkzeuges für Rotor- und Statorschnitte (Deutsche Edelstahlwerke AG., TITANIT-Fabrik, Krefeld)

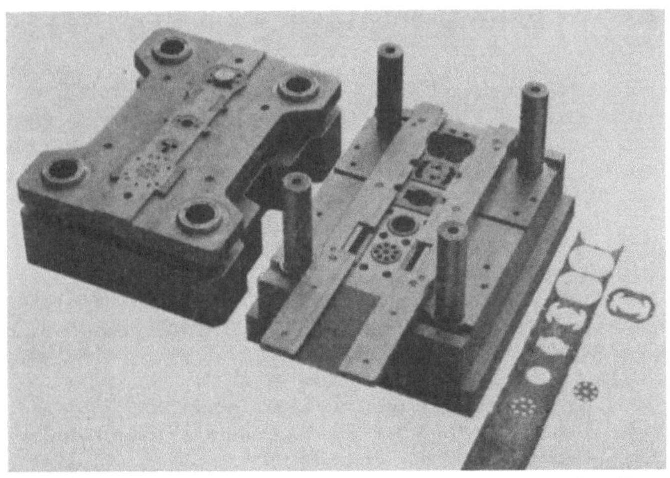

Abb. 139. Hartmetall-bestücktes Werkzeug für Rotor- und Statorschnitte (Deutsche Edelstahlwerke AG., TITANIT-Fabrik, Krefeld)

kalibrieren von Teilen, bei denen es auf höchste Maßhaltigkeit ankommt. Der Vorteil des Hartmetalles ist hier wieder die hervorragende Oberflächengüte und die ungewöhnlich lange Maßhaltigkeit der Hartmetalleinsätze und damit auch der erzeugten Teile[1, 2].

In zunehmendem Maße werden hartmetallbestückte Werkzeuge zum Schneiden und Stanzen von Blechen verwendet. Der Einsatz von *Schnittwerkzeugen* mit Hartmetalleinlagen ist dann besonders lohnend, wenn sehr große Stückzahlen gefordert werden (z. B. Rasierklingen oder Uhrenteile) oder wenn Bleche gestanzt werden müssen, die sehr stark verschleißend wirken, wie z. B. siliziumhaltige Transformatorenbleche für die Elektrotechnik[1–35] (Abb. 138 u. 139).

---

[1] Hinnüber, J.: Maschinenmarkt **55** (1949), Nr. 81/82, S. 38/40.

[2] AWF: Hartmetall-Schnittwerkzeuge Beuth, Berlin 1952.

[3] Glen, E.: Am. Machinist **90** (1946), 18. Juli, S. 142/43; Am. Machinist **9** (1947), S. 979/81; Am. Machinist **91** (1947), 17. Juli, S. 137/39. Am. Machinist **93** (1949), 10. Februar, S. 85/88.

[4] Beardslee, K. R.: Machinery, London **71** (1947), S. 507/12, Machinery, N. Y. **52** (1946), Nr. 12, S. 150/56.

[5] Brosheer, B. C.: Machinist **91** (1947), S. 1623/27; Am. Machinist **90** (1946), 12. September, S. 101/05.

[6] Zapp, A. R.: Wire and Wire Products **22** (1947), S. 591/93, 612/14.

[7] Glen, E.: Steel Proc. **33** (1947), Nr. 10, S. 618/21.

[8] Eckersley, H.: J. Instn. Product Engr. **28** (1947), S. 358/77.

[9] Crump, H.: Steel **123** (1948), 27. September, S. 103 u. 106.

[10] Reitler, E. J. u. C. R. Harmon: Tool Eng. **20** (1948), Nr. 2, S. 47/50.

[11] Papworth, P. J.: Machinist **92** (1948), S. 455/59.

[12] Le Grand, R.: Machinist **91** (1948), S. 1248/52; Metalworking Prod. (1958), S. 866/69.

[13] Eglinton, G.: Tool Eng. **22** (1949), Nr. 5, S. 24/28.

[14] Muir, G. P.: Tool Eng. **22** (1949), Nr. 4, S. 17/20.

[15] Witthoff, J. u. F. Erlmann: Ind.-Anz. Essen **72** (1950), Nr. 33/34, S. 57/63.

[16] Eglinton, G.: Tool and Die J. **16** (1950), Nr. 1, S. 70/72.

[17] Shingledecker, G.: Tool and Die J. **15** (1950), Nr. 10, S. 60/62 u. 96.

[18] Elliot, B. u. J. Evans: Sheet Metal Ind. **32** (1955), S. 813/21; Machinery 88 (1956), S. 249/51; Steel Processing **42** (1956), Februar, S. 93/99, 110.

[19] Oberg, N. W.: Steel **132** (1953), Nr. 18, S. 100/102.

[20] Méroz, R.: J. Suisse dí'horlogerie (1953), Nr. 9, S. 193/97.

[21] Spencer, L. F.: Tooling and Production **19** (1953), Nr. 3, S. 136, 142, 144, Nr. 5, S. 53/56; Tool Eng. **30** (1953), Nr. 5, S. 35/40.

[22] Witthoff, J.: Metal Treatment **21** (1954), S. 456/62; Werkstattstechn. Maschinenbau **44** (1954), S. 3/9; Draht **8** (1957), S. 465/70; Ind. Anz. Essen **79** (1957), S. 305/07.

[23] Ballhausen, C.: Techn. Mitt. Essen **47** (1954), S. 199/200.

[24] Heymel, E.: Fertigungstechnik **5** (1955), S. 536/42.

[25] Dawihl, W. u. E. Dinglinger: In: Handbuch der Hartmetallwerkzeuge, Springer-Verlag, Berlin 1956, Bd. II, S. 300/05.

[26] Patton, W. G.: Iron Age **178** (1956), Nr. 11, S. 91/94.

[27] Fletcher, W. A.: Tool Eng. **37** (1956), Nr. 2, S. 78/81.

Die Herstellung von Schnittwerkzeugen mit Hartmetalleinsätzen erfordert sehr große Erfahrungen im Werkzeugbau[1–6]. Die Einsätze werden oft in mehrere Segmente unterteilt, welche einzeln mit Diamantmetallscheiben auf Profilschleifmaschinen fertig bearbeitet werden, worauf das Einschrumpfen in einen Stahlmantel erfolgt. Eine Nachbearbeitung des fertigen Werkzeuges ist schwer möglich. Auch die Schnittstempel werden mit Hartmetall armiert. Die Befestigung des Hartmetalles am Stempel bereitet dabei manchmal Schwierigkeiten; sie erfolgt durch Auflöten oder mittels sinnreicher Schraubenbefestigungen[7]. Kleine Stempel werden auch aus massivem Hartmetall gefertigt.

Um ein Ausbrechen der Schnittkanten möglichst zu vermeiden, verwendet man meist WC-Co-Hartmetalle mit 20% Co. Obwohl ein Hartmetallschnittwerkzeug drei- bis fünfmal so teuer ist wie ein Stahlwerkzeug, erzielt man sehr beträchtliche Ersparnisse, da die Lebensdauer je nach zu stanzendem Werkstoff 20- bis 60fach so groß ist. Stückzahlen von 1 Million und mehr, die zwischen zwei Nachschliffen gestanzt werden können, sind keine Seltenheit[8–10].

Auch die Matrizen-Führungen und die Rinnen, in welchen das Blechband kontinuierlich zugeführt wird, werden aus Verschleißgründen hartmetallbestückt[11].

---

28 Pond, J. B.: Carbide Engng. **10** (1958), Nr. 1, S. 7/10.

29 Nutting, R. C.: Carbide Engng. **10** (1958), Nr. 4, S. 9/11.

30 Schmidt, J. P.: Carbide Engng. **10** (1958), Nr. 12, S. 9/15.

31 Vieregge, G.: Ind.-Blatt **58** (1958), Nr. 4, S. 129/32.

32 van Beek, J.: Techn. Mitt. Essen **52** (1959), S. 229/36.

33 Chambers, A. E.: Machinery **96** (1960), S. 1177/82.

34 Lazarenko, B. R.: Dokl. Akad. Nauk SSSR **31** (1961), Nr. 4, S. 83/87.

35 Harig, H.: Am. Soc. Tool Mfg. Eng. **62** (1962), TP Nr. 411.

1 Jones, F. D.: Die Design and Die Making Practice, 3. Aufl., Industr. Press., New York 1951, S. 175/83.

2 Reitler, E. J.: Modern. Ind. Press **13** (1951), Nr. 6, S. 24/28.

3 Backstrom, M. J. u. E. J. Reitler: Machinery, New York **57** (1951), Nr. 12, S. 170/76; Machinery, London **79** (1951), S. 795/801.

4 Amtsberg, H. C.: Machinist, London **93** (1949), S. 1031.

5 Pickett, K. L.: J. Instn. Product. Engr. **31** (1952), S. 31/65; Sheet Metal Ind. **29** (1952), S. 129/43.

6 Spencer, L. F.: Tooling and Production **19** (1953), Nr. 3, S. 136, 142, 144, Nr. 5, S. 53/56.

7 Oehler, G.: Werkstattstechn. Maschinenbau **41** (1951), S. 436/38.

8 Spofford, J. E.: Steel **128** (1951), Nr. 10, S. 80/83.

9 Holzberger, J.: Stahl u. Eisen **71** (1951), S. 1098/1102.

10 Hamill, A. T.: Am. Machinist **94** (1950), 27. November, S. 100/02.

11 Urbas, E. J.: Tooling and Production **18** (1953), Nr. 11, S. 68/69, 72.

Die Anwendung von Hartmetall im *Maschinen- und Gerätebau* ist heute schon äußerst vielseitig[1–10]. Die betreffenden Teile, die man früher aus Stahl herstellte, werden lediglich an den beanspruchten Stellen mit Hartmetall — meist WC-Co-Sorten — versehen. Die Bestückung erfolgt durch Weich- oder Hartlöten. Die Flächen werden dann mit Siliziumkarbid und Diamantmetallscheiben geschliffen und geläppt.

Jede moderne Hochleistungsdrehbank ist heute mit hartmetallbestückten *Drehbankkörnern* ausgerüstet. Ebenso werden *Spannbacken* und *Lünetten* mit Hartmetallauflagen versehen. Bei spitzenlosen Schleifmaschinen nützen sich stählerne Führungsschienen und -leisten sehr rasch ab, wodurch die Genauigkeit der geschliffenen Teile beeinträchtigt wird. Mit mit Hartmetall bestückten *Leisten*, *Schienen* und *Linealen* erreicht man bei gleichbleibender Genauigkeit in günstigen Fällen eine Lebensdauer, die das 300fache der Stahlführungen beträgt[8, 11]. Im Werkzeugmaschinenbau, insbesondere bei Drehautomaten aller Art, werden zahlreiche auf Verschleiß beanspruchte Teile, die früher aus Stahl hergestellt wurden, wie *Anschläge*, *Anschlagbolzen*, *Anschlagleisten*, *Führungsbüchsen*, *Kurvenführungen*, *Bohrschablonen*, *Vorschubklinken*, *Tastfinger*, *Gegendruckrollen* u. a., mit Hartmetall bestückt. *Lager* aus Hartmetall für Präzisionsschleifmaschinen, hochbeanspruchte Motoren u. a. nützen sich äußerst wenig ab und laufen auch bei höherer Temperatur gegebenenfalls schmierungsfrei[11, 12] oder mit Alkalimetallschmierung[13, 14]. In diesem

---

[1] Hinnüber, J.: Maschinenmarkt **55** (1949), Nr. 81/82, S. 38/40.

[2] Beardslee, K. R.: Machinery, London **71** (1947), S. 507/12, Machinery, New York **52** (1946), Nr. 12, S. 150/56.

[3] Becker, K.: Hochschmelzende Hartstoffe und ihre technische Anwendung, Verlag Chemie, Berlin **1933**, S. 217.

[4] Dinglinger, E.: Anz. Maschinenwesen Essen **63** (1941), Nr. 53, S. 16/20.

[5] Brams, S. H.: Iron Age **156** (1945), Nr. 13, S. 55/57.

[6] McKenna, P. M.: Machinist **90** (1946), S. 1453/56; Am. Machinist **90** (1946), 15. August, S. 117/20.

[7] Burden, H.: Alloy Metals Rev. **5** (1948), Nr. 47, S. 2/11.

[8] Gillespie, J. S.: Metal Progr. **56** (1949), S. 523/26.

[9] Dawihl, W. u. E. Dinglinger: In: Handbuch der Hartmetallwerkzeuge, Springer-Verlag, Berlin 1953, Bd. I, S. 148/49.

[10] Knotek, O.: Techn. Mitt. Essen **47** (1954), S. 214/18.

[11] Longwell, J. R.: Am. Machinist **89** (1945), 5. Juli, S. 128/29, 13. September, S. 118/19.

[12] Anonym: Machinery, New York **52** (1945), S. 148; Machinery, London **80** (1952), S. 409.

[13] Balchin, N. C.: Brit. J. Appl. Phys. **13** (1962), S. 564/69.

[14] Kissel, J. W., W. A. Glaeser u. C. M. Allen: Trans. Am. Soc. Lubr. Eng. **5** (1962), S. 39/45; Wear **5** (1962), S. 446/57.

Zusammenhang sei auf die theoretischen Untersuchungen von F. T. BARWELL und A. A. MILNE[1] sowie K. V. SHOOTER[2] und auf die praktischen Versuche von J. S. KOZACKA und Mitarbeiter[3] verwiesen, welche die Reibungsverhältnisse bei Hartmetallagern untersucht haben. Für ähnliche Anwendungen wurden auch Kombinationen von Karbiden, Boriden, Siliziden und Graphit geprüft[4–8].

In der Uhrenindustrie, die ein starker Bedarfsträger für komplizierte Hartmetallstanzwerkzeuge ist, gewährleisten ferner *Rollierscheiben* aus Hartmetall eine besonders hohe Oberflächengüte der geglätteten Teile. In diesem Zusammenhang sind auch Hartmetallkugeln zum Innenkalibrieren und Druckpolieren zu nennen[9–12].

Eine besondere Bedeutung hat Hartmetall im *Meßgerätebau.* Hochwertige Schraubenmikrometer, Grenzlehrdorne, Rachenlehren, Gewindelehren, Härtetestplatten u. a. Meßgeräte für die Massenprüfung werden vorteilhaft mit Hartmetall bestückt[13–16]. Es ergibt sich dadurch nicht nur eine erhebliche Ersparnis durch längere Lebensdauer der Meßwerkzeuge, sondern auch eine weit genauere und verläßlichere Fabrikationskontrolle.

Bei Härteprüfgeräten haben Kugeln und Pyramiden[17–20] aus Hartmetall den Vorteil, daß sie sich im Gegensatz zu Stahlkugeln auch bei

---

[1] BARWELL, F. T. u. A. A. MILNE: Proc. 7th Int. Congr. Applied Mechanics, Bd. **4**, S. 294/310 (1948).

[2] SHOOTER, K. V.: Research **4** (1951), S. 136/39.

[3] KOZACKA, J. S., H. A. ERICKSON, H. W. HIGHRITER u. A. F. GABRIEL: Trans. Amer. Soc. Mech. Engng. **75** (1953), S. 1203/09; **78** (1956), S. 1403/06.

[4] BASKEY, R. H.: Trans. Am. Soc. Lubr. Eng. **2** (1959), S. 116/23.

[5] MORDIKE, B. L.: Wear **3** (1960), S. 374/87.

[6] HYDE, G. F. u. J. H. FUCHSLUGER: Lubrication Engng. **17** (1961), S. 476/83.

[7] DIEHL, C. H.: Iron Age **188** (1961), 21. Dezember, S. 57/59.

[8] BAUGHMAN, R. A. u. E. N. BAMBERGER: J. Basic Engng. **85** (1963), S. 265/72.

[9] FRANK, H.: Fertigungstechnik (1943), Heft 7, S. 160.

[10] BUSCH, J.: Am. Machinist **90** (1946), 19. Dezember, S. 129.

[11] B.I.O.S. Final Rep. Nr. 1711, S. 47/50.

[12] FOOTE, F.: Automotive Ind. (1955), 15. Oktober, S. 72/73, 124.

[13] BLACKALL, St. F.: Tool and Die, J. **15** (1950), Nr. 1, S. 64.

[14] BECKER, K.: Hartmetallwerkzeuge, Verlag Chemie, Berlin 1935, S. 178/81 u. 183/84.

[15] ANONYM: Product Engng. **15** (1945), Juni, S. 88/89.

[16] ROESSING, K. W. u. O. W. REEN: Proc. Am. Soc. Test. Mat. **62** (1962), S. 1081/87.

[17] MITSCHE, R.: 1. Plansee Seminar, Reutte/Tirol 1952, S. 27/38.

[18] DAWIHL, W. u. E. DINGLINGER: In: Handbuch der Hartmetallwerkzeuge, Springer-Verlag, Berlin 1953, Bd. I, S. 148.

[19] FRENKEL, A. B.: Zavod. Labor **33** (1956), S. 148/89.

[20] YOSHIZAWA, I.: Trans. Japan. Soc. Mech. Eng. **24** (1958), S. 466/71.

der Prüfung härterer Werkstoffe, etwa mit Brinellhärten von 400 bis 800 kg/mm² kaum deformieren. Die Härtemessung ist wesentlich genauer und man erhält in diesem Härtebereich Härtezahlen, welche wesentlich höher liegen als bei der Verwendung von Stahlkugeln[1].

Ein weiteres, großes Anwendungsgebiet für Hartmetall sind *Düsen* aller Art[2]. Bekanntlich ist der Verschleiß, insbesondere bei Sandstrahldüsen, außerordentlich hoch. Sandstrahldüsen mit Hartmetalleinsätzen haben gegenüber den bisher gebräuchlichen Hartgußdüsen eine überragende Lebensdauer. Während eine Hartgußdüse schon nach drei bis vier Stunden stark aufgeweitet ist, haben sich Hartmetalldüsen auch nach 1000 Betriebsstunden, in günstigen Fällen sogar auch noch nach 1600 Stunden kaum verändert[3–5]. Durch die außerordentlich lange Maßhaltigkeit der Bohrung der Hartmetalldüse wird die Luft- und Kraftvergeudung, der schädliche Druckabfall und der oftmalige Düsenwechsel beim Sandstrahlen vermieden. Der höhere Preis der Hartmetalldüse im Vergleich zur Hartgußdüse wird durch die wesentlich längere Lebensdauer sehr bald aufgewogen und darüber hinaus werden durch den geringeren Luftbedarf beträchtliche Ersparnisse im Betrieb erzielt.

Im allgemeinen wird nur der innere Teil der Sandstrahldüse aus Hartmetall hergestellt. Der Hartmetalleinsatz wird zum Schutz gegen Stöße in einen Stahlmantel eingelötet oder eingekittet.

Neben Sandstrahldüsen werden auch alle anderen Arten von Düsen, bei denen ähnliche Verschleißphänomene auftreten, wie Gebläsedüsen, Spritzdüsen, Zerstäubungsdüsen, Einspritzdüsen und Ausströmdüsen an Dieselmotoren u. a. vorteilhaft mit Hartmetall armiert.

Weiters sind hier zu nennen Düsen zum Ummanteln von Schweißelektroden[6], Düsen für Automaten, in denen mit Oxiden gefüllte organische Massen verpreßt werden, Spritzdüsen für keramische Massen[7], Glasspinndüsen und Strangpreßdüsen für Leicht- und Buntmetalle[8–11]. Mit Hartmetalldüsen gelang es z. B., bei Preßdrücken

---

[1] Blackall, St. F.: Tool and Die, J. **15** (1950), Nr. 1, S. 64.

[2] Becker, K.: Hartmetallwerkzeuge, Verlag Chemie, Berlin 1935, S. 172/73.

[3] Fehse, A.: Werkstattstechnik **24** (1930), S. 238.

[4] Lohse, N.: Z. Ver. dtsch. Ing. **75** (1935), S. 1107.

[5] Witthoff, J. u. F. Erlmann: Ind.-Anz. Essen **72** (1950), Nr. 33/34, S. 57/63.

[6] Knotek, O.: Techn. Mitt. Essen **47** (1954), S. 214/18.

[7] Graham, J. W. u. W. L. Kennicott: Ceram. Ind. **55** (1950), Nr. 6, S. 93/96.

[8] Dinglinger, E.: Anz. Maschinenwesen Essen **63** (1941), Nr. 53, S. 16/20.

[9] Beardslee, K. R.: Machinery, London **71** (1947), S. 507/12; Machinery, New York **52** (1946), Nr. 12, S. 150/56.

[10] Hughes, C. E. u. E. T. Miller: Wire and Wire Products **25** (1950), S. 885/86, 902/04.

[11] Eberhardt, O. u. G. Blum: In: Neue Werkstoffe durch pulvermetallurgische Verfahren. Akademie-Verlag, Berlin 1964, S. 88/97.

von 18 t/cm² Eisen-, Nickel- und Kobaltpulverpreßlinge bei einer Temperatur von etwa 900° zu 10 mm starken Rundstangen zu verpressen[1]. Unter solchen Arbeitsbedingungen beginnt eine Matrize aus gehärtetem Werkzeugstahl bereits zu fließen.

In diesem Zusammenhang sind die bekannten Hochdruckversuche von P. W. BRIDGEMAN[2] zu erwähnen, bei welchen geschrumpfte Hartmetalleinsätze Verwendung fanden, die bis zu den extrem hohen Drücken von 154 t/cm² ohne Zerstörung belastet werden konnten. Solche Einsätze finden auch bei der modernen Diamantsynthese Anwendung[3–6].

In der chemischen Industrie hat sich Hartmetall als Werkstoff bei vielen chemischen Großapparaturen wegen seiner beachtlichen Korrosionsfestigkeit durchgesetzt[7–10]. So haben sich Ventilteile, Dichtkegel und -ringe, Hydrierdüsen u. a. aus Hartmetall in Hochdruckanlagen hervorragend bewährt. Das Hartmetall ist auch gegen schnellfließende, heiße Laugen, die mit scharfkörnigem Schlamm durchsetzt sind, ausreichend widerstandsfähig[11]. Das Armieren der Ausräumer von Zentrifugen mit Hartmetall, die Bestückung von Zerstäuber- und Meßdüsen scheint für die chemische Industrie von steigendem Interesse.

Hartmetalle auf Chromkarbidbasis mit Nickelbinder zeichnen sich nicht nur durch hohe Verschleißfestigkeit, sondern auch durch sehr gute Korrosions- und Zunderbeständigkeit aus[12–15] (s. S. 217). Sie werden daher für Verschleißteile benützt, die gleichzeitig einem

---

[1] KIEFFER, R. u. W. HOTOP: Metallwirtsch. **23** (1944), S. 379/86.

[2] BRIDGEMAN, P. W.: J. Appl. Physics **12** (1941), S. 461/69.

[3] BUNDY, F.P., H. T. HALL, H.M. STRONG u. R.H.WENTORF: Nature **176** (1955), S. 51/55.

[4] HALL, H. T.: Rev. Sci. Instr. **29** (1958), S. 267/75.

[5] BALLHAUSEN, C.: Z. Ver. dtsch. Ing. **105** (1963), S. 617/23, 658/62.

[6] NAKAYAMA, N.: Rep. Gov. Ind. Res. Inst. Nagoya **13** (1964), S. 129/34.

[7] BECKER, K.: Chemische Apparatur **24** (1937), S. 33/35.

[8] DINGLINGER, E.: Anz. Maschinenwesen Essen **63** (1941), Nr. 53, S. 16/20.

[9] HINNÜBER, J.: Z. Ver. dtsch. Ing. **92** (1950), S. 111/17.

[10] PATTON, W. G.: Iron Age **168** (1951), Nr. 17, S. 57.

[11] MANCANTELLI, R. W. u. J. R. WOODWARD: Mining Engng. **7** (1955), S. 557/61.

[12] ANONYM: Machinery, New York **58** (1951), Nr. 3, S. 185/86; Materials and Methods **34** (1951), Nr. 6, S. 69; Tool Eng. **27** (1951), November, S. 49; Iron Age **169** (1952), Nr. 1, S. 205, **170** (1952), Nr. 7, S. 129.

[13] GILLESPIE, J. S. u. I. L. WALLACE: Steel **130** (1952), 21. April, S. 84.

[14] KENNEDY, J. D.: Steel **131** (1952), Nr. 5, S. 92/94; Materials and Methods **36** (1952), Nr. 2, S. 166/74; Precision Metal Molding **10** (1952), Nr. 10, S. 105/08.

[15] HINNÜBER, J.: Techn. Mitt. Krupp **12** (1954), S. 5/12, 81/88; Techn. Mitt. Essen **47** (1954), S. 183/90; Symposium on Powder Metallurgy 1954, Iron Steel Inst., London 1956, S. 305/10.

Korrosionsangriff unterworfen werden, wie z. B. Ventilsitze und Ventilkugeln für Erdölpumpen und Pumpen in der chemischen Industrie, Fadenführer, Verschleißteile aller Art, in der chemischen, pharmazeutischen und Nahrungsmittel-Industrie usw. Wegen der Warmfestigkeit und Zunderbeständigkeit werden Chromkarbid-Hartmetalle auch für Warm-Strangpreßdüsen empfohlen[1]. Für das Auflöten von Chromkarbidhartmetall auf Stahlträger sind Silberlote und besonders Fluß- und Desoxidationsmittel erforderlich[2].

In Einzelfällen ist zu prüfen, ob nicht mit Platin oder Nickel-Chrom abgebundene WC-Hartmetalle wegen der vergleichsweise höheren Festigkeit in Frage kommen (s. S. 221).

In der *Textilindustrie* finden Fadenführer für Natur- und Kunstfasern, die aus stranggepreßtem Hartmetall hergestellt sind, heute weitgehend Anwendung[3, 4]. Sie haben eine mehr als 100fach größere Lebensdauer als die bisher verwendeten Ösen. Fadenführer in den verschiedensten Abmessungen aus Hartmetall werden nicht nur in der Textilindustrie, sondern auch beim Weben von Draht, bei der Herstellung von Stahlwolle, beim Umspinnen von Drähten, beim Spulenwickeln[5] und — um einige ausgefallene Anwendungsgebiete zu nennen, — für Führungsringe bei Angelruten und für Flugzeug-Schleppseilführungen eingesetzt[4].

Außer den bereits in Abschnitt C besprochenen Anwendungsfällen von Hartmetall für drehendes und schlagendes Bohren und als Aufschweißwerkstoff im *Bergbau* werden schwere Hartmetallkugeln von 8 bis 12 cm Durchmesser neuerdings als Schlag- und Mahlkugeln beim Grobzerkleinern und Mahlen von Mineralien und Erzen benützt (vgl. S. 272[6]). Für diese Zwecke ist mengenmäßig sehr viel Hartmetall erforderlich und Versuche, die üblichen WC-Co-Legierungen durch Mo_2C-TiC-Hartmetalle zu ersetzen, dürften diesen wolframkarbidfreien Legierungen bedeutende Anwendungsgebiete eröffnen. Letztere werden neuerdings bevorzugt auch dort eingesetzt, wo es nur auf reibenden Verschleiß und nicht auf schlagende Beanspruchung ankommt.

Mit Hartmetallplatten bestückte Schlagelemente in Koksbrechern und sonstigen Zerkleinerungsmaschinen, z. B. in der Lebensmittelindustrie und in der Textilindustrie nutzen sich im Vergleich zu den früher verwendeten Schlagelementen aus Stahl viel weniger ab[7].

---

1 Glen, A. E.: Wire and Wire Prod. **30** (1955), S. 1230/31 u. 1294.

2 Benson, C. R. u. E. S. Chamer: Am. Machinist **99** (1955), Nr. 19, S. 126/27.

3 Anonym: Textile Manuf. **74** (1948), S. 321.

4 Prospekt Carboloy Co., Detroit, GT-200 (1947).

5 Snyder, G. H.: Machinist **82** (1938), S. 647/48.

6 Kieffer, R. u. F. Benesovsky: Industrie u. Technik **3** (1948), S. 251/57.

7 Fawcett, W. E.: Iron Age **170** (1952), Nr. 22, S. 114/16.

In der *Keramik* werden ebenso wie in der Pulvermetallurgie Preßformen benötigt, in welchen sehr stark verschleißend wirkende Massen in sehr hohen Stückzahlen verpreßt werden. Steinpreßformen mit Auskleidungen aus Hartmetall haben eine im Vergleich zu Stahlmatrizen überlegene Lebensdauer, z. B. konnten an Stelle von 8000 bis 10000 Ziegeln in einer Stahlmatrize mehr als 40000 Ziegel in einer Hartmetallmatrize gepreßt werden. Die Ersparnis ist hier besonders groß, weil das Auswechseln der Form eine volle Schicht beansprucht[1, 2].

Insbesondere bei der Herstellung von Schleifscheiben auf Siliziumkarbid- oder Korundbasis haben sich Hartmetallpreßwerkzeuge bewährt. Die Lebensdauer beträgt in diesem sehr schwierigen Verschleißfall das 10fache der Stahlwerkzeuge, die gepreßten Scheiben haben höhere Maßhaltigkeit und sind leichter aus den Werkzeugen auszustoßen[2].

Auch die in der Keramik für die Herstellung von Formkörpern häufig benutzten und einem starken Verschleiß unterliegenden Schablonierwerkzeuge, wie Grundierschablonen, Quetsch- und Schneidschablonen usw. werden mit großem Vorteil hartmetallbestückt[3, 4]. Während z. B. eine Quetschschablone aus Stahl für die Porzellantellerherstellung schon nach 8 bis 12 Stunden Verwendung nachgearbeitet werden mußte, hielt eine hartmetallbestückte Schablone 6 bis 12 Monate.

In der *Pulvermetallurgie* ergeben sich, ähnlich wie in der Keramik, zahlreiche Anwendungsfälle für Hartmetall als verschleißfester Werkstoff. Beim Naßmahlen von Hartmetalleinsätzen haben sich nach Versuchen von R. Kieffer und S. Heiss hartmetallausgekleidete Mühlen mit Hartmetallkugeln bestens bewährt[5].

Beim Verpressen von Metallpulvern zu Formkörpern tritt an den Preßwerkzeugen ein besonders hoher Verschleiß auf. Hartmetallausgekleidete Matrizen und hartmetallbestückte Stempel bewähren sich hier glänzend[6–11]. Bei einem Preßdruck von 2 bis 3 t/cm² wurde

[1] Crump, H.: Steel **123** (1948), 27. September, S. 103 u. 106.

[2] Gillespie, J. S.: Metal Progr. **56** (1949), S. 523/26.

[3] Graham, J. W. u. W. L. Kennicott: Ceramic Ind. **55** (1950), Nr. 6, S. 93/96; Bull. Am. Ceram. Soc. **42** (1963), S. 106/09.

[4] Schaumann, H.: Werkstattstechn. Maschinenbau **42** (1952), S. 65.

[5] D.R.P. 712679 (1938).

[6] Gleszer, K. M.: Precision Metal Molding **10** (1952), Nr. 7, S. 31, 74/77.

[8] Wilson, T. A.: Proc. 11th Ann. Meet., Metal Powder Assoc. 1955, Bd. II, S. 44/51.

[9] de Groat, G. H.: Tooling for Metal Powder Parts. McGraw Hill, New York 1958.

[10] Bia, A. u. A. Gallo: Ing. Meccanica **12** (1963), Nr. 1, S. 41/45.

[11] Umanski, A. M. u. V. I. Sokolski: Poroschkovaja Met. (1964), Nr. 2, S. 86/88.

bei Sintereisenlagern eine 100- bis 200fache Überlegenheit gegenüber Werkzeugstahl und eine 50- bis 100fache gegenüber hartverchromten Matrizen gefunden[1–3]. Bei Preßdrücken von 6 bis 12 t/cm² wird die Überlegenheit des Sinterhartmetalls mit seiner geringen Schweißneigung noch größer. Kalt- bzw. Warmschweißung des Metallpulvers an der Matrizenwandung, die zu sehr frühzeitiger Zerstörung der Stahlmatrizen führt, wird bei Hartmetall weitgehend vermieden.

Abb. 140. Mit Sinterhartmetall ausgekleidete Matrize für das Pressen von Sintermagneten

Abb. 140 zeigt eine mit Hartmetall ausgekleidete Matrize zum Pressen von Metallpulvern. Die Hartmetallauskleidung (dunkel) besteht aus zehn Segmenten, welche einzeln mit Diamantmetallscheiben geschliffen und dann unter Benutzung eines Zwischenringes (hell) in den Stahlmantel eingeschrumpft werden[4]. Kleinere Matrizen bei denen die Möglichkeit einer nachträglichen Schleifbearbeitung besteht, können nach C. Ballhausen[5] auch aus einem Stück durch Drucksintern hergestellt werden.

Wenn man zusammenfassend nochmals die Vorteile und allfälligen Nachteile von Hartmetall als verschleißfestem Werkstoff im Maschinen- und Gerätebau gegenüberstellt, so ergibt sich, um das Ergebnis vorwegzunehmen, in der überwiegenden Zahl der Fälle eine eindeutige Überlegenheit der Hartmetallwerkzeuge gegenüber den bisherigen Stahlgeräten. Hartmetallwerkzeuge sind meist drei- bis fünfmal so teuer wie Stahlwerkzeuge und vergleichsweise spröder. Das gesinterte Hartmetall erleidet bei unsachgemäßer Behandlung oder falscher Wahl der Hartmetallsorte gerne eine Beschädigung, wobei oft sogar eine vollständige Zerstörung der teuren Werkzeuge möglich ist. Demgegenüber ist aber die Mehrleistung so überragend, daß besonders bei Einschaltung von verläßlichen, verantwortungsbewußten Arbeitskräften die höheren Anschaffungskosten in Kürze

---

[1] Kieffer, R. u. F. Benesovsky: Industrie u. Technik **3** (1948), S. 251/57.

[2] Kieffer, R. u. W. Hotop: Sintereisen und Sinterstahl, Springer-Verlag, Wien 1948, S. 282/83.

[3] Mosthaf, E.: Machinery, London **77** (1950), S. 227/33.

[4] Scheuba, N.: Techn. Mitt. Krupp Forsch. Ber. **20** (1962), S. 157/61.

[5] Ballhausen, C.: Technik **4** (1949), S. 79.

hereingebracht werden[1]. Die Fertigungskosten selbst werden durch Verringerung der Neben- und Verlustzeiten und durch fast völlige Vermeidung von Ausschuß beträchtlich gesenkt. Neben kostenmäßigen Erwägungen spielen aber auch noch andere Gesichtspunkte, z. B. höhere Ausbringung, bessere Maschinenausnützung, Verbesserung der Güte der Erzeugnisse u. a., eine Rolle. Der Einsatz von Hartmetall bei der Verschleißbekämpfung muß also nicht nur vom betrieblichen, sondern auch vom volkswirtschaftlichen Standpunkt befürwortet werden. Die Umstellung von den bisher üblichen Stahlwerkzeugen auf Hartmetallwerkzeuge erfordert eine enge Zusammenarbeit zwischen Verbraucher und Erzeuger. Gegebenenfalls müssen die Teile den Gegebenheiten des Werkstoffes Hartmetall angepaßt und umkonstruiert werden. Es ist verständlich, daß die Hartmetallerzeuger im Hinblick auf die noch sehr weiten Anwendungsgebiete für Hartmetall in der Verschleißbekämpfung dieser Entwicklung ihre besondere Aufmerksamkeit schenken. Für Spikes in Winterreifen wird beispielsweise heute schon mehr Hartmetall verbraucht als für Schlagbohrplatten.

Hartaufschweißschichten für Verschleißteile, Bereits auf S. 313 wurde die Verwendung von geschmolzenem Wolframkarbid für Hartaufschweißzwecke im Bergbau besprochen. In den letzten Jahren wurden Verfahren ausgearbeitet, Hartaufschweißschichten aus metallischen Hartstoffen, insbesondere aus der Gruppe der Karbide und Boride* durch Aufspritzen auf kleinen Maschinenteilen und Geräten aller Art, die hohem Verschleiß unterliegen, aufzubringen. Schon M. V. Schoop hat auf die Möglichkeit des Aufspritzens von Wolframkarbid-Pulver hingewiesen[2]. Bei dem von der Firma Linde Air Products, Comp. entwickelten sogenannten „*Flame Plating*", wird Wolframmonokarbid mit 8% Kobalt in dünnen Schichten mittels einer speziellen Explosions-Pulverspritzpistole aufgebracht[3–13]. Das

* Es sei darauf verwiesen, daß in den schon früher bekannten Hartaufschweißlegierungen auf Basis legierter Stähle und Stellite auch Karbide, Doppelkarbide, Nitride und gegebenenfalls auch Boride und Silizide die Härteträger sind, auf welche die hohe Verschleißfestigkeit derartiger Schichten zurückzuführen ist.

[1] Witthoff, J.: Techn. Rdsch. **45** (1953), Nr. 47, S. 1/3; Werkstattstechn. Maschinenbau **45** (1955), S. 195/202.

[2] Schoop, M. V.: Korrosion u. Metallschutz **18** (1942), S. 243/44.

[3] King, F. E.: Materials and Methods **36** (1952), Nr. 3, S. 112/14.

[4] Perry, H. W.: Metals Ind. **81** (1952), S. 421/22.

[5] Barry, J. J.: Materials and Methods **37** (1953), Nr. 1, S. 80/81.

[6] Donnelly, W. L.: Steel Proc. (1953), Juni, S. 279/82.

[7] Hinnüber, J.: Techn. Mitt. Essen **47** (1954), S. 183/90; Techn. Mitt. Krupp **12** (1954), S. 81/88.

[8] Teter, M. A.: Proc. 10th Ann. Meeting Metal Powder Assoc., Cleveland 1954, Bd. I, S. 68/71.

WC-Co-Gemenge wird hierbei nicht durchgeschmolzen, sondern oberhalb des Kobaltschmelzpunktes, ohne Zerfall des wertvollen Wolframmonokarbides, auf die Werkstückoberfläche „aufgeschossen“, wobei sich bemerkenswert dichte und porenarme Schichten mit Sinterhartmetallgefüge ausbilden. Die Schichten, die durch schwache Entkohlung auch η-Phase enthalten, haben eine Verschleißfestigkeit, die so gut sein soll wie die kompakter Hartmetalle und besser als die üblicher Hartaufschweißschichten aus Speziallegierungen bzw. als die von Hartchromschichten. Als Anwendungsbeispiele für das leider teure und aufwendige Verfahren werden Gewinde- und Innenlehren, Kerne für pulvermetallurgische Preßwerkzeuge, Ventilkolben und -sitze, Schlagorgane in Zerkleinerungsmaschinen, Schnitte, Matrizen, Drahtrichtrollen, Lagerlaufflächen, Kompressordichtungen u. a. genannt.

Wirtschaftlicher scheint dagegen das sogenannte *Plasma-Spritzverfahren* zu arbeiten, bei welchem unter Schutzgas und unter Benutzung der extrem hohen Temperatur des Lichtbogenplasmas Hartstoffe, Hartmetalle und sonstige metallische und oxidische Werkstoffe in dünner Schicht aufgespritzt werden können[1, 2].

Durch Elektro-Erosion gelingt es nicht nur Hartmetalle abzutragen (s. S. 404), sondern bei entsprechender Schaltung auch Schichten von Hartmetall, z. B. auf Stähle, aufzutragen. In Rußland wurde eine Methode ausgearbeitet, durch elektro-erosives Auftragen von Hartmetallen auf WC-Co- und WC-TiC-Co-Basis die Standzeit von üblichen Werkzeugstahl- und Schnellstahl-Werkzeugen auf das 2 bis 4fache zu erhöhen[3–12]. Das Verfahren dürfte sich allerdings nur in Sonderfällen lohnen.

---

[9] Eshelman, R. H.: Tool. Eng. **36** (1956), Nr. 1, S. 117/22; Iron Age **183** (1959), Nr. 21, S. 152/53.

[10] Dickinson, T. A.: Metal Finishing **2** (1956), Nr. 15/16, S. 89/90, 102.

[11] Haycock, H. J. u. R. J. Fraser: Machinery **91** (1957), S. 738/42.

[12] Kirner, K.: Z. Metallkunde **51** (1950), S. 391/93.

[13] Doyle, A. G. u. J. W. Lambert: Brit. Weld. J. **10** (1963), S. 450/61.

[1] Bonner, P. E. u. R. A. Cresswell: Brit. Weld. J. **10** (1963), S. 205/11.

[2] Zuchowski, R. S. u. E. G. Garrabrant: Weld. J. **43** (1964), Nr. 1, S. 13/26.

[3] Ivanov, G. P.: Stanki i Instr. **22** (1951), Nr. 5, S. 20/22.

[4] Popilov, L. J.: Vestn. Maschinostroj. **32** (1952), Nr. 9, S. 60/61.

[5] Tsvibel, W. N.: Vestn. Maschinostroj. **33** (1953), Nr. 12, S. 75/76.

[6] Ivanov, G. P. u. N. D. Titov: Liteinoe Proizdvostvo (1953), Nr. 1, S. 21/22.

[7] Palatnik, L. S.: Dokl. Akad. Nauk SSSR. **89** (1953), S. 455/58.

[8] Frantz, H.: Fertigungstechnik **3** (1953), S. 91/95.

[9] Degner, W.: Fertigungstechnik **3** (1953), S. 241/44.

[10] Mirkin, L. A.: Vestn. Maschinostroj. **35** (1955), Nr. 4, S. 48/51.

[11] Poliatschenko, A. V.: Westn. Maschinostroj. **35** (1955), Nr. 7, S. 65/70.

[12] Bryjak, E. u. W. Missol: Hutnik, poln. **22** (1955), S. 77/86.

Eine andere Gruppe von Hartaufschweißlegierungen benützt als Basishartstoffe *Boride*, insbesondere Chromborid[1]. Es sei in diesem Zusammenhang auf die schon längere Zeit bekannten Hartaufschweißlegierungen aus Chromborid-Nickel-Silizium (Colmonoy) verwiesen[2–16]. Die als korrosionsbeständigen Hartmetalle empfohlenen *Chromkarbid-Nickel-Legierungen* sind ebenfalls als verschleißfeste Hartaufschweißlegierungen vorgeschlagen worden[17–19].

VII. Die Verwendung von Hartmetall beim Zerspanen

Bedeutung der Hartmetalle für die Entwicklung der Zerspanungstechnik

Die Entwicklung der Technik, die seit etwa 150 Jahren das moderne Leben der Menschheit beherrscht und in der geschichtlichen Betrachtung den Begriff des *Maschinenzeitalters* geschaffen hat, ist eng verbunden mit der teils gleichlaufenden, teils vorauseilenden Entwicklung von Fertigungshilfsmitteln, d. h. von Werkzeugen und Werkzeugmaschinen. Dieser Zusammenhang wird besonders deutlich,

---

[1] Anonym: Iron Age **175** (1955), 3. März, S. 122/23; **177** (1956), Nr. 2, S. 83; Materials and Methods **44** (1956), Nr. 4, S. 243.

[2] Smith, M. O.: INCO **14** (1936), Nr. 2, S. 16/17.

[3] Jones, F. G.: Welding J. **22** (1943), S. 797/98.

[4] Long, G. J. u. T. E. Rich: Welding J. **25** (1946), S. 744/45.

[5] Clauser, H. R.: Materials and Methods **25** (1947), Nr. 6, S. 103/18.

[6] Holtgren, L. A. u. R. E. Parker: Welding **18** (1950), S. 523/28.

[7] Sayre, H. S.: Welding J. **31** (1951), S. 35/39.

[8] Patton, W. G.: Iron Age **172** (1953), Nr. 23, S. 172/73.

[9] Steinitz, R. u. I. Binder: Powder Met. Bull. **6** (1953), S. 123/25.

[10] Moore, D. G. u. J. R. Cuthill: Bull. Amer. Ceram. Soc. **34** (1955), S. 375/82.

[11] Mansford, R. E.: Met. Ind. **93** (1958), S. 413/16.

[12] Sellier, E.: Rev. Soudure **15** (1959), Nr. 3, S. 130/35.

[13] Iskoldski, I. I. u. S. T. Tscherkinskaja: Tverdyje Splavy **1** (1959), S. 116/27.

[14] Ehlers, P.: Schweißen u. Schneiden **15** (1963), S. 419/24.

[15] Grünert, P.: In: Neue Werkstoffe durch pulvermetallurgische Verfahren. Akademie-Verlag, Berlin 1964, S. 119/24.

[16] Knotek, O. u. F. Rapatz: Hartaufschweißlegierungen. Springer-Verlag, Berlin/Göttingen/Heidelberg, demnächst.

[17] Avery, H. S. u. H. J. Chapin: Welding J. **31** (1952), S. 917/30.

[18] Avery, H. S.: In: Surface Protection Against Wear and Corrosion, Am. Soc. Met., Cleveland 1953, S. 191/201.

[19] Hinnüber, J.: Techn. Mitt. Essen **47** (1954), S. 181/90; Techn. Mitt. Krupp **12** (1954), S. 81/88.

wenn man mit E. Hirschfeld[1] die Entwicklung der Werkzeugmaschinen und Schneidwerkstoffe dem allgemeinen Fortschritt der Technik in zeitlicher Ordnung gegenüberstellt (Abb. 141). Eine ähnliche Darstellung haben C. Agte, R. Kohlermann und E. Heymel[2] unter Einbezug der Schneidkeramik gegeben.

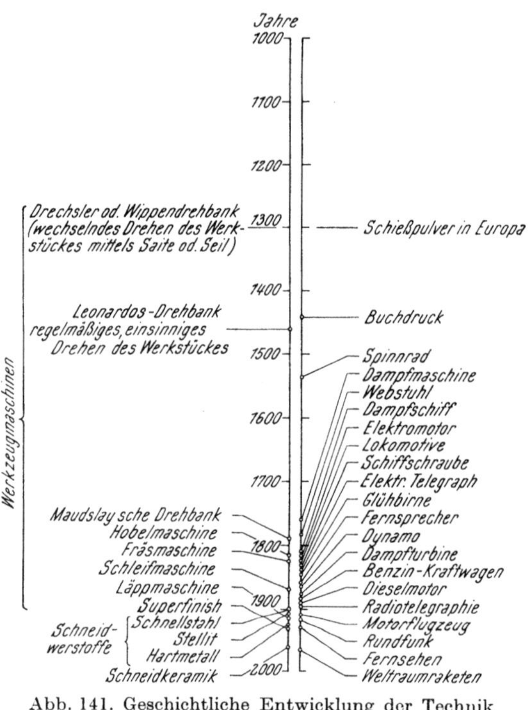

Abb. 141. Geschichtliche Entwicklung der Technik (E. Hirschfeld)

Die Hauptmomente bei der Entwicklung der Fertigungstechnik waren Genauigkeit, Geschwindigkeit und Leistung. Während die Genauigkeit durch Verbesserung der Werkzeugmaschinen und durch Einführung immer empfindlicherer Meßmethoden gesteigert werden konnte, war der Geschwindigkeit und Leistung durch die bekannten Schneidwerkstoffe eine Grenze gesetzt. Zu Beginn der Zerspanungstechnik konnte man kaum von einer Schnittgeschwindigkeit sprechen: sie betrug wenige m/Min., da der Kohlenstoffstahl der Schneidwerkzeuge keine höheren Drehgeschwindigkeiten erlaubte. Erst die Entwicklung und Einführung des höher legierten Werkzeugstahles und später des Schnellstahles durch F. W. Taylor und M. White um 1900, ermöglichte eine grundlegende Erhöhung der Schnittgeschwindigkeit auf 20 bis 40 m/Min. Den für die heutige Fertigung entscheidenden Fortschritt brachte die Entwicklung der gesinterten Karbid-Hilfsmetall-Schneidmetalle, deren Vorgänger die erschmolzenen Stellite von Haynes waren. Mit Einführung der Schröterschen WC-Co-Sinterhartmetalle (1926) und der WC-TiC-Co- bzw. WC-TiC-TaC-Co-Sorten (1931 bis 1937) konnte die Schnittgeschwindigkeit

[1] Hirschfeld, E.: Hartmetalle, Schweizer Druck- und Verlagshaus A.G., Zürich 1949, S. 15ff.

[2] Agte, C., R. Kohlermann u. E. Heymel: Schneidkeramik, Akademie-Verlag, Berlin 1959, S. 2.

bei der Bearbeitung von Guß, Stahl und anderen metallischen und nichtmetallischen Werkstoffen weit über 100 m/Min., beim Zerspanen von Leichtmetallen sogar bis über 1000 m/Min. gesteigert werden. Diese Entwicklung zeigt sich nach H. LAUSSMANN[1] eindeutig aus der Abb. 142. Wie stark sich dabei die Hauptzeit (reine Schnittzeit), z. B. beim Drehen eines Stahlkörpers, im Laufe der Entwicklung der Schneidwerkstoffe geändert hat, ist ebenfalls aus Abb. 142 zu ersehen. Bei Hartmetalleinsatz ist die Bearbeitungszeit im Vergleich zu Schnellstahl auf rund ein Zehntel gefallen. Über die Verhältnisse bei noch höheren Schnittgeschwindigkeiten, die sich durch den Einsatz der Schneidkeramik (Oxidkeramik und Karbidkeramik) ergeben, wurde in einem Sonderkapitel berichtet (s. S. 493). Da sich die Entwicklung und der Einsatz der Schneidkeramik noch stark im Fluß befindet[2], beschränken wir uns im Folgenden ausschließlich auf klassische Hartmetalle.

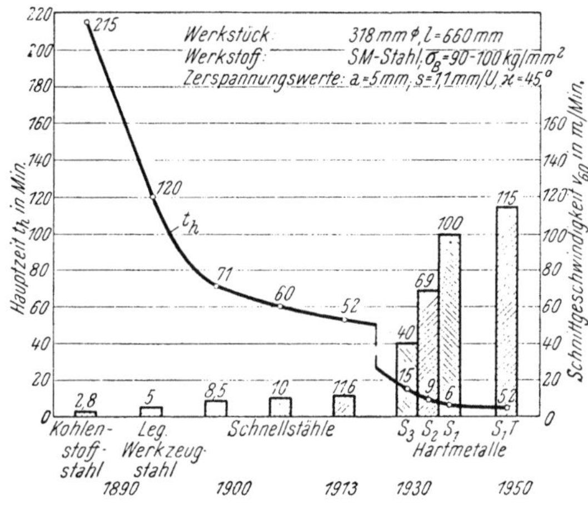

Abb. 142. Steigerung der Schnittgeschwindigkeit bzw. Senkung der Hauptzeit (reine Schnittzeit) im Verlauf der Entwicklung der Schneidwerkstoffe (H. LAUSSMANN)

Die Erfindung der Hartmetalle hatte natürlich umfangreiche *Zerspanungsuntersuchungen* mit diesem neuen Werkstoff zur Folge. Dabei sind insbesondere die Arbeiten der Versuchsfelder der Technischen Hochschulen Aachen und München zu nennen. Im Münchener Versuchsfeld hat H. SCHALLBROCH die ersten Richtwerte für das Drehen mit Hartmetallmeißeln ausgearbeitet, wobei die von A. WALLICHS und F. HUNGER 1936 eingeführte *Verschleißmarkenbreite* als Kriterium für die Standzeit diente.

Die Entwicklung der Hartmetallwerkzeuge hatte starke Auswirkungen auf den Werkzeugmaschinenbau. Die Antriebsleistungen mußten, bedingt durch die Steigerung der Schnittgeschwindigkeiten, wesentlich erhöht werden und erreichten bei modernen Maschinen

[1] LAUSMANN, H.: Vortrag, Berlin 1951.

[2] AGTE, C., R. KOHLERMANN u. E. HEYMEL: Schneidkeramik, Akademie-Verlag, Berlin 1959.

100 kW und mehr (s. Abb. 172, S. 389). Der Antrieb mußte schwingungsfrei erfolgen, die gesamte Konstruktion der Maschine robuster und starrer gestaltet werden.

Neben den Produktionsmaschinen mußten auch Spezialmaschinen für das *Schleifen* der Hartmetallwerkzeuge geschaffen werden.

Erst die gleichzeitige Entwicklung von Schneidwerkstoffen *und* Bearbeitungsmaschinen ermöglichte die volle Ausnutzung der Hochleistungshartmetalle und bedingte den unerhörten Aufstieg der Produktionskapazität, die Qualitätssteigerung und Kostensenkung der Erzeugnisse im zweiten Viertel des 20. Jahrhunderts[1].

A. Grundlagen der Zerspanung unter besonderer Berücksichtigung von Hartmetallwerkzeugen

Im Rahmen dieses Buches sollen die Grundlagen der spanabhebenden Bearbeitung nur insoweit behandelt werden, als sie zum allgemeinen Verständnis des Zerspanungsvorganges notwendig sind und wesentliche Unterschiede zwischen Stahlschneidwerkzeugen und Hartmetallschneidwerkzeugen bestehen. Zum eingehenderen Studium der Zerspanung sei auf das sehr umfangreiche Fachschrifttum[2–27] verwiesen.

---

[1] Kienzle, O.: Werkstattstechn. Maschinenbau **41** (1951), S. 411/12.

[2] Brödner, E.: Zerspanung und Werkstoff, VDI-Verlag, Berlin 1934.

[3] Kronenberg, M.: Grundzüge der Zerspanungslehre, Springer-Verlag, Berlin 1937; Grundzüge der Zerspanungslehre. Einschneidige Zerspanung, Bd. I, Springer-Verlag, Berlin 1954.

[4] Leyensetter, W.: Grundlagen und Prüfverfahren der Zerspanung im besonderen des Drehens. RKW-Veröffentlichung Nr. 114, G. B. Teubner, Leipzig 1938.

[5] Schlesinger, G.: Materials, Cutting Tools and Machineability Index. J. Inst. Prod. Eng. **21** (1942), S. 63/102.

[6] Negative Rake Milling. Machinery Publ. Brighton, 1945.

[7] Woodcock, F. L.: Design of Metal Cutting Tools. McGraw Hill, New York 1948.

[8] Metal-Cutting Tool Handbook. Metal Cutting Tool Inst., New York 1949.

[9] Baker, W. u. J. S. Kozacka: Carbide Cutting Tools How to Make and Use Them. Am. Techn. Soc., Chicago 1949.

[10] Hirschfeld, E.: Hartmetalle. Schweizer Druck- und Verlagshaus A.G., Zürich 1949.

[11] Krekeler, K.: Die Zerspanbarkeit der Werkstoffe. 3. Aufl., Springer-Verlag, Berlin 1949.

[12] Lang, M.: Prüfen der Zerspanbarkeit durch Messung der Schnittemperatur. C. Hanser, München 1949.

[13] Merchant, M. E. u. H. Ernst: Principles of Metal Cutting and Machineability. McGraw Hill, New York 1949.

[14] Am. Soc. Met.: Machining. Theory and Practice, Cleveland 1950.

Das *Drehen* ist das am meisten gebräuchliche Bearbeitungsverfahren, wobei sich die Grundvorgänge des Zerspanens am leichtesten verfolgen lassen. Hierauf bezieht sich auch der überwiegende Teil der Zerspanungsforschung. Die beim Drehen gefundenen Erkenntnisse und Gesetzmäßigkeiten lassen sich auf andere Zerspanungs-Bearbeitungsverfahren — wie Hobeln, Fräsen, Bohren, Räumen usw. — sinngemäß übertragen. Gewisse Erfahrungen und Einflußgrößen, die für die Schnellstahlwerkzeuge gelten, haben auch für die Hartmetalle der Hauptgruppen (WC-Co, WC-TiC-Co, WC-TaC-Co, WC-TiC-TaC-Co) Gültigkeit, jedoch müssen die besonderen Eigenschaften der Hartmetalle und ihr unterschiedliches Verhalten bei der Zerspanung der verschiedenen Werkstoffe berücksichtigt werden. Wie schwierig die Behandlung des Zerspanungsproblemes ist, geht aus Zahlentafel 91 hervor. Von H. LAUSSMANN[1] wurde versucht, einen Zusammenhang der bei Hartmetall am meisten interessierenden Größe der Schnittgeschwindigkeit mit den wichtigsten Faktoren bei der Zerspanung darzustellen, d. h. mit Werkstück, Werkzeug, Maschine, Schnittbedingungen und Einspannung. Es ergibt sich eine unübersehbare Zahl von Kombinationsmöglichkeiten, die im Rahmen dieses Buches nicht im einzelnen behandelt werden können. Wir haben uns bei der Behandlung des Stoffes im wesentlichen an die Einteilung von E. HIRSCHFELD[2] gehalten, die uns für den Hartmetallpraktiker und Werkstättenfachmann am zweckmäßigsten erschien.

15 BRÖDNER, E.: Zerspanung und Werkstoff. 2. Aufl., W. Girardet, Essen 1950.

16 CHISHOLM, A. J., J. M. LICKLEY u. J. P. BROWN: The Action of Cutting Tools. Machinery Publ., London 1951.

17 CHISHOLM, A. J.: The Theory of Cutting Tools. In: Modern Workshop Technology. Cleaver-Hume, Press, London 1950.

18 SCHALLBROCH, H. u. H. BETHMANN: Kurzprüfverfahren der Zerspanbarkeit. B. G. Teubner, Leipzig 1950.

19 KREKELER, K.: Die Zerspanbarkeit der metallischen und nichtmetallischen Werkstoffe, Springer-Verlag, Berlin 1951.

20 WITTHOFF, J.: Maschinenmarkt **61** (1955), Nr. 69/70, S. 15/17.

21 Grundlagenuntersuchungen bei der Zerspanung. 10. Forschungsbericht, Techn. Hochsch. Aachen, Girardet, Essen 1958.

22 RAPATZ, F. u. F. MOTALIK: Stahl u. Eisen **79** (1959), S. 1285/92.

23 3. Fokoma, München 1957; 4. Fokoma, München 1959.

24 WILSON, F. W. Ed.: Machining with Carbides and Oxides. McGraw Hill, New York 1962.

25 BLACK, P. H.: Theory of Metal Cutting. McGraw Hill, New York 1961.

26 VEREIN DEUTSCHER EISENHÜTTENLEUTE: Stahl u. Eisen **83** (1963), S. 1209/26.

27 BICKEL, E.: Werkstattstechnik **53** (1963), S. 429/34.

1 LAUSSMANN, H.: Vortrag, Berlin 1951.

2 HIRSCHFELD, E.: Hartmetalle. Schweizer Druck- und Verlagshaus A.G., Zürich 1949.

Zahlentafel 91. *Zusammenhang der Zerspanungsbedingung* (H. LAUSSMANN)

Die Schnittgeschwindigkeit ist abhängig von:		
Maschine	Werkstück	Werkzeug
Größe	Werkstoff	Werkstoff
Art	Art	Werkzeugstahl
Leistung	Festigkeit	Schnellstahl
Getriebe	Dehnung	Hartmetall
Zustand	Härte	Diamant
	Zustand	
	Beschaffenheit	Größe
	Größe	Schnittwinkel
	gleichförmig	Einspannung
	ungleichförmig	Zustand
	stabil	
	unstabil	
	Bearbeitungsart	
	Schruppen	
	Vordrehen	
	Schlichten	
	Feinstbearbeiten	

Einspannung	Schnittbedingungen
Freitragend	Spantiefe
Zangenspannung	gleichbleibend
	veränderlich
Futter, Planscheibe	Vorschub
Spitzen	Längs-, Quervorschub
Planscheibe mit Spitzen	Unterbrochener Schnitt
Vorrichtung mit Abstützung	Kühlung
	mit, ohne
mitlaufend	Heißzerspanung
feststehend	Spanablauf
ausgewuchtet	frei, zwangsläufig

1. Grundbegriffe

a) Arbeitsbewegungen, Hauptebenen

Aus der schematischen Darstellung des Drehvorganges (Abb. 143) werden folgende Begriffe deutlich:

Die Hauptbewegung (d. h. die Umdrehung der Hauptspindel) der Drehmashcine ergibt die *Schnittbewegung* am Werkstück. Der Vorschub (s in mm/Umdrehung) — als *Längsvorschub* parallel zur Werkstückachse bzw. *Quer-* oder Planvorschub senkrecht dazu — zusammen mit der Schnittbewegung ergibt die daraus resultierende *Arbeitsbewegung*. Die *Schnittgeschwindigkeit* (v in m/Minuten) ist die Arbeitsbewegung in der Zeiteinheit, d. h. die relative Geschwindigkeit zwischen Werkstück und Werkzeugschneide. Hieran hat die *Vorschubgeschwindigkeit* in den meisten Fällen einen sehr kleinen Anteil und kann unberücksichtigt bleiben. Die *Schnittgeschwindigkeit* kann daher auch als die von der Schneide auf dem Werkstück in Richtung der Schnittbewegung in der Zeiteinheit zurückgelegte Strecke definiert werden. Beim Drehen eines Werkstückes mit einem

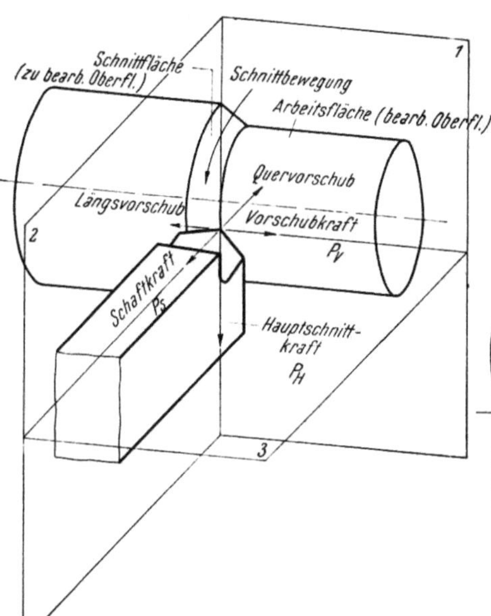

Abb. 143. Ebenen und Begriffe beim Drehen

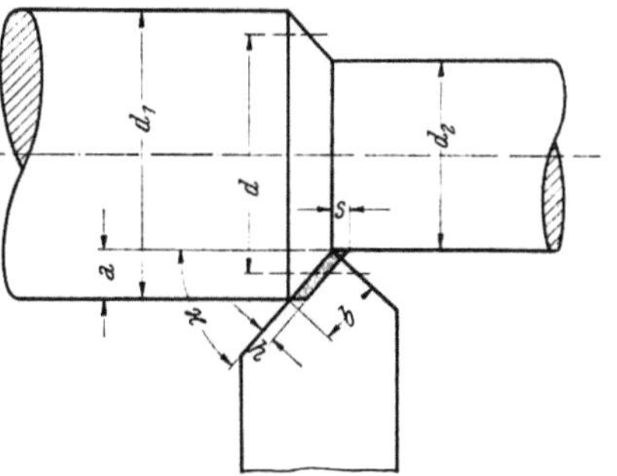

Abb. 144. Meßgrößen beim Drehen (E. HIRSCHFELD)

Durchmesser d (mm), welches mit n Umdrehungen/Minute rotiert, beträgt die Schnittgeschwindigkeit:

$$v_{m/Min} = \frac{\pi \cdot d \cdot n}{1000}.$$

Die *Spantiefe* (a in mm) ist die Stärke der abgenommenen Werkstoffschicht (Abb. 144). Sie beträgt, wenn d_1 der Durchmesser des zu bearbeitenden Werkstückes und d_2 der Durchmesser des bearbeiteten Werkstückes ist:

$$a = \frac{d_1 - d_2}{2}.$$

Für die Berechnung der Schnittgeschwindigkeit ist ein mittlerer Durchmesser

$$d = \frac{d_1 + d_2}{2}$$

einzusetzen. Bei kleinen und mittleren Spantiefen rechnet man mit dem äußeren Schnittdurchmesser.

Die drei Hauptebenen, welche zur Bestimmung der Schnittkraftkomponenten und der Schnittwinkel herangezogen werden, sind: die *erste Hauptebene* in Richtung des Längsvorschubes, die *zweite Hauptebene* in Richtung des Quervorschubes und der Schnittbewegung und die *dritte Hauptebene* senkrecht zu beiden. Parallel zur dritten Hauptebene liegt die Auflagefläche des Drehstahles.

Am Werkstück unterscheidet man *die zu zerspanende Oberfläche*, das ist jene, die durch Bearbeitung beseitigt werden soll, die *bearbeitete Oberfläche* als das Ergebnis der Zerspanung und die *Schnittfläche*, die unmittelbar unter der Werkzeugschneide entsteht.

b) *Schneidenwinkel und Schneidenflächen*

Die Winkel an der Schneide müssen dem jeweiligen Zerspanungsvorgang angepaßt sein. Die Angaben über die an der Schneide auftretenden Winkel dienen als Richtlinie bei der Herstellung von Schneidwerkzeugen. Eine genaue Bestimmung ist schwierig, da die Angaben unabhängig von der Lage des Werkzeuges zum Werkstück sein sollen. In den meisten Industrieländern existieren Schneidstahlnormen, die mit jeweils festgelegten Meßebenen bzw. Koordinaten-

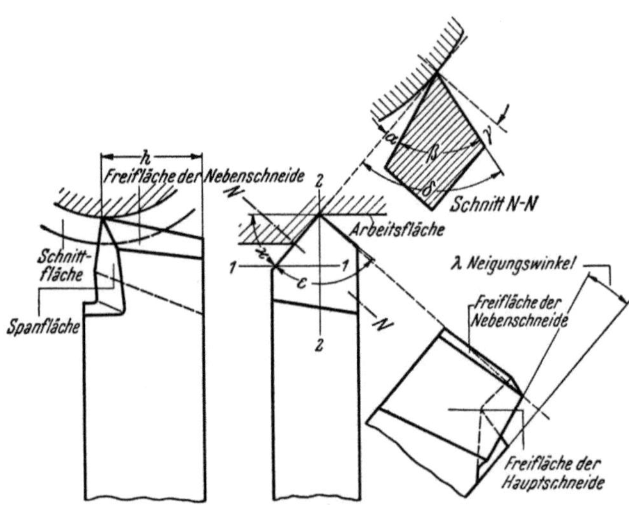

Abb. 145. Winkel und Flächen am Drehstahl nach DIN 768

systemen die Lage der Hauptschneide sowie der Spanfläche bestimmen. Bei der DIN-Norm 768 und 6581 (1960) werden die Schneidenwinkel durch Bezugsebenen bestimmt, die sich aus den Bewegungsrichtungen bei der Zerspanung ergeben (s. Abb. 143)*. Gemäß Abb. 145 unterscheidet man am Werkzeug die *Hauptschneide*, das ist jene Schneidkante des Schneidwerkzeuges, die unmittelbar am Schneidprozeß beteiligt ist, und die *Nebenschneide*, welche an der Schneiden-Spitzenrundung anschließt und je nach der Größe von Spitzenrundung und Spandicke die Nebentrennung des Spanes von der bearbeiteten Oberfläche bewirkt. An Flächen unterscheidet man die *Spanfläche*, über die der Span abläuft, und die *Freifläche* (der Haupt- bzw. Nebenschneide), welche gegen die Schnittfläche bzw. gegen die bearbeitete Werkstückoberfläche gerichtet ist.

Am Werkzeug unterscheidet man folgende Winkel:

Der *Freiwinkel* α ist der Winkel zwischen Schnitt- und Freifläche. Er soll bei Hartmetallwerkzeugen zur Erreichung einer guten Abstützung möglichst klein gehalten werden. Allerdings erhöht ein zu kleiner Winkel — je nach dem bearbeiteten Werkstoff — die Reibung. In der Regel ist α bei Stahl 4 bis 5°, bei weichen Metallen 6 bis 8°, bei Kupfer 10 bis 15°.

Der *Spanwinkel* γ ist der Winkel zwischen der Senkrechten auf die Schnittfläche und der Spanfläche. Je größer der Spanwinkel ist, um so leichter wird der Span vom Werkstück getrennt. Wegen der Gefahr des Ausbrechens wird man aber — und dies hängt sowohl vom bearbeiteten Werkstoff als auch vom Schneidwerkstoff ab — nicht über einen gewissen Wert hinausgehen. Bei der Bearbeitung von Kupfer und weichem Stahl mit Hartmetall beträgt γ 20 bis 18°; bei Leichtmetall kann der Spanwinkel noch größer werden. Mit zunehmender Härte des zu bearbeitenden Werkstoffes wählt man ihn immer kleiner. Für die Bearbeitung von besonders hartem Stahl und Werkstoffen höchster Festigkeit wendet man sogar mit Vorteil einen *negativen Spanwinkel* an (s. S. 362). Je größer α und insbesondere γ ist, um so kleiner wird der von ihnen eingeschlossene *Keilwinkel* β und um so größer ist die Gefährdung der Schneidenkante. Man wird also bei Hartmetall, das verhältnismäßig spröde ist, α und γ möglichst klein wählen, vor allem wenn harte Werkstoffe, insbesondere im unterbrochenen Schnitt, zu bearbeiten sind. Voraussetzung dabei

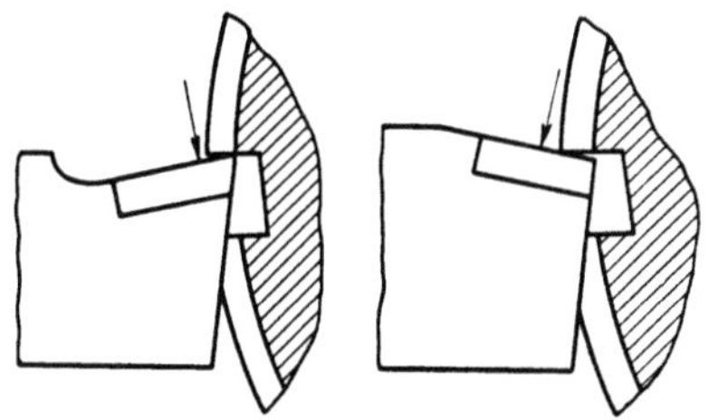

Abb. 146. Beanspruchung der Schneide bei positivem und negativem Spanwinkel (K. Krekeler)

* Bezüglich der Bezugsebenen sei auch auf die Veröffentlichung von J. Witthoff: Werkstatt u. Betrieb **82** (1949), S. 40/46, und G. Röhlke: Werkstatt u. Betrieb **86** (1953), S. 335/41; Werkstattstechn. **52** (1962), S. 242/45, hingewiesen.

ist allerdings, daß die Maschine dem erhöhten Kraftbedarf nachkommt. Wird der Spanwinkel γ negativ, dann steigt der Keilwinkel über 90° und die Hartmetallschneide wird im wesentlichen auf Druck beansprucht (Abb. 146)[1].

Der *Einstellwinkel* $\varkappa$ ist der Winkel zwischen der ersten Hauptebene und der Projektion der Schneidkante auf die dritte Hauptebene. Er bestimmt die Dicke des Spanes h und die Schnittbogenlänge und ist daher von Bedeutung für den Schnittwiderstand und den ruhigen Schnittverlauf. $\varkappa$ beträgt in der Regel 30 bis 60°. Je mehr das Werkstück zum Vibrieren neigt, um so größer muß der Einstellwinkel werden. Beim Seitendrehstahl beträgt $\varkappa$ in der Regel 90°, beim Breitstahl 0°.

Der *Neigungswinkel* λ ist der Winkel der Schneidkante gegen die dritte Hauptebene. Bei abfallender Schneidkante, d. h. wenn die Schneidkante nach der Spitze zu abfällt, ist der Winkel positiv. Für Hartmetallwerkzeuge hat der Neigungswinkel λ eine außergewöhnliche Bedeutung. Bei den verhältnismäßig spröden Hartmetallen ist eine Beanspruchung der Schneidenspitze, die jeweils beim ersten Eingriff, insbesondere aber bei unterbrochenem Schnitt auftritt, möglichst zu vermeiden. Bildet man die Schneide, wie Abb. 147 zeigt, so aus, daß die Schneidenspitze den tiefsten Punkt der Hauptschneide bildet, d. h. wählt man λ *positiv*, dann wird die Gefahr des Ausbrechens herabgesetzt. Bei erheblich größeren Neigungswinkeln muß man allerdings mit höheren Schnittkräften rechnen.

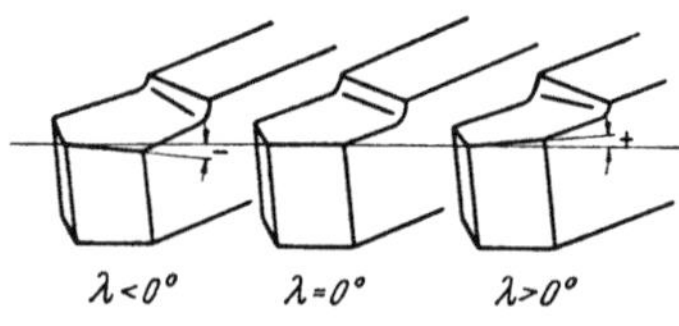

Abb. 147. Schneide mit verschiedenen Neigungswinkeln

Als Maß für die Abrundung der Schneidenspitze hat sich r = 2,5 mal Vorschub bewährt, sofern nicht unstarre Werkstücke kleinere Radien bzw. das Feindrehen zur Erreichung hoher Oberflächengüte größere Rundungen erfordern.

Auf die Bezeichnung der Schnittwinkel in den angelsächsischen Ländern (nach American Standard Association) soll hier nicht eingegangen werden. Es sei auf die sehr klare Darstellung von K. Krekeler[2] verwiesen, der auch Formeln und graphische Darstellungen für die Umrechnung der Winkel auf deutsche Verhältnisse angibt[3].

---

[1] Krekeler, K.: Zerspanbarkeit metallischer und nichtmetallischer Werkstoffe. Springer-Verlag, Berlin 1951, S. 203/06.

[2] Krekeler, K.: Zerspanbarkeit der metallischen und nichtmetallischen Werkstoffe. Springer-Verlag, Berlin 1951, S. 200/03.

[3] vgl. a. Schwarzkopf, P. u. R. Kieffer: Cemented Carbides. Macmillan, New York 1960, S. 297.

c) Der Span

Die Fläche des Spanes, die in der senkrecht zur Schnittrichtung durch die Werkzeugspitze gedachten Ebene liegt, heißt *Spanquerschnitt,* seine Formel lautet:

$$F = h \cdot b,$$

wobei h die *Spandicke* und b die *Spanbreite* ist (Abb. 144). Praktisch wird der Spanquerschnitt als Produkt von Vorschub und Schnittiefe berechnet:

$$F = a \cdot s.$$

Je nach Einstellwinkel $\varkappa$ bzw. gerader oder gebogener Schneidenausbildung ist bei gleichem Vorschub und gleicher Schnittiefe die Form des Spanquerschnittes sehr verschieden (Abb. 148). Da der

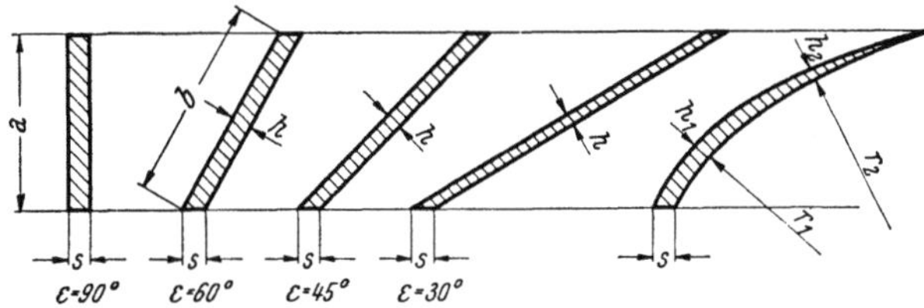

Abb. 148. Spanquerschnittsformen (E. HIRSCHFELD)

spezifische Schnittdruck von der Form des Spanquerschnittes beeinflußt wird, ist auch die Standzeit davon abhängig (s. S. 363). W. LEYENSETTER[1] schlug vor, die Spanquerschnittsform, deren Fläche durch den theoretischen Spanquerschnitt a · s gegeben ist, auf eine Eingriffslänge l zu beziehen (Abb. 149). Er führt zu diesem Zweck die

$$\text{Schnittkennziffer} = \frac{l}{a \cdot s}$$

ein und nennt den Kehrwert dieses Koeffizienten *Bogenspandicke* m

$$m = \frac{a \cdot s}{l}$$

Die Bogenspandicke m ist also die angenommene Dicke eines Spanes mit der Fläche a · s, über der Eingriffslänge l. Der Wert für m ist immer klei-

Abb. 149. Bogenspandicke (W. LEYENSETTER)

[1] LEYENSETTER, W.: Grundlagen und Prüfverfahren der Zerspanung, im besonderen des Drehens. RKW-Veröffentlichung Nr. 114, G. W. Teubner, Leipzig 1938.

ner als s. Die Eingriffslänge l wird von der Spantiefe, dem Einstellwinkel und dem Spitzenradius beeinflußt. Je größer die Bogenspandicke, um so kleiner ist die im Eingriff stehende Schneidenlänge und um so kürzer die Standzeit. Die Werte für die Bogenspandicke, welche bei Standzeitbestimmungen benötigt werden (s. S. 379) sind Tabellen zu entnehmen.

2. Der Schnittwiderstand

a) Spanbildung

Aus Messungen der Schnittdruckschwankungen bei sehr kleinen Schnittgeschwindigkeiten und durch direkte Beobachtung des Zerspanungsvorganges mittels Zeitlupenaufnahmen kann man heute die Spanbildung kurz folgendermaßen erklären:

Die Werkzeugschneide deformiert zunächst in steigendem Maße die Oberfläche des Werkstückes. Bei weiterer Drucksteigerung entsteht eine solche Beanspruchung, daß das Gefüge zerstört wird; die abgetrennten Teilchen beginnen in Form eines Spanes längs der Spanfläche abzugleiten. Die Werkstoffteilchen des Spanes werden dabei durch Scherung beansprucht, so daß in gewissen Gleitebenen der Zusammenhang des Spanes vollkommen oder teilweise zerstört wird. Die einzelnen Phasen dieses sich periodisch wiederholenden Vorganges sind von Änderungen des Schnittdruckes begleitet, welche bei experimentellen Zerspanungen mit sehr niedrigen Schnittgeschwindigkeiten verfolgt werden können. Bei sehr hohen Schnittgeschwindigkeiten folgen die Änderungen des Widerstandes so rasch aufeinander, daß sie durch Messungen nicht mehr verfolgt werden können. Sie machen sich aber durch ein mehr oder weniger starkes Vibrieren beim Zerspanungsvorgang bemerkbar.

Das Abscheren der einzelnen Spanteilchen erfolgt bei den verschiedenen Werkstoffen, je nach Zugfestigkeit und Dehnung bzw. Härte, ganz verschieden. Bei spröden Werkstoffen (Gußeisen) tritt ein vollständiges Abbrechen des Spanes ein; es bildet sich ein *unterbrochener, kurzer Span*. Bei zähen Werkstoffen (Stahl) bildet sich meist ein *zusammenhängender, langer Span*, aber auch hier macht sich eine Verformung bemerkbar, die sehr deutlich an der Veränderung des Spanquerschnittes zu beobachten ist. Mit negativem Spanwinkel kann man auch bei weichen und zähen Werkstoffen einen kurzen Span erzielen. Auch durch besondere Ausbildung der Schneide (Spanstufe) entsteht bei zähen Werkstoffen ein kürzerer Span[1, 2].

---

[1] Hemscheidt, H.: Werkstattstechn. Maschinenbau **46** (1956), S. 458/59.

[2] Müller, M. E.: Werkstattstechn. Maschinenbau **47** (1957), S. 269/73, **49** (1959), S. 653/57.

Außer vom Werkstoff wird die Form des Spanes noch von einer Reihe anderer Faktoren beeinflußt, insbesondere von den Schneidenwinkeln, der Schnittiefe, dem Vorschub, der Schnittgeschwindigkeit u. a. Über die zahlreichen Untersuchungen dieser Zusammenhänge wird im Fachschrifttum[1, 2] ausführlich berichtet.

Für den praktischen Betrieb hat die Spanform große Bedeutung, da beispielsweise ein ungünstiger langer Wirrspan den Abtransport großer Spanmengen aus der Werkstatt sehr erschwert und Arbeiter, Werkzeug und Maschine gefährden kann.

Zur *Spanverformung* ist eine gewisse Arbeit erforderlich, die um so größer sein wird, je stärker diese Verformung ist[3]. Die Bildung eines gebrochenen Spanes bei zähen Werkstoffen bedingt daher eine stärkere Belastung des Werkzeuges, erfordert somit größere Schnittkräfte und einen großen Energieaufwand beim Schneiden. Zwischen Spanverformung und *Oberflächenbeschaffenheit* des bearbeiteten Werkstückes besteht ein enger Zusammenhang. Wesentlich stärker wird der Span bei niedrigen Schnittgeschwindigkeiten verformt, weil dabei die einzelnen Kristallite des Werkstoffes deformiert und aus dem Verband gerissen werden, was sich durch eine rauhe, schuppige Oberfläche des Werkstückes bemerkbar macht. Bei den hohen Schnittgeschwindigkeiten, die bei Hartmetall angewendet werden, erfolgt das Abtrennen des Materials so rasch, daß die einzelnen Kristallite ohne wesentliche Verformung von der Schneide abgetrennt werden. Die Schnittfläche und die *bearbeitete Oberfläche* am Werkstück ist sehr glatt, was ein Kennzeichen für den richtigen Einsatz von Hartmetall ist[4, 5].

Eine charakteristische Erscheinung beim Zerspanen, insbesondere von Stahl, ist die Verfestigung des bearbeiteten Werkstückes sowie des Spanes durch Scherspannungen. Nach Mikrohärteuntersuchungen von M. E. Merchant[6] ist die Oberflächenhärte des bearbeiteten Werkstückes je nach Art des Werkstoffes etwa ein- bis zweieinhalbmal höher als die ursprüngliche Härte. Der Span ist bis zu dreimal härter. Spröde Werkstoffe (Guß) weisen fast keine Härtesteigerung auf.

---

[1] Krekeler, K.: Zerspanbarkeit der metallischen und nichtmetallischen Werkstoffe. Springer-Verlag Berlin/Göttingen/Heidelberg 1951, S. 132/39.

[2] Schallbroch, H. u. H. Bethmann: Kurzprüfverfahren der Zerspanbarkeit. B. G. Teubner, Leipzig 1950, S. 172/86.

[3] Leyensetter, W.: Z. Ver. dtsch. Ing. **93** (1951), S. 375/78, **98** (1956), S. 957/62; Stahl u. Eisen **72** (1952), S. 1139/44.

[4] Leyensetter, W.: Z. Ver. dtsch. Ing. **94** (1952), S. 825/28.

[5] Pekelharing, A. J. u. R. A. Schuermann: Werkstattstechn. u. Maschinenbau **45** (1955), S. 49/53.

[6] Merchant, M. E.: In: Machining-Theory and Practice. Am. Soc. Met., Cleveland 1950, S. 5/44.

Durch Reibung des Spanes und des Werkstückes am Werkzeug wird ebenfalls die Schnittkraft beeinflußt.

Zusammenfassend müssen bei der Zerspanung folgende Widerstände überwunden werden: Der *Trennwiderstand*, d. h. der Widerstand, den der Werkstoff der Abtrennung einzelner Teilchen entgegensetzt; der *Verformungswiderstand*, das ist der Widerstand des abgenommenen sowie des bearbeiteten Materials gegen Umformung (elastische oder dauernde Verformung des Werkstückes und des Spanes) und der *Reibungswiderstand*, bedingt durch die Reibung des Spanes und des Werkstückes am Werkzeug. Der größte Teil der Zerspanungsarbeit entfällt auf die Überwindung des Verformungswiderstandes, und zwar bei der Zerspanung von Guß 50%, von Stahl 75% der Gesamtarbeit. Auf den Schnittwiderstand entfällt bei Guß 35%, bei Stahl 15%. Der verbleibende Rest der Gesamtarbeit wird vom Reibungswiderstand beansprucht.

b) Die Schneidenaufwachsung (Aufbauschneide, Schneidenansatz)

Bei der Zerspanung weicher und zäher Werkstoffe kommt es häufig vor, daß sich an der Werkzeugschneide Teilchen des zerspanten Werkstoffes festsetzen (Abb. 150)[1–3]. Diese sogenannte *Schneidenaufwachsung* wird im Verlauf der Arbeit immer größer, bis sie endlich vom Span teilweise oder ganz fortgerissen wird. Dabei kann es vorkommen, daß auch Teile der Schneide mitgenommen werden. Die Aufwachsung bildet sich laufend von neuem und wird wieder abgerisssen. Die Folge dieses sich dauernd wiederholenden Kreislaufes, deren einzelne Phasen nur Bruchteile von Sekunden dauern, ist ein Abbau der Schneide, der bis zum Ausbrechen führen kann. In diesem Zusammenhang sei bereits auf eine charakteristische Verschleißerscheinung an der Spanfläche bei der Bearbeitung von Stahl, die sogenannte *Auskolkung*, hingewiesen, welche auch auf Verschweißvorgänge zurückzuführen ist (s. S. 375). Schon TAYLOR erklärte die Bildung der Aufbauschneide mit einer Anhäufung kleinster Werkstoffteilchen, die unter dem Einfluß des Druckes (s. Schnittdruck, S. 360)

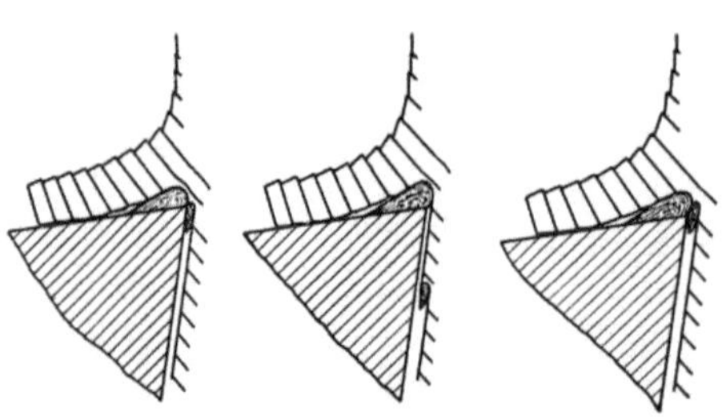
Abb. 150. Aufwachsschneidenbildung, schematisch (F. SCHWERD)

[1] WALLICHS, A. u. K. KREKELER: Stahl u. Eisen **49** (1929), S. 578.
[2] SCHWERD, F.: Z. Ver. dtsch. Ing. **80** (1936), S. 233/36.
[3] TRENT, E. M.: J. Iron Steel Inst. **201** (1963), S. 847/55, 923/32, 1001/15.

und der verhältnismäßig hohen Temperatur, während des Schneidvorganges an der Schneide zusammenschweißen (s. Schnittemperatur, S. 364). W. DAWIHL[1–3] hat durch sinnreiche Versuche diese Annahme bewiesen. Körper aus dem bearbeiteten Werkstoff und dem Schneidwerkstoff (WC-Co-, und WC-TiC-Co-Hartmetalle), deren Oberfläche sehr sorgfältig geschliffen und poliert worden war, wurden unter einem bestimmten Druck eine gewisse Zeit bei steigender Temperatur zusammengepreßt. Dabei wurde zunächst die niedrigste Temperatur, bei der die Körper zusammenhafteten, die sogenannte *Klebetemperatur*, ermittelt. Zahlentafel 92 gibt diese für verschiedene hier untersuchte

Zahlentafel 92. *Klebetemperatur zwischen Karbiden bzw. Hartmetallen*) und Stählen* (W. DAWIHL)

Kombination	Klebetemperatur °C
Stahl 60 kg/mm² Festigkeit mit:	
WC	1000
WC + 0,5% Co	900
WC + 1% Co	775
WC + 5% Co	625
WC + 20% Co	625
Co	550
WC + 15% TiC + 5% Co	775
TiC	1000
Schnellstahl	575
Stahl mit 110 kg/mm² Festigkeit mit:	
WC	1050
WC + 0,5% Co	900
WC + 1% Co	800
WC + 5% Co	750
Co	750
WC + 15% TiC + 5% Co	850
TiC	1150
Grauguß (200 kg/mm² Härte) mit:	
WC + 5% Co	700
WC + 15% TiC + 5% Co	825

* Die Untersuchungen gelten auch für Hartmetalle mit TiC + TaC(NbC)-Zusätzen.

Werkstoffpaare wieder. In weiterer Verfolgung dieser Fragen wurde dann die Festigkeit bestimmt, mit der die bei steigender Temperatur verschweißten Werkstoffpaare zusammenhaften. In Zahlentafel 93

[1] DAWIHL, W.: Z. techn. Physik **21** (1940), S. 44/48, 336/45.
[2] DAWIHL, W.: Stahl u. Eisen **61** (1941), S. 210/13.
[3] DAWIHL, W. u. W. RIX: Z. Metallkunde **34** (1942), S. 156/59.

Zahlentafel 93. *Festigkeit der Schweißnaht in Abhängigkeit von der Temperatur bei Verschweißung von Hartmetallen mit Stählen (Druck 2,2 kg/mm², Druck dauer 20 Minuten)* (W. DAWIHL)

Temperatur °C	Zerreißfestigkeit der Naht in kg/mm²			
	WC-Co-Hartmetall 95/5 (G 1) und		WC-TiC-Co-Hartmetall 80/15/5 (S 1) und	
	Stahl 40*	Stahl 120*	Stahl 40*	Stahl 120*
625	0,2	—	—	—
650	0,5	—	—	—
675	1,2	—	0,01	—
700	2,2	0,01	0,05	—
725	3,6	0,01	0,6	—
750	4,1	0,1	0,5	—
775	—	1,1	0,7	—
800	—	0,7	0,7	0,1
825	—	1,0	1,2	0,01
850	—	4,8	1,5	0,5
875	—	3,5	1,6	1,1
900	—	5,2	1,9	0,4
925	—	5,2	—	1,3
950	—	6,2	—	0,8
1000	—	7,2	—	—
1075	—	—	—	0,7

* Zugfestigkeit 40 bzw. 120 kg/mm²

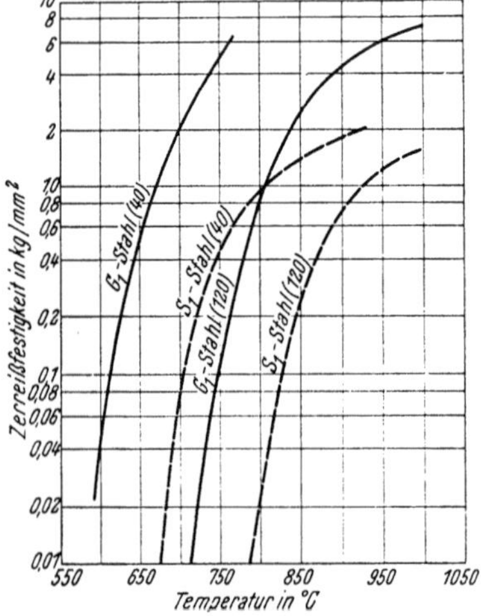

Abb. 151. Festigkeit der Schweißnaht in Abhängigkeit von der Verschweißtemperatur (Druck: 2,2 kg/mm², Druckdauer: 20 Minuten) (W. DAWIHL und W. RIX)

ist ein Teil der Versuchsergebnisse zusammengestellt und in Abb. 151 in Kurvenform wiedergegeben.

Die Ergebnisse der Untersuchungen kann man folgendermaßen zusammenfassen: Die Klebetemperatur zwischen Hartmetall und Stahl liegt höher als zwischen Schnellstahl und Stahl. Von den zwei untersuchten Hartmetallsorten haftet die TiC-haltige an Stahl bei wesentlich höherer Temperatur als die TiC-freie. Die Klebetemperatur steigt mit zunehmender Festigkeit (Härte) des Stahls. Bei einem Gehalt von über 5% Co im Hartmetall tritt keine wesentliche Beeinflussung der Hafttemperatur mehr auf. Auch bei der Betrachtung der Zerreißfestigkeit der Schweißverbindung zwischen WC-Co- und WC-TiC-Co-Hartmetallen mit Stählen zeigt sich, daß die TiC-haltige Sorte erst bei wesentlich höheren Temperaturen eine gleichfeste Verbindung ergibt wie die TiC-freie.

Diese Beobachtungen erklären, wenigstens was den Verschleiß der Hartmetallschneide durch Verschweißerscheinungen betrifft, eindeutig die Überlegenheit von WC-TiC-Co-Hartmetallen gegenüber WC-Co-Sorten bei der Bearbeitung von Stahl (s. S. 381).

Kennzeichnend für den Verschleißeffekt durch die Aufbauschneidenbildung bei der Zerspanung einiger Werkstoffe ist, daß er nur in einem bestimmten Schnittgeschwindigkeitsbereich auftritt (größtenteils bei niedrigen Schnittgeschwindigkeiten) und bei Überschreitung einer bestimmten Grenze wieder verschwindet. Man kann das so erklären, daß bei höheren Schnittgeschwindigkeiten die Reibung zwischen Meißel (Spanfläche) und Span abnimmt und sich das Gefüge des letzteren durch Rekristallisation und Verfestigung ändert, gegebenenfalls oberflächlich eine geringe Oxidation eintritt. Auch die Berührungszeit zwischen Span und Meißel wird mit höher werdender Schnittgeschwindigkeit immer kleiner. Alle diese Einflüsse verhindern zum Teil die Bildung der Aufwachsung. Der Span wirkt auf den Meißel wie ein harter Körper und nützt ihn ab, indem er auf der Spanfläche eine Vertiefung einschleift.

Früher neigte man zu der Anschauung, daß sich die Aufbauschneide günstig auf die Lebensdauer der Schneide auswirke, da sie die Schneidkante vor Abnutzung durch Reibung und Temperatureinwirkung schützen sollte. Die Untersuchungen, insbesondere an Hartmetall, haben aber das Gegenteil gezeigt. Die Aufwachsung übt einen sehr ungünstigen Einfluß auf den gesamten Zerspanungsvorgang aus, sie wirkt sich durch unruhiges Arbeiten des Werkzeuges in einer beträchtlichen Verschlechterung der Oberflächenbeschaffenheit des Werkstückes, in Unregelmäßigkeiten beim Vorschub und vor allem in vorzeitiger Beschädigung der Schneide aus. Bei der Bearbeitung mit Hartmetall ist die Bildung von Aufwachsungen meist auf eine unrichtige Wahl der Schnittgeschwindigkeit, d. h. eine für den betreffenden Werkstoff und Span zu niedrige Schnittgeschwindigkeit, zurückzuführen. Die Lebensdauer der Schneide wird dabei durch Ausbröckelungen infolge des Abreißens der Aufwachsungen verkürzt.

Oxidkeramische Schneidplatten neigen aus begreiflichen Gründen wenig oder kaum zur Bildung von Aufwachsschneiden (s. S. 503).

c) Die Schnittkräfte

Der Widerstand, den der Werkstückstoff dem Abtrennen und Verformen des Spanes einschließlich Reibung entgegensetzt, wird allgemein als *Schnittwiderstand* bezeichnet. Er macht sich durch eine auf den Meißel wirkende Kraft P bemerkbar, welche bei normalem Längsdrehen in drei Komponenten zerlegt werden kann (Abb. 143). Die *Hauptschnittkraft* P_H wirkt in Richtung der Hauptschnittbewegung. Sie liegt im Schnitt der ersten und zweiten Hauptebene. Die *Vorschubkraft* P_V wie wirkt achsial in der Horizontalebene als Widerstand gegen den Vorschub. Sie liegt im Schnitt der ersten und dritten Hauptebene. Die *Schaftkraft* P_S wirkt radial in der Horizontalebene. Sie liegt im Schnitt der zweiten und dritten Hauptebene.

Das Verhältnis zwischen den Komponenten P_H, P_V und P_S ist nicht konstant, es hängt von der Schneidenform, der Schneidenstellung, dem Spanquerschnitt und der Schnittbewegung ab. Die Kenntnis von dem Kräfteverhältnis bei der Zerspanung ist deshalb wichtig, weil dadurch die Beanspruchung der einzelnen Organe der Werkzeugmaschine bestimmt und damit ihre Konstruktion beeinflußt wird.

Die resultierende Schnittkraft P ändert sich während der Spanbildung, was eine für die Bearbeitung unangenehme Vibration zur Folge haben kann. Bei höheren Schnittgeschwindigkeiten und richtigen Schnittwinkeln sind die Schwingungen allerdings klein, sofern die Maschine nicht überlastet ist, ferner das Werkzeug und Werkstück ausreichend starr und gut eingespannt sind.

Die Größe der Kraft P und ihre Aufteilung auf die einzelnen Komponenten hängt von dem zu bearbeitenden Werkstoff und den Schnittbedingungen ab. Ein jeder Werkstoff übt entsprechend seinen Eigenschaften bei der Zerspanung einen bestimmten Druck — den *Schnittdruck (Schnittkraft)* — auf die Schneide aus. Unter konstanten Schnittbedingungen ist der Schnittdruck für jeden Werkstoff charakteristisch; bezogen auf 1 mm² Spanquerschnittsfläche ergibt er den *spezifischen Schnittdruck* k_S[1–3]. Da die Hauptschnittkraft die maßgebende Größe ist, während die Vorschubkraft P_V und die Schaftkraft P_S nur sehr geringen Einfluß (bis etwa ein Zehntel) auf die Gesamtschnittkraft ausüben und praktisch vernachlässigt werden können, wird allgemein die Hauptschnittkraft $P_H = P$ als Gesamtschnittkraft gesetzt. Für einen Span mit der Fläche F ist dann die Gesamtschnittkraft $P\,(\mathrm{kg}) = F\,(\mathrm{mm}^2) \cdot k_S\,(\mathrm{kg/mm}^2)$.

---

[1] KIENZLE, O. u. H. VIKTOR: Werkstattstechn. Maschinenbau **47** (1957, S. 224/25.

[2] VICTOR, H.: Werkstattstechn. Maschinenbau **47** (1957), S. 541/46.

[3] WEBER, G.: Stahl u. Eisen **78** (1958), S. 1678/90.

Der spezifische Schnittdruck k_S ist aber für einen gegebenen Werkstoff keine Konstante, sondern hängt von den jeweiligen Schnittbedingungen, insbesondere von Spanform, Spanquerschnittsform, Schnittwinkel, Schmierung, Temperatur u. a. ab. Auch wenn diese Größen konstant gehalten werden und man sogenannte „Schnittkoeffizienten" ermittelt, bleibt noch die Abhängigkeit von der Schnittgeschwindigkeit und dem Zustand der Schneide. Unter diesen Umständen ist es begreiflich, daß es sehr schwierig ist, einheitliche Größen zu ermitteln, und daß demnach die Literaturangaben über die spezifische Schnittkraft beträchtlich schwanken.

Die Bestimmung der Schnittkräfte in Abhängigkeit von den verschiedenen, später einzeln zu besprechenden Faktoren ist bei Verwendung von Hartmetall von besonderer Bedeutung, weil dieser Hochleistungs-Schneidwekstoff Schnittgeschwindigkeiten erlaubt, welche Schnittkräfte verursachen, zu deren Überwindung die Maschine häufig bis an die Grenze der Leistungsfähigkeit beansprucht wird. Die Kenntnis von der Größe der einzelnen Schnittkraftkomponenten ist daher für die Konstruktion von Bearbeitungsmaschinen und Werkzeugen für Hartmetall unbedingt erforderlich.

Zur praktischen Bestimmung der Schnittkraft wurden zahlreiche mechanische, hydraulische, pneumatische und elektrische Geräte entwickelt, von denen das nach dem induktiven Prinzip arbeitende Gerät von H. SCHALLBROCH und H. SCHAUMANN[1] sehr verbreitet ist.

d) *Einfluß verschiedener Faktoren auf den Schnittdruck*

α) Einfluß der Werkstückstoffestigkeit. Aus den Ausführungen über die Spanbildung ist leicht verständlich, daß die spezifische Schnittkraft in enger Beziehung zur Zugfestigkeit bzw. Härte des zerspanten Werkstoffes steht. Trotzdem ist eine rechnerische Ermittlung auf Grund dieser Festigkeitswerte sehr schwierig, und die empirisch gewonnenen Formeln, von denen insbesondere die von M. KRONENBERG[2] für Gußeisen und Stahl angegebenen zu nennen sind, können nur zur orientierenden Berechnung dienen.

β) Einfluß der Schnittwinkel. Die Schnittwinkel, insbesondere α, γ und $\varkappa$ üben einen großen Einfluß auf die Höhe der Schnittkraft aus, wobei allerdings die Werkzeugformen, bei denen die Schnittkräfte am kleinsten sind, nicht immer die besten sein müssen (vgl. die Ausführungen über negativen Spanwinkel).

---

[1] SCHALLBROCH, H. u. H. SCHAUMANN: Maschinenbau, Betrieb **19** (1940), S. 235.

[2] KRONENBERG, M.: Grundzüge der Zerspanungslehre. Springer-Verlag, Berlin 1937.

Eine Vergrößerung des Freiwinkels α bewirkt eine Verringerung der Schnittkraft, wobei man bei Hartmetall wegen Schneidengefährdung einen gewissen Wert nicht überschreiten wird (s. S. 351). Auch ein größerer Spanwinkel γ hat auf die Schnittkraft einen günstigen Einfluß. Da eine Vergrößerung von α und γ eine Verkleinerung des Keilwinkels β zur Folge hat und sich damit die Gefahr des Ausbrechens der spitzen Schneide erhöht, wird man bei Hartmetall β so groß als möglich wählen, ja in besonders schwierigen Fällen sogar über 90° gehen, d. h. negative Spanwinkel anwenden. Dabei steigen gemäß G. PAHLITZSCH[1] (Abb. 152) die Schnittkräfte stark an, was sich in einem viel größeren Kraftbedarf der Maschine und in einer sehr großen Wärmeentwicklung an der Schneide bemerkbar macht. Dies muß aber für die Hartmetallschneide, welche höchste Warmfestigkeit besitzt, keineswegs nachteilig sein, weil die Haltbarkeit der Schneide, die bei negativem Spanwinkel größtenteils auf Druck beansprucht wird, höher ist. Über die Zerspanung mit Werkzeugen mit negativem Spannwinkel gibt es ein umfangreiches Schrifttum[2–9].

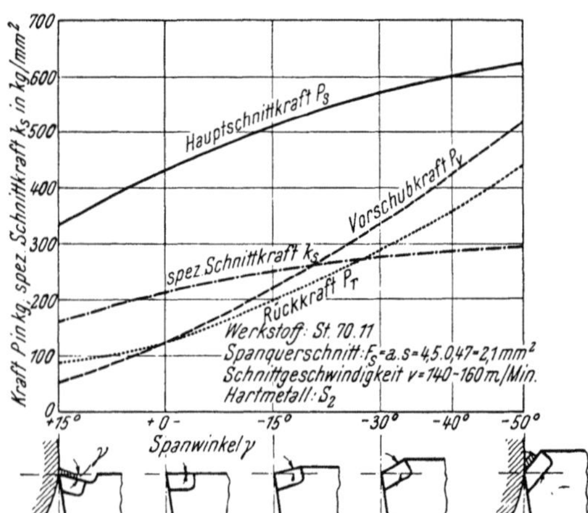

Abb. 152. Schnittkräfte beim Drehen mit Hartmetall in Abhängigkeit vom Spanwinkel (G. PAHLITZSCH)

Mit steigendem Einstellwinkel $\varkappa$ sinkt der Schnittdruck anfänglich, durchläuft ein Minimum und steigt dann wieder an. Der vorteilhafteste

[1] PAHLITZSCH, G.: Z. Ver. dtsch. Ing. **92** (1950), S. 462/74.

[2] ERNST, H.: Mech. Eng. **66** (1944), S. 295/99.

[3] OPITZ, H. u. J. KOB: In: Wirtschaftliche Fertigung und Forschung München 1949.

[4] Negative Rake Milling. Machinery Publ. Brighton 1945.

[5] BURMESTER, H. J.: Werkstattstechn. Maschinenbau **41** (1951), S. 351/53.

[6] KOGLER: Werkstattstechn. Maschinenbau **41** (1951), S. 92/94.

[7] PAHLITZSCH, G.: Ind.-Anz. **73** (1951), Nr. 54, S. 600/04.

[8] IWASCHEFF, W.: Metallbearbeitung mit negativem Spannwinkel. G. W. den Boer, Middelburg 1953.

[9] BALLHAUSEN, C. u. G. VIEREGGE: Techn. Mitt. Essen **47** (1954), S. 201/10; Ind.-Anz. Essen **76** (1954), S. 299/307.

Einstellwinkel für Stahl ist etwa 45°, für Guß 60°. Gebogene Schneiden bzw. große Spitzenradien mit relativ größeren Eingriffslängen bedingen eine große Spanverformung und damit eine höhere spezifische Schnittkraft.

γ) Einfluß des Spanquerschnittes. Die Gesamtschnittkraft steigt — bei Einhaltung gleicher Schneidenwinkel und praktisch gleichen Spanverhältnissen — mit zunehmenden Spanquerschnitten fast linear an. Die spezifische Schnittkraft steigt dagegen mit kleiner werdendem Spanquerschnitt stark an, da bei kleinerem Querschnitt eine im Verhältnis größere Trennarbeit geleistet werden muß. Im doppeltlogarithmischen Koordinatensystem erhält man für verschiedene Werkstoffe Gerade für die Abhängigkeit der spezifischen Schnittkraft vom Spanquerschnitt (Abb. 153).

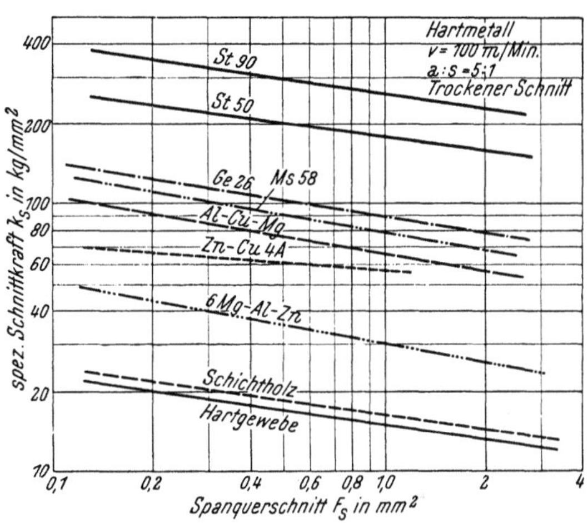

Abb. 153. Spezifischer Schnittdruck k_s in Abhängigkeit vom Spanquerschnitt bei der Bearbeitung verschiedener Werkstoffe mit Hartmetall (H. SCHALLBROCH u. P. v. DODERER)

Der spezifische Schnittdruck ist auch abhängig von der Spanquerschnittsform. Bei Vergrößerung der Spandicke h fällt er langsamer als diese, bei Vergrößerung der Spanbreite b nimmt er annähernd proportional zu. Die spezifische Schnittkraft ist demnach von der Schnittiefe unabhängig; mit zunehmendem Vorschub sinkt sie ab.

δ) Einfluß der Schnittgeschwindigkeit. Bei den für Schnellstähle gebräuchlichen Schnittgeschwindigkeiten besteht kein Einfluß auf die spezifische Schnittkraft. Steigert man die Schnittgeschwindigkeit auf etwa 100 m/Minute, was bei Hartmetall ohne weiteres möglich ist, dann sinkt die Schnittkraft je nach Werkstoff mehr oder weniger stark ab, bleibt aber bei weiterer Steigerung konstant.

ε) Einfluß des Schmiermittels. Durch Verwendung geeigneter Schmierflüssigkeiten kann die Schnittkraft gesenkt werden. Der spezifische Schnittdruck fällt z. B. bei Verwendung emulgierter Mineralöle um 5 bis 10%, bei Pflanzenölen bis zu 20%.

ζ) Einfluß der Temperatur. Bei der sogenannten „*Warmzerspanung*“, bei der man das Werkstück durch verschiedenartige

Aufheizung induktiv oder durch Lichtbogen- oder Schweißbrennererhitzung stark erwärmt, wird die zur Überwindung des Trenn- und des Deformationswiderstandes erforderliche Kraft niedriger, da die Festigkeit und Härte aller Werkstoffe mit steigender Temperatur beträchtlich absinkt[1–8]. Auch eine Härtesteigerung durch Verformung am Werkstück und Span kann nicht mehr erfolgen. Die Schnittkraft sinkt daher, wie sich aus neueren Untersuchungen ergeben hat, beträchtlich ab, vorausgesetzt natürlich, daß die Schneide, für welche dieselben Verhältnisse gelten wie für den bearbeiteten Werkstoff, der Temperaturbeanspruchung gewachsen ist. Da dies beim Hartmetall mit seiner überragenden Warmfestigkeit und Warmhärte zutrifft, eröffnen sich der Warmzerspanung bedeutende Aussichten[9–11]. Aus diesem Grunde findet neuerdings die Warmzerspanung auch mit Sintertonerdewerkzeugen (s. S. 503) besonderes Interesse.

3. Die Schnittemperatur

Wie bereits ausgeführt wurde, spielt die Temperatur bei der Entstehung der Aufbauschneide und beim Schneidenverschleiß eine entscheidende Rolle (s. S. 356). Bei Stahlwerkzeugen, bei denen mit steigender Temperatur die Festigkeit und Härte abnehmen, ist die Schnittemperatur überhaupt von grundlegender Bedeutung. Bei Verwendung von Hartmetallwerkzeugen liegt allerdings der kritische Temperaturbereich, wegen der überragenden Warmhärte und Warmfestigkeit von Sinterhartmetall, weit höher als bei Schnellstahl oder gar bei Kohlenstoffstahl. Trotzdem ist die Kenntnis von den Ursachen der Wärmeentwicklung an der Schneide und die Ermittlung der Schnittemperatur auch für Hartmetallwerkzeuge in bezug auf die Standzeitbeeinflussung von großer Wichtigkeit.

---

[1] Schmidt, A. O.: Iron Age **163** (1949), Nr. 17, S. 66/70.

[2] Häck, F.: Werkstattstechn. Maschinenbau **40** (1950), S. 77/79.

[3] Tour, S. u. L. S. Fletcher: Iron Age **164** (1949), Nr. 3, S. 78/89.

[4] Friedman, L. T.: Iron Age **165** (1950), Nr. 6, S. 71/76.

[5] Schmidt, A. O.: In: Machining-Theory and Practice. Am. Soc. Met., Cleveland 1950, S. 218/40.

[6] Krabacher, E. J. u. M. E. Merchant: Trans. Am. Soc. Mech. Eng. **73** (1951), S. 761/69, Disk., S. 769/76.

[7] Chao, B. T. u. K. J. Trigger: Trans. Am. Soc. Mech. Eng. **73** (1951), S. 777/87, Disk., S. 787/93.

[8] Caminada, A. A.: Materials and Methods **36** (1952), Nr. 1, S. 98/100.

[9] Münnich: Werkstattstechn. Maschinenbau **41** (1951), S. 59/60.

[10] Tour, S.: Metal Progr. **59** (1951), S. 793/94.

[11] Armstrong, E. T. u. A. S. Cosler: Materials and Methods **33** (1951), Nr. 1, S. 69/73.

a) Aufteilung der Schnittwärme und Bestimmung der Schnittemperatur

Die bei der Bearbeitung eines Werkstoffes aufgewandte Energie wird fast gänzlich in Wärme umgewandelt. Entsprechend dem Arbeitsaufwand bei der Zerspanung (s. S. 387) kann auch die entstehende Wärmemenge in *Spanwärme, Verformungswärme* und *Reibungswärme* unterteilt werden. Wie sich die entstandene Wärme auf Werkstück, Werkzeug und Span verteilt, ist Abb. 154 zu entnehmen[1–7].

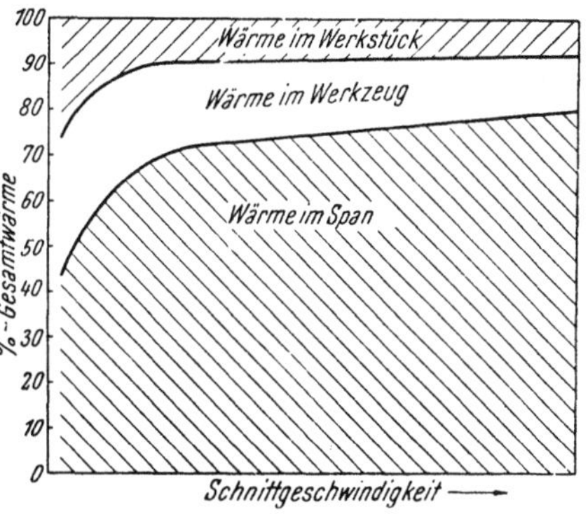

Abb. 154. Aufteilung der bei der Zerspanung in Abhängigkeit von der Schnittgeschwindigkeit auftretenden Wärme (A. O. Schmidt)

Diese Aufteilung gilt allerdings nur für Normalbedingungen; bei ungünstiger Wahl der Schnittbedingungen (falsche Schnittwinkel, ungünstiger Spanquerschnitt) oder bei zu stumpfem Meißel steigt der Schnittwiderstand und gleichzeitig die Schnittemperatur an, wobei auf das Werkzeug und Werkstück ein wesentlich größerer Wärmeanteil entfällt.

Für die Beanspruchung eines Werkzeuges ist nun die Gesamtgröße der Wärmemenge noch nicht entscheidend, es kommt vielmehr auch auf die Wärmeverteilung an. Für die Standzeit des Werkzeuges ist zweifellos jene Temperatur maßgebend, die nach Einstellung des Gleichgewichtes an der am stärksten beanspruchten Stelle, d. h. der Werkzeugschneide als der Berührungsstelle zwischen Werkzeug und Werkstück, auftritt. Diese Temperatur, die sogenannte *Schnittemperatur*, welche von der Größe der erzeugten Wärmemenge, von der Wärmeleitfähigkeit des Werkzeuges, Werkstückes und Spanes, von der Größe des wärmeabführenden Querschnittes, von der Wärmeabstrahlung, von der künstlichen Kühlung und anderem abhängt,

---

[1] Schmidt, A. O.: In: Machining-Theory and Practice. Am. Soc. Met., Cleveland 1950, S. 199/340.

[2] Schmidt, A. O.: Werkstattstechn. Maschinenbau **43** (1953), S. 453/50.

[3] Vieregge, G.: Werkstatt u. Betrieb **86** (1953), S. 691/703.

[4] Ballhausen, C. u. G. Vieregge: Techn. Mitt. Essen **47** (1954), S. 201/10.

[5] Ling, F. F. u. E. Saibel: Trans. Am. Soc. Mechan. Engr. **77** (1955), S. 693/700.

[6] Chao, B. T. u. K. J. Trigger: Trans. Am. Soc. Mechan. Engr. **77** (1955), S. 1107/21.

[7] Sun, E.: 3. Fokoma, München 1957, S. C29/C34; Microtecnic **11** (1957), Nr. 2, S. 74/78.

ist daher, wie eingangs erwähnt, von entscheidender Bedeutung für den Zerspanungsvorgang und die Standzeit des Werkzeuges. Der Ermittlung der Schnittemperatur wurden sehr zahlreiche Untersuchungen gewidmet, wobei man kalorimetrische, thermoelektrische und Wärmestrahlungsverfahren sowie auch temperaturanzeigende Farben verwendete. Auf die Einrichtungen für die Schnittemperaturbestimmung und die Durchführung der Versuche kann hier nicht näher eingegangen werden; es sei auf das Buch von M. LANG[1] und das Spezialschrifttum[2, 3] verwiesen.

b) *Faktoren, welche die Schnittemperatur beeinflussen*

a) Schnittbedingungen. Bei allen Werkstoffen steigt mit zunehmender Schnittgeschwindigkeit, Spantiefe und Vorschub die Schnitttemperatur an. Diese Steigerung ist bei Stahl ausgeprägter als bei Gußeisen; und zwar übt die Schnittgeschwindigkeit dabei den größten Einfluß aus, es folgt der Vorschub, während der Einfluß der größeren Spantiefe nur gering ist. Bei Besprechung der spezifischen Schnittkraft (s. S. 363) wurde festgestellt, daß zur besseren Leistungsausnutzung ein starker Span, — also ein größerer Vorschub — günstiger ist als ein niedriger. Bezüglich der Wärmebeanspruchung der Schneide ist ein „schlanker" Span, d. h. große Schnittiefe und kleiner Vorschub, vorteilhafter. Da die Schnittemperatur maßgeblich die Standzeit beeinflußt, empfiehlt es sich daher, mit kleinem Vorschub und großer Schnittiefe zu arbeiten.

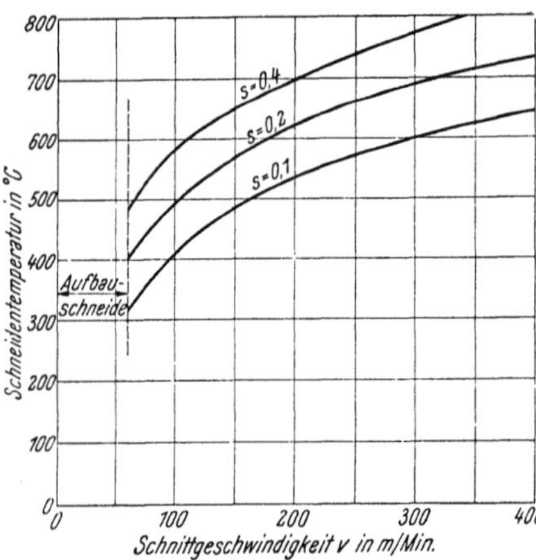

Abb. 155. Einfluß der Schnittgeschwindigkeit und des Vorschubes bei der Bearbeitung von Stahl mit Hartmetall auf die Schnittemperatur (F. G. KRÄMER)

F. G. KRÄMER[4] hat festgestellt, daß bei Bearbeitung von Stahl mit Hartmetall bei höheren Schnittgeschwindigkeiten (50 bis 500 m/Minute) die Schnittemperatur wesentlich langsamer ansteigt als im Gebiete niedriger Schnittgeschwindigkeiten, sofern natürlich dort die Messung durch Aufbauschneidenbildung nicht unsicher wird (Abb. 155). Wie

[1] LANG, M.: Prüfen der Zerspanbarkeit durch Messung der Schnittemperatur. C. Hanser, München 1949.

[2] OPITZ, H. u. K. KÜSTERS: Werkstatt u. Betrieb **85** (1952), S. 43/47.

[3] OPITZ, H. u. J. KOB: Werkstatt z. Betrieb **85** (1952), S. 81/85.

[4] KRÄMER, F. G.: Diss. Techn. Hochsch. Hannover 1936.

bereits auf S. 355 ausgeführt ist, wird mit steigender Schnittgeschwindigkeit die Deformation des Werkstoffes und Spanes herabgesetzt, die Kristallite des bearbeiteten Werkstoffes werden nicht herausgerissen, sondern glatt durchschnitten, der Kraftbedarf wird kleiner und damit die Wärmeentwicklung geringer.

β) Werkstückmaterial. Die bei der Zerspanung verschiedener Werkstoffe auftretende Wärme ist sehr verschieden. Je fester der Werkstoff ist, um so größer ist der Schnittwiderstand und die Wärmeentwicklung. Bei der Bearbeitung von Stahl und Guß entstehen beispielsweise bedeutend höhere Temperaturen als bei Bunt- und Leichtmetallen. Bei Stahl wiederum ist die entstehende Temperatur wesentlich höher als bei Guß. Dieser Unterschied kann aber nicht mit den verschiedenen spezifischen Schnittkräften erklärt werden. Die Wärmebelastung der Schneide ist jedenfalls bei der Bearbeitung von Gußeisen geringer als bei Stahl. Man kann sich dies so erklären, daß für die Schneidenbeanspruchung nicht die absolut entwickelte Wärmemenge entscheidend ist, sondern jener Anteil der Gesamtwärme, der auf die Schneidenerwärmung entfällt. Dafür ist aber die Schnittbedingung und die Spanbildung maßgebend. Der gewundene Stahlspan löst sich hinter der Schneidkante nicht sofort von der Schneide, sondern gleitet unter Bildung einer Spirale über die Spanfläche hinweg. Dadurch wird nicht nur die Berührungsfläche zwischen dem Span als dem Hauptträger der Wärme und der Schneide vergrößert, sondern auch die Dauer der Berührung verlängert. Demgegenüber löst sich der wenig verformte und wesentlich kühlere Gußspan sofort von der Schneide und fällt ab. Die Berührungsfläche und -zeit ist also sehr klein, so daß auch die Schneidentemperatur wesentlich niedriger wird. Weil der Verlauf der Temperaturkurven an der Schneide bei der Zerspanung von Gußeisen ein ganz anderer ist als bei Stahl, macht sich auch der Einfluß des Vorschubs auf die Schnittgeschwindigkeit bei Gußeisen wesentlich weniger geltend.

Von gewissem Einfluß ist auch die Wärmeleitfähigkeit und Wärmekapazität des Werkstückes; je größer seine Wärmeleitfähigkeit, um so rascher wird die Wärme vom Entstehungsort abgeleitet. Je größer die Wärmekapazität des Werkstückes ist, um so mehr Wärme wird zu seiner Erwärmung verbraucht und um so kühler bleibt Schneide und Span.

γ) Werkzeugmaterial. Die Wärmeleitfähigkeit und -kapazität des Werkzeuges haben auf die Schnittemperatur den gleichen Einfluß wie die entsprechenden Werkstückeigenschaften. Die Wärmeleitfähigkeit von Hartmetallen der WC-Co-Gruppe (s. Zahlentafel 25) ist wesentlich größer als die von Schnellstahl. Dies wirkt sich bei der

Bearbeitung kurzspanender Werkstoffe, bei denen die Temperaturbelastung der Schneide sowieso nicht sehr groß ist, günstig aus. Die TiC-haltigen Sorten für die Stahlbearbeitung haben je nach Gehalt an TiC + TaC gegenüber Schnellstahl etwa die gleiche oder geringere Wärmeleitfähigkeit. Dieser Nachteil, der sich auf die Schnitttemperatur auswirken könnte, fällt aber kaum ins Gewicht, da die Schneideigenschaften der Hartmetalle nicht in dem Maße wie bei Stählen von der Temperatur beeinflußt werden. Dasselbe gilt für die spezifische Wärme der Hartmetalle, welche im Vergleich zu Schnellstahl wesentlich geringer ist.

4. Standzeit der Werkzeugschneide

a) Standzeit und Standzeitermittlung

Unter Standzeit eines Schneidwerkzeuges versteht man den Zeitraum, während dessen eine frischgeschliffene Werkzeugschneide Schnittarbeit leistet, bis sie wieder nachgeschliffen werden muß. Standzeitversuche zur Ermittlung der Standzeit sind für die Beurteilung der Zerspanbarkeit eines Werkstoffes und für die Eignung eines Schneidwerkstoffes von besonderer Bedeutung und ergeben Unterlagen für die im Betrieb anwendbaren Schnittgeschwindigkeiten[1–4]. Die Standzeit verschiedener Schneidwerkstoffe bei der Bearbeitung eines bestimmten Materials unter sonst gleichen Schnittbedingungen — dieser Fall soll hier in erster Linie interessieren — charakterisiert also die Eignung dieser Schneidwerkstoffe für den betreffenden Zerspanungsvorgang. Andererseits ist die Standzeit eines bestimmten Werkzeuges bei der Bearbeitung verschiedener Werkstoffe unter sonst gleichbleibenden Schnittbedingungen kennzeichnend für die Bearbeitbarkeit (Zerspanbarkeit) dieser Materialien[5–13]. Durch Anwendung eines *unterbrochenen Schnittes* (stark unrunde, kantige

---

[1] Digges, T. G.: Trans. Am. Soc. Mech. Eng. **52** (1930), S. 155.

[2] Boston, O. W.: In: Machining-Theory and Practice. Am. Soc. Met., Cleveland 1950, S. 377/408.

[3] Motalik, F.: Betrieb u. Fertigung **3** (1949), S. 65/70, 81/83.

[4] Weber, G.: In: Fortschrittliche Fertigung und moderne Werkzeugmaschine. Girardet, Essen 1954, S. 80/90; Stahl u. Eisen **78** (1958), S. 1678/90.

[5] Späth, W.: Metall **7** (1953), S. 241/47.

[6] Rapatz, F.: Stahl u. Eisen **73** (1953), S. 1169/74.

[7] Rapatz, F. u. F. Motalik: Stahl u. Eisen **76** (1956), S. 477/85.

[8] Beutel, H.: Maschinenmarkt **66** (1960), Nr. 11, S. 35/36, Nr. 19, S. 35/41; 4. Fokoma, München 1959, Bd. I, S. D127/D136.

[9] Opitz, H. u. M. Gappisch: Int. J. Machine Tool Design Res. **2** (1962), S. 43/73.

[10] Gappisch, M.: Jernkont. Ann. **147** (1963), S. 133/59.

[11] Colding, B.: Jernkont. Ann. **147** (1963), S. 160/99.

[12] Bickel, E.: Werkstattstechnik **53** (1963), S. 429/34.

[13] Verein Deutscher Eisenhüttenleute: Stahl u. Eisen **83** (1963), S. 1209/26.

oder genutete Prüfwellen) können die Prüfbedingungen bei der Standzeitermittlung erschwert und den Arbeitsbedingungen beim Fräsen angepaßt werden.

Die Standzeit eines Schneidwerkzeuges ermittelt man praktisch, indem man in einem Drehversuch oder anderen den Zerspanungsarten angepaßten Versuchen bei sonst gleichbleibenden Bedingungen die Schnittgeschwindigkeit stufenweise steigert und die Zeit bis zum Erliegen der Schneide bestimmt (s. S. 151). Dieses Erliegen äußert sich bei Schnellstahl in einem glänzenden Streifen auf der Schnittfläche, der dadurch entsteht, daß die durch Erweichen stumpf gewordene Werkzeugschneide ohne mehr zu schneiden über die Schnittfläche gleitet. Man nennt diese Erscheinung *Blankbremsung*. Setzt man die ermittelten Standzeiten zu den Schnittgeschwindigkeiten in Beziehung, dann erhält man Kurven, die im doppeltlogarithmischen Koordinatensystem zu Geraden werden (T-v-Geraden) (s. S. 378). Ändert man den Spanquerschnitt, dann erhält man Gerade, die parallel zueinander liegen, aus denen man also in Abhängigkeit vom Spanquerschnitt die Schnittgeschwindigkeiten für die in der Praxis gebräuchlichen Standzeiten, etwa v_{60}, v_{120} usw., ablesen kann. Bei verschiedenen Werkstoffen, die mit gleichem Werkzeug bearbeitet werden bzw. bei gleichen Materialien, welche mit verschiedenen Schneidwerkstoffen zerspant werden, ergeben sich verschieden geneigte Standzeitgeraden (s. S. 379).

Zur Ermittlung der Standzeitgeraden genügen im äußersten Falle zwei möglichst weit auseinander liegende Punkte. Die Aufnahme echter T-v-Kurven ist langwierig und kostspielig. Bei der Zerspanung mit Hartmetall, einem Werkstoff mit guter Gefügebeständigkeit, tritt im allgemeinen ein plötzliches Erliegen der Schneide nicht ein, sondern der Abbau der Schneidkante erfolgt langsam durch den gleichzeitigen Einfluß von Freiflächenverschleiß (Verschleißmarke) und Spanflächenverschleiß (Auskolkung). Man wendet daher für die Standzeitbestimmung bei Hartmetallen am häufigsten sogenannte *Schneidenverschleißverfahren* an. Man bestimmt dabei die Zunahme der Verschleißmarkenbreite an der Freifläche im Verlaufe des Versuches[1–6]. Der Verschleiß nimmt anfangs rasch, später jedoch immer

---

[1] Witthoff, J.: Werkstatt u. Betrieb **88** (1955), S. 223/27.

[2] Pekelharing, A. J. u. R. A. Schuermann: Werkstattstechn. u. Maschinenbau **45** (1955), S. 49/53.

[3] Leyensetter, W.: Z. Ver. dtsch. Ing. **98** (1956), S. 957/62.

[4] Broida, L.: Métaux **33** (1958), S. 30/51, 71/84.

[5] Trent, E. M.: J. Inst. Prod. Eng. (1959), S. 105/30; J. Iron Steel Inst. **201** (1963), S. 847/55, 923/32, 1001/15.

[6] Müller, E.: Schweizer Arch. **28** (1962), S. 362/77.

langsamer zu und bei doppeltlogarithmischer Auftragung ergibt sich wieder eine Gerade (B-T'-Gerade). Wendet man verschiedene Schnittgeschwindigkeiten an, dann erhält man parallele Gerade, mit denen man die für den Betrieb so wichtigen Verschleiß-Standzeitgeraden (T'_B-V-Geraden, bezogen auf eine bestimmte Verschleißmarkenbreite) aufstellen kann.

Um den Standzeitversuch abzukürzen, sind zahlreiche *Kurzverfahren* vorgeschlagen worden. Beispielsweise arbeitet man bei Hartmetall nur bis zu einer Verschleißmarkenbreite von 0,1 mm und erhält die sogenannte $T_{0,1}$-v-Kurven. Auch die Schnittemperaturmessung, die verhältnismäßig rasch und einfach durchzuführen ist, kann als Kurzprüfverfahren herangezogen werden. Aus den Schnittemperatur-Schnittgeschwindigkeitskurven (t-v-Kurven) und den Schnittemperatur-Standzeitkurven (T-t-Kurve), die beide im doppeltlogarithmischen Maßstab Gerade sind, kann man die T-v-Kurven konstruieren.

Über zahlreiche weitere Verfahren der Standzeitbestimmung unter besonderer Berücksichtigung der Kurzprüfverfahren berichten sehr systematisch H. SCHALLBROCH und H. BETHMANN[1] (s. a. S. 152).

b) *Der Schneidenverschleiß und seine Ursachen*

Während des Zerspanungsvorganges tritt ein Verschleiß der Schneide ein, der bis zum Unbrauchbarwerden (Stumpfwerden, Ende der Standzeit) führt. Das Unbrauchbarwerden kann erfolgen durch *Bruch* (Zerstörung im Ganzen oder Herausbrechen größerer oder kleinerer Teile aus der Schneide), durch *Erweichen* (Verlust des Härtegefüges bei Stahl und Anschmelzungen, Erscheinungen, die bei Hartmetall kaum auftreten) und endlich ganz allgemein durch zunehmenden *Verschleiß*.

Die Art, wie der Verschleiß am Werkzeug auftritt und die Bedeutung, die er für den jeweiligen Zerspanungsfall hat, ist recht unterschiedlich. H. SCHALLBROCH und R. WALLICHS[1] geben am Drehmeißel die in Abb. 156 schematisch gezeigten Verschleißformen der Schneide an. Diese können entweder allein oder gleichzeitig auftreten. Beim Arbeiten mit Hartmetallwerkzeugen ist das Unbrauchbarwerden der Schneiden in erster Linie auf reinen Werkzeugverschleiß zurückzuführen. Es erfolgt ein allmählicher Abbau an Freifläche und Spanfläche bis zum Stumpfwerden. Bei genauerer Verfolgung des Verschleißvorganges durch Messen der Verschleiß-

---

[1] SCHALLBROCH, H. u. H. BETHMANN: Kurzprüfverfahren der Zerspanbarkeit. B. G. Teubner, Leipzig 1950.

markenbreite beobachteten H. SCHALLBROCH und W. ULBRICHT[1] ein periodisches Fortschreiten (Kaskadenverschleiß), welches mit Änderungen im charakteristischen Verbundmetallgefüge der Hartmetalle erklärt werden kann (s. S. 143).

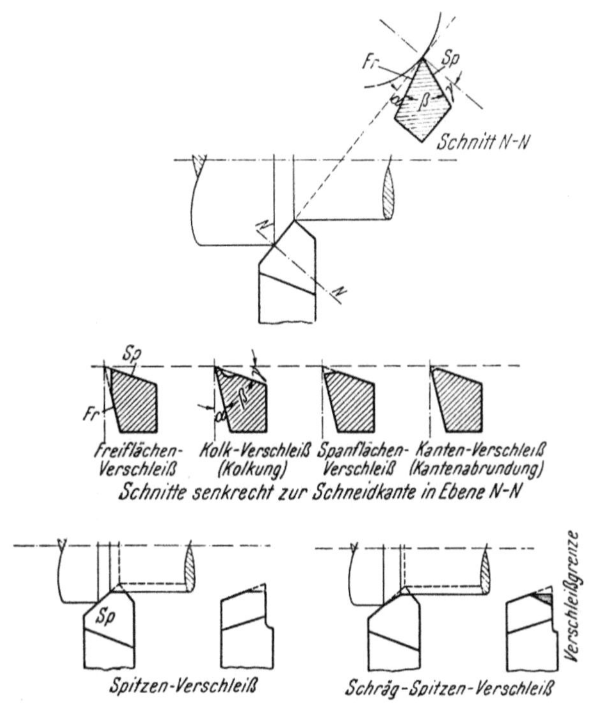

Abb. 156. Arten des Meißelverschleißes (H. SCHALLBROCH und R. WALLICHS)

Bei der Bearbeitung langspanender Werkstoffe (Stahl) verschleißt die Schneide an der Freifläche normal durch Reibung, an der Spanfläche erfolgt der Abrieb nicht gleichmäßig, sondern unter dem Einfluß des sehr heißen, harten, rauhen und gebogenen Spanes, wobei sich hinter der Schneidenkante eine muldenförmige Vertiefung, die sogenannte *Auskolkung*, bildet. Abb. 157 zeigt den Freiflächenverschleiß (Verschleißmarke) und Abb. 157 eine Auskolkung auf der Spanfläche eines Hartmetallwerkzeuges. Die Auskolkung wird mit zunehmender Drehzeit immer tiefer, wobei der Kolkrand, der anfänglich etwa 1 mm hinter der Schneidkante lag, immer näher an diese heranrückt (Abb. 158). Da gleichzeitig die Freifläche verschleißt, wird der Streifen zwischen Schneidkante und Kolkrand,

[1] SCHALLBROCH, H. u. W. ULBRICHT: Werkstattstechn. **35** (1941), S. 357/64.

die sogenannte Kolklippe, immer schmäler, der Keilwinkel wird immer kleiner, und schließlich erfolgt ein mehr oder weniger starkes Ausbrechen der Schneidkante, das endlich das Schneiden unmöglich macht.

Beim Standzeitversuch an Hartmetallen durch Schneidenverschleißmessungen wird von den in Abb. 157 wiedergegebenen Ver-

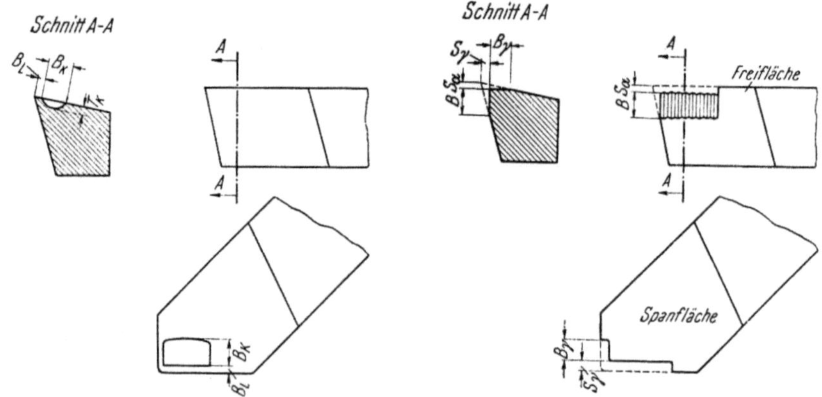

Abb. 157. Lage und Bezeichnung der Verschleißgrößen an der Schneide (H. SCHALLBROCH und R. WALLICHS)

B: Verschleißmarkenbreite auf der Freifläche.
$B\gamma$: Verschleißmarkenbreite auf der Spanfläche.
$S\alpha$: Schneidkantenversetzung auf der Freifläche.
$S\gamma$: Schneidkantenversetzung auf der Spanfläche.
B_K: Kolkbreite auf der Spanfläche.
B_L: Breite der Kolklippe.
T_K: Kolktiefe.

schleißgrößen meist die *Verschleißmarkenbreite* B an der Freifläche durch Ausmessen mit einem Meßmikroskop bestimmt. Der Kolkverschleiß, der durch Angabe der Breite und Tiefe der Auskolkung, d. h. durch Ausmessen des Kolkvolumens zahlenmäßig erfaßt werden könnte, wird bisher noch nicht zur quantitativen Beurteilung herangezogen[1–3].

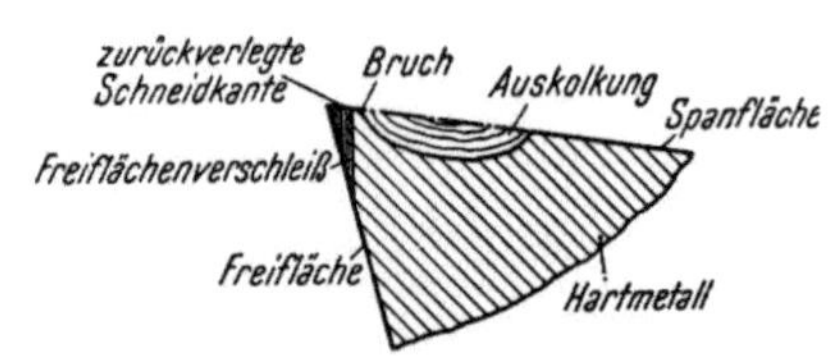

Abb. 158. Fortschreiten des Verschleißes an einer Hartmetallschneide, schematisch (H. SCHALLBROCH und H. BETHMANN)

Die Vorgänge und Ursachen beim Verschleiß eines metallischen Schneidwerkstoffes bei der Zerspanung sind sehr verwickelt. Sie stehen bei Hartmetall in engem Zusammenhang sowohl mit den

[1] WEBER, G.: In: Fortschrittliche Fertigung und moderne Werkzeugmaschine. Girardet, Essen 1954, S. 80/90; Stahl u. Eisen **78** (1958), S. 1678/90.

[2] SADEK, A. M.: 4. Fokoma, München 1959, Bd. I, S. D 157/D 160.

[3] TAYLOR, J.: Machinery **90** (1957), S. 927/34; Int. J. Machine Tool Design Res. **2** (1962), S. 119/52.

Eigenschaften des bearbeiteten Werkstoffes als auch mit den charakteristischen Gefügeeigenschaften des Schneidmaterials selbst[1–23]. Gemäß den Ausführungen über die Spanbildung (s. S. 354) kann man grundsätzlich Werkstoffe unterscheiden, die kurze gebrochene Späne ergeben, also kurzspanend sind (Guß, Buntmetalle, Keramik, Kunststoffe usw.) und solche, die langspanend sind (Stahl).

Bei Guß ist der spezifische Schnittwiderstand verhältnismäßig klein, so daß die entstehende Wärmemenge nicht groß ist. Der kurze, gebrochene Span löst sich vom Werkstoff und fällt, ohne lange Berührung mit der Schneide, sofort ab. Da der Span der Hauptträger der Wärme beim Schnittvorgang ist, tritt bei der Gußbearbeitung infolge der geringeren Wärme und der kürzeren Berührungszeit auf einer nur kleinen Fläche der Schneide keine sehr große Wärmebelastung der Schneide auf. Eine durch den Einfluß von Temperatur und Druck auftretenden Verschweißung von graphitdurchsetztem Gußspan mit dem Hartmetall, d. h. die Bildung von Aufbauschneiden (s. S. 356) und bei höheren Schnittgeschwindigkeiten eine Aus-

---

[1] Opitz, H. u. G. Vieregge: Werkstattstechn. Maschinenbau **41** (1951), S. 379/85.

[2] Weber, G.: In: Fortschrittliche Fertigung und moderne Werkzeug-Maschine. Girardet, Essen 1954, S. 80/90; Stahl u. Eisen **78** (1958), S. 1678/90.

[3] Späth, W.: Metall **7** (1953), S. 241/47.

[4] Rapatz, F.: Stahl u. Eisen **73** (1953), S. 1169/74.

[5] Rapatz, F. u. F. Motalik: Stahl u. Eisen **76** (1956), S. 477/85.

[6] Leyensetter, W.: Z. Ver. dtsch. Ing. **98** (1956), S. 957/62.

[7] Vieregge, G.: Stahl u. Eisen **77** (1967), S. 1233/44.

[8] Hall, H. L.: 3. Fokoma, München 1957, S. C35/C37.

[9] Ostermann, G.: 3. Fokoma, München 1957, S. C11/C13; Maschinenmarkt **64** (1958), Nr. 19, S. 24/26; Ind.-Anz. Essen (1958), Nr. 11, S. 141/44; 4. Fokoma, München 1959, Bd. I, S. D143/D147.

[10] Solaja, V.: Wear **2** (1958), S. 40/58.

[11] Busching, M.: 4. Fokoma, München 1959, Bd. I, S. D149/D156.

[12] Opitz, H. u. G. Ostermann: Stahl u. Eisen **79** (1959), S. 514/22.

[13] Weill, R.: 4. Fokoma, München 1959, Bd. I, S. D161/D167.

[14] Beutel, H.: Maschinenmarkt **66** (1960), Nr. 11, S. 35/36, Nr. 19, S. 35/41; 4. Fokoma, München 1959, Bd. I, S. D127/D136.

[15] Trent, E. M.: J. Inst. Prod. Eng. (1959), S. 105/30.

[16] Müller, E.: Schweizer Arch. **28** (1962), S. 362/77.

[17] Hinnüber, J. u. W. Kinna: Techn. Mitt. Krupp **19** (1961), S. 130/53; Stahl u. Eisen **82** (1962), S. 31/46.

[18] Opitz, H., M. Gappisch, W. König, R. Pape u. A. Wicher: Arch. Eisenhüttenwes. **33** (1962), S. 841/51.

[19] Gappisch, M.: Jernkont. Ann. **147** (1963), S. 133/59.

[20] Colding, B.: Jernkont. Ann. **147** (1963), S. 160/99.

[21] Verein Deutscher Eisenhüttenleute: Stahl u. Eisen **83** (1963), S. 1209/26.

[22] Trent, E. M.: J. Iron Steel Inst. **201** (1963), S. 847/55, 923/32, 1001/15.

[23] Bickel, E.: Werkstattstechnik **53** (1963), S. 429/34.

kolkung ist im allgemeinen nicht zu beobachten. Der Gußspan und das Gußwerkstück sind aber meist sehr hart und nützen das Werkzeug durch *Reibungsverschleiß* ab[1]. Darüber hinaus konzentriert sich infolge der unbedeutenden Dehnung des Gusses der gesamte Schnittdruck auf eine sehr kleine Fläche der Schneide, so daß der stellenweise tatsächlich auftretende Schnittdruck recht beträchtlich sein wird, was eine größere Festigkeit der Schneide erfordert. Geeignet für die Gußbearbeitung sind daher nur sehr harte, dabei aber doch zähe, gut leitende Hartmetallsorten höchster Verschleißfestigkeit; das sind in erster Linie die WC-Co-Legierungen.

Über die tieferen Ursachen des Verschleißes bei WC-Co-Hartmetallen bestehen dabei folgende Anschauungen. Bei Hartmetallen mit weniger als 10% Kobalt besteht nach W. Dawihl[2] im Gefüge ein zusammenhängendes Karbidgerüst beträchtlicher Festigkeit, in dessen Zwischenräumen sich das weiche und niedrigschmelzende Kobalt befindet. Dieses verschleißt zuerst, wodurch das Karbidskelett teilweise seinen Halt verliert und entsprechend seiner Härte und Zähigkeit auszubrechen beginnt. Da dies wahrscheinlich periodisch erfolgt, ergibt sich eine stufenförmig zunehmende Verschleißmarkenbreite (Kaskadenverschleiß, s. S. 371). Nach elektronenmikroskopischen Gefügeuntersuchungen treten nach L. Pons und Mitarbeitern[3] beim Reibungsverschleiß in den WC-Kristallen Risse auf, welche das Ausbröckeln derselben wesentlich erleichtern.

Der sehr hohe Kolkverschleiß, der beim Drehen von Stahl mit WC-Co-Hartmetallen auftritt, ließ E. M. Trent[4] vermuten, daß dabei eine flüssige Legierung in Form eines sehr dünnen Filmes an der Spanfläche auftritt, der rasch abgebaut wird. Durch Experimente, ähnlich jenen von W. Dawihl[5] (s. S. 367), konnte er tatsächlich nachweisen, daß sich zwischen WC-Co-Hartmetallen und Stahl bei Temperaturen zwischen 1300 und 1325° eine flüssige Phase bildet. Ist TiC vorhanden, dann steigt die Temperatur auf 1350° und mehr (s. S. 375). Unzweifelhaft spielt auch der Druck bei diesem Oberflächenschmelzen eine wichtige Rolle.

---

[1] Niedzwiedzki, A.: Tooling Production **21** (1955), Nr. 9, S. 98/102.

[2] Dawihl, W. u. J. Hinnüber: Kolloid Z. **104** (1943), S. 233/36.

[3] Pons, L., J. Chevillon u. P. Steff: Compt. Rend. **255** (1962), S. 2100/02; Rev. Met. **60** (1963), S. 325/34.

[4] Trent, E. M.: Machinery, London **79** (1951), S. 823/28; Machinist **95** (1951), S. 1693/96; Proc. Instn. Mechan. Engr. **166** (1952), S. 64/74; Proc. Roy. Soc., London A. **212** (1952), S. 467/70; J. Inst. Prod. Eng. (1959), S. 105/30; J. Iron Steel Inst. **201** (1963), S. 847/55, 923/32, 1001/15.

[5] Dawihl, W.: Z. techn. Physik **21** (1940), S. 336/45, 44/48; Stahl u. Eisen **61** (1941), S. 210/13; Dawihl, W. u. W. Rix: Z. Metallkunde **34** (1942), S. 156/59.

Bei der Stahlbearbeitung ist der spezifische Schnittwiderstand zwei- bis dreimal so groß wie bei Guß; die entstehende Wärmemenge ist viel größer. Der zusammenhängende lange Span läuft über die Spanfläche des Meißels ab, wobei die Fläche groß und die Zeit der Berührung mit der Schneide verhältnismäßig lang sind. Der Span wird dabei wesentlich verformt, was mit einer weiteren Wärmeentwicklung verbunden ist. Alle diese Faktoren bedingen eine beträchtliche Wärmebelastung (Zunder- und Warmfestigkeitsbeanspruchung) der Schneide, die unverhältnismäßig größer ist als beim Zerspanen von Guß.

Bei niedrigen Schnittgeschwindigkeiten entstehen durch die hohe Temperatur, den beträchtlichen Druck und die verhältnismäßig lange Berührungszeit des Spanes mit der Schneide infolge Verschweißens *Schneidenaufwachsungen*, die durch periodisches Abreißen zu mehr oder weniger großen Ausbröckelungen der Schneidkante führen (s. S. 356). Mit Steigerung der Schnittgeschwindigkeit verschwindet diese Erscheinung allmählich und die *Auskolkung* tritt auf (s. S. 371)[1].

Da der Verschleiß bei der Stahlbearbeitung größtenteils auf die Wirkung der Oberflächenkräfte zwischen Werkzeug, Span und Werkstück zurückzuführen ist — experimentell kann dies nach den Untersuchungen von W. Dawihl durch die Bestimmung der „Klebetemperatur" bzw. Festigkeit der Preßschweißverbindung bewiesen werden —, kann durch Wahl entsprechender Legierungszusätze die Schweißneigung vermindert werden (s. S. 357). Dadurch wird Aufbauschneidenbildung, Kolkung und Freiflächenverschleiß verzögert. Die beste Wirkung haben insbesondere Zusätze von TiC und TaC, zum Teil auch NbC, ZrC und HfC, d. h. also Karbide von Metallen, welche festhaftende, beständige Oxide bilden. Für die Stahlbearbeitung werden demnach heute WC-TiC-Co- bzw. WC-TiC-TaC (NbC)-Co-Hartmetalle verwendet (s. S. 204).

Die Ursachen beim Verschleiß von WC-TiC-Co-Hartmetallen sind nach E. M. Trent[2] wie bei WC-Co-Hartmetallen dünne Filme flüssiger Legierungen, die sich unter dem Einfluß von Temperatur und Druck ausbilden und durch mechanische Einwirkung rasch entfernt werden. Der Unterschied zwischen den beiden Sorten besteht darin, daß die TiC-haltigen erst bei 1350° und höheren Temperaturen flüssige Legierungen mit Stahl bilden. Dies wurde durch Experimente, ähnlich den Dawihlschen, bestätigt und durch

---

[1] Trigger, K. J. u. B. T. Chao: Trans. Am. Soc. Mech. Eng. **78** (1956), S. 1119/26.

[2] Trent, E. M.: Machinery, London **79** (1951), S. 823/28; Machinist **95** (1951), S. 1693/96; Proc. Inst. Mechan. Engr. **166** (1952), S. 64/74; Proc. Roy. Soc. London **A 212** (1952), S. 467/70; J. Inst. Prod. Eng. (1959), S. 105/30; J. Iron Steel Inst. **201** (1963), S. 847/55, 923/32, 1001/15.

Gefügeaufnahmen belegt. Zurückgeführt wird dies auf das charakteristische Verhalten des WC-TiC-Mischkristalles in derartigen Hartmetallsorten. Ist freies WC vorhanden, dann treten die niedriger schmelzenden Phasen wie in WC-Co-Legierungen auf. Tatsächlich konnte eine Abhängigkeit des Kolkverschleißes vom Gehalt an freiem WC in WC-TiC-Co-Hartmetallen beobachtet werden, was auch durch praktische Erfahrungen bestätigt wird (s. S. 185). Eine Substitution von TiC durch TaC, NbC und HfC dürfte an diesen Vorstellungen nichts ändern.

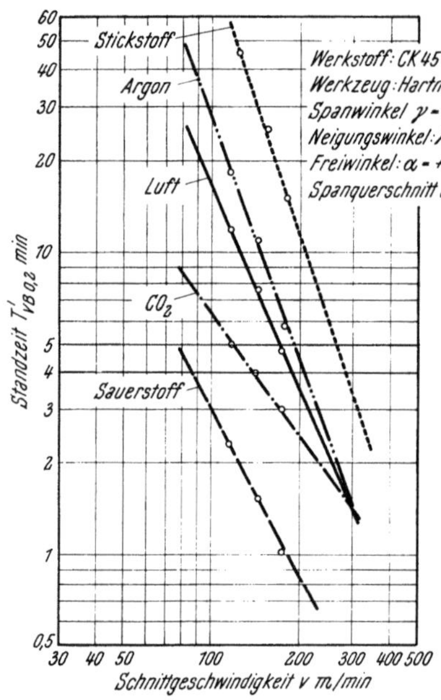

Abb. 159. Beeinflussung der Standzeit durch Zufuhr verschiedener Gase zwischen Freifläche und Schnittfläche (H. Axer)

Neben der Materialabtragung durch Reibung und Verschweißung kann nach J. Hinnüber[1] auch die Oxidation bei höheren Temperaturen einen wesentlichen Einfluß auf den Verschleiß haben. Es wurde bereits ausgeführt, daß sich die Werkzeugschneide bei hohen Schnittgeschwindigkeiten und langspanenden Werkstoffen sehr stark erhitzen kann. Unter 800° wird dadurch bei WC-TiC-Co-Hartmetallen im wesentlichen nur das Kobalt und das Wolframkarbid an Luft oxidiert. Über 800° tritt auch eine Oxidation des Mischkristalles ein, was einen erhöhten Kolkverschleiß zur Folge hat. Tatsächlich konnte man beim Versuchsdrehen unter verschiedenen oxidierenden und neutralen Atmosphären eine deutliche Beeinflussung des Standzeitverhaltens beobachten[2–6] (Abb. 159).

---

[1] Hinnüber, J.: In: Fortschrittliche Fertigung und moderne Werkzeugmaschinen, Girardet 1954, S. 56/60; Techn. Mitt. Krupp **13** (1955), S. 66/68.

[2] Dawihl, W.: Werkstattstechn. Maschinenbau **42** (1952), S. 335.

[3] Axer, H.: In: Fortschrittliche Fertigung und moderne Werkzeugmaschinen. Girardet, Essen 1954, S. 64/67.

[4] Opitz, H. u. H. Axer: Beeinflussung des Verschleißverhaltens bei spanenden Werkzeugen durch flüssige und gasförmige Kühlmittel und elektrische Maßnahmen. Westd. Verlag, Köln 1956.

[5] Trigger, K. J., L. B. Zylstra u. B. T. Chao: Am. Soc. Mech. Eng. 51-A-39.

[6] Gappisch, M.: Jernkont. Ann. **147** (1963), S. 133/59.

Nach Untersuchungen von T. HEHENKAMP[1, 2], treten bei der Zerspanung, infolge der Temperaturverteilung zwischen Werkstück-Stoff und Hartmetallschneide, Thermoströme auf, welche einen Materialtransport und damit Verschleißvorgänge bewirken können. Besonders der Kohlenstoff wird durch Thermodiffusion ziemlich rasch transportiert, was insbesondere an der Freifläche zu einer Kohlenstoffverarmung und zur Bildung kohlenstoffärmerer Phasen, wie der spröden η-Phase führen kann.

Bei der Legierungsbildung zwischen Werkstück-Stoff und Hartmetall spielen also unzweifelhaft auch Diffusionsvorgänge eine große Rolle. Tatsächlich konnte F. ALTENWERTH[3] metallographisch die Diffusion zwischen aufeinandergepreßten WC- bzw. Hartmetallplatten und Stahl- bzw. Gußeisenplatten verfolgen. Bereits ab 800° wird das WC angegriffen und bei 1000° entsteht ein Doppelkarbid. Dagegen reagieren TiC und TaC bis 1500° nicht. Der Diffusionsverschleiß bei der Zerspanung wird durch den Kobaltgehalt stark gefördert, und zwar sowohl die Auflösung des WC und Einwanderung des Kohlenstoffs in Stahl als auch die Einwanderung von Kohlenstoff aus dem Gußeisen in das Hartmetall. Durch diese Auflockerung des Hartmetallgefüges sind die Voraussetzungen für den Verschleißangriff gegeben. Das Vorhandensein von TiC bzw. TiC-haltigen Mischkristallen beeinträchtigen die Auflösung des WC nicht, der Verschleiß wird allerdings durch deren Anwesenheit gehemmt.

H. OPITZ und Mitarbeiter[4] konnten ferner auch feststellen, daß oxidische Einschlüsse in Stählen — die von der Desoxidation mit Kalzium-Silizium-Legierungen herrühren — zur Bildung einer verschleißhemmenden Oxidschicht auf TiC-haltigen Hartmetall-Drehwerkzeugen führen können. Daraus kann gefolgert werden, daß geringfügige Verunreinigungen im Werkstück-Stoff zu sehr unterschiedlichen Ergebnissen bei der Standzeitermittlung führen können.

Zusammenfassend handelt es sich also beim Verschleiß von Hartmetall bei der Zerspanung um einen sehr verwickelten Vorgang, bei dem nicht nur die mechanischen Eigenschaften des Schneidwerkstoffes, sondern auch chemische Reaktionen zwischen diesem und dem Werkstück-Stoff eine große Rolle spielen. Die Vielzahl der in der Praxis vorkommenden Werkstoffe und die Verschiedenartigkeit der Zerspanungsoperationen macht eine starke Differenzierung in

---

[1] HEHENKAMP, T.: Arch. Eisenhüttenwes. **29** (1958), S. 249/56.

[2] HEHENKAMP, T. u. T. HEUMANN: Arch. Eisenhüttenwes. **33** (1962), S. 501/04.

[3] ALTENWERTH, F.: Arch. Eisenhüttenwes. **31** (1960), S. 433/39.

[4] OPITZ, H., M. GAPPISCH, W. KÖNIG, R. PAPE u. A. WICHER: Arch. Eisenhüttenwes. **33** (1962), S. 841/51.

der chemischen Zusammensetzung und im Gefügeaufbau der Hartmetallsorten erforderlich, welche eine weltweite Normung und einheitliche Typenbezeichnung sehr erschwert (s. S. 411).

c) *Faktoren, welche die Standzeit beeinflussen*

α) Schnittbedingungen. Die durch den Standzeitversuch ermittelten T-v-Geraden erscheinen im doppeltlogarithmischen Koordinatensystem in Abhängigkeit vom Spanquerschnitt als Schar paralleler Geraden (Abb. 160). Mathematisch entsprechen diese Kurven der Gleichung:

$$\mathrm{T} \cdot \mathrm{v}^{\mathrm{n}} = \mathrm{C}$$

T: Standzeit
v: Schnittgeschwindigkeit
n: Tangens des Neigungswinkels

$$\mathrm{n} = \mathrm{tg}\beta = \frac{\Delta \lg \mathrm{T}}{\Delta \lg \mathrm{v}}$$

Die Größe n, welche die Neigung der Geraden bestimmt, ist für verschiedene Werkstoffe verschieden, sie schwankt zwischen 4 und 15; bei verschiedenen Bearbeitungsarten mit Hartmetall beträgt n nur 5 bis 7 (Abb. 161)[1]. Aus Abb. 160 ist sehr klar der Einfluß der Schnittgeschwindigkeit und des Spanquerschnittes auf die Standzeit ersichtlich.

Bei konstantem Spanquerschnitt macht sich jede Steigerung der Schnittgeschwindigkeit durch eine Verkürzung der Standzeit bemerkbar.

Bei gleichbleibender Schnittgeschwindigkeit verkürzt jede Vergrößerung des Spanquerschnittes die Standzeit.

Bei gegebener Standzeit der Schneide entspricht jeder Spanform und -größe eine ganz bestimmte Schnittgeschwindigkeit, wobei eine Vergrößerung des Spanquerschnittes eine verhältnismäßig nur geringe Senkung der Schnittgeschwindigkeit erfordert, was für wirtschaftliche Zerspanung von großer Wichtigkeit ist.

Die Gesetzmäßigkeit über den Zusammenhang von Schnittgeschwindigkeit, Spanquerschnitt und Standzeit gilt allerdings nicht für *jede* Schnittgeschwindigkeit und für einen *beliebigen* Spanquerschnitt. Bei kleinen Schnittgeschwindigkeiten entstehen Schneidenaufwachsungen und der Verlauf der Standzeitkurve ist sehr unregelmäßig. Auch für ganz kleine Spanquerschnitte gelten andere Gesetze[2] (s. Abb. 164 und 165).

---

[1] Schallbroch, H. u. R. Wallichs: Ber. betriebswiss. Arb., Bd. II, VDI.-Verlag, Berlin 1938.

[2] Dawihl, W.: Maschinenbau, Betrieb **17** (1938), S. 511/13.

Aus Abb. 160 ergibt sich für eine Schnittgeschwindigkeit von 150 m/Min. bei einem Spanquerschnitt von $1 \cdot 0{,}48 = 0{,}48\ \text{mm}^2$ einerseits und einem Span mit nahezu gleicher Fläche von $2 \cdot 0{,}21 = 0{,}42\ \text{mm}^2$ andererseits im ersten Fall eine Standzeit von 200 Minuten, im zweiten eine solche von 330 Minuten. Daraus folgt, was für die Praxis außerordentlich wichtig ist, daß bei gleichem Spanquerschnitt die Standzeit um

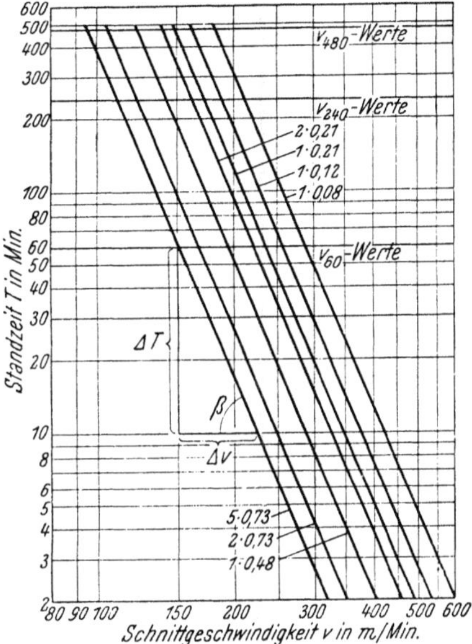

Abb. 160. Standzeitgerade (T-v-Gerade) für die Bearbeitung von Stahl St85 mit Hartmetall (H. SCHALLBROCH und R. WALLICHS)

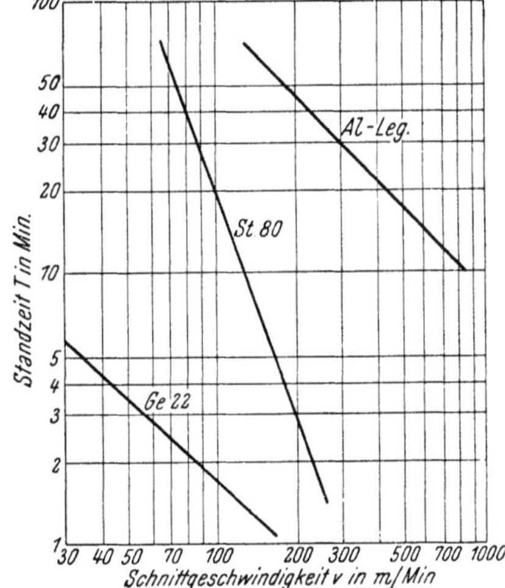

Abb. 161. Standzeitgerade dreier Werkstoffe bei Bearbeitung mit einer Hartmetallsorte für Stahl (H. SCHALLBROCH und R. WALLICHS)

so größer ist, je schwächer man den Span hält, d. h. je größer die Schnittiefe und je kleiner der Vorschub ist[1]. Man kann sich dies so erklären, daß bei der größeren Spantiefe eine größere Schneidenlänge im Einsatz steht, wodurch sich die Schnittwärme und Reibung auf eine größere Fläche verteilt. Die gleiche Wirkung haben andere, die Eingriffslängen vergrößernde Maßnahmen, wie Verkleinerung des Einstellwinkels, Vergrößerung des Schneidenspitzenradius u. a. (s. S. 353). Es kann daher beim Standzeitversuch nicht von einem Spanquerschnitt gesprochen werden, wenn nicht auch die Querschnittsform angegeben wird. Mit Hilfe des von W. LEYENSETTER[2] eingeführten Begriffes der Bogenspandicke (s. S. 353), deren Werte aus Zahlentafeln abzulesen sind, kann man m-v_T-Gerade aufstellen

---

[1] BURMESTER, H. J.: Werkstatt u. Betrieb **82** (1949), S. 185/88.

[2] LEYENSETTER, W.: Grundlagen und Prüfverfahren der Zerspanung, RKW.-Veröffentl. Nr. 114, B. G. Teubner, Leipzig 1938.

(Abb. 162), aus denen wieder zu entnehmen ist, daß sich ein „schlanker“ Span auf die Standzeit günstiger auswirkt als ein gleichflächig dickerer.[1]

Im Abschnitt über Schnittemperatur (s. S. 367) wurde ausgeführt, daß die Wärmebeanspruchung der Schneide bei der Bearbeitung von Stahl wesentlich größer ist als bei Guß. Durch Kühlung mit entsprechenden Flüssigkeiten kann man die Leistung erhöhen, was sich allerdings bei Hartmetall, das viel höherer

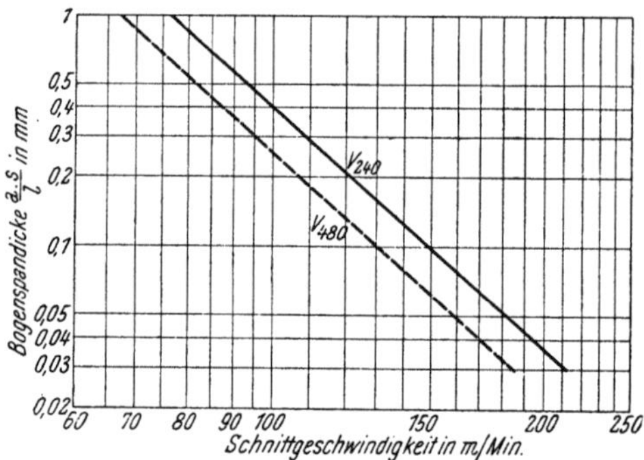

Abb. 162. m-v_T-Gerade für Standzeiten von 240 und 480 Minuten bei Bearbeitung von Stahl St 85 mit Hartmetall (AWF-Tafel Nr. 125)

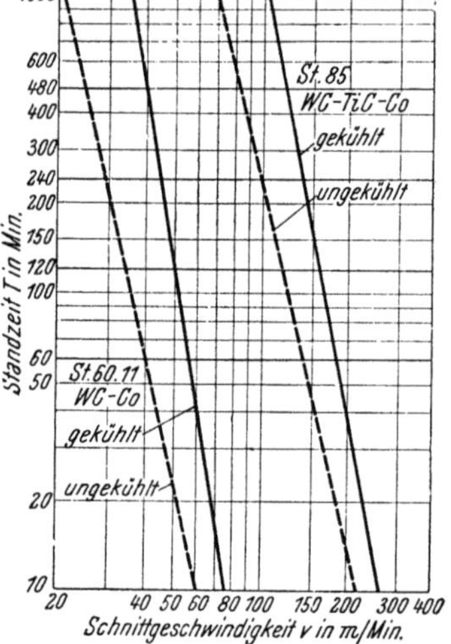

Abb. 163. Standzeitgerade bei ungekühlter und gekühlter Zerspanung von Stahl mit Hartmetall (J. Holzberger)

Wärmebeanspruchung gewachsen ist als Schnellstahl, nicht so sehr in einer Steigerung der Schnittgeschwindigkeit als vielmehr in einer Verlängerung der Standzeit bis um 200% äußert. Die Kühlflüssigkeit hat dabei nicht nur eine Kühlwirkung, sondern setzt als Schmiermittel auch die Reibung herab. Da insbesondere beim Schruppen von Stahl mit Hartmetall auf leistungsfähigen Maschinen die Schneide bis an die Grenze des Zulässigen durch Wärme beansprucht wird, bringt die Kühlung bzw. die auch vorgeschlagene Tiefkühlung beträchtliche Leistungssteigerungen[2–8] (Abb. 163).

---

[1] AWF.-Tafel Nr. 125.

[2] Pahlitzsch, G.: Z. Ver. dtsch. Ing. **88** (1944), S. 365/71.

[3] Gottwein, K. u. W. Reichel: Kühlen und Schmieren bei der Metallbearbeitung. VDI-.Verlag, Berlin 1944.

[4] Holzberger, J.: Stahl u. Eisen **71** (1951), S. 1098/1102.

[5] Iwascheff, W.: Werkstatt u. Betrieb **81** (1948), S. 252/55.

[6] Anonym: Machinery **84** (1954), S. 1033/40.

[7] Frank, W.: Werkstatt u. Betrieb **89** (1956), S. 25/31.

[8] Reichel, W.: Z. Ver. dtsch. Ing. **98** (1956), S. 963/70.

β) Werkstück- und Werkzeugmaterial. Aus den früheren Ausführungen war zu entnehmen, daß bei Bearbeitung verschiedener Werkstoffe mit gleichem Schneidenwerkstoff die Lage der Standzeit-Geraden sehr verschieden ist, d. h. also, daß die Verschleißwirkung auf den Schneidenwerkstoff sehr unterschiedlich sein muß. Insbesondere ist dieser Unterschied sehr groß zwischen Gußeisen, einem kurzspanenden Werkstoff, und Stahl, der lange Späne ergibt. Die Gründe hierfür wurden schon im Abschnitt über Spanbildung (s. S. 354) und über Schneidenverschleiß (s. S. 371) eingehend besprochen. Auf jeden Fall ergibt sich daraus die Folgerung, daß man bei der Stahlbearbeitung andere Hartmetallsorten verwenden muß als für die Gußbearbeitung. W. DAWIHL[1] hat seinerzeit dieses Problem sehr eingehend untersucht. Er hat mit einem WC-Co-Hartmetall 95/5 und einem WC-TiC-Co-Hartmetall 80/15/5 einen Stahl mit 55 kg/mm² Festigkeit bearbeitet. Die Untersuchungen treffen natürlich auch auf die heutigen WC-TiC-TaC(NbC)-Co-Legierungen zu. Die Standzeitkurven in Abb. 164 zeigen, daß insbesondere im Gebiet hoher Schnittgeschwindigkeiten das TiC-haltige Hartmetall der

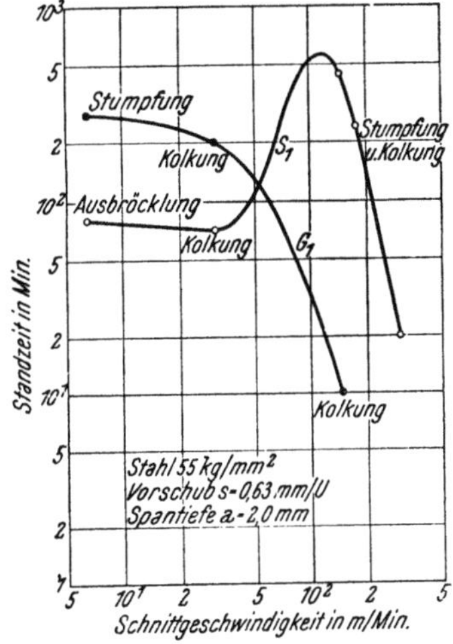

Abb. 164. Standzeitkurven von WC-Co- und WC-TiC-Co-Hartmetallen bei der Bearbeitung von Stahl (W. DAWIHL)

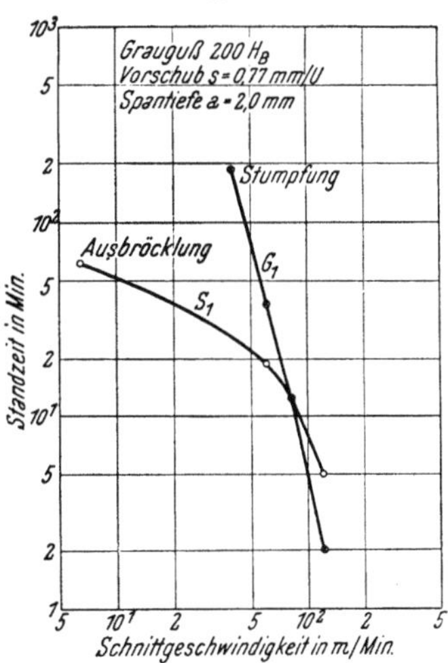

Abb. 165. Standzeitkurven von WC-Co- und WC-TiC-Co-Hartmetallen bei der Bearbeitung von Guß (W. DAWIHL)

WC-Co-Legierung weit überlegen ist. Der Kolkverschleiß ist bei den TiC-haltigen Sorten, bedingt durch die verschweißungshemmende Wirkung des TiC, viel geringer als bei den WC-Co-Sorten. Daß demgegenüber das WC-Co-Hartmetall bei niedrigen Schnittgeschwindig-

[1] DAWIHL, W.: Z. Metallkunde **32** (1940), S. 320/25.

keiten bessere Leistung ergibt, ist darauf zurückzuführen, daß bei der WC-TiC-Co-Sorte Aufbauschneiden und Abbröckelungen auftreten. Charakteristisch bei der Standzeitkurve für das WC-TiC-Co-Hartmetall ist das Leistungsmaximum[1–6]. Dieses steht nach neueren Untersuchungen von W. DAWIHL und G. ALTMEYER[7] mit einem Erholungseffekt im Gefüge des Schneidwerkstoffes im Zusammenhang.

Das Verhalten der beiden Hartmetallsorten bei der Bearbeitung von Grauguß mit 200 kg/mm² Brinellhärte ist der Abb. 165 zu entnehmen. WC-TiC-Co-Sorten ertragen keine stärkere mechanische Beanspruchung und bröckeln bei niedriger Schnittgeschwindigkeit aus. WC-Co-Hartmetalle haben eine höhere Festigkeit und daher bei Gußbearbeitung im niedrigen und mittleren Schnittgeschwindigkeitsbereich bedeutend höhere Standzeiten.

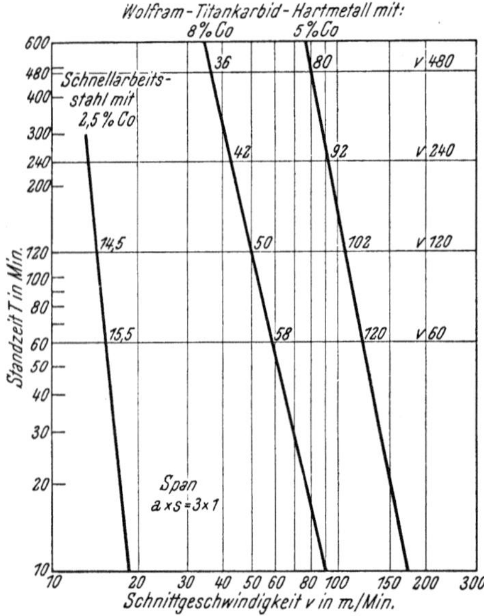

Abb. 166. Einfluß verschiedener Kobaltgehalte auf die Zerspanungsleistung von Hartmetallen beim Drehen von unlegiertem Stahl mit 90 kg/mm² Festigkeit (F. RAPATZ, H. POLLACK und J. HOLZBERGER)

In Weiterentwicklung der zwei Hartmetallgruppen für Guß- und Stahlbearbeitung hat man sehr eingehend den Einfluß der verschiedenen Zusammensetzung und der Herstellungsbedingungen von Hartmetall auf das Standzeitverhalten untersucht. Beispielsweise sei auf die Arbeit von F. RAPATZ, H. POLLACK und J. HOLZBERGER[8] verwiesen, die den Einfluß des Kobalt- und Titankarbidgehaltes auf das Standzeitverhalten von WC-TiC-Co-Hartmetallen bei der Stahlbearbeitung untersucht haben (Abb. 166 und Abb. 167). Eswurden auch ähnliche Hartmetallsorten verschiedener

[1] DAWIHL, W.: Maschinenbau, Betrieb **17** (1938), S. 511/13.

[2] WEBER, G.: Stahl u. Eisen **78** (1958), S. 1678/90.

[3] DAWIHL, W. u. G. ALTMEYER: Metall **13** (1959), S. 1116/17.

[4] GAPPISCH, M.: Jernkont. Ann. **147** (1963), S. 133/59.

[5] COLDING, B.: Jernkont. Ann. **147** (1963), S. 160/99.

[6] DAWIHL, W. u. E. KLINGLER: Arch. Eisenhüttenwes. **34** (1963), S. 867/70.

[7] DAWIHL, W. u. G. ALTMEYER: Z. Metallkunde **55** (1964), S. 46/48.

[8] RAPATZ, F. H. POLLACK u. J. HOLZBERGER: Stahl u. Eisen **58** (1938), S. 265/75.

Hersteller verglichen[1–5], wobei man allerdings bei der Bewertung, wegen geringer, aber oft entscheidender Analysen- und Herstellungsunterschiede, vorsichtig sein muß. Ebenso ist die Beschaffenheit des zerspanten Werkstoffes von großer Bedeutung. So konnte R. SCHAUMANN[6] bei Zerspanungsversuchen an Stahlwerkstoffen gleicher Analyse und gleicher mechanischen Eigenschaften an ein und derselben Hartmetallsorte große Unterschiede im Verschleißverhalten beobachten.

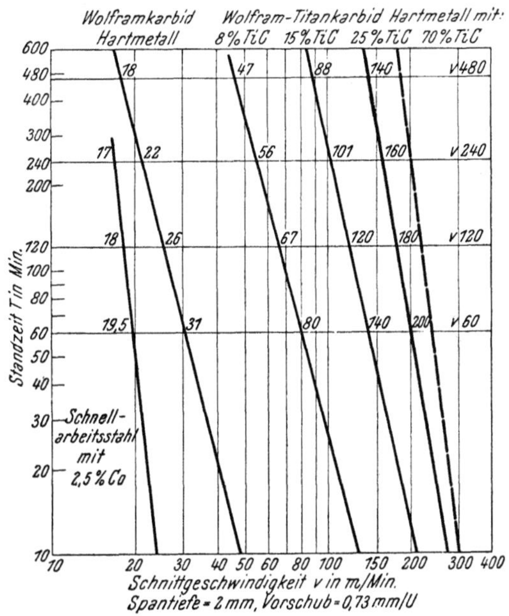

Abb. 167. Einfluß steigender Titankarbidgehalte auf die Zerspanungsleistung von Hartmetallen beim Drehen von unlegiertem Stahl mit 90 kg/mm² Festigkeit (F. RAPATZ, H. POLLACK und J. HOLZBERGER)

C. BALLHAUSEN[3] hat sehr eingehend den Einfluß des Kobaltgehaltes in WC-Co- und WC-TiC-Co-Hartmetallen auf die Drehleistung untersucht. In Abb. 168 sind in räumlicher Darstellung die Schnittgeschwindigkeiten der betreffenden Legierungen aufgetragen, die nach 10 Minuten Schnittdauer auf Stahl von 85 kg/mm² Festigkeit eine Verschleißmarkenbreite von 0,15 mm ergeben. Aus der Darstellung geht sehr deutlich die Überlegenheit der TiC-haltigen Sorten gegenüber den reinen WC-Co-Hartmetallen bei der Stahlbearbeitung hervor.

H. J BOOSS[7] stellte eine direkte Beziehung zwischen Freiflächenverschleiß bei WC-TiC-Co-Hartmetallen mit 5 bis 30% TiC von Kobaltgehalt und Kohlenstoffdefekt fest.

---

[1] LANG, M.: Werkstatt u. Betrieb **83** (1950), S. 41/47; Ind. Anz. Essen **76** (1954), S. 299/307.

[2] BALLHAUSEN, C.: Stahl u. Eisen **72** (1952), S. 489/92; 1. Plansee Seminar, Reutte/Tirol 1952, S. 221/31.

[3] BALLHAUSEN, C. u. G. VIEREGGE: Techn. Mitt. Essen **47** (1954), S. 201/10; Ind. Anz. Essen **76** (1954), S. 299/307.

[4] WIDMER, M.: Ind. Organisation **23** (1954), S. 215/20.

[5] LEYENSETTER, W.: Werkstatt u. Betrieb **87** (1954), S. 353/56.

[6] SCHAUMANN, R.: Maschinenmarkt **62** (1956), Nr. 47/48, S. 37/52.

[7] BOOSS, H. J.: Metall **9** (1955), S. 560/64.

In Fortführung der BALLHAUSENschen Bemühungen um eine Systematisierung sind die Zusammenhänge zwischen Schnittleistung (gekennzeichnet durch die Verschleißmarkengüte und Kolktiefe) unter dem Gesichtspunkt der ISO-Normung (vgl. S. 414) von H. BEUTEL u. a.[1–3] sehr

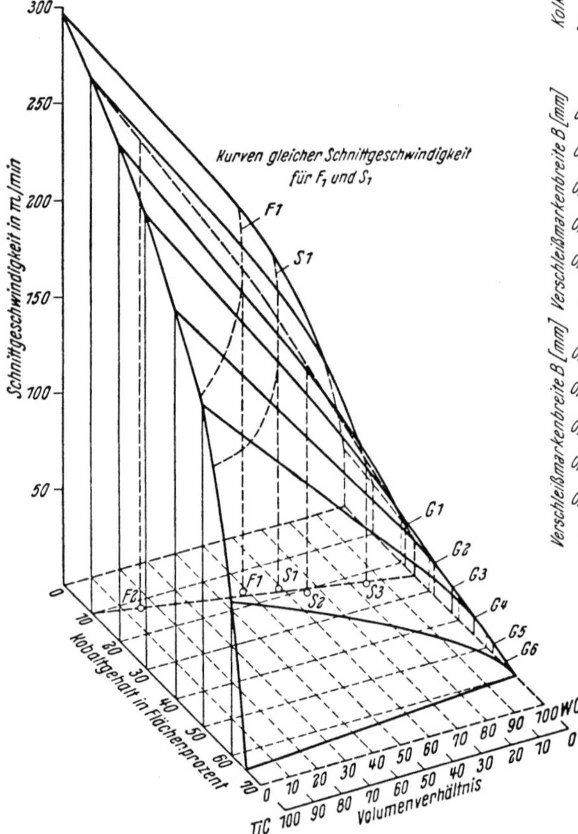

Abb. 168. Abhängigkeit der Schnittgeschwindigkeit bei gleichem Verschleiß der Hartmetallschneide von der Zusammensetzung der Legierung (C. BALLHAUSEN)

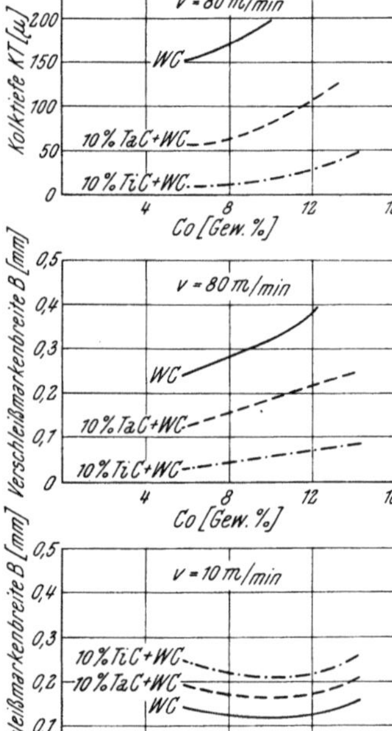

Abb. 169. Einfluß verschiedener Karbidsysteme auf den Werkzeugverschleiß in Abhängigkeit vom Kobaltgehalt (nach ALTENWERTH, TITANIT-Prüffeld)

Prüfbedingungen: Werkstoff St. 70.11; a × s = 2 × 0,46 mm²; $\alpha = 6°$; $\gamma = 6°$; $\varkappa = 45°$; T = 10 Minuten

eingehend untersucht worden. Abb. 169 zeigt zunächst deutlich die Mehrleistung von WC-TiC-TaC-Co-Hartmetall-Legierungen gegenüber TiC- bzw. TaC-freien Sorten bei der Stahl-

[1] HILBES, W.: Techn. Mitt. Essen **52** (1959), S. 218/28.

[2] BEUTEL, H.: Techn. Mitt. Essen **52** (1959), S. 211/17.

[3] BEUTEL, H.: Maschinenmarkt **66** (1960), Nr. 11, S. 35/36, Nr. 19, S. 35/41; 4. Fokoma, München 1959, Bd. I, S. D127/D136.

bearbeitung. Den Zusammenhang zwischen Biegebruchfestigkeit, Härte und Schnittgeschwindigkeit in Abhängigkeit von der Zusammensetzung eines Hartmetalles der Zerspanungs-Anwendungsgruppe P (vgl. S. 209) zeigt Abb. 170, wobei besonders die gegenläufige Richtung von Schnittgeschwindigkeit bzw. Verschleißfestigkeit und Härte bzw. Zähigkeit zum Ausdruck kommt. Entsprechend der geschichtlichen Entwicklung der Schneidwerkstoffe liegen die Hartmetalle im Hinblick auf die Schnittleistung zwischen den Schnellarbeitsstählen und der Oxidkeramik (vgl. S. 510, Abb. 227), wie dies Zerspanungsuntersuchungen an Gußeisen und Stahl, gemäß Abb. 171 bestätigen. Als Vergleich dient die Schnittgeschwindigkeit bei der nach 10 Minuten ein Freiflächenverschleiß von 0,2 mm auftritt. Der Spanquerschnitt entspricht einem Schlichtschnitt, die Schneidengeometrie ist dem jeweiligen Schneidstoff angepaßt. Auf der Seite der sehr zähen, aber weniger verschleißfesten Hartmetalle der K-Gruppe (vgl. S. 210), reicht der Schnellarbeitsstahl bei der Gußbearbeitung mit geringerem Abstand an die Hartmetalleistung heran. Dagegen werden auch die hoch-verschleißfesten Hartmetalle von der Oxidkeramik bezüglich der Höhe der anwendbaren Schnittgeschwindigkeit bedeutend übertroffen. Bemerkenswert ist die Überlegenheit der Schneidkeramik bei der Zerspanung von Gußeisen größer als bei der Stahlbearbeitung mit P-Sorten. Eine Erklärung ist wieder bei den Verschleißursachen zu suchen. Der Verschleiß von Hartmetall bei der Gußbearbeitung bei sehr hohen Schnittgeschwindigkeiten ist weniger auf den Abrieb als auf erhebliche Diffusionserscheinungen und den damit in Zusammenhang stehenden Folgen (s. S. 377) zurückzuführen. Das Umgekehrte ist bei der Schneidkeramik der Fall. Trotzdem wird die Schneidkeramik die Hartmetalle nicht verdrängen, sondern

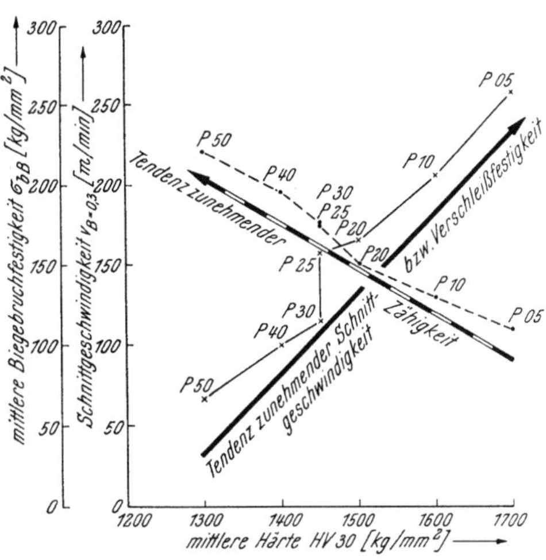

Abb. 170. Zusammenhang von Härte, Verschleißfestigkeit und Zähigkeit der Zerspanungs- Anwendungsgruppen P (nach ALTENWERTH, TITANIT-Prüffeld)

Kriterien der kennzeichnenden Eigenschaften

Zähigkeit: Biegebruchfestigkeit [kg/mm²]; Verschleißfestigkeit: Schnittgeschwindigkeit $v_B = 0,3$ mm; Werkstückstoff Ck 60, T = 10 Minuten; a × s = 2 × 0,46 mm²; $\alpha = 6°$; $\gamma = 6°$; $\varkappa = 45°$; r = 1,5 mm

bei gewissen Zerspanungsoperationen höchstens ergänzen (vgl. S. 516).

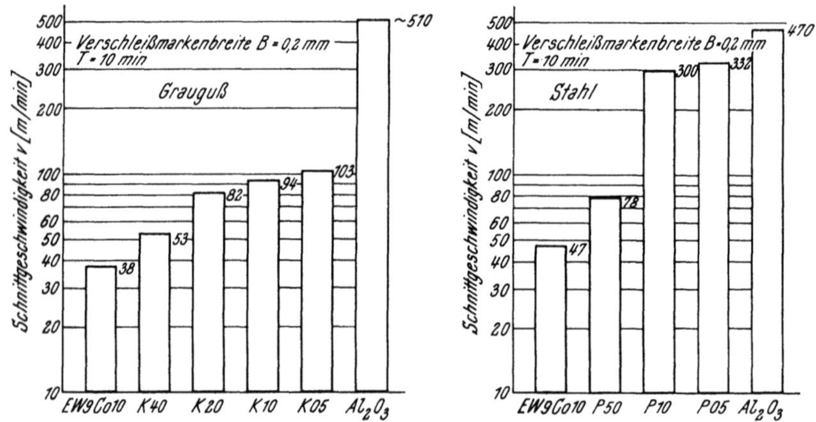

Abb. 171. Vergleich des Verschleißverhaltens von Schnellarbeitsstahl, Hartmetall und Oxidkeramik (nach ALTENWERTH, TITANIT-Prüffeld)

Hartmetall: Titanit, Schnellarbeitsstahl: DEW-Komo 310, Oxidkeramik · Titoxit

Drehen von Grauguß	Drehen von Stahl
Werkstückstoff: GG; HB = 220 kg/mm²	Werkstückstoff: Ck 60
$a \times s = 2 \times 0{,}2\,mm^2$	$a \times s = 2 \times 0{,}2\,mm^2$
Werkzeugwinkel:	Werkzeugwinkel:
HM: $\alpha = 5°$, $\gamma = 0°$, $\varkappa = 45°$, $r = 1{,}0$ mm	HM: $\alpha = 5°$, $\gamma = 6°$, $\varkappa = 45°$, $r = 1{,}0$ mm,
SS: $\alpha = 8°$, $\gamma = 12°$, $\varkappa = 45°$, $r = 1{,}0$ mm,	SS: $\alpha = 8°$, $\gamma = 12°$, $\varkappa = 45°$, $r = 1{,}0$ mm,
Al_2O_3: $\alpha = 7°$, $\gamma = -7°$, $\varkappa = 45°$, $r = 1{,}5$ mm, $\lambda = 4°$	Al_2O_3: $\alpha = 7°$, $\gamma = -7°$, $\varkappa = 45°$, $r = 1{,}5$ mm, $\lambda = 4°$

d) Bedingungen für die wirtschaftliche Zerspanung

Nach E. HIRSCHFELD[1] sind für die Wahl der Schnittgeschwindigkeit zwei Gesichtspunkte maßgebend: Entweder höchste Leistung pro Zeiteinheit oder geringste Bearbeitungskosten insgesamt. Unter Berücksichtigung der Kosten für die Maschinenarbeit (Lohn, Energie, Abschreibungen usw.) und der Gesamtkosten für den Werkzeugaustausch (Werkzeugwechsel, Schleifkosten, Werkzeugverbrauch) ergibt sich, daß die *wirtschaftliche Standzeit* um so größer sein soll, je teurer das Werkzeug ist, je mehr Zeit man zum Auswechseln und Nachschleifen braucht, je höher der Lohnanteil für das Schleifen und je niedriger der Lohn des Arbeiters an der Bearbeitungsmaschine ist.

[1] HIRSCHFELD, E.: Hartmetalle Schweizer Druck- u. Verlagshaus A.G., Zürich 1949.

Bei Festlegung der wirtschaftlichsten Zerspanungsbedingungen[1–11] ist es verständlich, daß die wirtschaftlichste Standzeit nicht für alle Betriebe bzw. Werkstätten, ja nicht einmal für alle Maschinen derselben Werkstatt gleich groß sein wird. Ist die zum Auswechseln des Werkzeuges erforderliche Zeit lang, z. B. bei Automaten, dann muß man auch auf große Haltbarkeit des Werkzeuges Wert legen. Insbesondere ist dies von Wichtigkeit bei Maschinen für verwickelte und genaue Arbeiten, bei denen nach jedem Auswechseln eines Werkzeuges gegebenenfalls auch alle anderen überprüft und neu eingestellt werden müssen. Man fordert daher bei Automaten in der Regel eine zwei- bis dreifache Standzeit des Werkzeuges im Vergleich zu normalen Drehbänken.

5. Die Hartmetalle und die Bearbeitungsmaschinen

Da Hartmetalle weit höhere Schnittgeschwindigkeiten bei größeren Spanquerschnitten erlauben, verlangen sie bedeutend höhere Antriebs-

Zahlentafel 94. *Durchschnittliche Schnittgeschwindigkeiten und die zur Stahlzerspanung erforderliche Leistung (Richtlinien des AWF, a = 2 mm, s = 0,5 mm/Umdr.)*

	Schneid-werkstoff	St 50.11	St 60.11	St 70.11	St 85
Schnittgeschwindigkeit	Hartmetall	195	162	128	116
m/Min.	Schnellstahl	26	21	15	13
Erhöhung		7,5 fach	7,7 fach	8,6 fach	9 fach
Erforderliche Leistung	Hartmetall	7,6	7	6,4	6,3
kW	Schnellstahl	1,31	1,15	0,89	0,85
Erhöhung		5,8 fach	6,1 fach	7,2 fach	7,4 fach

[1] Gilbert, W. E.: In: Machining-Theory and Practice. Am. Soc. Met., Cleveland 1950, S. 465/85.

[2] Burmester, H. J.: Werkstatt u. Betrieb **84** (1951), S. 512/16.

[3] Runkel, S.: Werkstatt u. Betrieb **82** (1952), S. 63/64.

[4] Witthoff, J.: Werkstatt u. Betrieb **82** (1952), S. 521/26.

[5] Beutel, H.: Werkstattstechn. Maschinenbau **45** (1952), S. 428/34.

[6] Witthoff, J.: Techn. Mitt. Essen **47** (1954), S. 238/44; Techn. Mitt. Krupp **12** (1954), S. 97/104; Werkstattstechn. u. Maschinenbau **45** (1955), S. 159/202; Werkstatt u. Betrieb **88** (1955), S. 223/27; 90 (1957), S. 61/68; Maschinenmarkt **61** (1955), Nr. 69/70, S. 19/21.

[7] Hinnüber, J.: In: Fortschrittliche Fertigung und moderne Werkzeugmaschinen. Girardet, Essen 1954, S. 56/60.

[8] Ballhausen, C.: In: Fortschrittliche Fertigung und moderne Werkzeugmaschinen. Girardet, Essen 1954, S. 60/64.

[9] Hayes, T. E.: Am. Machinist **99** (1955), Nr. 27, S. 121/23.

[10] Hirschfeld, E.: Fertigungstechn. u. Betrieb **9** (1959), S. 195/98.

[11] Müchler, W.: Techn. Mitt. Krupp **20** (1961), S. 21/27.

leistungen der Werkzeugmaschinen. In Zahlentafel 94 sind die Steigerungen der Schnittgeschwindigkeiten und der dafür erforderlichen Leistungen bei der Bearbeitung von Stählen verschiedener Festigkeit im Vergleich zu Schnellstahl angeführt. Die Steigerung der Schnittgeschwindigkeit ist beim festeren Werkstoff verhältnismäßig größer als die Erhöhung der Leistung. Angaben über die möglichen Schnittgeschwindigkeiten bei der Bearbeitung von Stahl St 70.11 in Abhängigkeit von Schnittiefe und Vorschub, im Vergleich mit Schnellstahl, macht F. Rapatz[1] (Zahlentafel 95). Die Erhöhung

Zahlentafel 95. *Schnittgeschwindigkeiten v_{240} bei der Bearbeitung von Stahl St 70.11 mit Hartmetall und Schnellstahl* (F. Rapatz)

Vorschub mm	Schneidwerkstoff	Schnittgeschwindigkeiten v_{240} (m/Min.) bei Schnittiefen (mm) von					Durchschnittliche Steigerung
		0,5	1	2	4	8	
0,1	Hartmetall	310	300	285	—	—	9,5fach
	Schnellstahl	32,5	31,5	29,5	—	—	
0,16	Hartmetall	275	250	240	—	—	8,5fach
	Schnellstahl	32,5	30	28,5	—	—	
0,25	Hartmetall	260	225	200	185	—	7,5fach
	Schnellstahl	30,5	29	27,5	25	—	
0,5	Hartmetall	—	160	143	133	128	6,0fach
	Schnellstahl	—	27	25	23	20	
1,0	Hartmetall	—	—	110	101	98	5,6fach
	Schnellstahl	—	—	20,5	18	16	

der Schnittgeschwindigkeit ist bei kleinen Vorschüben besonders groß (Schlichten). Je mehr die Arbeit den Charakter des Schruppens annimmt (etwa Spanquerschnitte von 2 mm² und mehr), um so geringer ist verhältnismäßig die Leistungserhöhung. Trotzdem reichen die Leistungen der älteren Spezialmaschinen für Schrupparbeiten bei weitem nicht aus, um die Vorteile von Hartmetall auszunutzen.

In Abb. 172 ist diese Beziehung für das Beispiel der Bearbeitung eines Stahles von 70 kg/mm² Festigkeit wiedergegeben[2]. Während zum Abheben eines Spanes von 5 mm² Fläche mit einem Werkzeugstahl 5 kW, mit Schnellstahl etwa 10 kW erforderlich sind, müssen bei den Schnittgeschwindigkeiten, welche Hartmetall erlauben, 20 bis 30 kW aufgewendet werden. Bei noch größeren Spanquerschnitten

[1] Rapatz, F.: Die Edelstähle. 3. Aufl., Springer-Verlag, Berlin 1951, S. 626.

[2] Hirschfeld E.: Hartmetalle. Schweizer Druck- u. Verlagshaus A.G., Zürich 1950.

ist der Bedarf im Verhältnis noch höher und erreicht das 5- bis 10fache des üblichen Kraftbedarfes. Da die Leistung älterer Standardmaschinen meist 5 kW nicht überschreitet, ist der Leistungsmangel, insbesondere beim Schruppen und Halbschruppen mit Hartmetallen, besonders fühlbar. Die Entwicklung geeigneter Bearbeitungsmaschinen für Hartmetallschneidwerkzeuge, die entsprechend leistungsfähig und stabil sind, hinkte zu Beginn des Einsatzes von Hartmetall zunächst stark nach. Erst in den letzten Jahren wurden Spezialmaschinen, insbesondere Schruppdrehbänke, Universaldrehbänke, Revolverdrehbänke, Bohrwerke, Fräs- und Hobelmaschinen u. a., gebaut, welche die volle Ausnutzung der überragenden Schneideigenschaften der Hartmetalle erlauben[1–5]. Bei den neuen hochzähen Schneidlegierungen von Art des P40 und P50, welche die Lücke zwischen den bisherigen Hartmetallsorten und den Schnellstählen schließen, scheint, nach F. Kölbl, beim Schruppen und Hobeln die Leistungsfähigkeit auch dieser Maschinen noch nicht auszureichen.

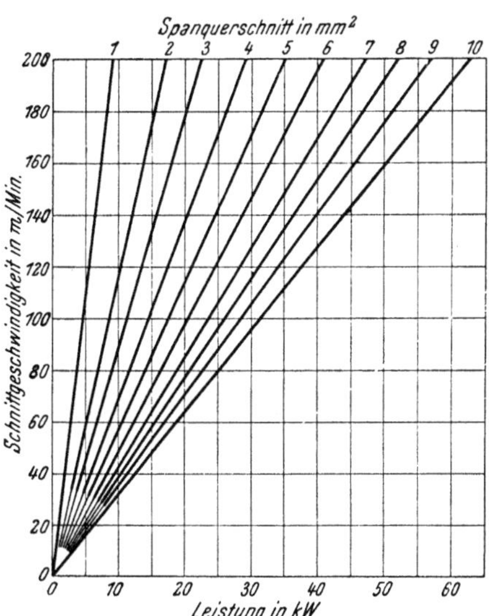

Abb. 172. Leistungsbedarf beim Drehen von Stahl (E. Hirschfeld)

E. Hirschfeld[1] faßt die Vorteile von Hartmetall für die spanabhebende Bearbeitung und seine wirtschaftliche Bedeutung ganz allgemein folgendermaßen zusammen:

1. Verkürzung der Hauptzeit (Schnittzeit). Infolge der hohen Schnittgeschwindigkeit und Verkürzung der Zeiten, die zum Werkzeugwechsel und Nachschleifen erforderlich sind (höhere Einzelstandzeit), wird die Hauptzeit verkürzt und die Zeit des Gesamteinsatzes der Werkzeuge verlängert.

2. Erhöhung der Werkstattkapazität. Auch bei älterem Maschinenpark können in der gleichen Zeit bei gleicher Maschinen-

[1] Hirschfeld, E.: Hartmetalle. Schweizer Druck- u. Verlagshaus A.G., Zürich 1950.

[2] Dürr, A.: Werkstattstechn. u. Maschinenbau **41** (1951), S. 427/31.

[3] Kienzle, O.: Z. Ver. dtsch. Ing. **94** (1952), S. 299/305.

[4] Ballhausen, C.: Werkstattstechn. u. Maschinenbau **45** (1952), S. 452/55.

[5] Opitz, H.: Techn. Mitt. Essen **47** (1954), S. 231/3 7.

zahl etwa 30% mehr Fertigerzeugnisse hergestellt werden. Bei Einsatz neuer Maschinen, die schon speziell für Zerspanung mit Hartmetall konstruiert sind, steigt die Leistungsfähigkeit der Werkstatt um ein Vielfaches.

3. Verringerung des Energieverbrauches. Für die Abnahme einer bestimmten Spanmenge ist im Vergleich zum Schnellstahl der Energieverbrauch wesentlich niedriger.

4. Erniedrigung der Kosten für Werkzeuganschaffung und Werkzeugschliff. Hartmetallwerkzeuge haben längere Standzeiten und eine höhere Gesamtlebensdauer; entsprechend fallen die Schleifkosten.

5. Verbesserung der Qualitätserzeugnisse. Durch Erzielung glatterer Oberflächen, genauerer Maße und damit verbundener Vereinfachung des Arbeitsganges (Entfall von Schleifarbeit) ergeben sich beim Zerspanen mit Hartmetall bedeutende Vereinfachungen im Arbeitsgang und damit Ersparnisse.

6. Einsparung wertvoller Legierungsbestandteile. In der Gewichtseinheit Hartmetall wird der wertvolle Legierungsbestandteil Wolfram wesentlich besser ausgenützt als im Schnellstahl.

B. Die Herstellung von Hartmetallwerkzeugen

Die Herstellung von Hartmetallwerkzeugen gehört heute schon zum Allgemeingut der Werkstattstechnik und ist in zahlreichen Büchern und Werkstattanweisungen eingehend beschrieben worden[1–15].

---

[1] Becker, K.: Hochschmelzende Hartstoffe und ihre technische Anwendung. Verlag Chemie, Berlin 1933.

[2] AWF.: Hartmetallwerkzeug, Behandlung und Verwendung. 2. Aufl., Beuth-Verlag, Berlin 1935.

[3] Becker, K.: Hartmetallwerkzeug, Wirkungsweise, Behandlung, Konstruktion und Anwendung. Verlag Chemie, Berlin 1935; s. a. Becker, K.: Schrifttum über Hartmetallwerkzeuge, Maschinenbau, Betrieb **15** (1936), S. 25/26.

[4] Leier, F. W.: Hartmetalle in der Werkstatt. Springer-Verlag, Berlin 1937.

[5] Fehse, A.: Hartmetallwerkzeuge, Bearbeitung von Metallen und Isolierstoffen. Herausg. AWF., G. B. Teubner, Leipzig 1939.

[6] Woodcock, F. L.: Design of Metal Cutting Tools. McGraw Hill, New York 1948.

[7] Metal-Cutting Tool Handbook, Metal Cutting Tool Inst., New York 1949.

[8] Baker, W. u. J. S. Kozacka: Carbide Cutting Tools, How to Make and Use Them. Am. Techn. Soc., Chicago 1949.

[9] Hirschfeld, E.: Hartmetalle. Schweizer Druck- und Verlagshaus A.G., Zürich 1949.

[10] Kieffer, R. u. F. Kölbl: Hartmetalle, Hartmetallwerkzeuge und ihre Verwendung. Österr. Gewerbeverlag, Wien 1949.

Wir wollen daher an dieser Stelle nur die Tatsachen zusammenfassen und lediglich auf Neuentwicklungen etwas näher eingehen.

1. Herstellung von hartmetallbestückten Werkzeugen

Hartmetall ist ein hochwertiger Werkstoff; seine Verwendung muß daher in wirtschaftlicher Weise erfolgen. Man wird deshalb größere Werkzeuge, Maschinenteile und Geräte nicht ganz aus Hartmetall herstellen, sondern Hartmetall nur dort verwenden, wo hohe Beanspruchungen auftreten. So wird man beispielsweise Dreh- und Hobelmesser oder sonstige Bearbeitungswerkzeuge nur an der Schneide mit Hartmetall bestücken, für den übrigen Teil des Werkzeuges jedoch Stahl verwenden. Das Hartmetall wird dabei in Form von Plättchen aufgesetzt und aufgelötet, die größtenteils genormt sind (z. B. DIN-Norm 4966, 1. und 2. Ausgabe, ISO TC 29[1,2] DIN 4950). Für die üblichen Dreh- und Hobelwerkzeuge wird als Schaftmaterial Kohlenstoffstahl oder manganlegierter Kohlenstoffstahl mit etwa 70 kg/mm^2 Festigkeit benützt. Stähle wesentlich niedrigerer Festigkeit sind zu vermeiden, da sie den auftretenden Beanspruchungen nicht genügen. Ihre Verwendung könnte Bruch der Hartmetallplatte oder ein Aufreißen der Lötnaht zur Folge haben[3]. Für langausladende Werkzeuge sind Werkzeugschäfte aus Schwermetall[4–6] oder kupfergetränktem Sinterstahl[7] empfohlen worden, welche sich durch hohe Dämpfung auszeichnen.

Für Sonderwerkzeuge, deren Schäfte besonders hoch in ihrer Festigkeit, Warmfestigkeit oder durch Verschleiß beansprucht werden, wie z. B. für schmale Nutenstähle, Spiralbohrer, Fräser, Senker, Reibahlen usw., müssen Kohlenstoffstähle höherer Festigkeit, legierte Werkzeugstähle oder niedrig legierte Schnelldrehstähle ver-

---

[11] Shute, D. H.: Cemented-Carbide Tools. Machinery Publ., London 1949.

[12] Am. Soc. Met.: Machining-Theory and Practice. Cleveland 1950.

[13] Pawlowitz, K.: Hartmetall-Dreh- und Bohrwerkzeuge. Österr. Gewerbeverlag, Wien 1950.

[14] Dawihl, W. u. E. Dinglinger: Handbuch der Hartmetallwerkzeuge. Springer-Verlag, Berlin 1953, Bd. I.

[15] Witthoff, J.: Die Hartmetallwerkzeuge in der spanabhebenden Formgebung. Hauser-Verlag, München 1961.

[1] Rauhut, H. U.: DIN-Mitt. **35** (1956), S. 463/66.

[2] Scholz, W.: Metall **18** (1964), S. 129/33.

[3] Koloč, J. u. J. Preisler: Strojírenství **5** (1953), S. 751/78.

[4] Herrik, G.: Carbide Engng. **9** (1957), Nr. 4, S. 17.

[5] Lesman, R. W.: Metalworking Production **101** (1957), Nr. 15, S. 637/38.

[6] Erickson, C. G.: Tool Eng. **40** (1958), Nr. 3, S. 107/09.

[7] Frommelt, H.: Mat. Design. Engng. **50** (1959), Nr. 1, S. 179/82 Machinery **96** (1960), S. 1108/11.

wendet werden. Zum Teil sind dabei besondere Löt- oder Behandlungsverfahren anzuwenden.

Allgemein verwendet man bei Hartmetallwerkzeugen möglichst große Schaftquerschnitte, die stärker sein sollen als die von Schnellstahlwerkzeugen für gleichartige Arbeiten. Die Schafthöhe unter der Hartmetallplatte soll wenigstens die dreifache Plattenstärke betragen, wobei auch für diese gewisse Mindestwerte einzuhalten sind[1].

Für die Bestimmung der Schaftgröße gibt es Nomogramme, in welchen allerdings nach H. LAUSSMANN[2] auch der spezifische Schnittdruck für die jeweils zu bearbeitenden Werkstoffe in großen Stufen zu berücksichtigen ist.

Um eine einwandfreie Übertragung der Schnittkräfte auf den Schaft durch eine feste Lötverbindung zu erzielen, muß die Platte satt aufliegen und die Lötflächen müssen frei von Schmutz, Öl oder Zunder sein. In die auf Länge gesägten und (bei gebogenen oder gekröpften Schneidwerkzeugen) geschmiedeten Schäfte wird der Plattensitz im gewünschten Span- und Neigungswinkel durch Fräsen oder Hobeln eingearbeitet. Zweckmäßig arbeitet man die Auflagefläche etwas größer aus, so daß sie über die Unterkanten der Platte um wenigstens einige Zehntel Millimeter vorsteht (s. Abb. 173). Man erzielt dadurch mit Sicherheit eine bis an den Rand dichte Lötfuge unter der Haupt- und Nebenschneide.

Bei breiten Werkzeugen sehr geringer Schafthöhe hält man zweckmäßig den Schaft stärker, um Rißbildung in der Platte infolge Verziehens des Schaftes zu vermeiden. Nach dem Löten wird der überschüssige Schaftwerkstoff weggefräst oder abgeschliffen.

Die Sitzflächen der Platte werden an einer Siliziumkarbidscheibe blank und eben geschliffen. Zweckmäßig verwendet man dafür eine gröbere Scheibe, da das Lot auf einer rauhen Fläche besser haftet.

Nötigenfalls werden kurz vor dem Löten die Lötflächen mit einem Fettlösungsmittel, wie z. B. Tetrachlorkohlenstoff oder Trichloräthylen, gereinigt.

Normale Hartmetallwerkzeuge werden am besten mit Elektrolytkupfer (Schmelzpunkt 1084°) aufgelötet, das in Form von kleinen Blech- oder Drahtstückchen zugegeben wird. Lediglich bei kleinen Werkzeugen, bei denen keine zu hohen Arbeitstemperaturen auftreten, empfiehlt sich die Verwendung von Lötmitteln mit niedrigem Schmelzpunkt, wie z. B. Silber- oder Messinglot. Silberlote setzen sich neuerdings wegen der Schonung der Stahlschäfte bei der niedrigen

---

[1] BALLHAUSEN, C. u. G. VIEREGGE: Ind. Anz. Essen **72** (1953), S. 223/27.
[2] LAUSSMANN, H.: Vortrag, Berlin 1951.

Löttemperatur auch bei Normalwerkzeugen, Schlagbohrwerkzeugen (Schlitzlötung) u. a. durch. Als Flußmittel und Oxidationsschutz verwendet man bei der Kupferlötung entwässerten, pulverisierten Borax. Für Silberlötung werden andere niedriger schmelzende Flußmittel verwendet, die für Kupferlötung meist ungeeignet sind.

In Zahlentafel 96 sind nach J. HINNÜBER und W. HILBES[1] die Eigenschaften der heute üblichen Hart- und Weichlote für die Hartmetallötung zusammengestellt. Kupferlote sind dort vorzusehen, wo bei der Zerspanung am Werkzeug hohe Temperaturen auftreten. Beim Warmzerspanen verwendet man sogar mit Vorteil höher schmelzende Cu-Ni-Lote. Silberlote ergeben festere Verbindungen, können aber nur dort verwendet werden, wo keine allzu hohe Temperaturbeanspruchung

Zahlentafel 96. *Eigenschaften von Loten für Hartmetallötung* (J. HINNÜBER u. W. HILBES)

Bezeichnung %	Chemische Zusammensetzung %	Schmelzpunkt °C	Mechanische Eigenschaften im Gußzustand						Mikrohärte (10 g Bel.)	
			bei 20°			bei 500°				
			Zugfestigkeit kg/mm²	Dehnung %	Einschnürung %	Zugfestigkeit kg/mm²	Dehnung %	Einschnürung %	Gußzustand	Lötnaht
Kupfer	Elektrolytkupfer	1083	14,3	16,5	19	5,0	4,7	9,5	118	140
Messinglot	60 Cu, 39,2 Zn, 0,26 Si	920	25	8,5	19	8,3	18,7	40	172	253
Degussalot 4900 Mn	18 Cu, 48,5 Ag, 20,5 Zn, 8 Mn, 5 Ni	690	35,4	2,7	8,1	4,5	11,6	28	185 (260)*	214 (350)*
LAg 50 Cd	16,7 Cu, 50,2 Ag, 16,9 Cd, 15,9 Zn	650	32	22	36	10,6	35	43	168	168
Weichlot	50 Sn, 50 Pb	250	—	—	—	—	—	—	15	15

* Ausscheidungen

[1] HINNÜBER, J. u. W. HILBES: Werkstattstechn. u. Maschinenbau **41** (1951), S. 413/17.

auftritt. Weichlotverbindungen dürfen nicht temperaturbeansprucht werden; die Möglichkeit von Spannungsrissen im Hartmetall wird dabei aber vermieden[1, 2]. Die Frage des Auftretens von Spannungen und Rissen in Hartmetall war wegen der schwerwiegenden technischen Bedeutung dieses Problems Ziel zahlreicher Untersuchungen[3, 4, 5].

Beim Löten treten durch Diffusion Umsetzungen sowohl zwischen Lot und Stahlschaft als auch zwischen Lot und Hartmetall ein. Dadurch werden die Eigenschaften des Lotes und der Oberfläche der Hartmetallplatte verändert, was durch Mikrohärtemessungen bewiesen werden kann. Durch Ausscheidungsvorgänge kann die Festigkeit der Lötverbindung über die dem Lot eigenen Werte gesteigert werden. Zur Vermeidung der dadurch häufig bedingten Spannungsrisse soll die Lötung möglichst kurzzeitig erfolgen; die ideale Lösung bietet hier die Hochfrequenzlötung (s. S. 396).

Bei größeren und formschwierigen Platten, ferner beim Auflöten der höher TiC+, TaC-haltigen Sorten, empfiehlt sich die Verwendung einer Ausgleichsfolie als Zwischenlage zwischen Platte und Plattensitz (Folien- oder Sandwichlötung). Hierzu eignen sich feinmaschige, verzinkte oder verzinnte Eisendrahtgewebe oder Folien aus Spezialstählen, wie sie im Handel, zum Teil bereits mit Lötmittel versehen, erhältlich sind[6, 7, 8]. Letztere werden insbesondere bei Schlitzlötungen verwendet, bei denen die Platte an den beiden großen Auflageflächen verlötet wird. Die Platte mit Folie muß vor dem Löten in den Schlitz fest schließend hineinpassen. Sind sehr lange und dünne Platten zu löten, wie z. B. bei der Bestückung von Führungsschienen, so sollen die Platten vor dem Löten mit Kupfer überzogen werden, worauf dann mit Zinn gelötet werden kann. Auch Plättchen mit elektrolytisch aufgebrachten und nachträglich angesinterten Nickelschichten werden bei schwieriger Lötung erfolgreich verwendet[9]. Zur Vermeidung von Spannungen wird ferner immer mehr die rückenfreie Lötung angewendet[9–11]. Das Löten erfolgt in *Gasmuffelöfen*, *Elektromuffelöfen*[12]

[1] Beutel, H.: Werkstattstechn. u. Maschinenbau **43** (1953), S. 560/66.

[2] Holzberger, J.: Techn. Mitt. Essen **47** (1954), S. 191/99.

[3] Ballhausen, C. u. G. Vieregge: Werkstatt u. Betrieb **85** (1952), S. 657/63.

[4] Wehser, W.: Z. Wirtsch. Fertigung **53** (1958), S. 230/31.

[5] Lüder, E., H. Fastabend u. E. Franke: Fertigungstechnik **7** (1957), S. 449/52.

[6] Beutel, H.: Werkstatt u. Betrieb **85** (1952), S. 505/13.

[7] Kuzmick, J. F. u. G. B. Goodfellow: Proc. 15th Ann. Meet. Metal Powder Assoc., Detroit 1959, S. 14/21; Carbide Engng. **11** (1959), Nr. 8, S. 11/14.

[8] Anonym: Machinery, London **77** (1950), S. 485/86.

[9] Jellig, W.: Iron Age **171** (1953), Nr. 26, S. 140/42.

[10] Chisholm, D. C.: Machinery **61** (1955), Nr. 5, S. 163/66.

[11] Hudaverdi, R. F.: Am. Machinist **99** (1955), Nr. 2, S. 101/03.

[12] Dawihl, W. u. F. Pawlek: Werkstatt u. Betrieb **84** (1951), S. 41/45.

oder neuerdings in steigendem Maße mit *Hochfrequenzerhitzung*. Große Stückzahlen nicht zu großer Werkzeuge lötet man wirtschaftlich in einem elektrischen *Förderbandofen*; Werkzeuge mit kleineren Schaftquerschnitten als 25 × 25 mm mit *elektrischen Widerstandslötapparaten*, Werkzeuge mit sehr kleinen Schaftquerschnitten mit dem *Schweißbrenner* oder behelfsmäßig im *Schmiedefeuer*. Beim Löten mit dem Schweißbrenner ist darauf zu achten, daß der oxidierende Teil der Flamme die Hartmetallplatte nicht trifft. Man verwendet deshalb einen großen Brenner und erhitzt vom Schaft aus.

Beim behelfsmäßigen Löten im Schmiedefeuer schafft man sich mit einem Eisenrohr, einem Blech oder mit Schamottesteinen eine Art Heizkammer, um eine unmittelbare Einwirkung der Flammen auf die Hartmetallplatte zu vermeiden. In allen Fällen ist in reduzierender Atmosphäre zu löten, d. h. bei Gasfeuerung mit Gasüberschuß, im elektrischen Ofen mit Schutzgas (Wasserstoff, Ammoniak-Spaltgas u. ä.).

Der Lötvorgang ist je nach der vorhandenen Löteinrichtung, der Werkzeugform und den zu lötenden Stückzahlen verschieden. Die am häufigsten angewandte Art des Lötens eines Hartmetall-Schneidwerkzeuges erfolgt folgendermaßen:

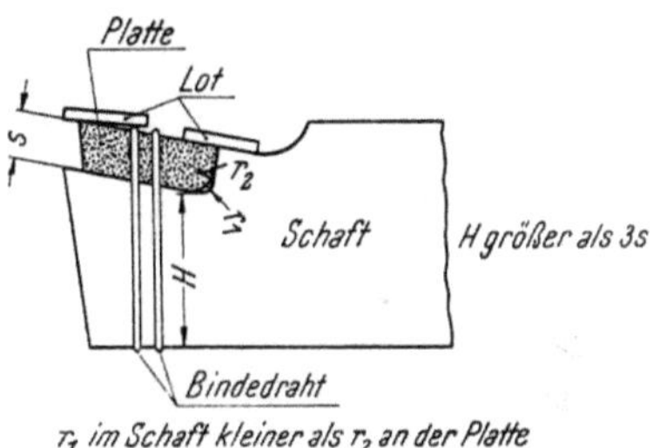

Abb. 173. Lötfertiges Hartmetallwerkzeug

Die lötfertige Platte wird mit Eisendraht oder Chrom-Nickel-Stahldraht auf den Schaft aufgebunden, um ein Abrutschen zu verhüten (Abb. 173). Das Festbinden kann unterbleiben, wenn größere Platten in nahezu waagrechter Lage aufzubringen sind oder wenn die Form des Plattensitzes ein Abrutschen verhindert. Hierauf wird das Lötmittel auf die Platte bzw. über die Lötfuge aufgelegt, Borax aufgestreut und das Werkzeug in den Ofen eingebracht. Es ist günstig, während des Lötens eines Werkzeuges bereits das nächste in der Vorwärmkammer des Ofens vorzuwärmen. Nach der Vorwärmung und zweckmäßig auch während der weiteren Erhitzung wird nochmals Borax mit Hilfe einer dünnen, löffelförmig ausgeschmiedeten Stange auf die Platte gegeben. Das Werkzeug wird so lange im Ofen gelassen, bis man das Lot schmelzen sieht. Nachdem das Lot in die Lötfugen geflossen ist, nimmt man das Werkzeug aus dem Ofen und hält die Platte mit einem *zugespitzten* Stab (eine zu breite Berührungsfläche würde eine plötzliche örtliche Abkühlung und die Gefahr von Rißbildung verursachen) unter leichtem Druck in der gewünschten Lage fest, bis das Lot erstarrt ist. Dann kann mit einer Drahtbürste

Schlacke und Zunder entfernt werden. Hierauf läßt man das Werkzeug in Asche, Holzkohlenstaub, Elektrodenkohle oder an ruhiger Luft langsam erkalten. Plötzliches Abkühlen des Werkzeuges in Wasser ist unbedingt zu vermeiden, da hierdurch Spannungsrisse in der Platte entstehen können.

Abb. 174. Löten von Hartmetallwerkzeugen mittels Hochfrequenzerhitzung (FAGERSTA BRUKS AB, Fagersta)

Eine recht vorteilhafte Art der Lötung wird neuestens mit Hochfrequenzerhitzung durchgeführt. Das Werkzeug wird wie üblich vorbereitet und durch Einführen in eine Hochfrequenzspule oder -schleife lediglich an der erforderlichen Stelle erhitzt[1–2] (Abb. 174). Diese Arbeitsweise hat große Vorteile bei Schaftsmaterialien, z. B. hochfesten Stählen, bei denen eine Erwärmung unerwünscht ist. Beispielsweise werden heute Schrämpicken, Schlagbohrer usw. in großen Serien auf diese Weise hergestellt[3].

Da Mängel in der Lötung sich sehr ungünstig auf das Verhalten des Werkzeuges im Einsatz auswirken können (Rißbildung, Ausbrechen), kommt der zerstörungsfreien Werkstoffprüfung von Hartmetallötverbindungen große Bedeutung zu[4].

Seit Einführung des Hartmetalles war man bemüht, die Lötverbindung der Platten durch mechanische Klemmverbindungen zu ersetzen. Unter Benutzung einfacher, oft durch Strangpressen hergestellter, dreieckiger, quadratischer, rechteckiger und runder Hart-

---

[1] VERNOR, T. A. u. E. F. ADAMS: Steel Proc. **31** (1945), Oktober, S. 652/53; Prod. Engng. **16** (1945), November, S. 71; Ind. Heating **3** (1946), Mai, S. 807, 822; Welding Eng. **31** (1946), März, S. 53.

[2] BAKER, W. u. J. S. KOZACKA: Carbide Cutting Tools. Am. Techn. Soc., Chicago 1949, S. 78/85.

[3] HINNÜBER, J. u. W. HILBES: Werkstattstechn. u. Maschinenbau **41** (1951), S. 413/17.

[4] Anonym: Aircraft Prod. **11** (1949), September, S. 295/97.

metalleinsätze haben Klemmverbindungen z. B. gemäß Abb. 175 größere Verbreitung gefunden[1–8]. Die dabei verwendeten einfachen prismatischen oder zylindrischen Hartmetallplatten (DIN 4968 [1961])

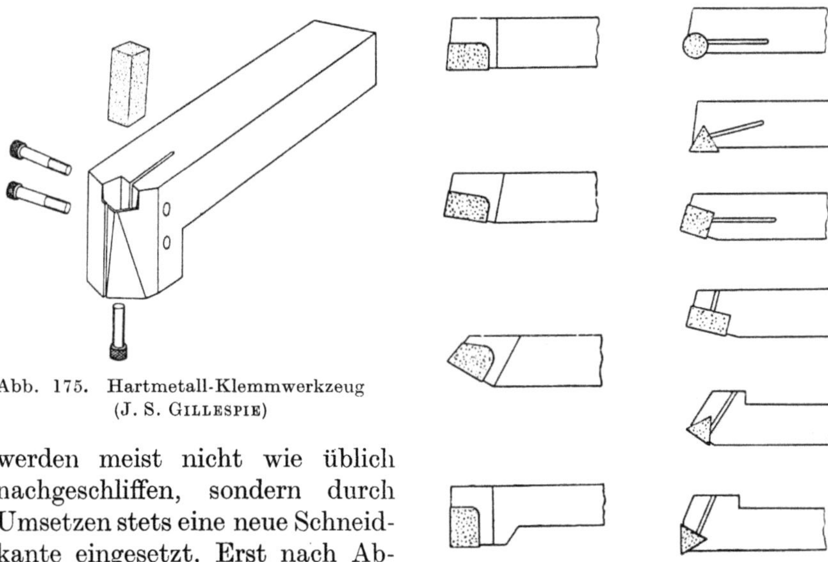

Abb. 175. Hartmetall-Klemmwerkzeug (J. S. GILLESPIE)

Abb. 176. Gegenüberstellung von gelöteten und geklemmten Hartmetalldrehmeißeln (J. S. GILLESPIE)

werden meist nicht wie üblich nachgeschliffen, sondern durch Umsetzen stets eine neue Schneidkante eingesetzt. Erst nach Abnützung aller Kanten wird die Gesamtoberfläche abgeschliffen. In gewissen Fällen ist sogar eine Verschrottung der Platten nach Abnutzung aller Schneidkanten wirtschaftlicher (sog. Umsetz-, Wende- oder Wegwerfplatten).

Wie aus der Gegenüberstellung in Abb. 176 hervorgeht, können viele Typen gelöteter Werkzeuge durch Klemmformen ersetzt oder auch Spezialwerkzeuge konstruiert werden (Abb. 177).

Die fertigen Werkzeuge erhalten am Schaft neben der Firmenbezeichnung insbesondere Angaben über die Hartmetallsorte und

---

[1] GILLESPIE, J. S.: Iron Age **163** (1949), Nr. 19, S. 84/89.

[2] DAWIHL, W. u. E. DINGLINGER: Handbuch der Hartmetallwerkzeuge, Springer-Verlag, Berlin 1953, Bd. I, S. 49/52.

[3] KENNICOTT, W. L.: Mechan. Engng. **75** (1953), S. 387/92; Machine Design **28** (1956), Nr. 6, S. 122/31.

[4] VIEREGGE, G.: Ind.-Org. **24** (1955), S. 29/34; Ind.-Anz., Essen **79** (1957), Nr. 36.

[5] PARKER, L. T. u. M. T. DOUGLASS: Tool. Eng. **38** (1957), Nr. 4, S. 85/88.

[6] KNOTEK, O.: Werkstattstechn. u. Maschinenbau **50** (1960), S. 173/76.

[7] SCHOLZ, W.: Metall **16** (1962), S. 859/64.

[8] HINNÜBER, J. u. W. KINNA: Techn. Mitt. Krupp **19** (1961), S. 130/53; Stahl u. Eisen **82** (1962), S. 31/46.

zwecks Erleichterung der Lagerhaltung auch eine Farbbezeichnung. Diese Farben sind zum Teil durch Normen festgelegt, einige Firmen haben aber auch selbständige Farbbezeichnungen. Die Farbnormung von Hartmetallwerkzeugen ist nach E. HIRSCHFELD[1] willkürlich und keineswegs den Werkstattanforderungen angepaßt. Er schlägt daher nur zwei unterschiedliche Farben (Rot und Blau) für die beiden Hauptgruppen der Hartmetalle für die Bearbeitung kurzspanender Werkstoffe (Guß, Buntmetalle, nichtmetallische Werkstoffe) und langspanender Werkstoffe (Stähle) vor. Innerhalb dieser Gruppen sollen die einzelnen Sorten durch Schattierungen der gleichen Farbe unterschieden werden.

Abb. 177. Kopierdrehstahl mit geklemmter Hartmetallplatte (C. BALLHAUSEN)

Das Entfernen schadhafter Hartmetallplatten vom Schaft erfolgt durch Erhitzen auf Löttemperatur und Loslösen der Platte. Ist ein Erhitzen nicht möglich, dann werden die Werkzeugköpfe in Salpetersäure, Dichte 1,4, etwa eine Stunde auf 60° erwärmt. Die Platten lösen sich im allgemeinen leicht ab. Bei Verwendung alter Werkzeugschäfte ist darauf zu achten, daß wieder eine Hartmetallplatte der gleichen Sorte aufgelötet wird, ansonsten muß Farb- und Sortenbezeichnung geändert werden.

Versuche, aus Hartmetallabfällen durch chemische Behandlung die Karbidpulver rückzugewinnen, führten zu unbefriedigenden Ergebnissen, da man aus diesen, teils oxidierten, Pulvern Hartmetalle erhöhter Porosität erhielt[2, 3]. Hartmetallabfälle sind auch für Verschleißteile vorgeschlagen worden[4].

2. Das Schleifen von Hartmetallwerkzeugen

Dem Schleifen und Nachschleifen von Hartmetallwerkzeugen[5–16] muß wegen der hohen Härte, der verhältnismäßig großen

[1] HIRSCHFELD, E.: Hartmetalle. Schweizer Druck- u. Verlagshaus A.G., Zürich 1949.

[2] RUTKOWSKI. W., B. RAZUMOWSKI u. I. GLINSKA: Prace Inst. Hut. **4** (1952), S. 153/60.

[3] ZACHARZEWSKI, B. u. Ch. LESNIAK: Hutnik, poln. **20** (1953), S. 83/93.

[4] HALLIDAY, W. M.: Metallurgia **30** (1944), S. 296/99.

[5] HINNÜBER, J. u. F. HETTICH: Werkstattsblatt Nr. 62, C. Hanser, München 1949.

Sprödigkeit, der — insbesondere bei hoch titankarbidhaltigen — Sorten[1] geringeren Wärmeleitfähigkeit und der besonderen Bedeutung der Schneidenwinkel viel größere Sorgfalt gewidmet werden als bei Schnellstahl.

Scharfe und schartenfreie Schneiden sind eine Vorbedingung für einen einwandfreien Schnitt und eine gute Standzeit der Hartmetallwerkzeuge. Voraussetzung für die Erzielung einer einwandfreien Schneide sind Spezialschleifscheiben und geeignete Schleifmaschinen. Aus den eingangs erwähnten Gründen empfiehlt es sich, das Nachschleifen von Hartmetallwerkzeugen nicht dem einzelnen Arbeiter zu überlassen, sondern eine zentrale Schleiferei und Prüfstelle einzurichten[2].

Die für Stahlwerkzeuge gebräuchlichen Schleifscheiben aus Korund sind nur zum Abschleifen des überstehenden Schaftmaterials zu verwenden, dürfen aber zum Schleifen von Hartmetallplatten nicht

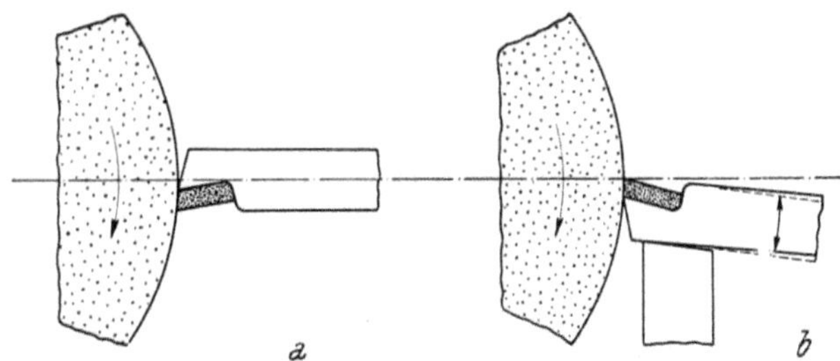

Abb. 178. Falsches (*a*) und richtiges (*b*) Schleifen von Hartmetall-Drehmeißeln

benutzt werden, da sie das Hartmetall nur bei hohem Schleifdruck etwas angreifen, wobei starke Erwärmungen auftreten, die zu Rißbildung in den Platten führen können. Die Hartmetallplatten dürfen

[6] Hinnüber, J. u. W. Hilbes: Werkstattstechn, Maschinenbau **41** (1951), S. 413/17.

[7] Dinglinger, E.: Werkstattstechn, Maschinenbau **40** (1950), S. 33/40.

[8] Odenhausen, H.: Werkstattstechn, Maschinenbau **42** (1952), S. 455/58.

[9] Lennon, F. J.: Am. Machinist **97** (1953), Nr. 4, S. 165/70.

[10] Dawihl, W. u. E. Dinglinger: Handbuch der Hartmetallwerkzeuge. Springer-Verlag, Berlin 1953, Bd. I, S. 68ff.

[11] Holzberger, J.: Techn. Mitt. Essen **47** (1954), S. 191/99.

[12] Allen, A. H.: Metal Progr. **66** (1954), Nr. 6, S. 115/19.

[13] Witthoff, J.: Techn. Mitt. Krupp **12** (1954), S. 115/26.

[14] Saljé, E.: Ind.-Anz., Essen **77** (1955), S. 1421/25.

[15] Witthoff, J.: In: 3. Fokoma, München 1957, S. C7/C9.

[16] Ripple, J. W.: Carbide Engng. **9** (1957), Nr. 9, S. 9/13, Nr. 10, S. 19/22.

[1] Lennon, F. J.: Iron Age **172** (1953), Nr. 25, S. 144/46.

[2] Dinglinger, E.: Werkstattstechn. Maschinenbau **40** (1950), S. 33/40.

nur mit geeigneten Spezialscheiben aus Siliziumkarbid oder mit Diamantkorn enthaltenden Scheiben geschliffen werden[1–5].

Neben den üblichen flachzylindrischen Scheiben, die sich besonders für den Vorschliff eignen —, wobei man immer gegen die Schneide schleift, da das Gegenteil Ausbröckelungen zur Folge hat (Abb. 178) —, empfiehlt sich für den Fertigschliff die Verwendung von Schleiftöpfen oder Schleifringen, da bei diesen fast alle vorkommenden Schleifarbeiten an der ebenen Schleiffläche vorgenommen werden können, ein Hohlschleifen der Freifläche vermieden wird (Abb. 179) und trotz der Scheibenabnützung die Umfangsgeschwindigkeit gleichbleibt.

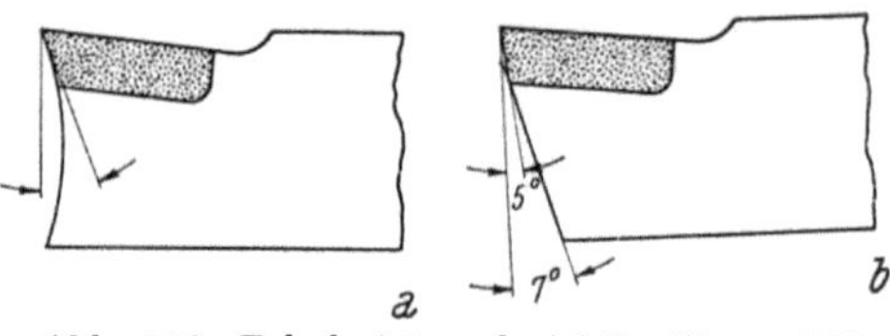

Abb. 179. Falsch (*a*) und richtig (*b*) geschliffene Freifläche von Hartmetallwerkzeugen

Für die Auswahl der für die einzelnen Schleifvorgänge am besten geeigneten Körnung und Härte der Siliziumkarbidscheiben bzw. der organisch- oder metallgebundenen Diamantscheiben — der synthetische Diamant (vgl. Bd. „Hartstoffe“) hat sich dabei gut bewährt[6,7] — geben die Lieferfirmen Richtlinien heraus (Zahlentafel 97).

Die Umfangsgeschwindigkeit der Scheiben bei Handschliff soll etwa 22 bis 25 m/sec betragen. Bei Diamantmetall-Schleifscheiben werden auch höhere Schleifgeschwindigkeiten angewandt.

Die Schleifmaschinen müssen stabil gebaut sein und kräftige und gepflegte Lager aufweisen, um einen ruhigen, schlagfreien Lauf der Scheibe zu gewährleisten. Verstellbare Auflagen erleichtern die Einhaltung der Schneidwinkel[8].

Es kann sowohl naß als auch trocken geschliffen werden, doch ist beim Trockenschleifen mehr Sorgfalt und Zeitaufwand erforderlich, um bei größeren Werkzeugen oder stärkeren Abschliffen Schleifrisse sicher zu vermeiden. Daher ist der Naßschliff im allgemeinen vorzuziehen, während das genaue Fertigschleifen von Formstählen, kleinen Werkzeugen für Revolverdrehbänke und Automaten und

---

[1] Dinglinger, E.: Werkstattstechn, Maschinenbau **42** (1952), S. 50/56.

[2] Dawihl, W.: Werkstatt u. Betrieb **85** (1952), S. 287/90.

[3] Ripple, J. W.: Tool Eng. **36** (1956), Nr. 4, S. 81/82.

[4] Pahlitzsch, G. u. G. Rafflenbeul: Werkstatt u. Betrieb **92** (1959), S. 195/202, **91** (1958), S. 249/57.

[5] Kleinschmidt, B.: Metall **14** (1960), S. 567/69.

[6] Pahlitzsch, G.: Werkstattstechn, Maschinenbau **49** (1959), S. 241/47.

[7] Matthews, M. A. u. N. Leventhal: Machinery **64** (1958), Nr. 8, S. 122/27.

[8] Odenhausen, H.: Werkstattstechn, Maschinenbau **42** (1952), S. 455/58.

Zahlentafel 97. *Arbeitsbedingungen für das Hartmetall-Schleifen*

Arbeitsgänge	Schleifscheibe				
	Korn		Bindung		Form
	Art	Größe	Art	Härte*	
Zurückschleifen des Schaftes unter der Platte	Korund	24 bis 36	keramisch	J–K	Umfang- oder Topfscheibe
Grobschleifen großer neu gelöteter oder stark abgenützter gebrauchter Werkzeuge	Silizium-karbid	36	keramisch	H–J	Umfang-, Topf- oder Segment-scheibe
Feinschleifen kleiner Werkzeuge und Grobschleifen kleiner Werkzeuge	Diamant	D 250 D 150	Metall		Topf-scheibe
	Silizium-karbid	80	keramisch	H–J	Topf-scheibe
Feinschleifen großer Werkzeuge und Fasenanschliff an großen Werkzeugen (s. Abb. 179)	Diamant	D 100 D 70 D 50	Metall oder Kunststoff		Topf-scheibe
	Silizium-karbid	180 220	keramisch	I–L	Topf-scheibe
Feinstschleifen von Werkzeugen für die Bearbeitung von Holz, Kunst- und Faserstoffen sowie von Feinbearbeitungswerkzeugen	Diamant	D 30 D 15 D 7	Kunststoff		Topf-scheibe
Einschleifen von Spanformstufen	Diamant	D 150 D 100	Metall		Topf- oder Umfang-scheibe
	Silizium-karbid	180 220	keramisch	J–K	Teller-scheiben
Abziehen und Brechen der Schneidkante (s. Abb. 181)	Diamant	D 100 D 50 D 70 D 50 D 15	Metall Kunststoff		Diamant-feilen, Diamant-handläpper
	Silizium-karbid	400 220	keramisch	K	

* Bei maschinellem Schleifen sollen um 1 bis 2 Härtegrade weichere Scheiben verwendet werden.

das Einschleifen der Spanstufe leichter trocken geschieht[1]. Beim Naßschliff sorge man für reichliche Zufuhr von klarem, temperiertem Wasser, das zweckmäßig etwas Rostschutzmittel zum Schutz der Maschinenteile enthält. Der Zufluß des Wassers soll gleichmäßig und unter geringem Druck erfolgen, um eine stetige Kühlung zu erreichen und ein Spritzen zu verhindern. Beim Trockenschliff ist ein Abkühlen der erwärmten Hartmetallschneiden mit Wasser unbedingt zu verhindern.

Zwecks Einsparung von Diamant ist mehrfach der Feinschliff von Hartmetallwerkzeugen auf Siliziumkarbidbändern empfohlen worden[2, 3]. Beim Schleifen empfindlicher Hartmetallsorten ist die Kühlung mit Kohlendioxid mit Erfolg angewendet worden[4–7]. Aber auch das Schleifen bei erhöhter Temperatur wurde empfohlen[8].

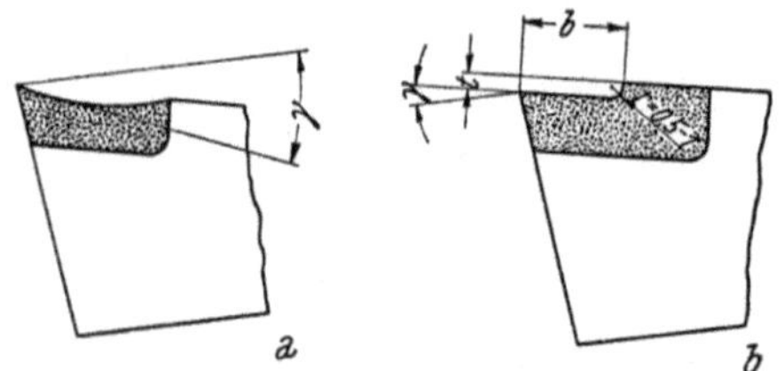

Abb. 180. Falsches (*a*) und richtiges (*b*) Schleifen einer Spanstufe

Beim Einschleifen der Spanstufe[9] muß darauf geachtet werden, daß der Spanwinkel infolge von Hohlschliff nicht zu groß wird (Abb. 180).

Der Zweck des Schleifens ist das Schärfen der Schneide und der Anschliff der vorher für das betreffende Werkzeug festgelegten Schnittwinkel. Die Winkel am Werkzeug, insbesondere Spanwinkel, Freiwinkel und Neigungswinkel, müssen daher während und nach Beendigung des Schleifprozesses mit Hilfe eigener Winkelschablonen überprüft werden. Von der Schartenfreiheit des Werkzeuges überzeugt man sich durch Überprüfung mit einer Lupe oder einem Mikroskop. Insbesondere beim Nachschliff von Werkzeugen ist auf die Einhaltung der festgelegten Schneidenwinkel zu achten.

Bevor das Werkzeug in Verwendung genommen wird, oder auch bei schwach stumpf gewordenen Messern, zieht man die Schneide mit feinkörnigen Siliziumkarbid-Läppsteinen, noch besser mit einem Diamantmetall-Handläpper ab. Man soll dabei gegen die Schneide

---

[1] RIPPLE, J.: Machinist **99** (1955), S. 134/00; Carbide Engng. **9** (1957), Nr. 9, S. 9/13, Nr. 10, S. 19/22.

[2] LENNON, F. J.: Machinist **98** (1954), 1. Februar, S. 104/07.

[3] BACHNER, G. L.: Precision Metal Molding **11** (1953), Nr. 2, S. 58/59.

[4] CHAMBERS, T. N. u. J. KWOLEK: Machinist **97** (1953), 16. Februar, S. 172/75; Iron Age **170** (1952), Nr. 7, S. 124/25.

[5] ALBRECHT, A. B.: Machinist **97** (1953), S. 128.

[6] WELCH, J. C.: Tooling and Production **18** (1953), Nr. 11, S. 35/36, 158.

[7] BAUMGART, G.: Werkstatt u. Betrieb **88** (1955), S. 233/24.

[8] ZMIHORSKI, E.: Machinery **93** (1958), S. 1186/88; **65** (1959), Nr. 7, S. 118/20.

[9] SCHATZ, A.: Werkstattstechn, Maschinenbau **47** (1957), S. 216/19.

abziehen (Abb. 181a, b). Für Schrupparbeiten empfiehlt es sich, die Schneidenkante mit einem Handläpper schwach zu brechen. Man erhält dadurch eine kleine Fläche mit negativem Spanwinkel,

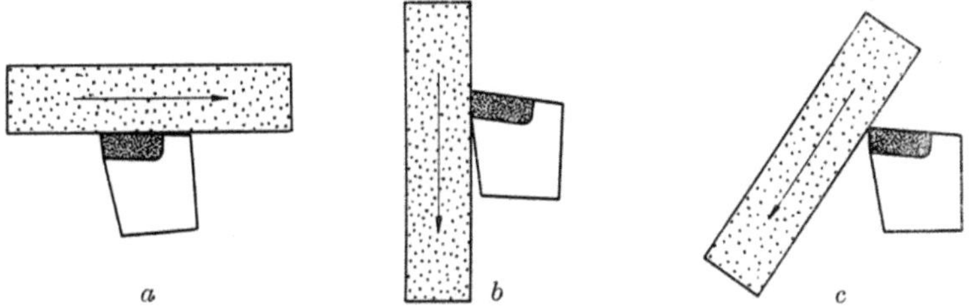

Abb. 181. Abziehen bzw. Brechen einer Hartmetall-Schneidenkante mittels Handabziehstein

wodurch die Empfindlichkeit der Schneide gegen Ausbrechen vermindert wird (Abb. 181c).

a) Elektrolytisches Schleifen

Bereits 1924 wurde von M. Pirani und K. Schröter[1] die Herstellung von Bohrungen in Hartmetall durch elektrolytische Abtragung beschrieben, eine Technik, die noch heute zur Herstellung von Bohrungen in Diamantziehsteinen vielfach angewendet wird. 1929 erhielt W. Guseff[2] ein Schutzrecht auf ein Verfahren, bei dem die anodische Abtragung in einem Elektrolyten gleichzeitig durch eine rotierende, als Kathode geschaltete Schleifscheibe beschleunigt wird. Diese Art des elektrolytischen Schleifens von Hartmetall ist besonders in Rußland weiterentwickelt worden[3, 4]. Zwecks Einsparung von Diamanten ist von L. H. Metzger und G. Keeleric[5, 6] ebenfalls ein elektrolytisches Schleifverfahren unter Benutzung von Diamantscheiben ausgearbeitet worden. Auf das sehr umfangreiche Schrifttum allgemeiner und spezieller Art kann hier nur hingewiesen werden[7–22].

---

[1] Pirani, M. u. K. Schröter: Z. Metallkunde **16** (1924), S. 132/33.

[2] Guseff, W.: E.P. 335003 (1929).

[3] Kolker, R. M.: Stanki i Instr. **20** (1949), Nr. 5, S. 17/19.

[4] Korschunov, B. S. u. S. P. Moguzova: Schleifen und Bearbeiten von Hartmetallwerkzeugen. Moskau 1951.

[5] Metzger, L. H.: Iron Age **169** (1952), Nr. 10, S. 203/07.

[6] Metzger, L. H. u. G. Keeleric: Machinist **96** (1952), Nr. 23, S. 154/58.

[7] Thibault, N. W. u. B. H. Anderson: Iron Age **170** (1952), Nr. 20, S. 162/65; Metal Progr. **64** (1953), Nr. 2, S. 161/66.

[8] Allen, A. H.: Metal Progr. **62** (1952), Nr. 2, S. 87/89, 142; **66** (1954), Nr. 6, S. 115/19.

[9] Weber, I.: Iron Age **169** (1952), Nr. 22, S. 88/90.

[10] Grodzinski, P.: Metallurgia **47** (1953), S. 34/38.

[11] Adcock, J. L.: Machinery **83** (1953), S. 355/59.

b) Schleifen durch Elektro-Erosion

Um einerseits Diamanten einzusparen und um andererseits Hartmetall rascher und schonender zu schleifen, hat man auch die elektro-erosive Abtragung (s. S. 406) zum Schleifen von Hartmetallschneiden, zum Einschleifen von Spanstufen und zum Schärfen von Bergbau-Werkzeugen herangezogen. Es werden dazu ähnliche Maschinen benützt wie zum Bohren von Hartmetall. Die Abtragung muß allerdings so erfolgen, daß eine entsprechend hohe Oberflächengüte in möglichst kurzer Zeit erzielt wird. Umfangreiche Arbeiten zu diesem Thema stammen aus Rußland[1–10], aber auch in Amerika und England findet das Verfahren immer mehr Verbreitung[11–13]. Das elektro-erosive Schleifen dürfte nach den bisherigen Erfahrungen außer den genannten technischen Vorzügen, auch beträchtliche wirtschaftliche Vorteile haben.

---

[12] MUELLER, J. A.: Machinist **97** (1953), 28. September, S. 122/25.

[13] STOREY, O. W.: J. Electrochem. Soc. **100** (1953), S. 125C/26C.

[14] LENNON, F. J.: Tooling and Production **18** (1953), Nr. 11, S. 38/39, 84, 88, 92.

[15] KOSCHOLKE, G.: Werkstattstechn, Maschinenbau **45** (1955), S. 562/63.

[16] UHLIR, A.: Rev. Sci. Instruments **26** (1955), S. 965/68.

[17] KIPS, P.: Ind.-Anz. **83** (1961), S. 439/46.

[18] MATSUYAMA, Y. u. T. FUKATSU: In: W. LESZYNSKI, Powder Metallurgy Intersci. Publ., New York 1961, S. 683/700.

[19] TANAKA, Y. u. N. IKAWA: Technol. Rep. Osaka Univ. **10** (1960), S. 119/28.

[20] REINHART, H. u. W. GRÜNWALD: Werkstatt u. Betrieb **95** (1962), S. 212/18.

[21] UNTERBUSCH, F. W.: Werkstatt u. Betrieb **95** (1962), S. 539/42.

[22] PAHLITZSCH, G. u. K. H. MARTEN: Werkstattstechnik **54** (1964), S. 149/56.

[1] REKSCHINSKAJA, T. P.: Automobil. Prom. (1946), Nr. 5/6, S. 12/15.

[2] ZOLOTYK, B. N.: Stanki i Instr. **18** (1947), Nr. 3, S. 23/24.

[3] NOSKOV, S. E.: Stanki i Instr. **19** (1948), Nr. 10, S. 20/22.

[4] POPILOV, L. J.: Zavod. Labor **14** (1948), Nr. 3, S. 358/61.

[5] ULITINSKI, E. J.: Vestn. Maschinostroj. **29** (1949), Nr. 3, S. 47/55.

[6] MURAVTSCHIK, L. V.: Gorny Zur. (1949), Nr. 5, S. 25/27.

[7] ULITIN, M. N.: Stanki i Instr. **21** (1950), Nr. 10, S. 3/6.

[8] ARCHAROV, V. I., Z. P. KISCHIGINA u. A. A. SPIRIDONOV: Dokl. Akad. Nauk SSSR **78** (1951), S. 673/76.

[9] TSCHEREPANOV, F. F.: Stanki i Instr. **23** (1952), Nr. 4, S. 31/32.

[10] GORBUNOV, B. M.: Vestn. Maschinostroj **33** (1953), Nr. 7, S. 67/70.

[11] ASHBURN, A.: Machinist **98** (1954), S. 1005/07.

[12] ALLEN, A. H.: Metal Progr. **62** (1952), Nr. 2, S. 87/89, 142; **66** (1954), Nr. 6, S. 115/19.

[13] GRODZINSKI, P.: Metallurgia, Manchester **47** (1953), S. 34/38.

3. Bearbeitung von Hartmetall

a) Zerspanung

Die Bearbeitung von Hartmetallen war bis vor einigen Jahren nur durch Schleifen mit Siliziumkarbid- und Diamantscheiben üblich (s. S. 398). In Sonderfällen (z. B. Geschoßkerne, große Rohrzugmatrizen und Ziehsteine) hat man auch das Drehen mit *Volldiamantwerkzeugen* erfolgreich ausgeführt.

Mit *Hartmetallwerkzeugen* können spangebend nur solche Hartmetallsorten bearbeitet werden, welche einen verhältnismäßig hohen Anteil an Binder haben. Es gelingt also WC-Co-Sorten mit 20 bis 40% Co mit einer feinkörnigen WC-Co-Legierung mit 3 bis 6% Co unter Anwendung von negativen Spanwinkeln von -5 bis $-10°$ und Schnittgeschwindigkeiten von 5 bis 20 m/Min. zu bearbeiten[1–4]. Sonderhartmetalle mit Stahlbinder (Ferro-TiC, vgl. S. 225), welche besonders im Werkzeugbau angewendet werden, lassen sich dagegen leichter zerspanen[5, 6].
Auf die Bearbeitung von Formkörpern, insbesonders Turbinenschaufeln aus hochbindemetallhaltigem Hartmetall auf TiC-Basis hat auch K. Pfaffinger[3] hingewiesen.

b) Bearbeitung durch Elektro-Erosion

Seit einigen Jahren hat man zur Herstellung von Bohrungen, Gewinden, Gravuren usw. in Hartmetallen und in harten metallischen Werkstoffen auch die sogenannte elektro-erosive Abtragung herangezogen. Das Prinzip dieses Verfahrens beruht darauf, daß man den harten Werkstoff mit Hilfe intermittierender Funkenentladungen in Form kleinster Partikelchen abträgt. Praktisch arbeitet man so, daß man unter einem Ölbad zwischen Hartmetallwerkstück und Elektrode (Werkstoff: Eisen, Kupfer, Messing, Wolfram oder W-Cu-Verbundmetalle), die in der Form der gewünschten Bohrung angepaßt sind, intermittierende Funken — gesteuert durch Kippschwingungen eines Kondensatorkreises — erzeugt.

Unter der Einwirkung des Lichtbogens findet eine allmähliche Abtragung des Hartmetalles und auch der Elektrode statt. Diese

---

[1] Anonym: Werkstattstechn. u. Maschinenbau **41** (1951), S. 421.

[2] Dawihl, W. u. E. Dinglinger: Handbuch der Hartmetallwerkzeuge, Springer-Verlag, Berlin 1953, Bd. I, S. 151.

[3] Pfaffinger, K.: Planseeber. Pulvermetallurgie **3** (1955), S. 17/33.

[4] Dauncey, G. B. u. R. S. Young: Ind. Diamond Rev. **12** (1952), S. 161/64.

[5] Ellis, J. L., E. Gregory u. M. Epner: Proc. 16 Meeting Met. Powder Assoc., New York 1960, S. 75/88.

[6] Altenwert, F.: Werkstattstechnik **53** (1963), S. 375/79.

muß also stets erneuert werden. Das Verfahren, welches gewisse Ähnlichkeit mit dem Lichtbogen-Bohrverfahren für Diamanten hat, wurde in Rußland sehr eingehend untersucht und sind zahlreiche Maschinen für die Praxis entwickelt worden[1–13]. Im Westen wird das Verfahren unter dem Namen Method-X[14–17], Sparcatron[18–20], Erodomatic[21], Elbo[22], Elox[23], Elektra[24, 25], Agiethron[26], Abaco[27] usw. mit

---

[1] LAZARENKO, B. R. u. N. I. LAZARENKO: Stanki i Instr. **17** (1946), Nr. 12, S. 8/11; **18** (1947), Nr. 2, S. 4/8.

[2] VASILEV, D. T.: Stanki i Instr. **18** (1947), Nr. 3, S. 1/8; Nr. 5, S. 1/5.

[3] MANDELSTAM, S. L. u. S. M. RAISKI: Izv. Akad. Nauk SSSR, Fiz. **13** (1949), S. 549/65.

[4] KONCZ, I.: Gep. (ung.) **1** (1949), S. 388/411.

[5] BELJAEV, G. S.: Stanki i Instr. **20** (1949), Nr. 12, S. 11/12.

[6] SCHCEPETOV, V. N.: Elektritsch. (1950), Nr. 6, S. 26/30.

[7] KURTSCHENKO, V. I.: Stanki i Instr. **22** (1951), Nr. 6, S. 34.

[8] NEVEZKIN, V. K.: Elektritsch. (1951), Nr. 11, S. 62/70.

[9] BULKIN, I. S.: Vestn. Maschinostroj. **32** (1952), Nr. 11, S. 44/49.

[10] ZOLOTYK, B. N.: Physik. Grundlagen der Elektrofunkenbearbeitung von Metallen, Moskau 1953.

[11] STÜHMKE, H.: Fertigungstechnik **3** (1953), S. 7/10.

[12] VOLODIN, E. A. u. L. A. KOVSCHAROVA: Vestn. Maschinostroj. **34** (1954), Nr. 12, S. 56/57.

[13] LEWINSON, J. M., B. G. GUTKIN, A. P. DJATSCHENKO u. J. I. WLADIMIROW: Herstellung von Hohlräumen und Öffnungen in Metallen mit Hilfe des Elektrofunkenverfahrens. Verlag Technik, Berlin 1954.

[14] JUDKINS, M. F. u. D. F. DICKEY: Iron Age **168** (1951), Nr. 4, S. 65/67; Proc. 8th Ann. Meet. Metal Powder Assoc., Chicago 1952, S. 53/58.

[15] ROLLER, J. S.: Iron Steel Eng. **28** (1951), Nr. 10, S. 133/35; Machinery, New York **58** (1951), November, S. 180/81; Precision Metal Molding **10** (1952), Nr. 3, S. 47/50.

[16] PORTERFIELD, P.: Steel Processing **40** (1954), Nr. 7, S. 443/46.

[17] ALDEN, C. R.: Mechan. Engng. **75** (1953), S. 701/05.

[18] SEED, M. G.: Machinist **96** (1952), S. 977/81.

[19] RUDORFF, D. W.: Elektrotechn. Z. **5** (1953), S. 195/97; Inst. Mech. Eng. Adv. Copy (1957).

[20] Anonym: Machinery **85** (1954), S. 488/92.

[21] ADCOCK, J. L.: Machinery **83** (1953), S. 355/59; Machinist **97** (1953), S. 1197/1202.

[22] BALLHAUSEN, C.: Werkstattstechn, Maschinenbau **43** (1953), S. 236/42; **45** (1954), S. 557/61.

[23] HARDING, H. V. u. V. E. MATULAITIS: Machinist **96** (1952), S. 136/40; S. 514/19; Tool Eng. **36** (1956), Nr. 4, S. 97/100.

[24] Anonym: Microtecnic **9** (1955), S. 267/71.

[25] BRUMA, M.: Schweiz. Arch. Angew. Wiss. Techn. **22** (1956), S. 18/22.

[26] ULLMANN, W.: Schweiz. Arch. Angew. Wiss. Techn. **22** (1956), S. 23/28; Werkstatt u. Betrieb **89** (1956), S. 82/84, 621/23.

[27] STOCKER, W. M. u. R. DECAT: Amer. Machinist **100** (1956), Nr. 9, S. 113/18. S. 113/18.

Erfolg ausgeübt. Einen Gesamtüberblick über den neuesten Stand geben O. RÜDIGER und A. WINKELMANN[1].

Inwieweit das elektro-erosive Bohren sich in der Hartmetalltechnik für die Herstellung von Preßmatrizen, Ziehmatrizen, Gesenken, Schnitten usw. einführen wird, ist noch nicht klar abzusehen. Insbesondere wenn hohe Toleranzen und besondere Oberflächengüte erforderlich sind, scheint eine Kombination mit klassischen Schleif- und Polierverfahren, zumindest in den Endstufen, von Vorteil zu sein. Die derzeitige technische Bedeutung entspricht noch nicht der intensiven Propaganda und dem umfangreichen Schrifttum zu dieser neuen Verfahrenstechnik[2–17]. Das elektro-erosive Formschleifen von Hartmetallwerkzeugen (s. S. 404) dürfte größere Zukunftsaussichten haben als das Bohren.

c) Bearbeitung mit Hilfe von Ultraschall

Das Verfahren wird nicht nur für Hartmetalle, sondern auch für nichtleitende harte Stoffe wie Keramik, Sintertonerde, Hartgläser, Quarz usw. empfohlen. Es beruht darauf, daß ein mit hoher Frequenz schwingendes Werkzeug unter Zusatz pulverförmiger Schleifmittel, z. B. Borkarbid, eine Bohrung durch mechanische Einwirkung erzeugt (Cavitron-Verfahren). Das Ultraschallbohren dürfte den

---

[1] RÜDIGER, O. u. A. WINKELMANN: Metall **12** (1958), S. 366/80.

[2] BALLHAUSEN, C.: Stahl u. Eisen **71** (1951), S. 1114/15; Techn. Mitt. Essen **47** (1954), S. 199/200.

[3] ALLEN, A. H.: Metal Progress **62** (1952), Nr. 2, S. 87/89, 142; **66** (1954), Nr. 6, S. 115/19.

[4] WILLIAMS, E. M.: Electrical Engng. **71** (1952), S. 257/60; Trans. Amer. Inst. Electrical Eng. **71** (1952), S. 105/08.

[5] GRODZINSKI, P.: Metallurgia **74** (1953), S. 34/38.

[6] HINNÜBER, J. u. O. RÜDIGER: Werkstatt u. Betrieb **87** (1954), S. 53/57; Techn. Mitt. Krupp **12** (1954), S. 107/13.

[7] BALDAUF, K. E.: Draht **5** (1954), S. 421/25.

[8] AXER, H.: Werkstattstechn, Maschinenbau **45** (1954), S. 554/56.

[9] PALME, R. u. H. WAGNER: Metall **9** (1955), S. 752.

[10] WEISER, G. L.: Metalworking Prod. (1955), S. 2123/24; Machinist **99** (1955), Nr. 21, S. 148/50.

[11] HEIDENREICH, R.: Werkstatt u. Betrieb **88** (1955), S. 1/3.

[12] OPITZ, H.: Schweiz. Arch. Angew. Wiss. Techn. **22** (1956), S. 41/47.

[13] FEFER, G.: Schweiz. Arch. Angew. Wiss. Techn. **22** (1956), S. 48/49.

[14] CICI, N. P.: Machinery **89** (1956), S. 673/77.

[15] Elektroerosive Bearbeitung. 11. Forschungsber. Techn. Hochsch. Aachen, Girardet, Essen 1958.

[16] BARTLETT, B. M.: Proc. 17th Ann. Meet., Metal Powder Ind. Fed., Cleveland 1961, S. 96/107.

[17] ARTAMANOV, A. J. u. E. L. SCHVEDKOV: Poroschkovaja Met. (1963), Nr. 1, S. 79/82.

Vorteil der höheren Maßgenauigkeit haben und soll dabei ebenso rasch arbeiten, wie das Elektro-Erosionsverfahren, mit dem es auch in Kombination verwendet wird. Auf das umfangreiche Schrifttum kann hier nur verwiesen werden[1–18].

C. Der Einsatz von Hartmetallwerkzeugen für Zerspanungszwecke

Über den Einsatz und die Behandlung von Hartmetallwerkzeugen aller Art für Zerspanungszwecke besteht seit deren Einführung in die Werkstattspraxis ein fast unübersehbares Schrifttum. Von einer eingehenden Behandlung dieser Fragen sei hier abgesehen, sie würde im Rahmen dieses Buches zu weit führen. Es sei lediglich auf das ebenfalls sehr umfangreiche Buchschrifttum verwiesen[19–50].

---

[1] COHAN, A.: J. Metals **3** (1951), S. 216/17.

[2] KELLEY, S. G.: Materials and Methods **34** (1951), Nr. 3, S. 92/94.

[3] KURIS, A.: Machinery, New York, **57** (1961), Nr. 10, S. 175/76.

[4] MASON, W. P. u. R. F. WICK: J. Acoust. Soc. Amer. **23** (1951), S. 209.

[5] GROAT, G. H.: Machinist **96** (1952), Nr. 19, S. 141/44.

[6] ALLEN, A. H.: Metal Progr. **62** (1952), Nr. 2, S. 87/89, 142; **66** (1954), Nr. 6, S. 115/19.

[7] GRODZINSKI, P.: Metallurgia, Manchester **47** (1953), S. 34/38.

[8] NEPPIRAS, E. A.: J. Sci. Instruments **30** (1953), S. 72/74.

[9] CLARK, N. u. J. P. ALOISIO: Tool Eng. **32** (1954), Nr. 4, S. 77/80.

[10] PISAREVSKI, M. M.: Stanki i Instr. **25** (1954), Nr. 5, S. 16/20.

[11] GOETZE, D.: Trans. Inst. Radio Engng. PGUE-2, November 1954, S. 19/22.

[12] SPIZIG, S.: Werkstattstechn, Maschinenbau **45** (1955), S. 15/18.

[13] BALLHAUSEN, C.: Werkstattstechn, Maschinenbau **45** (1955), S. 557/61.

[14] MOSCHELLA, R.: Steel Processing **41** (1955), Juni, S. 378/81.

[15] METELKIN, I. V., V. E. POPOV, V. I. NIKOLSKI, V. V. METELKIN u. A. A. MUKASEV: Stanki i Instr. **27** (1956), Nr. 2, S. 16/19.

[16] HARTLEY, M. S.: Electronics **29** (1956), Nr. 1, S. 132/35.

[17] MARSHALL, N. K.: Ind. Diamond Rev. **18** (1958), S. 17/19.

[18] HASSIN, I. M.: Stanki i Instr. (1962), Nr. 6, S. 24/25.

[19] BECKER, K.: Hochschmelzende Hartstoffe und ihre technische Anwendung. Verlag Chemie, Berlin 1933.

[20] AWF.: Hartmetallwerkzeug, Behandlung und Verwendung. 2. Aufl., Beuth-Verlag, Berlin 1935.

[21] BECKER, K.: Hartmetallwerkzeug, Wirkungsweise, Behandlung, Konstruktion und Anwendung. Verlag Chemie, Berlin 1935; s. a. K. BECKER: Schrifttum über Hartmetallwerkzeuge, Maschinenbau, Betrieb **15** (1936), S. 25/26.

[22] LEIER, F. W.: Hartmetalle in der Werkstatt. Springer-Verlag, Berlin 1937.

[23] LEYENSETTER, W.: Grundlagen und Prüfverfahren der Zerspanung, im besonderen des Drehens. RKW.-Veröffentl. Nr. 114, G. B. Teubner, Leipzig 1938.

[24] FEHSE, A.: Hartmetallwerkzeuge, Bearbeitung von Metallen und Isolierstoffen. Herausg. AWF., G. B. Teubner, Leipzig 1939.

[25] Anonym: Negative Rake Milling, Machinery Publ., Brighton 1945.

[26] COLVIN, F. H. u. F. A. STANLEY: Turning and Boring Practice. McGraw-Hill, New York 1948.

[27] WOODCOCK, F. L.: Design of Metal Cutting Tools. McGraw Hill, New York 1948.

[28] Anonym: Metal-Cutting Tool Handbook. Metal Cutting Tool Inst., New York 1949.

[29] BAKER, W. u. J. S. KOZACKA: Carbide Cutting Tools, How to Make and Use Them. Am. Techn. Soc., Chicago 1949.

[30] HIRSCHFELD, E.: Hartmetalle. Schweizer Druck- u. Verlagshaus A.G., Zürich 1949.

[31] KIEFFER, R. u. F. KÖLBL: Hartmetalle, Hartmetallwerkzeuge und ihre Verwendung. Österr. Gewerbe-Verlag, Wien 1949.

[32] KREKELER, K.: Die Zerspanbarkeit der Werkstoffe. 3. Aufl., Springer-Verlag, Berlin 1949.

[33] LANG, M.: Prüfen der Zerspanbarkeit durch Messung der Schnittemperratur. C. Hanser, München 1949.

[34] MERCHANT, M. E. u. H. ERNST: Principes of Metal Cutting and Machinability. McGraw-Hill, New York 1949.

[35] SHUTE, D. H.: Cemented-Carbide Tools. Machinery Publ., London 1949.

[36] AM. SOC. MET.: Machining-Theory and Practice. Cleveland 1950.

[37] BRÖDNER, E.: Zerspanung und Werkstoff. 2. Aufl., W. Girardet, Essen 1950.

[38] PAWLOWITZ, K.: Hartmetall-Dreh- und Bohrwerkzeuge. Österr. Gewerbe-Verlag, Wien 1950.

[39] PÜTZ, F.: Werkzeug-Handbuch über Schneidwerkzeuge für die Metallbearbeitung. C. Hanser, München 1950.

[40] SCHALLBROCH, H. u. H. BETHMANN: Kurzprüfverfahren der Zerspanbarkeit. B. G. Teubner, Leipzig 1950.

[41] CHISHOLM, A. J., J. M. LICKLEY u. J. P. BROWN: The Action of Cutting Tools. Machinery Publ., London 1951.

[42] KREKELER, K.: Die Zerspanbarkeit der metallischen und nichtmetallischen Werkstoffe. Springer-Verlag, Berlin 1951.

[43] AGTE, C. u. M. PETRDLIK: Hartmetalle, Verlag Prace, Prag 1951.

[44] WALTER, MONTANWERKE: Fräsen mit Hartmetallwerkzeugen. 7. Aufl., Tübingen 1952.

[45] DAWIHL, W. u. E. DINGLINGER: Handbuch der Hartmetallwerkzeuge, Bd. I, II, Springer-Verlag, Berlin 1953 und 1956.

[46] OPITZ, H.: Fortschrittliche Fertigung und moderne Werkzeugmaschinen. W. Girardet, Essen 1954.

[47] SEMENTSCHENKO, I. I.: Neue Zerspanungswerkzeuge. Schnellzerspanung mit Hartmetall, Verlag Technik, Berlin 1954.

[48] AM. SOC. TOOL. ENGRS.: Metal Cutting Bibliography 1943–1956, Detroit 1960.

[49] WITTHOFF, J.: Die Hartmetallwerkzeuge in der spanabhebenden Formgebung. Hanser Verlag, München 1961.

[50] WILSON, F. W. Ed.: Machining with Carbides and Oxides, McGraw-Hill, New York 1962.

Zahlentafel 98. *Unterteilung und Bezeichnung der Hartmetall-Zerspanungs-Hauptgruppen und Anwendungsgruppen nach ISO TC 29.*

Zerspanungs-Hauptgruppe Kennfarbe Werkstoffe	Zerspanungs-Anwendungsgruppe	Kennzeichnende Merkmale	Unterteilung der Werkstoffe	Arbeitsbedingungen
P Blau Stahl, Stahlguß, langspanender Temperguß	P 01	Zunehmende Zähigkeit (↓ P 10 – P 40); Zunehmende Verschleißfestigkeit und Härte bzw. Schnittgeschwindigkeit (↑ P 40 – P 01)	Stahl, Stahlguß	Feindrehen und Feinbohren; hohe Schnittgeschwindigkeiten, kleine Spanquerschnitte, hohe Maßgenauigkeit u. Oberflächengüte, schwingungsfreies Arbeiten.
	P 10		Stahl, Stahlguß	Drehen, Kopierdrehen, Gewindeherstellung, auch Fräsen; hohe Schnittgeschwindigkeiten, kleine bis mittlere Spanquerschnitte.
	P 20		Stahl, Stahlguß, langspanender Temperguß	Drehen, Kopierdrehen, Fräsen; mittlere Schnittgeschwindigkeiten, mittlere Spanquerschnitte, Hobeln, bei kleinen Spanquerschnitten.
	P 30		Stahl, Stahlguß, langspanender Temperguß	Drehen, Fräsen, Hobeln; mittlere bis niedrige Schnittgeschwindigkeiten, mittlere bis große Spanquerschnitte; auch unter weniger günstigen Bedingungen*.
	P 40		Stahl, Stahlguß (mit Sandeinschlüssen und Lunkern)	Drehen, Hobeln, Stoßen; niedrige Schnittgeschwindigkeiten, große Spanquerschnitte, große Spanwinkel möglich; unter ungünstigen Bedingungen*, zum Teil für Automatenarbeiten.
	P 50		Stahl, Stahlguß mittlerer oder niedriger Festigkeit und mit Sandeinschlüssen und Lunkern	Bei höchsten Anforderungen an die Zähigkeit des Hartmetalls; Drehen, Hobeln, Stoßen; niedrige Schnittgeschwindigkeiten, große Spanquerschnitte, große Spanwinkel möglich; unter ungünstigen Bedingungen*, Automatenarbeiten.

Fortsetzung der Zahlentafel 98.

Zerspanungs-Hauptgruppe Kennfarbe Werkstoffe	Zer-spanungs-Anwen-dungs-gruppe	Kenn-zeich-nende Merkmale		Unterteilung der Werkstoffe	Arbeitsbedingungen
M Gelb Stahl, Stahlguß, Mangan-hartstahl, legierter Grauguß, austenitische Stähle, Temperguß, sphärolitischer Grauguß, Automatenstahl	M 10	↓ Zunehmende Zähigkeit	↑ Zunehmende Verschleißfestigkeit und Härte bzw. Schnittgeschwindigkeit	Stahl, Stahlguß Manganhartstahl, Grauguß, legierter Grauguß	Drehen; mittlere bis hohe Schnittgeschwindigkeiten, kleine bis mittlere Spanquerschnitte.
	M 20			Stahl, Stahlguß, austenitische Stähle, Manganhartstahl, Grauguß	Drehen, Fräsen; mittlere Schnittgeschwindigkeiten, mittlere Spanquerschnitte.
	M 30			Stahl, Stahlguß, austenitische Stähle, Grauguß, hochwarmfeste Legierungen	Drehen, Fräsen, Hobeln; mittlere Schnittgeschwindigkeiten, mittlere bis große Spanquerschnitte.
	M 40			Automatenweichstahl, Stähle niedrigerer Festigkeit, Leicht- und Buntmetalle	Drehen, Formdrehen, Abstechen; vornehmlich auf Automaten.

Die Fortschritte in der Hartmetall-Zerspanungsforschung und bei der Legierungsentwicklung, die zur Einführung neuer Sorten auf WC-TiC-TaC(NbC)-Co-Basis geführt haben, ließen es nach dem zweiten Weltkrieg zweckmäßig erscheinen, die bis dahin geltende Unterteilung der Hartmetallsorten nach DIN 4990 (Mai 1942) in S-, G- und H-Sorten (diese Bezeichnungen wurden noch an vielen Stellen des Buches benutzt) durch ein neues System zu ersetzen. Zunächst empfahl der Ausschuß für wirtschaftliche Fertigung (AWF) für Sorten zur Stahlbearbeitung die Bezeichnung L (langspanend), für Gußeisen und Nichteisenmetalle die Bezeichnung K (kurzspanend). Diese Bezeichnung fand nur in der Literatur Anwendung. Die neue, sogenannte ISO-Ordnung für Hartmetalle der Zerspanung, wurde auf internationaler Basis ausgearbeitet und in der Empfehlung TC 29 veröffentlicht[1–4]. Sie hat heute weitgehende Einführung bei Hartmetall-

[1] Rauhut, H. U.: DIN Mitt. **35** (1956), S. 463/66.
[2] Hilbes, W.: Techn. Mitt. Essen **52** (1959), S. 211/17.
[3] Beutel, H.: Techn. Mitt. Essen **52** (1959), S. 218/28.
[4] Beutel, H.: Maschinenmarkt **66** (1960), Nr. 11, S. 35/36; Nr. 19, S. 35/41; 4. Fokoma, München 1959, Bd. I, S. D 127/D 136.

Fortsetzung der Zahlentafel 98.

Zerspanungs-Hauptgruppe Kennfarbe Werkstoffe	Zerspanungs-Anwendungsgruppe	Kennzeichnende Merkmale	Unterteilung der Werkstoffe	Arbeitsbedingungen
K Rot Grauguß, Hartguß, kurzspanender Temperguß, gehärteter Stahl, Nichteisenmetall, Kunststoffe, Holz	K 01	↑ Zunehmende Verschleißfestigkeit und Härte bzw. Schnittgeschwindigkeit	Grauguß hoher Härte, Kokillenhartguß über 85 Sh, Aluminium-Legierungen mit hohem Si-Gehalt, gehärteter Stahl, stark verschl. wirkende Kunststoffe, Hartpapier, Keramik	Drehen, Feindrehen und Feinbohren, Schlichtfräsen, Schaben.
	K 10		Grauguß über 220 kg/mm² HB, kurzspanender Temperguß, gehärteter Stahl Si-haltige Aluminium-Legierungen, Kunststoffe, Glas, Hartgummi, Hartpapier, Porzellan, Gesteine	Drehen, Fräsen, Bohren, Senken, Reiben, Schaben, Räumen.
	K 20	Zunehmende Zähigkeit ↓	Grauguß bis zu 220 kg/mm² HB, Nichteisenmetalle wie Kupfer, Messing, Aluminium, stark verschleißend wirkende Schichthölzer	Drehen, Fräsen, Hobeln, Senken, Reiben, Räumen; bei größerer Zähigkeitsbeanspruchung an das Hartmetall.
	K 30		Grauguß niedriger Härte, Stahl niedriger Festigkeit, Schichthölzer	Drehen Fräsen, Hobeln, Stoßen; bei ungünstigen Bedingungen*, große Spanwinkel möglich.
	K 40		Weich- und Harthölzer im Naturzustand, Nichteisenmetalle	Drehen, Fräsen, Hobeln, Stoßen; bei ungünstigen Bedingungen*, große Spanwinkel möglich.

* Ungleichmäßiger Werkstoff, z. B. Guß- und Schmiedekruste, wechselnde Härte usw., wechselnde Schnittiefen, unterbrochene Schnitte, nicht schwingungsfreies Arbeiten, unrunde Werkstücke.

Erzeugern und Verbrauchern gefunden. Nach dem ISO-Ordungssystem werden die Hartmetallsorten nach Gesichtspunkten der *Anwendungsgebiete* gegliedert (Zahlentafel 98). Werkstück-Stoffgruppen ähnlichem Zerspanungsverhalten und ähnlicher Anforderung an das Werkzeug bilden das Hauptordnungsmerkmal für die Einteilung der Hartmetalle in die *Zerspanungs-Hauptgruppen:* P (langspanend), M (Mehrzwecksorten) und K (kurzspanend). Die Unterteilung der Hauptgruppen in *Anwendungsgruppen* berücksichtigen die Anforderungen des jeweiligen Zerspanungsverfahrens (Drehen, Fräsen, Hobeln) und der Bearbeitungsbedingungen (Schlichten, Schruppen) unter Einschluß der Bedingungen, die aus Werkstück, Maschine und Werkzeug zusätzlich herrühren. Diese Untergruppen tragen durch entsprechende Abstimmung der Legierung sowie geeigneter Gefügeausbildung den genannten Zerspanungsaufgaben Rechnung. Die Anwendungsgruppen werden durch Zahlen (Dezimalzahlen), die an den Buchstaben der Hauptgruppe angehängt werden, bezeichnet. Die höhere Kennzahl bezeichnet jeweils höhere Anforderung der Zerspanungsaufgabe an die *Zähigkeit* der zugeordneten Anwendungsgruppe während umgekehrt mit fallendem Zahlenwert die Anforderungen an *Härte* und *Verschleißwiderstand* bzw. *Schnittgeschwindigkeit* wachsen (vgl. Abb. 170). Die Pfeile in Zahlentafel 98 verdeutlichen diese gegenläufigen Zusammenhänge. Der Aufbau des Ordnungssystems vermittelt dem Zerspanungsfachmann in übersichtlicher Form die Anleitung zur Sortenwahl und läßt gleichzeitig genügend Spielraum für künftige Entwicklungen.

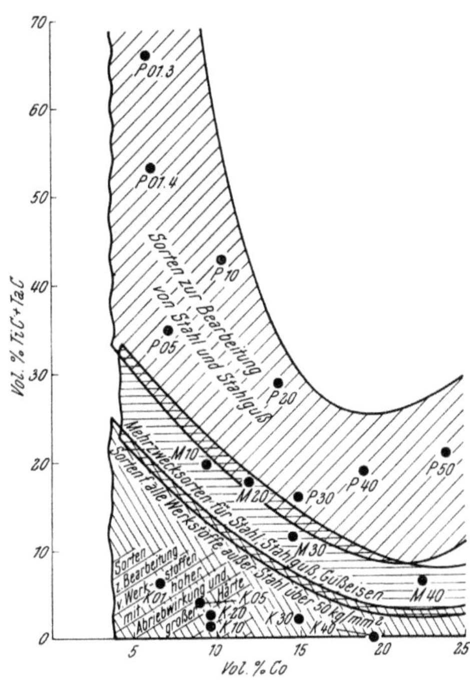

Abb. 182. Schema der Hartmetall-Anwendungsgruppen im Legierungsdiagramm. Zuordnung und Abgrenzung der Gruppen nach Werkstück-stoff-Gruppierung (H. BEUTEL)

Den einzelnen Erzeugern bleibt es grundsätzlich frei, durch legierungstechnische und gefügemäßige Maßnahmen die gewünschten Eigenschaften einzustellen. Auch ist es leider den Erzeugern offen geblieben, eigene Sortenbezeichnungen zu wählen,

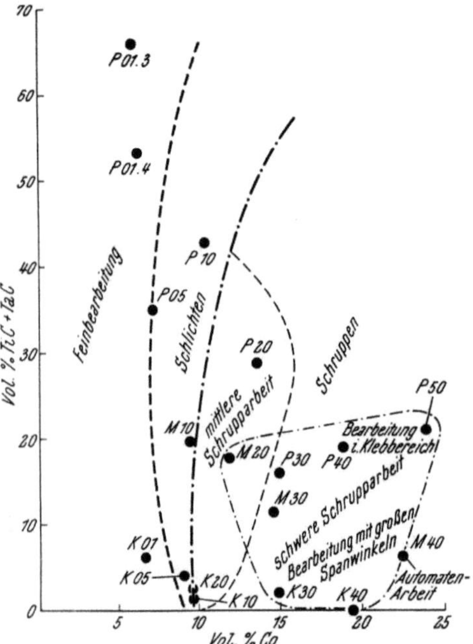

Abb. 183. Schema der Hartmetall-Anwendungsgruppen im Legierungsdiagramm. Zuordnung und Abgrenzung der Gruppen nach Zerspan-Operationen (H. Beutel)

welche verständlicherweise auf alte Bezeichnungen zurückgehen, so daß auf dem Markt wieder eine verwirrende Zahl von Marken aufscheint, die erst mit den ISO-Bezeichnungen verglichen werden müssen. Auch die Farbbezeichnung ist willkürlich gewählt worden, sie widerspricht sogar der leicht aus der Praxis einprägsamen Erscheinung beim Drehen von Stahl (heißer *roter* Span) und Guß (kalter *blauer* Span).

In Zahlentafel 45 S. 209 sind Zusammensetzung und Eigenschaften der den Zerspanungs-Hauptgruppen entsprechenden Hartmetalle zusammengestellt.

Dabei spielen aber wie schon gesagt, neben der Analyse auch gefügemäßige Unterschiede eine sehr große Rolle. Entsprechend diesen Zusammensetzungen hat H. Beutel[1, 2] in Weiterführung der Systematisierungsversuche von C. Ballhausen (vgl. S. 384) sehr praktische Diagramme über den Zusammenhang der Zusammensetzung

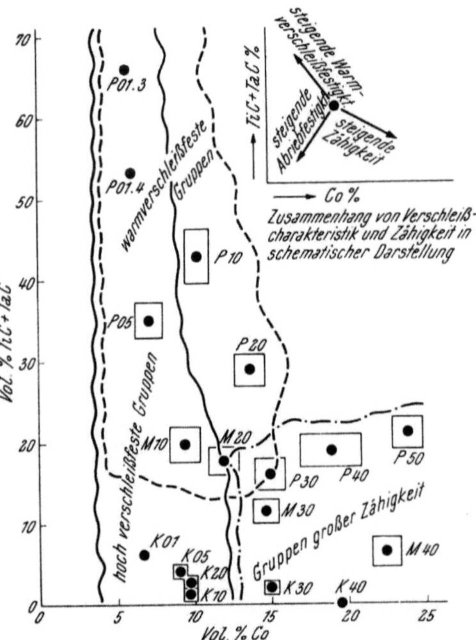

Abb. 184. Schema der Hartmetall-Anwendungsgruppen im Legierungsdiagramm. Abgrenzung nach Verschleißcharakteristik und Zähigkeit (H. Beutel)

[1] Beutel, H.: Techn. Mitt. Essen **52** (1959), S. 218/28.

[2] Beutel, H.: Maschinenmarkt **66** (1960), Nr. 11, S. 35/36; Nr. 19, S. 35/41; 4. Fokoma, München 1959, Bd. I, S. D 127/ /D 136.

bzw. Hartmetall-Sorte und Anwendungsfall also Werkstück-Stoff (Stahl, Guß bzw. Mehrzweck) und Zerspanungsoperation (Feinstbearbeitung, Schlichten, Schruppen) aufgestellt (Abb. 182 und 183).

Zusammen mit Abb. 184, in welcher allgemein Abhängigkeit von Zähigkeit, Abriebfestigkeit und Wärmeverschleißfestigkeit von der Hartmetall-Zusammensetzung wiedergegeben ist, kann der Praktiker rasch und sicher die brauchbarste für eine bestimmte Zerspanungsoperation benötigte Hartmetallsorte nach der neuen ISO-Systematik auswählen.

VIII. Hochtemperaturwerkstoffe

A. Einführung

Das Interesse und der Bedarf an Werkstoffen, die hohe Festigkeit bei höheren Temperaturen haben, besteht in wachsendem Maße seit etwa 35 Jahren. Solange die Anforderungen beispielsweise durch den Bedarf für Dampfmaschinen, Dampfturbinen und Einrichtungen der chemischen Industrie bestimmt wurden, überstiegen die in Frage kommenden Arbeitstemperaturen nicht wesentlich 500°. Im allgemeinen konnte man noch mit Eisenlegierungen das Auslangen finden. Während dieser Periode wurden zahlreiche Werkstoffe auf Eisenbasis, insbesondere mit Nickel, Kobalt, Chrom, Silizium und anderen Legierungszusätzen, für die Verwendung bei höheren Temperaturen entwickelt.

Während der letzten 20 Jahre hat sich die Lage grundsätzlich geändert. Seit der ersten Auflage dieses Buches im Jahre 1953 wurde z. B. der Flugzeugfernverkehr zur Gänze auf Düsenflugzeuge umgestellt und eine große Zahl von Satelliten und bemannten Raumkapseln mit Raketenantrieb in den Weltraum geschickt. Man benötigt nun Werkstoffe für Gasturbinen, Strahltriebe, Raketen, Atomreaktoren und ähnliche Anwendungsgebiete, d. h. für Anwendungsfälle, bei denen die Arbeitstemperaturen bei 800 bis 1000° und sogar noch erheblich höher liegen[1–35]. Legierungen auf Eisenbasis kommen für diese hohen Temperaturen kaum mehr in Betracht.

---

[1] Schwarzkopf, P.: Powder Met. Bull. **1** (1946), S. 3/5, 86/91; 2. Plansee Seminar. Reutte/Tirol 1955. S. 199/204; In: Tercera Reunion Internac. Reactividat de los Solidos, 1956, Madrid 1959, S. 641/47.

[2] Harwood, J. J.: Materials and Methods **36** (1952), Nr. 2, S. 87/91; Proc. 8th Ann. Meeting, Metal Powder Assoc., Chicago 1952, S. 36/50, Disk., S. 51/52.

[3] Waeser, B.: Werkstoffe u. Korrosion **4** (1953), S. 397/99.

Mit welchem Temperaturproblem sich Konstrukteure und Werkstoff-Fachleute beim Bau von Triebwerken für Flugzeuge und Weltraumfahrzeuge befassen müssen, haben H. BÜCKLE[35] sowie J. HARWOOD und N. PROMISEL[20] sehr anschaulich dargestellt. Es sind in

---

[4] HAVEKOTT, W. L.: Metal Progr. **64** (1953), Nr. 6, S. 67/70; **69** (1956), Nr. 4, S. 56/61.

[5] KIEFFER, R.: Ingeniörsvetenskapsakademien **52** (1954), S. 264/80.

[6] AULT, G. M. u. G. C. DEUTSCH: J. Metals **6** (1954), S. 1214/26, Disk., S. 1227/30.

[7] CLAUSER, H. R.: Materials and Methods **39** (1954), Nr. 4, S. 117/32.

[8] GLASER, F. W.: Planseeber. Pulvermetallurgie **2** (1954), S. 59/70; Metal Progr. **67** (1955), Nr. 4, S. 77/82, 138.

[9] KIEFFER, R. u. F. BENESOVSKY: In: Bericht über den V. Internat. Astronaut. Kongr., Innsbruck 1954, Springer-Verlag, Wien 1955, S. 210/20.

[10] BUNGARDT, K.: Stahl u. Eisen **75** (1955), S. 1383/89.

[11] LONG, R. A.: Metal Progr. **68** (1955), Nr. 3, S. 123/28, 190/92.

[12] EISENKOLB, F.: Wiss. Ann. **4** (1955), S. 619/36.

[13] HARWOOD, J.: 2. Plansee Seminar, Reutte/Tirol 1955, S. 268/86.

[14] KÖLBL, F. u. F. BENESOVSKY: In: Handbuch der Hartmetallwerkzeuge, Springer-Verlag, Berlin 1956, Bd. II, S. 337/57.

[15] LUTZ, O. u. W. LOHSE: Luftfahrttechnik **1** (1955), S. 118/23.

[16] STEINITZ, R.: Powder Met. Bull. **7** (1956), S. 155/58.

[17] MEYER, R.: Métaux **31** (1956), S. 219/32.

[18] BENESOVSKY, F. u. R. KIEFFER: Neue Hütte **2** (1957), S. 545/54.

[19] BÜCKLE, H.: 3. Plansee Seminar, Reutte/Tirol 1958, S. 151/74.

[20] HARWOOD, J. J. u. N. E. PROMISEL: 3. Plansee Seminar, Reutte/Tirol 1958, S. 223/48.

[21] HAUSNER, H. H.: In: Metals for Supersonic Aircrafts and Missiles, Am. Soc. Met., Cleveland 1958, S. 315/39.

[22] JUDKINS, M. F.: In: Metals for Supersonic Aircraft and Missiles. Am. Soc. Met., Cleveland 1958, S. 340/52.

[23] GRAHAM, J. W. u. W. F. ZIMMERMANN: Metal Progr. **73** (1958), Nr. 3, S. 89/91; Nr. 4, S. 108/11.

[24] KIEFFER, R. u. R. MEYER: Chimie Ind. **79** (1958), S. 414/31, 589/99.

[25] STEINITZ, R.: Jet. Propulsion **28** (1958), Nr. 1, S. 15, 68/70.

[26] WAMBOLD, J. u. J. C. REDMOND: In: High Temperature Materials, J. Wiley, London 1959, S. 125/39.

[27] DEUTSCH, G. C.: In: High Temperature Materials, J. Wiley, London 1959, S. 190/204.

[28] WAMBOLD, J.: In: Cermets. Reinhold Publ., New York 1960, S. 122/29.

[29] JOHNSON, J. R.: In: Cermets. Reinhold Publ., New York 1960, S. 191/96.

[30] MEYER, A. J. u. G. C. DEUTSCH: In: Cermets. Reinhold Publ., New York 1960, S. 196/207.

[31] STERNKOPF, J.: Wiss. Z. Techn. Hochsch. Dresden **9** (1960), S. 1207/10.

[32] KIEFFER, R. u. F. BENESOVSKY: In: Handbuch der Astronautik, Akad. Verlagsges. Athenaion, Konstanz 1961, Bd. I, S. 219/34.

[33] SCHERER, R.: Werkstoffe und Korrosion **13** (1962), S. 129/32.

[34] AGTE, C.: In: Ber. II. Internat. Pulvermet. Tagung, Eisenach 1961, Akademie-Verlag, Berlin 1962, S. 43/59.

[35] BÜCKLE, H.: In: Ber. II. Intern. Pulvermet. Tagung, Eisenach 1961, Akademie-Verlag 1962, S. 301/14.

Abb. 185 die Arbeitstemperaturen der genannten Triebwerke und die dafür auf Grund ihrer Schmelztemperaturen zur Verfügung

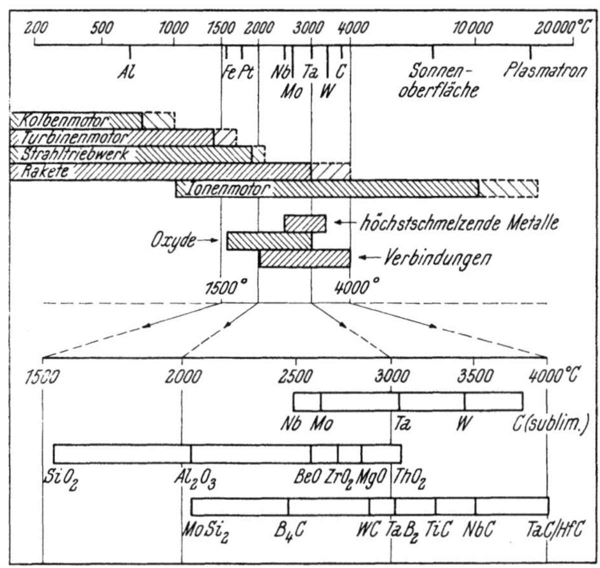

Abb. 185. Arbeitsbereiche von Hochtemperaturtriebwerken im Vergleich zu den Schmelzpunkten von hochschmelzenden Metallen, Oxiden und Hartstoffen (J. HARWOOD u. N. PROMISEL)

stehenden Metalle, Oxide und metallischen Hartstoffe gegenübergestellt.

Ein Kriterium für verstärkte Beweglichkeit der Atome und damit für verringerten Widerstand gegen Verformung ist das Rekristallisationsverhalten der Metalle oder der Legierungen. Für jedes gegebene Metall kann man daher hohe mechanische Festigkeit nur *unter* seiner Rekristallisationstemperatur erwarten. Seitdem es also nicht mehr gelang, durch legierungstechnische oder andere Maßnahmen die

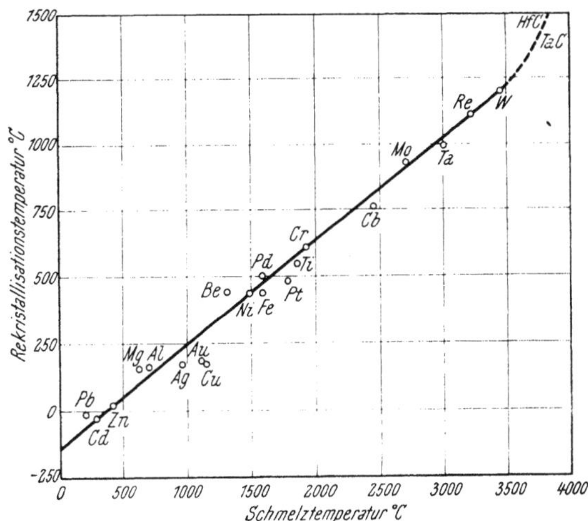

Abb. 186. Zusammenhang zwischen Schmelz- und Rekristallisationstemperatur bei Metallen und Karbiden.

Zahlentafel 99. *Schmelzpunkt, Dichte, Verformbarkeit und Zunder-*

	Werkstoff	Schmelzpunkt °C	Dichte g/cm³	Duktilität*	Oxidationsbeständigkeit**
Hochschmelzende Übergangsmetalle	Wolfram	3380	19,3	1 bis 2	4
	Tantal	3000	16,6	1	5
	Molybdän	2620	10,2	1 bis 2	5
	Niob	2470	8,6	1	5
	Hafnium	2100	13,3	1	3
	Vanadin	1900	6,1	1	4
	Chrom	1875	7,2	2	3
	Zirkonium	1855	6,5	1	3
	Thorium	1830	11,7	1	3 bis 4
	Titan	1668	4,4	1	3
Edelmetalle	Rhenium	3170	20,5	1 bis 2	4 bis 5
	Osmium	3040	22,5	2 bis 3	5
	Iridium	2410	22,4	2 bis 3	4
	Ruthenium	2250	12,4	2 bis 3	4 bis 5
	Rhodium	1966	12,4	1	1
	Platin	1773	21,4	1	1
	Palladium	1555	12,0	1	2
Metalloide	Kohlenstoff	~ 3900	3,5	3	5
	Bor	~ 2300	~ 2,0	3	3
	Silizium	1414	2,3	3	3
Karbide	HfC	3890	12,7	3	3
	TaC	3780	14,5	2 bis 3	3
	ZrC	3530	6,9	3	3
	NbC	3500	7,8	2 bis 3	3
	TiC	3160	4,9	3	3
	WC	2600 Z.	15,7	3	5
	VC	2830	5,4	3	4
	Mo_2C	2400 Z.	9,2	3	5
	Cr_3C_2	1895 Z.	6,7	3	3
	B_4C	2450	2,5	3	3
	SiC	~ 2200	3,2	3	2

* 1 = kann stark verformt werden.
2 = kann gering verformt werden.
3 = kann nicht verformt werden, glasspröde.

Rekristallisationstemperatur der Eisenlegierungen wesentlich über 800° zu erhöhen, waren derartige Werkstoffe für alle Anwendungsfälle, wo mechanische Festigkeit bei solchen Temperaturen gefordert wird, nicht mehr geeignet. Verbesserte Legierungen auf Nickel-, Kobalt- und Chrombasis rekristallisieren bei höheren Temperaturen. Sie kommen jedoch auch nicht für Arbeitstemperaturen über beispielsweise 950 bis 1000° in Frage.

beständigkeit hochschmelzender Stoffe (I. E. CAMPBELL u. Mitarbeiter; korrigiert)

	Werkstoff	Schmelzpunkt °C	Dichte g/cm³	Duktilität*	Oxidationsbeständigkeit**
Nitride	TaN	3090	14,1	3	5
	ZrN	2980	7,3	3	3
	TiN	2950	5,2	3	3
	NbN	2300	8,4	3	5
	VN	2050	6,0	3	5
	BN	3000	2,2	3	3
Boride	HfB_2	3250	10,5	3	2 bis 3
	ZrB_2	2990	6,0	3	2 bis 3
	TiB_2	2900	4,4	3	2 bis 3
	TaB_2	3150	11,7	3	3
	NbB_2	3000	6,6	3	3
	W_2B	2770	16,0	3	3 bis 4
	VB_2	2400	4,6	3	3 bis 4
	CrB_2	2200	5,6	3	1 bis 2
	MoB_2	2100	8,0	3	3
Silizide	$TaSi_2$	2200	8,4	2	3
	WSi_2	2160	9,3	3	1 bis 2
	$MoSi_2$	2050	6,3	2	1
	$NbSi_2$	1950	5,4	2	4
	VSi_2	1650	4,3	3	4
	$CrSi_2$	1550	4,7	3	1 bis 2
	$TiSi_2$	1540	3,8	3	4
	$ZrSi_2$	1520	4,7	3	4
Oxide	ThO_2	3050	9,7	3	1
	MgO	2800	3,5	3	1
	ZrO_2	2690	5,8	3	1
	BeO	2530	3,0	3	1
	$MgO \cdot Al_2O_3$	2140	—	3	1
	Al_2O_3	2050	3,9	3	1

** 1 = > 1700°.
2 = 1400 bis 1700°.
3 = 1100 bis 1400°.
4 = 800 bis 1100°.
5 = 500 bis 800°.

Das Temperaturgebiet, in dem die Rekristallisation eines metallischen Werkstoffes bemerkbar wird, hängt eng mit dem Schmelzpunkt zusammen (Abb. 186). Letzterer gibt daher einen ziemlich zuverlässigen Hinweis auf die Festigkeit, die man bei höheren Temperaturen erwarten kann. Höchste Festigkeit bei höchsten Temperaturen kann daher nur für diejenigen metallischen Werkstoffe vorausgesagt werden, welche höchste Schmelzpunkte haben. Diese Vorhersage ist durch alle bisherigen praktischen Versuche bestätigt worden. Alle diesbezüglich bisher untersuchten hochschmelzenden Metalle, metallischen und nichtmetallischen hochschmelzenden Hartstoffe zeigen eine überlegene Hochtemperaturfestigkeit. Wegen des hohen Schmelzpunktes spielen bei der Herstellung dieser Werkstoffe pulvermetallurgische Verfahren eine wichtige Rolle[1–5]. In Zahlentafel 99 sind die Schmelzpunkte und Dichten der hochschmelzenden Metalle, Metalloide, Karbide, Nitride, Boride, Silizide und Oxide nach I. E. Campbell und Mitarbeitern[6] zusammengestellt und insbesondere die Schmelzpunkte auf den letzten Stand gebracht. Ferner wurde eine Klassifizierung bezüglich der Duktilität und Oxidationsbeständigkeit vorgenommen. Die letzten beiden Kenngrößen können durch Legierungsbildung und Herstellung von Verbundkörpern aus den aufgezählten Verbindungen erheblich beeinflußt und gegebenenfalls stark verbessert werden. Nach R. Kieffer und F. Benesovsky (vgl. Zahlentafel 1, Bd. Hartstoffe) sind vielfältige Kombinationen möglich, die in den letzten Jahren zumindest qualitativ überprüft wurden.

Im Rahmen der Konstitutionsforschung an Systemen der hochschmelzenden Übergangsmetalle untereinander und mit Edelmetallen, Rhenium[7], Beryllium[8] und Aluminium u. a. wurde eine große Zahl meist sehr spröder und harter intermetallischer Phasen gefunden, welche auch sehr hohe Schmelzpunkte haben. In Zahlentafel 100 wurde eine Auswahl dieser Verbindungen nebst Angabe von Schmelzpunkt, Dichte und Oxidationsbeständigkeit zusammengestellt. Bis auf einige wenige, z. B. NiAl, sind die Warmfestigkeitseigenschaften und das Abbindeverhalten dieser Stoffe noch nicht untersucht worden, so daß sich hier ein noch weites, wenn auch schwieriges Feld der Forschung eröffnet. Das metallurgische technologische Problem besteht darin, die natürliche Sprödigkeit der intermetallischen Phasen legierungstechnisch — allfällig unter Erzeugung geeigneter Verbundwerkstoffe — zu überwinden.

---

[1] Schwarzkopf, P.: Powder Met. Bull. **1** (1946), S. 3/5, 86/91.

[2] Schwarzkopf, P.: Powder Metallurgy, Macmillan, New York 1947, S. 313, 360.

[3] Ault, G. M. u. G. C. Deutsch: J. Metals **6** (1954), S. 1214/26, Disk., S. 129/30.

[4] Barrett, J. C.: J. Metals **15** (1963), S. 349/52.

[5] Davies, G. F.: J. Metals **15** (1963), S. 352/58.

[6] Campbell, I. E., C. F. Powell, D. H. Nowicki u. B. W. Gonser: J. Electrochem. Soc. **96** (1949), S. 318/33.

[7] English, J. J.: DMIC Rep. 152, 183 (1963).

[8] Stonehouse, A. J., R. M. Paine u. W. W. Beaver: In: Mechanical Properties of Intermetallic Compounds, J. Wiley, New York 1960, S. 297/316.

Die Verwendbarkeit *hochschmelzender Metalle*, beispielsweise von Wolfram, Molybdän, Niob und Tantal als Hochtemperaturwerkstoffe, ist durch ihre ungenügende Oxidationsbeständigkeit bei hohen Temperaturen beschränkt. Bei Raketendüsen haben sich allerdings

Zahlentafel 100. *Eigenschaften hochschmelzender, intermetallischer Verbindungen*

Verbindung	Schmelzpunkt ° C	Dichte g/cm³ etwa	Verbindung	Schmelzpunkt ° C	Dichte g/cm³	Oxidationsbeständigkeit**
Re_3W_2	3000	20,0	Ta_2Be_{17}	1985	5,1	2
W_3Os	2930	19,9	Zr_2Be_{17}	1980	3,1	2
Re_3Ta	2700	19,3	$ZrBe_{13}$	1925	2,7	2
Mo_2Re_3	2600	16,5	$TaBe_{12}$	1850	4,1	3
$TaIr_3$	2500	20,6	Nb_2Be_{17}	1705	3,2	2
Ta_2Os_3	2500	19,7	$NbBe_{12}$	1690	3,0	2
W_2Hf	2450	16,8	$MoBe_{12}$	1650	3,0	2
Mo_3Os	2400	13,1	Mo_3Al	2150	8,2	2
W_3Ru_2	2300	16,8	Nb_3Al	2120	7,2	3
$HfMo_2$	2200	11,5	NiAl	1640	5,9	3
MoPt	2100	15,7	$TaAl_3$	1500	6,9	2
$TaCr_2$	2020	15,2	$NbAl_3$	1400	4,5	3

** vgl. Zahlentafel 99.

auch ungeschütztes Molybdän und Wolfram sowie deren Legierungen ebenso wie Graphit und Verbundwerkstoffe aus Wolfram-Silber, infolge der nur kurzfristigen Hochtemperaturbeanspruchung bestens bewährt. Bei Raketen, die mit festen oder mit flüssigen Treibsätzen arbeiten, entstehen bei der Verbrennung oft neutrale bis schwach reduzierende Verbrennungsgase, die kurzfristig wie ein Schutzgas wirken können.

Bei den normalen Hochtemperaturanwendungen kommt es bei den Arbeitstemperaturen zwangsläufig zur Einwirkung einer korrodierenden und oxidierenden Atmosphäre, so daß man die hochschmelzenden Metalle nur dann verwenden kann, wenn man sie durch Legierungsbildung zunderfester macht oder, wenn sie mit geeigneten zunderbeständigen festhaftenden Schutzüberzügen versehen werden.

Während bei Molybdän und Wolfram legierungstechnisch bis jetzt keine Erfolge erzielt wurden — wenn man von der Erzeugung der spröden hochsiliziumhaltigen bis 1700° beständigen Disilizide absieht — konnten z. B. beim Niob durch Legierung mit rund 28% W und 10% Ti verhältnismäßig zunderfeste Werkstoffe erhalten werden, welche unter Bildung einer festhaftenden Nb_2O_5-WO_3-TiO_2-Oxidhaut mit Rutilstruktur bis 1300° an Luft bzw. Sauerstoff beständig sind[1].

Schutzüberzüge auf Si-, Al-Si-Cr-, Cr-Ti-Si-, $MoSi_2$-, Ni-Cr- und Keramik-Basis wurden entwickelt, so daß z. B. oberflächengeschütztes Molybdän, Wolfram oder Niob bzw. deren Legierungen in Zukunft eine gewisse Rolle bei Temperaturen bis etwa 1500° spielen dürften (vgl. S. 481)[2].

Die *hochschmelzenden Edelmetalle* bedürfen keines solchen Schutzes; ihrer Verwendung steht aber die hohe Dichte und der hohe Preis im Wege. Gewisse Möglichkeiten ergeben sich noch für Deckschichten, Zwischenschichten oder Cermets aus Platinmetallen.

Die Vorhersage, daß metallische *Hartstoffe* mit ihren extrem hohen Schmelzpunkten eine befriedigende Hochtemperaturfestigkeit haben dürften, wurde bereits in der Praxis bestätigt. Wie beispielsweise auf S. 264 schon ausgeführt wurde, ist das überlegene Verhalten von Hartmetall-Schneidwerkzeugen größtenteils auf ihre Warmhärte, d. h. auf ihren hohen Widerstand gegen Verformung bei höheren Temperaturen, die zwangsläufig bei hohen Schnittgeschwindigkeiten auftreten, zurückzuführen. Ein gewisses Maß an Oxidationsbeständigkeit ist auch Voraussetzung für ein befriedigendes Verhalten einer Schneidlegierung. Die heutigen marktgängigen Hartmetallsorten zeigen bei mäßigen Temperaturen genügende Oxidationsbeständigkeit, zundern jedoch bereits stark bei den Temperaturen, die bei Turbinen- und Düsenantrieben in Frage kommen. Von den *Karbiden*, die in Sinterhartmetallen verwendet werden, scheint nur das Titankarbid eine befriedigende Zunderbeständigkeit bei Temperaturen oberhalb 500° aufzuweisen. Diese Überlegenheit des Titankarbides steht in guter Übereinstimmung mit den Erfahrungen, die man in der Zerspanungstechnik gemacht hat.

Das Hochtemperaturverhalten gesinterter Werkstoffe auf Karbidbasis hängt offensichtlich aber nicht nur von den Eigenschaften der Karbidphase, sondern auch von denjenigen der metallischen Bindelegierungen ab. Selbst beim Einsatz oxidationsbeständiger Karbide wird sich eine wenig zunderfeste Bindelegierung sehr nachteilig auswirken. Das günstigste Hochtemperaturverhalten werden also solche TiC-Legierungen aufweisen, die nach R. Kieffer und

---

[1] vgl. R. Kieffer u. H. Braun: Vanadin, Niob, Tantal. Springer-Verlag, Berlin/Göttingen/Heidelberg 1963, S. 226.

[2] Vgl. J. Huminik: High-Temperature Inorganic Coatings. Reinhold Publ., New York 1963.

F. Kölbl[1] mit warm- und zunderfesten Bindelegierungen auf Ni-Cr-, Co-Cr- und Ni-Co-Cr-Basis abgebunden sind.

Bei höheren Temperaturen wird die Anwendbarkeit des Titankarbides ebenso wie die anderer Karbide und von Karbidmischkristallen auch durch zunehmende Oxidationsneigung beschränkt. Der Einsatz von Hartmetallen auf Karbidbasis, die oxidierendem Einfluß bei Temperaturen oberhalb 1100° ausgesetzt sind, ist nur dann aussichtsreich, wenn diese Werkstoffe mit festhaftenden Schutzschichten überzogen werden[2].

Die Karbide sind allerdings keineswegs die einzigen in Betracht kommenden brauchbaren Hartstoffe. P. Schwarzkopf hat systematische Untersuchungen veranlaßt, welche das Ziel hatten, Hartmetalle mit anderen hochschmelzenden metallischen Hartstoffen zu entwickeln, welche ähnliche mechanische und thermische Eigenschaften wie die Karbide aufweisen und die jedoch die Karbide bezüglich Korrosions- und Oxidationsverhalten übertreffen[3–4]. Diese Versuchsarbeiten führten zur Entwicklung von gesinterten Werkstoffen auf *Boridbasis*, die sich, wenigstens bezüglich Warmhärte, allen anderen Hochtemperaturwerkstoffen gegenüber als überlegen herausgestellt haben. Die Temperaturwechselbeständigkeit, die Schlagbiegezähigkeit und das Zunderverhalten sind jedoch noch unbefriedigend.

Eine besondere Bedeutung kommt neuerdings noch den *Siliziden* zu, die als Deckschichten auf hochschmelzenden Metallen und in massiver, gesinterter Form eingesetzt werden können. Aus den in Frage kommenden Siliziden sticht neben dem Wolframdisilizid das Molybdändisilizid mit seiner hohen Oxidationsbeständigkeit bis 1700° hervor.

In der ersten Auflage des Buches wurde im Anschluß an die Werkstoffe auf Basis metallischer Hartstoffe, Hochtemperaturwerkstoffe aus Oxiden, Keramiken und Mischkörpern Metalloxid-Metall die sogenannten *Cermets* besprochen. Da die Erwartungen, welche man insbesondere an die letztgenannte Gruppe von Werkstoffen gestellt hat, bisher nicht erfüllt wurden — sie haben lediglich Bedeutung als Schutzschichten erlangt — haben wir dieses Kapitel, welches

---

[1] Kieffer, R. u. F. Kölbl: Z. anorg. Chem. **262** (1950), S. 229/47, Berg- u. Hüttenmänn. Mh. **95** (1950), S. 49/58, Planseeber. Pulvermet. **1** (1952), S. 17/35; Ö.P. 165676 (1948).

[2] Tinklepaugh, J. R. u. W. B. Crandall: Cermets. Reinhold Publ., New York 1960.

[3] Eisenkolb, F.: Die neuere Entwicklung der Pulvermetallurgie. Verlag Technik, Berlin 1955, S. 411/29; Fortschritte der Pulvermetallurgie, Akademie-Verlag, Berlin 1963, Bd. II, S. 641/709.

[4] Goetzel, C. G.: Treatise on Powder Metallurgy, Interscience Publ., New York 1963, Vol. IV, Pt. 1, S. 471/515.

durch eine Flut von Arbeiten hätte ergänzt werden müssen, nicht mehr aufgenommen. Es sei lediglich auf das neueste Buchschrifttum verwiesen[1–3].

B. Erforderliche Eigenschaften von Hochtemperaturwerkstoffen

Die Anforderungen, die an Hochtemperaturwerkstoffe auf Hartstoffbasis gestellt werden, können je nach Anwendungsgebiet sehr verschieden sein und sind zum Teil noch ungeklärt. Turbinenschaufeln, die wir neben Raketendüsen bei den nachfolgenden Betrachtungen als typische Beispiele besonders herausstellen wollen, können sowohl durch Zentrifugalkräfte und Wärmespannungen, als auch durch Schwingungskräfte beansprucht werden. Hohe *Warmfestigkeit* und günstiges *Kriechverhalten* sind unter den mechanischen Anforderungen besonders wichtig, wobei ein Material mit niedriger *Dichte* im Hinblick auf die starken Zentrifugalkräfte günstiger ist. Bei anderen Anwendungsfällen, wo keine Zentrifugalbeanspruchungen auftreten, z. B. bei feststehenden Leitschaufeln, spielt die Dichte des Werkstoffes eine untergeordnete Rolle. Bei Raketendüsen wäre eine niedrige Dichte wiederum erwünscht.

Sehr häufig werden bei Turbinenschaufeln Ermüdungsbrüche beobachtet, wobei es jedoch sehr schwierig ist, aus der experimentell bestimmten Wechselfestigkeit auf das praktische Betriebsverhalten zu schließen. Anscheinend ist der Fehler auf eine Überlagerung von Wechselfestigkeit und Dauerstandsfestigkeit zurückzuführen. Der Einfluß von Schwingungsbeanspruchungen wird in stationären Teilen, wie Leitschaufeln usw., größer sein, so daß die Wechselfestigkeit hier eine größere Rolle spielen wird, als bei rotierenden Teilen.

Eine praktisch besonders wichtige Eigenschaftsgröße ist die *Temperaturwechselbeständigkeit.* Die meisten Werkstoffe auf Hartstoffbasis haben eine hohe Warmfestigkeit, sie versagen jedoch hinsichtlich ihrer Temperaturwechselbeständigkeit und Schlagfestigkeit. Es gibt bis jetzt kein genormtes Standardverfahren für die Prüfung der Temperaturwechselbeständigkeit, so daß es schwierig ist, Werte

---

[1] TINKLEPAUGH, J. R., u. W. B. CRANDALL: Cermets. Reinhold Publ., New York 1960.

[2] EISENKOLB, F.: Die neuere Entwicklung der Pulvermetallurgie. Verlag Technik, Berlin 1955, S. 411/29; Fortschritte der Pulvermetallurgie, Akademie-Verlag, Berlin 1963, Bd. II, S. 641/709.

[3] GOETZEL, C. G.: Treatise on Powder Metallurgy, Interscience Publ., New York 1963, Vol. IV, Pt. 1, S. 471/515.

verschiedener Autoren untereinander zu vergleichen[1,2]. In Amerika ist eine Versuchseinrichtung üblich, welche in Abb. 187 schematisch wiedergegeben ist[3]. Die plattenförmige Probe wird in einen Haltering eingespannt, in einem Ofen auf entsprechende Temperatur erhitzt und dann unmittelbar in kalter Preßluft abgeschreckt. Dieser Vor-

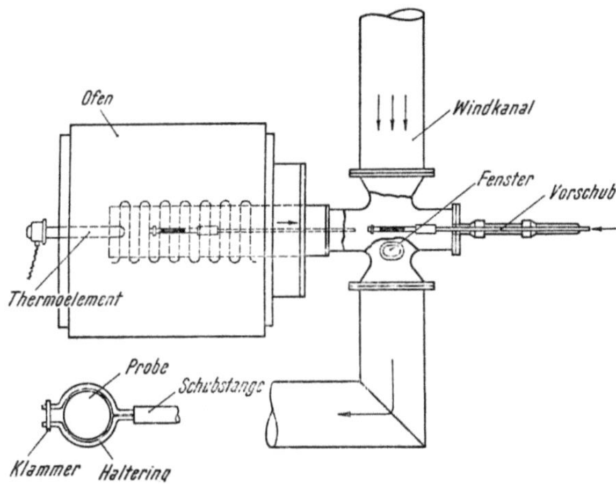

Abb. 187. Versuchseinrichtung zur Bestimmung der Temperaturwechselbeständigkeit, schematisch (C. A. HOFFMAN, G. M. AULT u. J. J. GANGLER)

gang wird bis zum Bruch der Platte, mindestens jedoch 25mal wiederholt. Nach W. G. LIDMAN und A. R. BOBROWSKY[4] kann man aus der Beziehung

$$\frac{\mathrm{K} \cdot \mathrm{T}}{\alpha \cdot \mathrm{E}},$$

wobei K die Wärmeleitfähigkeit, T die Zugfestigkeit, α der Wärmeausdehnungskoeffizient und E der Elastizitätsmodul bedeutet, rechnerisch Angaben über die Temperaturwechselbeständigkeit machen. Je größer der Wert ist, um so günstiger soll das praktische Verhalten gegen Temperaturwechselbeanspruchung sein (s. Zahlentafel 105, S. 439).

Wolfram-Silber-Düsen sind erheblich temperaturwechselbeständiger als Wolframdüsen und haben diese bei den unter Wasser mit

[1] CRANDALL, W. B. u. J. R. TINKLEPAUGH: 2. Plansee Seminar, Reutte/Tirol 1955, S. 344/60.

[2] SHAFFER, P. T. B., D. P. H. HASSELMAN u. A. Z. CHABERSKI: WADD TR 60—749 (1961).

[3] HOFFMAN, C. A., G. M. AULT u. J. J. GANGLER: NACA Techn. Note Nr. 1836 (1949); J. Am. Ceram. Soc. **37** (1954), S. 439/44.

[4] LIDMAN, W. G. u. A. R. BOBROWSKY: NACA Techn. Note Nr. 1918 (1949).

Preßluft gestarteten Polarisraketen dabei weitgehend verdrängt. HfC- und TaC-Düsen ohne Hilfsmetall sollen aus diesem Grunde jedoch versagt haben[1].

Der *Wärmeausdehnungskoeffizient* von Werkstoffen für Turbinenschaufeln sollte nicht zu verschieden sein von demjenigen des Laufrades, an welchem diese befestigt sind. Bei Gasturbinen und ähnlichen Maschinen ist die Schaufeltemperatur niedriger als die Eintrittstemperatur der Gase, wobei dieser Unterschied stets um so größer sein wird, je höher die *Wärmeleitfähigkeit* des Schaufelmaterials ist. Eine hohe Leitfähigkeit setzt jedoch nicht nur die Schaufeltemperatur herab, sondern steigert entsprechend auch die Temperatur des Laufrades, an dem die Schaufel sitzt. Brüche an Laufrädern sind tatsächlich schon bei Versuchen mit gut leitendem Schaufelmaterial beobachtet worden. Um die Vorteile der hohen Leitfähigkeit von neuen Schaufelmaterialien voll ausnutzen zu können, wird es daher notwendig sein, entweder warmfeste Werkstoffe für die Laufräder (am besten wäre derselbe Werkstoff wie für die Schaufeln vorzusehen) zu verwenden oder für eine stärkere Kühlung des Laufrades durch konstruktive Maßnahmen zu sorgen.

Turbinenschaufeln wie auch Leitschaufeln werden zwangsläufig sehr schnellen Gasströmen ausgesetzt, so daß auch der Widerstand gegen *Erosion* eine wichtige Werkstofforderung ist. Dieselbe Anforderung muß beispielsweise auch an Materialien für Düsen- oder Raketenantrieb gestellt werden. Bei aluminiumhaltigen Feststofftreibsätzen kommt hier noch eine zusätzliche Erosion durch Al_2O_3-Teilchen hinzu. Die Werte der Warmhärte bzw. eine bei Rotglut durchgeführte Sandstrahl-Verschleißbestimmung könnte als Maß für den Erosionswiderstand bei hohen Temperaturen herangezogen werden.

Raketendüsen- und Schaufelmaterialien müssen auch einen gewissen Grad von *Zähigkeit* bei Tief- und Raumtemperatur (Schlagbiegefestigkeit) aufweisen, so daß manche Werkstoffe trotz ihrer guten Hochtemperaturfestigkeit im Hinblick auf ihre Kaltsprödigkeit bei Kaltstarts unverwendbar sind. Da die praktische Bewährung, z. B. eines Turbinenschaufelwerkstoffes von einem Komplex verschiedenster Werkstoffeigenschaften abhängt, wird die volle Ausnutzung eines neuartigen, überlegenen Materials unter Umständen die Umkonstruktion der Schaufeln oder selbst des gesamten Rotors notwendig machen. Es kann im Augenblick noch nicht überblickt werden, in welchem Ausmaß eine derartige Umkonstruktion die Anwendbarkeit

---

[1] Robinson, A. T., R. L. McAlexander, J. D. Ramsdell u. M. R. Wolfson: AIAA J. 1 (1963), S. 89/95.

von Materialien beeinflussen wird, deren Einsatz derzeit wegen ihrer Kaltsprödigkeit noch nicht in Frage kommt.

Allgemein kann man sagen, daß eine Erhöhung der Arbeitstemperatur den Wirkungsgrad der Gasturbinen und ähnlicher Maschinen erheblich steigern wird. Wenn daher ein neues Material eine Steigerung der Arbeitstemperatur von nur beispielsweise 50° zuläßt, dann würde die Anwendung dieses neuen Materials sich auf alle Fälle als sehr vorteilhaft erweisen. Die Verbesserungen hinsichtlich Warmfestigkeitseigenschaften dürfen dabei allerdings nicht mit einem zu starken Abfall anderer Eigenschaften, wie insbesondere der Oxidationsbeständigkeit oder der Temperaturwechselbeständigkeit begleitet sein.

Die Erhöhung der Arbeitstemperatur ist von großer Bedeutung für Strahltriebe, Raketen und ähnliche Anwendungsfälle. Weniger ins Auge fallend, aber in wirtschaftlicher Hinsicht vielleicht noch von größerer Bedeutung, sind neue Schaufelwerkstoffe für stationäre Industrieturbinen und Schiffsturbinen. Bei diesen kommt es mehr auf eine Erhöhung der Standzeit als auf eine Steigerung der Arbeitstemperatur an. Die mittlere Lebensdauer einer Flugzeugturbine übersteigt nicht einige 1000 Betriebsstunden, während man von Gasturbinen für Kraftanlagen eine Lebensdauer von mehr als zehn Jahren erwartet. Während man derzeit beim Betrieb von Flugzeugstrahltriebwerken auf maximale Schaufeltemperaturen von etwa 850° beschränkt ist, liegen die Arbeitstemperaturen bei Gas- und Dampfturbinen der Industrie ganz erheblich niedriger. Man kann eine maximale Schaufeltemperatur von etwa 620° unterstellen. Hier würde sich schon eine Zunahme der Arbeitstemperatur von nur 30° in einem ausgeprägten Leistungszuwachs bemerkbar machen.

Bei Gasturbinen und auch Raketen sind in gewissen Fällen keine hohen Warmfestigkeitswerte erforderlich. Hier ist vielmehr die *Dauerstandsfestigkeit* (Kriechfestigkeit) wichtiger als die Zeitstandfestigkeit (Bruchfestigkeit in Abhängigkeit von der Temperatur für bestimmte Belastungszeiten). Sehr wichtig ist auch das Verhalten des Schaufelwerkstoffes gegen den chemischen Einfluß der Verbrennungsgase und gegen Verunreinigungen im Brennstoff (Vanadinasche!). In solchen Fällen sind die mechanischen Eigenschaften bei höherer Temperatur nicht von so ausschlaggebender Bedeutung.

Konstruktionsteile für Raketen, wie z. B. Düsen, sind gewöhnlich für eine Lebensdauer von Sekunden bestimmt. Dies bedeutet, daß die *Kurzzeit-Bruchfestigkeit* des Düsenwerkstoffes bei Arbeitstemperatur von größerer Wichtigkeit ist als die Dauerstandsfestigkeit und die Zeitstandfestigkeit.

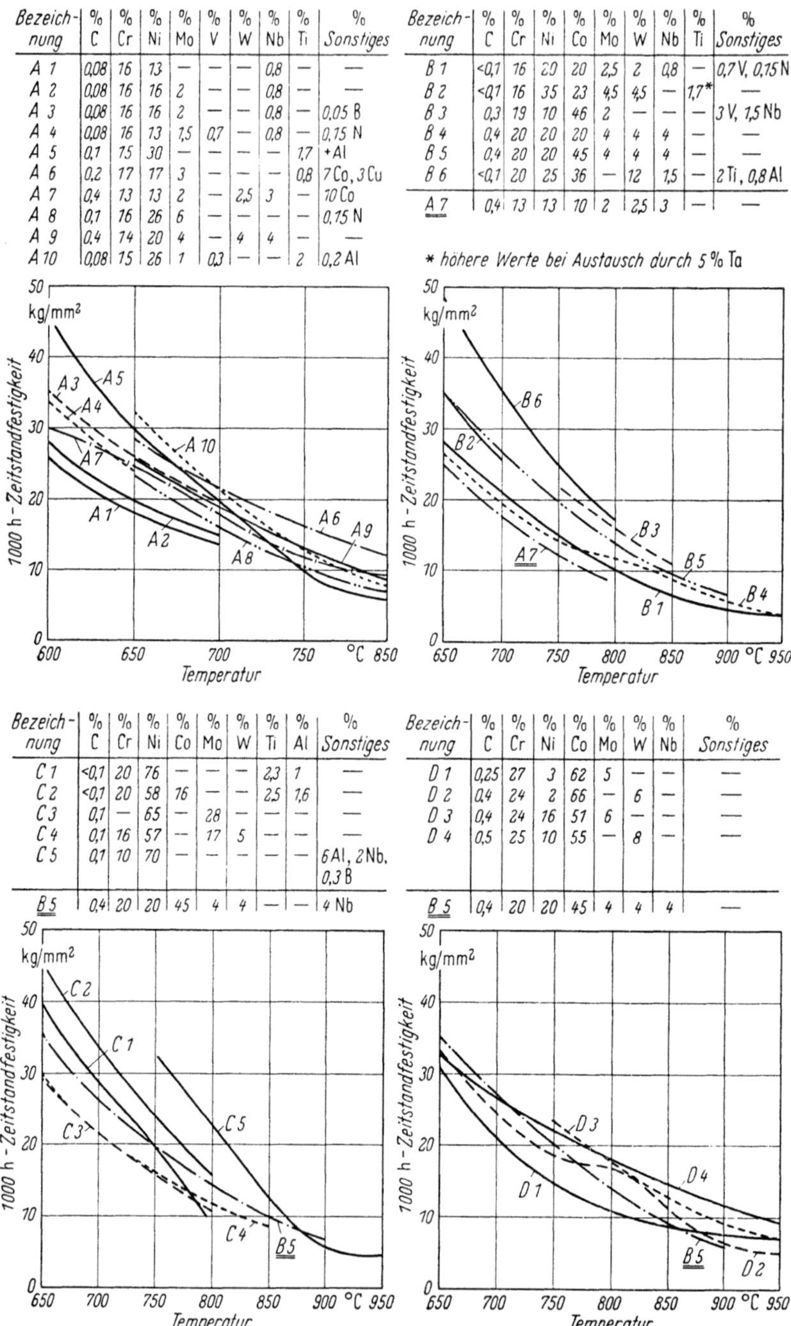

Bezeichnung	% C	% Cr	% Ni	% Mo	% V	% W	% Nb	% Ti	% Sonstiges
A 1	0,08	16	13	—	—	—	0,8	—	—
A 2	0,08	16	16	2	—	—	0,8	—	—
A 3	0,08	16	16	2	—	—	0,8	—	0,05 B
A 4	0,08	16	13	1,5	0,7	—	0,8	—	0,15 N
A 5	0,1	15	30	—	—	—	—	1,7	+ Al
A 6	0,2	17	17	3	—	—	—	0,8	7 Co, 3 Cu
A 7	0,4	13	13	2	—	2,5	3	—	10 Co
A 8	0,1	16	26	6	—	—	—	—	0,15 N
A 9	0,4	14	20	4	—	4	4	—	—
A 10	0,08	15	26	1	0,3	—	—	2	0,2 Al

Bezeichnung	% C	% Cr	% Ni	% Co	% Mo	% W	% Nb	% Ti	% Sonstiges
B 1	<0,1	16	20	20	2,5	2	0,8	—	0,7 V, 0,15 N
B 2	<0,1	16	35	23	4,5	4,5	—	1,7*	—
B 3	0,3	19	10	46	2	—	—	—	3 V, 1,5 Nb
B 4	0,4	20	20	20	4	4	4	—	—
B 5	0,4	20	20	45	4	4	4	—	—
B 6	<0,1	20	25	36	—	12	1,5	—	2 Ti, 0,8 Al
A 7	0,4	13	13	10	2	2,5	3	—	—

* höhere Werte bei Austausch durch 5 % Ta

Bezeichnung	% C	% Cr	% Ni	% Co	% Mo	% W	% Ti	% Al	% Sonstiges
C 1	<0,1	20	76	—	—	—	2,3	1	—
C 2	<0,1	20	58	16	—	—	2,5	1,6	—
C 3	0,1	—	65	—	28	—	—	—	—
C 4	0,1	16	57	—	17	5	—	—	—
C 5	0,1	10	70	—	—	—	—	—	6 Al, 2 Nb, 0,3 B
B 5	0,4	20	20	45	4	4	—	—	4 Nb

Bezeichnung	% C	% Cr	% Ni	% Co	% Mo	% W	% Nb	% Sonstiges
D 1	0,25	27	3	62	5	—	—	—
D 2	0,4	24	2	66	—	6	—	—
D 3	0,4	24	16	51	6	—	—	—
D 4	0,5	25	10	55	—	8	—	—
B 5	0,4	20	20	45	4	4	4	—

Abb. 188. 1000-Stunden Zeitstandfestigkeiten von austenitischen Stählen, Cr-Co-Ni-Fe-, Ni-Cr- und Co-Cr-Ni-Legierungen (K. BUNGARDT)

Die Wärmeleitfähigkeit ist in Teilen, wie z. B. Raketendüsen, von ausschlaggebender Wichtigkeit, da eine gute *Wärmeleitfähigkeit* die Düsen unter der Temperatur der Verbrennungsgase halten wird. Die kurzzeitige Beanspruchung und die gute Wärmeleitfähigkeit erlauben es, z. B. ungeschütztes Molybdän oder Wolfram und deren Legierungen — wie schon erwähnt — für Raketendüsen mit bestem Erfolg zu verwenden. Eine langzeitige Einwirkung höherer Temperatur führt in oxidierender Atmosphäre zur raschen Zerstörung. Bei den noch besser als Molybdän und Wolfram leitenden Wolfram-Silber(Kupfer)-Düsen kommt allerdings noch ein „Schwitzkühleffekt" durch das verdampfende Silber hinzu[1].

Es steht fest, daß jedes Material, das entweder eine Verlängerung der Standzeit bei einer gegebenen Temperatur oder eine Temperaturerhöhung für eine gegebene Standzeit erlaubt, für die Hochtemperaturtechnik von besonderem Interesse ist. Es ist jedoch bis heute noch nicht möglich, Regeln oder Gesetze aufzustellen, denen man entnehmen kann, bis zu welchem Ausmaß Einbußen spezifischer Eigenschaften, so z. B. der Temperaturwechselbeständigkeit bei einem gegebenen Zuwachs, beispielsweise an Dauerstand (Zeitstand)-Festigkeit, tragbar sind. Bei den derzeitigen Turbinenkonstruktionen sind die Bereiche noch eng, aber man kann sie vielleicht durch geeignete Umkonstruktion erheblich vergrößern. Bei Raketendüsen wird wegen der sehr verwickelten Beanspruchungsarten sicher noch weiterhin die reine Empirie bei der Werkstofferprobung vorherrschen.

Um einen Vergleich neuartiger Hochtemperaturwerkstoffe auf Hartstoffbasis mit bisher bekannten Legierungen zu ermöglichen, sind in Zahlentafel 101 die Zusammensetzung und Dichte, und

Bezeichnung	Chemische Zusammensetzung
E1	Molybdän, rein
E2	Mo, 0,5% Ti
E3	60% Cr, 25% Mo, 15% Fe
E4	60% TiC, 32% Ni, 8% Cr
E5	50% TiC, 30% Ni, 10% Co, 10 Cr
E6	79% Nb, 5% Mo, 15% W, 1% Zr
E7	65% Nb, 7% Ti, 28% W
D4	0,5% C, 25% Cr, 10% Ni, 55% Co, 8% W

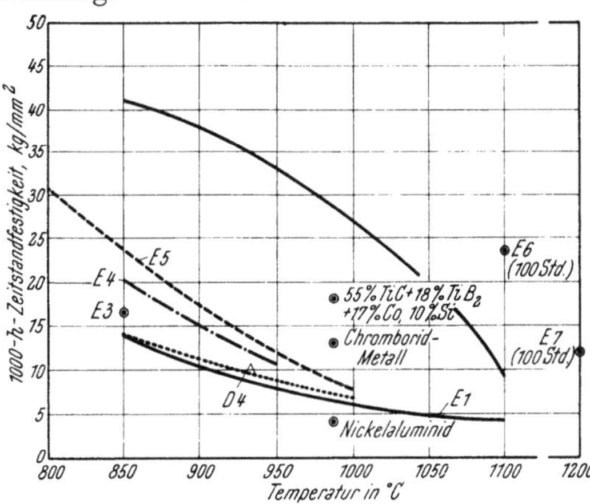

Abb. 189. 1000-Stunden Zeitstandfestigkeiten von Molybdän, Molybdän- und Nioblegierungen, Hartstoffen und Hartmetallen (K. Bungardt).

[1] Robinson, A. T., R. L. McAlexander, J. D. Ramsdell u. M. R. Wolfson: AIAA J. 1 (1963), S. 89/95.

Zahlentafel 101. *Zusammensetzung typischer hochwarmfester Legierungen*

Bezeichnung	Ursprungsland*	Zusammensetzung %														Dichte g/cm³
		Ni	Co	Cr	Fe	Mo	W	Nb/Ta	Ti	Al	V	Mn	Si	C	N	
Timken 16-25-6	A	25	—	17	Rest	6	—	—	—	—	—	—	—	0,08	0,07	—
Vitallium (Stellit 21)	A	2	Rest	26	1	5,5	—	—	—	—	—	0,3	0,6	0,2	—	8,30
61 (Stellit 23)	A	2	Rest	28	1	—	6	—	—	—	—	0,3	0,6	0,4	—	8,54
422-19 (Stellit 30)	A	15	Rest	26	1	6	—	—	—	—	—	0,5	0,4	0,4	—	8,31
X-40 (Stellit 31)	A	10	Rest	25	1	—	7,5	—	—	—	—	0,6	0,7	0,5	—	8,61
Multimet N-155 (niedrig C)	A	20	20	20	30	3	2,5	1,3	—	—	—	1,5	0,6	0,18	0,15	8,20
Refractaloy 26	A	Rest	20	18	16	3,2	—	—	3	0,3	—	0,8	1,0	0,03	—	8,21
Refractaloy 70	A	20	30	20	14	8	—	—	—	—	—	2,0	0,3	0,04	—	8,62
S-590	A	20	20	20	27	4	4	4	—	—	—	1,5	0,6	0,4	—	—
S-816	A	20	Rest	20	4	4	4	4	—	—	—	1,5	0,6	0,4	—	—
Inconel X	A	Rest	—	15	7	—	—	1	2,5	0,7	—	0,7	0,4	0,04	—	8,30
Nimonic 80	E	Rest	—	20	—	—	—	—	2	1	—	—	—	0,1	—	—
Nimonic 90	E	Rest	20	20	—	—	—	—	2	1	—	—	—	—	—	8,27
Cromadur	D	—	—	12,5	Rest	—	1	—	—	—	0,25	18	—	—	0,2	—
Tinidur	D	30	—	15	Rest	—	—	—	1,8	—	—	—	—	0,1	—	—
Vanidur	D	10	—	18	Rest	—	—	—	0,6	—	1	—	—	0,1	—	—
Multilegierung	D	35	25	15	Rest	5	5	5	—	—	—	—	—	—	—	—

* A = Amerika; E = England; D = Deutschland.

in Abb. 188 nach K. BUNGARDT[1] die 1000 Stunden Zeitstandfestigkeiten für austenitische Stähle (A), Chrom-Kobalt-Nickel-Eisen-Legierungen (B), Nickellegierungen (C) und Kobaltlegierungen (D) gegenübergestellt. Ab etwa 850° findet eine gewisse Überschneidung aller Legierungen bei Zeitstandfestigkeiten von 10 bis 15 kg/mm² statt. In Abb. 189 sind die entsprechenden Werte für Reinmolybdän, legiertes Molybdän, Nioblegierungen, Hartstoffe und Hartmetalle zum Vergleich gegenübergestellt. Diese Stoffe übertreffen die Superlegierungen beträchtlich. Abgesehen von ihrer Sprödigkeit können ihre hervorragenden Festigkeitswerte bei höchsten Temperaturen nur unter nichtoxidierenden Bedingungen ausgenutzt werden. Ihr Einsatz ist also mit der technischen Lösung eines wirksamen Oxidationsschutzes verknüpft.

C. Karbide als Hochtemperaturwerkstoffe

Von allen Hartstoffen, die für Schneidlegierungen verwendet werden, scheint das Titankarbid sowie seine Mischkristalle mit Cr_3C_2,WC, TaC-NbC und Mo_2C am geeignetsten für Hochtemperaturanwendungen zu sein, und zwar nicht nur wegen seiner bereits erwähnten, verhältnismäßig guten Oxidationsbeständigkeit, sondern auch im Hinblick auf seine niedrige Dichte.

Schon 1933 verglich O. KLINGOHR[2] das Oxidationsverhalten eines Hartmetalles auf Titankarbidbasis (42,5% TiC, 42,5% Mo_2C, 14% Ni und 1% Cr, Titanit S) mit einer 94/6 WC-Co-Legierung bei 700° an Luft. Nach einer Oxidationsdauer von 30 Minuten beobachtete er die Bildung von losen Oxidschichten auf den WC-Plättchen, während das TiC-Mo_2C-Hartmetall keine merkbare Veränderungen zeigte. Versuche von W. DAWIHL[3] mit WC-Co- und WC-TiC-Co-Legierungen

Zahlentafel 102. *Zunderung von WC-Co- und WC-TiC-Co-Hartmetallen* (W. DAWIHL)

Temperatur °C	Gewichtsverlust in g/100 cm²/h bei der Legierung	
	WC + 6% Co	WC + 15% TiC + 6% Co
600	0,4	0,05
700	11,0	2,2
800	44,0	13,5
900	67,6	24,5

zeigten eindeutig den günstigen Einfluß von TiC-Zusätzen auf die Oxidationsbeständigkeit bei erhöhten Temperaturen. Zahlentafel 102

[1] BUNGARDT, K.: Stahl u. Eisen **75** (1955), S. 1383/89.
[2] KLINGOHR, O.: Werkstattstechnik **27** (1933), S. 133/34.
[3] DAWIHL, W.: Chem. Fabr. **13** (1940), S. 133/35.

gibt die Ergebnisse wieder, die beim Glühen von Probestücken 10 × 20 × 8 mm während einer Stunde an Luft bei Temperaturen von 600 bis 900° erhalten wurden.

Während W. DAWIHL die Zunderschicht durch Abbürsten vor der Wägung entfernte und so das Zunderverhalten als Gewichtsverlust angibt, bestimmte J. HINNÜBER und Mitarbeiter[1–4] das Gewicht ohne Entfernung des Zunders und maß entsprechend die Oxidationsbeständigkeit am Gewichtszuwachs. Er berichtete, daß nach einer Luftglühung bei 800° die Gewichtszunahme einer 60/34,5/5/5,5 TiC-WC-Co-Legierung nur 20 g/m² · h, diejenige einer 94/6 WC-Co-Legierung 350 g/m² · h betrug. Den Effekt von TiC-Zusätzen auf die Oxidationsbeständigkeit von WC-Co-Hartmetallen untersuchten auch A. G. METCALFE[5] und E. J. SANDFORD[6], die zeigten, daß die Stärke der gebildeten Zunderschicht deutlich durch die Gegenwart von TiC herabgesetzt wird.

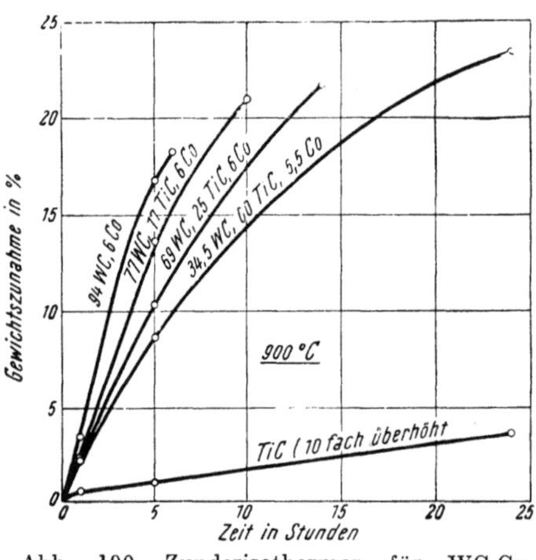

Abb. 190. Zunderisothermen für WC-Co- und WC-TiC-Co-Hartmetalle bei 900° (R. KIEFFER u. F. KÖLBL)

Skelettkörper aus WC-, TiC- und WC-TiC-Mischkristallen, welche mit hochwarmfesten Legierungen von Nimonic-, Vitallium- bzw. Hastelloy-Typ getränkt sind, wurden von R. KIEFFER und F. KÖLBL[7], J. M. KROL und C. G. GOETZEL[8] vorgeschlagen, wobei keine genaueren Angaben über die Zunderbeständigkeit gemacht werden.

R. KIEFFER und F. KÖLBL[7] untersuchten sehr eingehend das Zunderverhalten bekannter WC-Co- und WC-TiC-Co-Hartmetalle.

[1] HINNÜBER, J.: Maschinenmarkt **55** (1949), S. 38/40.

[2] HINNÜBER, J. u. O. RÜDIGER: Arch. Eisenhüttenwes. **24** (1953), S. 267/74; Sym. on Powder Metallurgy 1954; Iron Steel Inst., London 1956, S. 305/10.

[3] KINNA, W. u. O. RÜDIGER: Arch. Eisenhüttenwes. **24** (1953), S. 535/42; Techn. Mitt. Krupp **12** (1954), S. 13/21.

[4] HINNÜBER, J., O. RÜDIGER u. W. KINNA: 2. Plansee Seminar, Reutte/Tirol 1955, S. 130/53; Arch. Eisenhüttenwes. **27** (1956), S. 259/67; Techn. Mitt. Krupp **14** (1956), S. 140/42.

[5] METCALFE, A. G.: Metal Treatment **13** (1946), S. 127/33.

[6] SANDFORD, E. J.: Alloy Metals Rev. **7** (1949), Nr. 52, S. 2/12.

[7] KIEFFER, R. u. F. KÖLBL: Ö.P. 165676 (1948), Z. anorg. Chem. **262** (1950), S. 229/47; Planseeber. Pulvermetallurgie **1** (1952), S. 17/35.

[8] KROL, J. M. u. C. G. GOETZEL: AF TR 5892 (1949).

In Zahlentafel 103 sind die Gewichtszunahmen bei verschieden langem Erhitzen gleich großer prismatischer Proben bei verschiedenen Temperaturen an Luft wiedergegeben. Vergleichsweise sind auch die Werte für reines TiC mitangeführt. In Abb. 190 ist ein Teil der Ergebnisse in Form einer Zunderisotherme bei 900° graphisch ausgewertet und in Abb. 191 ist die Beschaffenheit der Proben nach einstündiger Zunderung bei 800 bzw. 1000° zu sehen. Deutlich ist das günstigere Zunderverhalten der TiC-haltigen Sorten erkennbar, obzwar auch diese bei höheren Temperaturen keine festhaftenden Deckschichten ausbilden. Dies deutet auf einen linearen Zunderungsverlauf hin. Bemerkenswert ist, daß bei den hoch TiC-haltigen Legierungen im Temperaturbereich von 1100 bis 1200°, wahrscheinlich durch Auftreten einer flüssigen Phase in der Deckschicht, eine vorübergehende

Zahlentafel 103. *Zunderung von WC-Co- und WC-TiC-Co-Hartmetallen* (R. Kieffer u. F. Kölbl)

Temperatur °C	Zeit Stunden	Gewichtszunahme in % vom Ausgangsgewicht bei der Zunderung von				
		TiC	94 WC 6 Co	77 WC 17 TiC 6 Co	69 WC 25 TiC 6 Co	34,5 WC 60 TiC 5,5 Co
700	1	—	0,07	0,02	0,023	0,02
	5	—	0,32	0,09	0,114	0,06
	24	—	1,36	0,43	0,472	0,12
	48	—	2,47	0,91	0,78	0,28
800	1	—	0,78	0,57	0,50	—
900	1	0,056	3,48	2,30	2,18	1,96
	5	0,099	16,80	13,67	10,28	8,60
	6	—	18,30	—	—	—
	10	—	—	21,0	—	—
	14	—	—	—	21,7	—
	24	0,364	—	—	—	23,45
	48	0,91	—	—	—	—
1000	1	—	6,25	4,84	1,74	2,44
1100	1	—	4,44	—	0,695	1,51
1200	1	2,27	—	—	—	1,63
	5	10,48	—	—	—	5,17
	10	19,1	—	—	—	6,76
1300	1	—	—	—	—	3,88
Maximale Zunahme rechnerisch	—	33,3	18,60	21,44	22,5	25,92

Verzögerung der Zunderung eintritt. Eine Hartmetallsorte auf TiC-Basis mit Ni-Cr-Bindung (s. S. 456), die auf Abb. 191 zum Vergleich zu sehen ist, veränderte sich bei den Versuchstemperaturen fast kaum. Bei dieser Legierung bildet sich eine festhaftende, dichte Zunderschicht aus; die Zunderung verläuft parabolisch.

94WC	77WC	69WC	34,5WC	70TiC
6Co	17TiC	25TiC	60TiC	24Ni
	6Co	6Co	5,5Co	6Cr

Abb. 191. Körper aus WC-Co-, WC-TiC-Co- und TiC-Ni-Cr-Hartmetallen bei 800° (oben) und 1000° (unten) gezundert (R. KIEFFER u. F. KÖLBL)

A. G. METCALFE[1] macht die Erhöhung der Zunderbeständigkeit von WC-Co-Legierungen durch TiC-Zusätze auch verantwortlich für die überlegene Drehleistung von WC-TiC-Co- und anderen TiC-enthaltenden Karbid-Mehrstofflegierungen bei der Stahlzerspanung. Gestützt auf Röntgenuntersuchungen deutet er die Erhöhung der Zunderbeständigkeit durch die Bildung von Titanmonoxid (TiO). Dieses Monoxid ist isotyp mit dem Karbid (TiC). Der Vergleich der Gitterparameter zeigt, daß der Ti-Ti-Abstand im TiO fast der gleiche ist wie im TiC und in TiC-WC-Mischkristallen. Die Bildung des Monoxides auf der Oberfläche des Karbides bedingt daher keinen störenden Transport von Titan-Atomen. Die TiO-Filme sind sowohl festhaftend als auch gasundurchlässig.

Nach Feststellung der Verfasser spielt jedoch bei Hartlegierungen, die Titan und Zirkonium enthalten (z. B. Karbide oder Boride), auch die Bildung der mit den Karbiden und Monoxiden isotypen Nitride (z. B. TiN) eine wichtige Rolle, die bei der Zunderung solcher Legierungen an Luft vorübergehend auftreten können.

Nach der Erkenntnis der günstigen Wirkung von TiC-Zusätzen auf WC-Co-Legierungen lagen systematische Untersuchungen des Hochtemperaturverhaltens von Hartlegierungen auf TiC-Basis, und

[1] METCALFE, A. G.: Metal Treatm. **13** (1946), S. 127/33.

zwar von reinem, binderfreiem TiC oder von TiC mit verschiedenen Bindemetallen nahe.

In den folgenden Unterkapiteln 1 bis 5 wird diese Entwicklung vornehmlich chronologisch dargestellt. Seit der 1. Auflage dieses Buches erschien eine Flut von Veröffentlichungen und Nacharbeiten zum Thema „Karbide als Hochtemperaturwerkstoffe", die jedoch kaum neue und grundsätzliche Erkenntnisse brachten und daher hier nur durch Literaturergänzungen berücksichtigt werden[1–95].

---

[1] Montgomery, E. T., T. S. Shevlin, C. C. McBride, R. F. Stoops, H. F. Konrad u. W. S. Zartman: AF TR 6515 (1951).

[2] Cooper, A. L. u. L. E. Colteryahn: NACA RM 51 I 10 (1951).

[3] Gurnick, R. S. u. A. L. Cooper: NACA RM E52E27 (1952).

[4] Greenhouse, H. M.: J. Am. Ceram. Soc. **35** (1952), S. 271/74.

[5] Deutsch, G. C., A. J. Meyer u. W. C. Morgan: NACA RM E52K13 (1953).

[6] Graham, J. W.: Iron Age **172** (1953), Nr. 7, S. 148/52; Machine Design **26** (1954), Nr. 5, S. 159/62.

[7] Hoffman, C. A. u. A. L. Cooper: NACA RM E52H05 (1953).

[8] Wilson, R. E.: WADC TR 53—369 (1953).

[9] Soxman, E. J.: WADC TR 53—370 (1953).

[10] Schwarzkopf, P. u. W. Leszynski: Powder Met. Bull. **7** (1954), S. 19/21.

[11] Trent, M. u. A. Carter: Symp. on Powder Metallurgy 1954; Iron Steel Inst., London 1956, S. 272/76.

[12] Penrice, T. W. u. D. H. Shute: Symp. on Powder Metallurgy 1954, Iron Steel Inst., London 1956, S. 277/81.

[13] Harris, G. T., H. C. Child u. J. F. Howard: Symp. on Powder Metallurgy 1954, Iron Steel Inst., London 1956, S. 282/92.

[14] Turnbull, R. C.: WADC TR 53—1 (1954).

[15] Joseph, A. D., K. D. Scheffer, R. P. Riegert u. J. R. Tinklepaugh: WADC TR 55—82 (1954), 55—489 (1955).

[16] Ault, G. M. u. G. C. Deutsch: J. Metals **6** (1954), S. 1214/26, Disk., S. 1227/30.

[17] Johnson, A. E.: NACA TN 3197 (1954).

[18] Carter, A.: Metallurgia **49** (1954), S. 8/14.

[19] Goetzel, C. G. u. L. P. Skolnick: 2. Plansee Seminar, Reutte/Tirol 1955, S. 92/98.

[20] Havekotte, W. L.: 2. Plansee Seminar, Reutte/Tirol 1955, S. 111/29.

[21] Crandall, W. B. u. J. R. Tinklepaugh: 2. Plansee Seminar, Reutte/Tirol 1955, S. 344/60.

[22] Pinkel, B., G. C. Deutch u. N. H. Katz: NACA Res. Mem. E54D13 (1955).

[23] Knudsen, F. P., R. E. Moreland u. R. F. Geller: J. Am. Ceram. Soc. **38** (1955), S. 312/23.

[24] Montgomery, E. T., T. S. Shevlin, H. M. Greenhouse u. H. W. Newkirk: WADC TR 54—33 (1955).

[25] Long, R. A.: Metal Progr. **68** (1955), Nr. 3, S. 123/28, 190, 192.

[26] Kingery, W. D. u. F. A. Halden: Bull. Am. Ceram. Soc. **34** (1955), S. 117/19.

[27] Pfaffinger, K.: Planseeber. Pulvermetallurgie **3** (1955), S. 17/33.

[28] Pfaffinger, K., H. Blumenthal u. F. W. Glaser: Am. Soc. Test. Mat., Spec. Techn. Rep. Nr. 174, Philadelphia 1956, S. 90/99, Disk., S. 99/102.

[29] Kieffer, R., F. Kölbl u. K. Pfaffinger: Métaux **31** (1956), S. 233/43.

[30] GOETZEL, C. G. u. J. B. ADAMEC: Metal Progr. **70** (1956), Nr. 6, S. 101/06.

[31] HAVEKOTTE, W. L.: Metal Progr. **64** (1953), Nr. 6, S. 67/70; **69** (1956), Nr. 4, S. 56/61.

[32] HOFFMAN, C. A.: NACA RM E55H12 (1956).

[33] GLASER, F. W. u. N. GROSSMANN: Powder Met. Bull. **7** (1956), S. 90/93.

[34] REDMOND, J. C., R. J. REINGTEN, J. R. FENTON u. M. E. SIMON: WADC TC 57–25 (1956).

[35] GRAHAM, J. W. u. J. C. REDMOND: In: High Temperature Technology, J. Wiley, New York 1956, S. 208/32.

[36] SKOLNICK, L. P. u. C. G. GOETZEL: Am. Soc. Test. Mat., Spec. Techn. Publ. Nr. 174, Philadelphia 1956, S. 103/09.

[37] BLUMENTHAL, H. u. R. SILVERMAN: J. Metals **8** (1956), S. 977/81; WADC TR 54–13 (1956).

[38] EREMENKO, V. N., V. M. POLJAKOVA, Z. P. GOLUBENKO u. N. D. LESNIK: In: Fragen der Pulvermetallurgie, Kiew 1956, Bd. 3, S. 62/72, 73/80.

[39] KIEFFER, R. u. F. BENESOVSKY: Neue Hütte **2** (1957), S. 545/54.

[40] THÜMMLER, F. u. G. BLUM: Neue Hütte **2** (1957), S. 762/63.

[41] SKOLNICK, L. P.: J. Metals **9** (1957), S. 438/42.

[42] LAVENDEL, H. W. u. C. G. GOETZEL: In: High Temperature Materials J. Wiley, New York 1959, S. 140/54; WADC TR 57–135 (1957).

[43] PROBST, H. B. u. H. T. MCHENRY: NACA TN 3894, 3931 (1957).

[44] ROBINS, L. u. E. M. GRALA: NACA TN 3927 (1957).

[45] MORGAN, W. C. u. G. C. DEUTSCH: NACA TN 4030 (1957).

[46] PEZZI, A. C. u. H. P. KLING: WADC TR 56–329 (1957).

[47] HAUSNER, H. H.: In: Metals for Supersonic Aircraft and Missiles. Am. Soc. Met., Cleveland 1958, S. 315/39.

[48] GLENNY, E. u. T. A. TAYLOR: Powder Met. (1958), Nr. 1/2, S. 189/226.

[49] KERPER, M. J., L. E. MONG, M. B. STIEFEL u. S. F. HOLEY: J. Res. Nat. Bur. Stand. **61** (1958), S. 149/69.

[50] KAWASHIMA, C. u. S. SAITO: J. Ceram. Assoc. Japan **66** (1958), S. 174/82; **68** (1960), S. 267/73.

[51] GREGORY, E. u. C. G. GOETZEL: Trans. Met. Soc. Am. Inst. Met. Engng. **212** (1958), S. 868/74.

[52] GRAHAM, J. W. u. W. F. ZIMMERMANN: Metal Progr. **73** (1958), Nr. 4, S. 108/11.

[53] SHIMOHIRA, T. u. T. YAMAGUCHI: Yogyo Kyokai Shi **66** (1958), S. 83/88.

[54] EREMENKO, V. N. u. J. V. NATANSON: In: Fragen der Pulvermetallurgie. Kiew 1959, Bd. 7, S. 7/17.

[55] EREMENKO, V. N. u. I. J. KOSOLAPOVA: Poroschkovaja Met. (I959), Nr. 7, S. 3/6.

[56] NEWKIRK, H. W. u. H. H. SISLER: J. Am. Ceram. Soc. **41** (1958), S. 93/103; **42** (1959), S. 306/09.

[57] WACHTMAN, J. B. u. D. G. LAM: J. Am. Ceram. Soc. **42** (1959), S. 254/60.

[58] WAMBOLD, J. u. J. C. REDMOND: In: High Temperature Materials, J. Wiley, London 1959, S. 125/39.

[59] LAVENDEL, H. W. u. C. G. GOETZEL: In: High Temperature Materials, J. Wiley, New York 1959, S. 140/54; WADC TR 57–135 (1957).

[60] DEUTSCH, G. C.: In: High Temperature Materials, J. Wiley, London 1959, S. 190/204.

[61] HOLMES, A. G. u. A. J. REPKO: Non-Destr. Test. **17** (1959), Nr. 3 S. 156/64.

[62] WELLBORN, W. W.: Materials in Design Engng. **49** (1959), Nr. 2, S. 79/81.

[63] CHIARITO, P. T. u. J. R. JOHNSTON: NASA Mem. 2-13-59 E (1959).

[64] NIKI, E., S. KOHARA, M. TAJIRI u. K. TATSUZAWA: J. Aeronaut. Res. Inst. Univ. Tokyo **1** (1959), S. 372/83; J. Chem. Soc. Japan **63** (1960), S. 1121; Yogyo Kyokai Shi **69** (1961), S. 169.

[65] KATO, E. u. S. NAKA: Rep. Gov. Ind. Res. Inst. Nagoya **8** (1959), S. 228/33.

[66] NEWKIRK, W., H. H. SISLER u. T. S. SHEVLIN: Bull. Am. Ceram. Soc. **39** (1960), S. 370/76.

[67] LANG, S. M.: Nat. Bur. Stand. Mon. **6** (1960).

[68] WEBER, B. C.: In: Cermets, Reinhold Publ., New York 1960, S. 58/73.

[69] WAMBOLD, J.: In: Cermets, Reinhold Publ., New York 1960, S. 122/29.

[70] GOETZEL, C. G.: In: Cermets, Reinhold Publ., New York 1960, S. 73/81, 130/46.

[71] TINKLEPAUGH, J. R.: In: Cermets, Reinhold Publ., New York 1960, S. 170/80.

[72] MEYER, A. J. u. G. D. DEUTSCH: In: Cermets, Reinhold Publ., New York 1960, S. 196/207.

[73] ČECH, B.: Silikaty **4** (1960), S. 1/9.

[74] BROCHIN, I. S. u. I. I. OLCHOV: Cvetnyje Metally **32** (1959), Nr. 3, S. 61/66; **33** (1960), Nr. 4, S. 67/70; Tverdyje Splavy (1960), Nr. 2, S. 135/47.

[75] FUJII, Y.: J. Japan Soc. Powder Met. **7** (1960), S. 211/26.

[76] MONMA, K. u. H. SUTO: J. Japan Inst. Met. **24** (1960), S. 158/62, 163/67, 167/70.

[77] SUGIYAMA, M. u. H. SUZUKI: J. Japan Inst. Met. **24** (1960), S. 618/22, 622/25, 689/92, 740/43; **25** (1961), S. 1/4, 4/8, 8/11, 167/70, 321/24; Kogyo Kagaku Zassi **63** (1960), S. 1094/1100.

[78] KATO, E. u. H. MATSUMOTO: Rep. Gov. Ind. Res. Inst. Nagoya **10** (1961), S. 55/61.

[79] SPINNER, S.: J. Res. Nat. Bur. Stand. **65** (1961), S. 89/96.

[80] AGTE, C. u. G. BLUM: Neue Hütte **6** (1961), S. 139/46.

[81] LEWIS, B. W.: NASA TN D 906 (1961).

[82] SUGIYAMA, M. u. H. SUZUKI: J. Japan Powder Met. **8** (1961), S. 152/55.

[83] KINGERY, W. D., E. NIKI u. M. D. NARASIMHAN: J. Am. Ceram. Soc. **44** (1961), S. 29/35.

[84] SASAKI, Y. S.: J. Japan Inst. Met. **25** (1961), S. 313/17.

[85] AGTE, C.: In: Ber. II. Internat. Pulvermet. Tagung, Eisenach 1961, Akademie-Verlag, Berlin 1962, S. 43/59.

[86] RAKOVSKI, V. S.: In: Ber. II. Internat. Pulvermet. Tagung, Eisenach 1961, Akademie Verlag, Berlin 1962, S. 381/84.

[87] NISHI, Y.: J. Japan Soc. Met. **26** (1962), S. 329.

[88] FUKATSU, T.: J. Japan Soc. Met. **26** (1962), S. 43.

[89] NIKI, E., K. MASATO u. T. KYOYA: Bunseki Kagaku **11** (1962), S. 1185/91.

[90] BÜCKLE, H.: In: Ber. II. Internat. Pulvermet. Tagung, Eisenach 1961, Akademie-Verlag 1962, S. 301/14.

[91] EREMENKO, V. N., Z. I. TOLMATSCHEVA u. T. J. VELIKANOVA: Issl. Zaroprotsch. Spl. **8** (1962), S. 95/102.

[92] VALJEV, N. I.: Izv. Vysch. Utsch. Zaved. Maschinostroj. (1962), Nr. 6, S. 124/28.

[93] FUKATSU, T. u. S. YAMAYA: J. Japan Powder Met. Soc. **10** (1963), S. 167/71.

[94] HARRINGTON, L.C. u. G.H. ROWE: Am. Soc. Test. Mat., Prepr. No. 71 (1963)

[95] ARTAMANOV, A. J. u. E. L. SCHVEDKOV: Poroschkovaja **Met.** (1963) Nr. 1, S. 79/82.

Zahlentafel 104. *Eigenschaften von bindemetallfreiem TiC und ZrC* (J. J. Gangler u. Mitarbeiter)

Karbid	Dichte gef. g/cm³	Dichte ber. g/cm³	Raumerfüllung %	Ausdehnungskoeffizient $\beta \cdot 10^6$	Glühtemperatur °C	Glühzeit Stunden	Zugfestigkeit kg/mm² bei °C 980	1200
TiC	4,74	4,91	96,5	7,4	1040	13½	11,1	—
					1040	4	12,0	—
					1260	4	—	5,6
					1260	—	—	6,6
ZrC	6,30	6,44	97,8	6,74	1040	13	8,2	—
					1040	4	10,2	—
					1260	4	—	9,1
					1260	4	—	11,1

Während reines Titankarbid sich in den letzten Jahren als Schiffchenwerkstoff für die Metallverdampfung eingeführt hat und wolframkarbidfreie vergütbare Hartmetalle auf Titankarbidbasis bei der Verschleißbekämpfung Erfolge hatte (vgl. S. 248) ist den TiC-Hilfsmetallegierungen vom Typ TiC-(Nb, Ta)C-Ni-Co, TiC-Ni-Co-Cr, TiC-Cr_3C_2-WC-(Nb, Ta)C-Co der technische Durchbruch, zumindestens als Turbinenschaufelwerkstoff, -hauptsächlich wegen der zu geringen Schlagfestigkeit, -bisher noch nicht gelungen.

1. Heißgepreßtes, bindemetallfreies Titan-, Zirkonium- und Hafniumkarbid

Die charakteristischen Eigenschaften von reinem, heißgepreßtem TiC und ZrC wurden von J. J. Gangler und Mitarbeitern[1] untersucht und mit den entsprechenden Eigenschaften anderer heißgepreßter oxidischer Werkstoffe verglichen. Zahlentafel 104 gibt die Dichten, Ausdehnungskoeffizienten und die Kurzzeit-Zugfestigkeitswerte bei erhöhten Temperaturen wieder. Bei einer Prüftemperatur von 980° hat TiC eine höhere Warmfestigkeit als ZrC, bei 1200° ist das Verhältnis umgekehrt. Bei der kritischen Betrachtung der Festigkeitswerte muß man berücksichtigen, daß diese sehr stark von der Dichte der Probekörper abhängig sind. F. W. Glaser und W.

[1] Gangler, J. J., C. F. Robards u. J. E. McNutt: NACA Techn. Note Nr. 1911 (1949), J. Am. Ceram. Soc. 33 (1950), S. 367/74.

IVANICK[1] fanden nämlich an heißgepreßten, hilfsmetallfreien Titankarbidkörpern (Heißpreßtemperatur: 2600 bis 3000°, Druck: 200 kg/cm², Zeit: 30 Sek.), daß die Biegebruchfestigkeit sehr stark von der Dichte abhängig ist und insbesondere ab etwa 98% Raumerfüllung sehr stark zunimmt (Abb. 192). Auch die Reinheit des Titankarbides und seine Korngröße sind für die erzielbare Dichte bzw. Biegebruchfestigkeit von Bedeutung. Die Titankarbidproben von J. J. GANGLER hatten nur eine Dichte von 4,74 g/cm³ (entspricht einer Raumerfüllung von 96,5%), woraus sich die niedrigeren Festigkeitswerte, auch der Zirkoniumkarbidkörper, leicht erklären.

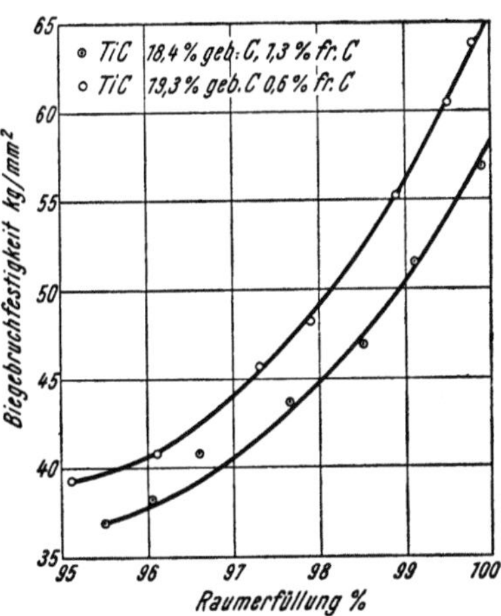

Abb. 192. Biegebruchfestigkeit von hilfsmetallfreien Titankarbidkörpern in Abhängigkeit von der Dichte (F. W. GLASER u. W. IVANICK)

Für die Untersuchung der Temperaturwechselbeständigkeit von TiC und ZrC wurden von J. J. GANGLER und Mitarbeitern plattenförmige Proben (etwa 50 mm Durchmesser und 6 mm Stärke) in einer Versuchseinrichtung gemäß Abb. 187 bis zum Bruche, mindestens jedoch 25mal, erhitzt und mit kalter Preßluft abgeschreckt. Das Ergebnis der Prüfung im Vergleich mit anderen Materialien ist in Zahlentafel 105 zusammengestellt. Titankarbid ist bezüglich seiner Tem-

Zahlentafel 105. *Temperaturwechselbeständigkeit verschiedener heißgepreßter Karbide und Oxide* (J. J. GANGLER u. Mitarbeiter)

Werkstoff	Temperaturwechsel bis zum Bruch bei				Koeffizient für die Temperaturwechselbeständigkeit**
	980°	1090°	1200°	1320°	
TiC	25	25	25	21	18200
85% SiC, 15% B_4C	25	25	2	—	—
BeO	25	3	—	—	6390
ZrC	22*	—	—	—	—
Zirkonsilikat	1	—	—	—	2345
B_4C	1/2	—	—	—	—
MgO	1/2	—	—	—	641 bis 1480
ZrO_2 stab.	0	—	—	—	345

* Die Probe fiel wegen starker Oxidation aus der Halterung.
** Gemäß Formel S. 425, Werte im amerikanischen Maßsystem.

[1] GLASER, F. W. u. W. IVANICK: J. Metals 4 (1952), S. 387/90.

peraturwechselbeständigkeit allen geprüften Materialien deutlich überlegen. Die Zirkoniumkarbidproben mußten nach 22 Wechseln nicht wegen Bruches, sondern wegen zu starker Oxidation ausgeschieden werden. In der letzten Spalte der Zahlentafel sind die Werte für den Quotienten $\frac{K \cdot T}{\alpha \cdot E}$ eingetragen, welcher nach W. G. Lidman und A. R. Bobrowsky[1] (s. S. 425) zahlenmäßig die Temperaturwechselbeständigkeit ausdrücken soll. Bei jenen Werkstoffen, für welche die erforderlichen Daten erreichbar sind, zeigt sich, daß dieser Quotient tatsächlich eindeutig die Versuchsergebnisse bestätigt.

Weitere Untersuchungen über die Temperaturwechselbeständigkeit von ZrC-Proben verschiedener Porosität und mit Zusätzen an Graphit wurden von P. T. B. Shaffer, D. P. H. Hasselman und A. Z. Chaberski[2] durchgeführt, wobei kugelförmige Proben benutzt wurden.

Angaben über die Zunderbeständigkeit von Titankarbidkörpern werden auch von R. Kieffer und F. Kölbl[3] gemacht (s. Zahlentafel 103). Zirkoniumkarbid verhält sich beim Erhitzen an Luft wesentlich ungünstiger.

W. A. Sanders und Mitarbeiter[4] haben auch das bei fast 3900° schmelzende HfC in Form von dichten Proben auf einige seiner Hochtemperatureigenschaften untersucht. Es scheint aber, ebenso wie das reine TaC, z. B. für Raketendüsen kein brauchbares Material zu sein.

2. Hilfsmetallhaltige Titankarbid-Legierungen

Die vergleichsweise sehr gute Temperaturwechselbeständigkeit des TiC, die noch durch den Zusatz von Bindelegierungen verbessert wird, war der Hauptgrund für ausgedehnte Untersuchungen an bindemetallhaltigen TiC-Legierungen. Während die ersten Versuche mit Kobalt und Nickel als Bindemetall durchgeführt wurden, umfaßten weitere Versuche eine große Anzahl verschiedener Metalle oder Metalllegierungen. W. J. Engel[5] untersuchte zunächst die Binde- oder

---

[1] Lidman, W. G. u. A. R. Bobrowsky: NACA Techn. Note Nr. 1918 (1949). (1949).

[2] Shaffer, P. T. B., D. P. H. Hasselman u. A. Z. Chaberski: WADD TR 60—749 (1961).

[3] Kieffer, R. u. F. Kölbl: Z. anorg. Chem. **262** (1950), S. 229/47.

[4] Sanders, W. A., J. R. Creagh, C. Zalabak u. J. J. Gangler: In: High Temperature Materials II, Intersci. Publ., New York 1963, S. 469/83.

[5] Engel, W. J.: NACA, Techn. Note Nr. 2187 (1950).

Legierungseigenschaften einer Anzahl von Elementen dadurch, daß er dieselben auf fast dichtem TiC niederschmolz und metallographisch die Übergangszonen untersuchte. In Vertiefungen der heißgepreßten Karbidkörper wurden Pulver der Bindemetalle eingebracht und unter Helium eben gerade bis zum Schmelzpunkt erhitzt. (Über die Vorgänge beim Tränken poröser Skelettkörper vgl. S. 110). Die Benetzungs- und Saugfähigkeit bzw. die Bildung einer neuen Phase zwischen den TiC-Kristallen wurde als Kriterium für das Bindungsverhalten herangezogen. Von den untersuchten Elementen netzten nur Nickel, Kobalt, Chrom und Silizium das TiC, während keine Netzung bzw. Bindung mit den Metallen Aluminium, Beryllium, Gold, Eisen, Blei, Magnesium, Mangan, Niob, Platin, Titan und Vanadin beobachtet wurde. Nickel und Kobalt bilden ausgeprägte zusammenhängende Netzwerke um die Karbidkörner, wobei die Eindringtiefe des Nickels größer war als diejenige des Kobalts (Abb. 193 und Abb. 194). Chrom wird auch von dem TiC-Skelett schwach angesaugt, bildet jedoch keine gut zusammenhängende Bindephase. Silizium dringt nicht in den Skelettkörper ein, wobei sich jedoch mit Silizium ebenso wie mit Chrom neue Phasen an den TiC-Körnern bilden. Bei Nickel- und Kobalt-Tränkkörpern wurden kleine, nicht zusammenhängende eckige Ausscheidungen — wahrscheinlich TiC-Kriställchen — in der Hilfsmetallphase beobachtet.

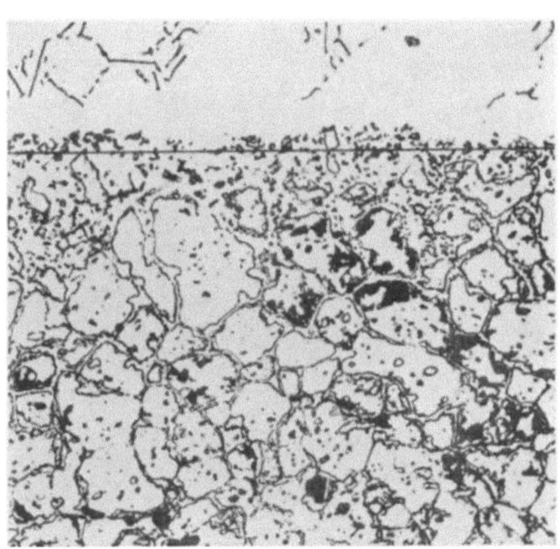

Abb. 193. Gefüge von Titankarbid mit Kobalt getränkt. (× 1000) (W. J. Engel)
Oben: kobaltreiche Zone darunter: TiC-reiche Zone

Aus den Untersuchungen von W. J. Engel kann man folgern, daß von den untersuchten Metallen nur Nickel, Kobalt und gegebenenfalls auch Chrom als Binder für TiC-Werkstoffe geeignet sind. In den Engelschen Untersuchungen wurden jedoch andere Metalle, wie z. B. die an sich gut bindenden Metalle Wolfram und Molybdän und besonders erfolgversprechende, legierte Binder nicht einbezogen.

Günstige Festigkeitswerte wurden von C. C. McBride[1] für TiC berichtet, das mit einer Nickel-Aluminium-Legierung getränkt wurde (Biegebruchfestigkeit bei 980° 25,3 kg/mm²). Er benützte auch Ferrosilizium als Tränkwerkstoff, wobei sich jedoch neue, nicht identifizierte Phasen bildeten.

R. Kieffer und F. Kölbl[2] haben sich sehr eingehend mit der Frage der Herstellung hochwarmfester Hartmetalle nach dem Tränkverfahren beschäftigt. Sie erzielten besonders hohe Zähigkeiten durch Tränkung von TiC- bzw. TiC-Mo_2C-Skeletten mit Ni-Co-Cr-Legierungen. Das Tränkverfahren hat sich in der Folge bei der Herstellung von schlagfesten Turbinenschaufeln als technisch brauchbares Verfahren erwiesen (s. S. 465).

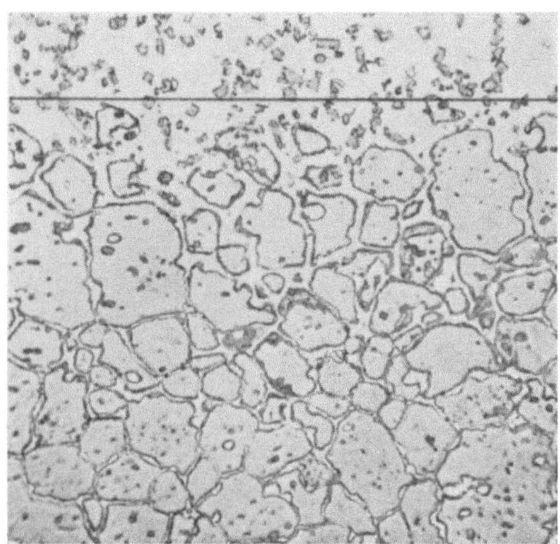

Abb. 194. Gefüge von Titankarbid mit Nickel getränkt (× 1000) (W. J. Engel)
Oben: nickelreiche Zone darunter: TiC-reiche Zone

G. C. Deutsch, A. J. Repko und W. G. Lidman[3] untersuchten die mechanischen Eigenschaften von TiC mit Kobalt, Molybdän und Wolfram als Binder. M. J. Whitman und A. J. Repko[4] prüften die Oxidationsbeständigkeit der betreffenden Legierungen. Die Hochtemperatur-Kurzzeitzugsfestigkeit einer 80/20-TiC-Co-Legierung wurde von C. A. Hoffman und Mitarbeitern[4] bestimmt, wobei ein besonderer für spröde Werkstoffe konstruierter Zerreißstab verwendet wurde. Unter Verwendung der gleichen Zerreißstabmuster untersuchten G. C. Deutsch und Mitarbeiter[5] die Zugfestigkeit von TiC-Legierungen mit 5, 10, 20 und 30% Co bei 980° und 1200°. Die Biege-

[1] McBride, C. C., H. M. Greenhouse u. T. S. Shevlin: J. Am. Ceram. Soc. **35** (1952), S. 28/32.

[2] Kieffer, R. u. F. Kölbl: Berg- u. Hüttenmänn. Mh. **95** (1950), S. 49/58.

[3] Deutsch, G. C., A. J. Repko u. W. G. Lidman: NACA, Techn. Note Nr. 1915 (1949).

[4] Whitman, M. J. u. A. J. Repko: NACA, Techn. Note Nr. 1914 (1949).

[5] Hoffman, C. A., G. M. Ault u. J. J. Gangler: NACA, Techn. Note Nr. 1836 (1949).

bruchfestigkeit der kobalt-, molybdän- und wolframgebundenen Körper wurde bei 870°, 1090° und 1315° bestimmt (Probengröße etwa 6 × 12 × 100 mm, Unterlagsabstand etwa 90 mm, Belastungsgeschwindigkeit 1,4 kg/Min.). Die Zugfestigkeits- und Biegebruchfestigkeitswerte der TiC-Co-Legierungen sind in Zahlentafel 106 zu-

Zahlentafel 106. *Warmfestigkeit und Warmbiegebruchfestigkeit von TiC-Co-Legierungen* (G. C. DEUTSCH, A. J. REPKO u. W. G. LIDMAN)

TiC mit % Co	Zugfestigkeit kg/mm² bei		Biegebruchfestigkeit kg/mm² bei			
	980°	1200°	20°*	870°	1090°	1315°
5	15,9	6,9	88,6	31,2	28,4	1,8
	14,3	—	—	39,9	18,3	2,1
	—	—	—	—	31,0	—
10	17,3	10,1	85,8	42,8	28,1	1,2
	13,3	8,0	—	51,6	27,8	1,4
20	22,4	6,3	112,5	66,9	50,6	1,4
	24,3	9,3	—	70,9	26,3	1,7
	—	—	—	40,6	20,7	—
	—	—	—	—	22,3	—
30	15,7	10,3	106,8**	69,8	25,3	1,7
	15,9	6,5	—	65,7	46,0	1,5
	—	—	—	—	16,0	—
	—	—	—	—	20,8	—

* Werte von J. C. REDMOND u. E. N. SMITH; Auflageweite 14 mm.
** 35% Co.

sammengestellt. Zum Vergleich sind Kaltbiegebruchfestigkeitswerte von J. C. REDMOND und E. N. SMITH[1] mitangeführt.

Der Vergleich der Zug- und Biegebruchfestigkeitswerte zeigt, daß die Biegebruchfestigkeit bei den Legierungen mit 5, 10 und 20% Co 2,2- bis 2,5fach höher ist als die der Zugfestigkeit, während das entsprechende Verhältnis für die Legierungen mit 30% Co etwa 3,6 beträgt. Nach Untersuchungen der Engineering Experiment Station der Ohio State University ergibt sich erfahrungsgemäß, daß die Biegebruchfestigkeitswerte von spröden Werkstoffen 1,67- bis 2,5fach höher liegen als die Zugfestigkeitswerte. Auf Grund dieser Annahme errechnete A. R. BOBROWSKY[2] aus den Biegebruchfestigkeitswerten von G. C. DEUTSCH und Mitarbeitern, durch Interpolation und Multiplikation mit einem mittleren Faktor 0,5, Warmzugfestig-

[1] REDMOND, J. C. u. E. N. SMITH: Trans. Am. Inst. Met. Engng. **185** (1949), S. 987/93.

[2] BOBROWSKY, A. R.: Trans. Am. Soc. Mech. Engng. **71** (1949), S. 621/29.

keitswerte für TiC-Co, TiC-Mo- und TiC-W-Legierungen und verglich sie mit einer bekannten hochwarmfesten Legierung (Zahlentafel 107).

Zahlentafel 107. *Errechnete Warmzugfestigkeit von TiC-Legierungen* (A. R. BOBROWSKY)

Zusammensetzung	Dichte g/cm³	Warmzugfestigkeit* σ_W in kg/mm² bei			
		980°		1200°	
		σ_W	σ_W/γ_R**	σ_W	σ_W/γ_R**
TiC + 5% Co	5,06	21,0	29,8	9,5	15,5
TiC + 10% Co	5,07	16,8	32,5	7,8	12,8
TiC + 20% Co	5,37	30,7	47,2	14,6	22,4
TiC + 30% Co	5,61	29,7	43,6	12,7	18,8
TiC + 5% Mo	5,06	15,3	24,6	10,4	16,7
TiC + 10% Mo	5,12	17,3	28,3	11,4	18,7
TiC + 20% Mo	5,24	11,5	18,3	8,6	13,7
TiC + 30% Mo	5,77	17,5	24,0	10,6	15,2
TiC + 5% W	5,14	17,8	28,6	8,5	13,7
TiC + 10% W	5,22	14,5	23,0	9,1	14,3
TiC + 20% W	5,3	10,1	15,7	5,8	9,4
TiC + 30% W	5,81	8,4	11,9	4,9	7,0
Stellit 30 (422-19)	8,31	26,6	26,6	—	—

* Errechnet aus interpolierten Warmbruchfestigkeitswerten durch Multiplikation mit 0,5.
** Relative Dichte 8,31 = 1.

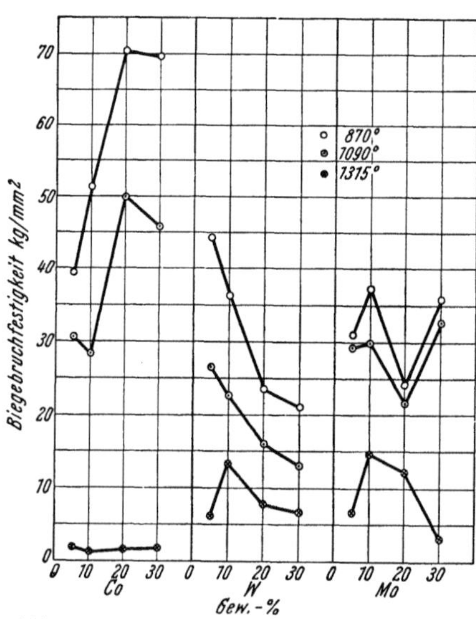

Abb. 195. Warmbiegebruchfestigkeit von Titankarbid mit verschiedenen Bindern (G. C. DEUTSCH, A. J. REPKO u. W. G. LIDMAN)

Um den Dichteunterschieden Rechnung zu tragen, wurden die Zugfestigkeitswerte durch die entsprechenden relativen Dichten dividiert, wobei die Dichte der Schmelzlegierung von 8,3 g/cm³ mit 1 angesetzt wurde.

Die Werte der Zahlentafel 107 zeigen, daß bereits bei 980° die Zugfestigkeit von TiC-Legierungen mit 20 und 30% Co höher ist als diejenige der „Superlegierungen" und daß die anderen kobaltgebundenen Legierungen ebenso wie die Legierungen mit 10% Mo und 5% W auch überlegen sind, wenn man die geringere Dichte in Betracht zieht. Bei 1200° sind alle TiC-

Legierungen dem bekannten hochwarmfesten Material festigkeitsmäßig überlegen.

In Abb. 195 sind die Warmbiegebruchfestigkeitswerte aller bei 870, 1090 und 1315° untersuchten Werkstoffe verglichen. Während bis zu 1090° die Festigkeit der kobaltgebundenen Legierungen außerordentlich hoch ist, werden die Festigkeitswerte bei 1315° bereits sehr klein. Bei diesen hohen Temperaturen ist die Festigkeit der molybdän- und wolframgebundenen Proben bei weitem überlegen.

J. C. REDMOND und E. N. SMITH[1] fanden bei einer 80/20 TiC-Co- und 80/20 TiC-Ni-Legierung bei 980° Biegebruchfestigkeitswerte von 78 bzw. 64 kg/mm^2 (s. a. Abb. 202). Diese unter optimalen Herstellungsbedingungen erhaltenen Werte sind erheblich höher als die von G. C. DEUTSCH und Mitarbeitern[2] angegebenen (s. Abb. 195).

Die Temperaturwechselbeständigkeit der 80/20 TiC-Co-Legierung wurde von C. A. HOFFMAN und Mitarbeitern[3] unter den vorher beschriebenen Bedingungen geprüft (s. S. 425). Die Proben hielten 25 Wechselbeanspruchungen bei 1315° stand, wodurch ihre Überlegenheit gegenüber heißgepreßtem, hilfsmetallfreiem TiC, ZrC und Oxiden bewiesen wurde.

In Ergänzung zu den Untersuchungen der mechanischen Eigenschaften von kobalt-, molybdän- und wolframgebundenen TiC-Legierungen bei höheren Temperaturen wurde von M. J. WHITMAN und A. J. REPKO[4] auch das Zunderverhalten dieser Legierungen geprüft. Die Proben wurden an Luft bei 880°, 910° und 1090° verschieden lang geglüht. Da Molybdän bei den Prüftemperaturen ein flüchtiges Oxid bildet, wurde als Vergleichsmaßstab nicht der Gewichtsverlust der Proben, sondern metallographisch die Stärke der oxidierten Schichten bestimmt und als Maß für das Oxidationsverhalten gewertet[5]. Die erhaltenen Werte sind in Zahlentafel 108 auszugsweise wiedergegeben. Gemessen an der Stärke der Oxidschicht sind die molybdänhaltigen Legierungen den wolfram- und kobaltgebundenen gegenüber unterlegen. Kobalt scheint als Binder auch dem Wolfram hinsichtlich der Bildung eines dichteren, festhaftenden Oxidfilms überlegen zu sein. Die vergleichsweise mitangeführten Werte für hochwarmfeste Stähle zeigen, daß keine der

[1] REDMOND, J. C. u. E. N. SMITH: Trans. Am. Inst. Met. Engng. **185** (1949), S. 987/93.

[2] DEUTSCH, G. C., A. J. REPKO u. W. G. LIDMAN: NACA, Techn. Note Nr. 1915 (1949).

[3] HOFFMAN, C. A., G. M. AULT u. J. J. GANGLER: NACA, Techn. Note Nr. 1836 (1949).

[4] WHITMAN, M. J. u. A. J. REPKO: NACA, Techn. Note Nr. 1914 (1949).

[5] GREENHOUSE, H. M.: J. Am. Ceram. Soc. **35** (1952), S. 271/74.

untersuchten Hartlegierungen die hervorragende Zunderfestigkeit der hochlegierten geschmolzenen Werkstoffe besitzt.

Die Zunderschicht bei molybdängebundenem TiC war kreidig und porös und enthielt TiO_2. In den Zunderschichten der wolfram- und

Zahlentafel 108. *Zunderverhalten von Hartmetallen auf TiC-Basis mit verschiedenen Bindemetallen* (M. J. WHITMAN u. A. J. REPKO)

Werkstoff	Stärke der Zunderschicht in mm					
	nach 50stündigem Glühen bei			nach 100stündigem Glühen bei		
	880°	980°	1090°	880°	980°	1090°
TiC, heißgepreßt	0,061	—	—	0,1*	—	—
TiC + 5% Co ..	0,058	0,16	0,53	0,089	0,25	0,86
TiC + 10% Co ..	0,048	0,14	0,74	0,089	0,23	1,2*
TiC + 20% Co ..	0,048	0,24	0,71	0,096	0,28	1,1*
TiC + 30% Co ..	0,081	0,25	0,54*	0,13	0,32	—
TiC + 5% W ..	0,031	0,094	0,38*	0,051	0,11*	—
TiC + 10% W ..	0,031	0,091*	—	0,051	0,1*	—
TiC + 20% W ..	0,091	0,25*	—	0,19	—	—
TiC + 30% W ..	0,18	0,31*	—	—	—	—
TiC + 5% Mo ..	0,063	0,25*	2,5*	0,15	0,41*	4,1*
TiC + 10% Mo ..	0,051	0,048	—	0,22	0,82*	—
TiC + 20% Mo ..	0,058	1,3*	—	0,12	—	—
TiC + 30% Mo ..	0,61*	3,8*	—	—	—	—
26% Cr, 20% Ni**	0,001	0,0025	0,005	0,002	0,005	0,01
25% Cr, 12% Ni**	0,0006	0,0025	0,007	0,0013	0,005	0,015

* Extrapoliert.
** Warmfeste Stähle.

molybdängebundenen Legierungen wurden die Trioxide WO_3 und MoO_3 gefunden. Die Zunderschichten auf kobaltgebundenem TiC waren komplexer Art; die äußere Zunderschicht bestand aus $CoO \cdot Co_2O_3$, die innere aus $CoTiO_3$ (Abb. 196).

Bei 880° zeigte die 70/30 TiC-Co-Legierung eine besonders starke Zunderneigung. Es kann keine ausreichende Erklärung dafür gegeben werden, warum das Zunderverhalten derselben Legierung bei höheren Temperaturen erheblich besser ist. Abb. 196 zeigt jedenfalls daß der Oxidationsmechanismus sehr verwickelt ist. Das Vordringen der Oxide zwischen den TiC-Korngrenzen, das bei 70/30 TiC-W-Legierungen (Abb. 197) beobachtet wurde, tritt bei kobaltgebundenen Legierungen nicht auf. Das Oxidationsverhalten der TiC-Co-Legierungen wird von den Umsetzungen bestimmt, die sich in der Sauerstoffdiffusionszone der gasdichten Zunderschicht abwickeln. Es wird angenommen, daß $CoO \cdot Co_2O_3$ sich mit einem Teil des gebildeten TiO_2 verbindet und daß sich das entstehende $CoTiO_3$ in TiO_2 löst.

Das Zunderverhalten von Hartmetallen auf Titankarbidbasis mit Zusätzen an Cr_3C_2, (Ta, Nb) C und WC — Kobalt als Binder — ist

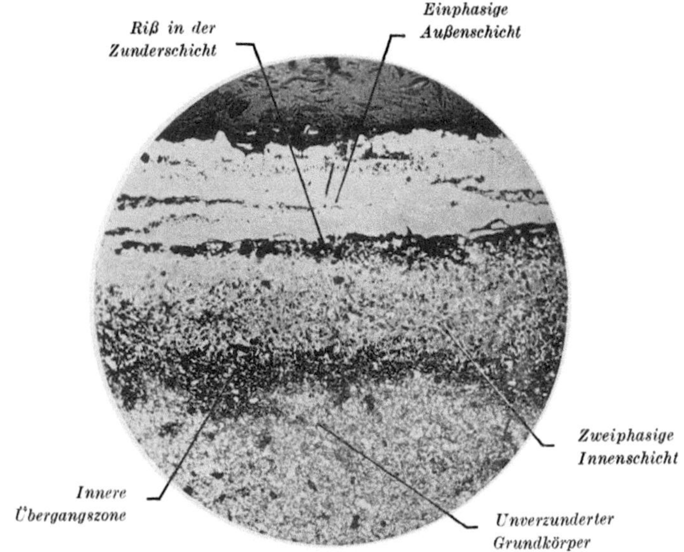

Abb. 196 Gefüge der Zunderschicht auf einem 70/30 TiC-Co-Hartmetall nach 100stündigem Glühen an der Luft bei 880° (× 250) (M. J. WHITMAN u. A. J. REPKO)

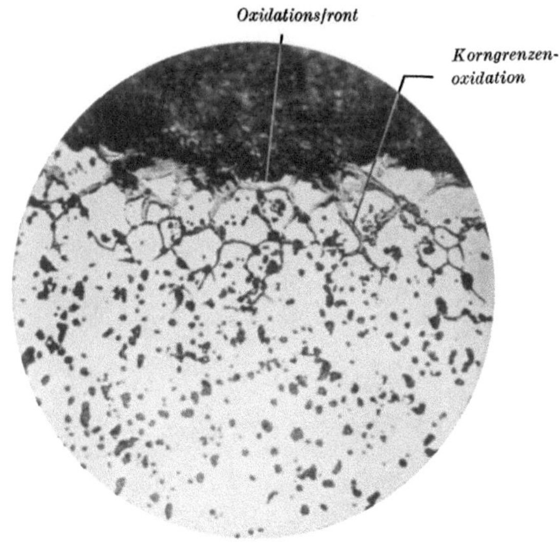

Abb. 197. Gefüge einer 70/30 TiC-W-Legierung nach 30stündigem Glühen an Luft bei 980° (× 750) (M. J. WHITMAN u. A. J. REPKO)

später sehr eingehend von J. HINNÜBER, O. RÜDIGER und W. KINNA[1–3] untersucht worden. Aus röntgenographischen, metallographischen und elektronenoptischen Befunden konnten über die Kinetik der Schichtbildung und über die Zusammensetzung der Zunderprodukte genaue Aussagen gemacht werden, welche in guter Übereinstimmung mit den Ergebnissen der amerikanischen Forscher stehen.

Im Hinblick auf die mechanischen Eigenschaften, die Temperaturwechselbeständigkeit und das Zunderverhalten erscheint unter allen untersuchten kobalt-, molybdän- und wolframgebundenen TiC-Legierungen die 80/20 TiC-Co-Legierung am vielversprechendsten. Turbinenschaufeln aus diesem Material wurden von C. A. HOFFMAN und Mitarbeitern[4] in einer Versuchsturbine unter praktischen Arbeits-

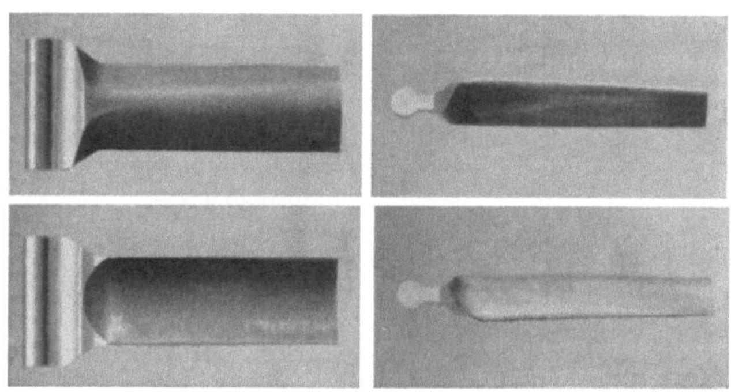

Abb. 198. Turbinenschaufeln aus Hartlegierungen auf TiC-Basis (C. A. HOFFMAN, G. M. AULT u. J. J. GANGLER)

bedingungen untersucht. Die Schaufelkonstruktion ist aus Abb. 198 zu ersehen[5–8]. Es handelt sich um eine typische Turbolader-Schaufel;

[1] HINNÜBER, J. u. O. RÜDIGER: Arch. Eisenhüttenwes. **24** (1953), S. 267/74; Symp. on Powder Metallurgy 1954; Iron Steel Inst., London 1956, S. 305/10.

[2] KINNA, W. u. O. RÜDIGER: Arch. Eisenhüttenwes. **24** (1953), S. 535/42; Techn. Mitt. Krupp **12** (1954), S. 13/21.

[3] HINNÜBER, J., O. RÜDIGER u. W. KINNA: 2. Plansee Seminar, Reutte/Tirol 1955, S. 130/53; Arch. Eisenhüttenwes. **27** (1956), S. 259/67; Techn. Mitt. Krupp **14** (1956), S. 140/42.

[4] HOFFMAN, C. A., G. M. AULT u. J. J. GANGLER: NACA Techn. Note Nr. 1836 (1949).

[5] AULT, G. M. u. G. C. DEUTSCH: J. Metals **6** (1954), S. 1214/26, Disk., S. 1227/30.

[6] PINKEL, B., G. C. DEUTSCH u. W. C. MORGAN: NACA RM E55J04 (1955).

[7] HAVEKOTTE, W. L.: 2. Plansee Seminar, Reutte/Tirol 1955, S. 111/29.

[8] MEYER, A. J. u. G. D. DEUTSCH: In: Cermets, Reinhold Publ., New York 1960, S. 196/207.

sie ähnelt mehr der üblichen Form von Metallschaufeln als derjenigen die F. J. HARTWIG und Mitarbeiter[1] für keramische Prüfschaufeln entwickelt haben (Abb. 199).

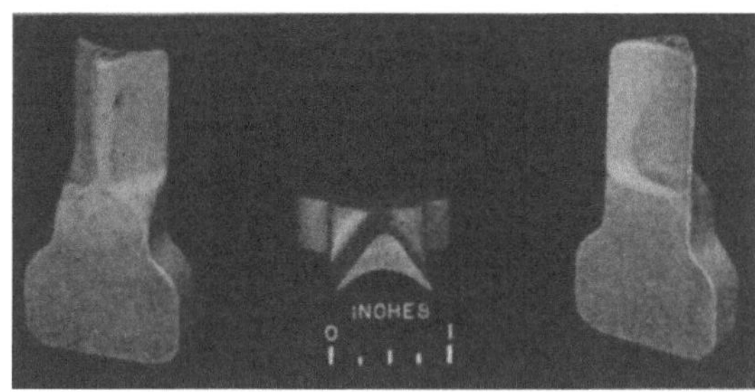

Abb. 199. Turbinenschaufel aus keramischen Werkstoffen (F. J. HARTWIG, W. B. SHEFLIN u. R. J. JONES)

Die praktischen Turbinenversuche wurden mit Gas-Einlaßtemperaturen herauf bis zu 1200° und mit Umdrehungszahlen bis zu 17.500 pro Minute durchgeführt. Verschiedene Schaufelbrüche wurden entweder auf kritische Schwingungen in der Maschine oder auf Spannungen in Nähe der Schaufelwurzel zurückgeführt. Andere Brüche traten im Turbinenrad selbst ein und konnten auf eine Überhitzung des Rades auf Grund der vergleichsweise hohen Leitfähigkeit des karbidischen Werkstoffes zurückgeführt werden. Aus diesen Feststellungen ergab sich klar die Notwendigkeit einer Umkonstruktion von Rad und Schaufeln für die in Betracht gezogenen höheren Arbeitstemperaturen. Zumindest sollte dies für kurzzeitige Anwendungen zutreffen. Keine der bis jetzt untersuchten Legierungen hatte jedoch eine genügend gute Zunderbeständigkeit, um mehr als zehn Stunden bei den beabsichtigten Temperaturen von 1150° und höher verwendet zu werden. Eine Verbesserung des Zunderverhaltens ist also unbedingte Voraussetzung für höhere Arbeitstemperaturen. Ferner müßte zur Vermeidung von Schaufelbrüchen die Temperaturwechselbeständigkeit und die Schlagbiegezähigkeit erhöht werden. Drei verschiedene Arbeitsrichtungen zeichnen sich in weiteren Untersuchungen ab:

1. Änderung der Zusammensetzung der Karbidphase.
2. Wahl anderer Bindelegierungen und Variation des Bindegehaltes.
3. Glühbehandlungen und Änderungen der Herstellungstechniken.
4. Aufbringen von Schutzüberzügen.

a) Änderung der Karbidphase in Hartlegierungen auf TiC-Basis

TiC-Co-Legierungen sind, wie bereits ausgeführt, nicht genügend zunderbeständig. J. C. REDMOND und E. N. SMITH[2] fanden, daß

[1] HARTWIG, F. J., B. W. SHEFLIN u. R. J. JONES: NACA Techn. Note Nr. 1399 (1947).

[2] REDMOND, J. C. u. E. N. SMITH: Trans. Am. Inst. Met. Engng. **185** (1949), S. 987/93.

durch Zugabe von Mischkristallen aus Niob-, Tantal- und Titankarbid zu TiC-Co-Legierungen die Zunderfestigkeit erheblich verbessert wird. Abb. 200 zeigt die Wirkung von Zusätzen dieses ternären Mischkristalls auf das Zunderverhalten von TiC-Co-Legierungen mit einem konstanten Volumenanteil von 12,3% Co. Die Ergebnisse beziehen sich auf die Zunahme der Zunderschicht nach 64stündigem Glühen bei 980° in einem Muffelofen an Luft. Auffallend ist das besonders günstige Zunderverhalten von Legierungen mit etwa 10 bis 20% Mischkristallzusatz.

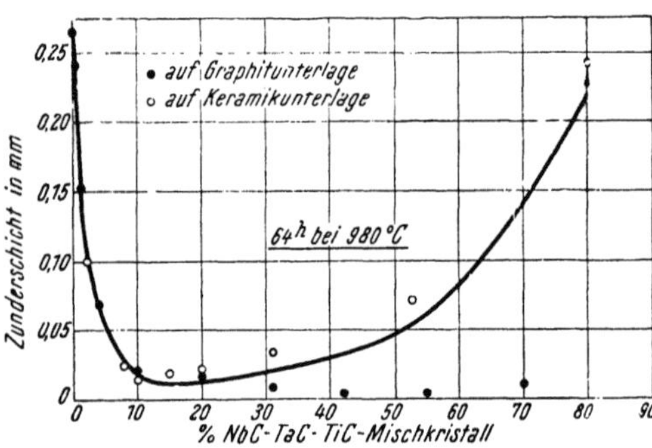

Abb. 200. Einfluß eines Zusatzes von NbC-TaC-TiC-Mischkristall auf das Zunderverhalten eines TiC-Co-Hartmetalles (J. C. Redmond u. E. N. Smith)

Die Kalt- und Warmbiegebruchfestigkeitswerte der Legierungen fallen mit zunehmendem Gehalt an Mischkristall, wie die Abb. 201 und Abb. 202 zeigen. Der durch Legierungszusätze bedingte Festigkeitsabfall scheint für viele Anwendungsgebiete noch tragbar zu sein. Ein Werkstoff aus 65% TiC, 15% NbC-TaC-TiC-Mischkristall und 20% Co ist unter dem Handelsnamen Kentanium K 138 A bekanntgeworden. J. C. Redmond[1] gibt für diesen Werkstoff eine Biegebruchfestigkeit bei 980° von 70,2 kg/mm² an (dieser Wert ist höher als ein für eine ähnliche Zusammensetzung in Abb. 202 genannter), eine Dauerfestigkeit von über 31,6 kg/mm² bei 820°, einen Elasti-

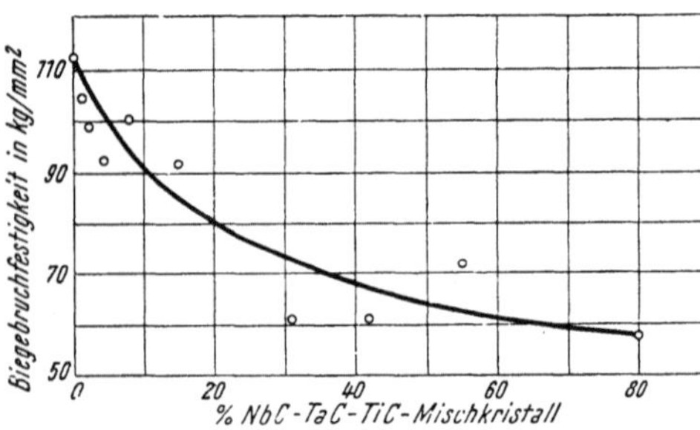

Abb. 201. Biegebruchfestigkeit von Hartmetallen auf TiC-Basis mit Zusätzen von NbC-TaC-TiC-Mischkristallen (J. C. Redmond u. E. N. Smith)

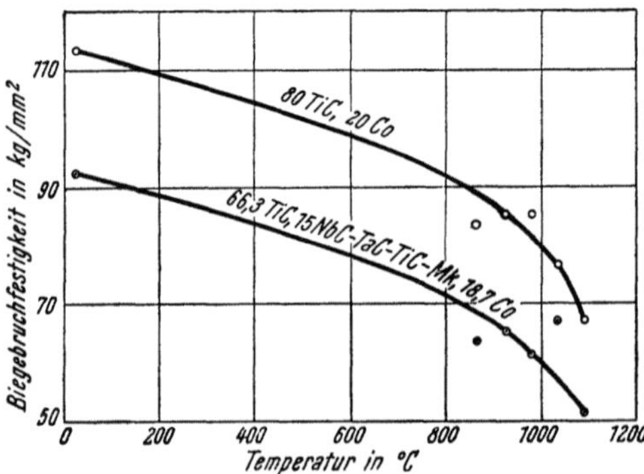

Abb. 202. Warmbiegebruchfestigkeit von Hartmetallen auf TiC-Basis (J. C. Redmond u. E. N. Smith)

[1] Redmond, J. C.: Vortrag Am. Soc. Mech. Eng., Pittsburgh 1950.

zitätsmodul von 40.000 kg/mm², eine Dichte von 5,8 g/cm³, einen Wärmeausdehnungskoeffizient zwischen 20 und 650° von $8{,}1 \cdot 10^{-6}$ und eine Wärmeleitfähigkeit von 0,075 cal/sec · cm · °C.

J. C. Redmond berichtet auch über Zeitstandfestigkeitswerte bei 980°. Gemäß Abb. 203 sieht man, daß die Zeitstandfestigkeit des K 138A-Materials bedeutend besser ist als die der typischen hochwarmfesten Legierungen. Diese Überlegenheit tritt besonders stark hervor, wenn noch die großen Unterschiede in der Dichte in Betracht gezogen werden (Abb. 204).

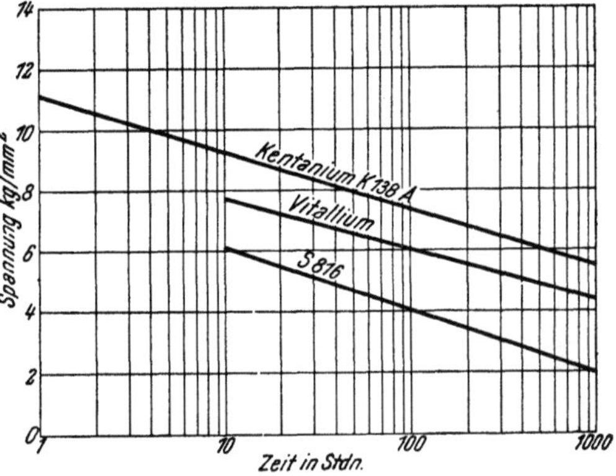

Abb. 203. Zeitstandfestigkeit von Kentanium K138A im Vergleich mit typischen hochwarmfesten Legierungen (J. C. Redmond)

Auf Grund seiner Ergebnisse schließt J. C. Redmond, daß die Kennametalllegierung K 138A und ähnliche Legierungen für Anwendungszwecke geeignet sind, die hohe Festigkeit, gute Oxidationsbeständigkeit und Temperaturwechselbeständigkeit hinauf bis 1200° verlangen. Beim Einsatz für Gasturbinenschaufeln werden sowohl im Rotor als auch im Stator Arbeitstemperaturen von 1090° für zulässig gehalten. Darüber hinaus glaubt J. C. Redmond, daß derartige Hartlegierungen auf TiC-Basis vorteilhaft auch dort angewendet werden könnten, wo ein hoher Verformungswiderstand und Gasdichtheit bei Temperaturen bis 1500° verlangt werden.

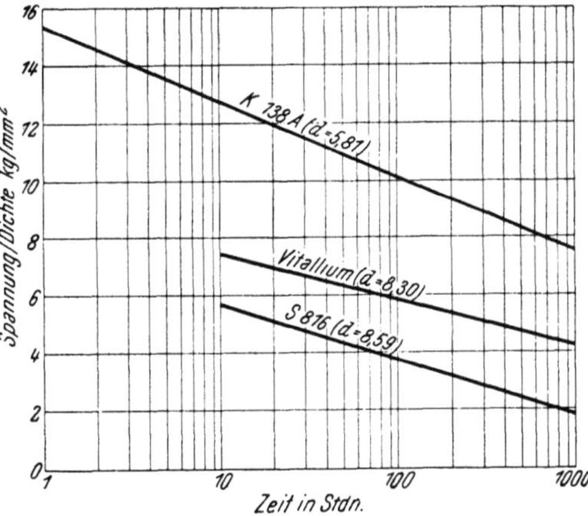

Abb. 204. Zeitstandsfestigkeit von Kentanium K138A im Vergleich mit typischen hochwarmfesten Legierungen unter Berücksichtigung der Dichte (J. C. Redmond)

Auch kurzzeitige Berührungen mit geschmolzenen Metallen, schnellströmenden Gasen usw. mit Temperaturen bis 2500° kämen in Frage.

J. C. Redmond erwähnt ferner den Bau einer Sondergasturbine, deren wichtigste Teile aus einer Hartlegierung auf TiC-Basis bestehen.

In einer späteren Arbeit berichten J. C. REDMOND und J. W. GRAHAM[1], daß das Oxidationsverhalten von TiC-Legierungen mit 15% NbC-TaC-TiC-Mischkristall und 20 bis 30% Nickel als Binder gegenüber den Legierungen mit Kobaltbindern überlegen sei. Sie berichten ferner über Zeitstandfestigkeitswerte für verschiedene neuartige Legierungen auf TiC-Basis (Zahlentafel 109) und diskutieren eingehender die Druck- und Zugbeanspruchungen bei Anwendungsfällen, wie z. B. Turbinenschaufeln, und die Konstruktionsprobleme, die sich hieraus ergeben.

Zahlentafel 109. *Zeitstandfestigkeit von neueren Kentanium-Sorten* (J. C. REDMOND u. J. W. GRAHAM)

Kentanium-Sorte	Temperatur °C	Festigkeit (kg/mm²) bei einer Belastungsdauer von		
		10 Std.	100 Std.	1000 Std.
K151A	870	19,3	16,2	13,4
	980	10,9	7,9	5,2
K152B	820	22,5	17,2	12,3
	870	14,8	10,6	—
	980	7,4	3,5	—

Zunderversuche, die J. D. ROACH[2] an hilfsmetallfreien TiC-Körpern durchführte, erscheinen in diesem Zusammenhang auch bedeutungsvoll, da ein anderer Weg eingeschlagen wurde, um die Oxidationsbeständigkeit durch Variation der Karbidphase zu verbessern. Aus dem Patentschrifttum[3] ergibt sich der Hinweis, daß ein TiC mit besonders hoher Härte und mit weniger als 0,2% freiem Kohlenstoff durch Reduktion von TiO_2 mit C in Gegenwart kleiner Mengen von Chromoxid hergestellt werden kann (s. S. 33). In Weiterverfolgung dieser Patentanregung preßte J. D. ROACH Mischungen von TiC

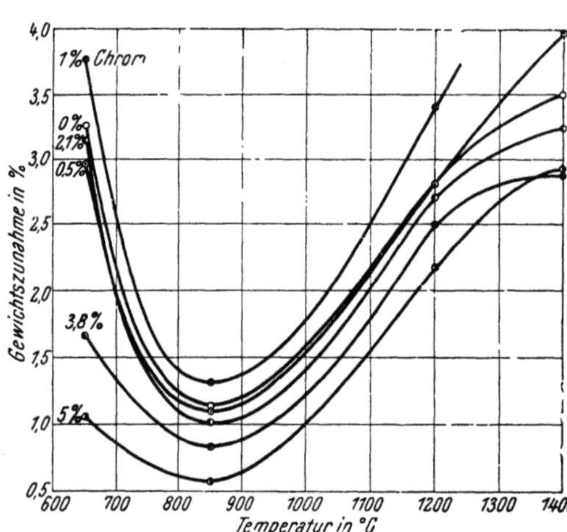

Abb. 205. Zunderverhalten von TiC mit Chromzusätzen (J. D. ROACH)

[1] REDMOND, J. C. u. J. W. GRAHAM: Met. Progr. **61** (1952), Nr. 4, S. 67/70.
[2] ROACH, J. D.: Electrochem. Soc. **98** (1951), S. 160/65.
[3] A.P. 2491410 (1945).

und Cr_2O_3-Pulver (0, 0,5, 1,0, 2,0, 4, 6, 10 und 20% Chrommetall entsprechend) unter Zusatz eines flüchtigen Bindemittels mit 350 kg/cm². Die Preßlinge wurden in Graphittiegeln in rohem TiC eingebettet 25 bis 30 Minuten bei ungefähr 2200° geglüht. Die gesinterten Proben wurden in einem Muffelofen eine Stunde bei 650, 850, 1200 und 1400° gezundert und die Gewichtszunahmen ermittelt. Die Ergebnisse, die in Abb. 205 zusammengestellt sind, zeigen Bestwerte der Oxidationsbeständigkeit bei einem Chromgehalt von etwa 5%. Kleinere Gehalte von etwa 0,5 bis 1% und höhere von 10 bis 20% Chrom verminderten die Oxidationsbeständigkeit. Die Auslegung der Versuche ist schwierig. J. D. ROACH beobachtete eine Änderung der TiC-Beugungslinie im Röntgenbild und schloß daraus auf die Bildung von Mischkristallen. Es ist jedoch auch möglich, daß zumindest ein Teil des intermediär gebildeten metallischen Chroms als Bindemittel wirkt, so daß die Versuche von J. C. ROACH zweckmäßig im Zusammenhang mit den Versuchen von E. M. TRENT und Mitarbeitern[1] und mit chromhaltigen Bindern nach R. KIEFFER und F. KÖLBL[2] betrachtet werden müssen. Auf alle Fälle kann man unterstellen, daß eine Schutzwirkung auf die Bildung einer festhaftenden, gasdichten, chromoxidhaltigen Deckschicht zurückzuführen ist.

Zahlentafel 110. *Zusammensetzung und Eigenschaften von hochwarmfesten Hartmetallen auf TiC-Basis* (E. M. TRENT, A. CARTER u. J. BATEMAN)

Zusammensetzung in %				Dichte g/cm³	Vickers-Härte kg/mm²	Biegebruch-festigkeit kg/mm²
TiC	Ni	Co	Cr_3C_2			
74	20	—	4	5,8	1400	70,3
63	30	—	7	5,9	900	91,4
48	40	—	12	6,25	800	126,6
47,5	50	—	2,5	6,4	720	161,7
32	60	—	8	6,8	560	154,7
80	—	20	—	5,4	1400	87,9
63	—	30	7	5,9	1200	80,9
48	—	40	12	6,29	1180	98,4
45	—	50	5	6,45	820	161,7
32	—	60	8	6,88	700	161,7

Eingehende Untersuchungen an hochwarmfesten Karbidlegierungen auf Basis TiC-Cr_3C_2-Ni und TiC-Cr_3C_2-Co stammen von

[1] TRENT, E. M., A. CARTER u. J. BATEMAN: Metallurgia Manchester **42** (1950), S. 111/15; **49** (1954), S. 8/14.

[2] KIEFFER, R. u. F. KÖLBL: Z. anorg. Chem. **262** (1950), S. 229/47; Planseeber. Pulvermetallurgie **1** (1952), S. 17/35.

E. M. TRENT, A. CARTER und J. BATEMAN[1, 2]. Die Chromkarbidgehalte wurden zwischen 4 und 12%, die Hilfsmetallgehalte auf Kosten des TiC-Gehaltes zwischen 20 und 60% variiert. Die Zusammensetzung und die physikalischen Eigenschaften der untersuchten Legierung gehen aus Zahlentafel 110 hervor. Ergänzend dazu wurden noch für eine typische Legierung der Elastizitätsmodul zu 35.000 kg/mm² bei 20° und zu 27.000 kg/mm² bei 700°, sowie der Wärmeausdehnungskoeffizient zu 7,9 bis $11{,}3 \cdot 10^{-6}$ bestimmt.

Mit Zunahme des Gehaltes der Karbidphase tritt eine Abnahme der Dichte, der Kaltfestigkeit und des Wärmeausdehnungskoeffizienten auf. Gleichzeitig nehmen Härte, Elastizitätsmodul und Dauerstandfestigkeit zu.

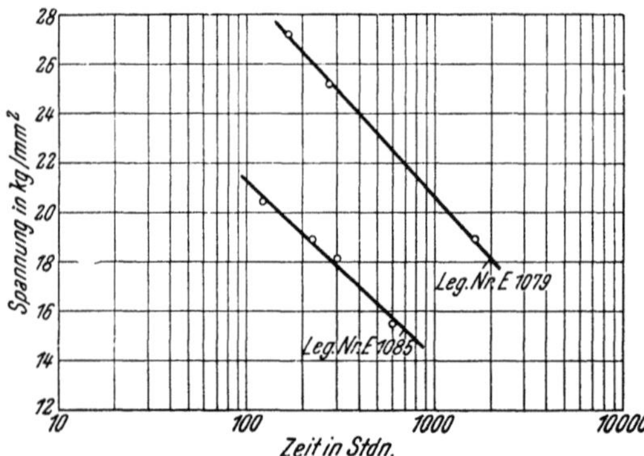

Abb. 206. Zeitstandfestigkeit bei 750° von verschiedenen Hartmetallen auf TiC-Basis (E. M. TRENT, A. CARTER u. J. BATEMAN)

Die Warmfestigkeitseigenschaften einiger typischer Legierungen gehen aus Abb. 206 und Abb. 207 hervor.

Das Zunderverhalten der Legierungen wurde durch 100 stündige Glühung an Luft bei 900° auf Grund der Gewichtszunahme untersucht. Diese betrug je nach dem Gehalt an Chromkarbid 0,004 bis 0,018 g/cm².

Was den mit Gefügebildern belegten, metallurgischen Aufbau der Legierungen anbetrifft, so wird — von geringen Mengen an freiem Chromkarbid abgesehen — die Karbidphase aus einem TiC-Cr_3C_2-Mischkristall gebildet. Es wird angegeben, daß die Löslichkeit des Chromkarbides in TiC bei 1700 bis 1800° über 40 Gew.-% beträgt. Ferner

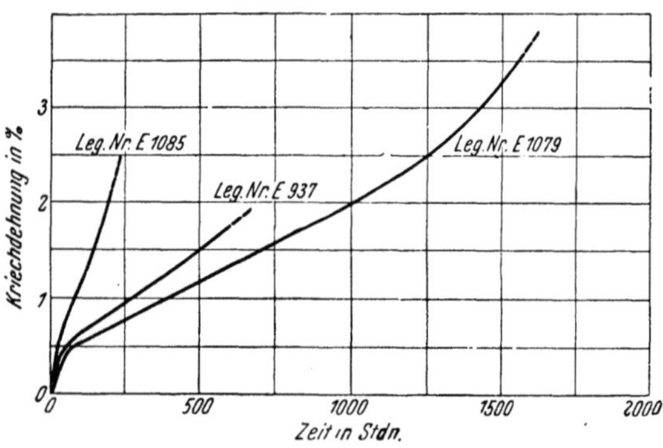

Abb. 207. Kriechdehnungskurven für Hartmetalle auf TiC-Basis bei 750° und 18,9 kg/mm² Belastung (E. M. TRENT, A. CARTER u. J. BATEMAN)

[1] TRENT, E. M., A. CARTER u. J. BATEMAN: Metallurgia Manchester **42** (1950), S. 111/15; **49** (1954), S. 8/14.

[2] TRENT, M. u. A. CARTER: Symp. on Powder Metallurgy 1954, Iron Steel Inst., London 1956, S. 272/76.

wird gefolgert, daß auch die Hilfsmetallphase nach der Erstarrung Chrom enthält, das aus dem Chromkarbid bzw. dem Titankarbid-Chromkarbid-Mischkristall stammt.

Der Einfluß einer systematischen Variation der Zusammensetzung der Karbidphase ist von J. HINNÜBER, O. RÜDIGER und W. KINNA[1, 2] untersucht worden. Basis war eine Legierung von TiC mit 20% Co, in der Cr_3C_2, (Ta, Nb)C bzw. WC in Mengen bis zu 40% eingebaut wurden. Aus dem Zunderverhalten bei 1000° in Abb. 208 kann entnommen werden, daß Zusätze von etwa 10 bis 30% der genannten Karbide die Beständigkeit der Grundlegierung verbessern. Röntgenographische, metallographische und elektronenoptische Untersuchungen der genannten Autoren ergaben auch Aufschluß über die Zusammensetzung der Zunderprodukte und über die Veränderung derselben während des Oxidationsvorganges.

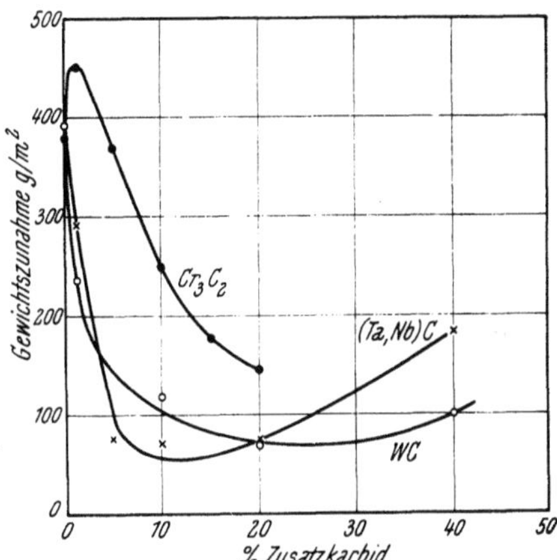

Abb. 208. Beeinflussung des Zunderverhaltens einer TiC-Co-Legierung durch Zusatzkarbide (J. HINNÜBER, O. RÜDIGER u. W. KINNA)

Nach C. AGTE, F. THÜMMLER und G. BLUM[3, 4] zeichnen sich Legierungen mit 80% TiC und 20% TaC/NbC mit 50% eines Ni-Co-Cr-Binders durch besonders gute Zunderbeständigkeit aus, welche durch Zusätze von 1 bis 5% Cr_3C_2 noch um eine Größenordnung erhöht wird. Die Verbesserung des Zunderverhaltens ermöglicht eine Herabsetzung des Bindergehaltes und damit eine Erhöhung der Zeitstandfestigkeit[5].

b) Variation der Bindemetallegierung in TiC-Hartmetallen

Nach W. J. ENGEL[6] ist Chrom, hinsichtlich seines Legierungsverhaltens, ein brauchbares Hilfsmetall. Im Hinblick auf die günstigen

---

[1] HINNÜBER, J. u. O. RÜDIGER: Arch. Eisenhüttenwes. **24** (1953), S. 267/74; Symp. on Powder Metallurgy 1954; Iron Steel Inst., London 1956, S. 305/10.

[2] HINNÜBER, J., O. RÜDIGER u. W. KINNA: 2. Plansee Seminar, Reutte/Tirol 1955, S. 130/53; Arch. Eisenhüttenwes. **27** (1956), S. 259/67; Techn. Mitt. Krupp **14** (1956), S. 140/42.

[3] THÜMMLER, F. u. G. BLUM: Neue Hütte **2** (1957), S. 762/63.

[4] AGTE, C. u. G. BLUM: Neue Hütte **6** (1961), S. 139/46.

[5] BROCHIN, I. S. u. I. I. OLCHOV: Cvetnyje Metally **32** (1959), Nr. 3, S. 61/66; **33** (1960), Nr. 4, S. 67/70; Tverdyje Splavy (1960), Nr. 2, S. 135/47.

[6] ENGEL, W. J.: NACA, Techn. Note Nr. 2187 (1950).

Eigenschaften des Cr_2O_3 kann daher angenommen werden, daß die Verwendung von Chrom als Binder zu Hartlegierungen führt, die sowohl bezüglich Zunderverhalten als auch in ihren mechanischen Eigenschaften den Anforderungen der Hochtemperaturtechnik entsprechen. Während Versuche mit reinem Chrom als Bindemetall nach C. C. McBride und Mitarbeitern[1] zu keinen besonders guten Ergebnissen führten, sind Legierungen mit Co-Cr-, Ni-Cr- und Co-Ni-Cr-Bindern nach einem Vorschlag von R. Kieffer[3] weitaus besser. Derartige Werkstoffe werden bereits in größerem Umfang erzeugt[2,3].

Diese Neuentwicklung beruht auf systematischen Untersuchungen von R. Kieffer und F. Kölbl[4] über die Zunderbeständigkeit von Hartmetallen. Die Zusammensetzung, die Dichte, Härte und Biegebruchfestigkeit dieser Materialien sind in Zahlentafel 111 wiedergegeben[5–7] (vgl. auch Kapitel V, S. 222/25); Zahlentafel 112 enthält die Zunderergebnisse nach dem Glühen der Proben (Abmessungen 8 × 8 × 20 mm) in einem offenen Muffelofen bei Temperaturen von

Zahlentafel 111. *Eigenschaften von WZ-Legierungen* (R. Kieffer u. F. Kölbl)

Bezeichnung	Zusammensetzung in %					Dichte g/cm³	Härte H_V kg/mm²	Biegbruchfestigkeit kg/mm²
	TiC	TaC (NbC)	Ni	Co	Cr			
WZ 1b	60	—	32	—	8	6,20	1010	135—150
WZ 1c.....	50	—	40	—	10	6,40	830	150—170
WZ 2	60	—	—	28	12	6,10	1160	110—125
WZ 3	50	10	32	—	8	6,30	1070	140—150
WZ 12a ...	75	—	15	5	5	6,0	1220	105—115
WZ 12b ...	60	—	24	8	8	6,20	1090	130—145
WZ 12c ...	50	—	30	10	10	6,40	860	150—165
WZ 12d ...	35	—	39	13	13	6,65	720	170—180

[1] McBride, C. C., H. M. Greenhouse u. T. S. Sheflin: J. Am. Ceram. Soc. **35** (1952), S. 28/32.

[2] WZ-Legierungen der Metallwerk Plansee AG., Reutte/Tirol.

[3] Ö.P. 165676 (1948).

[4] Kieffer, R. u. F. Kölbl: Z. anorg. Chemie **262** (1950), S. 229/47; Planseeber. Pulvermetallurgie **1** (1952), S. 17/35.

[5] Pfaffinger, K.: Planseeber. Pulvermetallurgie **3** (1955), S. 17/33.

[6] Pfaffinger, K., H. Blumenthal u. F. W. Glaser: In: Symp. Metallic Mat. for Service at Temp. above 1600° F. Am. Soc. Test. Mat., Spec. Techn. Rep. Nr. 174, Philadelphia 1956, S. 90/99, Disk., S. 99/102.

[7] Kieffer, R., F. Kölbl u. K. Pfaffinger: Métaux **31** (1956), S. 233/43.

900 bis 1100° und Glühdauern bis zu 50 Stunden[1]. Vergleicht man die Werte mit den Ergebnissen der Zunderung üblicher Hartmetalle

Zahlentafel 112. *Zunderverhalten von WZ-Hartmetallen*

Temperatur °C	Zeit Stunden	Gewichtszunahme in % vom Ausgangsgewicht bei				
		WZ 1b	WZ 2	WZ 3	WZ 12b	WZ 1c
900	5	0,098	0,085	0,081	0,122	0,78
	10	0,185	0,165	0,105	0,155	0,91
	20	0,312	0,298	0,133	0,197	0,115
	30	0,396	0,370	0,152	0,212	0,135
	40	0,496	0,466	0,179	0,222	0,167
	50	0,556	0,537	0,197	0,230	0,187
1000	1	0,162	0,155	0,119	0,120	0,137
	5	0,212	0,208	0,185	0,210	0,139
	10	0,321	0,298	0,249	0,252	0,240
	20	0,596	0,566	0,317	0,279	0,306
	25	0,765	0,698	0,346	0,289	0,314
	50	0,843	0,785	0,372	0,305	0,328
1100	1	0,212	0,198	0,158	0,167	0,163
	5	0,511	0,422	0,354	0,254	0,285
	10	0,798	0,690	0,495	0,305	0,372
	20	1,14	0,912	0,782	0,364	0,526
	30	1,36	1,12	0,931	0,384	0,613

(Zahlentafel 103), dann sieht man deutlich die Überlegenheit der WZ-Legierungen.

Die Ergebnisse der Zunderversuche an der WZ-12b-Legierung sind in Form von Zunderisothermen bei 900, 1000 und 1100° in Abb. 209 wiedergegeben, wobei die Gewichtszunahmen in g/dm² gegen die Glühzeiten aufgetragen sind. Der Zunderungsverlauf folgt dem parabolischen Zundergesetz, d. h. es kommt zur Ausbildung einer festhaftenden, gasdichten Zunderschicht. Dies ist deutlich auch am Aussehen geglühter WZ-Proben im Vergleich mit einer anderen Hartlegierung in Abb. 210 zu sehen. Das Gefüge einer WZ-Legierung zeigt Abb. 211.

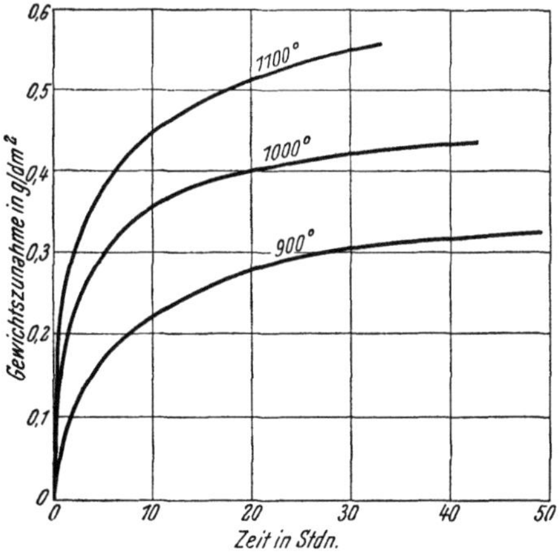

Abb. 209. Zunderisothermen von WZ 12b bei 900, 1000 und 1100° (R. KIEFFER u. F. KÖLBL)

Die WZ-Werkstoffe verbinden hohe Oxidationsbeständigkeit

[1] KIEFFER, R. u. F. BENESOVSKY: Unveröffentlichte Versuche 1951.

Abb. 210. Gezunderte Hartmetallkörper (R. KIEFFER u. F. KÖLBL)

bei hohen Temperaturen mit günstigen Hochtemperaturfestigkeitseigenschaften. Beispielsweise sind die Werte für die Zeitstandfestigkeit der Legierung WZ 1b der Abb. 212 zu entnehmen. Diese WZ-Legierung ist bekannten geschmolzenen Superlegierungen gegenüber überlegen[1]; ein Vergleich über 820° ist allerdings nicht mehr möglich, weil dies ungefähr die höchste zulässige Arbeitstemperatur der Schmelzlegierungen ist und Prüfwerte oberhalb 900° in der Literatur nicht vorliegen.

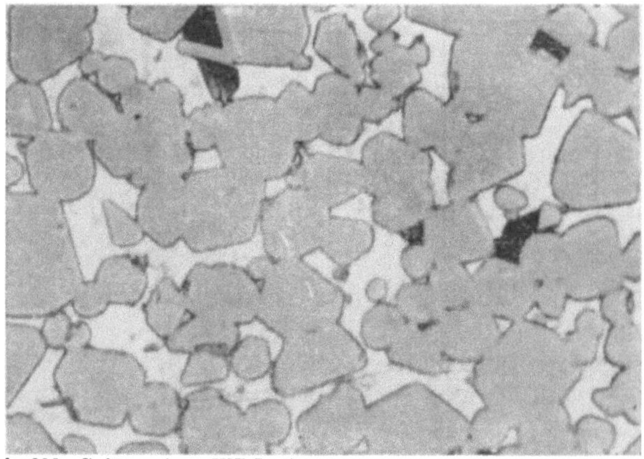

Abb. 211. Gefüge einer WZ-Legierung (× 2000) (R. KIEFFER u. F. KÖLBL)

Eine Turbine, deren Schaufeln, Wellen und Rotoren vollständig aus WZ-Hartmetallen bestehen, wurde gebaut und unter

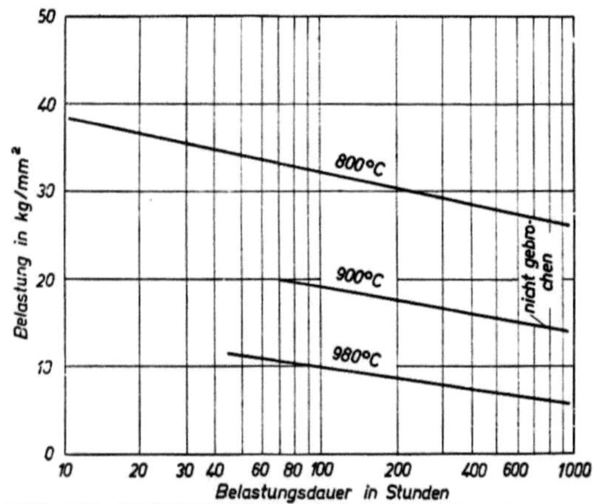

Abb. 212. Zeitstandfestigkeit von WZ 1b (R. KIEFFER u. F. KÖLBL)

[1] KIEFFER, R. u. F. KÖLBL: Planseeber. Pulvermetallurgie 1 (1952), S. 17/35.

Bedingungen der Turbinenpraxis erprobt. Die Dauerstandfestigkeit und Zunderbeständigkeit der Schaufeln war bei 1000° befriedigend, jedoch traten Anrisse bei den Schaufelwurzeln[1–3] durch ungenügende Temperaturwechselbeständigkeit und Schlagbiegefestigkeit auf.

Verschiedene Turbinenräder, Schaufeln und sonstige Teile aus WZ-Hartmetall sind in Abb. 213 wiedergegeben[4–8]. Während TiC-

Abb. 213. Verschiedene Teile aus WZ-Legierungen (Metallwerk Plansee AG., Reutte/Tirol)

Hartmetalle im Turbinenbau nicht zum Durchbruch kamen, haben sich bei anderen Hochtemperaturanwendungsfällen WZ-Teile, wie Auflagen und Halterungen für Warmfestigkeitsprüfmaschinen[9–11], Druckstempel, Druckgefäße, Drückdorne für Rohrstutzen[12] u. a. sehr gut bewährt.

---

[1] Ault, G. M. u. G. C. Deutsch: J. Metals **6** (1954), S. 1214/26, Disk., S. 1227/30.

[2] Deutsch, G. C.: In: High Temperature Materials, J. Wiley, London 1959, S. 190/204.

[3] Meyer, A. J. u. G. D. Deutsch: In: Cermets, Reinhold Publ., New York 1960, S. 196/207.

[4] Pfaffinger, K.: Planseeber. Pulvermetallurgie **3** (1955), S. 17/33.

[5] Pfaffinger, K., H. Blumenthal u. F. W. Glaser: In: Symp. Metallic Mat. for Service at Temp. above 1600° F. Am. Soc. Test. Mat., Spec. Techn. Rep. No. 174, Philadelphia 1956, S. 90/99, Disk., S. 99/102.

[6] Kieffer, R., F. Kölbl u. K. Pfaffinger: Métaux **31** (1956), S. 233/43.

[7] Havekotte, W. L.: 2. Plansee Seminar, Reutte/Tirol 1955, S. 111/29.

[8] Chiarito, P. T. u. J. R. Johnston: NASA Mem. 2-13-59E (1959).

[9] Gangler, J. J.: J. Am. Ceram. Soc. **37** (1954), S. 312/16.

[10] Reed, E. L.: J. Am. Ceram. Soc. **37** (1954), S. 146/53.

[11] Koenig, R. F. u. E. G. Brush: Materials and Methods **42** (1955), Nr. 6, S. 110/14.

[12] Agte, C.: In: Ber. II. Internat. Pulvermet. Tagung, Eisenach 1961, Akademie-Verlag, Berlin 1962, S. 43/59.

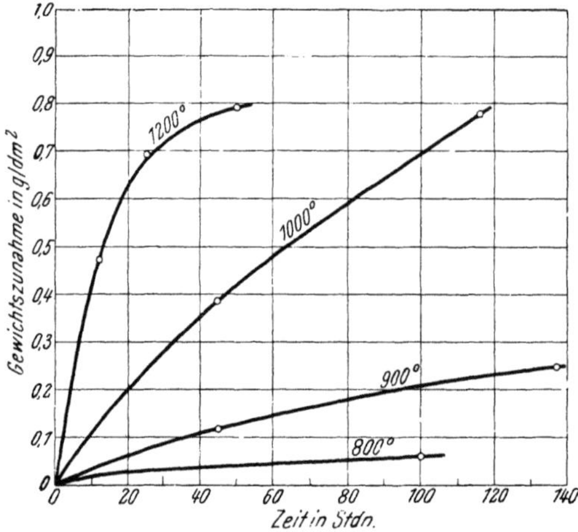

Abb. 214. Zunderisothermen von Elmet HR (50% TiC, 25% Ni, 14,25% Cr, 10,75% Co) bei 800, 900, 1000 und 1200°

Die gute Beständigkeit der TiC-Hartmetalle gegen Schmelzen, z. B. von Wismut, Blei und insbesondere überhitzten Alkalimetallen[1–3], könnte Anwendungsgebiete für diese Werkstoffe im Reaktorbau eröffnen.

Neuartige Entwicklungen auf diesem Gebiet umfassen ferner TiC-Mischkristalle mit anderen hochschmelzenden Karbiden, wobei als Bindelegierung die korrosionsbeständigen und warmfesten Co-Cr-, Ni-Cr- und Co-Ni-Cr-Legierungen beibehalten wurden. In guter Übereinstimmig mit den Ergebnissen von J. C. Redmond und E. N. Smith wurden brauchbare Resultate mit Mischkristallen auf der Basis TiC-TaC-NbC erzielt (vgl. WZ 3). Versuche mit Co-Cr- und Ni-Cr-getränkten TiC-Mo_2C-Mischkristallen zeigten nach R. Kieffer und F. Kölbl[4], daß höhere Zusätze als 5% Molybdänkarbid merklich die Oxidationsbeständigkeit herabsetzen.

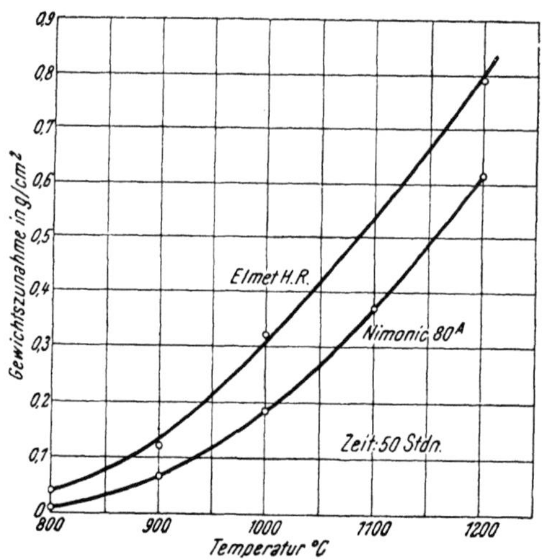

Abb. 215. Zunderverhalten von Elmet HR im Vergleich zu Nimonic 80A

In England werden WZ-ähnliche Legierungen von der Metropolitan-Vickers Ltd. unter der Bezeichnung *Elmet-HR* erzeugt. Abb. 214 zeigt die Zunderisothermen einer Legierung mit 50% TiC, 25% Ni, 14,25% Cr und 10,75% Co bei 800, 900, 1000 und 1200° nach

[1] Gangler, J. J.: J. Am. Ceram. Soc. **37** (1954), S. 312/16.

[2] Reed, E. L.: J. Am. Ceram. Soc. **37** (1954), S. 146/53.

[3] Koenig, R. F. u. E. G. Brush: Materials and Methods **42** (1955), Nr. 6, S. 110/14.

[4] Kieffer, R. u. F. Kölbl: Berg- u. Hüttenmänn. Mh. **95** (1950), S. 49/58.

Glühen der Proben in einem Paraffin-Luftgemisch. Gemäß Abb. 215 ist bezüglich des Zunderverhaltens die Legierung Nimonic 80 A der geprüften Elmet-Legierung geringfügig überlegen.

Temperaturwechselbeständigkeitsprüfungen zeigten, daß bei 850° 3500 bis 4000 Wechselbeanspruchungen gegenüber maximal 2000 für Ni-Cr-Ti-Legierungen durchgeführt werden konnten. Die Werte der Warmfestigkeit und der Zeitstandfestigkeit stimmen mit den für die WZ-Legierungen gegebenen überein.

G. T. Harris, H. C. Child und J. F. Howard[1] untersuchten ebenfalls eingehend das Kriechverhalten von TiC-Hartlegierungen bis 1100°. Sie fanden übereinstimmend mit R. Kieffer und F. Kölbl, daß warmfeste Ni-Co-Cr-Legierungen den Cr-freien Ni-Co-Bindern gegenüber überlegen sind. Die günstigsten Verhältnisse ergaben sich bei 20 bis 30% Bindelegierungen. Zusätze bis zu 25% NbC, TaC, ZrC und Cr_3C_2 verbessern die Dauerstandfestigkeit. Legierungen, die neben 45 bis 60% TiC, 20 bis 25% TaC und 20 bis 30% warmfeste Binder enthalten, zeigten sich, insbesondere unter Berücksichtigung des Festigkeits-Dichteverhältnisses, den besten austenitischen Stählen überlegen. Das Zunderverhalten war bis 1200° gleichwertig.

Die Zusammensetzung der Bindemetallegierung in TiC-Hartmetallen wurde mehrfach variiert[2–7]. So wurde der Einfluß von Ni-Mo-, Ni-Al- und Ni-Mo-Al-Bindern auf die Warmfestigkeitseigenschaften untersucht[2, 8, 9]. B. Čech[4] prüfte die Umsetzungsmöglichkeiten von Ni, Co, Cr, Mo, Nb, Si, Ti und $NiAl_3$ mit TiC. M. Sugiyama und H. Suzuki[6] untersuchten eingehend Legierungen mit Ni-Cr-Mo 60/20/20 Bindern.

Bei den ersten praktischen Versuchen mit TiC-Hartmetallen für Turbinenschaufeln zeigte sich sehr bald, daß neben den Warmfestigkeitseigenschaften sehr entscheidend die Zähigkeit als *Schlag-*

[1] Harris, G. T., F. C. Child u. J. F. Howard: Symp. on Powder Metallurgy 1954. Iron Steel Inst., London 1956, S. 282/92.

[2] Joseph, A. D., K. D. Scheffer, R. P. Riegert u. J. R. Tinklepaugh: WADC TR 55—82 (1954).

[3] Crandall, W. B. u. J. R. Tinklepaugh: 2. Plansee Seminar, Reutte/Tirol 1955, S. 344/60.

[4] Čech, B.: Silikaty **4** (1960), S. 1/9.

[5] Mozuchin, E. I., V. P. Eljutin u. J. S. Umanski: Izv. Vysch. Utsch. Zaved. Tschernaja Met. (1960), Nr. 3, S. 131/35.

[6] Sugiyama, M. u. H. Suzuki: J. Japan Powder Met. **8** (1961), S. 152/55.

[7] Fukatsu, T. u. S. Yamaya: J. Japan Powder Met. Soc. **10** (1963), S. 167/71.

[8] Ault, G. M. u. G. C. Deutsch: J. Metals **6** (1954), S. 1214/26, Disk., 1227/30.

[9] Pfaffinger, K.: Planseeber. Pulvermetallurgie **3** (1955), S. 17/33.

biegefestigkeit von großer Bedeutung für die Einsatzfähigkeit ist[1–20]. In sehr zahlreichen Arbeiten wurde diese Eigenschaftsgröße nach verschiedenen Prüfverfahren ermittelt[1–5]. Ein Vergleich der Werte ist daher schwer möglich. Beispielsweise geben K. PFAFFINGER und Mitarbeiter[6–8] an WZ-Legierungen mit 25 bis 65% Bindemetalllegierung (Probenquerschnitt 10 × 10 mm², Auflage 40 mm) Werte von 38 bis 95 cmkg/cm² an (3 bis 7 ft. lb, Werte für Superlegierungen 30 bis 50 ft. lb), Werte, die für die Praxis zu unsicher sind. Trotzdem man durch höhere Bindemetallgehalte — die aber die Zeitstandfestigkeit herabsetzen — und besondere Herstellungsverfahren (Tränktechnik, Oberflächenplattierung vgl. S. 465) am fertigen Teil wohl höhere Schlagfestigkeitswerte erreichen konnte, haben sich auch so hergestellte Turbinenschaufeln nicht durchgesetzt.

Da die Zähigkeit und das Bruchverhalten, wie aus der Hartmetallforschung bekannt, nicht nur von der Legierungszusammensetzung, sondern sehr entscheidend von der Gefügeausbildung, d. h. von der Form, Größe und Verteilung der Karbidphasen im Bindemetall

---

[1] JOSEPH, A. D., K. D. SCHEFFER, R. P. RIEGERT u. J. R. TINKLEPAUGH: WADC TR 55–82 (1954).

[2] AULT, G. M. u. G. C. DEUTSCH: J. Metals **6** (1954), S. 1214/26, Disk., 1227/30.

[3] SCHWARZKOPF, P. u. W. LESZYNSKI: Powder Met. Bull. **7** (1954), S. 19/21.

[4] PINKEL, B., G. C. DEUTSCH u. N. H. KATZ: NACA RM E54D13 (1955).

[5] CRANDALL, W. B. u. J. R. TINKLEPAUGH: 2. Plansee Seminar, Reutte/Tirol 1955, S. 344/60.

[6] PFAFFINGER, K.: Planseeber. Pulvermetallurgie **3** (1955), S. 17/33.

[7] PFAFFINGER, K., H. BLUMENTHAL u. F. W. GLASER: In: Symp. Metallic Mat. for Service at Temp. above 1600° F. Am. Soc. Test. Mat., Spec. Techn. Rep. Nr. 174, Philadelphia 1956, S. 90/99, Disk., S. 99/102.

[8] KIEFFER, R., F. KÖLBL u. K. PFAFFINGER: Métaux **31** (1956), S. 233/43.

[9] SKOLNICK, L. P. u. C. G. GOETZEL: Am. Soc. Test. Mat., Spec. Techn. Publ. Nr. 174, Philadelphia 1956, S. 103/09.

[10] GOETZEL, C. G. u. J. B. ADAMEC: Metal Progr. **70** (1956), Nr. 6, S. 101/06.

[11] SOXMANN, E. J., J. R. TINKLEPAUGH u. M. T. CURRAN: J. Am. Ceram. Soc. **39** (1956), S. 261/65; In: Cermets. Reinhold Publ., New York 1960, S. 181/91.

[12] GLASER, F. W. u. N. GROSSMANN: Powder Met. Bull. **7** (1956), S. 90/93.

[13] PROBST, H. B. u. H. T. MCHENRY: NACA TN 3894, 3931 (1957).

[14] ROBINS, L. u. E. M. GRALA: NACA TN 3927 (1957).

[15] GRAHAM, J. W. u. W. F. ZIMMERMANN: Metal Progr. **73** (1958), Nr. 4, S. 108/11.

[16] WAMBOLD, J. u. J. C. REDMOND: In: High Temperature Materials, J. Wiley, New York 1959, S. 125/39.

[17] LAVENDEL, H. W. u. C. G. GOETZEL: In: High Temperature Materials, J. Wiley, New York 1959, S. 140/54; WADC TR 57–135 (1957).

[18] WAMBOLD, J.: In: Cermets. Reinhold Publ., New York 1960, S. 122/29.

[19] GOETZEL, C. G.: In: Cermets. Reinhold Publ., New York 1960, S. 130/46.

[20] TINKLEPAUGH, J. R.: In: Cermets. Reinhold Publ., New York 1960, S. 170/80.

beeinflußt werden (vgl. S. 90), hat man auch bei TiC-Hartmetallen dieser Frage besonderes Augenmerk geschenkt. Auf die diesbezüglichen Arbeiten sei hier nur verwiesen[1–4] (vgl. a. S. 112).

Zusammenfassend kann festgestellt werden, daß die Kentaniumlegierungen, die WZ-Werkstoffe und ähnlich aufgebaute deutsche und englische Legierungen augenblicklich die aussichtsreichsten Entwicklungen hinsichtlich Verwendung von Karbidlegierungen für Hochtemperaturzwecke darstellen. Die Annahme, daß diese Werkstoffe für verschiedene Anwendungen bei Arbeitstemperaturen von 1000° und möglicherweise 1100° geeignet sind, erscheint gerechtfertigt. Für einen großtechnischen Einsatz dieser Werkstoffe insbesondere im Turbinenbau muß jedoch die Schlagbiegefestigkeit noch erheblich erhöht werden, wofür sich gewisse Verbesserungsmöglichkeiten ergeben, welche im folgenden Abschnitt besprochen werden.

c) Sonderverfahren zur Herstellung von Titankarbid-Hartmetallen

Die Herstellung von Formteilen z. B. von Turbinenschaufeln aus Titankarbid-Hartmetallen erfolgt grundsätzlich nach den Verfahrensschritten, welche auch bei Hartmetallen für Zerspanungszwecke angewendet werden[5–7], also durch Pressen und Sintern unter Wasserstoff[8], bzw. Vakuumsinterung[9–11] und gegebenenfalls auch durch Heißpressen[12] oder Strangpressen mit anschließender Vakuumsinterung[13]

[1] Humenik, M. u. N. M. Parikh: J. Am. Ceram. Soc. **39** (1956), S. 60/63; **40** (1957), S. 315/20, 335/39.

[2] Low, J. R.: J. Metals **8** (1956), S. 982/84.

[3] Knudsen, F. P., R. E. Moreland u. R. F. Geller: J. Am. Ceram. Soc. **38** (1955), S. 312/23.

[4] Humenik, M. u. T. J. Whalen: In: Cermets. Reinhold Publ., New York 1960, S. 6/49; Trans. Met. Soc. Am. Inst. Met. Eng. **218** (1960), S. 401/04.

[5] Pfaffinger, K.: Planseeber. Pulvermetallurgie **3** (1955), S. 17/33.

[6] Havekotte, W. L.: 2. Plansee Seminar Reutte/Tirol 1955, S. 111/29.

[7] Agte, C. u. G. Blum: Neue Hütte **6** (1961), S. 139/46.

[8] Kawashima, C. u. S. Saito: J. Ceram. Assoc. Japan **66** (1958), S. 174/82; **68** (1960), S. 267/73.

[9] Kato, E. u. S. Naka: Rep. Gov. Ind. Res. Inst. Nagoya **8** (1959), S. 228/33.

[10] Kato, E. u. H. Matsumoto: Rep. Gov. Ind. Res. Inst. Nagoya **10** (1961), S. 55/61.

[11] Sugiyama, M. u. H. Suzuki: J. Japan Inst. Met. **24** (1960), S. 618/22, 622/25, 689/92, 740/43; **25** (1961), S. 1/4, 4/8, 8/11, 167/70; Kogyo Kagaku Zassi **63** (1960), S. 1094/1100.

[12] Niki, E., S. Kohara, M. Tajiri u. K. Tatsuzawa: J. Aeronaut. Res. Inst. Univ. Tokyo **1** (1959), S. 372/83; J. Chem. Soc. Japan **63** (1960), S. 1121; Yogyo Kyokai Shi **69** (1961), S. 169.

[13] Gregory, E. u. C. G. Goetzel: Trans. Met. Soc. Am. Inst. Met. Engng. **212** (1958), S. 868/74.

(s. S. 45). Es sind dabei allerdings noch folgende Gesichtspunkte zu berücksichtigen. Die Formgebung der meist komplizierten Teile wie Schaufeln oder Turbinenräder aus vorgesinterten Blöcken, erfordert Sondermaschinen (Kopierfräsmaschinen) mit entsprechenden Werkzeugen. Bei der Fertigsinterung, welche meist im Vakuum erfolgt, ist wegen des meist hohen Bindemetallgehaltes dafür Sorge zu tragen, daß kein Herausseigern des Binders erfolgt. So wurde vorgeschlagen, z. B. die Turbinenräder während der Sinterung im Ofen langsam zu drehen[1]. Trotzdem bleibt die Sinterung von Formstücken aus Legierungen mit mehr als 50% Bindemetall schwierig, weshalb man hier mit Vorteil die Tränktechnik anwendet, worauf noch später eingegangen wird. Über die Vorgänge beim Sintern von Titankarbid-Hartmetallen, insbesondere über die Beeinflussung der Gefügeausbildung, welche maßgeblich die Zähigkeitseigenschaften bedingt (vgl. S. 106 und S. 112.)

Wegen der sehr hohen Toleranzen, welche bei Turbinenschaufeln gestellt werden, muß die Oberfläche und die Wurzel nach der Sinterung meist mit Diamantscheiben nachgeschliffen werden. Bei Legierungen mit hohen Bindergehalten ist allenfalls auch die Bearbeitung mit hochharten Hartmetallen möglich[2] (s. S. 405).

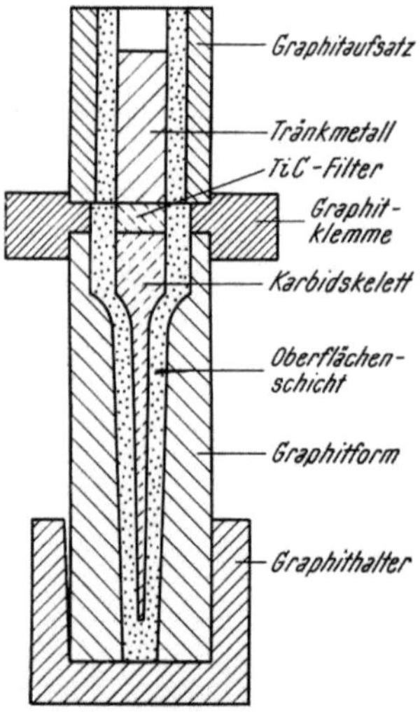

Die Schwierigkeiten bei der Formgebung lassen es in gewissen Fällen ratsam erscheinen, das in der Keramik übliche *Schlickerverfahren*[3–5] anzuwenden. Der Hartmetallansatz wird durch Zusatz von wässrigen Elektrolyten aufgeschlemmt und der Schlicker in Gipsformen vergossen, welche das Wasser absaugen. Die Teile können dann leicht der Form entnommen werden, worauf die Fertigsinterung nach dem Ausdampfen des restlichen Suspensionsmittels wie bei normal gepreßten Teilen erfolgt.

Graphitaufsatz
Tränkmetall
TiC-Filter
Graphitklemme
Karbidskelett
Oberflächenschicht
Graphitform
Graphithalter

Abb. 216. Tränkform zur Herstellung von Turbinenschaufeln auf TiC-Basis (C. G. GOETZEL)

Besondere technische Bedeutung für die Herstellung von hochbindemetallhaltigen Titankarbid-Hartmetallen hat das *Tränk-*

[1] Ö.P. 180738 (1952).
[2] PFAFFINGER, K.: Planseeber. Pulvermetallurgie **3** (1955), S. 17/33.
[3] SCHWARTZ, M. A.: 2. Plansee Seminar, Reutte/Tirol 1955, S. 457/64.
[4] REMPES, P. E., B. C. WEBER u. M. A. SCHWARTZ: Bull. Am. Ceram. Soc. **37** (1958), S. 334/39.
[5] WEBER, B. C.: In: Cermets, Reinhold Publ., New York 1960, S. 58/73.

verfahren[1–13]. Es bietet auch die Möglichkeit, fast beliebige Legierungen einzutränken. Über die Grundlagen des Tränkverfahrens wurde schon auf S. 109ff berichtet. R. KIEFFER und F. KÖLBL[1] haben dieses Verfahren auch für die Herstellung von Titankarbid- und Titankarbidmischkristall-Hartmetallen überprüft und kamen zum Schluß, daß es gelingt, porenfreie Materialien mit 60 bis 70% Binder herzustellen. Bezüglich der Eigenschaften können keine nennenswerten Unterschiede zwischen Sinter- und Tränkhartmetallen festgestellt werden. Das Tränkverfahren unter Benutzung warmfester Legierungen aller Art wurde in der Folge mehrfach für die Herstellung von hochwarmfesten Titankarbid-Hartmetallen herangezogen. Besonders C. G. GOETZEL und Mitarbeiter[6–11] haben das Tränkverfahren zur technischen Herstellung von Turbinenschaufeln weiterentwickelt. Zwecks Verbesserung der Schlagfestigkeit wurde dabei ein Verfahren entwickelt, welches es unter Benutzung der in Abb. 216 gezeigten Tränkform erlaubt, auf der Oberfläche der Schaufeln eine dünne Schicht der zähen Tränklegierung aufzubringen. Auch galvanisch aufgebrachte Schichten von Nickel oder Nickel-Chrom haben ähnliche Wirkung[14–17].

---

[1] KIEFFER, R. u. F. KÖLBL: Berg- u. Hüttenmänn. Mh. **95** (1950), S. 49/58.

[2] MONTGOMERY, E. T., T. S. SHEVLIN, C. C. MCBRIDE, R. F. STOOPS, H. F. KONRAD u. W. S. ZARTMAN: AF TR 6515 (1951).

[3] GURNICK, R. S. u. A. L. COOPER: NACA RM E52E27 (1952).

[4] SOXMAN, E. J.: WADC TR 53–370 (1953).

[5] BLUMENTHAL, H. u. R. SILVERMAN: J. Metals **8** (1956), S. 977/81; WADC TR 54–13 (1956).

[6] GOETZEL, C. G. u. L. P. SKOLNICK: 2. Plansee Seminar, Reutte/Tirol 1955, S. 92/98.

[7] SKOLNICK, L. P. u. C. G. GOETZEL: Am. Soc. Test. Mat., Spec. Techn. Publ. Nr. 174, Philadelphia 1956, S. 103/09.

[8] GOETZEL, C. G. u. J. B. ADAMEC: Metal Progr. **70** (1956), Nr. 6, S. 101/06.

[9] GRALA, E. M.: NACA Techn. Note 3769 (1956).

[10] SKOLNICK, L. P.: J. Metals **9** (1957), S. 438/42.

[11] LAVENDEL, H. W. u. C. G. GOETZEL: In: High Temperature Materials, J. Wiley, New York 1959, S. 140/54; WADC TR 57–135 (1957).

[12] GOETZEL, C. G.: In: Cermets. Reinhold Publ., New York 1960, S. 73/81, 130/46.

[13] MONMA, K. u. H. SUTO: J. Japan Inst. Met. **24** (1960), S. 158/62, 163/67, 167/70.

[14] JOSEPH, A. D., K. D. SCHEFFER, R. P. RIEGERT u. J. R. TINKLEPAUGH: WADC TR 55–82 (1954), 55–489 (1955).

[15] GRAHAM, J. W. u. W. F. ZIMMERMANN: Metal Progr. **73** (1958), Nr. 4, S. 108/11.

[16] TINKLEPAUGH, J. R.: In: Cermets. Reinhold Publ., New York 1960, S. 170/80.

[17] PEZZI, A. C. u. H. P. KLING: WADC TR 56-329 (1957).

Während Vergütungs-Glühbehandlungen, Oberflächen-Sandstrahlen usw.[1, 2] keine nennenswerte Verbesserung der Schlagfestigkeitseigenschaften brachten, waren dem sogenannten *Eisenbeton-Prinzip* (Reinforcement), d. h. der Einlagerung von hochfesten und zähen metallischen Gittern oder Fasern in die spröde Grundmasse gewisse Erfolge beschieden[3, 4]. Dabei ist allerdings zu beachten, daß die gewählten Metalle und Legierungen bei der erforderlichen hohen Sintertemperatur nicht mit dem Hartmetall reagieren und nicht durch Rekristallisation selbst verspröden.

Neuartige hochrekristallisationsfeste Legierungen der Übergangsmetalle — gedacht ist dabei insbesondere an Niob- und Tantallegierungen — könnten hier eine weitere Verbesserung bringen und zusammen mit dem Aufbringen von zähen Oberflächenschichten den Titankarbid-Hartmetallen auch auf dem Turbinengebiet zu einem Erfolg verhelfen.

d) Keramische Schutzschichten

Die ungenügende Zunderbeständigkeit von Hartmetallen auf TiC-Basis ohne Zusatz von Zweitkarbiden, kann nach D. G. Moore und Mitarbeiter[5, 6] durch Aufbringen emailleähnlicher keramischer Überzüge verbessert werden, ein Verfahren, welches auch zum Hochtemperaturschutz von Molybdän und Wolfram vorgeschlagen wurde[7].

Zahlentafel 113. *Zusammensetzung von Emails zum Hochtemperaturschutz von TiC-Hartmetallen* (D. G. Moore, St. G. Benner u. W. N. Harrison)

Versatz	%	Analyse	%	Mühlenversatz	%
Quarz	38,0	SiO_2	38,0	Fritte	200 g
Borsäure	11,5	B_2O_3	6,5	Chrompulver	800 g
Bariumkarbonat	56,63	BaO	44,0	Kaolin	50 g
Kalziumkarbonat	7,14	CaO	4,0	$Na_4P_2O_7$ ges.	7 cm^3
Berylliumoxid	2,5	ZnO	5,0	$NaNO_2$ ges.	1,5 cm^3
Zinkoxid	5,0	BeO	2,5		
	120,77		100,0		

[1] Monma, K. u. H. Suto: J. Japan Inst. Met. **24** (1960), S. 158/62, 163/67, 167/70.

[2] Robins, L. u. E. M. Grala: NACA TN 3927 (1957).

[3] Joseph, A. D., K. D. Scheffer, R. P. Riegert u. J. R. Tinklepaugh: WADC TR 55—82 (1954), 55—489 (1855).

[4] Tinklepaugh, J. R.: In: Cermets. Reinhold Publ., New York 1960. S. 170/80.

[5] Moore, D. G., St. G. Benner u. W. N. Harrison: NACA, Techn. Note, Nr. 2329 (1951), Nr. 2386 (1951).

[6] Moore, D. G., L. H. Bolz, J. W. Pitts u. W. N. Harrison: NACA, Techn. Note Nr. 2422 (1951).

[7] vgl. a. J. Huminik: High-Temperature Inorganic Coatings. Reinhold Publ., New York 1963.

Ein Zusatz von metallischem Chrom zur Keramik begünstigt die Ausbildung einer Haftschicht. 20% einer alkalifreien Fritte, deren Zusammensetzung Zahlentafel 113 zu entnehmen ist, wurde mit 80% Chrompulver und 5% Kaolin zu einem Schlicker vermahlen, dieser auf Probeplatten aus 80/20 TiC-Co-Hartmetall aufgetragen und bei 1200° 10 Minuten unter reinem Wasserstoff eingebrannt. Die Schichten waren hart, glatt und festhaftend. Eine deutlich sichtbare Haftschicht zwischen Emaille und Hartmetall enthielt Chromkarbide. Der Überzug war gut temperaturwechselbeständig und bei hohen Temperaturen genügend verformungsfähig, so daß er einem Kriechen des Grundwerkstoffes nachgeben konnte. Trotzdem keine Turbinenschaufeln mit derartigen Überzügen geprüft wurden, ist anzunehmen, daß die Lebensdauer bei Arbeitstemperaturen bis 980° im Vergleich zu ungeschützten Schaufeln beträchtlich verlängert werden kann.

3. Titankarbid-enthaltende Verbundwerkstoffe

Es wurden zahlreiche Versuche unternommen, die günstigen Hochtemperatureigenschaften des Titankarbides in Verbundwerkstoffen auszunutzen. J. A. NELSON und Mitarbeiter[1, 2] preßten Mischungen aus TiC, B_4C und TiB_2 mit Bindemetallen (Fe, Co, Ni, Cr oder Ti) und sinterten die Preßlinge unter Argon bei Temperaturen zwischen 1930 und 2070°. Während der Sinterung bildete sich Titandiborid neben den Boriden der Bindemetalle und Graphit (vgl. Bd. Hartstoffe, S. 449). Die bekannt günstigen Hochtemperatureigenschaften des Titandiborides kommen hierbei jedoch nicht zur vollen Geltung, da die genannten Sinterlegierungen gegenüber einem Werkstoff aus reinem Titandiborid mit einem Spezialbinder unterlegen sind.

Verbundkörper aus Al_2O_3 mit 1 bis 15% TiC werden als sogenannte Karbidkeramik[3] mit Erfolg als Schneidwerkstoff (s. Kap. IX) eingesetzt.

H. N. BARR, G. D. CREMER und W. J. KOSHUBA[4] untersuchten TiC-Al_2O_3-Werkstoffe mit hohen TiC-Gehalten. Die Pulvermischungen wurden ohne Binder in Graphitformen bei 1800 bis 1850° und einem Preßdruck von 176 kg/cm² heißgepreßt. In Zahlentafel 114 sind die elektrischen Widerstandswerte der verschiedenen Sinter-

[1] NELSON, J. A., T. A. WILLMORE u. R. C. WOMELDORPH: J. Electrochem. Soc. **98** (1951), S. 465/73.

[2] BENNETT, D. G., J. A. NELSON, T. A. WILLMORE u. R. C. WOMELDORPH: AF TR 6540 (1951).

[3] AGTE, C., R. KOHLERMANN u. E. HEYMEL: Schneidkeramik, Akademie-Verlag, Berlin 1959.

[4] BARR, H. N., G. D. CREMER u. W. J. KOSHUBA: Vortrag Electrochem. Soc., Cleveland 1950, Ref. Powder Met. Bull. **5** (1950), S. 62/63.

körper aufgeführt. Entsprechend den Eigenschaften der Komponenten wächst der elektrische Widerstand mit zunehmendem Al_2O_3-Gehalt, wobei der Temperaturkoeffizient des Widerstandes für Legierungen

Zahlentafel 114. *Elektrischer Widerstand von TiC-Al_2O_3-Mischungen in Abhängigkeit von der Temperatur* (H. N. BARR, G. D. CREMER u. W. J. KOSHUBA)

Temperatur °C	Elektrischer Widerstand in Ohm · cm bei der Zusammensetzung		
	85% Al_2O_3 15% TiC	70% Al_2O_3 30% TiC	50% Al_2O_3 50% TiC
20	$1{,}2 \cdot 10^5$	$6{,}7 \cdot 10^{-3}$	$6{,}1 \cdot 10^{-4}$
820	$2{,}2 \cdot 10^2$	$1{,}1 \cdot 10^{-2}$	$9{,}5 \cdot 10^{-4}$
1370	$1{,}2 \cdot 10^2$	$1{,}37 \cdot 10$	$1{,}4 \cdot 10^{-3}$

mit hohem Aluminiumoxidgehalt negativ und für solche mit hohem Titankarbidgehalt positiv ist.

Werte für die Biegebruchfestigkeit (Probenabmessungen $3{,}2 \times 6{,}4 \times 32$ mm) und solche für die Druckfestigkeit (Probenabmessungen 20 mm Durchmesser, 38 mm Höhe) sind in Zahlentafel 115

Zahlentafel 115. *Festigkeitseigenschaften eines 70/30 Al_2O_3-TiC-Verbundkörpers* (H. N. BARR, G. D. CREMER u. W. J. KOSHUBA)

	Biegebruch(Druck)-Festigkeit in kg/mm² bei einer Temperatur von				
	21°	32°	790°	1010°	1370°
Biegebruchfestigkeit kg/mm² ...	—	21,1	17,9	15,3	14,8
Druckfestigkeit kg/mm²	139,9 bis 140,6	—	—	—	38,7 bis 45,7

für einen 70/30 Al_2O_3-TiC-Verbundwerkstoff in Abhängigkeit von der Temperatur wiedergegeben. Dieses Material wurde mehr im Hinblick auf seine elektrischen als auf seine mechanischen Eigenschaften entwickelt und wurde erfolgreich als elektrischer Widerstandskörper beim Studium der Hochtemperatureigenschaften keramischer Körper eingesetzt.

H. F. G. UELTZ[1] sinterte Mischungen aus Magnesiumoxid und Titankarbid unter Helium bei Temperaturen zwischen 1600 und 1900°. Während nach H. N. BARR und Mitarbeitern sich bei Röntgenuntersuchungen von Al_2O_3-TiC-Körpern keine Änderung im Gitterparameter einer der beiden Komponenten zeigte, beobachtete H. F. G. UELTZ[1] im System MgO-TiC merkliche Abweichungen in den Gitter-

[1] UELTZ, H. F. G.: J. Am. Ceram. Soc. **33** (1950), S. 340/44.

konstanten nach der Hochsinterung. Diese Änderungen wurden auf Umsetzungen zwischen MgO und TiC zurückgeführt. Je nach der Zusammensetzung der Verbundkörper können TiO oder Mg_2TiO_4 bei diesen Reaktionen gebildet werden. Die Reduktion des MgO durch TiC bringt auch erhebliche Verluste an Magnesium durch Verflüchtigung bei gleichzeitiger Bildung von Kohlenmonoxid, das sich in den kälteren Zonen des Ofens wieder mit Magnesiumdampf zu MgO und C umsetzt. Es kann auch unterstellt werden, daß sich außer festen Lösungen TiC und TiO auch solche aus MgO und TiO bilden.

Auf der Suche nach Hochtemperaturwerkstoffen sind auch die verschiedensten Kombinationen von TiC mit nichtmetalllischen Hartstoffen (B_4C, SiC, Al_2O_3) und Boriden und Siliziden mit und ohne Binder untersucht worden.

Während Werkstoffe auf Basis TiC-B_4C[1, 2], TiC-SiC-B_4C[3], TiC-TiB_2-Co-Si[4], TiC-SiC-$TiSi_2$(Ti_5Si_3)[5] u. a. keine technische Bedeutung erlangten, haben sich TiC-TiB_2-Verbundkörper als Schiffchenmaterial bei der Metallaufdampfung im Vakuum bewährt (s. S. 478). Al_2O_3-TiC-TiB_2 und Al_2O_3-TiC-Mo_2C-Werkstoffe könnten als Schneidkeramiken Aussichten haben (s. S. 502).

4. Hochtemperaturwerkstoffe auf Basis anderer Metallkarbide

Außer Heißpreßkörpern aus reinem TiC, ZrC und HfC (s. S. 438) sind auch andere Metallkarbide für hochwarmfeste Zwecke untersucht worden. So beschreibt A. E. Williams[6] die Herstellung und Eigenschaften von Heißpreßkörpern aus reinem WC. P. Chiotti[7] hat ferner Formkörper aus TaC, NbC und UC hergestellt. Abgesehen von der ungenügenden Beständigkeit dieser Karbide in oxidierender Atmosphäre sind diese bindemetallfreien Hartstoffe verhältnismäßig spröde. Sie kommen gegebenenfalls als Tiegelmaterialien und Konstruktionsteile in Hochtemperaturöfen unter nichtoxidierenden Arbeitsbedingungen in Frage. Raketendüsen aus reinem TaC sollen sich

---

[1] Nelson, J. A., T. A. Willmore u. R. C. Womeldorph: J. Electrochem. Soc. **98** (1951), S. 465/73; Ceramics **8** (1956), S. 184/87.

[2] Greenhouse, H. M., O. E. Accountius u. H. H. Sisler: J. Am. Chem. Soc. **73** (1951), S. 5086/87.

[3] Accountius, O. E., H. H. Sisler, T. S. Shevlin u. G. A. Bole: J. Am. Ceram. Soc. **37** (1954), S. 173/77.

[4] Greenhouse, H. M., R. F. Stoops u. T. S. Shevlin: J. Am. Ceram. Soc. **37** (1954), S. 203/06.

[5] Weber, B. C. u. P. S. Hessinger: J. Am. Ceram. Soc. **37** (1954), S. 267/72.

[6] Williams, A. E.: Metal Treatment **18** (1951), S. 445/49.

[7] Chiotti, P.: J. Am. Ceram. Sooc. **32** (1952), S. 123/30.

ebenso wie solche aus HfC nicht bewährt haben. Dagegen haben Schutzschichten aus diesen Karbiden auf Wolfram oder Wolfram-Tantallegierungen und zwar zwischen Düse und Graphitwärmsenke große Aussichten.

Verbundwerkstoffe aus Mo_2C und Al_2O_3 haben W. Seith und H. Schmeken[1] untersucht. An bei 1900° gesinterten Strangpreßkörpern und Pulverpreßlingen wurden die physikalischen Eigenschaften bestimmt. Sie ändern sich mit der Zusammensetzung nicht stetig. Beispielsweise hatte ein Körper mit 80% Mo_2C und 20% Al_2O_3 eine Dichte von 7,1 g/cm³, eine relative Biegebruchfestigkeit von 4 kg/mm², eine Wärmeleitfähigkeit von 0,115 cal/cm · sec.° und eine elektrische Leitfähigkeit von $4 \cdot 10^4\ \Omega^{-1} \cdot \text{cm}^{-1}$. Letztere beiden Werte sind höher als bei reinem Mo_2C, was vielleicht auf chemische Umsetzungen und Auftreten metallischer Phasen zwischen Molybdän und Aluminium zurückzuführen sein könnte.

Beim Heißpressen von Zirkoniumkarbid-Niobmischungen (12% Nb) beobachten H. J. Hamjian und W. G. Lidman[2], daß das Niob sich mit dem Zirkoniumkarbid unter Bildung von Niobkarbid und Zirkonium umsetzt. Das Niobkarbid bildet mit dem restlichen Zirkoniumkarbid Mischkristalle. Bei einer Dichte von 6,22 g/cm³ betrug der Bestwert der Biegebruchfestigkeit etwa 41 kg/mm².

Die Eigenschaften von heißgepreßtem Chromkarbid sind nach H. J. Hamjian und W. G. Lidman[3] stark von der Korngröße der Kristallite bzw. von der Sintertemperatur und Sinterzeit abhängig. Bei 1540°, 45 Minuten heißgepreßte Proben hatten folgende Eigenschaften: Dichte 6,66 g/cm³, Härte R_A 92 und Biegebruchfestigkeit 35 kg/mm². Höhere bzw. längere Sintertemperaturen und Sinterzeiten ergaben infolge Kornwachstums Werkstoffe mit schlechteren Eigenschaften.

Hartmetalle auf Chromkarbidbasis mit Nickelbindung werden für korrosions- und zunderbeständige Verschleißteile empfohlen[2, 3] (s. S. 217 und 337).

5. Hochschmelzende Karbide und andere Hartstoffe als Schutzüberzüge

An Stelle von kompakten Körpern aus Karbiden ist es auch möglich, Karbidschichten auf entsprechenden Trägermetallen aufzu-

---

[1] Seith, W. u. H. Schmeken: Heraeus Festschrift, Hanau 1950, S. 218/42.

[2] Hamjian, H. J. u. W. G. Lidman: NACA, Techn. Note Nr. 2198 (1950).

[3] Hamjian, H. J. u. W. G. Lidman: NACA, Techn. Note Nr. 2491 (1951), Nr. 2731 (1952).

bringen. Fußend auf den Arbeiten von A. E. van Arkel[1] und insbesondere K. Moers[2] haben I. E. Campbell, C. F. Powell, D. H. Nowicki und B. W. Gonser[3] die Bildung von Karbidüberzügen durch Abscheidung aus der Gasphase untersucht.

Das Verfahren beruht darauf, daß man an einem entsprechend hoch erhitzten Träger Dampfgemische, bestehend aus einer Metallhalogenidverbindung, Kohlenoxid oder einem Kohlenwasserstoff und Wasserstoff gleichzeitig zur Zersetzung und Reaktion bringt. Einzelheiten des Verfahrens sind auf S. 59, Bd. I. eingehend besprochen worden. Es ist auch möglich, Karbidüberzüge dadurch zu erzeugen, daß man erst Metalle niederschlägt und diese nachträglich aufkohlt. Metalle lassen sich auch häufig mit einer Schutzschicht aus dem eigenen Karbid durch eine Glühbehandlung in einer Kohlenwasserstoff-Atmosphäre überziehen.

Überzüge auf Teilen, wie z. B. Turbinenschaufeln, mit bei höheren Temperaturen korrosions- und oxidationsbeständigen Schutzschichten, würden die Verwendung von Werkstoffen erlauben, welche wohl die erforderlichen mechanischen Eigenschaften bei diesen Temperaturen haben, aber aus Korrosionsgründen ohne Schutzschicht nicht verwendet werden können. Die Hochtemperaturanwendung reiner Karbide wird eher durch ihre mangelnde Zunderbeständigkeit als durch mechanische Gründe eingeengt. Dies bedeutet, daß reine Karbidschutzschichten sowohl auf Karbid- und Graphitgrundkörpern als auch auf metallischen Trägern, z. B. aus Molybdän, Wolfram oder W-Ta-Legierungen große Aussichten unter nichtoxidierenden Bedingungen haben.

I. E. Campbell und Mitarbeiter beschrieben ferner auch die Abscheidung von Nitriden, Boriden, Siliziden und Oxiden aus der Gasphase (s. Abschnitt F). Da einige hochschmelzende Boride und Silizide, besonders das Molybdändisilizid, bei höheren Temperaturen viel oxidationsbeständiger als Karbide sind, erscheint die Verwendung dieser Hartstoffe bei hohen Temperaturen viel aussichtsreicher als die von reinen Karbiden.

Zusammenfassung und Ausblick

Betrachtet man den Zeitraum der seit dem Erscheinen des Buches „Hartstoffe und Hartmetalle“ im Jahre 1953 bis heute verflossen ist, dann kann man zunächst feststellen, daß trotz großer Anstrengungen

[1] van Arkel, A. E.: Physica **4** (1924), S. 286/301.

[2] Moers, K.: Z. anorg. Chem. **198** (1931), S. 243/61.

[3] Campbell, I. E., C. F. Powell, D. H. Nowicki u. B. W. Gonser: J. Electrochem. Soc. **96** (1949), S. 318/33.

zur Entwicklung neuartiger Hochtemperaturwerkstoffe auf Hartstoffbasis, die bisherigen, zum Teil auch erfolgreich weiterentwickelten Superlegierungen, im Turbinenbau als Schaufelwerkstoff, bei Arbeitstemperaturen bis etwa 900°, noch weiterhin vorherrschen.

Im Temperaturgebiet 900 bis 1100° ist trotz des mehr oder minder erfolgreichen Baues von Versuchsturbinen weder den warm- und zunderfesten TiC-Hartlegierungen (WZ-Typus), noch den z. B. mit Ni-Cr-Legierungen (Inconel- und Nimonic-Überzüge) geschützten Verbundkörpern auf Molybdänlegierungsbasis der Durchbruch gelungen. Bei der ersten Werkstoffgruppe konnte die Kalt- und Warmschlagbiegefestigkeit noch nicht befriedigend hoch gesteigert werden, bei der letzteren ließ der dauerstandsichere, fehlerfreie, diffusionsträge Oxidationsschutz noch viele Wünsche offen. Mit Schaufeln aus zunderfesten Nioblegierungen, geschützt und ungeschützt, liegen noch keine genügenden Erfahrungen vor. Silizidgeschützte Nioblegierungen sind allerdings bei Raumgleitern bereits in Verwendung.

Andere Karbid-, Borid- und Silizid-enthaltende Hartlegierungen (Hartstoff-Hilfsmetallbasis) konnten sich ebensowenig wie die reinen Hartstoffe, intermetallische Verbindungen, Metall-Metalloxidkombinationen (Cermets), Sonderkeramiken und die Platin-Metall-Legierungen — letztere vornehmlich aus Preis- und Gewichtsgründen — im Turbinenbau einschalten.

Im Temperaturgebiet von 1200 bis 1700° ist dem Graphit (mögliche Betriebstemperaturen unter Kohlenoxid bis 2500° und höher) und dem Siliziumkarbid (max. Betriebstemperatur an Luft etwa 1500°) im Molybdändisilizid ein neuer Konkurrent auf dem Sektor der Heizleiter entstanden. Für bewegte Teile und solche Anwendungen, die gute Temperaturwechselbeständigkeit und Schlagbiegezähigkeit verlangen, kommen aber $MoSi_2$- bzw. SiC-Werkstoffe nicht in Frage.

Im Temperaturgebiet von 2000° und höher hat die mit und ohne Schutzüberzüge versehene Graphitdüse eine weite Verbreitung gefunden. Ihr sind in reinem Molybdän und Wolfram bzw. Molybdän- und Wolframlegierungen sowie W-Ag-Verbundwerkstoffen große Konkurrenten entstanden. Das noch nicht zur vollen Zufriedenheit gelöste Oberflächenschutzproblem wirkt aber hemmend auf den durchschlagenden Erfolg. Besondere Bedeutung kommen hier den Entwicklungen von kalt- und warmduktilen Legierungen aus den Systemen W-Re, Mo-Re und Mo-Os zu, welche die Grundlagenforschung auf dem Gebiete der Mehrstofflegierungen hochschmelzender Übergangsmetalle untereinander und mit Platinmetallen stark befruchtet haben.

Die aussichtsreichsten warmfesten Molybdänlegierungen enthalten kleine Gehalte an 4a-Metallen und Kohlenstoff und die hohe

Warmfestigkeit wird durch eine Ausscheidungshärtung der Karbide und gegebenenfalls Nitride dieser Metalle bewirkt. Wir gelangen also hier wieder zu den metallischen Hartstoffen, womit sich beim Grundthema dieses Buches wieder der Ring in der Entwicklungsrichtung von Hochtemperaturwerkstoffen schließt.

J. J. HARWOOD und N. E. PROMISEL[1] führen für die Zukunftsentwicklung hochwarmfester Werkstoffe folgende Arbeitsrichtungen an:

1. Anwendung des S.A.P.-Prinzipes (z. B. warmfeste Al-Al_2O_3-, Pt-Al_2O_3- oder Ni-ThO_2-Legierungen) auf andere hochschmelzende Metalle und Legierungen, d. h. Erhöhung der Warmfestigkeit durch sogenannte Dispersionshärtung.
2. Grundlagenforschung auf dem Gebiete metallischer und oxidischer Einkristallfäden (Whiskers), die sich bekanntlich durch ungewöhnlich hohe Festigkeiten auszeichnen.
3. Entwicklung „duktiler“ Keramiken im Zusammenhang mit der Ausnutzung der günstigsten Whisker-Eigenschaften.
4. Schaffung neuer Verbundwerkstoffe aus Metallen, Hartstoffen und Keramiken durch Anwendung des Eisenbeton-Prinzips (reinforcement), d. h. Einlagerungen von fadenförmigen Materialien, z. B. Whiskers oder Drahtstapeln in der metallischen Grundmasse.
5. Verbesserung der Herstellungs- und Verfahrenstechnik bei hochschmelzenden Metallen und deren Legierungen, damit deren günstige Eigenschaften auch in Bauteilen von Hochtemperaturtriebwerken optimal ausgenutzt werden können. Gedacht ist dabei an die Herstellung und Verarbeitung in Schutzgas-gefüllten Produktionsräumen (Infab-Technik), an die Weiterentwicklung der Heißverarbeitung (Spinning) und des Schweißens.
6. Endlich könnte man auf Grund der Erfolge mit W-Ag(Cu)-Tränklegierungen auch an die Weiterverfolgung des „Schwitzkühlungsprinzipes“ (Sweat-cooling) bei anderen Verbundwerkstoff-Kombinationen denken[2].

D. Nitride

Abgesehen von der Verwendung von Stickstoff in Nitrierstählen war dieses Element in Stählen stets ein mehr oder minder unerwünschtes Legierungselement. Neuerdings tritt Stickstoff in Sonderstählen als wertvoller Legierungspartner auf und beschäftigen sich Forschungsarbeiten mit dem Erschmelzen und Aufsticken von Stählen unter

---

[1] HARWOOD, J. J. u. N. E. PROMISEL: 3. Plansee Seminar, Reutte/Tirol 1958, S. 223/48.

[2] ROBINSON, A. T., R. L. MCALEXANDER, J. D. RAMSDELL u. M. R. WOLFSON: AIAA J. 1 (1963), S. 89/95.

hohem Druck in Autoklaven. Aus diesem Grunde gewinnt auch aufgesticktes Ferrochrom in letzter Zeit technische Bedeutung. Es scheint, daß die Nitridchemie ähnlich wie vor Jahrzehnten die Karbidchemie von der Stahlindustrie einen gewissen Anstoß erhalten dürfte.

Über Versuche des Einsatzes von *reinen* Nitriden der Übergangselemente der 4a- bis 6a-Gruppe oder deren festen Lösungen mit den Karbiden dieser Metalle für Hochtemperaturanwendung sind bisher wenig Einzelheiten bekanntgeworden, obzwar insbesondere die Nitride der 4a- und 5a-Gruppe hochschmelzende und beständige Körper sind. Schon mehrfach wurde auf das Auftreten von TiN in Zunderschichten und in Mischkristallen TiC-haltiger Hartlegierungen sowie in verschleißfesten, aus der Gasphase auf Stählen niedergeschlagenen Deckschichten hingewiesen (s. Bd. Hartstoffe, S. 75 u. 299).

Die Herstellung von Formkörpern aus reinen Nitriden durch Heißpressen bzw. Schlickergießen wird zwar mehrfach beschrieben[1–6] (Bd. „Hartstoffe", S. 295); abgesehen von der Verwendung als Tiegelmaterial für Hochtemperaturumsetzungen werden aber keine Angaben über weitere Einsatzmöglichkeiten derartiger Materialien für hochwarmfeste Zwecke gemacht.

Mischungen aus MgO-TiN-NiO wurden eingehend durch L. D. Hower, H. F. G. Ueltz und J. W. Londeree[7] untersucht. Bei der Sintertemperatur finden trotz inerter Atmosphäre Umsetzungen zwischen MgO und TiN statt, die analog zu den von H. F. G. Ueltz[8] im System MgO-TiC beobachteten verlaufen.

Abbindeversuche an TiN mit Eisen, Molybdän und Mangan ergaben nach I. C. Kritzer und I. E. Newnham[9] harte, aber zu wenig zähe Werkstoffe.

Für Werkstoffe, die durch Tränken von CrN-Ni 60/20 mit Silber hergestellt wurden, und ein günstiges Reibungsverhalten gegen Stähle bei hohen Temperaturen haben, wäre an eine Verwendung als Hochtemperaturlager zu denken[10].

---

[1] Meyer, O.: Ber. dtsch. keram. Ges. **11** (1930), S. 333/63.

[2] Foster, L. S.: AECD 2942 (1945).

[3] Chiotti, P.: J. Am. Ceram. Soc. **32** (1952), S. 123/30.

[4] Vasilos, T. u. W. D. Kingery: J. Am. Ceram. Soc. **37** (1954), S. 409/14.

[5] Blocher, J. M.: In: High Temperature Technology, J. Wiley, New York 1956, S. 181/83.

[6] Samsonov, G. V., G. A. Jasinskaja u. Tai Schou-Vej: Ogneupory **25** (1960), S. 405/08.

[7] Hower, L. D., H. F. G. Ueltz u. J. W. Londeree: Vortrag Electrochem. Soc., Cleveland 1950.

[8] Ueltz, H. F. G.: J. Am. Ceram. Soc. **33** (1950), S. 340/44.

[9] Kritzer, I. C. u. I. E. Newnham: Austral. J. Appl. Sci. **7** (1956), S. 215/23.

[10] Baskey, R. H.: Trans. Am. Soc. Lubric. Engng. **2** (1959), S. 116/23.

TiN-TiC-Mischkristalle wurden von F. Krall und R. Kieffer[1] als Tiegelwerkstoffe zum Schmelzen von Titan vorgeschlagen. Diese Mischkristalle sollen sich auch als Schiffchenwerkstoffe zur Metallverdampfung im Hochvakuum eignen. Auch die Sonderhartstoffe BN und Si_3N_4 sollten hierfür geeignet sein. Das in diesem Zusammenhang wichtige Benetzungsverhalten von TiN durch Fe, Ni, Mo, Si, Nb, Ti und Zr ist eingehend untersucht worden[2, 3].

Die Herstellung von zunderbeständigen Nitridschichten auf Drähten und Düsen durch Abscheidung aus der Gasphase (vgl. Bd. „Hartstoffe", S. 293) wird von I. E. Campbell und Mitarbeitern[4] beschrieben. Es werden aber keine Angaben über die praktische Bewährung gemacht. Es sei in diesem Zusammenhang auch auf die oben angegebenen verschleißfesten TiN (TiC) Deckschichten auf Stählen, die von A. Münster und Mitarbeitern[5] vorgeschlagen wurden, verwiesen.

E. Boride

Die hochschmelzenden Boride der Übergangsmetalle der 4a- bis 6a-Gruppe des Periodensystems werden als vielversprechende Hartstoffe für Hochtemperaturanwendungen betrachtet[6–13]. Insbesondere die Titan- und Zirkoniumdiboride sind sehr harte, hochschmelzende und verhältnismäßig zunderbeständige Verbindungen (vgl. Zahlentafel 99, S. 419).

---

[1] Ö.P. 193141 (1953).

[2] Foster, L. S.: AECD 2942 (1945).

[3] Kingery, W. D. u. F. A. Halden: Bull. Am. Ceram. Soc. **34** (1955), S. 117/19.

[4] Campbell, I. E., C. F. Powell, D. H. Nowicki u. B. W. Gonser: J. Electrochem. Soc. **96** (1949), S. 318/33; Vapor Plating, J. Wiley, New York 1955, S. 95/102.

[5] Münster, A. u. W. Ruppert: Naturwiss. **39** (1952), S. 349/50; Z. Elektrochem. **57** (1953), S. 564/71; Angew. Chem. **69** (1957), S. 281/90.

[6] Schwarzkopf, P.: Powder Met. Bull. **1** (1946), S. 86/91.

[7] Schwarzkopf, P. u. F. W. Glaser: Iron Age **173** (1954), Nr. 13, S. 138/39.

[8] Glaser, F. W.: Planseeber. Pulvermetallurgie **2** (1954), S. 59/70; Metal Progr. **67** (1955), Nr. 4, S. 77/82, 183.

[9] Everhart, J. L.: Materials and Methods **40** (1954), Nr. 2, S. 90/92.

[10] Blum, A. u. W. Ivanick: Powder Met. Bull. **7** (1956), S. 75/78.

[11] Judkins, M. F.: In: D. W. Grobecker, Ed.: Metals for Supersonic Aircraft and Missiles; Am. Soc. Met. Cleveland 1958, S. 340/52.

[12] Steinitz, R.: In: H. H. Hausner, Ed.: Modern Materials. Academie Press, New York 1960, Vol. 2, S. 191/224.

[13] Mandorf, V., J. Hartwig u. E. J. Seldin: In: High: Temperature Materials II. Intersci. Publ., New York 1963, S. 455/67.

Die Tränkung von Chromborid-Skelettkörpern mit hochwarmfesten Legierungen (Nimonic, Vitallium, Hastelloy), die von C. G. GOETZEL[1] vorgeschlagen wurde, ergibt zwar ziemlich zunderbeständige Körper, die aber uneinheitlich sind.

Chromborid CrB ist von S. J. SINDEBAND[2] in Form von heißgepreßten, mit Ni, Ni-Cu, Ni-Cr und Co abgebundenen Legierungen auf Hochtemperatureigenschaften untersucht worden. Eine heißgepreßte Legierung mit 15% Ni hatte eine Biegebruchfestigkeit von etwa 85 kg/mm² und eine hohe Warmhärte. Verglichen mit geschmolzenem Vitallium war die Dauerstandfestigkeit wesentlich niedriger. Das Material war bis 950° zunderbeständig.

Werkstoffe aus den Chromboriden Cr_2B, CrB und CrB_2 mit Nickel-, Kobalt- bzw. Eisenbindern wurden später eingehend auf die physikalischen Eigenschaften und das Zunderverhalten untersucht[3–6]. Nach A. MERZ und H. KOTSCH[5, 6] ergeben Chrom-Molybdän-Binderlegierungen besonders günstige Eigenschaften.

Abbindeversuche an TiB_2 bzw. ZrB_2 mit Eisenmetallen[7, 8] bzw. hochschmelzenden Metallen[4] scheiterten meist an dem Auftreten niedrig schmelzender spröder Eutektika bzw. intermetallischer Phasen in diesen Systemen[9–11]. Bei ZrB_2 kann nach R. STEINITZ[12], durch Zusatz von 2 bis 5% Bor im Überschuß eine verhältnismäßig zähe *eutektische Bindung* erreicht werden[13]. R. KIEFFER und F. BENESOVSKY[14] haben gute Ergebnisse mit Cr-B-haltigen Bindern erzielt.

---

[1] GOETZEL, C. G.: Persönliche Mitt. 1949.

[2] SINDEBAND, S. J.: Trans. Am. Inst. Met. Engng. **185** (1949), S. 198/202.

[3] TAKAGI, R., K. TAMURA u. Y. TAMURA: Nippon Kinzoku Gakkai-Si **20** (1956), S. 375/77; J. Mech. Lab. Japan **11** (1957), S. 140/44.

[4] ISKOLDSKI, I. I. u. L. P. BOGOROSDKAJA: Zur. Prikl. Chim. **30** (1957), S. 177/85.

[5] KOTSCH, H. u. A. MERZ: Wiss. Z. Techn. Hochsch. Dresden **9** (1960), S. 1203/06.

[6] MERZ, A. u. H. KOTSCH: In: Ber. II. Internat. Pulvermet. Tagung, Eisenach 1961, Akademie-Verlag, Berlin 1962, S. 423/30.

[7] SAMSONOV, G. V.: Metalloved. Obr. Met. (1958), Nr. 1, S. 35/38.

[8] TYRELL, M. E. u. C. W. HOUCK: Bur. Mines Rep. Inv. 6262 (1963).

[9] KOVALTSCHENKO, M. S., V. S. NESCHPOR u. G. V. SAMSONOV: Dop. Akad. Nauk Ukr. RSR (1958), Nr. 7, S. 740/42.

[10] TAI SCHOU-VEJ, G. A. JASINSKAJA u. G. V. SAMSONOV: Dokl. Akad. Nauk Ukr. RSR (1960), S. 48/49.

[11] KOVALTSCHENKO, M. S., G. V. SAMSONOV u. G. A. JASINSKAJA: Izv. Akad. Nauk SSSR, Met. Topl. (1960), Nr. 3, S. 115/19.

[12] STEINITZ, R.: Aviation Age Handbook (1957) Juni; In: H. H. HAUSNER, Ed.: Modern Materials. Academic Press, New York 1960, Vol. 2, S. 191/224.

[13] HOFFMAN, C. A.: NACA RM E52L15a (1953).

[14] Ö.P. 189801 (1956).

Boridschichten kann man nach der von K. MOERS[1] angegebenen Methode durch Überleiten von Metallhalogenid-Borbromid-Wasserstoff-Dampfgemischen über glühende Trägermetalle erzeugen. Auf diese Weise haben auch I. E. CAMPBELL und Mitarbeiter[2, 3] zunderfeste Boridschichten auf Drähten und Düsen abgeschieden. Man kann auch zunächst abgeschiedene Metallschichten nachträglich mit BCl_3-H_2-Dampfgemischen borieren. Bislange haben derartige Boridschichten als zunderfeste Überzüge keine praktische Bedeutung erlangt.

Demgegenüber sind Legierungen auf Chrom-Nickel-Bor-Silizium-Basis (Colmonoy) für Hartaufschweißschichten zur Verschleißbekämpfung technisch bedeutsam (vgl. S. 343)[4–6].

Die Herstellung von dichten Formkörpern aus Boriden erfolgt am besten durch Heißpressen[7]; aber auch das Strangpressen mit Plastifizierungsmitteln mit anschließender Hochsinterung ist gangbar[8] (vgl. a. Bd. „Hartstoffe", S. 375).

Die SCHWARZKOPFsche Anregung, Boride für Hochtemperaturzwecke einzusetzen[9] hatte eine Fülle von Grundlagenarbeiten zur Folge. So wurden die Zweistoffsysteme der neun Übergangsmetalle der 4a- bis 6a-Gruppe mit Bor, das Löslichkeitsverhalten der Boride ineinander, ferner die Dreistoffkombinationen Me-B-C, Me-B-N bzw. Me-B-Si untersucht, worüber eingehend im Band „Hartstoffe" berichtet wurde.

Die von den Forschern der American Electro Metal Corp. entwickelten Borolite-Werkstoffe[9–13] fanden eine beschränkte industrielle Anwendung, so z. B. Zirkoniumdiborid mit 2 bis 5% B als Binder und Cr_2B mit einem 80/20 Cr-Mo-Binder für Teile in Hochtem-

---

[1] MOERS, K.: Z. anorg. allg. Chem. **198** (1931), S. 243/46.

[2] CAMPBELL, I. E., C. F. POWELL, D. H. NOWICKI u. B. W. GONSER: J. Electrochem. Soc. **96** (1949), S. 318/33; s. a. Vapor Plating, J. Wiley, New York 1955, S. 103/19.

[3] POWELL, C. F.: In: I. E. CAMPBELL, High Temperature Technology, J. Wiley, New York 1956, S. 131/50.

[4] MOORE, D. G. u. J. R. CUTHILL: Bull. Am. Ceram. Soc. **34** (1955), S. 375/82.

[5] HERZ, W. H.: Materials in Design Engng. **49** (1959), Nr. 4, S. 98/99.

[6] SCHATT, W.: Neue Hütte **6** (1961), S. 644/54.

[7] GLASER, F. W.: Powder Met. Bull. **6** (1951), S. 51/54.

[8] SAMSONOV, G. V. u. P. S. KISLY: Dop. Akad. Nauk Ukr. RSR (1959), Nr. 1, S. 35/38.

[9] SCHWARZKOPF, P. u. F. W. GLASER: Iron Age **173** (1954), Nr. 13, S. 138/39.

[10] GLASER, F. W.: Planseeber. Pulvermetallurgie **2** (1954), S. 59/70; Metal Progr. **67** (1955), Nr. 4, S. 77/82, 183.

[11] EVERHART, J. L.: Materials and Methods **40** (1954), Nr. 2, S. 90/92.

[12] BLUM, A. u. W. IVANICK: Powder Met. Bull. **7** (1956), S. 75/78.

[13] STEINITZ, R.: Aviation Age Handbook (1957), Juni; In: H. H. HAUSNER, Ed.: Modern Materials. Academic Press, New York 1960, Vol. 2, S. 191/224.

temperaturtriebwerken und Mo_2B als Hochtemperaturlot. Auch für Thermoelemente wurde ZrB_2 vorgeschlagen[1–4].

Als zur Zeit aussichtsreichstes Borid zeichnet sich das Titandiborid ab, und zwar in reiner Form oder als TiB_2-CrB_2-Mischkristall für Verdampferschiffchen, Elektroden für die Aluminiumgewinnung[5,6], Teile, die gegen Metall — insbesondere Zinkschmelzen — beständig sind[7–9] sowie als TiC-TiB_2-Verbundmaterial für Zerspanungszwecke[10–14]. Zusätze von 1 bis 5% TiB_2 zu WC-Co-Hartmetallen erhöhen die Zunderbeständigkeit beträchtlich[15].

Zunderfeste TiC-TiB_2-CoSi-Legierung[16,17] und Graphit-TiB_2-$MoSi_2$ Verbundwerkstoffe[18] kommen für Düsen in Frage.

Wegen des hohen Neutronenabsorptionsvermögen von Bor und seiner Verbindungen wurden Boride der hochschmelzenden Metalle auch für Kontrollstäbe in Kernreaktoren vorgeschlagen[19–22].

Getränkte Verbundwerkstoffe aus Boriden mit Nickel und Silber wurden auf ihr Reibungsverhalten bei hohen Temperaturen untersucht[23].

---

[1] Čech, B. u. K. Zeman: Hutnické Listy **17** (1962), S. 66/69.

[2] Samsonov, G. V., J. S. Reschetnjak u. K. R. Vlasov: Poroschkovaja Met. (1963), Nr. 5, S. 94/97.

[3] Serdjuk, S. M., M. I. Korobko, S. K. Soboljev, A. S. Sizenka, B. K. Katschur u. K. R. Vlasov: Poroschkovaja Met. (1964), Nr. 1, S. 91/95.

[4] Kotsch, H.: In: Neue Werkstoffe durch pulvermetallurgische Verfahren. Akademie Verl., Berlin **1964**, S. 109/18.

[5] Bloch, E. A.: Erzmetall **14** (1961), S. 400/09.

[6] Ransley, C. E.: J. Metals **14** (1962), S. 129/35; Teknisk Ukeblad **109** (1962), S. 1117/26.

[7] Hodge, W., R. M. Evans u. A. F. Haskins: J. Metals **7** (1955), S. 824/32.

[8] Evans, R. M.: Materials and Methods **43** (1956), Nr. 6, S. 132/33.

[9] Chapin, E. J. u. W. H. Friske: NRL 4478 (1955).

[10] Binder, I. u. A. Roth: Powder Met. Bull. **6** (1953), S. 154/62.

[11] Anonym: Am. Machinist **100** (1956), S. 153.

[12] Metcalfe, A. G.: Am. Soc. Tool. Eng. Res. Rep. No. 2 (1956).

[13] Ö.P. 199886 (1958).

[14] Agte, C.: In: Ber. II. Internat. Pulvermet. Tagung, Eisenach 1961, Akademie-Verlag, Berlin 1962, S. 43/59.

[15] Tyrrell, M. E. u. G. M. Farrior: Bur. Mines RI. 6095 (1962).

[16] Greenhouse, H. M., R. F. Stoops u. T. S. Shevlin: J. Am. Ceram. Soc. **37** (1954), S. 203/06.

[17] Montgomery, E. T., T. S. Shevlin, H. M. Greenhouse u. H. W. Newkirk: WADC TR 54-44 (1955).

[18] Montgomery, E. T., T. S. Shevlin, H. M. Greenhouse u. H. W. Newkirk: WADC TR 54-33 (1955).

[19] Ogden, H. R. u. R. I. Jaffee: BMI RIJ **1** (1950).

[20] Dayton, R. W.: BMI X **132** (1956).

[21] Cowen, H. C.: Nuclear Engng. **4** (1959), Februar, S. 11/17.

[22] Ploetz, G. L.: Bull. Am. Ceram. Soc. **39** (1960), S. 362/65.

[23] Baskey, R. H.: Trans. Am. Soc. Lubric. Eng. **5** (1959), S. 116/23.

Die Suche nach geeigneten zähen Bindern für Boride, insbesondere für TiB_2 und ZrB_2 hat noch zu keinem derartigen praktischen Erfolg wie bei der Kobaltabbindung des WC geführt. Es liegen ähnliche Verhältnisse wie bei den Siliziden vor. Durch Reaktion des Bors bzw. Siliziums mit fast allen Metallen entstehen spröde Bindelegierungen und damit spröde Endprodukte, die kaum eine höhere Biegebruchfestigkeit als 20 bis 40 kg/mm² haben.

Man kann zusammenfassend sagen, daß die Zeit verstärkter Anwendung für Boridwerkstoffe noch nicht gekommen ist und daß sich größere industrielle Anwendungen erst abzuzeichnen beginnen.

F. Silizide

Der technische Einsatz der Silizide für Hochtemperaturzwecke wird durch ihre verhältnismäßig hohen Schmelzpunkte sowie durch ihre große chemische Widerstandsfähigkeit und teilweise hervorragender Zunderbeständigkeit nahegelegt (vgl. Bd. „Hartstoffe")[1]. In der mehrfach erwähnten Arbeit von I. E. CAMPBELL und Mitarbeitern[2] wird die Herstellung von Silizidschichten auf Metallen der 4a- bis 6a-Gruppe des Periodensystems beschrieben. Obzwar eine große Zahl von Anwendungsmöglichkeiten für derartige Schichten angedeutet werden, fehlen nähere Angaben über ihre Brauchbarkeit. Beispielsweise werden Molybdänsilizidüberzüge durch Überleiten eines $SiCl_4$-H_2-Dampfgemisches über Drähte oder Düsen, die auf 1100 bis 1800° erhitzt wurden, in einer Apparatur gemäß Abb. 217 erzeugt. Dabei wächst auf dem Molybdängrundmetall zunächst eine dünnere, molybdänreichere

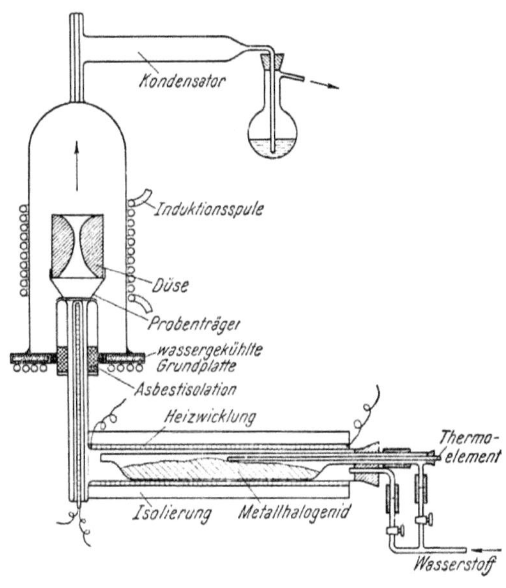

Abb. 217. Aufdampfapparatur für Düsen schematisch (I. E. CAMPBELL, C. F. POWELL, D. H. NOWICKI u. B. W. GONSER)

---

[1] KIEFFER, R. u. F. BENESOVSKY: Hartstoffe, Springer-Verlag, Wien 1963, S. 506/11.

[2] CAMPBELL, I. E., C. F. POWELL, D. H. NOWICKI u. B. W. GONSER: J. Electrochem. Soc. **96** (1949), S. 318/33.

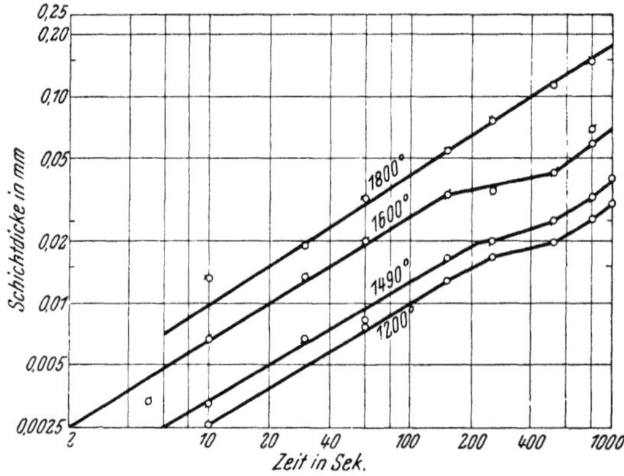

Abb. 218. Abhängigkeit der Schichtstärke von Molybdänsilizidüberzügen von der Silizierungstemperatur und -zeit (E. A. Beidler, C. F. Powell, I. E. Campbell u. L. F. Yntema)

Schicht (Mo_3Si, Mo_5Si_3) und darauf eine stärkere Schicht aus $MoSi_2$ auf (Abb. 161, Bd. „Hartstoffe"). Diese Schicht hat beträchtliche Härte und ist bis über 1700° an Luft beständig[1–4].

E. A. Beidler, C. F. Powell, I. E. Campbell und L. F. Yntema[2] beschrieben eingehend das Silizieren von Molybdändrähten. Insbesondere wurde der Einfluß der Fadentemperatur und der Behandlungsdauer auf die Stärke der Silizidschicht untersucht. Gemäß Abb. 218 kann z. B. bei einer Fadentemperatur von 1800° bereits in 40 Sekunden eine Schicht von 25 μ Stärke aufgebracht werden. Die Lebensdauer der silizierten Molybdändrähte beim Erhitzen an Luft ist stark abhängig von der Schichtstärke. Beispielsweise konnte gemäß Abb. 219 ein 2 mm-Molybdändraht mit einer 100 μ starken Silizidschicht rund 100 Stunden bei 1700° an Luft erhitzt werden. Stärkere Schichten als 250 μ neigen zum Rissigwerden. Die „Zunderschicht", welche sich beim Erhitzen des Silizidüberzuges an Luft ausbildet, besteht wahrscheinlich aus einem Quarzfilm, in dem zumindest

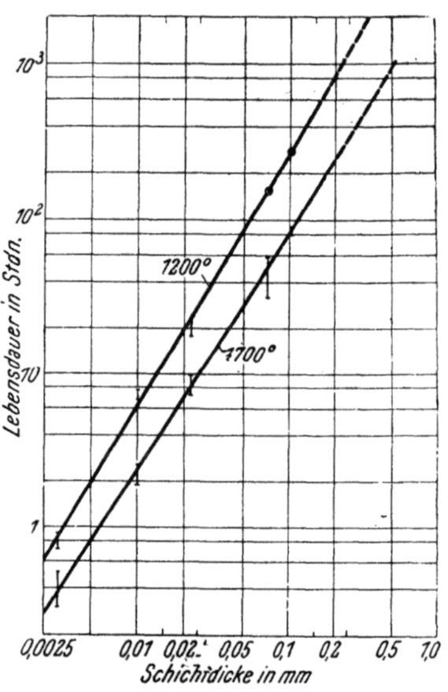

Abb. 219. Einfluß der Schichtstärke auf die Lebensdauer von siliziertem Molybdändraht bei Erhitzen an Luft auf 1200° und 1700° (E. A. Beidler, C. F. Powell, I. E. Campbell u. L. F. Yntema)

[1] Kieffer, R. u. E. Nachtigall: Heraeus Festschrift, Hanau 1950, S. 186 bis 205.

[2] Beidler, E. A., C. F. Powell, I. E. Campbell u. L. F. Yntema: J. Electrochem. Soc. **98** (1951), S. 21/25.

[3] Fitzer, E.: Berg- u. Hüttenmänn. Mh. **97** (1952), S. 81/91; 1. Plansee Seminar, Reutte/Tirol 1952, S. 244/53.

[4] Stolarz, S.: Prace IH **15** (1960), S. 313/20.

vorübergehend niedrige Molybdänoxide gelöst sind. Bei Temperaturwechselbeanspruchung gegebenenfalls auftretende Risse werden durch „Selbstheilung" der plastischen Quarzschicht mit Hilfe kurzzeitig abrauchender Molybdänoxide wieder verschlossen[1, 2]. Das Silizierungsverfahren eröffnet dem Molybdän in Fällen, wo dieses in oxidierender Atmosphäre erhitzt werden soll, z. B. bei Konstruktionsteilen von Raketen, gewisse Anwendungsgebiete. Die verhältnismäßig hohen Silizierungstemperaturen bedingen allerdings eine nachteilige Rekristallisation des Molybdänträgers. Auch das Kantenproblem bereitet Schwierigkeiten.

Neuerdings haben R. Kieffer, K. Sedlatschek und H. J. Stadler[3, 4] ein Silizierungsverfahren entwickelt wobei Molybdän-Formstücke unterhalb ihrer Rekristallisationstemperatur aus Cu-Si bzw. Cu-Sn-Si-Bädern erfolgreich siliziert werden können. Wegen der niedrigen Silizierungstemperatur erscheint dieses Verfahren aussichtsreicher als die Gassilizierung von Molybdän[5].

Deckschichten aus Siliziden auf hochschmelzenden Metallen wie Molybdän, Wolfram, Niob und deren Legierungen spielen beim Oxidationsschutz von Raketendüsen aus diesen Grundmetallen eine große Rolle. Die damit im Zusammenhang stehenden sehr zahlreichen Arbeiten können hier nur angeführt werden[6–23]. Ebenso sei auf die Arbeiten über Siliziddeckschichten auf Graphit nur verwiesen[24, 25].

---

[1] Fitzer, E.: Berg- u. Hüttenmänn. Mh. **97** (1952), S. 81/91; Arch. Eisenhüttenwes. **23** (1952), S. 377/82; 1. Plansee Seminar, Reutte/Tirol 1952, S. 244/53; 2. Plansee Seminar, Reutte/Tirol 1955, S. 56/79; 3. Plansee Seminar, Reutte/Tirol 1958, S. 175/202.

[2] Kieffer, R., F. Benesovsky u. C. Konopicky: Ber. dtsch. keram. Ges. **31** (1954), S. 223/30.

[3] Ö.P. 203312 (1959).

[4] Sedlatschek, K. u. H. J. Stadler: Planseeber. Pulvermetallurgie **9** (1961), S. 39/43.

[5] Colan, H., A. Domsa, A. Palfalvi, V. Nicolae u. L. Botha: Stud. Cerc. Met. **8** (1963), S. 397/407.

[6] Kieffer, R. u. E. Nachtigall: Heraeus Festschrift, Hanau 1950, S. 186 bis 205.

[7] Beidler, E. A., C. F. Powell, I. E. Campbell u. L. F. Yntema: J. Electrochem. Soc. **98** (1951), S. 21/25.

[8] Fitzer, E.: Berg- u. Hüttenmänn. Mh. **97** (1952), S. 81/91; Arch. Eisenhüttenwes. **23** (1952), S. 377/82; 1. Plansee Seminar, Reutte/Tirol 1952, S. 244/53; 2. Plansee Seminar, Reutte/Tirol 1955, S. 56/79; 3. Plansee Seminar, Reutte/Tirol 1958, S. 175/202.

[9] Leadbeater, C. J. u. D. T. Richards: Metal Treatm. **21** (1954), S. 309/15, 387/96.

[9a] Wehrmann, R.: In: I. E. Campbell, High Temperature Technology, J. Wiley, New York 1956, S. 151/70.

[10] Bückle, H.: 3. Plansee Seminar, Reutte/Tirol 1958, S. 151/74.

Im System Mo-Si (vgl. Bd. Hartstoffe) existieren die Verbindungen Mo_3Si, Mo_5Si_3 und $MoSi_2$, von denen insbesondere letzterem die

a

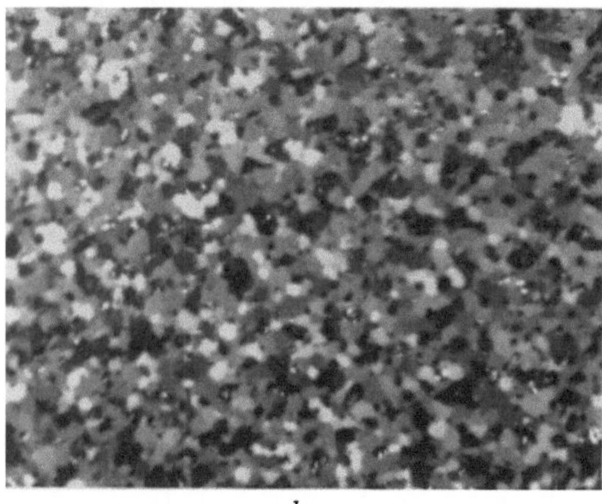

b

Abb. 220a, b. Grob- bzw. feinkörniges Gefüge von gesintertem $MoSi_2$ ½ 125 (SIEMENS-PLANIA AG., Meitingen bei Augsburg).

[11] ROWE, G. W.: Engineer **206** (1958), S. 478.

[12] STOLARZ, S.: Prace IH **12** (1960), S. 313/20.

[13] GOETZEL, C. G. u. P. LANDLER: 4. Plansee Seminar, Reutte/Tirol 1962, S. 759/67.

[14] IVANOV, V. E., E. P. NETSCHIPORENKO, A. D. OSIPOV u. V. I. ZMII: Fiz. Metallov Metalloved. **14** (1962), S. 574/77.

[15] GANGLER, J. J.: In: High Temperature Materials II. Intersci. Publ., New York 1963, S. 719/47.

[16] WACHTELL, R. W.: In: High Temperature Materials II. Intersci. Publ., New York 1963, S. 749/60.

[17] BAMBERGER, E. N., R. G. FRANK, L. LUFT u. E. D. SAYRE: In: High Temperature Materials II. Intersci. Publ., New York 1963, S. 773/87.

[18] JEFFERYS, R. A. u. J. D. GADD: In: High Temperature Materials II. Intersci. Publ., New York 1963, S. 801/18.

[19] PENTECOST, J. L.: In: High Temperature Inorganic Coatings, Reinhold Publ., New York 1963, S. 10/109.

[20] KIEFFER, R. u. H. BRAUN: Vanadin, Niob, Tantal. Springer-Verlag, Berlin/Göttingen/Heidelberg 1963, S. 230/32.

[21] KOMPANEK, A. J. u. G. A. COLLINS: Materials in Design Engng. **58** (1963), Nr. 4, S. 90/92.

[22] SAMSONOV, G. V. u. A. P. EPIK: Überzüge aus hochschmelzenden Verbindungen. Izd. Metallurgija, Moskau 1964.

[23] COX, A. R. u. R. BROWN: J. Less-Common Met. **6** (1964), S. 51/69.

[24] LYNCH, J. F., J. A. SLYH u. W. H. DUCKWORTH: WADC TR 53—457 (1954).

[25] FITZER, E.: 3. Plansee Seminar, Reutte/Tirol 1958, S. 175/202.

größte Bedeutung als zunderbeständiges Material zukommt[1–6]. $MoSi_2$ hat metallischen Charakter und ist als intermetallische Verbindung verhältnismäßig spröde. Je nach Herstellungsart ist das Gefüge grob- oder feinkristallin (Abb. 220a, b).

Auf Grund der Untersuchungen von R. Kieffer und E. Červenka[2, 3] über das Zunderverhalten von heißgepreßten Molybdän-Siliziumkörpern liegt der zunderbeständige Bereich, wie Abb. 221

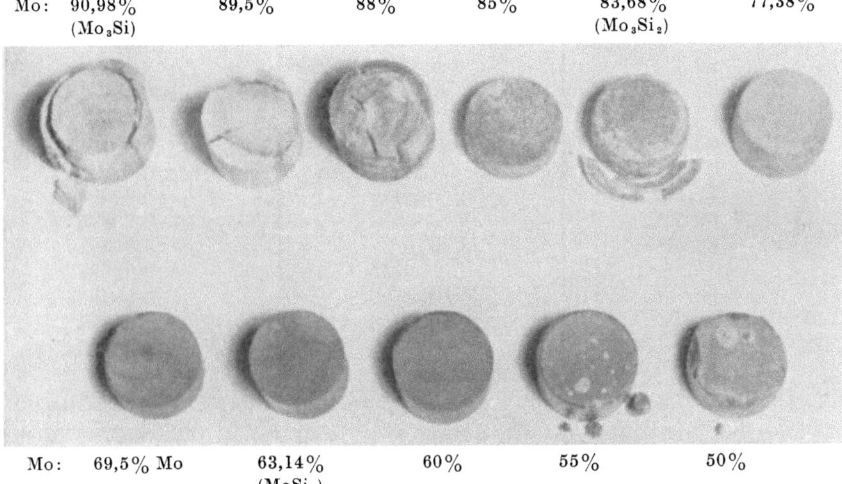

Abb. 221. Mo-Si-Legierungen nach viereinhalbstündigem Erhitzen auf 1500° an Luft (R. Kieffer u. E. Červenka)

zeigt, zwischen etwa 20 und 40 Gew.-% Si ($MoSi_2$ 36,9% Si), was thermodynamisch begründet werden kann[7]. Die zahlenmäßige Gewichtszunahme beim Erhitzen an Luft bei 1500° ist Zahlentafel 116 zu entnehmen. Dichte Körper aus reinem $MoSi_2$ kann man tagelang an Luft auf 1600 bis 1700° erhitzen, ohne daß eine wesentliche Veränderung eintritt.

Die Ausbildung der dabei entstehenden, dichten und festhaftenden Quarzfilme wird stark von der Porosität und Korngröße des $MoSi_2$-

1 D.R.P. 294267 (1913).

2 Červenka, E.: Diss., Techn. Hochschule, Graz 1951.

3 Kieffer, R. u. E. Červenka: Z. Metallkunde **43** (1952), S. 101/05.

4 Fitzer, E.: Berg- u. Hüttenmänn. Mh. **97** (1952), S. 81/91; Arch. Eisenhüttenwes. **23** (1952), S. 377/82; 1. Plansee Seminar, Reutte/Tirol 1952, S. 244/53; 2. Plansee Seminar, Reutte/Tirol 1955, S. 56/79; 3. Plansee Seminar, Reutte/Tirol 1958, S. 175/202.

5 Kieffer, R., F. Benesovsky u. C. Konopicky: Ber. dtsch. keram. Ges. **31** (1954), S. 223/30.

6 Long, R. A.: Metal Progr. **68** (1955), Nr. 3, S. 123/28, 190/92.

7 Searcy, A. W.: J. Am. Ceram. Soc. **40** (1957), S. 431/35.

Grundkörpers beeinflußt. Bei porenarme und feinkörnigem Gefüge entstehen glasartige Filme, während sich auf grobkörnigem $MoSi_2$ eine schlecht schützende kristalline SiO_2-Deckschicht bildet[1, 2].

Zahlentafel 116. *Gewichtsänderung von Mo-Si-Legierungen nach 4½stündigem Glühen bei 1200° an Luft* (R. Kieffer u. E. Čerwenka)

Zusammensetzung Gew.-% Mo	Mögliche Verbindung	Gewichtsänderung g/cm²
91	Mo_3Si	— 0,789
		— 0,835
89,5		— 0,693
88		— 0,603
85		— 0,0672
83,7	Mo_5Si_3	— 0,0516
		— 0,0751
77,4	(MoSi)	— 0,000815
69,5	(Mo_2Si_3)	+ 0,000281
63,14	$MoSi_2$	+ 0,001912
		+ 0,000942
60	$MoSi_2$ + Si	+ 0,001035
55	$MoSi_2$ + Si	— 0,00481
50	$MoSi_2$ + Si	— 0,0086

Der Mechanismus der Deckschichtenbildung und Störungen, welche bei niedrigen Zundertemperaturen in Form der sogenannten „Molybdänpest" einer katastrophalen Oxidation, auftreten[5, 10], waren in der Folge das Ziel zahlreicher Untersuchungen[3–11] (vgl. Bd. „Hartstoffe", Abb. 164).

[1] Fitzer, E.: 2. Plansee Seminar, Reutte/Tirol 1955, S. 56/79; 3. Plansee Seminar, Reutte/Tirol 1958, S. 175/202.

[2] Kotrba, Z.: Techn. Zprávy VUPM (1960), Nr. 5/6, S. 24/30.

[3] Maxwell, W. A.: NACA RM E 9 G 01 (1949), E 52 A 04 (1952).

[4] Kieffer, R., F. Benesovsky u. C. Konopicky: Ber. dtsch. keram. Ges. **31** (1954), S. 223/30.

[5] Fitzer, E.: 1. Plansee Seminar, Reutte/Tirol 1952, S. 244/53; 2. Plansee Seminar, Reutte/Tirol 1955, S. 56/79; 3. Plansee Seminar, Reutte/Tirol 1958, S. 175/202.

[6] Fitzer, E. u. J. Schwab: Metall **9** (1955), S. 1062/66.

[7] Fitzer, E.: In: H. Fischer, K. Hauffe u. W. Wiederholt, Herausg. Passivierende Filme und Deckschichten, Springer-Verlag, Berlin 1956, S. 43/52.

[8] Mitsuhashi, T. u. K. Tamura: Nippon Kinzoku Gakkai Si **22** (1958), S. 416/20; Trans. Nat. Res. Inst. Met. Japan **1** (1959), S. 73/77.

[9] Fitzer, E., O. Rubisch u. F. Selka: Elektrowärme **16** (1958), Nr. 5, S. 163/69, Nr. 6, S. 253/59.

[10] Merz, A. u. K. Müller: Ber. II. Internat. Pulvermet. Tagung, Eisenach 1961, Akademie-Verlag, Berlin 1962, S. 417/22.

[11] Ivanov, V. E., E. P. Netschiporenko, V. I. Zmii, P. I. Glutschko, O. M. Aleksandrov u. V. I. Dopochov: Fiz. Metallov Metalloved. **17** (1964), S. 94/99, 142/44.

Bei den Firmen A. B. Kanthal[1, 2] und der Metallwerk Plansee A.G.[3–6] wurden schon frühzeitig Versuche unternommen, die schon lange bekannten, günstigen Zundereigenschaften des $MoSi_2$ für Heizleiter auszunutzen. Die letzteren Arbeiten wurden später auf Grund eines Lizenzabkommens bei der Firma Siemens-Plania[7–9] intensiv fortgesetzt.

Obzwar es leicht gelingt, durch Kaltpressen bzw. Schlickern und Sintern unter Wasserstoff, durch Heißpressen oder durch Strang-

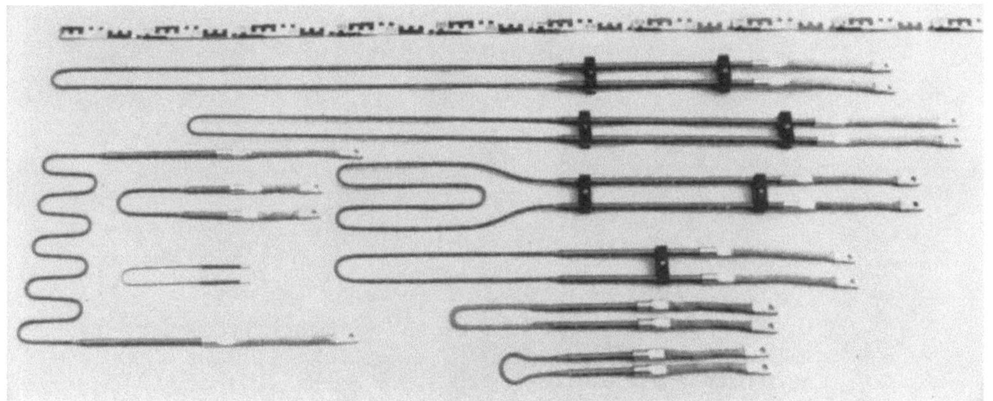

Abb. 222. Verschiedene Mosilit-Heizelemente (Cesiwid G.m.b.H., Erlangen)

pressen mit Plastifizierungsmitteln und Sintern, Heizleiter verschiedenster Form herzustellen, waren doch sehr viele Entwicklungsarbeiten notwendig, um ein technisch brauchbares Produktionsver-

---

[1] Schwed. P. 153961 (1947), Kanthal AB.

[2] Haglund, J. u. S. Amberg: Elektrowärme **16** (1958), S. 15/55, Disk., S. 156/62.

[3] Ö.P. 179100 (1951); 181431 (1952), Metallwerk Plansee AG., Reutte/Tirol.

[4] Kieffer, R. u. F. Benesovsky: Metall **6** (1952), S. 243/50; 1. Plansee Seminar, Reutte/Tirol 1952, S. 254/56.

[5] Kieffer, R., F. Benesovsky u. C. Konopicky: Ber. dtsch. keram. Ges. **31** (1954), S. 223/30.

[6] Kieffer, R. u. F. Benesovsky: Planseeber. Pulvermetallurgie **5** (1957), S. 56/71; Elektrowärme **10** (1957), S. 37/44; Metallurgia **58** (1958), S. 119/24.

[7] Fitzer, E.: 2. Plansee Seminar, Reutte/Tirol 1955, S. 56/79; 3. Plansee Seminar, Reutte/Tirol 1958, S. 175/202.

[8] Fitzer, E., O. Rubisch u. F. Selka: Elektrowärme **16** (1958), Nr. 5, S. 163/69, Nr. 6, S. 253/59.

[9] Rubisch, O. u. E. Buchner: Elektrowärme **51** (1963), S. 512/18.

Abb. 223. Blick in einen Hochtemperatur-Muffelofen mit hängend angeordneten Molybdänsilizid-Heizelementen (SIEMENS-PLANIA AG., Meitingen bei Augsburg)

fahren zu finden[1–15]. Das Strangpressen scheint dabei die günstigsten Aussichten zu haben[5, 6].

Abb. 222 zeigt verschiedene nach dem Strangpreßverfahren hergestellte Molybdänsilizid-Elemente mit rohrförmigem Querschnitt und angeschweißten Stromzuführungsenden und in Abb. 223 ist ein Hochtemperatur-Modellofen mit einem derartigen Heizleiter zu sehen[6].

Weitere Probleme, welche bei der technischen Einführung von Molybdänsilizidheizleitern zu lösen waren, stehen mit der Sprödigkeit des Werkstoffes und seiner guten Leitfähigkeit in Zusammenhang. Es hat zunächst nicht an Versuchen gefehlt für

---

[1] KIEFFER, R. u. F. BENESOVSKY: Metall **6** (1952), S. 243/50; 1. Plansee Seminar, Reutte/Tirol 1952, S. 254/56.

[2] KIEFFER, R., F. BENESOVSKY u. C. KONOPICKY: Ber. dtsch. keram. Ges. **31** (1954), S. 223//30.

[3] KIEFFER, R. u. F. BENESOVSKY: Planseeber. Pulvermetallurgie **5** (1957), S. 56/71; Elektrowärme **10** (1957), S. 37/44; Metallurgia **58** (1955), S. 119/24.

[4] FITZER, E.: 2. Plansee Seminar, Reutte/Tirol 1955, S. 56/79; 3. Plansee Seminar, Reutte/Tirol 1958, S. 175/202.

[5] FITZER, E., O. RUBISCH u. F. SELKA: Elektrowärme **16** (1958), Nr. 5, S. 163/69, Nr. 6, S. 253/59.

[6] RUBISCH, O. u. E. BUCHNER: Elektrowärme **21** (1963), S. 512/18.

[7] LONG, R. A.: NACA RM E50F22 (1950).

[8] BRYJAK, E. u. CH. LESNIAK: Przeglad Elektr. **31** (1955), S. 743/48.

[9] TAGAKI, R. u. K. TAMURA: Nippon Kinzoku Gakkai Si **21** (1957), S. 169/72.

[10] HAGLUND, J. u. S. AMBERG: Elektrowärme **16** (1958), S. 15/55, Disk. S. 156/62.

[11] SAMSONOV, G. V. u. P. S. KISLY: Dop. Akad. Nauk Ukr. RSR (1959),

[12] KISLY, P. S. u. G. V. SAMSONOV: Izv. Akad. Nauk SSSR, Met. Topl. (1959), Nr. 6, S. 133/37.

[13] KOTRBA, Z.: Techn. Zprávy VUPM (1960), Nr. 5/6, S. 24/30.

[14] TAMURA, K. u. T. KAWAGUCHI: J. Japan Soc. Powder Met. **7** (1960), S. 156/62. Trans. Nat. Res. Inst. Met. **5** (1963), S. 257, 258.

[15] KAŠPAR, M.: Pokroky Práškové Met. (1964), Nr. 1, S. 24/32.

das $MoSi_2$ geeignete zähe Bindemetalle zu finden, wie z. B. Eisenmetalle, hochschmelzende Übergangsmetalle bzw. Platinmetalle[1–5]. Da fast alle dafür in Frage kommenden Metalle aber gleichfalls Silizide bzw. spröde Siliziumlegierungen bilden, und es also bei hohen Temperaturen zu Umsetzungen kommen kann, sind diese Bemühungen vorerst aufgegeben worden. Ebenso haben trotz der sehr eingehenden Grundlagenarbeiten über Legierungen des $MoSi_2$ mit anderen hochschmelzenden und zunderfesten Siliziden[6] und Boriden (vgl. Bd. „Hartstoffe") Versuche zur Verbesserung der Festigkeit und gegebenenfalls der Zunderbeständigkeit beispielsweise durch Bildung von Borosilikatgläser, bisher keine wesentlichen Erfolge gebracht.

Der Widerstand von $MoSi_2$ kann leicht durch entsprechende Zusätze an Oxiden erhöht werden, wobei die für Metall-Metalloxidkörper geltenden Regeln über die Beeinflussung der Eigenschaften gelten. Als Zusätze wurden insbesondere Aluminiumoxid und Siliziumdioxid vorgeschlagen und deren Wirkung sehr eingehend untersucht[7–15]. Abb. 224 zeigt z. B. die Be-

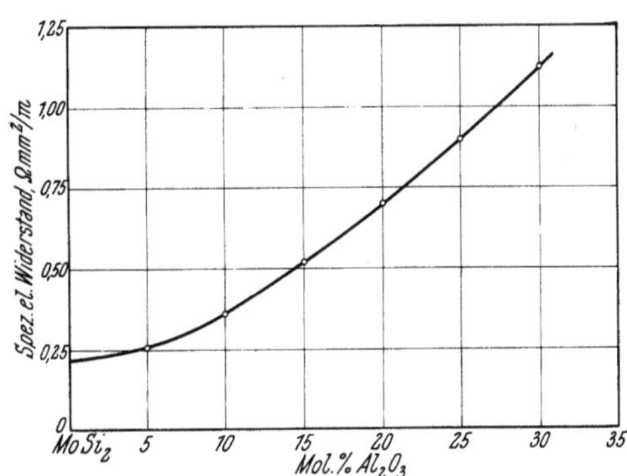

Abb. 224. Beeinflussung des elektrischen Widerstandes von $MoSi_2$ durch Al_2O_3-Zusätze (O. Rubisch)

[1] de Vincentis, H. A. u. W. E. Russel: NACA RM E54B15 (1954).

[2] Grinthal, R. D.: Powder Met. Bull. **8** (1957), S. 18/22.

[3] Nowotny, H. u. H. Huschka: Mh. Chem. **88** (1957), S. 494/501.

[4] Brochin, I. S., I. S. Zolotarev u. A. I. Baranov: Cvetnyje Metally **31** (1958), Nr. 9, S. 61/67.

[5] Savicki, E. M. u. V. V. Baron: Sbor. Trud. Inst. Met. A. A. Baikov, Akad. Nauk SSSR **5** (1960), S. 156/61.

[6] Kieffer, R., F. Benesovsky u. C. Konopicky: Ber. dtsch. keram. Ges. **31** (1954), S. 223/30.

[7] Maxwell, W. A. u. R. W. Smith: NACA RM E53F26 (1953); NACA RM E52D09 (1952); E52B06 (1952).

[8] Ö.P. 179100 (1951), 181431 (1952), Metallwerk Plansee AG.

[9] Fitzer, E.: 3. Plansee Seminar, Reutte/Tirol 1958, S. 175/202.

[10] Rubisch, O. u. E. Buchner: Elektrowärme **21** (1963), S. 512/18.

[11] Huffadine, J. B.: In: P. Popper, Special Ceramics, Rugby 1960, S. 220/36.

[12] Amberg, S.: Powder Met. (1961), Nr. 8, S. 101/13.

[13] Merz, A. u. K. Müller: Ber. II. Internat. Pulvermet. Tagung, Eisenach 1962, S. 417/22.

[14] Tamura, K. u. T. Kawaguchi: J. Japan Soc. Powder Met. **7** (1960), S. 156/62; **8** (1961), S. 113/20, 145/51.

[15] Čech, B. u. J. Broukal: Silikáty **7** (1963), S. 193/205.

einflussung des elektrischen Widerstandes durch Al_2O_3-Zusätze. Wenn es auch durch derartige Zusätze gelingt den Widerstand zu erhöhen und gegebenenfalls die Molybdänpest zu verhindern, so besteht doch die Gefahr eines schlechten Zunderverhaltens und höherer Sprödigkeit bei zu hohen Oxidgehalten des Mischkörpers.

Gegenüber der Anwendung für Heizleiter treten andere Einsatzmöglichkeiten von Kompaktkörpern aus $MoSi_2$ etwas zurück. Aussichtsreich ist vielleicht noch das Gebiet der Hochtemperaturthermoelemente, welche in oxidierender Atmosphäre arbeiten. Es wurden dabei Schenkelkombinationen aus Molybdänsiliziden mit anderen zunderbeständigen Siliziden vorgeschlagen[1–5].

Die Verwendung von $MoSi_2$-Schaufeln für Turbinen scheidet wohl wegen der Sprödigkeit und schlechten Temperaturwechselbeständigkeit aus[6]. Auch Mischkörper aus B_4C-$MoSi_2$ dürften dafür kaum geeignet sein[7].

Das ebenfalls sehr zunderbeständige WSi_2 (vgl. Bd. Hartstoffe, S. 516) bietet gegenüber $MoSi_2$ keine technischen Vorteile[8–12].

Tränkkörper aus Siliziden mit Nickel und Silber zeigen günstiges Reibungsverhalten gegen Stähle bei hohen Temperaturen und wäre an eine Verwendung für Hochtemperaturlager zu denken[13, 14]. Auch auf ihre Eignung als Emissionskörper wurden die Silizide untersucht[15].

---

[1] Ö.P. 193632 (1954).

[2] Samsonov, G. V. u. V. S. Neschpor: Ogneupory **23** (1958), Nr. 1, S. 28/35.

[3] Samsonov, G. V.: Silizide und ihre Anwendung in der Technik. Akad. Nauk Ukr. RSR, Kiew 1959.

[4] Kisly, P. S.: Poroschkovaja Met. (1962), Nr. 4, S. 50/55.

[5] Kröckel, O.: In: Ber. II. Internat. Pulvermet. Tagung, Eisenach 1961, Akademie-Verlag, Berlin 1962, S. 437/47.

[6] Long, R. A. u. J. C. Freche: NACA RM E50F22 (1950); E52A17 (1952).

[7] Samsonov, G. V., V. S. Sinelnikova u. P. S. Kisly: Dop. Akad. Nauk Ukr. RSR (1959), S. 866/68.

[8] Kieffer, R., F. Benesovsky u. E. Gallistl: Z. Metallkunde **43** (1952), S. 284/91.

[9] Fitzer, E.: 1. Plansee Seminar, Reutte/Tirol 1952, S. 244/53.

[10] Kieffer, R. u. F. Benesovsky: Iron Steel Inst., Spec. Rep. No. 58, London 1954, S. 292/301.

[11] Efimenko, L. N., E. P. Netschiporenko u. V. N. Pavlov: Fiz. Metallov Metalloved. **16** (1963), S. 931/33.

[12] Müller, K.: In: Neue Werkstoffe durch pulvermetallurgische Verfahren. Akademie Verl., Berlin 1964, S. 125/32.

[13] Burwell, J. T.: Precision Metal Molding **14** (1956), Nr. 10, S. 40/41, 87/91.

[14] Baskey, R. H.: Trans. Am. Soc. Lubric. Eng. **5** (1959), S. 116/23.

[15] Samsonov, G. V. u. V. V. Penjakovski: Optika i Spektroskopia **11** (1961), S. 410/14.

Der heutige Stand des technischen Einsatzes von Siliziden ist durch deren Verwendung für:

1. Heizleiter, Thermoelemente und sonstige Konstruktionsteile für Hochtemperaturanwendungen aus kompaktem $MoSi_2$ mit allfälligen Zusätzen.

2. Deckschichten aus Siliziden auf hochschmelzende Metalle wie Molybdän, Wolfram, Niob und deren Legierungen sowie auf Graphit, gekennzeichnet.

Während Molybdänsilizidheizleiter bereits technische Anwendung finden, sind die Entwicklungen auf dem Deckschichtengebiet, welche insbesondere für die Raketentechnik von großer Bedeutung sind, noch im Gange. Das gleiche gilt auch von Mischkörpern aus $MoSi_2$ mit anderen Hartstoffen wie B_4C, Si_3N_4 für Sonderzwecke.

G. Borkarbid, Siliziumkarbid, Graphit

1. Bor-Silizium-Graphit-haltige Verbundwerkstoffe

Borkarbid der Formel B_4C hat bei einer Dichte von etwa 2,5 g/cm³ Biegebruchfestigkeitswerte von 35,2 kp/mm² (20°), 29,5 kp/mm² (650°) und 24,6 kp/mm² (1100°). Der Elastizitätsmodul bei Raumtemperatur beträgt fast 45.000 kg/mm² (vgl. Bd. Hartstoffe). J. J. Gangler, C. F. Robards und McNutt[1, 2] fanden eine Kurzzeitzugfestigkeit von 15,8 kg/mm² bei 980°, während W. G. Lidman und H. J. Hamjian[3] einen Wert von 16,5 kg/mm² bei 1425° angeben. Im Hinblick auf die niedrige Dichte des Borkarbides müssen diese Festigkeitswerte als außergewöhnlich hoch angesehen werden. Auf Grund des Festigkeits-Dichteverhältnisses ist Borkarbid allen Hochtemperatur-Werkstoffen einschließlich den besten Legierungen auf TiC-Basis erheblich überlegen. Leider hat Borkarbid eine sehr geringe Temperaturwechselbeständigkeit (vgl. Zahlentafel 105) und oxidiert außerdem an Luft bei erhöhten Temperaturen.

Sowohl die Temperaturwechselbeständigkeit, als die Zunderbeständigkeit konnten durch Zusatz von Eisen merklich verbessert werden. H. J. Hamjian und W. G. Lidman[4] untersuchten metallographisch das Bindungsverhalten zwischen B_4C und Metallen. Sie fanden, daß sowohl Eisen als auch Nickel und Kobalt über Zwischenlegierungen binden und daß ferner Chrom besonders gut Borkarbid

[1] Gangler, J. J., C. F. Robards u. J. E. McNutt: NACA, Techn. Note Nr. 1911 (1949).

[2] Gangler, J. J.: Vortrag Am. Ceram. Soc., New York 1950.

[3] Lidman, W. G. u. H. J. Hamjian: NACA, Techn. Note Nr. 2050 (1950).

[4] Hamjian, H. J. u. W. G. Lidman: NACA, Techn. Note Nr. 1948 (1949), J. Am. Ceram. Soc. **35** (1952), S. 44/48.

benetzt. Bei späteren Untersuchungen mahlten W. G. LIDMAN und H. J. HAMJIAN[1] reines Borkarbidpulver mit Chrom-Mangan-Stahlkugeln, wobei Kugelwerkstoff vom Mahlgut aufgenommen wurde. Das Borkarbid-Eisen-Mahlgut wurde eine Stunde bei 2065° gesintert, wobei sich eine Legierung mit 48,9% B, 36,4% Fe, 13,75% C und 0,3% Mn ergab. Diese Sinterkörper waren nicht so fest, wie solche aus reinem heißgepreßtem Borkarbid, waren jedoch bezüglich Temperaturwechselbeständigkeit und Zunderverhalten an Luft bei 870° dem reinen Borkarbid überlegen. Zahlentafel 117 gibt die Biegebruchfestigkeit von reinem Borkarbid und den gesinterten Borkarbid-Eisen-Körpern vergleichsweise wieder.

Zahlentafel 117. *Biegebruchfestigkeit von Borkarbidkörpern* (W. G. LIDMAN u. H. J. HAMJIAN)

Material	Biegebruchfestigkeit kg/mm² bei	
	20°	1425°
B_4C, heißgepreßt	35,2	20,3
B_4C-Fe, gesintert	27,5	16,5

Andere Versuche, um zu Borkarbid-Werkstoffen mit verbesserter Temperaturwechselbeständigkeit zu kommen, umfassen die bereits erwähnten Untersuchungen an B_4C-TiC[2, 3] und TiC-B_4C-SiC-Sinterwerkstoffen[4]. J. J. GANGLER, C. F. ROBARDS und J. E. MCNUTT[5] fanden, daß heißgepreßte Mischungen aus 85% SiC und 15% B_4C eine bessere Temperaturwechselbeständigkeit als reines B_4C (s. Zahlentafel 105) haben. Die Kurzzeitzugfestigkeit beträgt aber bei 980° nur 6,3 kg/mm², gegenüber 15,9 kg/mm² für reines Borkarbid. Die Zugfestigkeit eines 15/85 B_4C-SiC-Werkstoffes bei 1200° beträgt 5 kg/mm², während kein entsprechender Wert für reines Borkarbid angegeben werden kann. Der E-Modul[6] beträgt 41.000 kg/mm².

K. ADLASSNIG[7] hat sich mit der Herstellung von B_4C-SiC-Drucksinterkörpern mit 35 bzw. 65% SiC beschäftigt und das Zunderverhalten sowie die Warmfestigkeitseigenschaften untersucht. Beim

[1] LIDMAN. W. G. u. H. J. HAMJIAN: NACA, Techn. Note Nr. 2050 (1950).

[2] NELSON, J. A., T. A. WILLMORE u. R. C. WOMELDORPH: J. Electrochem. Soc. **98** (1951), S. 465/73; Ceramics **8** (1956), S. 184/87.

[3] GREENHOUSE, H. M., ACCOUNTIUS, O. E. u. H. H. SISLER: J. Am. Chem. Soc. **73** (1951), S. 5086/87.

[4] ACCOUNTIUS, O. E., H. H. SISLER, T. S. SHEVLIN u. G. A. BOLE: J. Am. Ceram. Soc. **37** (1954), S. 173/77.

[5] GANGLER, J. J., C. F. ROBARDS u. J. E. MCNUTT: NACA, Techn. Note Nr. 1911 (1949).

[6] LANG, S. M.: Nat. Bur. Stand. Mon. **6** (1960).

[7] ADLASSNIG, K.: Österr. Chem.-Ztg. **60** (1959), S. 69/73.

Zundern an Luft bei 1000° zeigt der SiC-reiche Körper fast keine Veränderung und auch die Warmbiegebruchfestigkeit ist bis 1500° fast unverändert; sie nimmt sogar bei dem Werkstoff mit 35% SiC von 35 kg/mm² (20°) auf fast 60 kg/mm² zu.

Auf weitere Versuche zur Abbindung von B_4C mit Eisenmetallen[1, 2] sowie über Verbundkörper aus B_4C mit $MoSi_2$[3], B_4C mit Si bzw. FeSi[1] sowie TiB_2[4] kann hier nur hingewiesen werden.

In diesem Zusammenhang sei auch auf die Dreistoffe „Übergangsmetall-Bor-Kohlenstoff" (Bd. Hartstoffe, S. 449/54) verwiesen.

Dispersionswerkstoffe aus B_4C mit Aluminium, (Boral) Kupfer, Silber, Eisenmetallen u. a. haben als Neutronenabsorber für Brennstäbe in Kernreaktoren Bedeutung erlangt[5–18].

Die Verwendung von *Siliziumkarbid* in Form elektrischer Heizkörper ist sehr weit verbreitet (Silit-, Globar-Stäbe u. a. Bezeichnungen). Heizstäbe, die nach keramischen Verfahren hergestellt werden, enthalten gewöhnlich SiO_2 und Al_2O_3. Solche Heizleiter-Werkstoffe sind in oxidierender Atmosphäre bis 1300° beständig und können kurzzeitig bei erheblich höheren Temperaturen betrieben werden.

Vom Werkstoffstandpunkt sei hier festgestellt, daß es sich bei den Siliziumkarbidheizleitern um den ältesten Sinterwerkstoff auf Hartstoffbasis handelt. Ihre Erzeugung — die Fabrikation von tongebundenen Siliziumkarbid-Formsteinen für den Ofenbau einge-

---

[1] BRYJAK, E., W. MISSOL u. Z. BOJARSKI: Hutnik **23** (1956), S. 117/25.

[2] CARROLL, K. G., L. S. DARKEN, E. W. FILER u. L. ZWELL: Nature **174** (1954), S. 978/79.

[3] SAMSONOV, G. V., V. S. SINELNIKOVA u. P. S. KISLY: Dop. Akad. Nauk Ukr. RSR (1959), S. 866/68.

[4] LANG, S. M.: Nat. Bur. Stand. Mon. **6** (1960).

[5] SALLER, H. A., J. A. VAN ECHO u. J. T. STACY: BMI 883 (1953).

[6] MCKINNEY, V. L. u. T. ROCKWELL: AECD 3625 (1954), S. 3/24.

[7] KITZES, A. S. u. W. Q. HULLINGS: AECD 3625 (1954), S. 25/40.

[8] HENSON, C. W.: Mater. and Methods **44** (1956), Nr. 6, S. 96/98.

[9] DELOUX, G.: Bull. Soc. France, Electr. **6** (1956), S. 442/54.

[10] JOHNSON, E. B., K. M. HENRY u. J. D. FLYNN: ORNL 2179 (1957).

[11] LAFORE, P. u. J. P. MILLOT: CEA 675 (1957).

[12] MORGAN, J. G., P. E. REAGAN u. M. T. MORGAN: ORNL 2522 (1958).

[13] LEWIS, L. u. J. F. SOPPET: YAEC 59 (1958).

[14] BURRUS, W. R.: Nucleonics **16** (1958), Nr. 1, S. 91/94.

[15] BARNEY, W. K., G. A. SEHMEL u. W. E. SEYMOUR: Nuclear Sci. Engng. **4** (1958), S. 439/48.

[16] DUNNING, D. N., W. K. ANDERSON u. P. R. MERTENS: Nuclear Sci. Engng. **4** (1958), S. 402/14.

[17] PLUHAŘ, J. u. J. VRTĚL: Jaderná energie **5** (1959), S. 331/35.

[18] RÜDIGER, O., J. STICKFORTH u. G. LOHRKE: Techn. Mitt. Krupp **19** (1961), S. 154/72.

schlossen — stellt die bedeutendste Massenfertigung eines Hochtemperaturmaterials dar[1].

Ein Erzeugnis der Carborundum Company, das unter dem Handelsnamen „Durhy" auf den Markt kam, besteht aus mit Siliziummetall getränktem Siliziumkarbid. Das SiC-Si-Material hat bei 800° eine Zugfestigkeit von 42,2 kg/mm² (45,7 kg/mm² bei Raumtemperatur) und eine Biegebruchfestigkeit von 23,2 kg/mm² bei 1320°. Im Hinblick auf die niedrige Dichte von 3,2 g/cm³ und die gute Wärmeleitfähigkeit handelt es sich hier um einen vielversprechenden Hochtemperaturwerkstoff[2, 3]. Von der gleichen Firma wurde ein weiteres mit SiN abgebundenes SiC (Refrax) entwickelt, welches noch bessere Warmfestigkeitseigenschaften haben soll und sich auch gut für Schleifscheiben eingeführt hat[4].

Einen festigkeitserhöhenden, zunderfesten *metallischen* Binder für Siliziumkarbid zu finden, scheiterte bis heute, weil praktisch alle in Frage kommenden Metalle sich mit SiC zu Silizid-Karbidgemengen umsetzen. Die in diesem Zusammenhang interessanten Arbeiten, bei welchen die Drucksinterung, das Tränken und das Aufdampfen zum Einbringen der Metallkomponente benützt wurden, seien hier nur erwähnt[5–7].

Im Zusammenhang mit der Umsetzung von SiC mit Metallen, sei auch auf die Untersuchung der Dreistoffe „Übergangsmetall-Silizium-Bor" (Bd. „Hartstoffe", S. 540/48) hingewiesen.

Graphit hat, wie z. B. der Einsatz von Graphitelektroden in den Stahlwerkselektroöfen und bei der Herstellung von Ferrolegierungen, sowie von Graphitrohren und -tiegeln im Hochtemperaturofenbau beweist, hervorragende Hochtemperatureigenschaften. Er ist bei sehr niedrigem spezifischem Gewicht von rund 2,2 g/cm³ sehr gut temperaturwechselbeständig, hat eine gute Wärmeleitfähigkeit und sehr hohe Sublimationstemperatur. Die Zugfestigkeitswerte von Graphit bei Raumtemperatur liegen zwar niedrig (etwa 3 bis 4 kg/mm²), nehmen aber bis zu etwa 2400° C auf etwa 5 kg/mm² stetig zu, um

---

[1] Vgl. H. Salmang: Die Keramik, 4. Aufl., Springer-Verlag, Berlin/Göttingen/Heidelberg 1958, S. 274.

[2] Popper, P.: In: Special Ceramics Rugby 1960, S. 209/19.

[3] Grigorjeva, V. V. u. V. N. Eremenko: In: Fragen der Pulvermetallurgie, Kiew 1960, Bd. 8, S. 38/48.

[4] Wroten, W. L.: Materials and Methods **40** (1954), Nr. 5, S. 83/85; Prod. Engng. **28** (1957), Nr. 2, S. 135/39.

[5] Alliegro, R. A., L. B. Coffin u. J. R. Tinklepaugh: J. Am. Ceram. Soc. **39** (1956), S. 386/89.

[6] Novikov, A. N.: Ogneupory **22** (1957), S. 557/62.

[7] Weber, B. C. u. P. S. Hessinger: J. Am. Ceram. Soc. **37** (1954), S. 267/72.

dann steil abzufallen. Das Oxidations- und Erosionsverhalten an Luft ist bei hohen Temperaturen schlecht.

Graphit hat sich daher nicht im Turbinenbau, wohl aber im Raketenbau durchgesetzt. Leitschaufeln aus Graphit wurden im zweiten Weltkrieg bei gelenkten Geschossen eingesetzt. Graphitdüsen werden dagegen auch heute noch bei Feststoffraketen verwendet, auch wenn ihnen in Molybdän, Wolfram und Wolfram-Silber-Tränklegierungen ein starker Konkurrent erwachsen ist.

Um den oxidativen Abbau von Graphit durch die Reaktionsgase zu verhindern, wurden Deckschichten aus verschiedenen Sinterwerkstoffen (Karbide, Boride, Silizide, Siliziumkarbid u. a.) vorgeschlagen[1–5], die zumindest Teilerfolge brachten, welche zu noch an verschiedenen Stellen laufenden Versuchen anregten. Es sei dabei insbesondere auf die Versuche von E. FITZER[6] hingewiesen, welcher einen Oxidationsschutz mit $MoSi_2$- und $TiSi_2$-Schichten erzielen konnte, sowie auf die Arbeiten bei der Union Carbide und Carbon Corp., welche sich mit der Entwicklung druckgesinterter Werkstoffe aus Graphit-$MoSi_2$-TiB_2 50/25/25 befaßten.

Durch ein Salztränk-Reduktionsverfahren lassen sich nach R. KIEFFER, H. NOWOTNY und K. WINDISCH[7] Graphitverbundkörper mit etwa 40 bis 60 Gew.-% Mo, W, Re, Mo_2C, WC, TaC und NbC herstellen, die fast die doppelte Biegebruchfestigkeit wie reiner Graphit aufweisen und Siliziddeckschichten annehmen.

IX. Schneidkeramik

A. Geschichtliches

Obwohl verschiedene keramische Materialien, wie z. B. Zirkoniumoxid, Magnesiumoxid, Berylliumoxid, Spinelle bereits frühzeitig als Schneidwerkstoff erprobt wurden, hat sich schließlich nur Aluminiumoxid nach verschiedenen fruchtlosen Anläufen, insbesondere in den Jahren 1930 (Sinterkorund) 1937—1938 (Degussit) und 1944 bis 1945 (Widia Fabrik) durchsetzen können. Nur Al_2O_3 in feinkörnig

---

1 LYNCH, J. F., J. A. SLYH u. W. H. DUCKWORTH: WADC TR 53—457 (1954).

2 BLOCHER, J. M., D. P. LEITER u. R. P. JONES: BMI 1349 (1959).

3 WRIGHT, C. H., G. F. BARGERO u. J. HUMINIK: AD 258 971 (1961).

4 DOLLOFF, R. T. u. J. T. MEERS: In: High Temperature Materials II. Intersci. Publ., New York 1963, S. 387/401.

5 GOODMAN, E. u. R. THOPSON: AD 402 305 (1963).

6 FITZER, E.: 3. Plansee Seminar, Reutte/Tirol 1958, S. 175/202.

7 KIEFFER, R., H. NOWOTNY u. K. WINDISCH: Metall 17 (1963), S. 669/77.

gesinterter, dichter Form vereinigt in günstiger Weise hohen Schmelzpunkt, hohe Kalt- und Warmhärte, hohen Verschleißwiderstand und hervorragende chemische Beständigkeit, insbesondere Unempfindlichkeit gegen Sauerstoff und geringe Schweißneigung mit Metallen, mit verhältnismäßig guter Biegebruchfestigkeit. Eine zusammenfassende Darstellung über Oxidkeramik im Allgemeinen und Sinterkorund im Besonderen, gibt E. RYSCHKEWITSCH[1]. Das Gesamtgebiet der Schneidkeramiken wird von C. AGTE, R. KOHLERMANN und E. HEYMEL[2] in einer eingehenden Monographie fachkundig abgehandelt, auf welche wir uns bei unseren Ausführungen an vielen Stellen abgestützt haben.

Die Gründe, welche der Schneidkeramik nach mehreren erfolglosen Anläufen zu einem gewissen Durchbruch als Sonderschneidwerkstoff verholfen haben, können am besten an Hand der geschichtlichen Entwicklung verfolgt werden.

Bereits 1912 ist von WEILL der Vorschlag gemacht worden, Al_2O_3 für Schneidzwecke einzusetzen. Die Benutzung von Al_2O_3-Ziehsteinen wurde 1913 empfohlen[3], ebenso ein Zusatz von Cr_2O_3. Es besteht kein Zweifel, daß man zu dieser Zeit noch nicht die Technik beherrschte, reine Tonerde zu dichten, harten und verschleißfesten Formkörpern zu sintern, so daß diesen Patentvorschlägen ein technischer Erfolg versagt bleiben mußte.

Das teure VERNEUIL'sche Verfahren, synthetische Saphire und Rubine im Knallgasgebläse in Form größerer, gefärbter Einkristalle zu erschmelzen, eröffnete der Tonerde neben der Verwendung als Schmuckstein bereits Anwendungen für Verschleißteile, insbesondere in der Uhrenindustrie, neuerdings als Laser und später in Form des Schmelzkorundes auch als Schleifstoff.

Auf geschmolzene Korundkristalle wurde übrigens später von C. BARTA[4] noch einmal bei der Untersuchung der Verwendbarkeit für Zerspanungszwecke an Stelle von Diamanten zurückgegriffen.

Erst durch die Arbeiten bei Siemens & Halske gelang es 1931[5], Tonerde zu gas- und flüssigkeitsdichten harten Scherben mit einer weißgelblichen Färbung zu sintern. Dies war das erste erfolgreiche Auftreten der Sintertonerde bzw. des „Sinterkorundes“. Die industrielle

[1] RYSCHKEWITSCH, E.: Oxydkeramik der Einstoffsysteme. Springer-Verlag, Berlin 1948; Oxide Ceramics, Academic Press, New York 1960.

[2] AGTE, C., R. KOHLERMANN u. E. HEYMEL: Schneidkeramik, Akademie-Verlag, Berlin 1959.

[3] D.R.P. 284808 (1913).

[4] BARTA, C.: In: Fortschritte der Pulvermetallurgie, ČS. Akad. Wiss., Prag 1954, S. 611.

[5] GERDIEN, H.: Z. Elektrochem. **39** (1933), S. 13/20.

Auswertung und Weiterentwicklung des Werkstoffes „Sinterkorund“ wurde von Siemens & Halske an die Degussa [1, 2] abgetreten, wo sie unter der Leitung von E. RYSCHKEWITSCH stand. Die Erzeugung von Sintertonerde für Zündkerzen verblieb bei Siemens & Halske. Aber erst 1938 wird von W. OSENBERG[3] über positive Ergebnisse bei der Zerspanung (Drehen und Fräsen) stark verschleißend wirkender Kunststoffe und von Leichtmetall-Legierungen mit Sinterkorund-Schneidplättchen berichtet.

Das erste Angebot von Cr_2O_3-haltigen, roten Sinterkorund-Schneidplatten (Degussit) auf der Leipziger-Frühjahrsmesse 1937 wirkte damals in der Fachwelt ähnlich sensationell, wie das erste Auftreten von WC-Co-Hartmetallplatten für die Gußbearbeitung (1924—1927) oder später von WC-TiC-Co-Hartmetallen für die Stahlerzspanung (1930—1932). Die Degussa zeigte nicht nur Drehstähle mit eingeklemmten und aufgelöteten Platten, sondern auch Preßwerkzeuge und Reibahlen mit Sintertonerdeschneiden. Das Aussehen der Werkzeuge war jedoch noch mangelhaft. Insbesondere ließ die Schneidengüte (Ausbröckelungen und Schleifmarken an der Schneidkante) einiges zu wünschen übrig. Wie sich später zeigte, konnten sich Sinterkorundplatten gegen Hartmetall bei der Zerspanung von metallischen Werkstoffen nicht durchsetzen; sie behaupten sich sogar nicht einmal bei der Bearbeitung von Kunststoffen und Leichtmetall-Legierungen, wo ihre vorteilhafte Einsatzmöglichkeit bewiesen war.

Über russische Entwicklungsarbeiten mit Keramikplatten in den Jahren 1932 bis 1934 berichten zusammenfassend P. P. GRUDOV und M. P. CYGANOVA[4].

Geht man den Gründen für den mangelhaften Erfolg bei der Zerspanung in den 30iger Jahren nach, so kommt man zu dem Schluß, daß zu niedrige, stark schwankende Werte der Dichte und damit der Biegebruchfestigkeit bei den Erzeugnissen die Hauptursache waren.

Wie R. KIEFFER und W. HOTOP[5] bei verschiedenen metallischen und karbidischen Sinterwerkstoffen zeigen konnten, steigt die Festigkeit mit der Dichte erst linear an, um sich dann bei Dichten über 95% asymptotisch dem Idealwert zu nähern. Festigkeit und Härte werden ferner mit fallender Korngröße nach höheren Werten verschoben. Die Biegebruchfestigkeit, die bei allen Hartstoffen ein gutes

[1] JAEGER, G.: Z. VDI **89** (1945), S. 19/22; Metall **9** (1955), S. 358/66.

[2] RYSCHKEWITSCH, E.: Oxydkeramik der Einstoffsysteme. Springer-Verlag, Berlin 1948; Oxide Ceramics, Academic Press, New York 1960.

[3] OSENBERG, W.: Maschinenbau, Betrieb **17** (1938), S. 127/30.

[4] GRUDOV, P. P. u. M. P. CYGANOVA: Keramikbestückte Schneidwerkzeuge, B. G. Teubner, Leipzig 1954.

[5] KIEFFER, R. u. W. HOTOP: Koll.-Z. **104** (1943), S. 208/23.

Maß für die Zähigkeit ist, ist auch bei normal erzeugten Keramiken stark dichteabhängig[1] (Abb. 225) und schwankt außerdem stark (Abb. 226). Eine sehr gute Produktionsgleichmäßigkeit, wie sie die gestrichelte Kurve in Abb. 226 wiedergibt, ist nur bei Einhaltung genauester Herstellungsbedingungen möglich. Es scheint außer Zweifel, daß bei den ersten Sinterkorundplatten eine Dichtsinterung ohne unerwünschtes Kornwachstum und Spitzenwerte der Biegebruchfestigkeit von über 30 kg/mm² nur in Einzelfällen erzielt werden konnten und daß die durchschnittlichen Werte nur um 15 kg/mm² lagen, was unzureichend war. Eine zerstörungsfreie Auslese zähe-

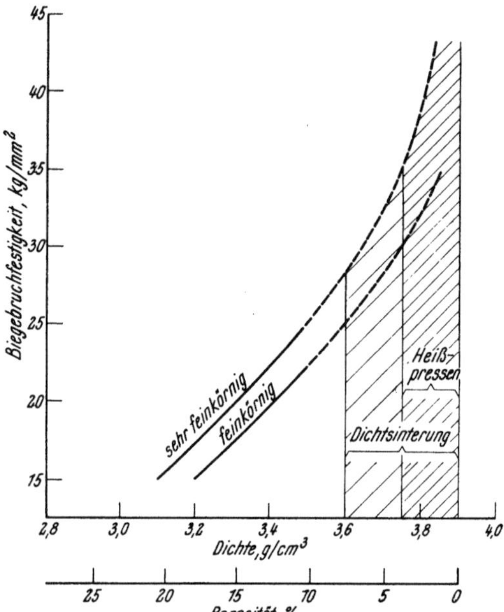

Abb. 225. Physikalische Eigenschaften von Sintertonerde in Abhängigkeit von der Ausgangspulverkorngröße und den Sinterbedingungen

ren Materials war und ist auch heute noch praktisch undurchführbar.

Die Arbeitsrichtungen für eine Qualitätsverbesserung der Schneidkeramik, die sich aus diesen Tatsachen ergaben, können in folgenden Punkten zusammengefaßt werden:

1. Verfeinerung des Ausgangsmaterials.

2. Vermeidung einer Kornvergröberung beim Sintern.

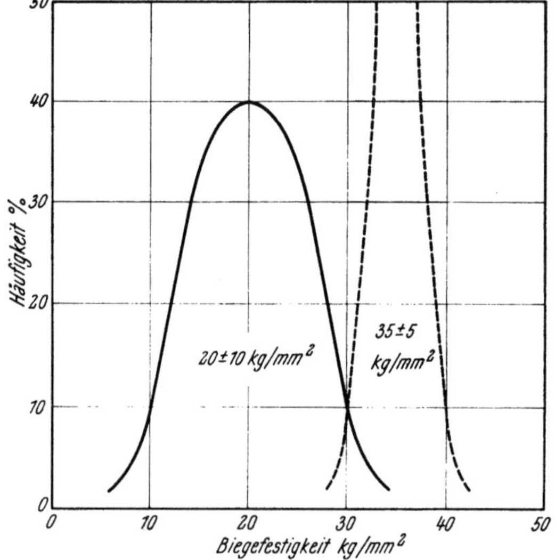

Abb. 226. Schwankungsbreiten der Biegebruchfestigkeitswerte von Schneidkeramiken

[1] Vinter, F.: Strojírenská Výroba 8 (1956), S. 362/63.

3. Reproduzierbare Dichtsinterung und Beseitigung jeder Restporosität.

4. Verwendung kleiner Mengen von Glasphase zur Erleichterung der Dichtsinterung.

5. Verbesserung der Preß- und Sintertechnik.

6. Anwendung des Heißpreßverfahrens.

7. Veredelung der Al_2O_3-Phase durch Mischkristallbildung, z. B. durch Zusatz von Cr_2O_3.

Während des zweiten Weltkrieges wurden wegen zunehmender Wolframverknappung Versuche mit Schneidkeramiken auf deutscher Seite wieder aufgenommen. Es ging damals weniger darum ein Hochleistungsschneidmaterial für hohe Schnittgeschwindigkeiten zu entwickeln, als vielmehr aus Rohstoffmangel einen Schneidwerkstoff zu finden, der die WC-TiC-Co-Sorten (78/16/6, 72/14/8 und 86/5/9) bei der Granatenbearbeitung zu ersetzen im Stande war. Dieses zerspanungstechnisch hochgesteckte Ziel konnte mit einer Oxidkeramik nicht erreicht werden und ist auch heute, selbst mit besten Sorten noch nicht erreicht. Während mit teilweisem Erfolg WC-freie Hartmetalle auf TiC-VC-Ni-Fe- und TiC-(Mo_2)C-Basis entwickelt wurden, konnten nach F. Kölbl[1] in der Krupp'schen Widia-Fabrik, mit druckgesinterten Tonerdeplatten mit einer borsäurehaltigen Glasphase nur Kurzversuche auf Stahl und Guß bei S 1- bzw. G 1-ähnlichen Drehbedingungen vorgenommen werden. Die Schneidplättchen müssen auf Grund der berichteten Drehergebnisse Biegebruchfestigkeiten um 40 kg/mm² gehabt haben. Zu einer Massenfertigung dieser druckgesinterten, den damaligen marktgängigen Oxidkeramiken weit überlegenen Schneidkeramik ist es aber im Kriege nicht mehr gekommen. Die klare Erkenntnis lag damals auch noch nicht vor, daß die Schneidkeramik nicht ein Ersatz für Hartmetall sein kann, sondern auf Grund des Biegebruchfestigkeits-Verschleiß-Verhältnisses ein noch fehlendes Bindeglied zwischen Hartmetallen auf Karbidbasis einerseits und dem Diamanten andererseits bildet[1].

Einen wesentlichen Schritt kam die Schneidkeramik weiter, als es russischen Forschern 1948 bis 1951 gelang, hochdichte, gesinterte Tonerde mit etwas Glasphase (etwa 0,5 bis 1% MgF_2) reproduzierbar mit einer Festigkeit von 40 ± 5 kg/mm² herzustellen. Die unter dem Namen „Mikrolit" bekannt gewordene Schneidkeramik hatte bei einer Korngröße von 1 bis 3 μ eine Dichte von etwa 3,96 g/cm³, eine Härte R_A von 92 bis 93, eine Biegebruchfestigkeit von etwa 45 kg/mm² und eine Druckfestigkeit von etwa 500 kg/mm².

[1] Kölbl, F.: Planseeber. Pulvermetallurgie **6** (1958), S. 48/60.

Die russischen[1–16], tschechischen[17–21], polnischen[22–25] und ungarischen[26, 27] Berichte im Schrifttum von 1952 bis 1957 lösten einen fruchtbaren Wettstreit mit den Fachleuten im Westen aus, der sich ebenfalls in zahlreichen Arbeiten widerspiegelt[28–37]. Nach H. SIEBEL

---

[1] GRUDOV, P. P. u. M. P. CYGANOVA: Stanki i Instr. **13** (1952), Nr. 4, S. 10/12.

[2] ISAJEV, A. I., N. N. ZOREV u. L. K. KUCMA: Stanki i Instr. **13** (1952), Nr. 4, S. 12/14.

[3] KARATUGIN, M. M. u. H. F. KAZAKOV: Vestn. Maschinostroj (1952), Nr. 4, S. 87/90.

[4] SEREBROVSKI, V. B.: Bearbeitung der Metalle mit keramischen Werkzeugen, Maschgiz. Moskau 1953.

[5] KITAJGORSKI, J. J. u. N. M. PAVLUSCHKIN: Steklo i Keram. **10** (1953), Nr. 11, S. 4/7.

[6] GRUDOV, P. P. u. M. P. CYGANOVA: Keramikbestückte Schneidwerkzeuge, B. G. Teubner, Leipzig 1954.

[7] GODJAJEV, A. M.: Mineralkeramische Drehmeißel. Propzdat, Moskau 1956.

[8] BELJAJEV, M. F.: Stanki i Instr. **26** (1956), Nr. 11, S. 21/23.

[9] KOVALENKO, G. D.: Stanki i Instr. **26** (1956), Nr. 11, S. 35/36.

[10] LIPSKI, J. D. u. J. A. ZUKAREV: Stanki i Instr. **26** (1956), Nr. 7, S. 37/38.

[11] NOTIK, S. M. u. G. P. KULIKOV: Stanki i Instr. **26** (1956), Nr. 7, S. 39/40.

[12] RASTORTSCHEV, W. J.: Vestn. Maschinostroj **36** (1956), Nr. 6, S. 33/35.

[13] SCHALNOV, V. A.: Stanki i Instr. **27** (1956), Nr. 1, S. 26/28.

[14] ZICHAREV, V. J.: Stanki i Instr. **27** (1956), Nr. 2, S. 19/21; Vestn. Maschinostroj **35** (1955), Nr. 9, S. 38/40; **36** (1956), Nr. 7, S. 42/45.

[15] KACER, V. A.: Stanki i Instr. **28** (1957), Nr. 4, S. 28/30.

[16] GELFLAND, O. u. S. B. FUTORJAN: Vestn. Maschinostroj **37** (1957), S. 50.

[17] KOLOČ, J.: Strojírenství **3** (1953), S. 48/49.

[18] VIDEMAN, Z.: In: Fortschritte der Pulvermetallurgie. ČS. Akad. Wiss., Prag 1954, S. 539/44.

[19] DRABEK, F.: In: Fortschritte der Pulvermetallurgie, ČS. Akad. Wiss., Prag 1954, S. 639/46.

[20] WOLFE, H. J. B.: Machine Moderne (1954), April, S. 27/32.

[21] VINTER, F. u. J. PREISLER: Strojírenství **5** (1955), S. 199/203.

[22] BIERNAWSKI, W. u. J. KACZMAREK: Mechanik **26** (1935), Nr. 5, S. 194/98.

[23] JOZEFIK, A.: Mechanik **29** (1956), Nr. 12, S. 460/64.

[24] BIERNAWSKI, W.: Mechanik **30** (1957), Nr. 5/6, S. 229/33.

[25] BIERNAWSKI, W., T. GIBAS, A. JOZEFIK u. K. ZALEWSKI: Mechanik **31** (1958), Nr. 1, S. 33/39.

[26] GIBAS, T.: Szeklo i Ceramika **2** (1955), Nr. 2, S. 33.

[27] POGANY, T.: Gép. **11** (1955), S. 423/27; **12** (1955), S. 471/76.

[28] DELACY: Literature Survey on Aluminium Oxide Base Cutting Tools PB 111759 (1954).

[29] Minutes of Symposium on Ceramic Cutting Tools. Watertown Arsenal, 1955. PB 111757.

[30] KENNEDY, W. B.: PB 111 758 (1954), Am. Soc. Tool Eng., Paper Nr. 24T (1956).

[31] HINNÜBER, J.: Ind.-Anz. **52** (1956), Nr. 71/72, S. 1082/84.

[32] TANGERMANN, E. J.: Amer. Machinist **100** (1956), Nr. 6, S. 154/59.

und R. FLECK[1] haben amerikanische Schneidkeramiken das Qualitätsniveau von Mikrolit anscheinend bald erreicht.

Umfangreiche Drehversuche in der ganzen Welt unter zum Teil idealen, oft schwer einzuhaltenden Arbeitsbedingungen (schwingungsfreie Hochleistungsdrehbänke mit starkem Antrieb für hohe und höchste Geschwindigkeiten, einwandfreie Werkstückoberfläche, Einsatz erstklassiger Klemmwerkzeuge mit einwandfreiem Diamantschliff der Schneidplatten) haben mittlerweile gezeigt, daß die relativ spröde Oxidkeramik unter den Zerspanungsbedingungen zäh-harter Hartmetallsorten (z. B. zum Schruppen, Abdrehen rauher Oberflächen mit Einschlüssen, mehr oder minder stark unterbrochener Schnitt, genutete Wellen, Bandagendrehen etc.) *nicht* eingesetzt werden kann, sondern nur unter Sonderbedingungen verwendbar sind, welche etwa jenen bei hoch Titankarbid-haltigen oder Wolframkarbid-freien Hartmetallsorten entsprechen.

Diese Erkenntnis half bei der weiteren Entwicklung der Schneidkeramik und führt über die normal- und druckgesinterte Oxidkeramik zu der Oxid-Karbid-Keramik. Fußend auf den Untersuchungen von W. SEITH und H. SCHMECKEN[2], an warm- und korrosionsfesten Al_2O_3-Mo- und Al_2O_3-Mo_2C-Körpern wurden (VEB Hartmetallwerk Immelborn) umfangreiche Forschungs- und Entwicklungsarbeiten an Oxid-Metall- und Oxid-Karbid-Schneidkeramiken durchgeführt[3–9] und Sorten entwickelt, die zu den Spitzenerzeugnissen auf diesem Gebiete zählen. Als Zusatzkarbide wurden insbesonders Mo_2C und

[33] SHAW, M. C., A. D. HOCH u. T. R. REINHART: Ind.-Anz. **79** (1957), S. 282/85; Tool Engng. **39** (1957), Nr. 3, S. 109/14.

[34] BREWER, R. C.: A Bibliography of Ceramic Tools. The Royal Techn. College, Salford 1957.

[35] WOLFF, H.: Teknisk Inf. (1957), Nr. 1.

[36] RYSCHKEWITSCH, E.: Ber. dtsch. keram. Ges. **34** (1957), S. 3/5.

[37] WEILL, R.: Usine Nouvelle (1957), Nr. 185, S. 187/88.

[1] SIEBEL, H. u. R. FLECK: Ind.-Anz. **79** (1957), S. 272/76.

[2] SEITH, W. u. H. SCHMECKEN: Heraeus Festschrift, Hanau 1951, S. 28/42. S. 218/42.

[3] RICHTER, A.: Fertigungstechnik **2** (1952), S. 291; **3** (1953), S. 479/80; **7** (1957), S. 489/93; **9** (1959), S. 80/82.

[4] WOLF, W.: Maschinenbau **3** (1954), S. 122/25; Techn. Gemeinschaft **3** (1955), S. 298/300; Fertigungstechnik **9** (1959), S. 220/23.

[5] AGTE, C. u. R. WEHNER: Neue Hütte **1** (1956), S. 421/24.

[6] AGTE, C.: Fertigungstechnik **7** (1957), S. 446/48.

[7] HEYMEL, E.: Fertigungstechnik **7** (1957), S. 496/97.

[8] AGTE, C. u. R. KOHLERMANN: Fertigungstechnik **8** (1958), S. 150/54; Technik **14** (1959), S. 287/91; Fertigungstechnik, Betrieb **10** (1960), S. 464/67.

[9] AGTE, C., R. KOHLERMANN u. E. HEYMEL: Schneidkeramik. Akademie-Verlag, Berlin 1959.

WC in Mengen von 20 bis 40% als am günstigsten erkannt. Aber auch ternäre und quaternäre Mischkarbide der 4a- bis 6a-Metalle — wobei sich besonders verschleißfeste Kombinationen mit TiC ergaben — wurden erprobt.

Während Kombinationen von Al_2O_3 mit Molybdänboriden von J. HINNÜBER[1] und solche von Al_2O_3 mit Ti, TiC und TiC-WC-Mischkristallen von F. KÖLBL[2] erwähnt werden, finden sich über den erfolgreichen Zusatz von Nitriden und Siliziden in der Literatur keine Hinweise.

B. Herstellung der Schneidkeramik

Die Herstellung von Sintertonerde wird eingehend in der keramischen Fachliteratur[3], die der Schneidkeramik im Speziellen in der Monographie, von C. AGTE und Mitarbeitern[4] beschrieben. Es wird meist von kalzinierter, technischer Tonerde (Reinheit 98,5—99,5% Al_2O_3) ausgegangen, die in Kugelmühlen naß auf 1—2 μ gemahlen wird. Eingemahlenes Eisen läßt sich durch Behandlung mit starken Mineralsäuren, die auf die Oberfläche der Al_2O_3-Teilchen hydratisierend wirken, entfernen. Die karbidischen und sonstigen Zusätze werden meist dem gut getrockneten feinkörnigen Aluminiumoxid in Kugel- oder Schwingmühlen beigemischt.

Die Formgebung der Pulvermischung erfolgte ursprünglich durch Schlickerguß, heute jedoch ist fast ausschließlich das Formpressen üblich, wie es in der feinkeramischen Industrie bzw. in Hartmetallbetrieben gebräuchlich ist. Die Preßtechnik ergibt dichtere, bruchfestere und vor allem besser reproduzierbare Endprodukte als die Schlickertechnik. Preßerleichternde Zusätze sind besonders bei Oxid-Karbid-Keramiken üblich. Die Sinterung der Schneidkeramik erfolgt bei 1800 bis 1950°, je nach Zusammensetzung in oxidierender, neutraler oder reduzierender Atmosphäre, wobei kleine gasbeheizte Öfen mit MgO-Muffeln, Kohlerohrkurzschlußöfen, Öfen mit Molybdän-bewickelten Tonerderohren, Induktionsöfen und Vakuumöfen in Verwendung sind[5, 6]. Das Drucksinterverfahren führt wohl zu sehr dich-

[1] HINNÜBER, J.: Ind.-Anz. (1956), Nr. 71/72, S. 1082/84.

[2] KÖLBL, F.: Planseeber. Pulvermetallurgie **6** (1958), S. 48/66; Maschinenmarkt Elektrotechnik **13** (1958), S. 127/37.

[3] RYSCHKEWITSCH, E.: Oxydkeramik der Einstoffsysteme. Springer-Verlag, Berlin 1948; Oxide Ceramics, Academic Press, New York 1960.

[4] AGTE, C., R. KOHLERMANN u. E. HEYMEL: Schneidkeramik. Akademie-Verlag, Berlin 1959.

[5] RYSCHKEWITSCH, E.: Schweiz. Arch. Angew. Wiss. Technik **5** (1939), S. 203.

[6] RICHTER, W. u. G. KAMMERICH: Silikattechnik **6** (1955), S. 528/34.

ten und verschleißfesten Endprodukten, hat sich aber aus wirtschaftlichen Gründen bis jetzt noch nicht durchsetzen können.

Die Plattenformen, die sich für Schneidkeramiken bis jetzt herausgebildet haben, weichen in bezug auf Form und Abmessung zum Teil erheblich von denen ab, die in der Hartmetalltechnik üblich sind (vgl. ISO-Normung S. 397). Es kommen für die mit Schneidkeramik meist durchgeführten Schlichtarbeiten nur verhältnismäßig kleine Platten in Frage, welche den Formen der Klemmwerkzeuge angepaßt sein müssen[1–3]. Besondere Bedeutung haben dabei heute die sogenannten „Wegwerfplatten“ erlangt[4].

C. Zusammensetzung und physikalische Eigenschaften der Schneidkeramiken

Zusammensetzungsmäßig kann man nach C. AGTE und Mitarbeitern 3 Gruppen von Schneidkeramiken unterscheiden:

1. Die reine Oxidkeramik mit oder ohne Glasphase (97 bis 99,5 Al_2O_3, Rest Cr_2O_3, Fe_2O_3, SiO_2, MgO, $MgO \cdot SiO_2$, MgF_2).

2. Mischkörper aus Metalloxid (Al_2O_3) und Metall (z. B. 2 bis 10% Mo).

3. Oxid-Karbid-Keramiken (z. B. 60 Al_2O_3, 40 Mo_2C; 60 Al_2O_3, 20 Mo_2C, 20 WC; 80 Al_2O_3, 10 Mo_2C, 10 WC; 90 Al_2O_3, 5 TiC, 5 Mo_2C).

In der Praxis hat man es meist mit Schneidkeramiken der Gruppe 1 und 3 zu tun. Die Glasphase bei der Gruppe 1 wirkt bei der Sinterung ähnlich wie das Kobalt bei Karbidhartmetallen, d. h. man erzielt leichter eine reproduzierbare Dichtsinterung bei höheren Festigkeitswerten als bei reiner Sintertonerde. Größere Mengen an Glasphase setzen aber die Härte und Verschleißfestigkeit herab. Die Zusätze metallischer Hartstoffe (Karbide) bei Gruppe 3 verbessern die Wärmeleitfähigkeit und die Biegebruchfestigkeit. Dadurch wird das Schleifen erleichtert und die Kantenfestigkeit erhöht. Größere Mengen an Karbiden setzen jedoch die Härte, die Wärmefestigkeit und die Zunderfestigkeit herab, so daß man in den Schnittgeschwindigkeitsbereich der Sonderhartmetalle gelangt, ohne deren Zähigkeit zu erreichen.

Zahlentafel 118 gibt nach G. PAHLITZSCH und G. KAMINSKE[5] die Summenanalysen und Dichten einiger Schneidkeramiken wieder, wobei

---

[1] DAWIHL, W. u. E. KLINGLER: Z. VDI **100** (1958), S. 559/63.

[2] AGTE, C., R. KOHLERMANN u. E. HEYMEL: Schneidkeramik. Akademie-Verlag, Berlin 1959, S. 159/63.

[3] DIN 4969 (1961).

[4] EGAN, E. J.: Iron Age **177** (1956), Nr. 18, S. 91/94.

[5] PAHLITZSCH, G. u. G. KAMINSKE: Werkstatt u. Betrieb **93** (1960), S. 608/17.

die Sorten B, C, E und F Oxidkeramiken mit und ohne Glasphase, die restlichen Sorten Oxid-Karbid-Keramiken sind.

Über die physikalischen Eigenschaften sind in der Literatur nur verstreute Einzelangaben zu finden[1–8]. Eine zusammenfassende Besprechung erfolgt bei C. Agte[9]. In Zahlentafel 119 sind nach F. Kölbl[10] die für die Praxis wichtigsten Eigenschaftswerte von Schneidkeramiken, denjenigen handelsüblicher Hartmetalle, Sonderhartmetallen und dem Diamant gegenübergestellt.

Zahlentafel 118. *Hauptbestandteile von keramischen Schneidwerkstoffen* (G. Pahlitzsch u. G. Kaminske)

Bestandteile %	Bezeichnung								
	A	B	C	D_1	D_2	E	F	G	H
C	0,54	0,1	0,1	3,2	1,7	0,02	0,1	2,7	0,16
Si	0,6	7,1	0,9	2,2	3,2	3,7	2,6	6,7	2,3
Ti	11,8	—	—	21,0	—	—	—	—	2,0
W	—	—	—	2,9	18,0	—	—	45,5	—
Mo	—	—	—	10,0	10,0	—	—	0,5	—
Al_2O_3	Rest	Rest	Rest	Rest	Rest	Rest	Rest	Rest	Rest
Dichte g/cm^3	3,92	3,90	3,81	4,52	5,34	3,90	3,72	6,9	3,61

Die *Dichte* der Schneidkeramik liegt um ein Vielfaches niedriger als die der üblichen Hartmetalle, was natürlich darin begründet ist, daß der Hauptbestandteil das spezifisch leichte Aluminiumoxid ist.

Der Härteträger der Schneidkeramik, das Aluminiumoxid, hat eine *Mikrohärte* von etwa 3000 kg/mm². Die als *Vickershärte* gemessene Makrohärte gibt die tatsächlich zur Wirkung kommende Verbundhärte des Kornverbandes wieder. Sie liegt etwa in der gleichen Höhe wie die der sogenannten hochharten Hartmetallsorten.

Die *Biegebruchfestigkeit* der im Handel befindlichen keramischen Schneidwerkstoffe liegt bei 30 bis 50 kg/mm², bei einzelnen Erzeug-

[1] Richter, W. u. G. Kammerich: Silikattechnik **6** (1955), S. 528/34.
[2] Wolf, W.: Techn. Gemeinschaft **3** (1955), S. 298/300.
[3] Agte, C.: Fertigungstechnik **7** (1957), S. 446/48.
[4] Agte, C. u. R. Kohlermann: Fertigungstechnik **8** (1958), S. 150/54.
[5] Richter, W.: Fertigungstechnik **9** (1959), S. 80/82.
[6] Randhahn, H. J.: Ind.-Anz. (1960), Nr. 1, S. 11/14.
[7] Szakacs, G.: In: Ber. II. Internat. Pulvermet. Tagung, Eisenach 1961. Akademie-Verlag, Berlin 1962, S. 391/405.
[8] Pogany, T.: In: Ber. II. Internat. Pulvermet. Tagung, Eisenach 1961. Akademie-Verlag, Berlin 1962, S. 407/15.
[9] Agte, C. u. R. Kohlermann: In: Schneidkeramik. Akademie-Verlag, Berlin 1959, S. 68/87.
[10] Kölbl, F.: Planseeber. Pulvermetallurgie **6** (1958), S. 48/66; Maschinenwelt, Elektrotechnik **13** (1958), S. 127/37.

Zahlentafel 119. *Eigenschaften der wichtigsten Schneidwerkstoffe* (F. Kölbl)

Eigenschaft	Schnell-drehstahl	Handelsübliche Sinterhartmetalle	Sonderhartmetalle	Schneidkeramik	Diamant
Spezifisches Gewicht g/cm³	8,0 bis 9,0	9,0 bis 15,0	9,0 bis 5,0	3,8 bis 4,2 (bis 5,6)	3,52
Vickershärte kg/mm²	750 bis 800	1200 bis 1900	1600 bis 2300 H_M bis ~ 3200	1500 bis 2200 H_M bis ~ 2800	H_M 8000 b. 10000
Biegebruchfestigkeit kg/mm²	300 bis 400	260 bis 90	90 bis 60	60 bis 30	~ 30
Biegebruchfestigkeit bei 1000° C	(~ 50)	140 bis 80	70 bis 50	60 bis 30	~ 30
Druckfestigkeit kg/mm²	350 bis 400	400 bis 590	400 bis 300	280 bis 320	~ 200
Elastizitätsmodul kg/mm²	~ 21000	45000 bis 67000	45000 bis 37000	35000 bis 38000	~ 90000
Wärmeausdehnungskoeffizient 10^{-6}	~ 12	5,0 bis 7,0	6,5 bis 8,0	6,3 bis 8,0	0,9 bis 1,2
Wärmeleitfähigkeit cal/cm · sec · ° C	~ 0,06	0,21 bis 0,05	0,06 bis 0,02	0,01 bis 0,05	0,33

nissen bis 60 kg/mm². Diese, wie bereits angeführt, relativ zwar erstaunlich hohen, aber absolut gesehen niedrigen Werte, ziehen bestimmte Grenzen der mechanischen Beanspruchbarkeit dieses Werkstoffes durch den bei der Zerspanung auftretenden Schnittdruck, insbesondere durch schlag- oder stoßartig auftretende Schnittdruckspitzen.

Ein besonderes Kennzeichen der Schneidkeramik ist die hohe, bis zu etwa 1000° gleichbleibende *Warmbiegebruchfestigkeit* und *Warmhärte.* Demgegenüber verlieren Schnellstahl schon ab etwa 500° und Hartmetalle ab etwa 700° ihre Festigkeit und damit ihre Schneidhaltigkeit. Da bei der Schneidkeramik bis zu hohen Temperaturen keine Diffusions- und Verschweißerscheinungen mit dem sehr heiß ablaufenden Span bestehen, treten auch bei sehr hohen Schnittgeschwindigkeiten nur geringe Auskolkungen an der Spanfläche auf. Dies ist einer der Hauptfaktoren, welcher die hohe Leistungsfähigkeit der Schneidkeramik bei höchsten Schnittgeschwindigkeiten begründet. Unter extremen Bedingungen kann aber eine Auskolkung durch Oxidreaktionen (niedrigschmelzende Schlacken!) auftreten.

Die *Druckfestigkeit* liegt mit etwa 280 bis 300 kg/mm² zwar bedeutend niedriger als die der handelsüblichen Hartmetalle, sie liegt aber immerhin in einer recht ansprechenden Größenordnung, so daß Bruchgefahr durch reine

Druckbeanspruchungen kaum zu befürchten ist. Kommen jedoch z. B. durch ungleichmäßige Druckbelastungen Biegebelastungen mit ins Spiel, dann kann wegen der niedrigen Biegebruchfestigkeit schon bei anscheinend geringen Belastungen Bruch eintreten.

Der *Elastizitätsmodul* ist, wie bei vielen Sinterwerkstoffen, relativ sehr hoch. Daß er nicht so hoch ist wie bei Hartmetallen ergibt sich teilweise aus der nichtmetallischen Natur der Schneidkeramik. Der wesentliche Punkt dabei ist aber, und dies gilt, gleich wie bei den Hartmetallen, ebenso für die Druckfestigkeit und die Biegebruchfestigkeit, daß auf die elastische Verformung keine plastische Verformung folgt, sondern der verformungslose Bruch.

Der *Wärmedehnungsbeiwert* liegt mit etwa $8 \cdot 10^{-6}$ etwas höher als diejenige der Hartmetalle, was ein Vorteil ist, wenn die Keramik auf Stahlträger aufgelötet wird.

Die *Wärmeleitfähigkeit* hängt selbstverständlich sehr stark vom Gehalt an Metallen oder Karbiden mit metallischer Leitfähigkeit ab. Bei der reinen Aluminiumoxidkeramik ohne Zusätze liegt sie mit etwa 0,01 cal/cm · sec. · °C sehr niedrig, da diese ja bereits ein Isolierstoff ist. Zusätze mit metallischer Leitfähigkeit erhöhen die Wärmeleitfähigkeit bis auf etwa 0,05. Werkstoffe mit sehr niedriger Wärmeleitfähigkeit haben bekanntlich auch eine sehr begrenzte Wärmewechselfestigkeit, was wiederum bedeutet, daß bei schnellen Temperaturwechseln oder örtlichen Überhitzungen, z. B. beim Schleifen, erhöhte Gefahr der Bildung von Spannungsrissen besteht. Als ein Vorteil einer sehr niedrigen Wärmeleitfähigkeit könnte andererseits angesehen werden, daß sich die Schneidplatte auch bei hohen Schnittgeschwindigkeiten an der im Schnitt befindlichen Stelle nicht sehr hoch erwärmt, weil die Zerspanungswärme durch den Span und das Werkstück abgeleitet wird. Dieser Vorteil wirkt sich aber deshalb kaum aus, weil er einen Werkstoff betrifft, der eine natürliche hohe *Warmfestigkeit* und *Oxidationsbeständigkeit* hat und sich auch bei hohen Temperaturen abstoßend gegenüber sehr heiß ablaufenden Spänen verhält. Die bisherigen praktischen Erfahrungen mit Oxid-Karbid-Keramiken scheinen zu bestätigen, daß diese gegenüber reinen Oxidkeramiken wegen ihrer relativ viel besseren Wärmeleitfähigkeit weniger Bruch- und Spannungsriß-anfällig sind.

Das *Gefüge* der Schneidkeramik ist für die Beurteilung ihrer Eigenschaften und Schneidleistung von erheblicher Bedeutung. Zweifellos ist ein wesentlicher Teil der Verbesserungen in den letzten Jahren auf die systematische Erweiterung der Kenntnisse über den Gefügeaufbau zurückzuführen. Die Durchführung metallographischer Untersuchungen an der Schneidkeramik ist wegen der hohen Härte und schweren Ätzbarkeit schwierig. Die Betrachtung kann sowohl nach dem Auflicht- und dem Durchlichtverfahren (Dünnschliff) erfolgen, wobei Poren, die einzelnen Gefügebestandteile und deren Korngröße durch Ätzung in flüssigem Kaliumbisulfat oder Natronlauge bei 400 bis 500° erfolgt[1–3].

Nachdem das Verhältnis von Härte zu Biegebruchfestigkeit die *Schnitteigenschaften* eines Schneidwerkstoffes entscheidend beeinflussen, hat F. KÖLBL[4] den Versuch unternommen, die Verhältnisse unter Miteinbeziehung der Schneidkeramiken für die gebräuchlichen Stellite, Hartmetalle, Sonderhartmetalle und den Diamant graphisch darzustellen. In Abb. 227 sind auf der Abszisse die allen diesen Schneid-

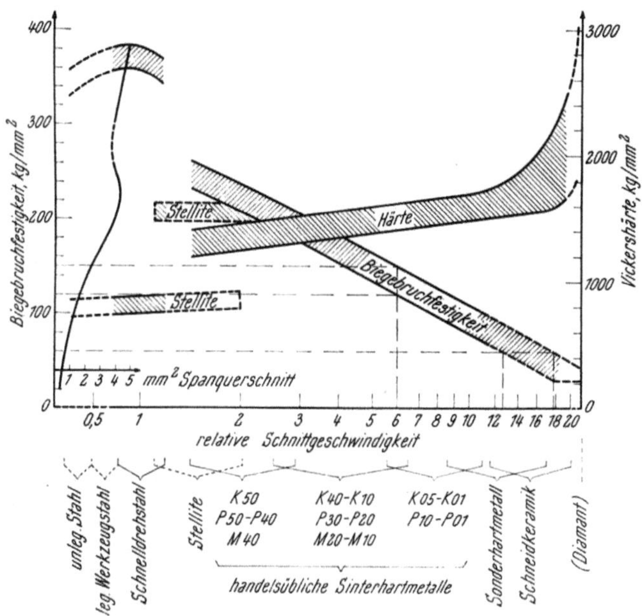

Abb. 227. Zusammenhänge zwischen Härte, Biegebruchfestigkeit und Schnittgeschwindigkeitsbereichen von Schneidwerkstoffen (F. KÖLBL)

werkstoffen zukommenden relativen Schnittgeschwindigkeiten bei der Bearbeitung von Stahl mit 70 kg/mm² Festigkeit, bezogen auf Schnelldrehstahl = 1. Diesen relativen Schnittgeschwindigkeiten wurden vom Schnelldrehstahl über die Hartmetalle zur Oxidkeramik fallende

---

1 RICHTER, W. u. G. KAMMERICH: Silikattechnik **6** (1955), S. 528/34.

2 RICHTER, W.: Fertigungstechnik **7** (1957), S. 489/93.

3 AGTE, C. u. R. KOHLERMANN: In: Schneidkeramik. Akademie-Verlag, Berlin 1959, S. 88/93.

4 KÖLBL, F.: Planseeber. Pulvermetallurgie **6** (1958), S. 48/66.

Spanquerschnitte zugrunde gelegt, deren Werte in einem kurzen Maßstab parallel zur Abszisse verzeichnet sind. Die Schneidkeramik mit etwa 40 kg/mm² Biegebruchfestigkeit z. B. 2 mm Spantiefe bei 0,3 mm Vorschub, während einem Hartmetall mit 200 kg/mm² Biegebruchfestigkeit ein Spanquerschnitt von etwa 4 mm² zukommt. Würde man den Spanquerschnitt über alle Schneidwerkstoffe gleich ansetzen, so würden die Schnittgeschwindigkeitsbereiche näher zusammenrücken, was uns aber von der Praxis entfernen würde. Der durch die Praxis genügend belegte, die handelsüblichen Hartmetalle betreffende Teil des Kurvenbandes Biegebruchfestigkeit-relative Schnittgeschwindigkeit ist voll ausgezogen, die Verlängerung in Richtung Sonderhartmetalle und Schneidkeramik bis zum Diamant strichliert. Daß die Verlängerung dieses Kurvenbandes mit den bisherigen praktischen Erfahrungen übereinstimmt, kann nach F. Kölbl leicht nachgewiesen werden, indem man Ordner parallel zur Abszisse und zur Ordinate zieht und mit diesen die beiden Kurvenbänder schneidet. Für den sechsfachen Schnittgeschwindigkeitsbereich von Schnellstahl werden demnach Hartmetalle mit einer Biegebruchfestigkeit zwischen etwa 120 bis 155 kg/mm² verwendet. Andererseits kommt einem Schneidwerkstoff mit einer Biegebruchfestigkeit von 60 bis 30 kg/mm², also der Schneidkeramik, ein Schnittgeschwindigkeitsbereich von etwa 12 bis 18, bezogen auf Schnellstahl = 1, zu. Die Verlängerung des genannten Kurvenbandes von Hartmetall bis zum Diamant führte uns demnach richtig in den etwa zwölf- bis achtzehnfachen Schnittgeschwindigkeitsbereich des Schnelldrehstahles als bevorzugten und auch schon durch die bisherigen praktischen Ergebnisse bei der Bearbeitung von Stahl belegten Schnittgeschwindigkeitsbereich der Schneidkeramik. In ähnlicher Weise lassen sich durch Ziehen von Ordnern auch die Zusammenhänge mit der dritten Größe, nämlich den Härtewerten, nachweisen. Die obere Begrenzungslinie des Kurvenbandes der Härtewerte ist andeutungsweise in der Richtung zur Härte des Diamant verlängert, welche als Mikrohärte etwa mit 8000 bis 10.000 kg/mm² angegeben wird. Wegen der bereits erwähnten Unsicherheiten bei der Makrohärtemessung von hochharten Schneidwerkstoffen, ist das Kurvenband in seinem oberen Teil breiter gehalten.

D. Zerspanungsleistung von Schneidkeramiken im Vergleich zu Hartmetallen

Seit dem Auftreten der Schneidkeramik wurden an vielen Stellen vergleichende Zerspanungsprüfungen durchgeführt, wobei reine Oxidkeramiken mit oder ohne Glasphase bzw. Oxid-Karbidkeramiken einerseits mit verschiedenen Standardhartmetallen und Sonderhartmetallen andererseits auf Guß und Stahl verglichen wurden[1–31].

[1] WOLF, W.: Maschinenbau **3** (1954), Nr. 5, S. 122/25; Fertigungstechnik **9** (1959), S. 220/23.

[2] SCOTT, D.: Am. Machinist **100** (1955), Nr. 6, S. 173/74.

[3] SIEKMANN, H. J.: Machinery **63** (1956), S. 204/09.

[4] SIEKMANN, H. J., E. W. GOLIBER u. K. W. STALKER: Am. Machinist **100** (1956), Nr. 6, S. 160/72.

[5] KOSINSKI, J., C. HIERA u. E. JABLONSKI: Am. Machinist **100** (1956), Nr. 26, S. 117/20.

[6] METCALFE, A. G.: Am. Machinist **100** (1956), Nr. 26, S. 121/22.

[7] HOOK, R. T.: Tool Eng. **37** (1956), Nr. 2, S. 101/04; Am. Machinist **100** (1956), Nr. 26, S. 123/24; Metalworking Prod. (1957), S. 1294/96.

[8] SMITH, B. D. u. F. L. HELMEL: Am. Machinist **100** (1956), Nr. 26, S. 125/27.

[9] MONOSMITH, L. B. u. W. C. FISHER: Am. Machinist **100** (1956), Nr. 26, S. 128/31.

[10] DE GROAT, G. H.: Am. Machinist **100** (1956), Nr. 26, S. 132/36.

[11] VINTER, F.: Strojirenská vyroba **8** (1956), S. 362/63.

[12] RICHTER, A.: Fertigungstechnik **7** (1957), S. 489/93.

[13] HEYMEL, E.: Fertigungstechnik **7** (1957), S. 496/97; **8** (1958), S. 2/9.

[14] AGTE, C.: Fertigungstechnik **7** (1957), S. 446/48; **10** (1960), S. 464/67.

[15] WEHNER, R. u. R. KOHLERMANN: Fertigungstechnik **7** (1957), S. 498/500.

[16] SHAW, M. S. u. P. A. SMITH: Tool Eng. **38** (1957), Nr. 4, S. 97/102.

[17] KIBBEY, D. R. u. W. T. MORRIS: Am. Soc. Tool. Eng., Paper Nr. 23 (1957).

[18] COOK, N. H.: Am. Soc. Tool Eng., Paper Nr. 18 (1957).

[19] SCHMIDT, A. O., W. I. PHILLIPS, C. F. WILSON u. I. HAM: Machinery **90** (1957), S. 577/83.

[20] SCHAUMANN, R.: 3. Fokoma, 1957, S. C 1/C 6; 4. Fokoma, 1959, Bd. I, S. 185/88.

[21] AGTE, C. u. R. KOHLERMANN: Fertigungstechnik **8** (1958), S. 150/54, 349/52.

[22] OPITZ, H. u. H. SIEBEL: Werkstattstechnik, Maschinenbau **48** (1958), S. 2/6; Ind.-Anz. **79** (1957), S. 271/76, 285/90; Forschungsber. Nordrhein-Westfalen, Nr. 764 (1959).

[23] DAWIHL, W. u. E. KLINGLER: Z. VDI **100** (1958), S. 559/63; Werkstatt u. Betrieb **92** (1959), S. 271/74.

[24] PÜHLER, F. u. R. WAGNER: Ind.-Anz. **80** (1958), S. 673/76.

[25] FLECK, R. u. M. GAPPISCH: Ind.-Anz. **80** (1958), S. 689/92.

[26] SCHMIDT, A. O., B. F. TURKOVICH, J. R. ROUBIK u. J. HAM: Maschinenmarkt 64 (1958), Nr. 61, S. 30/33; Nr. 71, S. 19/22.

[27] TAKEYAMA, H. u. T. MURAI: J. Mech. Lab. Japan **12** (1948), S. 118/24.

[28] POPOV, M., I. MITRICA u. E. DECIU: Stud. Cerc. Mecan. Apl. **10** (1959), S. 219/40.

[29] RANDHAHN, H. J.: Fertigungstechnik **10** (1960), S. 205/11; Ind.-Anz. (1960), Nr. 1, S. 11/14.

[30] HINNÜBER, J. u. W. KINNA: Techn. Mitt. Krupp **19** (1961), S. 130/53; Stahl u. Eisen **82** (1962), S. 31/46.

[31] SZAKACS, G.: In: Ber. II. Internat. Pulvermet. Tagung, Eisenach 1961; Akademie-Verlag, Berlin 1962, S. 394/405.

Diese Vergleiche geben eine gewisse Antwort auf die Frage, wann die schlagempfindliche reine Oxidkeramik oder die etwas bruchfestere Oxid-Metall- bzw. Oxid-Karbidkeramik am Platze ist und wann, je nach Maschinenpark mit zäheren Hartmetallen vom Typ WC-Co (94/6), WC-TiC-Co (78/16/6) oder mit Sonderhartmetallen, wie z. B. WC-TiC-TaC-Co (93/2/2/3), WC-TiC-Co (34/60/6), TiC-NiFeCr (94/6) TiC-Mo_2C-NiCr (80/10/10) verglichen werden soll. Am wertvollsten sind die Vergleiche mit den genannten harten und verschleißfesten Sonderhartmetallen, weil in der Praxis meist diese Materialien als Konkurrenten auftreten. Alle Vergleichsversuche zeigen zunächst übereinstimmend, daß — ideale Zerspanungsbedingungen vorausgesetzt — die Domäne der Schneidkeramik bei hohen und höchsten Drehgeschwindigkeiten von 200 bis 700 m/Minute und bei kleinen Vorschüben liegt (s. Abb. 171, S. 386).

Grundsätzlich zeigt sich an Schneidkeramikplatten bei der Zerspanung ein etwas anderes Verschleißbild als bei Hartmetallplatten. Schneidkeramikwerkzeuge zeigen praktisch keine Aufbauschneide und daher keine Auskolkungen. Die Fasenabstumpfung durch Reibungsverschleiß kann daher allein als ein Maß für die Lebensdauer der Werkzeuge herangezogen werden. Nach mikroskopischen Beobachtungen von A. O. Schmidt und Mitarbeitern[1] treten geringe Ausbröckelungen der Schneidspitze und -kante in den ersten Sekunden des Einsatzes auf. Dieser „Sofortverschleiß" beträgt etwa 0,025 bis 0,1 mm und die weitere Erhöhung der Verschleißmarkenbreite auf 0,25 mm geht dann sehr langsam vor sich. Ein vorheriges Abfasen der Schneidkante wirkt sich daher günstig aus. Wenn die Verschleißmarke 0,25 bis 0,3 mm erreicht hat, soll das Werkzeug zwecks Nachschleifens aus dem Schnitt genommen werden, da es sonst zu groben Ausbröckelungen und Rissen kommt.

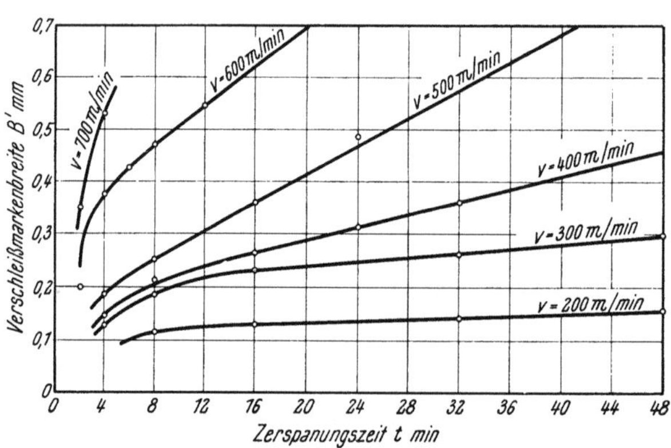

Abb. 228. Abhängigkeit der Verschleißmarkenbreite einer Schneidkeramik von der Schnittgeschwindigkeit bei der Stahlzerspanung (E. Heymel)

Beim Vergleich der veröffentlichten

[1] Schmidt, A. O., W. I. Phillips, C. F. Wilson u. I. Ham: Machinery **90** (1957), S. 577/93.

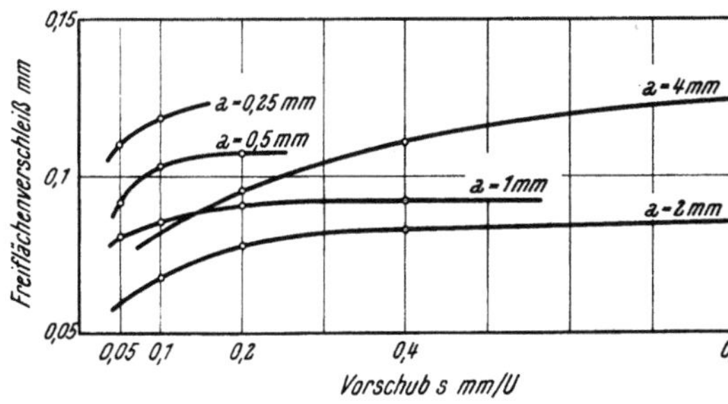

Abb. 229. Abhängigkeit des Freiflächenverschleißes einer Schneidkeramik vom Vorschub (E. Heymel)

Zerspanungsdaten muß man klar unterscheiden, ob es sich um Laboratoriumsversuche unter besonders günstigen Bedingungen handelt, oder um Betriebsversuche, bei denen die spröde Schneidkeramik zwangsläufig benachteiligt ist.

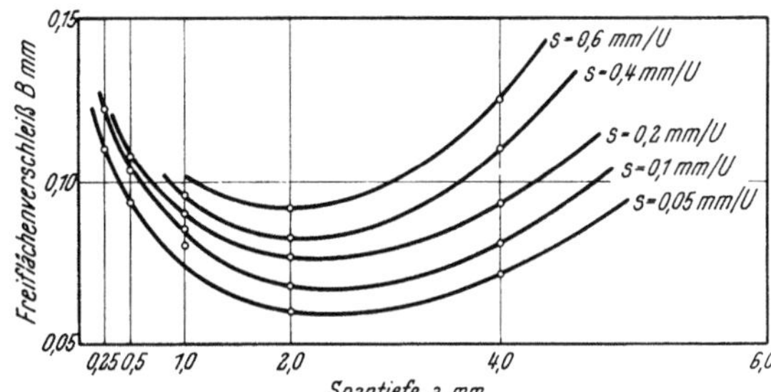

Abb. 230. Abhängigkeit des Freiflächenverschleißes einer Schneidkeramik von der Spantiefe (E. Heymel)

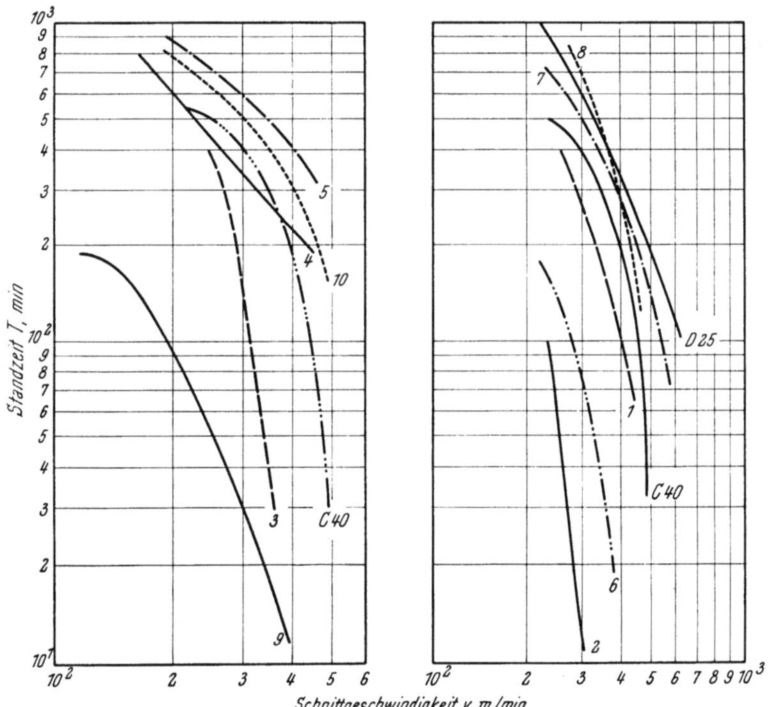

Abb. 231. Standzeitverhalten verschiedener Schneidkeramiken (E. Heymel)

Der Einfluß der Schnittbedingungen auf den Verschleiß ist besonders von A. RICHTER[1] und E HEYMEL[2] eingehend untersucht worden. So zeigt Abb. 228 die Abhängigkeit der Verschleißmarkenbreite bei der Schneidkeramik C 40 von der Schnittgeschwindigkeit, in Abb. 229 vom Vorschub und in Abb. 230 von der Spantiefe bei der Stahlzerspanung.

In Abb. 231 ist nach C. AGTE und E. HEYMEL[3] das Standzeitverhalten verschiedener Schneidkeramiken wiedergegeben. Die Sorten 1 bis 7 bestehen aus reinem Aluminiumoxid mit oder ohne Glasphase, Sorte 9 ist eine Oxid-Metall-Keramik, während die Sorten 8, 10, C 40 und D 25 typische Vertreter der Oxid-Karbid-Keramiken sind. Wie man sieht, ist der Unterschied im Standzeitverhalten sehr groß, wobei einige reine Oxidkeramiken höhere Leistungen ergeben als Oxid-Karbid-Keramiken. Trotzdem wird man letzterer in der Praxis wegen der größeren Zähigkeit den Vorzug geben.

Ähnliche Ergebnisse erzielten auch H. OPITZ und H. SIEBEL[4], welche verschiedene Schneidkeramiken mit WC-TiC-Co-Hartmetallen (78/16/6) bei der Stahlzerspanung verglichen.

E. HEYMEL[3] gibt Standzeitvergleiche zwischen Schneidkeramik C 40 und genormten, hochverschleißfesten Hartmetallen für die Stahlbe-

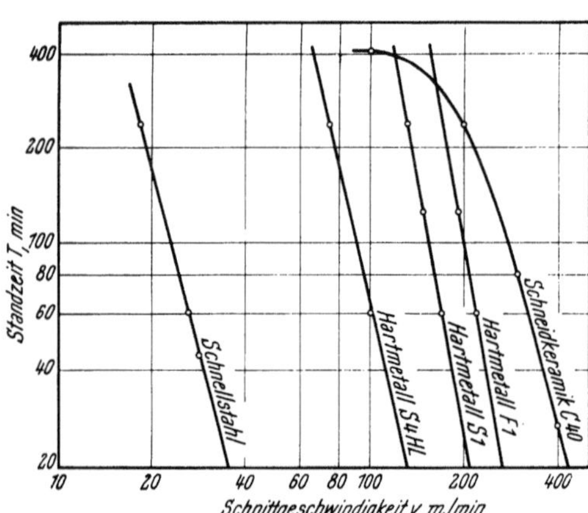

Abb. 232. Standzeitverhalten einer Schneidkeramik im Vergleich zu Hartmetallen bei der Stahlzerspanung (E. HEYMEL)

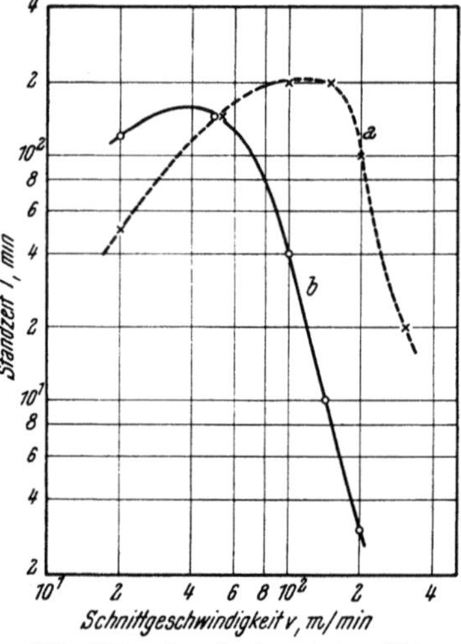

Abb. 233. Standzeitverhalten einer Schneidkeramik (a) im Vergleich zu Hartmetall (b) bei der Graugußbearbeitung (W. DAWIHL u. E. KLINGLER)

---

[1] RICHTER, A.: Fertigungstechnik 7 (1957), S. 489/93.

[2] HEYMEL, E.: Fertigungstechnik 7 (1957), S. 496/97; 8 (1985), S. 2/9.

[3] HEYMEL, E.: Schneidkeramik, Akademie-Verlag, Berlin 1959, S. 164.

[4] OPITZ, H. u. H. SIEBEL: Werkstattstechnik, Maschinenbau 48 (1958), S. 2/6.

arbeitung (Abb. 232), während W. DAWIHL und E. KLINGLER[1] eine Oxid-Karbid-Keramik mit G 1 bzw. S 1 bei der Guß- und Stahlbearbeitung verglichen (Abb. 233 und 234). Bei der Gußbearbeitung tritt bei hohen Schnittgeschwindigkeiten der Keramik ein wesentlich kleinerer Freiflächenverschleiß auf und bei Stahl ist fast kein Kolkverschleiß zu beobachten. Bei niedrigen Schnittgeschwindigkeiten sind aber die Hartmetalle der Schneidkeramik überlegen.

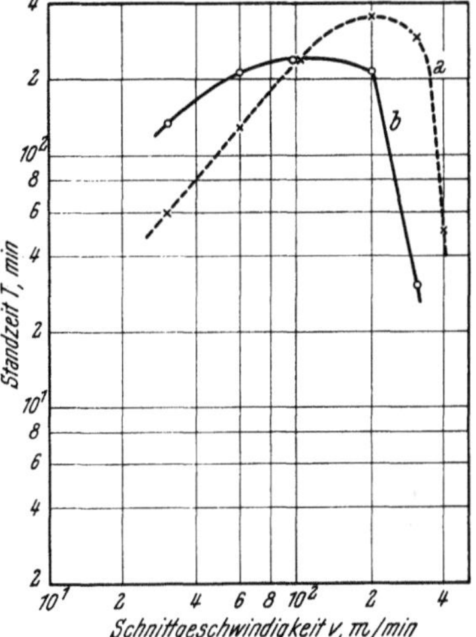

Abb. 234. Standzeitverhalten einer Schneidkeramik (a) im Vergleich zu Hartmetall (b) bei der Zerspanung von Stahl mit 60 kg/mm² Festigkeit (W. DAWIHL u. E. KLINGLER)

In Abb. 235 ist nach R. WEHNER und R. KOHLERMANN[2] ein Vergleich zwischen der Schneidkeramik C 40, den verschleißfesten Normhartmetallen S 1 und F 1 sowie einem wolframfreien Hartmetall auf Titankarbidbasis bei der Stahlzerspanung gebracht. Dabei ist für die Praxis von Interesse, daß die Schneidkeramik erst über 600 m/Min. Schnittgeschwindigkeit der wolframfreien Sorte überlegen ist. Darunter wird man wegen der besseren Zähigkeit, das TiC-Hartmetall der Schneidkeramik vorziehen.

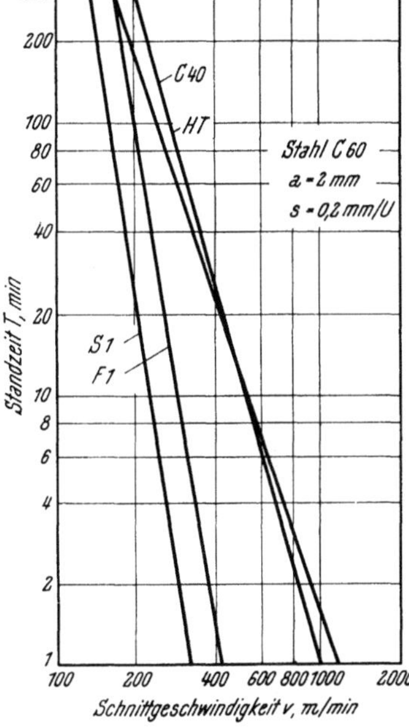

Abb. 235. Standzeitverhalten einer Schneidkeramik im Vergleich zu einem Sonderhartmetall und Normhartmetallen bei der Stahlzerspanung (R. WEHNER u. R. KOHLERMANN)

Die Schneidenwinkel beeinflussen das Schneidverhalten und die Standzeit der Schneidkeramik wesentlich[3,4]. Der Spanwinkel soll einen Wert von 0° haben,

---

[1] DAWIHL, W. u. E. KLINGLER: Z. VDI **100** (1958), S. 559/63.

[2] WEHNER, R. u. R. KOHLERMANN: Fertigungstechnik 7 (1957), S. 498/500.

[3] HEYMEL, E.: Fertigungstechnik **7** (1957), S. 496/97; **8** (1958), S. 2/9.

[4] SIEKMANN, H. J. u. L. A. SOWINSKI: Am. Machinist **101** (1957), Nr. 11, S. 113/15.

meist wird man aber bei Klemmwerkzeugen gezwungen sein, einen negativen, höheren Freiflächenverschleiß bewirkenden Spanwinkel anzuwenden. Der Freiwinkel darf, um einen Keilwinkel von 90° beizubehalten, nicht mehr als 5 bis 8° betragen. Während der Neigungswinkel λ keinen Einfluß hat, kommt der Größe des Einstellwinkels $\varkappa$ und des Spitzenwinkels ε große Bedeutung zu. Um einen möglichst großen Spitzenwinkel zu erhalten, soll der Einstellwinkel $< 90°$, am besten 45 bzw. 60° sein.

Faßt man die Ergebnisse der laboratoriumsmäßigen Zerspanungsuntersuchungen zusammen, dann ergeben sich für die Praxis folgende Gesichtspunkte: Die hervorragende Oxidationsbeständigkeit und die hohe Warmhärte und Warmdruckfestigkeit erlaubt bei Schneidkeramiken sehr hohe Schnittgeschwindigkeiten bei langen Standzeiten. Der geringere Reibungswiderstand bei scharfen Werkzeugen setzt den Energiebedarf pro zerspantes Volumen herab. Niedrige Drehgeschwindigkeiten sind nachteilig und führen zu Schneidenbeschädigungen. Ebenso sind unterbrochene Schnitte, Wechsel der Schnitt-Tiefe, rauhe Gußkrusten, verzunderte Oberflächen, Lunker, Einschlüsse und Härteschwankungen im Werkstoff und ferner große Spanquerschnitte zu vermeiden. Vorteilhaft sind geringe Vorschübe und Spantiefen.

Unter der Voraussetzung, daß einwandfreie, gut unterstützte Klemmwerkzeuge auf leistungsfähigen, schwingungsfreien Bearbeitungsmaschinen benutzt werden (vgl. S. 387) ist die Schneidkeramik unter folgenden Bedingungen mit Vorteil anwendbar:

1. Für die Zerspanung von Hartguß und kurzspanende Werkstoffe, welche mit Hartmetall schwer zu bearbeiten sind. Besonders geeignet ist die Schneidkeramik z. B. bei der Bearbeitung von verschleißend wirkenden Kunststoffen, Hartgummi, Kupfer-Asbest, Graphit u. a.

2. Bei der Bearbeitung dieser Werkstoffe können bei sehr hohen Drehgeschwindigkeiten und kleinen Spanquerschnitten große Materialmengen abgetragen werden.

3. Wegen des geringen Schneidenverschleißes ist die Maßgenauigkeit der bearbeiteten Werkstücke sehr groß und die Oberflächengüte sehr gut (ähnlich wie bei Diamant).

E. Werkzeuge mit keramischen Schneidplatten

Bei der Befestigung der Keramikschneidplatten auf Stahlschäften muß den charakteristischen Eigenschaften des Werkstoffes Rechnung getragen werden. Da die Keramik metallabstoßend ist, kann sie nur schlecht gelötet werden[1]. Die Lötbarkeit kann durch Metallisieren der Oberfläche verbessert werden[2, 3]. Das Auftreten von Lötspannungen kann aber bei der an sich spröden Keramik besonders leicht zu Rissen führen.

Während eine Befestigung der Schneidplatten auf den Schäften durch Einbrennen mit emailähnlichen Massen erfolgreich versucht, aber nicht praktisch angewendet wird, haben sich bei gering beanspruchten Werkzeugen Kunststoffkleber (z. B. Araldit) bewährt[4]. Spannungen können hier nicht in dem Maße auftreten wie beim Löten.

Eine weitgehende Vermeidung von Spannungen ist aber nur beim Klemmen der Platten in besonders den Verhältnissen angepaßten *Klemmwerkzeugen* möglich[5–20]. Erst durch Einführung dieser wurde der erfolgreiche Einsatz ermöglicht. Die Halter müssen so beschaffen sein, daß Biegespannungen in der Platte nicht auftreten können. Die Keramikplatten müssen also vollkommen ebene Unterlagen aus Schnellstahl oder Hartmetall haben. Die Halterkonstruktion ist ferner von der Schneidplattenform abhängig. Man unterscheidet dabei Halter mit Keramikschneidplatten zum mehrmaligen Nachschleifen und solche, für Schneidplatten, die nach Ausnutzung aller Schneidkanten weggeworfen werden. Bei den empfindlichen Keramikplatten

---

[1] Krivutschov, W. A. u. A. I. Markov: Fertigungstechnik **4** (1953), S. 112/13.

[2] Kovalenko, G. D.: Stanki i Instr. **26** (1956), Nr. 11, S. 35/36.

[3] Peklenik, J.: Ind.-Anz. **79** (1957), S. 277/82.

[4] Reinhold, R.: Fertigungstechnik **8** (1958), S. 353.

[5] Singer, F.: Sprechsaal **84** (1951), S. 362/66, 394/99, 415/17.

[6] Kisselev, N.: Fertigungstechnik **3** (1953), S. 142.

[7] Beljajev, M. F.: Stanki i Instr. **26** (1956), Nr. 11, S. 21/23.

[8] Kennedy, W. B.: Machine Moderne **50** (1956), S. 65/70; Tool Eng. **36** (1955), Nr. 6, S. 71/75; Carbide Engng. **9** (1957), Nr. 4, S. 11/15.

[9] Vinter, F.: Strojírenská výroba (1956), Nr. 8, S. 327.

[10] Cook, N. H.: Am. Soc. Tool Eng., Paper Nr. 18 (1957).

[11] Moore, H. D. u. D. R. Kibbey: Am. Soc. Tool Eng., Paper Nr. 19 (1957).

[12] Allen, J. F.: Tool Eng. **38** (1957), Nr. 3, S. 95/98; Am. Soc. Tool Eng., Paper Nr. 22 (1957).

[13] Zlatin, N.: Am. Soc. Tool Eng., Paper Nr. 28 (1957).

[14] Engle, E. W. u. G. W. Barnes: Am. Soc. Tool Eng., Paper Nr. 27 (1957).

[15] Singer, F. u. S. S. Singer: Ind. Diamond Rev. **17** (1957), S. 126/31.

[16] Albrecht, A. B.: Machinery **91** (1957), S. 193/98.

[17] Schmidt, A. O., W. I. Phillips, C. F. Wilson u. I. Ham: Machinery **90** (1957), S. 577/83.

[18] Siekmann, H. J.: Tool. Eng. **39** (1957), Nr. 1, S. 101/04.

[19] Heymel, E.: Fertigungstechnik **7** (1957), S. 496/97; **9** (1959), S. 226/28.

[20] Heymel, E.: In: Schneidkeramik. Akademie-Verlag, Berlin 1959, S. 113/46.

muß auch die Spanbrecherstufe bzw. Spanbrecherplatte besonders sorgfältig ausgebildet werden, damit nicht Beschädigungen durch Wirrspäne entstehen[1, 3].

Das *Schleifen* von schneidkeramischen Platten oder gar Werkzeugen ist wegen der hart-spröden Charakteristik des Werkstoffs bedeutend schwieriger als bei metallischen Hartstoffen. Es dürfen nur Siliziumkarbid- oder Diamantscheiben feiner Körnung und sehr weicher Schleifcharakteristik angewendet werden. Das Schleifen soll bei leichtem Andruck oder kleiner Zustellung, bei niedrigen Geschwindigkeiten und sehr guter Kühlung erfolgen. Für Betriebe, die keine ausreichende Erfahrung im Schleifen von keramischen Platten haben, sind daher die sogenannten „Wegwerfplatten" zu empfehlen, die gebrauchsfertig geliefert und nach Abnutzung aller Schneidkanten weggeworfen werden. Schneidkanten und Spitzen sollen aus Festigkeitsgründen besonders sorgfältig abgefast werden[1–3] (vgl. S. 403).

F. Maschinen für den erfolgreichen Einsatz von Schneidkeramik

Wegen der hohen Härte und vergleichsweise geringen Zähigkeit der Schneidkeramik muß beim Einsatz Sorge getragen werden, daß keine Beanspruchungsspitzen auftreten, wie sie z. B. bei stoß- oder schlagartiger Beanspruchung entstehen können. Es muß daher nicht nur von Seite des Werkstückes, sondern auch beim Werkzeug und bei der Bearbeitungsmaschine alles getan werden, um einen schwingungs-, stoß-, ratter- und schlupffreien Ablauf der Zerspanungsarbeit sicherzustellen. Man muß daher von der Maschine höchstmögliche dynamische Steifigkeit, auch bei hohen Tourenzahlen, genau statische und dynamische Auswuchtung aller rotierender Teile und geringstes Lagerspiel verlangen. Um solche Werkzeugmaschinen zu erreichen, braucht es aber einer langen konsequenten und kostspieligen Entwicklung[4] (vgl. a. S. 389).

Inzwischen sollten aber alle möglichen Maßnahmen geprüft und ausgeführt werden, um die vorhandenen Werkzeugmaschinen für eine erfolgreiche Verwendung der Schneidkeramik besser geeignet zu machen. Es sind dies z. B. resonanzfreie Aufstellung der Maschinen, Überholung der Getriebe, Beseitigung von Lagerspiel an der Spindel, Auswuchten der Planscheibe, Überholung von Support und Maschinen-

---

[1] Cook, N. H.: Am. Soc. Tool Eng., Paper Nr. 18 (1957).

[2] Allen, J. F.: Tool Eng. **38** (1957), Nr. 3, S. 95/98, Am. Soc. Tool Eng., Paper Nr. 22 (1957).

[3] Schmidt, A. O., W. I. Phillips, C. F. Wilson u. I. Ham: Machinery **90** (1957), S. 577/83.

[4] Shaw, M. C.: Ind.-Anz. (1956), Nr. 47/48, S. 676/80.

bett und selbstverständlich, soweit dies die Maschine zuläßt, Steigerung der Antriebsleistung durch Verwendung eines stärkeren Motors. Es versteht sich von selbst, daß alle diese Faktoren auch allfällig zum Einsatz kommenden, weniger zähen *Sonderhartmetallen* zugute kommen können.

G. Betriebswirtschaftliche Erwägungen beim Einsatz von Schneidkeramik

Viele allzu optimistische Voraussagen für die Schneidkeramik gehen nach F. Kölbl von der Annahme aus, daß man bei sehr hohen Schnittgeschwindigkeiten auch mit kleinen Spanquerschnitten in der Zeiteinheit mindestens das gleiche Volumen abtragen kann wie mit großen Spanquerschnitten bei entsprechend niedrigeren Schnittgeschwindigkeiten, und daß also eine Unterteilung der Materialabtragung auf mehrere Schnitte von kleinem Spanquerschnitt in Anbetracht der hohen Standzeiten der Schneidkeramik erfolgversprechend sein müßte. Nun sind aber nur sehr selten Werkstücke von solcher Größe anzutreffen, bei denen die Hauptzeit für einen Durchgang auch bei sehr hoher Schnittgeschwindigkeit noch so groß ist, daß sie in einer vernünftigen Relation zu den Neben- und Einrichtezeiten bleibt. Es hat also meist keinen Sinn, mit einem großen Aufwand und vielen Risiken einer weiteren Verkürzung von an sich schon kurzen Hauptzeiten nachzujagen, wenn die Summe der Nebenzeiten gleich bleibt oder sich sogar noch erhöht. Im übrigen würde der Fachmann schon mit Rücksicht auf den viel höheren Energieaufwand für eine Mikrozerspanung kaum eine Operation, die mit einem vorhandenen Schneidwerkstoff als Grobzerspanung in einem Durchgang ausgeführt werden kann, in viele Durchgänge unterteilen. Bei der Mikrozerspanung von langspanenden Werkstoffen kämen im übrigen noch die Schwierigkeiten mit der Unterbringung und dem Abtransport der sehr voluminösen Späne dazu. Technisch und betriebswirtschaftlich könnte es aber interessant sein, z. B. auf Revolverbänken die erste Schruppoperation mit einem Hartmetall zu machen und anschließend sofort die Fertigbearbeitung bei etwa der zwei- bis dreifachen Schnittgeschwindigkeit mit einem Sonderhartmetall oder der Schneidkeramik. Dafür geeignete Klemmwerkzeuge mit je einer Hartmetall- und Keramikplatte sind in Amerika bereits entwickelt worden.

Bei der Verkürzung der Hauptzeit durch Anwendung sehr hoher Schnittgeschwindigkeiten muß auch die höhere physische Belastung des Arbeiters durch die Verschiebung des Verhältnisses Hauptzeit zu Neben- und Einrichtezeiten in Betracht gezogen werden. Die Anwendung sehr hoher Schnittgeschwindigkeiten in breiterem Rahmen wird daher sehr gefördert werden können, wenn die Bearbeitungsmaschinen mit automatischen Spanneinrichtungen, Schnellrückgängen, Druckknopfschaltern statt Kurbeln usw. eingerichtet werden.

Schneidwerkstoffe, wie die Sonderhartmetalle und die Schneidkeramik, welche immer hart an der Grenze ihrer mechanischen Belastbarkeit eingesetzt werden, eignen sich nur schlecht für Automaten. Für eine breitere Einführung der Schneidkeramik auf Automaten kann daher vorläufig keine günstige Voraussage erstellt werden.

Faßt man die heutigen Erkenntnisse und Erfahrungen beim Einsatz der Schneidkeramik zusammen, so kann man nach F. Kölbl[1] feststellen, daß dieser Hochleistungsschneidwerkstoff die bisherigen Hartmetalle keineswegs ersetzen kann. Die Schneidkeramik stellt eine echte Erweiterung der Schneidwerkstoffreihe dar, wobei sie das Bindeglied zwischen hochverschleißfesten Hartmetallen und dem

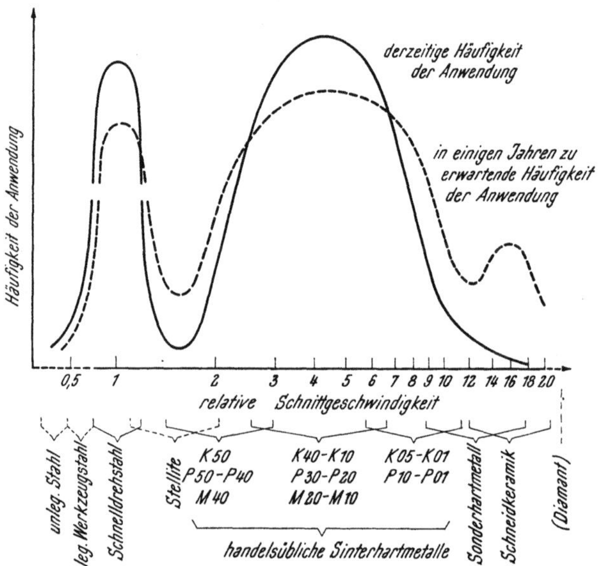

Abb. 236. Derzeitige und geschätzte zukünftige Häufigkeit der Anwendung der wichtigsten Schneidwerkstoffe (F. Kölbl)

Diamant bildet. Obwohl sie eine wertvolle Ergänzung der Hartmetalle bildet, wird ihr auch in Zukunft ein nur verhältnismäßig kleiner aber erweiterungsfähiger Anwendungssektor in der Zerspanungstechnik zukommen (Abb. 236).

[1] Kölbl, F.: Planseeber. Pulvermetallurgie **6** (1958), S. 48/66.

Namenverzeichnis

Sachverzeichnis

MIX
Papier aus verantwortungsvollen Quellen
Paper from responsible sources
FSC® C105338

If you have any concerns about our products,
you can contact us on
ProductSafety@springernature.com

In case Publisher is established outside the EU,
the EU authorized representative is:
Springer Nature Customer Service Center GmbH
Europaplatz 3, 69115 Heidelberg, Germany

Printed by Libri Plureos GmbH
in Hamburg, Germany